ifaa-Edition

Weitere Bände in dieser Reihe
http://www.springer.com/series/13343

Die ifaa-Taschenbuchreihe behandelt Themen der Arbeitswissenschaft und Betriebsorganisation mit hoher Aktualität und betrieblicher Relevanz. Sie präsentiert praxisgerechte Handlungshilfen, Tools sowie richtungsweisende Studien, gerade auch für kleine und mittelständische Unternehmen. Die ifaa-Bücher richten sich an Fach- und Führungskräfte in Unternehmen, Arbeitgeberverbände der Metall- und Elektroindustrie und Wissenschaftler.

Institut für angewandte Arbeitswissenschaft
e. V. (ifaa)
(Hrsg.)

Leistungsfähigkeit im Betrieb

Kompendium für den Betriebspraktiker zur Bewältigung des demografischen Wandels

Herausgeber
Institut für angewandte Arbeitswissenschaft
e. V. (ifaa)
Düsseldorf
Deutschland

Website-Download

ifaa-Edition
ISBN 978-3-662-43397-3   ISBN 978-3-662-43398-0 (eBook)
DOI 10.1007/978-3-662-43398-0

Die Deutsche Nationalbibliothek verzeichnet diese Publikation in der Deutschen Nationalbibliografie; detaillierte bibliografische Daten sind im Internet über http://dnb.d-nb.de abrufbar.

Springer Vieweg
© Springer-Verlag Berlin Heidelberg 2015
Das Werk einschließlich aller seiner Teile ist urheberrechtlich geschützt. Jede Verwertung, die nicht ausdrücklich vom Urheberrechtsgesetz zugelassen ist, bedarf der vorherigen Zustimmung des Verlags. Das gilt insbesondere für Vervielfältigungen, Bearbeitungen, Übersetzungen, Mikroverfilmungen und die Einspeicherung und Verarbeitung in elektronischen Systemen.
Die Wiedergabe von Gebrauchsnamen, Handelsnamen, Warenbezeichnungen usw. in diesem Werk berechtigt auch ohne besondere Kennzeichnung nicht zu der Annahme, dass solche Namen im Sinne der Warenzeichen- und Markenschutz-Gesetzgebung als frei zu betrachten wären und daher von jedermann benutzt werden dürften.
Der Verlag, die Autoren und die Herausgeber gehen davon aus, dass die Angaben und Informationen in diesem Werk zum Zeitpunkt der Veröffentlichung vollständig und korrekt sind. Weder der Verlag noch die Autoren oder die Herausgeber übernehmen, ausdrücklich oder implizit, Gewähr für den Inhalt des Werkes, etwaige Fehler oder Äußerungen.

ifaa-Tool zur Altersstrukturanalyse und -prognose: Renate Oelgemöller, Michael Zimmermann (AGV-Düren)
Gestaltung der Grafiken: Claudia Faber, Köln
Redaktionelle Überarbeitung: Carsten Seim, Bonn
Redaktion: Corinna Jaeger, Düsseldorf

Gedruckt auf säurefreiem und chlorfrei gebleichtem Papier

Springer-Verlag Berlin Heidelberg ist Teil der Fachverlagsgruppe Springer Science+Business Media
(www.springer.com)

Vorwort

Demografiefest sein – das bedeutet für die Unternehmen in Deutschland dem harten globalen Wettbewerb standzuhalten, und das mit einer älter werdenden Belegschaft.

Die deutsche Wirtschaft steht permanent vor der Herausforderung, die Wettbewerbsfähigkeit der Unternehmen durch innovative und produktive Prozesse und Produkte nachhaltig zu stärken. Dafür braucht sie leistungsfähige, qualifizierte und motivierte Beschäftigte. Die Veränderung der demografischen Struktur in Deutschland fordert die Unternehmen nachdrücklich zum Handeln auf: Es wird zunehmend schwieriger, qualifizierte Beschäftigte zu finden. Zudem wird die Belegschaft älter, die Leistungsfähigkeit des Personals muss bis zum Renteneintrittsalter erhalten bleiben.

Die Gestaltung neuer Arbeitswelten nimmt daher erheblich an Bedeutung zu. Wesentliche Aufgaben sind:

1. Sicherung der körperlichen und geistigen Leistungsfähigkeit,
2. Gestaltung von flexiblen, lebensphasenorientierten Arbeitszeitsystemen,
3. Organisation der Arbeit in modernen Produktionssystemen (Stichwort Industrie 4.0) und
4. Design von heterogenen Beschäftigungsformen und vielschichtigen Karrierepfaden.

Dazu kommen die individuellen Einflussfaktoren der Beschäftigten auf persönlicher Ebene.

In diesem Spannungsfeld kann nur ein ganzheitlicher Ansatz helfen, die Herausforderungen in den Unternehmen zu meistern. Die Unternehmen müssen betriebsspezifische Maßnahmen zum Erhalt der Leistungsfähigkeit und zur Gewinnung des notwendigen Personals aktiv und zielgerichtet umsetzen.

Mittlerweile unterstützt das Institut für angewandte Arbeitswissenschaft (ifaa) seit mehreren Jahren Verbände und Unternehmen der Metall- und Elektroindustrie bei der Gestaltung neuer Arbeitswelten zur Bewältigung der demografischen Herausforderung. Das ifaa erarbeitet Lösungen, um die Leistungsfähigkeit der Beschäftigten erfolgreich und nachhaltig zu stärken. Der 2009 erschienene Handlungsordner „Der demografiefeste Betrieb" fand äußerst guten Anklang, vor allem in kleinen und mittleren Unternehmen, die in der Regel nicht über eigene zu diesem Thema ausgebildete Mitarbeiter verfügen.

Das vorliegende Kompendium lebt von der Erfahrung, die wir in den vergangenen Jahren in der betrieblichen Praxis und angewandten Forschung gemacht haben. Die ausgeführten Handlungsfelder und Praxisbeispiele bilden nur einen Teil der Vielzahl an Möglichkeiten ab. Sie geben Ihnen Hilfestellung und Impulse zur Sicherung der Leistungsfähigkeit Ihrer Beschäftigten. Setzen Sie bitte auch eigene, kreative Ideen in Ihrer betrieblichen Praxis um.

Prof. Dr.-Ing. Sascha Stowasser
Direktor – Institut für angewandte Arbeitswissenschaft e. V. (ifaa), Düsseldorf

Inhaltsverzeichnis

Teil I

1 **Einführung und Hinweise zur Nutzung des Kompendiums** 3
   Sibylle Adenauer

2 **Demografischer Wandel und Auswirkungen auf Unternehmen** 9
   Sibylle Adenauer

3 **Leistungsfähig sein und bleiben** 27
   Corinna Jaeger

4 **Leistungsfähigkeit und Alter – praxisrelevante Hinweise
   für Unternehmen und Beschäftigte** 41
   Corinna Jaeger

Teil II

5 **Vorgehensmodell – von der demografischen Analyse
   zum Handlungskonzept** 55
   Sibylle Adenauer

6 **Instrumente** 63
   Sibylle Adenauer

Teil III

7 **Relevante Handlungsfelder einer leistungsförderlichen
   demografiefesten Personalarbeit** 89
   Corinna Jaeger

8 **Handlungsfeld „Arbeit gestalten"** 91
   Giuseppe Ausilio, Norbert Baszenski, Julia Teipel, Frank Lennings,
   Ralf Neuhaus, Stephan Sandrock und Sascha Stowasser
   8.1 Ergonomische Arbeitsgestaltung – für Wirtschaftlichkeit
        und Wohlbefinden 101
   8.2 Psychische Belastung – Vorgehen bei der Erfassung und Gestaltung
        zur Reduktion negativer Beanspruchungsfolgen 107
   8.3 Arbeitsorganisation am Beispiel der Jobrotation 114
   8.4 Standardisierung von Prozessen zur Unterstützung
        der Arbeitsausführung 124
        8.4.1 Standardisierung im Büro als Mittel zur Erhaltung
               der Leistungsfähigkeit im demografischen Wandel 129

9 **Handlungsfeld „Arbeitszeit gestalten"** 133
   Corinna Jaeger und Frank Lennings
   9.1 Grundlagen zur Gestaltung flexibler und leistungsförderlicher
        Arbeitszeiten – Stellschrauben und rechtliche Aspekte 139
   9.2 Arbeitszeitmodelle zur Erhaltung und Förderung
        der Leistungsfähigkeit 145
   9.3 Ergonomische Arbeitszeitgestaltung – Nacht- und Schichtarbeit ... 154
   9.4 Ergonomische Arbeitszeitgestaltung – alternsgerechte Arbeitszeiten 167
   9.5 Lebenssituationsspezifische Arbeitszeitgestaltung 176
   9.6 Arbeitszeitkonten zur Unterstützung demografiefester Personalarbeit ... 187
   9.7 Wie Unternehmen ein maßgeschneidertes Arbeitszeitsystem
        entwickeln können 205

10 **Handlungsfeld „Personalpolitik und Personalstrategie realisieren"** 219
   Sibylle Adenauer, Sonja Fischer, Christian Hentschel, Irene Heuser,
   Anna Peck, Magdalene Prynda, Sven Rottinger und Stephan Sandrock
   10.1 Mitarbeiterbefragungen als Instrument der Personalarbeit 226
   10.2 Personalgewinnung 232
        10.2.1 Mit Employer Branding zum attraktiven Arbeitgeber 245
        10.2.2 Moderne Medien in der Personalgewinnung 260
        10.2.3 So baue ich ein regionales Netzwerk auf 274
   10.3 Personalentwicklung und Personalqualifizierung 280
        10.3.1 LLL – lebenslanges Lernen 292
        10.3.2 Didaktische Konzepte für alternsgerechtes Lernen 296
        10.3.3 Personalentwicklungs- und Feedbackgespräch 305
   10.4 Personaleinsatz 311
   10.5 Personalbindung 325
   10.6 Gestaltung Berufsaustritt 331

Inhaltsverzeichnis

11 Handlungsfeld „Unternehmenskultur und Führung optimieren" 337
Sibylle Adenauer, Norbert Baszenski, Michael Bohrmann, Jürgen Dörich,
Timo Marks, Ralf Neuhaus und Sven Rottinger
- 11.1 Changemanagement – erfolgreiches Management der Veränderung 344
- 11.2 Motivation und Nutzung von Erfahrung durch KVP-Aktivitäten 352
- 11.3 Führung im Spannungsfeld zwischen Jungen und Älteren............. 360
- 11.4 Altersgemischte Teams 364
- 11.5 Geführte Gruppenarbeit – eine Antwort auf die demografische
  Herausforderung 370

12 Handlungsfeld „Gesundheit aktiv gestalten" 389
Corinna Jaeger, Timo Marks, Anna Peck und Stephan Sandrock
- 12.1 Gesundheitsförderliches Verhalten – Eigenverantwortung
  der Beschäftigten 393
- 12.2 Arbeits- und Gesundheitsschutz – mit Sicherheit leistungsfähig
  bleiben... 399
- 12.3 Betriebliche Gesundheitsförderung – von der Analyse
  bis zur Evaluation....................................... 403
- 12.4 Grundlagen und Kernelemente zur Ausgestaltung eines betrieblichen
  Gesundheitsmanagements................................. 408
- 12.5 Psychische Gesundheit: Burnout 424
- 12.6 Betriebliches Eingliederungsmanagement richtig gemacht 428

13 Handlungsfeld „Wissen sichern und weitergeben" 435
Sibylle Adenauer
- 13.1 Gestaltungsmöglichkeiten für einen organisierten Wissenstransfer...... 442

Sachverzeichnis 459

Autorenverzeichnis

Sibylle Adenauer Institut für angewandte Arbeitswissenschaft e. V., Düsseldorf, Deutschland

Giuseppe Ausilio Köln, Deutschland

Norbert Baszenski Institut für angewandte Arbeitswissenschaft e. V., Düsseldorf, Deutschland

Michael Bohrmann Karl Otto Braun GmbH & Co. KG, Wolfstein, Düsseldorf, Deutschland

Jürgen Dörich Südwestmetall, Stuttgart, Deutschland

Sonja Fischer Düsseldorf, Deutschland

Christian Hentschel Niedersachsenmetall, Hannover, Deutschland

Irene Heuser Institut für angewandte Arbeitswissenschaft e. V., Düsseldorf, Deutschland

Corinna Jaeger Institut für angewandte Arbeitswissenschaft e. V., Düsseldorf, Deutschland

Frank Lennings Institut für angewandte Arbeitswissenschaft e. V., Düsseldorf, Deutschland

Timo Marks Institut für angewandte Arbeitswissenschaft e. V., Düsseldorf, Deutschland

Ralf Neuhaus Hochschule Fresenius, Düsseldorf, Deutschland

Anna Peck Institut für angewandte Arbeitswissenschaft e. V., Düsseldorf, Deutschland

Magdalene Prynda Berlin, Deutschland

Sven Rottinger Düsseldorf, Deutschland

Stephan Sandrock Institut für angewandte Arbeitswissenschaft e. V., Düsseldorf, Deutschland

Sascha Stowasser Institut für angewandte Arbeitswissenschaft e. V., Düsseldorf, Deutschland

Julia Teipel Institut für angewandte Arbeitswissenschaft e. V., Düsseldorf, Deutschland

Teil I

1 Einführung und Hinweise zur Nutzung des Kompendiums 3

2 Demografischer Wandel und Auswirkungen auf Unternehmen 9

3 Leistungsfähig sein und bleiben 27

4 **Leistungsfähigkeit und Alter – praxisrelevante Hinweise
für Unternehmen und Beschäftigte** 41

Teil I

1 Einführung und Hinweise zur Nutzung des Kompendiums 3

2 Demografischer Wandel und Auswirkungen auf Unternehmen 9

3 Leistungsfähig sein und bleiben 27

4 **Leistungsfähigkeit und Alter – praxisrelevante Hinweise
   für Unternehmen und Beschäftigte** 41

Einführung und Hinweise zur Nutzung des Kompendiums

Sibylle Adenauer

Um die Lesbarkeit zu erleichtern, wird in den folgenden Ausführungen nur eine Sprachform gewählt. Selbstverständlich sind in jedem Fall Leser und Leserinnen in gleicher Weise angesprochen.

Worum geht es in diesem Kompendium?
Sie erfahren, welche Zielsetzung dieses Kompendium verfolgt, welche Inhalte es bereitstellt, welchen Ansatz wir zugrunde legen und wie Sie das Kompendium für sich nutzen können. Sie erhalten hier grundlegende Informationen zur demografischen Entwicklung und deren Konsequenzen auf die Leistungsfähigkeit (Teil I). Sie erfahren in Teil II des Kompendiums, wie Unternehmen das Thema „Demografie" aufgreifen können. Der dritte Teil des Kompendiums zeigt die Handlungsfelder einer leistungsförderlichen demografiefesten Personalarbeit.

Überblick:
- Ausgangssituation
- Unternehmensspezifischer Ansatz
- Bandbreite des Themas „Demografischer Wandel" im unternehmerischen Kontext
- Alternsgerechte – statt altersgerechte – Gestaltung der Arbeit
- Zielsetzung und Zielgruppen des Kompendiums
- Inhalte und Aufbau des Kompendiums
- Hinweise zur Nutzung des Kompendiums
- Zusammenarbeit mit Unternehmen und Verbänden

S. Adenauer (✉)
Institut für angewandte Arbeitswissenschaft e. V. (ifaa), Düsseldorf, Deutschland
E-Mail: s.adenauer@ifaa-mail.de

© Springer-Verlag Berlin Heidelberg 2015
Institut für angewandte Arbeitswissenschaft e. V. (ifaa) (Hrsg.),
Leistungsfähigkeit im Betrieb, ifaa-Edition, DOI 10.1007/978-3-662-43398-0_1

Ausgangssituation

Die demografische Entwicklung hat Folgen für die Unternehmen. Die Bevölkerung im erwerbsfähigen Alter (15–65 Jahre) schrumpft und wird im Durchschnitt älter. Durch Zuwanderung wird sie zudem vielfältiger und „bunter". Auch wenn die Große Koalition aktuell eine neue Ausnahme beschlossen hat, die einen abschlagsfreien Renteneintritt mit 63 für Personen mit 45 Beitragsjahren ermöglicht: Grundsätzlich befinden wir uns auf dem Weg in die Rente mit 67. Mit dem Jahre 2031 wird dieser im Jahr 2012 eingeleitete Prozess abgeschlossen sein.

Die Menschen werden künftig im Durchschnitt länger im Arbeitsleben stehen. Der langfristige Erhalt ihrer Arbeits- und Leistungsfähigkeit wird deshalb noch wichtiger. Das gilt auch für ihre Bindung an das Unternehmen. Zum anderen erhalten innovative Wege und Möglichkeiten, geeignete Ausbildungskandidaten, Nachwuchskräfte und Ersatz für ausscheidende Fachkräfte zu finden, mehr Gewicht.

Unternehmen stehen vor der Herausforderung, ihre Produktivität und Wettbewerbsfähigkeit mit weniger jüngeren und mehr älteren Beschäftigten sowie einer „bunter" zusammengesetzten Belegschaft in einem global verschärften Wettbewerb zu sichern.

Unternehmensspezifischer Ansatz

Die demografische Entwicklung trifft Unternehmen in unterschiedlicher Weise und in unterschiedlichem Ausmaß. Daher ist eine Differenzierung notwendig. Beispielsweise spielen hier folgende Unterschiede eine Rolle:

- Die betriebsspezifische Ausgangslage: zum Beispiel die aktuelle Wettbewerbssituation des Unternehmens, seine Bekanntheit als „attraktiver Arbeitgeber", bisherige Strategien zur Rekrutierung von Nachwuchskräften und Aktivitäten zur Förderung und Stärkung der Leistungsfähigkeit der Beschäftigten.
- Regionale Unterschiede: Die Altersstruktur der Bevölkerung entwickelt sich regional unterschiedlich. Danach richtet es sich, wie schwer es Unternehmen haben werden, genügend geeignete Ausbildungskandidaten, Fach- und Arbeitskräfte zu finden. In den neuen Bundesländern und vielen ländlichen Regionen ist die Lage zum Teil heute schon prekär. Hier stellt sich die Frage, mit welchen Anreizen Nachwuchskräfte und Fachkräfte (insbesondere mit Familien und Kindern) für die Region geworben werden können.
- Branchenspezifische Unterschiede: Die demografische Entwicklung trifft die Pflegebranche besonders hart, weil die Zahl der Pflegebedürftigen zunimmt und gleichzeitig weniger Berufsanfänger für Pflegeberufe zur Verfügung stehen. Auch die Baubranche ist besonders betroffen. Tätigkeiten am Bau sind körperlich oft anstrengend und werden oft nicht bis ins siebte Lebensjahrzehnt ausgeübt.

1 Einführung und Hinweise zur Nutzung des Kompendiums

- Mitarbeiterspezifische Unterschiede: Leistungsvoraussetzungen und Leistungsfähigkeit sind individuell unterschiedlich und auch von konkreten betrieblichen Aufgaben abhängig. Die Streubreite der individuellen Unterschiede nimmt mit dem Alter zu.

Bandbreite des Themas „Demografischer Wandel" im unternehmerischen Kontext

Das Thema „demografischer Wandel" im unternehmerischen Kontext ist nicht auf ältere Mitarbeiter begrenzt, sondern setzt präventiv bei den Jüngeren an. Eine Personalarbeit, die auf die demografischen Veränderungen eingeht, umfasst ein ganzes Bündel von Maßnahmen. Das zeigen die Handlungsfelder in diesem Kompendium. Wichtige Elemente sind hier beispielsweise:

- innovative Maßnahmen der Personalgewinnung und Personalbindung,
- Maßnahmen zur Vereinbarkeit von beruflichen und privaten Interessen in Form lebenssituationsspezifischer Arbeitszeiten und
- die konsequente Anwendung ergonomischer Gestaltungskriterien, um die Leistungsfähigkeit der Beschäftigten frühzeitig zu fördern und langfristig zu erhalten.

Wer den eigenen Fachkräftebedarf sichern will, muss die Potenziale aller Beschäftigten einschließlich der leistungsgewandelten Mitarbeiter erkennen und nutzen.

Es geht darum, die „klassischen" unternehmerischen Handlungsfelder durch die „demografische Brille" zu betrachten und zu erkennen, welche spezifischen betrieblichen Maßnahmen notwendig und geeignet sind, um den Herausforderungen der demografischen Entwicklung frühzeitig aktiv zu begegnen.

Alternsgerechte – statt altersgerechte – Gestaltung der Arbeit

Im Zusammenhang mit älteren Belegschaften wird sowohl von alternsgerechten als auch von altersgerechten Maßnahmen für Beschäftigte gesprochen. Die Begriffe drücken unterschiedliche Sachverhalte aus (Duden online 2013, Bundesregierung Nummer 094-12/2010).

Alternsgerechte Maßnahmen zur Gestaltung der Arbeit haben den Prozess des Älterwerdens über den gesamten Erwerbsverlauf im Blick. Sie zielen darauf ab, die Leistungsfähigkeit frühzeitig durch präventive Maßnahmen positiv zu beeinflussen, um sie langfristig zu erhalten. Eine alternsgerechte Personalentwicklung und Qualifizierung bezieht die Beschäftigten *aller* Altersgruppen ein. Eine alternsgerechte betriebliche Gesundheitsförderung setzt präventiv bereits bei den Jüngeren an. Alternsgerechte Arbeitszeiten sind so gestaltet, dass sie den Beschäftigten aller Altersgruppen ermöglichen, Beruf und private Interessen lebenssituationsspezifisch miteinander zu verbinden.

Altersgerechte Maßnahmen sind spezielle Maßnahmen für eine bestimmte Altersgruppe: Dazu gehören der besondere Schutz von Jugendlichen bei Schicht- und Nachtarbeit ebenso wie spezielle Maßnahmen für ältere Beschäftigte. Als ältere Beschäftigte gelten in der Regel Beschäftigte, die 50 Jahre und älter sind. Im Kontext des demografischen Wandels sind mit altersgerechten Maßnahmen zumeist solche für Ältere gemeint. Diese Betrachtungsweise berücksichtigt jedoch nicht, dass sich die Arbeits- und Leistungsfähigkeit der Menschen im Alter unterschiedlich entwickelt. Sie stempelt ältere Beschäftigte als Randgruppe ab, für die Pauschallösungen notwendig seien.

Bestimmte Maßnahmen können im Bedarfsfall – aber eben *nicht pauschal* für alle älteren Beschäftigten – sinnvoll sein. So können hier höhere Kontraste oder größere Schriften und Symbole auf Monitoren, Sichtgeräten und Messinstrumenten die Arbeit erleichtern. Ebenso kann es nötig sein, die Signal-Geräusch-Relation am Arbeitsplatz zu erhöhen – das heißt: lautere Signale und akustische Vorsignale einzuführen. All das nutzt aber auch Jüngeren mit entsprechenden Leistungseinschränkungen.

Zielsetzung und Zielgruppen des Kompendiums

Das Kompendium dient als Orientierungshilfe für Unternehmen und betrieblich angewandt agierende Institutionen (Arbeitgeberverbände, Gewerkschaften, Forschung). Diese finden hier einen Überblick über die Auswirkungen des demografischen Wandels auf Unternehmen und das Thema Leistungsfähigkeit. Ausgehend davon bietet dieser Band praktikable Methoden und Maßnahmen zur Erhaltung und Förderung der psychischen und physischen Leistungsfähigkeit. Die systematische Darstellung umfasst sowohl präventive als auch kurative Maßnahmen, die in den jeweiligen Handlungsfeldern dargestellt werden. Gemeinsam mit Verbänden und Unternehmen aufbereitete Praxislösungen für spezielle Unternehmenssituationen verdeutlichen die Wirksamkeit ausgewählter Methoden.

Das Kompendium richtet sich insbesondere an alle Verantwortlichen in den Unternehmen, die vor der Aufgabe stehen, für die Auswirkungen des demografischen Wandels zu sensibilisieren, konkreten Handlungsbedarf zu ermitteln und entsprechende Maßnahmen umzusetzen.

Inhalte und Aufbau des Kompendiums

Das Kompendium besteht aus drei Teilen und enthält ein Stichwortverzeichnis sowie ein Autorenverzeichnis. Darüber hinaus bieten wir Ihnen Material – z. B. das ifaa-Tool Altersstrukturanalyse – per Website-Download an.

Teil I „Einführung und Hinweise zur Nutzung des Kompendiums" umfasst neben der Beschreibung der Ausgangssituation und Hinweisen zum Kompendium grundlegende Informationen zur demografischen Entwicklung und deren Auswirkungen auf Unternehmen (Abschn. 2). Abschnitt 3 „Leistungsfähig sein und bleiben" befasst sich mit den Vorausset-

1 Einführung und Hinweise zur Nutzung des Kompendiums

zungen und Einflussfaktoren auf die menschliche Leistungsfähigkeit; Abschn. 4 zeigt die Entwicklung der Leistungsfähigkeit im Altersverlauf und klärt die Begriffe „Leistungsfähigkeit", „Arbeitsfähigkeit" sowie „Beschäftigungsfähigkeit".

Teil II „Vorgehensmodell – von der demografischen Analyse zum Handlungskonzept" beschreibt modellhaft, wie das Thema „Demografie" im Unternehmen aufgegriffen werden kann, und stellt Instrumente sowie Methoden vor, mit denen Unternehmen ihren betriebsindividuellen Handlungsbedarf ermitteln können. Der Schnellcheck gibt eine erste Orientierung darüber, wie gut das Unternehmen für die demografischen Herausforderungen aufgestellt ist. Mit dem kostenfreien ifaa-Tool zur Altersstrukturanalyse und -prognose wird der betriebsspezifische Handlungsbedarf ermittelt. Das Praxisbeispiel zeigt, wie ein Unternehmen konkret vorgegangen ist und welche Erfahrungen es dabei gemacht hat.

Teil III „Relevante Handlungsfelder einer leistungsförderlichen demografiefesten Personalarbeit" zeigt die Handlungsfelder einer leistungsförderlichen demografiefesten Personalarbeit auf. Es sind die Handlungsfelder „Arbeit gestalten", „Arbeitszeit gestalten", „Personalpolitik und Personalstrategie realisieren", „Unternehmenskultur und Führung optimieren", „Gesundheit aktiv gestalten" sowie „Wissen sichern und weitergeben". Eine Übersicht informiert den Leser über die Inhalte des jeweiligen Handlungsfeldes. Die Einflussmöglichkeiten auf die Leistungsfähigkeit im Zusammenhang mit der demografischen Entwicklung werden in jedem Handlungsfeld aufgezeigt. Auf der Basis betrieblicher Beispiele und Erfahrungen erhält der Nutzer Lösungsansätze. Hinweise auf Literatur, Links und Projekte finden sich am Ende jeden Beitrags.

Das Stichwortverzeichnis am Ende des Kompendiums erleichtert die Suche nach Themen, die in verschiedenen Beiträgen erscheinen. Ebenfalls finden Sie hier ein Autorenverzeichnis.

Hinweise zur Nutzung des Kompendiums

Da Ausgangslage, strategische Ausrichtung und Ziele von Unternehmen unterschiedlich sind, gibt es keinen Königsweg, die Leistungsfähigkeit der Beschäftigten zu sichern – und damit gibt es auch keinen Königsweg zum demografiefesten Unternehmen. Von Pauschallösungen ist daher dringend abzuraten. Jedes Unternehmen muss seinen eigenen Weg finden – dieses Kompendium will das unterstützen. Es enthält Lösungsansätze, die auf betrieblichen Erfahrungen basieren und helfen können, den Weg zum demografiefesten Unternehmen geplant und strukturiert zu beschreiten.

Der Aufbau ist modular – das heißt: Jeder Nutzer kann zu bestimmten Themen gezielt die Informationen, Instrumente und Handlungsfelder auswählen und ausgestalten, die aktuell gebraucht werden. Die Vernetzung zu anderen Handlungsfeldern und Lösungsmöglichkeiten wird jeweils aufgezeigt.

Um das Rad nicht neu zu erfinden, wird durch Links und Literaturtipps auf schon vorhandene Informationen und Handlungshilfen hingewiesen. Die betrieblichen Beispiele sind zum Teil namentlich dargestellt. Sie sind zum Teil aber auch auf Wunsch der Unternehmen anonymisiert.

Neben der Papierversion liegen einzelne Teile des Kompendiums in digitaler Form vor. Auf der Internetseite des ifaa ist eine entsprechende Rubrik eingerichtet, die es dem Nutzer des Kompendiums erlaubt, den Schnellcheck sowie das ifaa-Tool zur Altersstrukturanalyse und -prognose elektronisch auszufüllen sowie Links unmittelbar aufzurufen.

Zusammenarbeit mit Unternehmen und Verbänden

Die Lösungsansätze und Empfehlungen des Kompendiums beinhalten arbeitswissenschaftliche und personalwirtschaftliche Erkenntnisse. Sie basieren auf Beispielen und Erfahrungen, die in Zusammenarbeit mit Unternehmen und Verbandsmitarbeitern der Metall- und Elektroindustrie gewonnen wurden. Das ifaa dankt den Unternehmen für die Überlassung ihrer Beispiele sowie den Verbandsmitarbeitern für die Anregungen und die sehr konstruktive Zusammenarbeit.

Weiterführende Informationen, Links

Georg, A.; Barkholdt, C.; Frerichs, F.: Modelle alternsgerechter Arbeit aus Kleinbetrieben und ihre Nutzungsmöglichkeiten. Projekt F 5187 [Kurzfassung]. Dortmund/Berlin/Dresden: Bundesanstalt für Arbeitsschutz und Arbeitsmedizin, 2005, verfügbar unter: http://www.baua.de/SharedDocs/Downloads/de/Publikationen/Fachbeitraege/Gd48.pdf?__blob=publicationFile [03.12.2013]

Mohr, H.: Alterns- und altersgerechte Erwerbsarbeit. Broschürenreihe Demographie und Erwerbsarbeit, Band BR12. Leitfaden für überbetriebliche Akteure. Stuttgart: Fraunhofer IRB Verlag, 2002, S. 11 f.

Literatur

Bibliographisches Institut GmbH (Hrsg.): Duden online: alternsgerecht: http://www.duden.de/rechtschreibung/alternsgerecht [03.12.2013]; altersgerecht: http://www.duden.de/rechtschreibung/altersgerecht [03.12.2013]

Bundesregierung (Hrsg.): Nr. 094–12/2010. Für eine alters- und alternsgerechte Arbeit. http://www.bundesregierung.de/Content/DE/Magazine/MagazinSozialesFamilieBildung/094/094.html?context=Inhalt%2C2 [03.12.2013]

Demografischer Wandel und Auswirkungen auf Unternehmen

2

Sibylle Adenauer

> **Worum geht es in diesem Beitrag?**
> Sie erfahren hier, was der demografische Wandel für Unternehmen bedeutet. Im demografischen Wandel schrumpft die Bevölkerung und wird gleichzeitig älter: Das wirkt sich auch auf die Erwerbsbevölkerung aus. Die Herausforderung für Unternehmen besteht darin, bei einer rückläufigen und gleichzeitig älter werdenden Erwerbsbevölkerung geeignete Nachwuchs- und Fachkräfte zu finden und an das Unternehmen zu binden. Angesichts älter werdender Belegschaften und der „Rente mit 67" ist die Leistungsfähigkeit der Beschäftigten frühzeitig und langfristig sicherzustellen. Bei der Diskussion um die Auswirkungen des demografischen Wandels sind unterschiedliche Interessensebenen zu beachten, ebenso regionale Unterschiede und Branchenunterschiede. Die Ausgangssituation von Unternehmen ist sehr unterschiedlich. Daher muss jeweils der betriebsspezifische Handlungsbedarf ermittelt werden, um Maßnahmen abzuleiten.
>
> Ein wichtiger Aspekt ist hier, wie es Unternehmen gelingen kann, erfolgskritisches Wissen im Unternehmen zu halten und dem Risiko eines Ausfalls von Schlüsselpersonen vorzubeugen. Das kann im Zuge von Basel II und Basel III mitentscheidend für Ihr Rating sein.
>
> **Überblick:**
> - Was heißt Demografie?
> - Kennzeichen des demografischen Wandels und Ursachen

S. Adenauer (✉)
Institut für angewandte Arbeitswissenschaft e. V. (ifaa), Düsseldorf, Deutschland
E-Mail: s.adenauer@ifaa-mail.de

© Springer-Verlag Berlin Heidelberg 2015
Institut für angewandte Arbeitswissenschaft e. V. (ifaa) (Hrsg.),
Leistungsfähigkeit im Betrieb, ifaa-Edition, DOI 10.1007/978-3-662-43398-0_2

- Demografische Ausgangslage und Entwicklung in Deutschland
- Interessens- und Handlungsebenen
- Auswirkungen auf Unternehmen
- Fazit

Was heißt Demografie?
Die Demografie[1], die Bevölkerungswissenschaft, untersucht den Zustand einer Bevölkerung, Entwicklungen und Veränderungen sowie deren Ursachen und mögliche Folgen. Zu den Untersuchungsfeldern gehören insbesondere:

- die zahlenmäßige Entwicklung der Bevölkerung,
- Geburtenentwicklung, Lebenserwartung, Anzahl der Kinder pro Familie,
- Veränderungen in der Altersstruktur,
- die Zusammensetzung nach Alter, Geschlecht, Familienstand, Qualifikation, Beruf, Nationalität, Religionszugehörigkeit,
- das Wanderungsverhalten von Bevölkerungen (Zu- und Abwanderungen einschließlich der Binnenwanderungen innerhalb einer Bevölkerung).

In Deutschland werden die Zahlen zur Bevölkerungsentwicklung vom Statistischen Bundesamt sowie den Statistischen Landesämtern erhoben und regelmäßig veröffentlicht. Die Angaben werden durch Volkszählung (Zensus) ermittelt und durch jährliche Stichprobenerhebung (Mikrozensus) aktualisiert. Durch Projektion (Prognose) wird die Bevölkerungsentwicklung unter Annahme verschiedener möglicher Varianten (zum Beispiel im Hinblick auf Zahlen bei Zuwanderungen und Abwanderungen) in die Zukunft fortgeschrieben.

Kennzeichen des demografischen Wandels und Ursachen
Kennzeichen des demografischen Wandels sind:

- eine schrumpfende Bevölkerung aufgrund sinkender Geburtenzahlen beziehungsweise konstant niedriger Geburtenrate, die unterhalb der Sterberate liegt. Die Gründe für den Geburtenrückgang sind vielfältig. Sie liegen unter anderem in medizinischen Möglichkeiten zur Geburtenkontrolle sowie in veränderten Lebensvorstellungen, Lebens- und Erwerbsmustern (vgl. Dickmann 2004; Dickmann und Seyda 2004).
- eine gleichzeitig älter werdende Bevölkerung. Fortschritte und Verbesserungen zum Beispiel in der Medizin, in der Hygiene, im Gesundheitswesen, bei der Ernährung und

---

[1] Demografie beziehungsweise Demographie kommt aus dem Griechischen: dēmos=Volk, Bezirk, Gemeinde und gráphein=schreiben, Beschreibung. Demografie ist nicht zu verwechseln mit Demoskopie=Meinungsforschung.

den Wohnverhältnissen führen dazu, dass immer mehr Menschen ein hohes Alter erreichen und die durchschnittliche Lebenserwartung steigt.

Als Folge dieser beiden Entwicklungen verschiebt sich die Altersstruktur. Der Anteil der Bevölkerung unter 50 Jahren geht zurück. Der Anteil der älteren Menschen (in der Regel sind damit Menschen im Alter von 50 Jahren und darüber gemeint) wächst und ist schließlich größer als der Anteil der unter 50-Jährigen.

In den meisten westlichen Industrieländern Europas setzte der Wandel in der demografischen Entwicklung Anfang der 1970er-Jahre ein. In vielen Ländern der Europäischen Union verläuft die Entwicklung ähnlich wie in Deutschland. Ausnahmen bilden Irland und Luxemburg: Hier liegt die Geburtenrate noch über der Sterberate, und somit weisen diese Länder wachsende Bevölkerungen auf.

Länder wie Japan und China erleben ebenfalls ein Schrumpfen und Altern ihrer Bevölkerungen. Indien und zum Beispiel auch die Türkei haben wachsende Bevölkerungen.

Die Weltbevölkerung insgesamt nimmt kontinuierlich zu. Pro Sekunde kommen drei Babys zur Welt, pro Minute sind es 165, pro Tag 237 427 und pro Jahr rund 86 661 000. Rund 7,2 Mrd. Menschen leben derzeit auf der Erde (November 2013). Das rapide Anwachsen der Weltbevölkerung ist auf der Weltbevölkerungsuhr auf der Homepage der Stiftung Weltbevölkerung nachzuverfolgen (Stiftung Weltbevölkerung).

Demografische Ausgangslage und Entwicklung in Deutschland

Die demografische Ausgangslage in Deutschland stellt sich folgendermaßen dar (siehe Abb. 2.1).

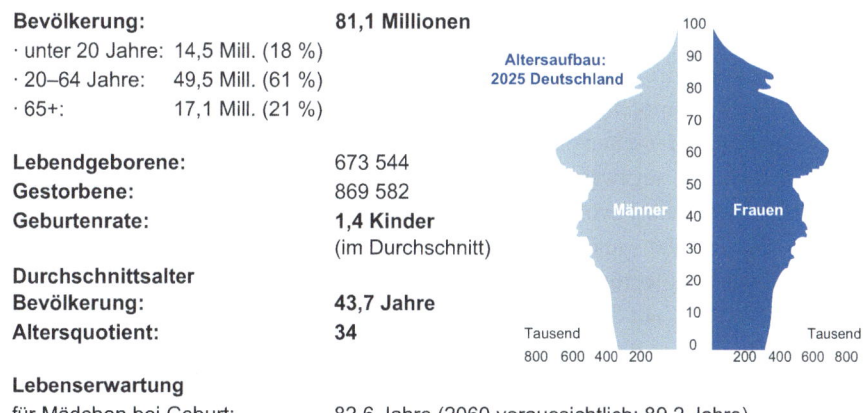

Abb. 2.1 Steckbrief: Demografische Ausgangslage in Deutschland (Statistisches Bundesamt 2013)

Derzeit leben rund 81,1 Mio. Menschen in Deutschland. 14,5 Mio. und damit 18 % der Gesamtbevölkerung sind unter 20 Jahre alt. Der Anteil der Bevölkerung im erwerbsfähigen Alter (20 bis 64 Jahre[2]) liegt bei 49,5 Mio. beziehungsweise 61 % der Gesamtbevölkerung. 17,1 Mio. sind 65 Jahre oder älter; das entspricht 21 % der Gesamtbevölkerung. Es sind rund 196 038 Menschen mehr gestorben als geboren wurden. Die deutsche Geburtenrate liegt seit Jahren konstant bei 1,4 Kindern. Und unsere Bevölkerung ist im Durchschnitt 43,7 Jahre alt. Der Altersquotient (65-Jährige und Ältere in Prozent der 20 bis 64-Jährigen) liegt bei 34. Das bedeutet, dass 34 Personen im Rentenalter 100 Personen im erwerbsfähigen Alter gegenüberstehen (Bezugsbasis in dieser Statistik ist das Renteneintrittsalter mit 65 Jahren. Die schrittweise Anhebung ist noch nicht berücksichtigt.).

Heute geborene Mädchen können mit einer durchschnittlichen Lebenserwartung von 82,6 Jahren rechnen, Jungen mit einer durchschnittlichen Lebenserwartung von 77,5 Jahren. Für Mädchen wird sie im Jahre 2060 voraussichtlich um 6,6 Jahre, für Jungen um 7,5 Jahre angestiegen sein.

Innerhalb Deutschlands wirkt sich der demografische Wandel unterschiedlich aus. Während Hamburg voraussichtlich nur einen geringen Bevölkerungsverlust erleben wird, werden Bundesländer wie Sachsen-Anhalt und Mecklenburg-Vorpommern insbesondere auch durch Abwanderung von einem starken Bevölkerungsrückgang betroffen sein. Auf der Suche nach besseren beruflichen Perspektiven verlassen junge Leute die östlichen Bundesländer in Richtung Westen. Auch die Entwicklung zwischen Stadt und Land verläuft unterschiedlich. Viele Städte werden Bevölkerung vom Land abziehen.

Die Bevölkerungsvorausberechnung für Deutschland bis zum Jahr 2060 ist in Abb. 2.2 dargestellt. Sie können die demografische Entwicklung in Deutschland bis zum Jahr 2060 verfolgen, wenn Sie den folgenden Link des Demographie Netzwerkes, ddn, aufrufen demographie-netzwerk.de/demographie-fakten.html und hier die interaktive Grafik starten [13.12.2013].

Für die demografische Entwicklung in Deutschland werden bis zum Jahr 2060 folgende Veränderungen prognostiziert:

- Die Bevölkerung wird von 2013 bis 2060 von rund 81,1 Mio. auf 64,7 Mio. und damit um 16,4 Mio. schrumpfen. Diese Prognose setzt eine durchschnittliche Nettozuwanderung von 100 000 Menschen pro Jahr voraus. Die Nettozuwanderung ergibt sich aus der Differenz zwischen zugewanderten und abgewanderten Personen.
- Der Anteil der Erwerbsbevölkerung (20 bis 64 Jahre) sinkt von 49,5 Mio. im Jahr 2013 auf 32,6 Mio. in 2060 – und damit um rund 16,9 Mio.
- Der Anteil der Bevölkerung im Alter von 65 Jahren und darüber wird im selben Zeitraum von 17,1 Mio. auf 22,0 Mio. und damit um 4,9 Mio. ansteigen.

---

[2] In den bisherigen Statistiken wird diese Altersspanne zugrunde gelegt. Aufgrund der Heraufsetzung des Renteneintrittsalters müsste die Bevölkerung im erwerbsfähigen Alter den Anteil der Bevölkerung im Alter von 20–67 umfassen.

2 Demografischer Wandel und Auswirkungen auf Unternehmen

Bevölkerungsvorausberechnung für Deutschland (Stand: 2013)

2020
- Bevölkerung: 79,9 Millionen
  - unter 20 Jahre: 13,6 Mill. (17 %)
  - 20–64 Jahre: 47,6 Mill. (60 %)
  - 65+: 18,7 Mill. (23 %)
  - Durchschnittsalter der Bevölkerung: 45,9 Jahre
- **Altersquotient: 39,2**

2030
- Bevölkerung: 77,4 Millionen
  - unter 20 Jahre: 13,0 Mill. (17 %)
  - 20–64 Jahre: 42,1 Mill. (54 %)
  - 65+: 22,3 Mill. (29 %)
  - Durchschnittsalter der Bevölkerung: 47,7 Jahre
- **Altersquotient: 52,8**

2040
- Bevölkerung: 73,8 Millionen
  - unter 20 Jahre: 11,8 Mill. (16 %)
  - 20–64 Jahre: 38,3 Mill. (51 %)
  - 65+: 23,7 Mill. (33 %)
  - Durchschnittsalter der Bevölkerung: 49,3 Jahre
- **Altersquotient: 61,9**

2050
- Bevölkerung: 69,4 Millionen
  - unter 20 Jahre: 10,7 Mill. (15 %)
  - 20–64 Jahre: 35,7 Mill. (51 %)
  - 65+: 23,0 Mill. (34 %)
  - Durchschnittsalter der Bevölkerung: 50,3 Jahre
- **Altersquotient: 64,4**

2060
- Bevölkerung: 64,7 Millionen
  - unter 20 Jahre: 10,1 Mill. (16 %)
  - 20–64 Jahre: 32,6 Mill. (50 %)
  - 65+: 22,0 Mill. (34 %)
  - Durchschnittsalter der Bevölkerung: 50,4 Jahre
- **Altersquotient: 67,4**

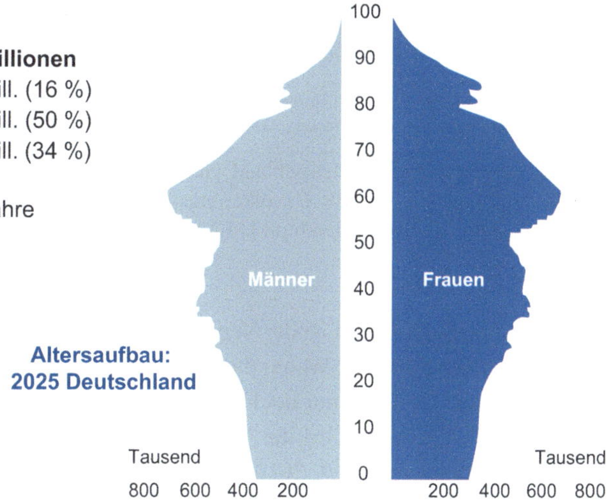

Altersaufbau: 2025 Deutschland

Abb. 2.2 Bevölkerungsvorausberechnung für Deutschland bis zum Jahr 2060 (Zahlen: Statistisches Bundesamt, 2013)

- Der Altersquotient wird rapide ansteigen. Im Jahre 2060 kommen auf 100 Personen im erwerbsfähigen Alter schon 67 Personen, die 65 Jahre und älter sind.
- Das Durchschnittsalter der Bevölkerung lag 2013 bei 43,7 Jahren; im Jahre 2060 wird es voraussichtlich bei 50,4 Jahren liegen und damit im betrachteten Zeitraum um rund sieben Jahre ansteigen. Im Jahr 2060 wird jeder Zweite 50 Jahre und älter sein.

Das Säulendiagramm (Abb. 2.3) veranschaulicht die Veränderungen im Altersaufbau unserer Bevölkerung.

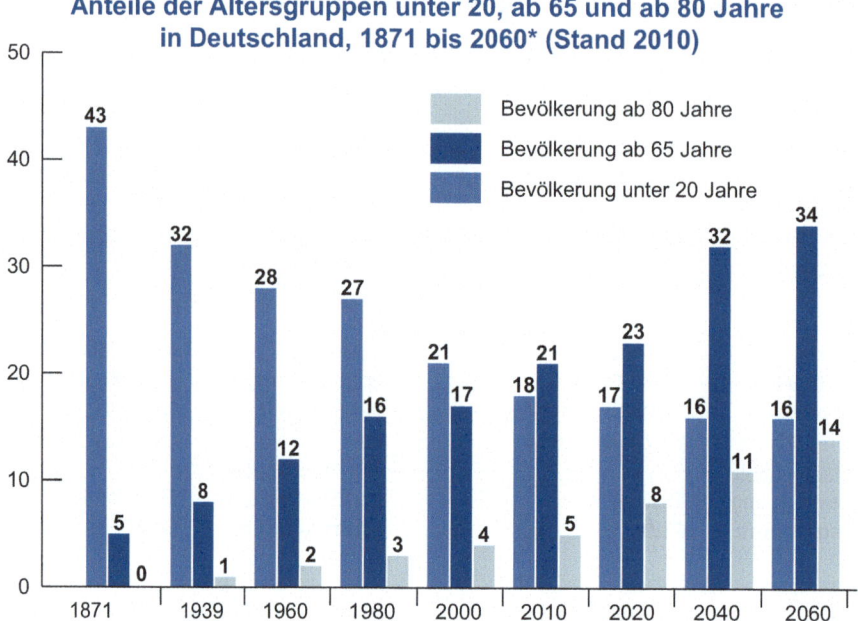

Abb. 2.3 Altersgruppen in Deutschland von 1871 bis 2060 (Statistisches Bundesamt; grafische Darstellung: Bundesinstitut für Bevölkerungsforschung, BiB, Stand: 2010; Link: demographie-netzwerk.de/demographie-fakten.html [13.12.2013])

Besonders eindrucksvoll ist der Vergleich der für 2060 prognostizierten Zahlen mit den Zahlen aus dem Jahr 1871: Waren damals noch 43 % der Bevölkerung unter 20 Jahre alt, so werden es im Jahr 2060 nur noch 16 % sein. 1871 waren 5 % der Bevölkerung 65 Jahre und älter; im Jahre 2060 wird ihr Anteil auf 34 % angewachsen sein (*Bundesinstitut für Bevölkerungsforschung, BiB*, 2010; zitiert nach demographie-netzwerk.de/demographie-fakten.html [13.12.2013]).

Interessens- und Handlungsebenen
Die Auswirkungen des demografischen Wandels werden auf unterschiedlichen Ebenen und hier mit unterschiedlichen Interessen und Zielsetzungen diskutiert und behandelt. Es ist wichtig, diese auseinanderzuhalten, auch wenn Wechselwirkungen bestehen (Abb. 2.4).

- Die Ebene der Politik

Um die Finanzierbarkeit der Sozialversicherungssysteme langfristig zu sichern, hat der Gesetzgeber das Ende der staatlich geförderten Altersteilzeit (Geltungsdauer war bis 31.12.2009) und die schrittweise Anhebung des Renteneintrittsalters von 65 auf 67 Jahre beschlossen. Mit der Anhebung wurde 2012 begonnen, abgeschlossen ist sie 2031. Der

2 Demografischer Wandel und Auswirkungen auf Unternehmen

Interessens- und Handlungsebenen, z. B.:

· Ebene der Politik
· Gesellschaftliche und kommunalpolitische Ebene
· Ebene Arbeitsmarkt und Arbeitsmarktpolitik
· Ebene der Unternehmen/ Branchen
· Ebene Individuum

Abb. 2.4 Auswirkungen des demografischen Wandels – unterschiedliche Interessens- und Handlungsebenen

Geburtsjahrgang 1964 ist der erste Jahrgang, der bis zur Vollendung des 67. Lebensjahres arbeiten wird, wenn man von den aktuell beschlossenen Ausnahmen (45 Beitragsjahre) absieht. Diese politische Richtungsentscheidung wirkt sich auf Unternehmen und Beschäftigte aus.

Die Politik hat zahlreiche Aktivitäten gestartet, um den Herausforderungen des demografischen Wandels zu begegnen. Die Demografiestrategie der Bundesregierung „Jedes Alter zählt" (seit 2012) ist dafür nur ein Beispiel. Ein wichtiger Aspekt hier ist die Schaffung *positiver* Altersbilder. Ebenfalls hat die Bundesregierung eine Fachkräfte-Offensive gestartet (www.fachkraefte-offensive.de/DE/Startseite/start.html [13.12.2013]). Weitere Aktivitäten sind gesetzliche Rahmenbedingungen zur Förderung der Vereinbarkeit von Beruf und Familie sowie die erleichterte Anwerbung ausländischer Fachkräfte und Nachwuchskräfte.

- Die gesellschaftliche und kommunalpolitische Ebene

Auf dieser Ebene geht es beispielsweise darum, wie leer stehende Schulen künftig genutzt werden oder wie Infrastruktur (Wohnraum) und öffentliche Verkehrsmittel an die Bedürfnisse älterer Menschen angepasst werden können. Themen sind auch Kinderbetreuungseinrichtungen und Pflegemöglichkeiten für Ältere, um die Vereinbarkeit von Beruf und privaten Bedürfnissen zu erleichtern.

- Die Ebene „Arbeitsmarkt und Arbeitsmarktpolitik"

Zu nennen sind hier Initiativen der Bundesregierung zur Förderung der Beschäftigung Älterer, ebenso aber auch die Initiativen zur Beschäftigungsförderung junger Menschen. Das Interesse der Arbeitsmarktpolitik besteht darin, möglichst viele (ältere und jüngere)

Auswirkungen des demografischen Wandels auf Unternehmen sind z. B.:

Fach- und Arbeitskräftemangel
· Geeignete Auszubildende zu finden wird schwerer.
· Wettbewerb um geeignete Auszubildende und Fachkräfte wird zunehmen.

Belegschaften werden älter/Verschiebung der Altersstruktur der Belegschaft
· Anteil der Älteren an der Belegschaft wird größer;
· Anteil der Jüngeren an der Belegschaft geht zurück;
· Beschäftigte arbeiten künftig in der Regel bis 67 (Folge politischer Entscheidung: „Rente mit 67").

Abb. 2.5 Auswirkungen des demografischen Wandels auf Unternehmen

Arbeitslose in Beschäftigung zu bringen, ebenso auch Frauen, Bewerber mit Migrationshintergrund sowie Kinder aus sogenannten bildungsfernen Schichten.

- Die Ebene der Unternehmen / Branchen

Diese wird ausführlich im nächsten Abschnitt behandelt.

- Die Ebene Individuum

Hier geht es um Fragen, die den Einzelnen betreffen – dazu zählen

– die Gestaltung des Übergangs vom Beruf in den Ruhestand (z. B. in Form von Teilzeitarbeit),
– Leben im Alter, Vorsorge fürs Alter (z. B. gesundheitliche Vorsorge, finanzielle Vorsorge),
– Wohnen im Alter,
– Gesundheit, Mobilität und Möglichkeiten, im Alter aktiv zu sein.

Die Eigenverantwortung der Beschäftigten für den Erhalt der eigenen Arbeits- und Leistungsfähigkeit wird wesentlich wichtiger. Schließlich gilt es, für ein längeres Berufsleben fit und flexibel zu bleiben.

Auswirkungen auf Unternehmen
Die Einflüsse der demografischen Entwicklung auf Unternehmen lassen sich zu zwei Kernaussagen verdichten (Abb. 2.5):

a. Es wird schwerer, geeignete Ausbildungskandidaten, Nachwuchs- und Fachkräfte zu finden, zu gewinnen und an das Unternehmen zu binden (es gibt weniger jüngere Menschen), und
b. der Erhalt der Arbeits- und Leistungsfähigkeit des Personals wird noch wichtiger (vor dem Hintergrund: „Rente mit 67" und eines wachsenden Anteils älterer Beschäftigter an der Belegschaft).

Fach- und Arbeitskräftemangel
Sinkende Schülerzahlen lassen es unwahrscheinlicher werden, geeignete Auszubildende und Nachwuchskräfte zu finden. Der Arbeitgeberwettbewerb um geeignete Ausbildungskandidaten und Nachwuchskräfte wird sich verschärfen. Kleine und mittlere Betriebe müssen sich hier zunehmend gegen große Unternehmen behaupten und sich im Wettbewerb um gute Kräfte aller Altersklassen zum Beispiel durch Öffentlichkeitsarbeit als „attraktiver Arbeitgeber" präsentieren.

Für Unternehmen wird es zunehmend schwieriger, geeignete Fach- und Arbeitskräfte zu bekommen. Angesichts eines bestehenden Sockels an Langzeitarbeitslosen erscheint dies auf den ersten Blick schwer verständlich. Doch Langzeitarbeitslose bringen oft nicht die gesuchten Voraussetzungen mit. Dies betrifft alle Altersgruppen.

Auch in den nächsten Jahren wird die Nachfrage nach qualifizierten Fachkräften eher steigen – das jedenfalls geht aus den Angaben von Unternehmen hervor, die vom Institut der deutschen Wirtschaft Köln (IW) im Rahmen des Qualifizierungsmonitors nach ihrem künftigen Personalbedarf befragt wurden (Institut der deutschen Wirtschaft Köln 2010). So sehen Unternehmen aller Größen einen steigenden Bedarf an Personal mit abgeschlossener Berufsausbildung, Fortbildungs- oder Hochschulabschluss voraus. Sinken wird der Bedarf an Personal ohne abgeschlossene Berufsausbildung (Demographie Fakten: demographie-netzwerk.de/demographie-fakten.html [3.12.2013]).

Belegschaften werden älter – die Altersstruktur der Belegschaft verschiebt sich
Eine älter werdende Bevölkerung und damit einhergehend eine älter werdende Erwerbsbevölkerung wird auch in den meisten Unternehmen das Durchschnittsalter der Belegschaft steigen lassen.

In vielen Unternehmen sieht die Altersstruktur der Belegschaft so aus wie in dem Beispielunternehmen in Abb. 2.6.

Da die Konsequenzen für ein Unternehmen ohne genaue betriebsspezifische Betrachtung nur schwer prognostiziert werden können, ist eine betriebsspezifische Bedarfsanalyse zu empfehlen. Es gibt entsprechende Instrumente. Die betriebliche Altersstrukturanalyse und -prognose zeigt auf, wie sich die Belegschaft nach Alter und Qualifikation entwickeln wird. So können Engpässe identifiziert werden. Zudem kann ihnen so frühzeitig entgegengewirkt werden (siehe Teil 2 „Vorgehensmodell – von der demografischen Analyse zum Handlungskonzept").

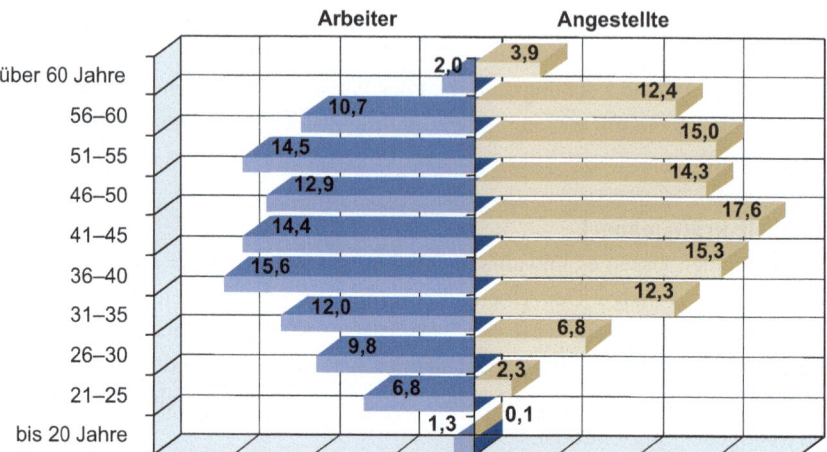

Abb. 2.6 Alterspyramide in einem Unternehmen der Verarbeitenden Industrie (anonymisiertes Beispiel)

„Rente mit 67" und die Konsequenzen für die Unternehmen
Ein Beispiel für die Wechselwirkung von politischer und unternehmerischer Ebene ist die gesetzliche Regelung zur Rente mit 67. Der Gesetzgeber will damit die Finanzierbarkeit der Sozialversicherungssysteme langfristig sichern – und zwar durch das Auslaufen der staatlich geförderten Altersteilzeit (Geltungsdauer bis 31.12.2009) und die schrittweise Anhebung des Renteneintrittsalters von 65 auf 67 Jahre.

Beschäftigte werden damit in der Regel künftig bis 67 im Unternehmen arbeiten – mit allen damit verbundenen Konsequenzen für die Arbeitgeber. Zu beantworten ist hier vor allem die Frage, wie die Leistungsfähigkeit der Beschäftigten erhalten werden kann, damit Unternehmen auch mit älteren Belegschaften innovativ und produktiv bleiben können. Die Beschäftigten sind ihrerseits verantwortlich für den Erhalt ihrer (gesundheitlichen) Arbeits- und Leistungsfähigkeit.

Anforderungen an die Kreditvergabe für Unternehmen durch Basel II und Basel III – Nachfolgeplanung, Wissen sichern:
Basel II[3] soll für eine angemessene Eigenkapitalausstattung von Unternehmen in einem transparenten System sorgen. Das soll einheitliche Wettbewerbsbedingungen sowohl für die Kreditvergabe als auch für den Kredithandel ermöglichen. Anforderungen für günstige Kreditvergaben und eine veränderte Kreditvergabepraxis verlangen von Unternehmen, ihre Leistungsfähigkeit gegenüber Banken und dem Kapitalmarkt zu dokumentieren. Ba-

---

[3] Die Gesamtheit der Eigenkapitalvorschriften, die vom Basler Ausschuss für Bankenaufsicht (Sitz: Basel/Schweiz) für mehr Stabilität des internationalen Finanzsystems vorgeschlagen wurden. www.bundesbank.de/Navigation/DE/Kerngeschaeftsfelder/Bankenaufsicht/Basel3/basel3.html [13.12.2013].

sel II rückt den „Wert von Wissen", das in einem Unternehmen gebunden ist, stärker in den Fokus. Das Unternehmens-Know-how ist Teil der Rating-Kriterien als Grundlage für die Kreditwürdigkeit eines Unternehmens. Vor diesem Hintergrund müssen Unternehmen dokumentieren, wie sie erfolgskritisches Wissen im Unternehmen halten und dem Risiko eines Ausfalls von Schlüsselpersonen vorbeugen.

Vor dem Hintergrund der Finanzkrise erfolgte mit Basel III eine Konkretisierung der Bestimmungen zu Risikodeckung und Liquiditätsanforderungen.

Betroffenheit der Unternehmen aufgrund der regional unterschiedlich verlaufenden demografischen Entwicklung:
Für Unternehmen sind regionale Zahlen zur Bevölkerungsentwicklung vor allem deshalb wichtig, weil sie Rückschlüsse auf das zur Verfügung stehende Erwerbspersonenpotenzial erlauben. Auch wenn Unternehmen heute noch nicht unmittelbar betroffen sind, sind sie gut beraten, sich auf die Veränderungen vorzubereiten (vgl. auch Teil 2 „Vorgehensmodell – von der demografischen Analyse zum Handlungskonzept"). Informationen über die Bevölkerungsentwicklung in Ihrer Region erhalten Sie beispielsweise bei den Statistischen Ämtern des Bundes und der Länder sowie bei der Bertelsmann Stiftung, „Wegweiser Kommune". Die Anzahl der Schulabgänger ist ein guter Indikator dafür, inwieweit Unternehmen Ausbildungskandidaten in ihrer Region finden werden (vgl. „Weiterführende Informationen, Links").

Befürchtungen von Unternehmen und deren Betroffenheit nach Branchen:
Drei von vier Unternehmen in Deutschland rechnen mit gravierenden Folgen des demografischen Wandels. Unter Betrieben mit mehr als 200 Beschäftigten ist die Sorge noch größer: Hier liegt der Anteil bei fast 90 %. Das sind Ergebnisse einer DIHK-Umfrage, die im Dezember 2010 unter rund 20 000 Unternehmen aus Industrie, Bauwirtschaft, Handel und Dienstleistungen durchgeführt wurde. An erster Stelle stehen dabei mögliche Fachkräfteengpässe – jedes zweite Unternehmen rechnet damit. Im Baugewerbe sind es fast zwei Drittel (63 %) und in der Industrie 58 %. Viele Unternehmen nannten eine starke Alterung ihrer Belegschaft als eine weitere wesentliche Folge der demografischen Entwicklung (DIHK; demographie-netzwerk.de/demographie-fakten.html [3.12.2013]).
Betroffenheit der Unternehmen nach Unternehmensgröße:
Die DIHK-Unternehmensbefragung vom Dezember 2010 zeigte, dass das Meinungsbild sehr stark von der Unternehmensgröße abhängt. So gab die Mehrheit der Verantwortlichen in kleinen Betrieben mit bis zu 9 Beschäftigten an, dass der demografische Wandel keine Folgen für sie habe. Mit zunehmender Unternehmensgröße wächst der Umfrage zufolge die Befürchtung, dass die demografische Entwicklung einen Mangel an Fachkräften sowie die Alterung der Belegschaft zur Folge haben werde (DIHK; demographie-netzwerk.de/demographie-fakten.html [3.12.2013]).

Vielfach besteht die Auffassung, dass das Bewusstsein für die Folgen des demografischen Wandels in kleinen und mittleren Unternehmen noch nicht angekommen sei. Bei entsprechenden Befragungen wird in der Regel nicht berücksichtigt, dass das Thema „demografischer Wandel" sehr komplex ist und eine differenzierte Herangehensweise erfordert. Dies setzt voraus, die betrieblichen Handlungsfelder jeweils durch die „demografische Brille" zu sehen, wie das in Teil 3 dieses Kompendiums ausgeführt wird.

Bei der Bewertung von Befragungsergebnissen ist daher zu berücksichtigen, dass das Thema „demografischer Wandel" von kleinen und mittleren Unternehmen in der Regel nicht als eigenständiges Thema wahrgenommen wird. Vielmehr suchen diese Unternehmen differenziert konkrete Lösungsansätze für konkrete Fragen – beispielsweise,

- wie sie geeignete Auszubildende und Fachkräfte bekommen,
- wie sie Mitarbeiter an das Unternehmen binden können und
- wie sie Voraussetzungen zur Vereinbarkeit von Beruf und Familie schaffen können.

Das sind die Fragen, die in Teil 3 „Relevante Handlungsfelder einer leistungsförderlichen demografiefesten Personalarbeit" behandelt werden.

Auswirkungen auf Unternehmen der Metall- und Elektroindustrie
Die Auswirkungen der demografischen Entwicklung zeigen sich auch in den Unternehmen der Metall- und Elektroindustrie. Fachkräftemangel ist dort ein Thema und es ist damit zu rechnen, dass dieser sich angesichts der demografischen Entwicklung verschärfen wird.

In der Metall- und Elektroindustrie ist die Zahl der Beschäftigten der Generation „60+" von rund 85 000 im Jahr 2000 auf rund 193 000 im Jahr 2012 angestiegen. Das ist ein Plus von 127 %. Der Anteil an der Gesamtzahl der in der M+E-Industrie Beschäftigten hat sich somit in diesen zwölf Jahren mehr als verdoppelt: 2012 waren 5,3 % der Mitarbeiter in der M+E-Industrie 60 Jahre und älter, im Jahre 2000 waren es 2,4 %. In der Alterskohorte „50 Jahre und älter" ist der Anteil an der Gesamtbeschäftigung in der M+E-Industrie von 2000 bis 2012 von 20,6 % auf 30 % angewachsen (GESAMTMETALL 2013).
Demografie im ifaa-Trendbarometer „Arbeitswelt":
Das ifaa-Trendbarometer „Arbeitswelt" wird zwei Mal pro Jahr erhoben und ausgewertet. Es erfasst Meinungen von Experten aus Unternehmen, Verbänden und Wissenschaft. Seit Beginn dieser Befragung im Jahr 2009 ist der demografische Wandel ein Thema mit signifikant hoher Bedeutung (www.arbeitswissenschaft.net/ifaa-Trendbarometer-Arbeitswel.720.0.html [13.12.2013]).

Fazit
Unternehmen sind in unterschiedlicher Weise und in unterschiedlichem Ausmaß von den Auswirkungen des demografischen Wandels betroffen. Einen Königsweg, diesem Wandel in seinen Herausforderungen zu begegnen, gibt es nicht; von Pauschallösungen ist dringend abzuraten. Jedes Unternehmen muss seinen eigenen Weg finden.

Eine Differenzierung (Abb. 2.7) ist notwendig, weil beispielsweise die betriebsspezifische Ausgangslage, konkrete Fragestellungen der Unternehmen, regionale Unterschiede, Branchenzugehörigkeit und mitarbeiterspezifische Unterschiede eine Rolle spielen (vgl. auch Teil 1 „Einführung und Hinweise zur Nutzung des Kompendiums").

Differenzierte Herangehensweise

Den Königsweg gibt es nicht. Jedes Unternehmen muss seinen eigenen betriebsspezifischen Handlungsbedarf ermitteln.

„Den" älteren Mitarbeiter gibt es nicht. Die mit dem Alter zunehmende Streubreite der Leistungsfähigkeit rechtfertigt Einheitslösungen nicht.

Demografiefeste Personalarbeit unter arbeitswissenschaftlichen Gesichtspunkten bezieht sich nicht nur auf die älteren Mitarbeiter, sondern setzt bereits **präventiv bei den Jüngeren an.**

Eigenverantwortung des Beschäftigten. Verantwortung für den Erhalt seiner (gesundheitlichen) Arbeits- und Leistungsfähigkeit trägt auch der Einzelne – und nicht nur der Arbeitgeber.

Heute die Weichen für die Zukunftsfähigkeit des Unternehmens stellen. Längerfristige Unternehmensziele und Unternehmensstrategie; demografische Rahmenbedingungen berücksichtigen.

Foto: stockWERK/fotolia.de

Abb. 2.7 Fazit für Unternehmen: Differenzierte Herangehensweise

Da Unternehmen unterschiedlich betroffen sind, sollte eine betriebsspezifische Bestandsaufnahme und Bedarfsanalyse durchgeführt werden. Diese umfasst sowohl eine betriebliche Altersstrukturanalyse als auch eine Analyse einschlägiger regionaler Daten. In Teil 2 „Vorgehensmodell – von der demografischen Analyse zum Handlungskonzept" finden Sie hierzu Anregungen, Instrumente, Methoden sowie ein Vorgehensmodell.

In Teil 3 „Relevante Handlungsfelder einer leistungsförderlichen demografiefesten Personalarbeit" finden Sie Anregungen für die einzelnen betrieblichen Handlungsfelder. Sie werden jeweils vor dem Hintergrund der demografischen Einflüsse dargestellt und bieten praxisorientierte Lösungsansätze, um die benötigten Fachkräfte zu finden und an das Unternehmen zu binden. Sie bieten auch Handreichungen, wie die Leistungsfähigkeit der Beschäftigten frühzeitig gefördert und langfristig gesichert werden kann.

Weiterführende Informationen, Links

Ältere Arbeitnehmer:
http://www.gesamtmetall.de/gesamtmetall/meonline.nsf/id/DE_Aeltere_Arbeitnehmer [13.12.2013]

Abschied von der Frühverrentung: Mentalitätswandel bei Unternehmen und Beschäftigten angekommen. Allensbach-Umfrage: http://www.gesamtmetall.de/gesamtmetall/meonline.nsf/id/Page-Allensbach-Umfrage-Aeltere-Mentalitaetswandel-angekommen_DE [13.12.2013]

Arbeitswelt: Herausforderung Demografie. Längeres Arbeiten möglich machen. http://www.gesamtmetall.de/gesamtmetall/meonline.nsf/id/News1-2-2013-Sauer-Danfos?open&ccm=&gn=19022013145601 [13.12.2013]

Stufenweise Anhebung: Bundesrat stimmt Rente mit 67 zu. In: SPIEGEL ONLINE vom 30.03.2007, verfügbar unter: http://www.spiegel.de/politik/deutschland/stufenweise-anhebung-bundesrat-stimmt-rente-mit-67-zu-a-474813.html [13.12.2013]

Basel II und Basel III:

Basel ist die Abkürzung für Basler Ausschuss für Bankenaufsicht (Sitz: Basel/Schweiz), der 1974 ins Leben gerufen wurde. Die Regelwerke Basel I, Basel II und Basel III des Ausschusses betreffen Bestimmungen zur Eigenkapitalausstattung von Geldinstituten. Als Reaktion auf die weltweite Finanz- und Wirtschaftskrise seit 2007 hat der Ausschuss mit Basel III die Eigenkapitalvorschriften von Geldinstituten weiter verschärft. Sie müssen mehr Eigenkapital vorhalten. Für Unternehmen ergeben sich Auswirkungen im Hinblick auf eine Kreditvergabe. Basel III umfasst auch die Bestimmungen von Basel II. Basel II rückte den Wert von Wissen, das in einem Unternehmen gebunden ist, stärker in den Fokus. Das Unternehmens-Know-how ist Teil der Ratingkriterien als Grundlage für die Kreditwürdigkeit eines Unternehmens. Unternehmen müssen dokumentieren, wie sie sicherstellen, dass erfolgskritisches Wissen im Unternehmen gehalten wird und wie dem Risiko eines Ausfalls von Schlüsselpersonen vorgebeugt wird. Damit sind auch Regelungen zur Unternehmensnachfolge angesprochen.

Mehr Informationen über Basel III (einschließlich Basel II und Basel I) und die Bedeutung für den Mittelstand erhalten Sie unter diesen Links:

http://www.bundesbank.de/Navigation/DE/Kerngeschaeftsfelder/Bankenaufsicht/Basel2/basel2.html [13.12.2013]

http://www.bundesbank.de/Navigation/DE/Kerngeschaeftsfelder/Bankenaufsicht/Basel3/basel3.html [13.12.2013]

http://www.handelskammer-bremen.ihk24.de/956038/suche.html /Basel III – die Folgen für den Mittelstand (pdf). Als Suchwort eingeben: Basel III [13.12.2013]

Demografische Entwicklung, Zahlen, Daten, Fakten:

Berlin-Institut für Bevölkerung und Entwicklung: http://www.berlin-institut.org/ [13.12.2013]

Bertelsmann Stiftung: www.bertelsmann-stiftung.de (Gesellschaft/Demographischer Wandel; auch regionale Daten, siehe Demographiemonitor, Länderplattform. Online Tools: Wegweiser Kommune, Demographie konkret) [13.12.2013]

Bundesministerium für Bildung und Forschung: Demografischer Wandel: http://www.bmbf.de/de/4657.php [13.12.2013]

Demografieportal des Bundes und der Länder: http://www.demografie-portal.de/DE/Home/Landesportale.html (regionale Daten) [13.12.2013]

Initiative Neue Qualität der Arbeit, INQA: www.inqa.de (Themen/Demographischer Wandel) [13.12.2013]

Kultusministerkonferenz: Vorausberechnung der Schüler- und Absolventenzahlen: http://www.kmk.org/statistik/schule/statistische-veroeffentlichungen/vorausberechnung-der-schueler-und-absolventenzahlen.html [13.12.2013]

Sachverständigenrat zur Begutachtung der gesamtwirtschaftlichen Entwicklung (Hrsg.): Herausforderungen des demografischen Wandels. Expertise im Auftrag der Bundesregierung. Mai 2011. Wiesbaden: Sachverständigenrat zur Begutachtung der gesamtwirtschaftlichen Entwicklung, 2011, verfügbar unter: http://www.sachverstaendigenrat-wirtschaft.de/fileadmin/dateiablage/Expertisen/2011/expertise_2011-demografischer-wandel.pdf [13.12.2013]

Fachkräfte/Fachkräftemangel/Fachkräftesicherung:

Institut der deutschen Wirtschaft: http://www.iwkoeln.de/de/themen/innovationen/fachkraefte [13.12.2013]

Institut der deutschen Wirtschaft (Hrsg.): Qualifizierungsmonitor – Empiriegestütztes Monitoring zur Qualifizierungssituation in der deutschen Wirtschaft. Eine Studie im Auftrag des Bundesministeriums für Wirtschaft und Technologie. Köln: Institut der deutschen Wirtschaft, 2010, verfügbar unter: http://www.iwkoeln.de/de/studien/gutachten/beitrag/63635 [13.12.2013]

Metall- und Elektroindustrie, Informationen bei GESAMTMETALL (Arbeitskräftemangel, Altersstruktur in der M+E-Industrie): http://www.gesamtmetall.de/gesamtmetall/meonline.nsf/id/Grafiken [13.12.2013]

Von der Leyen erleichtert Anwerbung ausländischer Fachleute. In: ZEIT ONLINE vom 21. Juni 2011, verfügbar unter: http://www.zeit.de/politik/deutschland/2011-06/von-der-leyen-fachkraeftemangel [13.12.2013]

Projekte und Initiativen:

Arbeitspolitik in Nordrhein-Westfalen: Landesinitiative zur Fachkräftesicherung

Globaler Wettbewerb, technologischer Wandel und demografische Entwicklung werden auch in Nordrhein-Westfalen zu enormen Herausforderungen bei der Sicherung von Fachkräften führen. Die NRW-Landesregierung hat deshalb die Landesinitiative zur Fachkräftesicherung auf den Weg gebracht. Schon jetzt sind Engpässe zu verzeichnen und bedarf es gemeinsamer Anstrengungen aller Akteure aus Politik und Wirtschaft, um für den zukünftig zu erwartenden Fachkräftemangel gewappnet zu sein. Mit der Fachkräfteinitiative stellt sich die Landesregierung NRW einer zentralen Zukunftsaufgabe: http://www.arbeit.nrw.de/arbeit/fachkraefte_sichern/index.php [13.12.2013]

Beispiel für eine Initiative auf Länderebene: DEMOGRAFIE A K T I V – eine Initiative für Unternehmen und Beschäftigte in NRW:

Die Initiative DEMOGRAFIE A K T I V richtet sich an Unternehmen, Interessenvertretungen und Beschäftigte, die die Vorteile einer demografiebewussten Unternehmensstrategie nutzen wollen. Denn: Aktivitäten zur Gestaltung des demografischen Wandels verbessern nicht nur die Zukunfts- und Wettbewerbsfähigkeit des Unternehmens, sie wirken auch positiv auf Motivation und Zufriedenheit der Beschäftigten und sichern damit Vorteile im Wettbewerb um Fachpersonal. Träger der bundesweit einzigartigen Initiative DEMOGRAFIE A K T I V sind: das Ministerium für Arbeit, Integration und Soziales NRW, die Landesvereinigung der Unternehmensverbände NRW und der Deutsche Gewerkschaftsbund NRW: http://www.arbeit-demografie.nrw.de/ [13.12.2013]

Demografischer Wandel – Jedes Alter zählt. Demografiestrategie der Bundesregierung (seit April 2012):

Deutschland verändert sich. Die Alterung der Gesellschaft erfasst alle Lebensbereiche und hat Auswirkungen für jeden Einzelnen. Das Bundeskabinett hat deshalb eine Demografiestrategie beschlossen, um diesen Veränderungen zu begegnen: http://www.bundesregierung.de/Webs/Breg/DE/Themen/Demografiestrategie/_node.html [13.12.2013]

Das Demographie Netzwerk, ddn:

Wie können sich Unternehmen optimal auf alternde Belegschaften einstellen? Wie gehen andere Firmen mit dem demografischen Wandel um und wo steht das eigene Unternehmen im Vergleich? Diese und weitere Fragen stehen im Mittelpunkt beim bundesweiten Demographie Netzwerk e. V. (ddn). In dem gemeinnützigen Netzwerk von Unternehmen für Unternehmen haben sich mehr als 350 Unternehmen und Institutionen mit einer Personalverantwortung für über zwei Millionen Beschäftigte zusammengeschlossen, um den demografischen Wandel aktiv zu gestalten: http://demographie-netzwerk.de/ [13.12.2013]

Initiative Neue Qualität der Arbeit, INQA:

Arbeitsbedingungen in Deutschland zukunftsfähig zu gestalten, ist eine Aufgabe, die Wirtschaft, Politik und Wissenschaft gleichermaßen betrifft. Die Initiative Neue Qualität der Arbeit bringt diese Akteure zusammen, bündelt ihr Wissen und ihre Erfahrungen und macht sie für die Unternehmenspraxis nutzbar. Die Arbeits- und Organisationsstruktur der Initiative schafft Freiräume für die Vernetzung und ermöglicht gleichzeitig eine klare Entscheidungsfindung. Erfahren Sie mehr über das Netzwerk: www.inqa.de [13.12.2013]

Literatur

Bundesinstitut für Bevölkerungsforschung BiB: www.bib-demographie.de [13.12.2013]

Das Demographie Netzwerk ddn: Demografie-Fakten; interaktive Pyramide. Hier sehen Sie die voraussichtliche Veränderung der Bevölkerungspyramide bis zum Jahre 2060. http://demographie-netzwerk.de/demographie-fakten.html [13.12.2013]

Dickmann, N.: Grundlagen der demographischen Entwicklung. In: Institut der deutschen Wirtschaft Köln (Hrsg.): Perspektive 2050. Ökonomik des Demographischen Wandels. Köln: Deutscher Instituts-Verlag, 2004, S. 11–33

Dickmann, N.; Seyda, S.: Gründe für den Geburtenrückgang. In: Institut der deutschen Wirtschaft Köln (Hrsg.): Perspektive 2050. Ökonomik des Demographischen Wandels. Köln: Deutscher Instituts-Verlag, 2004, S. 35–66

DIHK; demographie-netzwerk.de/demographie-fakten.html [03.12.2013].

Fachkräfte-Offensive der Bundesregierung

Den Fachkräftebedarf zu sichern ist eine der entscheidenden Herausforderungen für den Wirtschaftsstandort Deutschland. Um alle verantwortlichen Akteure zusammenzubringen und ganz konkret Handlungsansätze aufzuzeigen, haben das Bundesministerium für Arbeit und Soziales (BMAS), das Bundesministerium für Wirtschaft und Energie (BMWi) und die Bundesagentur für Arbeit (BA) die Fachkräfte-Offensive gestartet: http://www.fachkraefte-offensive.de/DE/Startseite/start.html [13.12.2013]

GESAMTMETALL (Hrsg.): Die Beschäftigung älterer Mitarbeiter in der Metall- und Elektro-Industrie. Stand: April 2013, verfügbar unter: http://www.gesamtmetall.de/gesamtmetall/meonline.nsf/id/DE_Aeltere_Arbeitnehmer [13.12.2013]

Institut der deutschen Wirtschaft Köln (Hrsg.): Qualifizierungsmonitor – Empiriegestütztes Monitoring zur Qualifizierungssituation in der deutschen Wirtschaft. Eine Studie im Auftrag des Bundesministeriums für Wirtschaft und Technologie. Schlussbericht. Köln: Institut der deutschen Wirtschaft, 2010, verfügbar unter: http://www.iwkoeln.de/de/studien/gutachten/beitrag/63635 [13.12.2013]

Institut für angewandte Arbeitswissenschaft (Hrsg.): ifaa-Trendbarometer „Arbeitswelt": http://www.arbeitswissenschaft.net/ifaa-Trendbarometer-Arbeitswel.720.0.html [13.12.2013]

Kemme, J.; GESAMTMETALL (Hrsg.): Die demografische Herausforderung als Verbandsaufgabe. Berlin: GESAMTMETALL, 2008, verfügbar unter: http://www.gesamtmetall.de/gesamtmetall/meonline.nsf/id/DE_Herausforderung_Demographischer_Wandel [13.12.2013]

Sonntag, K.; GESAMTMETALL (Hrsg.): Potenziale Erwerbstätiger bei verlängerter Lebensarbeitszeit. Chancen und Herausforderungen für die Wirtschaft. Expertise im Auftrag von GESAMTMETALL. Köln: IW Medien, 2014, verfügbar unter: http://www.gesamtmetall.de/gesamtmetall/meonline.nsf/id/PagePotenziale-Erwerbstaetiger-bei-verlaengerter-Lebensarbeitszeit-Chancen-und-Herausforderungen-f/$file/Potenziale-Erwerbstaetiger.pdf [03.02.2014]

Statistisches Bundesamt, Bevölkerungsentwicklung: https://www.destatis.de/DE/ZahlenFakten/GesellschaftStaat/Bevoelkerung/Bevoelkerung.html [13.12.2013]

Statistische Landesämter: www.statistik-portal.de [13.12.2013]

Stiftung Weltbevölkerung: http://www.weltbevoelkerung.de/uhr?gclid=CP6DjPHn1rYCFYJb3godB3oAkg [13.12.2013]

Leistungsfähig sein und bleiben

Corinna Jaeger

Worum geht es in diesem Beitrag?
Sie erfahren, was unter menschlicher Leistungsfähigkeit zu verstehen ist, und worin der Unterschied zu den Begriffen „Arbeitsfähigkeit" und „Beschäftigungsfähigkeit" liegt. Welche Voraussetzungen sollten erfüllt sein, um im Arbeitsprozess leistungsfähig zu bleiben? Was kann die körperliche und geistige Leistungsfähigkeit beeinflussen? Dieses Kapitel beleuchtet den Zusammenhang zwischen demografischem Wandel und Leistungsfähigkeit. Unternehmen und Beschäftigte erhalten hier Hinweise, was sie tun können, um über das gesamte Arbeitsleben hinweg gute Voraussetzungen für die Förderung und Erhaltung der Leistungsfähigkeit zu schaffen. Vorgestellt werden auch betriebliche Lösungen.

Überblick:
- Was ist menschliche Leistungsfähigkeit?
- Welche Voraussetzungen begünstigen Leistungsfähigkeit und was beeinflusst sie?
- Welchen Handlungsbedarf haben Unternehmen?
- Was können Unternehmen und Beschäftigte tun, um leistungsfähig zu sein und zu bleiben?
- Wie sehen ausgewählte betriebliche Lösungen der Metall- und Elektroindustrie aus?
- Welche aktuellen Forschungsprojekte unterstützen Unternehmen der Metall- und Elektroindustrie?
- Praxisbeispiele

C. Jaeger (✉)
Institut für angewandte Arbeitswissenschaft e. V., Düsseldorf, Deutschland
E-Mail: c.jaeger@ifaa-mail.de

Was ist menschliche Leistungsfähigkeit?
Wie leistungsfähig ist ein Mensch? Das hängt zum einen von der Person selbst ab und zum anderen von äußeren Umständen, denen Menschen ausgesetzt sind. Die körperliche und geistige Leistungsfähigkeit wandelt sich im Laufe des Lebens. Sowohl Beschäftigte als auch Unternehmen können diesen Prozess stark positiv beeinflussen. Und genau darin besteht eine große Chance, den demografischen Wandel zu meistern.

Was aber bedeutet Leistungsfähigkeit? Sie steht dafür, dass ein Mensch eine bestimmte Leistung über einen längeren Zeitraum erbringen kann. Dies bezieht sich sowohl auf körperliche (physische) als auch auf geistige (psychische beziehungsweise mentale) Leistungen. Es geht also nicht um kurzfristige Spitzenleistungen oder schwankende Leistung, sondern um ein bestimmtes Leistungsniveau, das über einen längeren Zeitraum – im Idealfall ein Arbeitsleben lang – gehalten werden kann, ohne dass gesundheitliche Schäden auftreten. Die Höhe dieser Leistungsgrenze ist individuell unterschiedlich – und einzelne Aspekte der körperlichen und geistigen Leistungsfähigkeit verändern sich mit der Zeit.

Den Begriff „Arbeitsfähigkeit" haben die Finnen Prof. Dr. Juhani Ilmarinen und Kaija Tuomi (Finnish Institute of Occupational Health) bereits zu Beginn der 1980er-Jahre geprägt. Arbeitsfähigkeit betrachtet Leistungsfähigkeit nicht losgelöst, sondern im Zusammenhang mit den gestellten Arbeitsanforderungen: Demnach ist ein Mensch arbeitsfähig, wenn er die bestehende Aufgabe aktuell erfolgreich bearbeiten kann. Ilmarinen stellt im „Haus der Arbeitsfähigkeit" ausführlich dar, welche Faktoren am Arbeitsplatz und außerhalb des Arbeitsplatzes die Arbeitsfähigkeit beeinflussen (Abb. 3.1). Am Bild eines Gebäudes mit mehreren Stockwerken und Räumen verdeutlicht er, dass sich die Arbeitsfähigkeit aus verschiedenen Aspekten zusammensetzt. Diese bauen teilweise aufeinander auf. Auf vier Stockwerke verteilt sind dies „Gesundheit", „Kompetenz", „Werte und Haltungen" sowie „Arbeit". Dieses Modell eines „Hauses der Arbeitsfähigkeit" bezieht auch Umgebungseinflüsse von der Familie bis hin zu politischen Rahmenbedingungen ein. Das Buch „Arbeitsleben 2025" (Tempel/Ilmarinen 2013, S. 40 ff.) beschreibt das „Haus der Arbeitsfähigkeit" ausführlicher.

Bereits 1981 bis 1985 entwickelten Ilmarinen und Tuomi den Work Ability Index (WAI) – zu Deutsch: Arbeitsbewältigungsindex (ABI). Dieser zielt darauf ab, die subjektive Beanspruchung zu messen (Tempel et al. 2013, S. 117). Im Handlungsfeld „Gesundheit aktiv gestalten" in Teil III, Kap. 12 des Kompendiums wird der WAI ausführlicher beschrieben. Wenn Menschen älter werden, können sie die Bearbeitung einer objektiv gleichen Aufgabe subjektiv als höhere Beanspruchung empfinden. Dies ist für Betriebe vor der Kulisse des demografischen Wandels und alternder Belegschaften besonders interessant.

3 Leistungsfähig sein und bleiben

Abb. 3.1 Haus der Arbeitsfähigkeit (Arbeitsleben 2025, Tempel et al. 2013; Finnish Institute of Occupational Health 2011)

Neben der Leistungsfähigkeit ist die Beschäftigungsfähigkeit eines Menschen wichtig: Braucht der Arbeitsmarkt beziehungsweise das Unternehmen das, was der (potenzielle) Mitarbeiter kann? Verfügt dieser Mensch über die Kompetenzen, Fähigkeiten und Eigenschaften, die das Unternehmen aktuell benötigt? Mit dem technischen Fortschritt und dem Wandel der Arbeitswelt von der Industrie- zur Dienstleistungsgesellschaft verändern sich auch die beruflichen Anforderungen. Deshalb müssen sich Personen im erwerbsfähigen Alter – beispielsweise über lebenslanges Lernen – entsprechend entwickeln, um bis zum regulären Verrentungszeitpunkt einsetzbar bleiben zu können.

Bedeutung für die betriebliche Praxis
- Leistungsfähigkeit, Arbeitsfähigkeit und Beschäftigungsfähigkeit der Beschäftigten sind unterschiedliche Aspekte. Diese beeinflussen sich gegenseitig und wirken sich auf die Produktivität eines Unternehmens aus.
- Es handelt sich dabei nicht um starre Zustände, die man erreicht hat oder nicht, sondern um Prozesse mit jeweils derzeitigem Zustand. Dieser verändert sich abhängig von einem Selbst und der Außenwelt – insbesondere der Arbeitswelt.
- Abgleich und Anpassung von Arbeitsanforderungen, Einsatzfähigkeit und Qualifikation schaffen gute Voraussetzungen für eine langfristige Erhaltung und Förderung der Leistungsfähigkeit.
- Unternehmen tragen durch die Gestaltung der Arbeitsbedingungen und der Arbeitsumgebung sowie den Abgleich von Anforderungs- und Einsatzfähigkeitsprofil dazu bei. Die Beschäftigten haben für eine bedarfsgerechte Qualifizierung zu sorgen und sich geistig sowie körperlich fit zu halten.

Was hat Leistungsfähigkeit mit Demografie zu tun?
Eine demografische Entwicklung (Entwicklung von Bevölkerungen und deren Strukturen) findet stets statt. Doch Deutschland erlebt einen demografischen Wandel: Die Alterspyramide droht kopfzustehen (Abb. 3.2). Immer weniger junge Menschen bilden eine „schmale Basis", immer mehr ältere Menschen bilden eine „breite Spitze".

Abb. 3.2 Tendenzielle Umkehrung der Alterspyramide

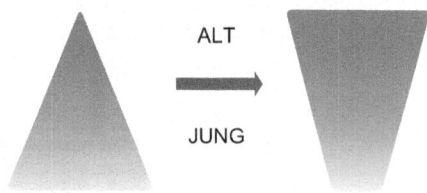

Der Anteil der Jüngeren nimmt ab, das Durchschnittsalter der Bevölkerung steigt und damit auch das der Unternehmensbelegschaften. Das reguläre Renteneintrittsalter wird abhängig vom Geburtsjahr schrittweise angehoben. Die Menschen werden länger arbeiten als bisher. Doch mit zunehmendem Lebensalter verändert sich die Leistungsfähigkeit und streut zwischen Gleichaltrigen zudem stärker. Möglicherweise müssen zukünftig weniger und ältere Beschäftigte die Produktivität der Unternehmen erhalten und steigern. Erläuterungen zur demografischen Entwicklung und mögliche Auswirkungen auf Unternehmen finden Sie in Teil I, Kapitel 2 „Demografischer Wandel und Auswirkungen auf Unternehmen" des Kompendiums.

> **Bedeutung für die betriebliche Praxis**
> - Im Laufe des Lebens verändert sich die physische und psychische Leistungsfähigkeit. Unternehmen und Beschäftigte können die Richtung und Geschwindigkeit dieser Veränderung stark beeinflussen – durch Arbeitsbedingungen und persönliche Lebensführung.
> - Sowohl Unternehmen als auch Beschäftigte müssen gute Voraussetzungen für die Erhaltung und Förderung der Leistungsfähigkeit schaffen und vermeidbare negative Einflüsse verhindern.

Welche Voraussetzungen begünstigen Leistungsfähigkeit und was beeinflusst sie?
Leistungsfähigkeit und Dauerleistungsgrenze hängen von verschiedenen menschlichen Eigenschaften – wie Konstitution und Gesundheit – und Fähigkeiten ab, zum Beispiel Kraft und Kompetenz (siehe Abb. 3.3). Wie „robust" und intelligent ein Mensch ist, ist zum Teil durch seine Erbanlagen bedingt. Doch er kann durch das eigene Verhalten – den Umgang mit sich selbst – die eigene Leistungsfähigkeit entscheidend beeinflussen. Dazu gehört nicht nur die persönliche Lebensführung, sondern zum Beispiel auch das lebenslange Lernen. Somit kann jeder Beschäftigte seine physische und psychische Leistungsfähigkeit stark beeinflussen, fördern und langfristig erhalten.

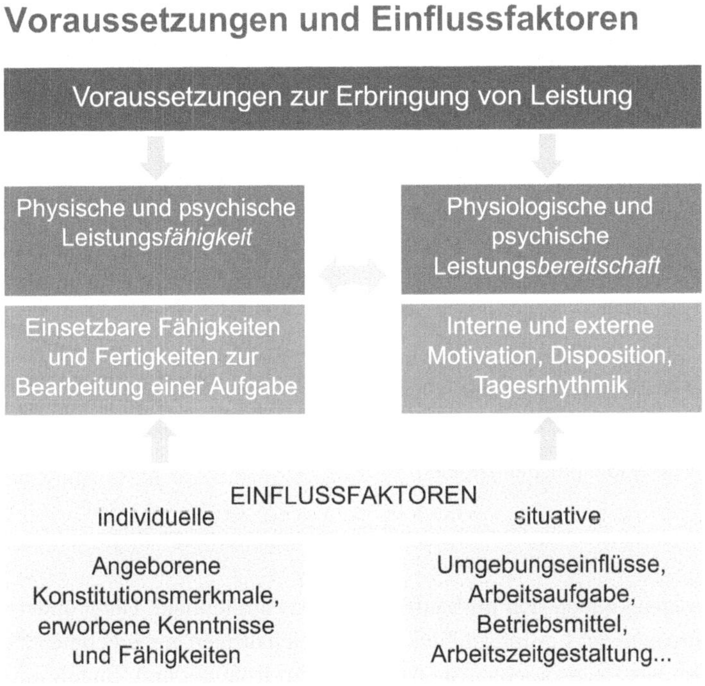

Voraussetzungen und Einflussfaktoren

Voraussetzungen zur Erbringung von Leistung

- Physische und psychische Leistungs*fähigkeit*
- Einsetzbare Fähigkeiten und Fertigkeiten zur Bearbeitung einer Aufgabe

- Physiologische und psychische Leistungs*bereitschaft*
- Interne und externe Motivation, Disposition, Tagesrhythmik

EINFLUSSFAKTOREN

individuelle

Angeborene Konstitutionsmerkmale, erworbene Kenntnisse und Fähigkeiten

situative

Umgebungseinflüsse, Arbeitsaufgabe, Betriebsmittel, Arbeitszeitgestaltung...

Abb. 3.3 Körperliche und geistige Leistungsfähigkeit – Voraussetzungen und Einflussfaktoren (Jaeger 2013)

Ausführlichere Ausführungen zum lebenslangen Lernen finden Sie in Teil III, Abschn. 10.3.1 „LLL – lebenslanges Lernen". Das Kapitel 12 Handlungsfeld „Gesundheit aktiv gestalten" in Teil III enthält bewährte Maßnahmen für gesundheitsförderliches Verhalten, zum Beispiel bezüglich Ernährung, Bewegung und Schlaf.

Dies sind jedoch nicht die einzigen Voraussetzungen, um leistungsfähig sein und bleiben zu können. Auch äußere beziehungsweise situative Faktoren wie die Arbeitsanforderungen üben einen großen Einfluss aus. So kann beispielsweise die Gestaltung von Arbeitsaufgabe und Arbeitsbedingungen zum menschlichen Wohlbefinden beitragen. Eine Studie von Neumann und Dul (2010) zeigt, dass menschliches Wohlbefinden (wellbeing) eine enorm wichtige Voraussetzung für Leistung (performance) ist. Ob sich ein Mensch wohl fühlt oder nicht, hängt unter anderem von der Art, Intensität und Dauer einer Belastung ab, der er ausgesetzt ist.

Abbildung 3.4 zeigt, dass eine Belastung zu einer Beanspruchung führt und sich daraus Beanspruchungsfolgen ergeben. Ob die Folgen neutral, bestenfalls positiv oder aber negativ sind, hängt sowohl von der Person selbst als auch von der Situation ab. Eine angemessene psychische Belastung kann beispielsweise bewirken, dass ein Beschäftigter bei der Bearbeitung einer anspruchsvollen Aufgabe etwas lernt und in der Folge seine Fähigkeiten erweitert hat. Eine dauerhaft unangemessene körperliche Belastung hingegen kann zum Beispiel zu negativen Beanspruchungsfolgen wie Gelenkverschleiß führen. Bean-

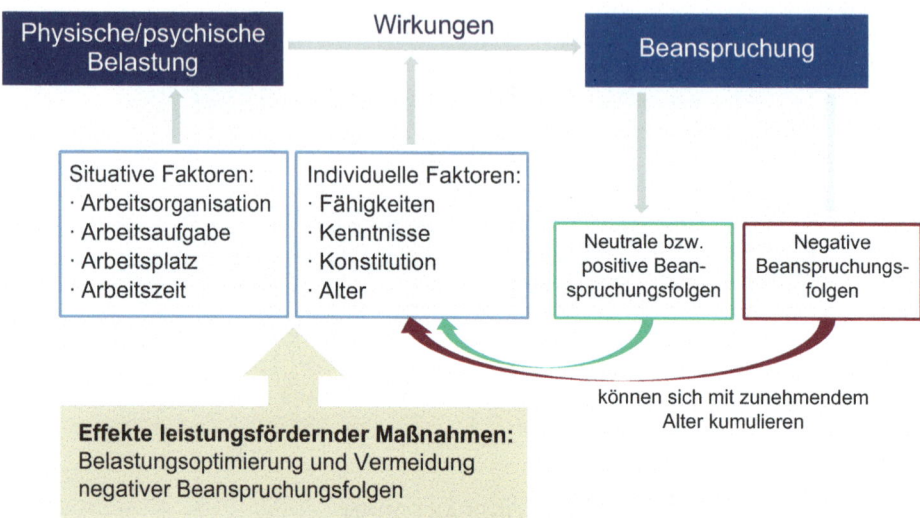

Abb. 3.4 Wirkzusammenhänge Belastung und Beanspruchung (Jaeger 2013)

spruchungsfolgen können sich im Laufe des Lebens ansammeln. Unter anderem deshalb nimmt die Streuung der Leistungsfähigkeit bei Gleichaltrigen mit zunehmendem Alter zu.

Das Belastungs-Beanspruchungskonzept geht auf Rohmert und Rutenfranz (1975) zurück und sei an einem einfachen Beispiel verdeutlicht. Die Belastung stellt ein mit Wasser gefüllter Eimer dar, der 10 kg wiegt. Die Aufgabe besteht darin, den Eimer Wasser aus eigener Kraft anzuheben, fünf Meter weit zu tragen und abzustellen – mit vollständigem Inhalt. Einer erwachsenen Person mit durchschnittlicher Konstitution wird dies recht gut gelingen. Ein sechsjähriges Kind hingegen wird die gleiche Aufgabe in der Regel nicht bewältigen können.

Dieses einfach nachvollziehbare Beispiel zeigt, dass verschiedene Personen die gleiche Belastung sehr unterschiedlich empfinden können. Auch das Ergebnis nach Bearbeitung der gleichen Aufgabe kann individuell sehr unterschiedlich ausfallen. Das liegt unter anderem an unterschiedlichen Voraussetzungen der jeweiligen Beschäftigten, zum Beispiel bezüglich Gesundheit, Kompetenz, Ressourcen. Wie angemessen ein Mitarbeiter mit Belastungen umgehen und sich vor möglichen negativen Auswirkungen schützen kann, hängt von den Ressourcen (Glaser und Herbig 2012, S. 22 ff.) ab: Persönliche Ressourcen sind zum Beispiel Gesundheit und Problemlösekompetenz, arbeitsbezogene Ressourcen sind beispielsweise soziale Unterstützung von Kollegen und angemessener Handlungsspielraum bei der Aufgabenerledigung (Tempel et al. 2013, S. 101). Wie eine Belastung empfunden wird und zu welchem Ergebnis die Bearbeitung einer Aufgabe führt, ist zudem abhängig von Arbeitsanforderungen (z. B. Arbeitsplatz, Arbeitsaufgabe, Arbeitszeit). Handlungsspielraum bietet die Möglichkeit, Kompensationsstrategien zu entwickeln und über eine veränderte Vorgehensweise die gleiche Leistung zu erbringen. Dies ist insbesondere wichtig, wenn sich die Leistungsfähigkeit Beschäftigter zum Beispiel durch Krankheit, Unfall oder Alter gewandelt hat. Individuelle und arbeitsbezogene Ressourcen können dazu beitragen, dass eine Belastung lediglich zu einer geringen Beanspruchung führt.

Ein weiterer wichtiger Aspekt in diesem Zusammenhang ist Erholung. Nachhaltiges Wirtschaften gilt auch für den menschlichen Kräftehaushalt. Um leistungsfähig sein zu können, müssen wir verbrauchte Energie auffüllen – rechtzeitig und regelmäßig. In Bezug auf psychische Belastung sei auf Teil III Abschn. 8.2 „Psychische Belastung – Vorgehen bei der Erfassung und Gestaltung zur Reduktion negativer Beanspruchungsfolgen" dieses Kompendiums verwiesen. Negative Beanspruchungsfolgen thematisiert Teil III, Kapitel 12, Handlungsfeld „Gesundheit aktiv gestalten".

Bedeutung für die betriebliche Praxis
- Die gleiche Belastung kann sich auf verschiedene Beschäftigte unterschiedlich auswirken. Die Qualität der Bearbeitung einer Aufgabe hängt sowohl von individuellen Voraussetzungen und Ressourcen der Beschäftigten als auch den Arbeitsanforderungen ab.
- Um gute Voraussetzungen für eine dauerhaft erfolgreiche Bearbeitung von Aufgaben zu schaffen, sollten Unternehmen bei der Gestaltung von Arbeitsanforderungen Faktoren der Mitarbeiter berücksichtigen.
- Unternehmen können negativen Beanspruchungsfolgen vorbeugen beziehungsweise leistungsgewandelte Beschäftigte effizient einsetzen, indem sie Arbeitsanforderungen mit individuellem Gestaltungsspielraum versehen. Hier kann es sich zum Beispiel um Handlungsspielraum beim Vorgehen zur Bearbeitung einer Aufgabe oder Flexibilitätsspielraum zur Anpassung von Arbeitszeiten an die jeweilige Lebenssituation handeln.
- Nicht das Alter allein ist entscheidend für die Leistungsfähigkeit. Diese hängt auch davon ab, wie sich ein Mensch im Laufe seines Lebens beansprucht. Beschäftigte sind dafür verantwortlich, negative Beanspruchungsfolgen zu vermeiden – zum Beispiel, indem sie sich in der arbeitsfreien Zeit erholen, verbrauchte Energie auffüllen und für eine gesunde Balance sorgen.

Welchen Handlungsbedarf haben Unternehmen?
Unternehmen müssen das Produktivitätsniveau und die Qualität zukünftig mit alternden Belegschaften halten beziehungsweise erhöhen. Sie müssen zugleich steigenden Anforderungen an die betriebliche Flexibilität und Wandlungsfähigkeit begegnen.

Dies kann nur mit einem strukturierten Vorgehen gelingen, wie es in Teil II des Kompendiums beispielhaft dargestellt ist. Zunächst ist zu analysieren, ob bestehende Arbeitsbedingungen die Mitarbeiter in ihrer Leistungsentfaltung unterstützen und wo aktuell und zukünftig Handlungsbedarf besteht. Einen Überblick bieten zum Beispiel Produktivitätskennzahlen wie Stückzahl, Ausschuss und erfasste Arbeitszeit, aber auch Gesundheits-

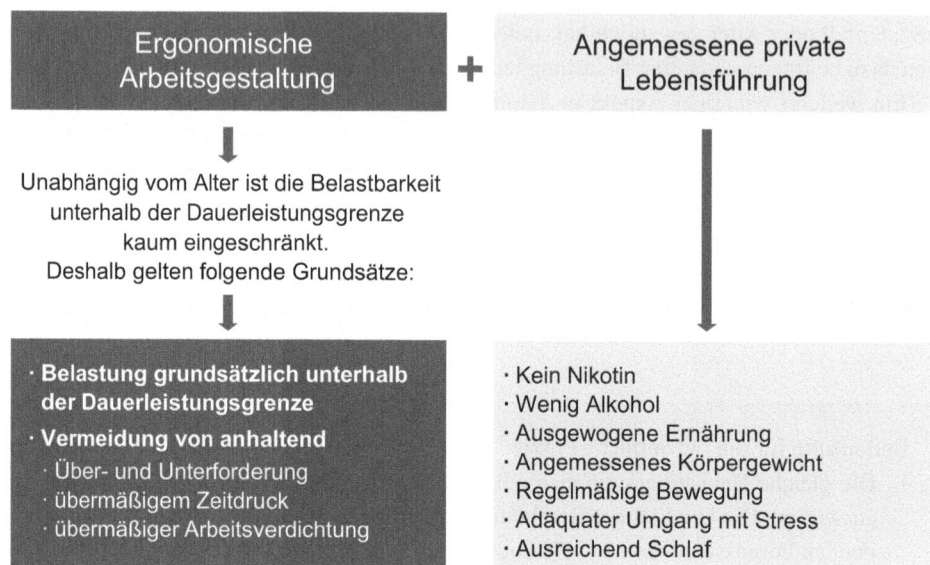

Abb. 3.5 Maßnahmen zur Vermeidung negativer Beanspruchungsfolgen (Jaeger 2013)

quote etc. Altersstrukturanalyse und Qualifikationsbedarfsanalyse zeigen unter anderem auf, zu welchem Zeitpunkt Qualifikationsgruppen in den regulären Ruhestand wechseln und gegebenenfalls zu ersetzen sind. Im nächsten Schritt wählt ein Unternehmen Maßnahmen aus und setzt diese um. Es sind dabei Arbeitsbedingungen zu schaffen, die gute Voraussetzungen für Leistungsfähigkeit bieten. Gleichzeitig muss den Beschäftigten deutlich gemacht werden, welche Verantwortung sie selbst wahrzunehmen haben. Der Erfolg der eingesetzten Maßnahmen wird anhand von Kennzahlen überprüft. Das Ergebnis zeigt, ob nachjustiert werden muss.

Was können Unternehmen und Beschäftigte tun, um leistungsfähig zu sein und zu bleiben?
Eine alternsgerechte Arbeitsgestaltung wirkt vorbeugend und bietet Möglichkeiten, Beschäftigte gemäß ihrer individuellen Leistungsfähigkeit einzusetzen. Und für die Arbeitnehmer selbst ist es ein persönlicher Gewinn, etwas für die eigene Gesundheit zu tun (vgl. Abb. 3.5). Denn Gesundheit bietet Lebensqualität durch Wohlbefinden. Jeder Einzelne ist dafür verantwortlich, durch einen gesunden Lebensstil für eine gute Gesamtverfassung zu sorgen. Unternehmen sind für menschengerechte Arbeitsbedingungen verantwortlich, die die Beschäftigten während der Arbeit schützen und deren Gesundheit schonen können. Details zur ergonomischen Arbeitsgestaltung enthält Teil III, Kapitel 8, Handlungsfeld „Arbeit gestalten". Kapitel 12, Handlungsfeld „Gesundheit aktiv gestalten" thematisiert unter anderem den gesetzlichen Arbeits- und Gesundheitsschutz in Abschn. 12.2 „Arbeits- und Gesundheitsschutz – mit Sicherheit leistungsfähig bleiben".

> **Bedeutung für die betriebliche Praxis**
> - Jeder Beschäftigte kann seine Leistungsfähigkeit selbst zum Beispiel durch gesundheitsbewusstes Verhalten stark beeinflussen, fördern und langfristig erhalten.
> - Leistungsfähigkeit, Arbeitsfähigkeit und Beschäftigungsfähigkeit können bis zum regulären Verrentungszeitpunkt erhalten beziehungsweise gefördert werden, wenn Arbeitsanforderungen und individuelle Fähigkeiten und Fertigkeiten aufeinander abgestimmt sind und bei Bedarf angepasst werden.
> - Eine leistungsförderliche Arbeitszeitgestaltung berücksichtigt arbeitswissenschaftliche Erkenntnisse sowie die Interessen und Bedürfnisse des Unternehmens und seiner Beschäftigten.
> - Eine respektvolle und gesundheitsförderliche Unternehmens- und Führungskultur unterstützt demografiefeste Personalarbeit.

Wie sehen ausgewählte betriebliche Lösungen der Metall- und Elektroindustrie aus?

Praxisbeispiel eines Stahlherstellers

Arbeits- und Gesundheitsschutz
Ein weltweit agierender Stahlhersteller setzt in einer Tochtergesellschaft am Standort Deutschland arbeitswissenschaftliche Erkenntnisse praktisch ein, um die Leistungsfähigkeit der Beschäftigten zu erhalten und zu fördern (anonymisiertes Beispiel). Dazu arbeitet das Unternehmen mit dem Institut für Arbeitssicherheit, Umweltschutz, Gesundheitsförderung und Effizienz (A.U.G.E.) der Hochschule Niederrhein zusammen. Um die Arbeitssicherheit zu stärken, erstellen Unternehmen und Hochschule gemeinsam Sicherheitshandbücher in den Bereichen des Kaltbandwerkes und in den Stahlwerken. Die Sicherheitshandbücher zeigen alle Gefährdungen im betrieblichen Ablauf auf; sie dokumentieren die Arbeits- und Arbeitssicherheitsvorschriften und veranschaulichen über Fotos kritische Situationen.

Wissenstransfer
Um Wissen und Erfahrungen älterer Fachkräfte weiterzugeben und nach deren Ausscheiden im Unternehmen zu halten, fertigt der Stahlhersteller sogenannte „Jobmaps" an und bildet Tandems aus erfahrenen und neuen Mitarbeitern.

Anforderungs- und Einsatzfähigkeitsprofil
Um Belastung und Beanspruchung zu optimieren sowie vermeidbare negative Beanspruchungsfolgen zu verhindern, gleicht der Stahlhersteller Anforderungs- und Einsatzfähigkeitsprofil ab. Arbeitsanforderungen und Mitarbeitereinsatzfähigkeit werden aufeinander abgestimmt. Da sich einzelne Aspekte der individuellen Leistungsfähigkeit im Laufe des Lebens verändern, wird das Anforderungsprofil im Rahmen dieses Prozesses entsprechend

angepasst. Der deutsche Standort unterstützt die eigenen Beschäftigten bei der Entfaltung und Erhaltung ihrer Leistungsfähigkeit und begegnet so der demografischen Entwicklung.

Praxisbeispiel Volkswagen AG
Die Volkswagen AG unterstützt Beschäftigte, die ihre bisherige Arbeit aufgrund eines Unfalls oder einer Krankheit nicht mehr ausüben können. Am Standort Wolfsburg werden Betroffene im Rahmen des Programms „Work2Work" weiterhin leistungsgerecht – also auf Basis der gewandelten Leistung – und wertschöpfend eingesetzt. Kann der bisherige Fachbereich dem betroffenen Mitarbeiter keinen geeigneten Arbeitsplatz anbieten, wird ihm über Work2Work innerhalb des Unternehmens ein leistungsgerechter Arbeitsplatz – überwiegend im Dienstleistungsbereich – angeboten. Im Personalprogramm „W2W" wird das Prinzip der „Förderung" für die Arbeitswelt (Qualifizierungen), aber auch für die individuelle Gesundheit (Gesundheitscoaching) verfolgt. Ziel dieses Programms: Leistungsgewandelte Mitarbeiter sollen eine berufliche Perspektive bekommen und mit den angepassten Arbeitsanforderungen genauso viel leisten können wie ihre gesunden Kollegen (Opaterny 2013), die an gleicher Stelle arbeiten. „Work2Work" bewährt sich seit 12 Jahren.

Praxisbeispiel eines Fahrzeugherstellers
In einem speziellen Projekt berücksichtigt ein weiterer prominenter Fahrzeughersteller (anonymisiertes Beispiel) die demografische Entwicklung und schafft alternsgerechte Arbeitsbedingungen. Das Unternehmen hat Methoden zur Ergonomieanalyse entwickelt. Es bewertet Produktionsarbeitsplätze mithilfe einer Anforderungs- und Belastbarkeitsanalyse ergonomisch und beschreibt das gesundheitliche Leistungsvermögen von Beschäftigten. Auf dieser Basis ermittelt dieser Fahrzeughersteller geeignete Arbeitsplätze für Mitarbeiter mit gesundheitlichen Einschränkungen.

In der Verwaltung setzt das Unternehmen eine Büroarbeitsplatzanalyse ein. Die abgeleiteten Maßnahmen umfassen zum Beispiel

- ergonomische Arbeitsplatz-, Arbeitsstruktur- und Prozessgestaltung,
- Ausgleichsübungen am Arbeitsplatz,
- „belastungsoptimierte Mitarbeiterrotation" (Jobrotation) sowie
- gesundheitsgerechter Einsatz von Leistungseingeschränkten.

Die „belastungsoptimierte Mitarbeiterrotation" oder auch Jobrotation sorgt für einen Belastungswechsel; dadurch können sich beanspruchte Muskelgruppen erholen.

Praxisbeispiel Infineon Technologies AG

Ergonomischer Schichtplan
Bereits im Jahr 2000 hat die Infineon Technologies AG in Warstein ein flexibles Schichtsystem nach arbeitswissenschaftlichen Kriterien gestaltet (Jaeger 2012). Betriebs- und Arbeitszeiten müssen den – variierenden – Bedarf des Unternehmens abdecken, nur so kann es guten Kundenservice bieten, produktiv und wettbewerbsfähig sein und Arbeits-

plätze sichern. Betriebs- und Arbeitszeiten beeinflussen jedoch auch das Leben der Beschäftigten. Mit zunehmendem Alter dauert es länger, sich an wechselnde Arbeitszeiten anzupassen. Insbesondere Nacht- und Schichtarbeit können zu erhöhter Beanspruchung führen. Umso wichtiger ist eine ergonomische Arbeitszeitgestaltung, die arbeitswissenschaftliche Erkenntnisse berücksichtigt. So kann gesundheitlichen Risiken vorgebeugt werden, um die Leistungsfähigkeit bis ins hohe Alter zu erhalten.

Praxisbeispiel Trumpf Werkzeugmaschinen GmbH + Co. KG

Arbeitszeiten mit individuellem Gestaltungsspielraum
„Bündnis 2016" – unter diesem Titel hat die Trumpf Werkzeugmaschinen GmbH + Co. KG an den deutschen Standorten – neben anderen Maßnahmen – ein Arbeitszeitsystem eingeführt, das den Mitarbeitern vielfältige Instrumente bietet, die individuelle Arbeitszeit an die eigenen Bedürfnisse anzupassen – zum Beispiel über Gleitzeit, Basisarbeitszeit, Wahlarbeitszeit, Arbeitszeitkonten und Sabbaticals, die eine bezahlte Freistellung von bis zu zwei Jahren erlauben (Gryglewski 2011). Der betriebliche Arbeitszeitrahmen bietet mit diesen Instrumenten individuellen Gestaltungsspielraum, um Arbeitszeit an persönliche Lebenssituationen anzupassen und die Work-Life-Balance zu verbessern, und dies immer wieder anzugleichen.

Praxisbeispiel einer Gießerei

Gesundheitsförderliche Führungs- und Unternehmenskultur
Einer Gießerei (anonymisiertes Beispiel) in Nordrhein-Westfalen ist es in einem mehrjährigen systematischen Prozess gelungen, Belastungen der Beschäftigten zu reduzieren und deren Ressourcen zu stärken. Wichtiger Teil des Konzeptes war es, die Mitarbeiter für die eigene Gesundheit zu sensibilisieren und zu einem gesundheitsförderlichen Verhalten zu motivieren – zum Beispiel in Bezug auf Ernährung, Bewegung und Schlaf. Die Arbeitsbedingungen in Gießereien (z. B. Hitze, Staub, Zwangshaltungen, Nacht- und Schichtarbeit) können zu starker Belastung führen. Die Gießerei hat an unterschiedlichen Punkten angesetzt und Maßnahmen sowie eine ganze Palette von Angeboten entwickelt; dazu gehören Rückenschule, Raucherentwöhnungskurse, Fitnessraum, Herz-Kreislauf-Sport, Ausgleichsübungen, Gesundheitstage, Betriebssozialberatung, kollegiale Suchtberater, Arbeitsplatzgestaltung, ein arbeitsmedizinischer Check-up, Arbeitssicherheitsunterweisungen, Mitarbeitergespräche, Weiterbildungsprogramme und Kommunikationsschulungen.

Die Gießerei hat zudem den großen Einfluss von Führungsverhalten und Unternehmenskultur auf die Leistungsbereitschaft und die Leistungsfähigkeit der Beschäftigten richtig eingeschätzt. Die Geschäftsführung unterstützt das betriebliche Gesundheitsmanagement und hat es in den Führungsleitlinien verankert. So soll die Arbeitsfähigkeit auch durch die Mitarbeiterzufriedenheit mit dem Verhalten des Vorgesetzten gefördert werden. Richenhagen (2012, S. 6–7) betont, dass dies wirksamer sein kann als manch eine ergonomische Verbesserung. Umgekehrt kann geringe Anerkennung der Arbeit die Arbeitsfähigkeit stärker beeinträchtigen als mangelndes körperliches Training.

Welche aktuellen Forschungsprojekte unterstützen Unternehmen der Metall- und Elektroindustrie?
Der Staat fördert Projekte zur Erhaltung und Förderung der physischen und psychischen Leistungsfähigkeit. Unternehmen können an Forschungsprojekten teilnehmen und sich dadurch unterstützen lassen. Einige Beispiele verdeutlichen die Zielsetzung.

Abb. 3.6 PINA

Das Forschungs- und Kooperationsprojekt „PINA – Gesund und qualifiziert älter werden in der Automobilindustrie – Partizipation und Inklusion von Anfang an" (Abb. 3.6) zielt auf eine alternsgerechte Arbeitsgestaltung ab. Das Projekt startete im September 2011. Beteiligt sind Unternehmen aus dem Automobilhersteller- und Automobilzuliefererbereich. Die betrieblichen Handlungsfelder reichen vom Arbeitsschutz über Gesundheitsförderung bis zur Personalentwicklung. Das Projekt will Ansätze zur Prävention und Gesunderhaltung erarbeiten und mit Instrumenten wie der Wiedereingliederung und der Qualifizierung verbinden. Im ersten Schritt werden Maßnahmen erhoben, die die Unternehmen bereits praktizieren. Einzelmaßnahmen in der betrieblichen Praxis sollen vernetzt und Führungskräfte für alternsgerechte Arbeitsgestaltung sensibilisiert werden. Deshalb folgt im nächsten Schritt die Entwicklung von Modellen für ein integriertes Altersmanagement. Einen Überblick über das bisherige Vorgehen innerhalb des Projektes und erste Erkenntnisse enthält der Bericht von Kugler et al. (2013).

Abb. 3.7 g.o.a.l.

Das Institut für angewandte Arbeitswissenschaft e. V. (ifaa) leitete das praxisorientierte Forschungsprojekt g.o.a.l. (Abb. 3.7). Das ifaa führte dieses Projekt gemeinsam mit Kooperationspartnern und Unternehmen aus der Metall- und Elektroindustrie sowie der Chemiebranche durch. Die Buchstaben der Abkürzung stehen für „Gesunde Organisation, Aktionismus vermeiden, Leistungsfähigkeit von Beschäftigten fördern". Ein wichtiges Ziel ist es, die Grundlagen und Strategieelemente des betrieblichen Gesundheitsmanagements (BGM) erfolgreich und nachhaltig zu implementieren. Zudem sollen Führungskräfte und Multiplikatoren befähigt werden, die Veränderungen aus eigener Kraft und mittelfristig ohne externe Unterstützung zu bewerkstelligen. Basis ist ein umfassendes und zielgerichtetes Konzept, das die Übertragung in die Praxis vorantreibt und eine gemeinsame Problembetrachtung von Führungskräften, Betriebsräten und Mitarbeitern erreicht. Das geförderte Projekt lief von Juli 2012 bis Juli 2014.

www.pina-projekt.de [04.12.2013]
www.arbeitswissenschaft.net (Informationen über g.o.a.l.) [04.12.2013]

Literatur

Glaser, J.; Herbig, B.: Modelle der psychischen Belastung und Beanspruchung. In: Demeruti, E. u. a.; DIN Deutsches Institut für Normung e. V. (Hrsg.): Psychische Belastung und Beanspruchung am Arbeitsplatz. Berlin, Wien, Zürich: Beuth Verlag GmbH, 2012, S. 17–27

Gryglewski, S.: Lebensphasenorientierte Arbeitszeit ein Element der zukünftigen Arbeitswelt. In: Gesellschaft für Arbeitswissenschaft e. V., GfA (Hrsg.): Neue Konzepte zur Arbeitszeit und Arbeitsorganisation. Bericht zur Herbstkonferenz der GfA vom 19. bis 20.10.2011. Dortmund: GfA-Press, 2011, S. 57–61

Ilmarinen, J.; Tempel, J.: Arbeitsfähigkeit 2010 – Was können wir tun, damit Sie gesund bleiben? Hamburg: VSA, 2002

Jaeger, C.: Vollkontinuierliches flexibles Schichtsystem in der Produktion – 12 Jahre Erfahrung bei Infineon am Standort Warstein. In: Betriebspraxis & Arbeitsforschung (2012), Nr. 214, S. 42–48

Jaeger, C.: Leistungsfähig sein und bleiben. In: Betriebspraxis & Arbeitsforschung (2013), Nr. 216, S. 16–23

Kugler, M. u. a.: Alter(n)smanagement in der deutschen Automobilindustrie – eine Bestandsaufnahme. In: Gesellschaft für Arbeitswissenschaft e. V., GfA (Hrsg.): Chancen durch Arbeits-, Produkt- und Systemgestaltung – Zukunftsfähigkeit für Produktions- und Dienstleistungsunternehmen. Bericht zum 59. Kongress der GfA vom 27. Februar bis 01. März 2013. Dortmund: GfA-Press, 2013, S. 45–48

Neumann, W. P.; Dul, J.: Human Factors: Spanning the Gap between OM & HRM. In: International Journal of Operations & Production Management 30 (2010), Nr. 9, S. 923–950

Opaterny, H.: Gesundheit fördern, Talente nutzen. Leistungsgewandelte Mitarbeiter bei VW. In: Personalführung (2013), Nr. 4, S. 38–40

Richenhagen, G.: Leistungsfähigkeit, Arbeitsfähigkeit, Beschäftigungsfähigkeit und ihre Bedeutung für das Age Management. In: Initiative Neue Qualität der Arbeit, INQA (Hrsg.): Tagungsband zum Abschlussworkshop des Pfiff-Projektes. Dortmund: Initiative Neue Qualität der Arbeit (INQA), 2012

Rohmert, W.; Rutenfranz, J.: Arbeitswissenschaftliche Beurteilung der Belastung und Beanspruchung an unterschiedlichen industriellen Arbeitsplätzen. Bonn: Bundesminister für Arbeit und Sozialordnung, Referat Öffentlichkeitsarbeit, 1975

Tempel, J.; Ilmarinen J.: Arbeitsleben 2025. In: Giesert, M. (Hrsg.): Das Haus der Arbeitsfähigkeit im Unternehmen bauen. Hamburg: VSA Verlag, 2013

Leistungsfähigkeit und Alter – praxisrelevante Hinweise für Unternehmen und Beschäftigte

4

Corinna Jaeger

Worum geht es in diesem Beitrag?
Sie erfahren hier, wie sich die Leistungsfähigkeit im Laufe des Lebens verändern kann. Zudem informiert Sie dieser Abschnitt darüber, dass sich die Leistungsfähigkeit innerhalb einer Altersgruppe mit den Jahren immer stärker unterscheidet. Lesen Sie hier mehr über die Gründe und Einflussfaktoren, die dafür verantwortlich sind. Nur wer diese kennt, kann geeignete Maßnahmen treffen, um die Leistungsfähigkeit bis ins hohe Alter zu erhalten und zu fördern. Das gilt für Unternehmen und Beschäftigte.

Überblick:
- In welche Richtung können sich Fähigkeiten mit zunehmendem Alter verändern?
- Welche Faktoren beeinflussen die Entwicklung der Leistungsfähigkeit?
- Was zählt – das kalendarische oder das biologische Alter?
- Wie verteilen sich Fehlzeiten nach Häufigkeit und Dauer in Abhängigkeit vom Alter?
- Was sind die häufigsten Ursachen für krankheitsbedingte Fehlzeiten in Abhängigkeit vom Alter?
- Welche Fähigkeiten und Eigenschaften zeichnen ältere beziehungsweise jüngere Beschäftigte aus?

C. Jaeger (✉)
Institut für angewandte Arbeitswissenschaft e. V., Düsseldorf, Deutschland
E-Mail: c.jaeger@ifaa-mail.de

© Springer-Verlag Berlin Heidelberg 2015
Institut für angewandte Arbeitswissenschaft e. V. (ifaa) (Hrsg.),
Leistungsfähigkeit im Betrieb, ifaa-Edition, DOI 10.1007/978-3-662-43398-0_4

In welche Richtung können sich Fähigkeiten mit zunehmendem Alter verändern?
Begünstigt durch staatliche Maßnahmen gab es in der jüngeren Vergangenheit einen starken Trend, älteren Beschäftigten frühzeitig den Übergang in den Vorruhestand zu ermöglichen. Der demografische Wandel sorgt inzwischen in einer wachsenden Zahl von Betrieben für einen spürbaren Mangel an Fach- und Nachwuchskräften. Deshalb interessieren sich Unternehmen zunehmend dafür, ältere Beschäftigte länger produktiv einzusetzen.

Defizitmodell des Alterns	Kompensationsmodell des Alterns
· Einseitig negative Betrachtungsweise des Alterns und Alters	· Differenzierte Sichtweise des Alterns und Alters
· Altern und Alter = Abbau und Verfall von Qualifikation und Leistungsfähigkeit	· Wandel von Fähigkeiten im Alter: z. B. abnehmend / stabil bleibend / zunehmend
· Alle Menschen altern in gleicher Weise	· Menschen altern unterschiedlich

Abb. 4.1 Vom Defizitmodell zum Kompensationsmodell des Alterns (Maintz 2003, S. 43; Lehr 2007, S. 65)

Früher glaubten viele, dass die Leistungsfähigkeit mit zunehmendem Alter in allen Bereichen abnehme. Seit Anfang der 1990er-Jahre (Abb. 4.1) verändert sich dieses Bewusstsein. Die Forschung bezeichnet die bisherige Annahme als „Defizitmodell des Alterns". Heute bricht sich die Ansicht Bahn, dass Altern nicht automatisch gleichzusetzen ist mit einem generellen Verfall der Leistungsfähigkeit. Praxis und Forschung[1] zeigen, dass der Alterungsprozess individuell sehr unterschiedlich verläuft. Leistungsfähigkeit wandelt sich mit zunehmendem Alter, indem sich einzelne Fähigkeiten verändern, während andere gleich bleiben. Bestimmte Fähigkeiten können sich mit zunehmendem Alter sogar verbessern. Diese Erkenntnis – bezeichnet als „Kompetenzmodell (auch Kompensationsmodell) des Alterns" – zeigt, dass Menschen bis ins hohe Lebensalter leistungsfähig sein können. Die Altersforscherin Prof. Dr. Ursula Lehr (2005, S. 3) betont diese Kompetenzerweiterung: „Altern muss nicht Abbau und Verlust bedeuten, sondern kann in vielen Bereichen geradezu Gewinn sein." Der Prozess des Alterns erfordert somit auch im betrieblichen Alltag eine differenzierte Sichtweise.

---

[1] zum Beispiel die Berliner Altenstudie BASE in den 1990er-Jahren; die Studie ILSE u. a.

4 Leistungsfähigkeit und Alter – praxisrelevante Hinweise … 43

Bedeutung für die betriebliche Praxis
- Ältere haben Potenziale, die im Betrieb gebraucht werden und genutzt werden sollten.
- Die Leistungsfähigkeit kann mit zunehmendem Alter erhalten bleiben beziehungsweise gefördert werden, wenn Beschäftigte gemäß ihrer veränderten Fähigkeiten eingesetzt und betriebliche Rahmenbedingungen angepasst werden.
- Bestimmte Fähigkeiten können sich im Alter sogar verbessern.
- Voraussetzung dafür ist eine Unternehmens- und Führungskultur, die die Potenziale des Alters sieht und anerkennt.

Die Entwicklung der körperlichen und geistigen Leistungsfähigkeit verläuft in unterschiedlicher Weise. Wie Abb. 4.2 zeigt, gibt es:

- Funktionen und Fähigkeiten, die mit dem Alter eher abnehmen,
- Funktionen und Fähigkeiten, die mit zunehmendem Alter tendenziell stabil bleiben,
- Fähigkeiten und Eigenschaften, die sich mit zunehmendem Alter positiv entwickeln können.

Tendenz der Veränderung der körperlich-geistigen Leistungsfähigkeit (soweit ohne Training):

Mit höherem Alter eher **abnehmende** Fähigkeiten:
- Muskelkraft, Sehvermögen, Hörvermögen
- Schnelligkeit der Bewegungen
- Schnelligkeit der Infoaufnahme und Infoverarbeitung, des Denkens und Lernens

Mit dem Alter **unverändert** bleibende Fähigkeiten:
- Sprachkompetenz (Ausdrucksfähigkeit)
- Fähigkeit zur Infoaufnahme und Infoverarbeitung insgesamt
- Konzentrationsintensität im Kurzzeitbereich

Fähigkeiten, die sich mit zunehmendem Alter **positiv** entwickeln können:
- Sozialkompetenz, Selbsteinschätzung, Gelassenheit
- Lebens-/Berufserfahrung, betriebsspezifisches Wissen, Geübtheit
- Verantwortungs- und Pflichtgefühl, Loyalität
- Zuverlässigkeit, Qualitätsbewusstsein
- Beurteilungsvermögen

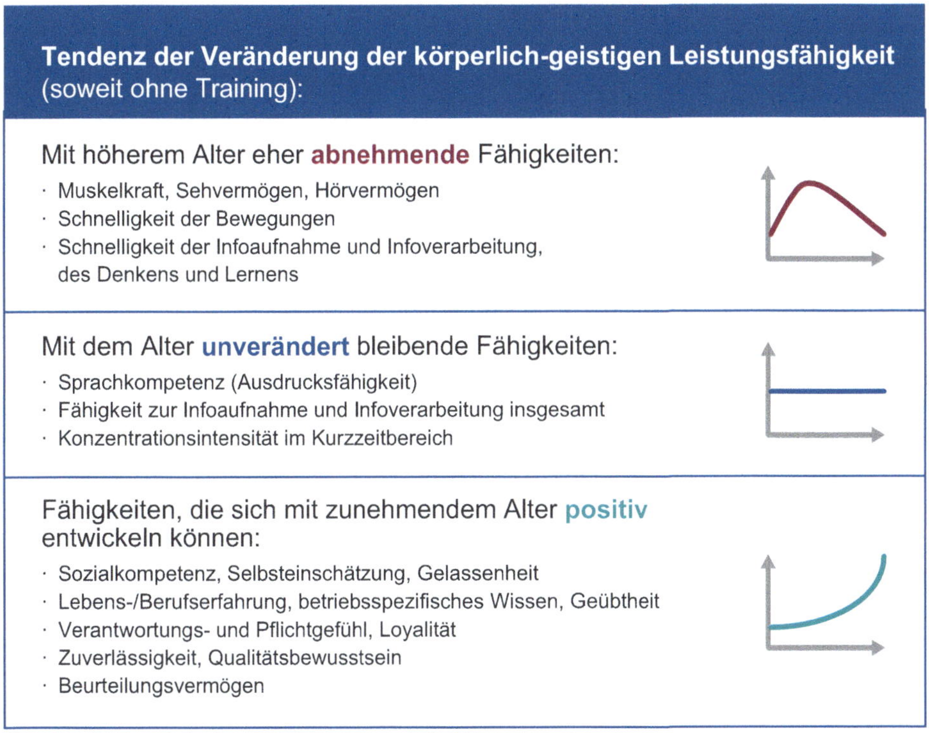

Abb. 4.2 Differenzierter Prozess der Alterung (modifiziert nach Lehr 2007)

Fähigkeiten wandeln sich in einem langsamen Prozess über Jahre. Menschen entwickeln neue Vorgehensweisen, um sich an diese Veränderungen anzupassen, sie zu kompensieren und leistungsfähig zu bleiben. Dafür benötigen sie Handlungsspielräume.

Eine aktuelle Untersuchung zeigt, dass die geistige Flexibilität bei Älteren im Vergleich zu Jüngeren tendenziell nachlässt. Dieses Defizit können Ältere – zum Beispiel durch zielgerichtete Aufmerksamkeit – jedoch ausgleichen und dadurch gleichbleibende Leistungen erbringen (Schapkin 2012).

> **Bedeutung für die betriebliche Praxis**
> - Mit dem Alter individuell abnehmende Funktionen und Fähigkeiten können vielfach ausgeglichen werden. Dies ist beispielsweise durch Training möglich sowie durch den Einsatz von Hebe- und Tragehilfen und Mitlaufbändern in der Produktion. Auch die Wahl einer größeren Schrift auf Bildschirmen ist eine Möglichkeit.
> - Ältere Beschäftigte brauchen individuellen Handlungsspielraum, wie sie eine Aufgabe bearbeiten können. Er hilft ihnen, Zielvorgaben bis ins hohe Alter zu erfüllen. Diese Option ist nicht bei allen Aufgaben sinnvoll und möglich (siehe Teil III, Abschn. 8.4 „Standardisierung von Prozessen zur Unterstützung der Arbeitsausführung" und Abschn. 8.4.1 „Standardisierung im Büro als Mittel zur Erhaltung der Leistungsfähigkeit im demografischen Wandel").
> - Unternehmen, die Aufgaben auf die tatsächlichen individuellen Veränderungen der körperlich-geistigen Leistungsfähigkeit ihrer Beschäftigten zuschneiden, können deren Arbeitsfähigkeit sichern und dauerhaft nutzen.

Welche Faktoren beeinflussen die Entwicklung der Leistungsfähigkeit?
Verschiedene Einflussfaktoren bestimmen den Prozess des Älterwerdens. Dieser verläuft daher individuell unterschiedlich (Jaeger 2013). Die Einflussfaktoren sind sowohl dem persönlichen und privaten als auch dem beruflichen Umfeld zuzuordnen (Abb. 4.3). Nähere Ausführungen enthält Teil 3 „Leistungsfähig sein und bleiben". Art und Intensität beruflicher Beanspruchungen und Qualität des persönlichen Lebensstils können sich mit zunehmender Dauer stärker auf die psychische und physische Leistungsfähigkeit auswirken. Deshalb nimmt die Streubreite der individuellen Leistungsunterschiede Gleichaltriger mit dem Alter zu (Tempel und Ilmarinen 2013, S. 99–102, 115–118; Kistler et al. 2006).

Bedeutung für die betriebliche Praxis
- Den normierten älteren Mitarbeiter gibt es nicht.
- Weil die Folgen des Alterns bei Gleichaltrigen sehr unterschiedlich auftreten, verbieten sich Pauschallösungen für ältere Beschäftigte; stattdessen sind individuelle mitarbeiterspezifische Lösungen gefragt. Ältere Beschäftigte dürfen nicht als Randgruppe abgestempelt werden.
- Negative Beanspruchungsfolgen sind zu vermeiden – präventiv – durch optimale Belastung und Beanspruchung in jedem Lebensalter.
- Unternehmen müssen ihren Beschäftigten nahebringen, dass sie eigenverantwortlich etwas für den Erhalt ihrer Arbeits- und Leistungsfähigkeit zu tun haben.

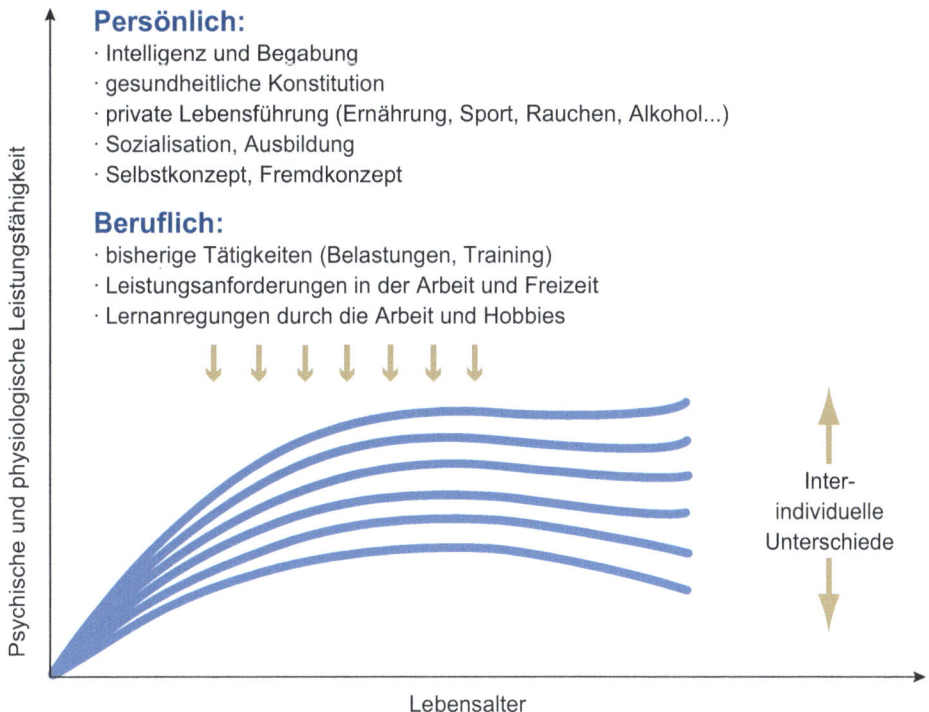

Abb. 4.3 Faktoren, die die Entwicklung der Leistungsfähigkeit beeinflussen (nach Buck 2002, S. 75)

Was zählt – das kalendarische oder das biologische Alter?
Nicht das kalendarische Alter (Alter in Jahren) bestimmt die Leistungsfähigkeit, sondern das individuelle biologische Alter (körperliche und geistige Fitness), das sich aus der Wirkung verschiedener Einflussfaktoren ergibt (Schat 2005).

Training – nicht nur körperliches (Abb. 4.4), sondern auch geistiges Training – kann das biologische Altern verzögern und hat somit positive Auswirkungen auf den Erhalt

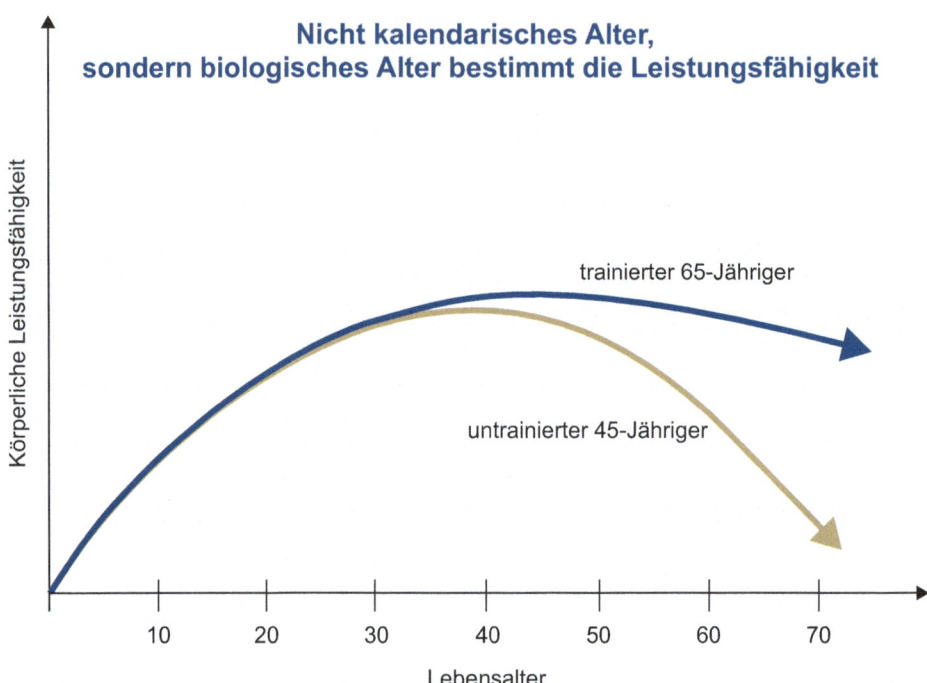

Abb. 4.4 Positive Auswirkungen von Training (Ilmarinen 2004, S. 35 ff.)

der Leistungsfähigkeit. Details über Auswirkungen von geistigem Training und „lebenslangem Lernen (LLL)" auf die mentale Leistungsfähigkeit finden Sie in dem Forschungsprojekt „Pfiff" und in Teil III, Kapitel 10, Handlungsfeld „Personalpolitik und Personalstrategie realisieren", Abschn. 10.3.1 „LLL – lebenslanges Lernen".

Bedeutung für die betriebliche Praxis
- Tätigkeiten mit Belastungs- und Bewegungswechsel helfen, die physische Leistungsfähigkeit der Beschäftigten zu erhalten.
- Nicht nur körperliches Training hat einen positiven Einfluss auf den Erhalt der Leistungsfähigkeit. Auch geistiges Training, zum Beispiel durch Aufgabenwechsel und durch „lebenslanges" Lernen, fördert den Erhalt der mentalen Leistungsfähigkeit. Dadurch wird die Veränderungsfähigkeit und -bereitschaft auch älterer Beschäftigter gesteigert.
- Für ihren Trainingszustand sind in erster Linie die Beschäftigten selbst verantwortlich.

Wie verteilen sich Fehlzeiten nach Häufigkeit und Dauer in Abhängigkeit vom Alter?
Nach neueren wissenschaftlichen Erkenntnissen beeinflusst das Alter das Krankheitsrisiko nicht so stark wie bisher angenommen (z. B. Weichel et al. 2007, S. 813 ff.; Sinn-Behrendt,

4 Leistungsfähigkeit und Alter – praxisrelevante Hinweise ...

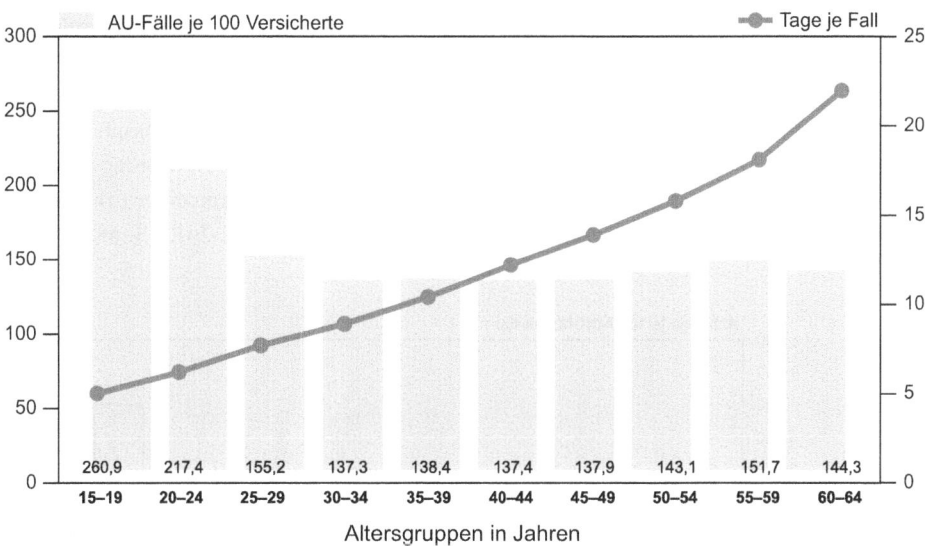

Abb. 4.5 Fehlzeiten in Abhängigkeit vom Alter – Mehrfachnennungen sind möglich – (AOK Fehlzeitenreport 2013)

Rademacher, Landau 2007, S. 821 ff.). Statistiken belegen, dass jüngere Beschäftigte in der Regel häufiger, aber kürzer krank sind als ältere Beschäftigte. Diese sind in der Regel seltener krank als jüngere, fallen aber meist länger aus. Insgesamt nimmt die Dauer der krankheitsbedingten Fehlzeiten mit dem Alter zu (Abb. 4.5).

Allerdings ist hier zu berücksichtigen, dass die aufgeführten Älteren einer Generation angehören, die oft jahrzehntelang unter teilweise suboptimalen Bedingungen gearbeitet und ungesund gelebt haben kann. Je länger und intensiver die unangemessene Belastung, desto gravierender sind die Auswirkungen. Negative Beanspruchungsfolgen können sich im Laufe des Lebens ansammeln und zeigen sich verstärkt mit zunehmendem Alter.

Bedeutung für die betriebliche Praxis

- Unternehmen sollten Arbeitsbedingungen bereits präventiv – also vom Berufseinstieg an – ergonomisch gestalten, um negative Beanspruchungsfolgen zu vermeiden und die Arbeits- und Leistungsfähigkeit ihrer Belegschaften über das gesamte Arbeitsleben zu fördern und zu erhalten.
- Neben der individuellen betrieblichen Ursachenanalyse für Fehlzeiten ist die persönliche Gesundheitsprävention anzuregen.
- Präventive betriebliche Gesundheitsförderung, die schon bei den Jüngeren ansetzt, kann arbeitsbedingten Erkrankungen vorbeugen. Durch Angebote der Unternehmen können Beschäftigte sensibilisiert und befähigt werden, für ihre Gesundheit Verantwortung zu tragen und entsprechend vorzusorgen.

Was sind die häufigsten Ursachen für krankheitsbedingte Fehlzeiten in Abhängigkeit vom Alter?

Mit dem Alter nehmen vor allem Erkrankungen des Muskel-Skelett-Systems und Herz-Kreislauf-Erkrankungen zu (Abb. 4.6). In diesem Zusammenhang ist interessant, dass der Body-Mass-Index[2] – BMI (Körpermassenindex, eine Maßzahl für die Bewertung des Körpergewichts eines Menschen) – einen höheren Einfluss auf die Risiken einer Erkrankung (Einschränkung der Arbeitsfähigkeit) hat als das Alter (Frieling et al. 2012, S. 68 ff.).

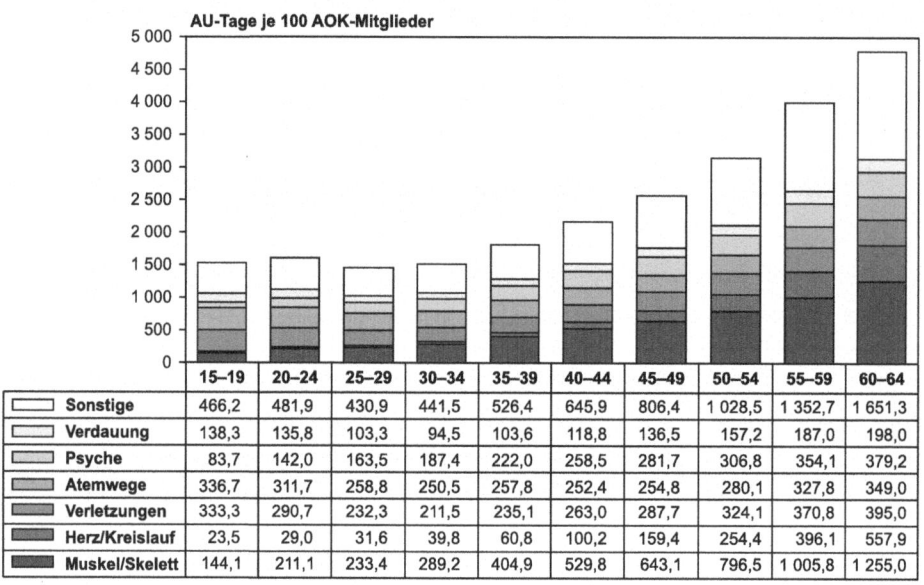

Quelle: Wissenschaftliches Institut der AOK (WIdO) Fehlzeiten-Report 2013

Abb. 4.6 Tage der Arbeitsunfähigkeit je 100 AOK-Mitglieder nach Krankheitsarten und Alter 2012 (AOK Gesundheitsreport 2013)

Bedeutung für die betriebliche Praxis
- Unternehmen, die bei der Arbeitsgestaltung gesicherte arbeitswissenschaftliche Erkenntnisse berücksichtigen, tragen damit wesentlich zum Erhalt der Arbeits- und Leistungsfähigkeit der Beschäftigten bei – und zwar unabhängig vom Alter. Denn sie beugen damit zum Beispiel möglicher Fehlbeanspruchung ihrer Mitarbeiter vor.

---

[2] Der BMI berechnet sich aus dem Körpergewicht (kg) dividiert durch das Quadrat der Körpergröße (m^2).

4 Leistungsfähigkeit und Alter – praxisrelevante Hinweise ...

Welche Fähigkeiten und Eigenschaften zeichnen ältere beziehungsweise jüngere Beschäftigte aus?

Nicht nur Jüngere, sondern auch Ältere haben Stärken und Potenziale. Stärken älterer Beschäftigter sind vor allem deren Lebens- und Berufserfahrung sowie soziale und methodische Kompetenzen (Abb. 4.7).

Kompetenzen von älteren und jüngeren Mitarbeitern im Vergleich		
	Ältere	Jüngere
Zuverlässigkeit Durchsetzungsvermögen Verantwortungsbereitschaft Kundenorientierung	↗	↘
Ergebnisorientierung Produktivität/Effizienz	→	→
Leistungsbereitschaft/Engagement Teamfähigkeit Belastbarkeit Innovationsbereitschaft Veränderungsbereitschaft Mobilität	↘	↗

Abb. 4.7 Kompetenzen von älteren und jüngeren Beschäftigten im Vergleich, Trendaussagen (Towers Perrin, Handelsblatt vom 21.01.2005/Personal 2/2005)

Sensorische und motorische Fähigkeiten und Fertigkeiten können mit zunehmendem Alter zwar nachlassen; dies führt jedoch nicht zwingend zu einem Leistungsabfall am Arbeitsplatz. Leistungswandel kann kompensiert werden, zum Beispiel durch zunehmende Arbeits- und Lebenserfahrung und höhere Arbeitszuverlässigkeit mit weniger Ausschuss – etwa bei sensomotorischen Tätigkeiten in der Produktion.

Altersgemischte Teams zeichnen sich durch unterschiedliche Stärken und Schwächen aus. Sie können vorteilhaft sein, wenn sehr unterschiedliche Aufgaben zu bearbeiten sind. Bei Aufgaben, die gleiche Stärken der Beschäftigten erfordern, bewähren sich eher Gruppen von etwa Gleichaltrigen (Schat 2011).

Für Verkauf und Vertrieb gilt: Im Rahmen des demografischen Wandels nimmt sowohl der Altersdurchschnitt der Beschäftigten als auch der Kunden zu. Ältere Kunden lassen sich lieber von Ansprechpartnern in ähnlichem Alter betreuen.

> **Bedeutung für die betriebliche Praxis**
> - Unternehmen sollten Beschäftigten Arbeitsaufgaben übertragen, die deren Stärken und Schwächen berücksichtigen.
> - Die Stärken Älterer und Jüngerer können sich zum Beispiel in altersgemischten Teams ergänzen (nähere Erläuterungen zu altersgemischten Teams enthält der gleichnamige Beitrag Abschn. 11.4 in Teil III, Kap. 11, Handlungsfeld „Unternehmenskultur und Führung optimieren").
> - Ein gutes Teamklima trägt entscheidend zur Leistungs- und Innovationsfähigkeit eines altersgemischten Teams bei (Ries et al. 2010).

Juhani Ilmarinen und Jürgen Tempel (2002, S. 178 f.) haben in einer Studie Beschäftigte befragt, die mit dem Gedanken an Vorruhestand spielten, unter welchen Bedingungen diese im Arbeitsleben bleiben würden. Genannte Bedingungen waren nach Wichtigkeit geordnet: Verminderung des Ausmaßes und des Zeitdrucks bei der Arbeit, Möglichkeiten für Rehabilitationsmaßnahmen, Verbesserung der Arbeitsumgebung, flexible Arbeitszeitregelungen, Verbesserung der Arbeitszufriedenheit, bessere betriebliche Gesundheitsförderung und ein besseres Führungsverhalten.

Weiterführende Informationen, Links
Institut für Betriebliche Gesundheitsförderung (BGF): www.bgf-institut.de [04.12.2013] (Best Practice, Publikationen, Gesundheitsberichte)
Marie-Luise und Ernst Becker Stiftung: www.becker-stiftung.de [04.12.2013] (Veranstaltungen und Informationen zum Thema Alter, Leistungsfähigkeit, Arbeit, zum Beispiel:

- Alter und Arbeit im Fokus – neueste Aspekte zur Motivation älterer Arbeitnehmer und Zusammenarbeit von Forschung und Praxis (2011)
- Gesundheit, Qualifikation und Motivation älterer Arbeitnehmer – messen und beeinflussen (2009)
- Kognition, Motivation und Lernen älterer Arbeitnehmer – neueste Erkenntnisse für die Arbeitswelt von morgen (2008)
- Vom Defizit- zum Kompetenzmodell – Stärken älterer Arbeitnehmer erkennen und fördern (2007)
- Generation 60plus – tauglich für die Arbeitswelt 2020? (2006)

www.pfiffprojekt.de [04.12.2013]
Projekt „Entwicklungsbegleitung (ENWIBE) – ereignisorientierte Entwicklungsgespräche zur Steigerung von Lernbewusstheit und Lerngestaltungskompetenz bei Mitarbeitenden in Produktion und Handwerk". Ziel: Erhöhung der Flexibilität von Mitarbeitenden und der Innovationsfähigkeit von Unternehmen in Zusammenhang mit Work-Life-Balance und demografischem Wandel. Projektinformationen: www.znl-ulm.de [04.12.2013]

Projekt „Länger leben, länger arbeiten, länger lernen". Neue Chancen für jüngere und ältere Beschäftigte. Ein Kooperationsprojekt im Auftrag von SÜDWESTMETALL und GESAMTMETALL. Projektinformationen: www.laengerlernen.iao.fhg.de [04.12.2013]

Literatur

Buck, H.: Alternsgerechte und gesundheitsförderliche Arbeitsgestaltung – ausgewählte Handlungsempfehlungen. In: Morschhäuser, M. (Hrsg.): Gesund bis zur Rente. Konzepte gesundheits- und alternsgerechter Personalpolitik. Stuttgart: IRB, 2002, S. 73–85

Frieling, E. u. a.: Mit der Taktzeit am Ende. Die älteren Beschäftigten in der Automobilindustrie. Stuttgart: Ergonomia Verlag, 2012

Ilmarinen, J.: Älter werdende Arbeitnehmer und Arbeitnehmerinnen. In: Cranach, M. v. u. a. (Hrsg.): Ältere Menschen im Unternehmen. Chancen, Risiken, Modelle. Bern /Stuttgart/Wien: Haupt Verlag, 2004, S. 29–48

Ilmarinen, J.; Tempel, J.: Arbeitsfähigkeit 2010 – Was können wir tun, damit Sie gesund bleiben? Hamburg: VSA, 2002

Jaeger, C.: Leistungsfähig sein und bleiben. In: Betriebspraxis & Arbeitsforschung (2013), Nr. 216, S. 16–23

Kistler, E. u. a.; Bundesanstalt für Arbeitsschutz und Arbeitsmedizin (Hrsg.): Altersgerechte Arbeitsbedingungen. Machbarkeitsstudie (Sachverständigengutachten). 1. Auflage. Dortmund: Bundesanstalt für Arbeitsschutz und Arbeitsmedizin, 2006

Landau, K.; Rademacher, H.; Sinn-Behrendt, A.: Assistenzsystem zur altersdifferenzierten Arbeitsgestaltung und zum Mitarbeitereinsatz. In: Gesellschaft für Arbeitswissenschaft e. V., GfA (Hrsg.): Kompetenzentwicklung in realen und virtuellen Arbeitssystemen. Bericht zum 53. Kongress der Gesellschaft für Arbeitswissenschaft vom 28. Februar bis 02. März 2007. Dortmund: GfA-Press, 2007, S. 821–824

Lehr, U.: Altersgerechte Personalentwicklung – Demografie und Arbeitsmarkt im Wandel. Manuskript der IHK-Tagung „Visionen – Leistung – Erfahrung: Jung und Alt – die Mischung macht's". Bonn, 17. Okt. 2005

Lehr, U.: Psychologie des Alterns. 11., korrigierte Auflage. Wiebelsheim: Quelle & Meyer Verlag, 2007

Maintz, G.: Leistungsfähigkeit älterer Arbeitnehmer – Abschied vom Defizitmodell. In: Badura, B.; Schellschmidt, H.; Vetter, C. (Hrsg.): Fehlzeiten-Report 2002. Demographischer Wandel. Herausforderung für die betriebliche Personal- und Gesundheitspolitik. Heidelberg: Springer-Verlag, 2003, S. 43–55

Ries, B. C. u. a.: Altersheterogenität und Gruppeneffektivität – Die moderierende Rolle des Teamklimas. In: Zeitschrift für Arbeitswissenschaft (2010), Nr. 3, S. 137–146

Schapkin, S. A.; Bundesanstalt für Arbeitsschutz und Arbeitsmedizin (Hrsg.): Altersbezogene Änderungen kognitiver Fähigkeiten – kompensatorische Prozesse und physiologische Kosten. Dortmund: Bundesanstalt für Arbeitsschutz und Arbeitsmedizin, 2012

Schat, H.-D.: Individuelles Alter. Gesundheit, Leistung, Lernen. In: Adenauer, S. u. a.; Institut für angewandte Arbeitswissenschaft (Hrsg.): Demografische Analyse und Strategieentwicklung in Unternehmen. Köln: Wirtschaftsverlag Bachem, 2005, S. 19–37

Schat, H.-D. (Hrsg.): Ältere Fachkräfte beschäftigen. Ein Ratgeber für Betriebe im demografischen Wandel. München: BC Publications GmbH, 2011

Tempel, J.; Ilmarinen J.; Giesert, M. (Hrsg.): Arbeitsleben 2025. Das Haus der Arbeitsfähigkeit im Unternehmen bauen. Hamburg: VSA Verlag, 2013, S. 99–102, S. 115–118

Weichel, J. u. a.: Altersgerechte Arbeitssystemgestaltung in der Automobilindustrie. In: Gesellschaft für Arbeitswissenschaft e. V., GfA (Hrsg.): Kompetenzentwicklung in realen und virtuellen Arbeitssystemen. Bericht zum 53. Kongress der Gesellschaft für Arbeitswissenschaft vom 28. Februar bis 02. März 2007. Dortmund: GfA-Press, 2007, S. 813–816

Teil II

5 **Vorgehensmodell – von der demografischen Analyse zum Handlungskonzept**... 55

6 **Instrumente** 63

5 Vorgehensmodell – von der demografischen Analyse zum Handlungskonzept

Sibylle Adenauer

Worum geht es in diesem Beitrag?
Sie erfahren hier, wie Sie die Auswirkungen des demografischen Wandels für Ihr Unternehmen ermitteln und betrieblichen Handlungsbedarf daraus ableiten können. In der Regel zieht das Problem hier die Methode. Das setzt voraus, dass das Problem erkannt ist. Doch viele Unternehmen kennen die Auswirkungen des demografischen Wandels gar nicht oder nicht ausreichend genau. Die folgenden Seiten geben Antwort darauf, wie Sie demografisch bedingte personelle Herausforderungen für Ihr Unternehmen identifizieren, betrieblichen Handlungsbedarf ableiten und somit zu den in Teil III dargestellten Handlungsfeldern kommen.

Anschließend an Kap. 6 „Instrumente" ist plastisch und einfach nachvollziehbar das Protokoll eines erfolgreichen Demografieprojekts beim Holzwerkstoff-Hersteller EGGER, Standort Wismar, dargestellt. In Mecklenburg-Vorpommern verläuft die demografische Entwicklung besonders dramatisch. Das Unternehmen hat darauf im Jahr 2011 entschlossen und methodisch – arbeitswissenschaftlich unterstützt – reagiert, um seine Zukunft zu sichern.

Überblick:
Vorgehensmodell – von der demografischen Analyse zum Handlungskonzept
- Vorgehensmodell – Schritte
- Rahmenbedingungen für ein erfolgreiches Vorgehen

S. Adenauer (✉)
Institut für angewandte Arbeitswissenschaft e. V. (ifaa), Düsseldorf, Deutschland
E-Mail: s.adenauer@ifaa-mail.de

© Springer-Verlag Berlin Heidelberg 2015
Institut für angewandte Arbeitswissenschaft e. V. (ifaa) (Hrsg.),
Leistungsfähigkeit im Betrieb, ifaa-Edition, DOI 10.1007/978-3-662-43398-0_5

In der Regel lösen konkrete Frage- und Problemstellungen die Suche nach Lösungsansätzen aus. Dazu zählen in Bezug auf die demografische Entwicklung Fragen wie diese hier:

- Woher bekommen wir die Fachkräfte, die wir brauchen?
- Wie können wir die Leistungsfähigkeit der Beschäftigten frühzeitig fördern und langfristig erhalten?
- Welche Maßnahmen fördern die Vereinbarkeit von Beruf und privaten Bedürfnissen der Mitarbeiter?

Lösungsansätze zu diesen Fragestellungen finden Sie in Teil III dieses Kompendiums. „Relevante Handlungsfelder einer leistungsförderlichen demografiefesten Personalarbeit".

Mit Blick auf die demografische Entwicklung ist vielen Unternehmen bewusst, *dass* sie etwas tun müssen, aber sie wissen oftmals nicht genau, *was* und *wie*. Neben dem betriebsinternen Know-how fehlen im Tagesgeschäft auch zeitliche und personelle Ressourcen. Das Thema Demografie wird zudem vielfach noch als „Zukunftsthema" gesehen und genießt nicht die gebührende Priorität. Dabei ist es höchste Zeit zum Handeln.

Hier finden Sie ein praxiserprobtes Vorgehensmodell. Es basiert auf einem Konzept von NORDMETALL – Verband der Metall- und Elektro-Industrie e. V. (vgl. Lorber 2012). Es beschreibt einen Prozess, der zur Identifizierung der betriebsindividuellen Handlungsfelder (vgl. Teil III dieses Kompendiums) führt. Die in Abb. 5.1 dargestellten Schritte werden durch das Praxisbeispiel mit Leben erfüllt.

Die Dauer der demografischen Bedarfsanalyse richtet sich nach den verfügbaren Ressourcen und der Datenlage und kann zwischen einem Monat und einem Jahr betragen.

Die Bedarfsermittlung setzt voraus, dass die aktuelle Wettbewerbssituation des Unternehmens (Stärken, Schwächen) bekannt und die Unternehmensziele, auch längerfristige, formuliert und im Unternehmen transparent sind. Es muss klar sein, wo Ihr Unternehmen steht und wo „die Reise hingehen soll".

Schritt 1: Voraussetzungen für die demografische Bestandsaufnahme schaffen
Zunächst müssen die entsprechenden Voraussetzungen und Rahmenbedingungen für das Projekt „Demografische Bedarfsanalyse" geschaffen werden. Auftrag und Zielsetzung sind zu formulieren und Verantwortliche müssen benannt werden, die die demografische Bestandsaufnahme durchführen. Sie umfasst das Sammeln entsprechender Daten, die (grafische) Aufbereitung, die Interpretation der gewonnenen Informationen und die Präsentation vor der Geschäftsleitung beziehungsweise Unternehmensleitung. Wichtig ist, einen „Kümmerer" zu benennen, der das Projekt vorantreibt und zu einem erfolgreichen Abschluss bringt. Alle diese Aktivitäten setzen das Verständnis sowie die Akzeptanz bei Führung und Belegschaft voraus.

Schritt 2: Demografische Ausgangssituation analysieren
Die demografische Analyse beginnt mit einer Bestandsaufnahme. Untersucht und ausgewertet werden Einflussfaktoren, die die Wettbewerbssituation des Unternehmens bei der Sicherung des Fachkräftebedarfes wesentlich beeinflussen. Dazu zählen externe Faktoren, wie beispielsweise die regionale Entwicklung der Bevölkerung und Erwerbsbevölkerung.

Orientierung an den Unternehmenszielen und der Unternehmensstrategie

Wer sind wir heute?   **Wer wollen wir „morgen" sein?**

Schritt 1: Voraussetzungen für die demografische Bestandsaufnahme schaffen

Schritt 2: Demografische Ausgangssituation analysieren
- Schnellcheck „Demografiefeste Personalarbeit"
- Regionale Daten erheben – Umfeldanalyse
- Betriebliche Altersstrukturanalyse und -prognose
  → Ggf. ergänzende Daten (z. B. Fehlzeitenanalyse nach Alter, Unfallstatistik nach Alter, Weiterbildungsbeteiligung Älterer...)
- Qualifikationsbedarfsanalyse

Schritt 3: Daten aufbereiten; Thesen daraus für das Unternehmen ableiten

Schritt 4: Ergebnisse und Thesen der Unternehmensleitung vorstellen; weiteres Vorgehen abstimmen

Schritt 5: Demografieworkshop mit Führungskräften durchführen

Schritt 6: Handlungsfelder definieren; Handlungsplan erstellen

Schritt 7: Mit der Umsetzung von Maßnahmen beginnen; Nachhaltigkeit und Evaluation sichern; Lösungen, Maßnahmen werden auf diese Weise in das Regelwerk des Unternehmens übernommen und hier verankert.

Abb. 5.1 Überblick über das Vorgehensmodell sowie geeignete Instrumente und Methoden

Diese Bestandsaufnahme liefert zum Beispiel Hinweise, ob in der Region genügend Nachwuchskräfte zu finden sind oder ob gegebenenfalls neue Wege zur Personalgewinnung eingeschlagen werden müssen. In Teil III „Relevante Handlungsfelder einer leistungsförderlichen demografiefesten Personalarbeit", Abschn. 10.2 „Personalgewinnung" finden sich hierzu detaillierte Hinweise.

Zu den unternehmensinternen Einflussfaktoren gehört beispielsweise die aktuelle und künftig sich entwickelnde Altersstruktur der Belegschaft. Die Ergebnisse daraus liefern unter anderem Hinweise darauf, in welchen Bereichen welche Mitarbeiter zu welchem Zeitpunkt altersbedingt ausscheiden und wo durch eine frühzeitige Nachfolgeplanung erforderliches Wissen und Qualifikationen gesichert werden müssen.

- Schnellcheck „Demografiefeste Personalarbeit"
    - Kap. 6 „Instrumente"

Bestandsaufnahme
Standortbestimmung – relevante regionale Daten sind z. B.:

- Bevölkerungsentwicklung in der Region
- Schülerabgangszahlen
- Wanderungsbewegungen (Zuwanderung, Abwanderung)
- Entwicklung des Erwerbspersonenpotenzials in der Region
- Regionaler Arbeitsmarkt
- Ausbildungsstellen/Bewerber im Vergleich
- Welche anderen attraktiven Unternehmen (Mitbewerber) gibt es am Standort?
- ...

Foto: ra2 studio/fotolia.de

Abb. 5.2 Standortbestimmung – relevante regionale Daten (Beispiele)

Der Schnellcheck „Demografiefeste Personalarbeit" wird in Kapitel 6 „Instrumente" vorgestellt.

- Regionale Daten erheben – Umfeldanalyse

Die Daten und Fakten, die für die regionale Standortbestimmung des Unternehmens herangezogen und ausgewertet werden müssen, sind in Abb. 5.2 zusammengefasst. Unternehmen erhalten die Daten beispielsweise bei den Statistischen Ämtern des Bundes und der Länder, beim Wegweiser Kommune der Bertelsmann Stiftung und der Arbeitsagentur (siehe „Weiterführende Informationen, Links").
  Die regionale Standortanalyse ersetzt Vermutungen durch Zahlen und Fakten.
  Sie liefert zum Beispiel Informationen über:

- die Entwicklung der Bevölkerung, insbesondere der Erwerbsbevölkerung in der Region,
- potenzielle Auszubildende in der Region,
- Wettbewerber in der Region, die möglicherweise gute Bewerber „wegschnappen" könnten (vgl. Teil III des Kompendiums).

Harte Zahlen und Fakten können die Geschäftsführung beziehungsweise die Unternehmensführung davon überzeugen, dass Handlungsbedarf besteht.

- Betriebliche Altersstrukturanalyse und -prognose
    - Kap. 6 „Instrumente"

Die betriebliche Altersstrukturanalyse und -prognose wird in Kapitel 6 „Instrumente" dargestellt

- Qualifikationsbedarfsanalyse
    - Kap. 6 „Instrumente"

Die Qualifikationsbedarfsanalyse wird in Kapitel 6 „Instrumente" dargestellt.

Schritt 3: Daten aufbereiten; Thesen daraus für das Unternehmen ableiten
Der nächste Schritt besteht darin, die gesammelten Daten und Fakten aus der Altersstrukturanalyse und -prognose, der regionalen Standortanalyse und der Qualifikationsbedarfsanalyse für eine Präsentation vor der Geschäftsleitung auszuwerten und aufzubereiten (z. B. als Powerpoint-Präsentation).

Die Auswertung und Interpretation der Daten ist ein wesentlicher Bestandteil der Situationsanalyse. Erst der Abgleich der Daten mit der Situation des Unternehmens, den Zielen und der Unternehmensstrategie weist den Handlungsbedarf aus.

Schritt 4: Ergebnisse und Thesen der Unternehmensleitung vorstellen; weiteres Vorgehen abstimmen
Nur konkrete Zahlen und Fakten sowie daraus abgeleitete Konsequenzen für das Unternehmen werden die Geschäftsleitung von der Notwendigkeit überzeugen, den Demografieaspekt in die klassischen betrieblichen Handlungsfelder aufzunehmen und „grünes Licht" für entsprechende Maßnahmen (vgl. Teil III des Kompendiums) zu geben.

Schritt 5: Demografieworkshop mit Führungskräften durchführen
Der Workshop mit den Führungskräften zielt darauf ab, sie über die bisherigen Ergebnisse zu informieren und in die Erarbeitung des betriebsspezifischen Handlungsbedarfes einzubinden (siehe hierzu auch das Praxisbeispiel der Firma EGGER in Wismar weiter unten).

Schritt 6: Handlungsfelder definieren; Handlungsplan erstellen
Die Ergebnisse des Workshops werden aufbereitet, verdichtet und den Handlungsfeldern einer leistungsförderlichen demografiefesten Personalarbeit zugeordnet (vgl. Teil III des Kompendiums). „Erst die Zuordnung in diese Handlungsfelder ermöglicht den weiteren effizienten Fortgang sowie das Erstellen eines zielführenden Projektplanes" (*Lorber* 2012, S. 86).

Im Handlungsplan werden das weitere Vorgehen sowie Prioritäten festgelegt (Abb. 5.3).

Schritt 7: Mit der Umsetzung von Maßnahmen beginnen; Nachhaltigkeit und Evaluation sichern; Lösungen, Maßnahmen werden auf diese Weise in das Regelwerk des Unternehmens übernommen und hier verankert.
Mit der Umsetzungsphase beginnt die Erarbeitung geeigneter Maßnahmen in den identifizierten Handlungsfeldern. Neben den erforderlichen Statusmeetings ist die Projektorganisation sicherzustellen. Für das „Umsetzungsprojekt Demografie" sind Verantwortliche zu benennen, Verantwortlichkeiten und Abläufe festzulegen.

	Handlungs-feld	Ziel (Was?)	Maß-nahmen (Wie?)	Zuständig-keit (Wer?)	Beteiligte (Mit wem?)	Start-Zeit-punkt (Wann?)	End-Zeit-punkt (Bis wann?)
1							
2							
3							
4							
5							

Abb. 5.3 Handlungsplan für das weitere Vorgehen (Muster)

Basierend auf den Ergebnissen der Analysearbeiten und des Workshops werden die weiteren Schritte abgestimmt und festgelegt. Realisierbarkeit, Kosten/Nutzen, verfügbare Ressourcen bei den Mitarbeitern und der Zeithorizont stehen dabei im Vordergrund.

Erst mit diesem (Projekt-)Schritt, so die Erfahrung des Holzwerkstoff-Herstellers EGGER in Wismar (vgl. Praxisbeispiel auf den Folgeseiten), wird die Veränderung in der gesamten Organisation bewusst gemacht. „Mit der Umsetzungsphase werden die Maßnahmen in das Regelwerk des Unternehmens übernommen und hier verankert und es entsteht eine andere Perspektive (Lorber 2012, S. 87 f.). Denn: „So wie Qualitätsprozesse, Unternehmensimage, Unternehmensstrategie und Führungskultur wie selbstverständlich fester Bestandteil in den Köpfen der Belegschaft sind, sind die Herausforderungen des demografischen Wandels als ein neuer Baustein zu sehen, welcher seinen festen Platz finden muss. Auch dessen Steuerung und Erfolgswirksamkeit sind Teil dieser Herausforderung" (Lorber 2012, S. 81).

Rahmenbedingungen für ein erfolgreiches Vorgehen
Um den nachhaltigen Erfolg der Aktivitäten zu gewährleisten, hilft es, die in Abb. 5.4 beispielhaft aufgeführten Rahmenbedingungen zu beachten.

Das Demografieprojekt muss unternehmensspezifisch entwickelt, eingeführt, genutzt und „gepflegt" werden. Es braucht einen „Kümmerer" im Unternehmen, regelmäßiges Reporting über Meilensteinergebnisse an die Geschäftsleitung sowie die Abstimmung über das weitere Vorgehen. Erfolgsentscheidend ist, dass die Geschäftsleitung hinter dem Projekt steht und es trägt. Zielsetzung, Inhalte, Ablauf und Meilensteinergebnisse müssen im Unternehmen kommuniziert werden. Transparenz ist erforderlich, damit Führungskräfte und Beschäftigte das Projekt akzeptieren.

zum Beispiel:

- Projektgremien: Steuerungsgruppe; Projektgruppe, ein „Kümmerer" für das „Demografie-Projekt" im Unternehmen
- Die Unternehmensleitung bzw. Geschäftsleitung muss das Projekt tragen
- Vertrauensvolle Zusammenarbeit zwischen Geschäftsleitung und Betriebsrat
- Orientierung der Bedarfsermittlung und der Maßnahmen an den Unternehmenszielen und der Unternehmensstrategie
- Interesse am langfristigen Erhalt des Unternehmens (Nachhaltigkeit)
- Regelmäßiges Reporting an die Unternehmensleitung; Kommunikation im Unternehmen/ Belegschaft, Führungskräfte, Einbinden von Führungskräften und Mitarbeitern
- Datenschutzbestimmungen einhalten, z. B. bei der Altersstrukturanalyse
- Positive Einstellung zu Veränderungsprozessen
- ggf. Netzwerke nutzen: INQA, ddn, Verbandsarbeitskreise
- ...

Foto: olly/fotolia.de

Abb. 5.4 Rahmenbedingungen für ein erfolgreiches Vorgehen (Beispiele)

Wie wichtig regelmäßige Statusmeetings und die Verantwortung der Unternehmensleitung für das Gelingen des Projekts sind, zeigt die Erfahrung beim Holzwerkstoff-Hersteller EGGER: „Die Aufgabenstellungen und Ergebnisse (…) sind teilweise als sehr langfristig angelegt. Gerade diese Langfristigkeit und der fehlende monatliche Abgleich zwischen Ziel und IST birgt die Gefahr, dass Ziele aus den Augen verloren werden oder die Thematik versandet. Die erfolgreiche Umsetzung sicherzustellen, bleibt letztlich wieder Aufgabe des Unternehmers beziehungsweise des Managements." (Lorber 2012, S. 87).

Instrumente

6

Sibylle Adenauer

> **Worum geht es in diesem Beitrag?**
> Für die Bedarfsanalyse empfiehlt sich ein geplantes und schrittweises Vorgehen. Ein Schnellcheck „Demografiefeste Personalarbeit" gibt Ihnen einen ersten Überblick darüber, wie „demografiefest" Ihr Unternehmen schon ist. Detaillierte Ergebnisse erhalten Sie durch eine Analyse regionaler Daten zur Entwicklung der Bevölkerung und Erwerbsbevölkerung, eine Altersstrukturanalyse und -prognose und eine Qualifikationsbedarfsanalyse. Die Ableitung von Handlungsbedarf orientiert sich an den Unternehmenszielen.

Überblick:
Instrumente:
- Schnellcheck „Demografiefeste Personalarbeit"
- Die betrieblichen Altersstrukturanalyse und -prognose
  - Grundtypen betrieblicher Altersstrukturen
  - Instrumente zur Altersstrukturanalyse und -prognose
  - Erforderliche Daten für die Durchführung einer Altersstrukturanalyse und -prognose
  - Aufwand für die Durchführung einer Altersstrukturanalyse und -prognose
- Qualifikationsbedarfsanalyse
- Aufbereitung und Auswertung der Daten aus der Bestandsaufnahme
- Praxisbeispiele

S. Adenauer (✉)
Institut für angewandte Arbeitswissenschaft e.V., Düsseldorf, Deutschland
E-mail: s.adenauer@ifaa-mail.de

© Springer-Verlag Berlin Heidelberg 2015
Institut für angewandte Arbeitswissenschaft e. V. (ifaa) (Hrsg.),
Leistungsfähigkeit im Betrieb, ifaa-Edition, DOI 10.1007/978-3-662-43398-0_6

- **Schnellcheck „Demografiefeste Personalarbeit"**

Beginnen Sie die Bestandsaufnahme mit einem Schnellcheck „Demografiefeste Personalarbeit".

Der ifaa-Schnellcheck „Demografiefeste Personalarbeit" umfasst 15 Fragen (vgl. Abb. 6.1a und b). Mit „ja" beantwortete Fragen zeigen, wo Ihr Unternehmen schon gut gerüstet ist. Lautet die Antwort „nein", so liegt hier vermutlich Handlungsbedarf vor.

- **Die betriebliche Altersstrukturanalyse und -prognose**

Das ifaa-Tool zur Altersstrukturanalyse und -prognose finden Sie als Download auf der Homepage des ifaa unter www.arbeitswissenschaft.net.

Die Altersstrukturanalyse und -prognose ist ein sinnvolles Instrument der strategischen Personalplanung. Sie ist damit ein wichtiges Werkzeug zum Erhalt der Wettbewerbsfähigkeit des Unternehmens. Als Frühwarnsystem veranschaulicht sie die aktuelle Altersstruktur und Altersverteilung der Belegschaft. Sie ermöglicht durch Fortschreibung den Blick in die Zukunft – das heißt: auf die künftige Altersstruktur der Belegschaft – und versetzt Unternehmen in die Lage, frühzeitig im Interesse der Wettbewerbsfähigkeit zu handeln.

Die Altersstrukturanalyse und -prognose liefert in erster Linie folgende Informationen:

- die aktuelle und künftige Altersstruktur der Belegschaft des Unternehmens,
- die Altersstruktur und damit auch die Altersverteilung in Bereichen, für Beschäftigtengruppen (z. B. Ingenieure, Facharbeiter, Entwicklung & Konstruktion, Vertrieb) sowie
- für Standorte.

Die Daten aus einer Altersstrukturanalyse und -prognose helfen Ihnen bei der Behandlung folgender Fragen und Themen:

- In welchen Bereichen stehen welche Erfahrungsträger vor der Verrentung? Wo und für welche Funktionen muss rechtzeitig die Weitergabe von Wissen und Erfahrung organisiert werden?
- Wo müssen Sie an eine Nachfolgeplanung denken?
- Dort, wo die Altersstrukturanalyse und -prognose einen hohen Anteil älterer Beschäftigter ausweist oder künftig einen höheren Anteil erwarten lässt, sollte geprüft werden, inwieweit die Beschäftigten unabhängig vom Alter in die betriebliche Weiterbildung eingebunden sind. Ist das nicht der Fall, so ist die Weiterbildung altersunabhängig auszurichten, um den erforderlichen Qualifikationsbedarf für das Unternehmen sicherzustellen.

6 Instrumente

Frage		Fundstelle im Kompendium
1. Ist bekannt, wie unterschiedlich die demografische Entwicklung innerhalb Deutschlands verläuft und dass es Sogwirkungen aus besonders betroffenen Regionen geben wird?	☐ Ja Weiter mit Frage 2	☐ Nein – siehe Teil I Kapitel 2 »Demografischer Wandel und Auswirkungen auf Unternehmen«
2. Wissen Sie um die Vielfalt der Wirkungen des demografischen Wandels auf die Unternehmen und ist Ihnen auch bekannt, was Basel II und III mit Demografie verbindet?	☐ Ja Weiter mit Frage 3	☐ Nein – siehe Teil I Kapitel 2 »Demografischer Wandel und Auswirkungen auf Unternehmen«
3. Findet das Kompetenz- bzw. Kompensationsmodell der Leistungsfähigkeit im Alter bei Ihnen Anwendung?	☐ Ja Weiter mit Frage 4	☐ Nein – siehe Teil I Kapitel 3 »Leistungsfähig sein und bleiben«; Kapitel 4 »Leistungsfähigkeit und Alter – praxisrelevante Hinweise für Unternehmen und Beschäftigte«
4. Haben Sie die aktuelle und künftige Altersstruktur ihrer Belegschaft ermittelt und wissen Sie, wo Handlungsbedarf ist, um den Personal- und Fachkräftebedarf zu sichern?	☐ Ja Weiter mit Frage 5	☐ Nein – siehe Teil II Kapitel 5 »Vorgehensmodell – von der demografischen Analyse zum Handlungskonzept«
5. Wissen Sie, welcher Qualifikationsbedarf in den nächsten Jahren in Ihrem Unternehmen besteht?	☐ Ja Weiter mit Frage 6	☐ Nein – siehe Teil II Kapitel 6 »Instrumente«
6. Wissen Sie, wie Sie Ihr Unternehmen als attraktiven Arbeitgeber bekannt machen können und sind Sie sicher, die erforderlichen Nachwuchskräfte bzw. Qualifikationen zu bekommen?	☐ Ja Weiter mit Frage 7	☐ Nein – siehe Teil III Abschnitt 10.2 »Personalgewinnung«
7. Sind Ihre Führungskräfte über die Herausforderungen durch älter werdende Belegschaften und über die Konsequenzen für die Personalarbeit unterrichtet?	☐ Ja Weiter mit Frage 8	☐ Nein – siehe Teil III Kapitel 11 Handlungsfeld »Unternehmenskultur und Führung optimieren«
8. Führen Sie eine Personaleinsatzmatrix, die Ihnen Informationen zum Arbeitseinsatz der Mitarbeiter und Mitarbeiterinnen gibt?	☐ Ja Weiter mit Frage 9	☐ Nein – siehe Teil III Abschnitt 10.4 »Personaleinsatz«
9. Gestalten Sie Arbeitsplätze so, dass zu hohe und intensive Belastungen weitgehend reduziert werden?	☐ Ja Weiter mit Frage 10	☐ Nein – siehe Teil III Kapitel 8 Handlungsfeld »Arbeit gestalten«

10. Gestalten Sie die Arbeitszeit flexibel und berücksichtigen damit die unterschiedlichen Lebenssituationen der Beschäftigten aller Altersgruppen?	☐ Ja Weiter mit Frage 11	☐ Nein – siehe Teil III Kapitel 9 Handlungsfeld »Arbeitszeit gestalten«
11. Wissen Sie, dass die Qualifikationen von älteren Mitarbeitern und von Mitarbeitern der mittleren Altersgruppen für eine längere Verweildauer im Unternehmen bedarfsorientiert aktualisiert werden müssen?	☐ Ja Weiter mit Frage 12	☐ Nein – siehe Teil III Abschnitt 10.3 »Personalentwicklung und Personalqualifizierung«
12. Kennen Sie die Faktoren, die Beschäftigte dazu motivieren können, länger in Ihrem Unternehmen zu verbleiben?	☐ Ja Weiter mit Frage 13	☐ Nein – siehe Teil III Abschnitt 10.5 »Personalbindung«
13. Stellen Sie durch gezielten und organisierten Wissensaustausch sicher, dass dem Unternehmen das Wissen und die Erfahrung ausscheidender Beschäftigter erhalten bleibt?	☐ Ja Weiter mit Frage 14	☐ Nein – siehe Teil III Kapitel 13 Handlungsfeld »Wissen sichern und weitergeben«
14. Erhalten Sie aus Auswertungen der Altersstrukturanalyse und in Verbindung mit einer betriebsspezifischen Analyse über krankheitsbedingte Fehlzeiten Ansatzpunkte für betriebliche Maßnahmen zur Förderung der gesundheitlichen Leistungsfähigkeit?	☐ Ja Weiter mit Frage 15	☐ Nein – siehe Teil III Kapitel 12 Handlungsfeld »Gesundheit aktiv gestalten«
15. Bringen Sie rechtzeitig die Vorstellungen über eine Reduzierung der Arbeitszeit oder einen früheren Ausstieg des Mitarbeiters in den Ruhestand in Erfahrung, um entsprechend frühzeitig handeln zu können?	☐ Ja Haben Sie alle Fragen mit »ja« beantwortet? Dann ist Ihr Unternehmen schon gut gerüstet.	☐ Nein – siehe Teil III Abschnitt 10.6 »Gestaltung Berufsaustritt«

Abb. 6.1 a, b Fragebogen Schnellcheck „Demografiefeste Personalarbeit"

- Die Ergänzung der Altersstrukturanalyse und -prognose um eine Fehlzeitenanalyse nach Alter zeigt auf, in welchen Bereichen zum Beispiel Arbeitsbedingungen ergonomisch besser gestaltet werden können. Über die Fehlzeitenanalyse lässt sich auch bestimmen, wo Maßnahmen der betrieblichen Gesundheitsförderung sinnvoll sind, um die gesundheitliche Leistungsfähigkeit präventiv zu fördern oder aktuell wiederherzustellen beziehungsweise zu stärken. Ältere sind nicht häufiger krank als Jüngere, aber sie fallen oft länger aus (siehe Teil I, Kap. 3 und 4).

6 Instrumente

> **Grundtypen betrieblicher Altersstrukturen**
> Es gibt vier Grundtypen betrieblicher Altersstrukturen. Sie bergen unterschiedliche Risiken (Abb. 6.2).

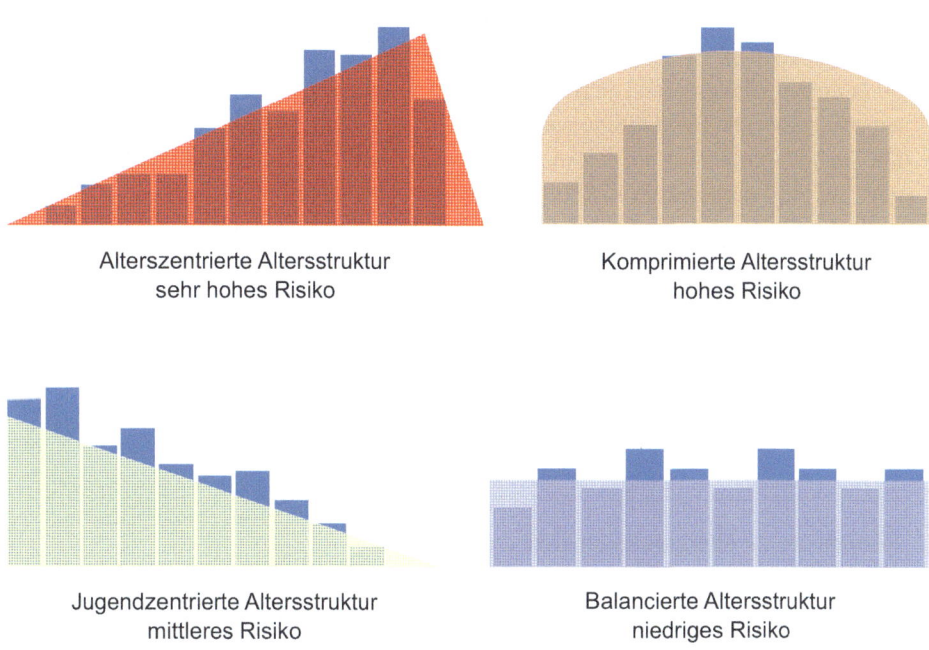

Abb. 6.2 Vier Grundtypen betrieblicher Altersstrukturen (BMWi 2007)

- Eine Ergänzung der Daten aus der Altersstrukturanalyse zum Beispiel um Daten der Unfallstatistik nach Alter zeigt auf, wo in welchen Bereichen entsprechende – auch präventive – Maßnahmen der Arbeitsgestaltung notwendig sind, um Unfälle zu vermeiden.

Eine Altersstrukturanalyse und -prognose umfasst:

1. eine Bestandsaufnahme der aktuellen Belegschaftsstruktur nach Alter und Qualifikation,
2. eine Prognose ihrer voraussichtlichen Entwicklung – üblicherweise für die kommenden 5 bis 10 Jahre – sowie
3. die Bewertung der Altersstruktur und ihrer Entwicklung bezogen auf die aktuellen, die mittelfristigen und die längerfristigen Ziele des Unternehmens.

Handlungsbedarf kann erst dann abgeleitet werden, wenn die Daten der Altersstrukturanalyse und -prognose gemeinsam mit den Ergebnissen aus der regionalen Umfeldanalyse und der Qualifikationsbedarfsanalyse an den Unternehmenszielen gespiegelt werden. Dabei ist auch wichtig, wie gut das Unternehmen im Hinblick auf eine demografiefeste leistungsförderliche Personalarbeit bereits aufgestellt ist und an welche bestehenden Maßnahmen es anknüpfen kann (vgl. Teil 3 des Kompendiums).

- Die *alterszentrierte Verteilung der Belegschaftsstruktur* birgt ein sehr hohes Risiko; in unmittelbarer Zukunft wird ein Großteil der Mitarbeiter fast zeitgleich aus dem Unternehmen ausscheiden. Damit ist zum Beispiel die Gefahr verbunden, dass dem Unternehmen in Kürze wichtiges Know-how verloren geht.
- Die *komprimierte Altersstruktur* birgt ein hohes Risiko in der Zukunft. Die Beschäftigten der mittleren Altersgruppe bilden derzeit, wie das in vielen Unternehmen der Fall ist, den größten Anteil an der Belegschaft. In absehbarer Zeit werden sie als die Älteren über 50 Jahre den größten Anteil an der Belegschaft ausmachen. Auch hier werden Probleme entstehen, da viele Beschäftigte nahezu zeitgleich aus dem Unternehmen ausscheiden.
- Die *jugendzentrierte Altersstruktur* findet man häufig in Unternehmensneugründungen. Sie birgt derzeit kein Risiko. Der niedrige Altersdurchschnitt in diesem Beispiel wirft aktuell keine demografischen Fragestellungen im Zusammenhang mit alternden Belegschaften auf. Mittelfristig kann sich ein Risiko ergeben, wenn nicht kontinuierlich für Nachwuchskräfte gesorgt wird.
- Die *ausgewogene Altersstruktur* birgt ein niedriges Risiko. Hier sind alle Altersgruppen ungefähr gleich stark vertreten. Jede Altersgruppe (Alterskohorte) kann durch die jeweils nachfolgende Kohorte ersetzt werden, vorausgesetzt, dass kontinuierlich für Nachwuchskräfte gesorgt wird.

Instrumente zur Altersstrukturanalyse und -prognose
Wenn Ihr Unternehmen weniger als 20 Beschäftigte hat, reicht für einen ersten Überblick eine einfache händische Altersstrukturanalyse. Für größere Unternehmen und für eine tiefer gehende differenzierte Analyse sollte ein EDV-gestütztes Tool genutzt werden.

- ifaa-Tool Altersstrukturanalyse und -prognose

Das bereits im Ordner „Der demografiefeste Betrieb" (2009) vorgestellte ifaa-Tool zur Altersstrukturanalyse und -prognose (vgl. Abb. 6.3) hat sich in zahlreichen Unternehmen etabliert. Es wurde überarbeitet, ist kostenfrei, einfach in der Anwendung und für Unternehmen mit bis zu 3 000 Beschäftigten geeignet. Die Daten können mit wenig Aufwand jährlich angepasst und aktualisiert werden. Auf die Berücksichtigung von Fluktuationsraten wurde verzichtet. Eine ausführliche Bedienungsanleitung des ifaa-Tools befindet sich in dem Menü „Hilfe" und kann ausgedruckt werden.

Für die Durchführung und die Interpretation der Ergebnisse der Altersstrukturanalyse und -prognose enthält das Tool das Menü „Hilfe".

- Altersstruktur- und Qualifikationsanalyse und VME-Fachkräftecheck des Verbandes der Metall- und Elektroindustrie in Berlin und Brandenburg

ifaa-Tool Altersstrukturanalyse und -prognose

Daten | Personalnummer | Name | Alter (Geburtsdatum) | Geschlecht | Kostenstelle | Qualifikationen

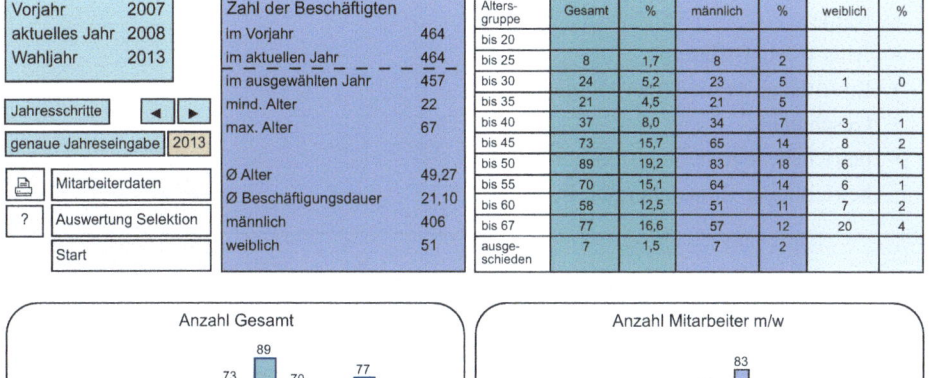
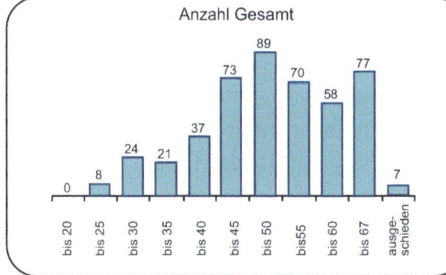
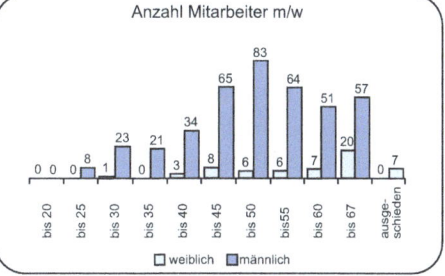

Microsoft Excel basiertes kostenfreies Tool Bedienungsanleitung im Tool unter „Hilfe"

Abb. 6.3 ifaa-Tool zur Altersstrukturanalyse und -prognose (Auszug)

Beide Analyse-Tools wurden im Rahmen des Projekts „Fachkräftesicherung durch betriebliche Weiterbildung" (Laufzeit: 2011 bis 2013) erstellt und in den am Projekt beteiligten Unternehmen eingesetzt. Das Projekt wurde vom Verband der Metall- und Elektroindustrie in Berlin und Brandenburg (VME) in Kooperation mit dem Bildungswerk der Wirtschaft in Berlin und Brandenburg (bbw) durchgeführt. Die VME-Altersstruktur- und Qualifikationsanalyse ist ein Instrument auf Basis der Software Microsoft Excel. Der VME-Fachkräftecheck ist ein Fragebogen zu den Handlungsfeldern einer demografiefesten Personalarbeit (siehe auch „Weiterführende Informationen, Links").

- Weitere Tools zur Altersstrukturanalyse und -prognose

Wer ein Instrument sucht, das zum Beispiel auch Fluktuationsdaten berechnen kann, findet eine Übersicht über Tools auf der Website von INQA – Initiative Neue Qualität der Arbeit (INQA – Initiative Neue Qualität der Arbeit: Altersstrukturanalysen und Demographie-Checks: www.inqa.de/DE/Informieren-Themen/Diversity/Demografie/altersstrukturanalysen.html/ Übersicht: Instrumente zur Altersstrukturanalyse [25.03.2014]). Hier finden sich auch jeweils detaillierte Beschreibungen darüber, was diese Tools leisten, was sie kosten und an wen man sich auf der Suche nach einem Ansprechpartner wenden kann.

> **Erforderliche Daten für die Durchführung einer Altersstrukturanalyse und -prognose**
> Im Wesentlichen benötigen Sie für eine Altersstrukturanalyse und -prognose folgende Mitarbeiterdaten:
> - Personalnummer
> - Name
> - Alter (Geburtsdatum)
> - Eintrittsdatum ins Unternehmen
> - Geschlecht
> - betriebsbezogene Qualifikation
> - betrieblicher Einsatzbereich/Funktion

Je nachdem, welche Informationen Sie benötigen, kann es sinnvoll sein, mehrere Kriterien zu kombinieren – zum Beispiel Vertriebsmitarbeiter an allen Standorten des Unternehmens.

> **Aufwand für die Durchführung einer Altersstrukturanalyse und -prognose**
> Der Aufwand für die Datengenerierung kostet in Unternehmen mit 500 Beschäftigten rund einen Personentag. Für Unternehmen mit bis zu 40 Beschäftigten reicht je nach Datenverfügbarkeit ein Zeitaufwand von rund einer Stunde aus.
> Um zu aussagekräftigen Ergebnissen zu kommen, sollte die Altersstrukturanalyse differenziert durchgeführt werden – zum Beispiel nach den folgenden Kriterien:
> - Abteilungen, Betriebsbereiche, Funktionsbereiche
> - Prozesse (Kernprozesse/Funktionsbereiche)
> - Qualifikationen
> - bestimmte Beschäftigtengruppen mit Schlüsselfunktionen für Unternehmen (z. B. Führungskräfte, Ingenieure, Facharbeiter)
> - Standorte

Eine Checkliste zur Durchführung einer Altersstrukturanalyse und -prognose finden Sie unter anderem auch unter dem Punkt „Weiterführende Informationen, Links", „Altersstrukturanalyse und -prognose".

Die Daten werden für die Präsentation vor der Geschäftsleitung und den Führungskräften aufbereitet und gemeinsam mit den Daten aus der regionalen Standortanalyse und Qualifikationsbedarfsanalyse interpretiert.

- **Qualifikationsbedarfsanalyse**

Die folgenden Hinweise für eine über das Instrument „Qualifikationsmatrix" hinausgehende Qualifikationsbedarfsanalyse basieren auf dem Projekt „Qualifikationsbedarfsermittlung" des ifaa mit den Unternehmerverbänden Rhein-Wupper, Leverkusen und vier beteiligten Unternehmen (Adenauer 2011).

Was ist mit *„Qualifikationsbedarfsanalyse"* gemeint?

Qualifikation meint die Gesamtheit der Voraussetzungen und Kompetenzen einer Person zur erfolgreichen Bewältigung der Anforderungen von Arbeitsaufgaben. Hauptmerkmale sind in der Regel fachliche Kenntnisse, Handlungskompetenzen und Fähigkeiten (vgl. *Hammer* 1997). Neben den entsprechenden fachlichen Qualifikationen gewinnen soziale und methodische Kompetenzen für die effiziente Zusammenarbeit aller im Unternehmen weiter an Bedeutung.

Eine *Qualifikationsbedarfsanalyse* umfasst drei Schritte:

- Soll-Analyse: die Analyse der Anforderungen der Arbeitsaufgabe und das Festlegen der Soll-Qualifikationen zum Beispiel auf der Basis der erfassten Veränderungen oder auf der Basis offensichtlicher Defizite bei der Produktqualität, der Kundenorientierung oder auch der Termintreue.
- Ist-Analyse: die Bestandsaufnahme der vorhandenen Qualifikationen.
- Abgleich von Soll und Ist: Vergleich von Soll- und Ist-Qualifikationen. Dieser zeigt auf, wo Defizite und somit Qualifizierungsbedarf bestehen.

Voraussetzung, um eine bedarfsorientierte Qualifikationsbedarfsanalyse durchzuführen, sind klar formulierte – auch längerfristig ausgerichtete – Unternehmensziele. Daran orientieren sich die Qualifikationsanforderungen.

Treiber für Veränderungen von Qualifikationsanforderungen und Zielsetzung der *Qualifikationsbedarfsanalyse*

Die Arbeitswelt unterliegt kontinuierlichen Veränderungen. Diese wirken sich auf die Tätigkeiten in den Unternehmen aus und entsprechend auch auf die Qualifikationsanforderungen der Beschäftigten. Unternehmen, die solche Veränderungen in ihrer Bedeutung *frühzeitig* erkennen und den daraus resultierenden Bedarf an Qualifikationen *geplant* erheben, sichern sich Wettbewerbsvorteile und stärken ihre Zukunftsfähigkeit.

Sowohl unternehmensexterne als auch unternehmensinterne Entwicklungen können sich qualitativ und quantitativ auf den Qualifikationsbedarf beziehungsweise Personalbedarf eines Unternehmens auswirken.

Für Unternehmen ist es unter Aspekten der Wettbewerbsfähigkeit gleich in mehrfacher Hinsicht notwendig, Qualifikationsbedarf zu ermitteln und eine bedarfsgerechte Qualifizierung durchzuführen. Gründe sind hier:

- aktuelle Defizite, die eine Qualifizierung erfordern, sowie
- Veränderungen. Dazu zählen Veränderungen, die von außen auf Unternehmen einwirken und nicht beeinflussbar sind, sowie Veränderungen, die das Unternehmen selber anstößt.

Aktuelle Engpässe können beispielsweise aufgrund von Mängeln in der Arbeitsorganisation und/oder wegen fehlender Mitarbeiterqualifikationen entstehen. Ein deutliches Indiz für Verbesserungsbedarf sind zum Beispiel Kundenbeschwerden, etwa im Hinblick auf Termintreue, Produktqualität, Dienstleistungsorientierung. Kundenbefragungen können hier möglichst im Vorfeld gezielte Hinweise auf entsprechenden Optimierungsbedarf geben.

Beispiele für *unternehmensexterne Entwicklungen* mit Auswirkungen auf die Qualifikationsanforderungen im Unternehmen sind in Abb. 6.4 zusammengestellt:

Externe Treiber von Veränderungen mit Auswirkungen auf die Qualifikationsanforderungen (Beispiele):

- Technologische Entwicklungen
- Wirtschaftliche Entwicklungen (z. B. weiter zunehmende Globalisierung)
- Entwicklung der Finanzmärkte
- Neue Materialien, Werkstoffe
- Neue gesetzliche Regelungen (z. B. Umweltauflagen)
- Erhöhter Druck durch „attraktive" Wettbewerber am Standort
- Verknappung des Angebots an Fach- und Arbeitskräften als Folge der demografischen Entwicklung

Abb. 6.4 Unternehmensexterne Entwicklungen mit Auswirkungen auf die Qualifikationsanforderungen und den Qualifizierungsbedarf (Beispiele)

Beispiele für *unternehmensinterne Entwicklungen* sind in Abb. 6.5 aufgeführt.

Unternehmensinterne Entwicklungen und Veränderungen mit Auswirkungen auf die Qualifikationsanforderungen (Beispiele):

- Neue strategische Ausrichtung des Unternehmens (z. B. Erschließung neuer Märkte, Sicherung eines hohen Marktanteils, Weltmarktführerschaft, Herstellen eines neuen Produktes)
- Optimierung der Prozesse
- Anschaffung neuer Maschinen
- Veränderungen in der Altersstruktur der Belegschaft
- Notwendige Veränderungen aufgrund aktueller Engpässe, z. B.:
    - Minimierung von Kosten
    - Steigerung der Produktqualität
    - Steigerung der Kundenzufriedenheit
    - Verbesserung der Termintreue

Abb. 6.5 Unternehmensinterne Entwicklungen mit Auswirkungen auf die Qualifikationsanforderungen und den Qualifizierungsbedarf (Beispiele)

Eine systematische Erfassung derartiger Veränderungen und des daraus resultierenden aktuellen und künftigen Qualifikationsbedarfes findet oft nicht statt. „Der Prozess der Qualifikationsbedarfserhebung wird situativ und intuitiv aus dem Tagesgeschäft gelöst und erfolgt selten in strategischer Ausrichtung", so die Aussage eines mittelständischen Unternehmers. Als Gründe können hierfür beispielsweise folgende angeführt werden:

- Kleine und mittelständische Unternehmen verfügen in der Regel nicht über die entsprechenden personellen Ressourcen. Es fehlt die Zeit und teilweise auch das Know-how für ein geplantes Vorgehen.
- Es ist schwierig vorherzusehen, was „morgen" sein wird. Die Grenzen der Prognosefähigkeit von Veränderungen und von Unternehmensentwicklungen erschweren die systematische und vorausschauende Qualifikationsbedarfserhebung.
- Es fehlt eine langfristige Unternehmensstrategie beziehungsweise die Unternehmensziele sind für die Qualifikationsbedarfsermittlung nicht ausreichend genau formuliert.

Ebenen der Qualifikationsbedarfsanalyse
Ausgangspunkt für die Qualifikationsbedarfsanalyse ist die Kernfrage, welche Qualifikationen das *Unternehmen insgesamt* benötigt, um aktuelle und künftige Anforderungen zu meistern. Daraus werden die weiteren Qualifikationsbedarfe abgeleitet.

Die Qualifikationsbedarfsermittlung umfasst aufbauorganisatorisch die Ebene des Unternehmens sowie die der Unternehmensbereiche (z. B. Abteilungen, Gruppen) und personell die Ebene der Führungskräfte und Mitarbeiter (Abb. 6.6).

Aufbauorganisatorisch:
· die Ebene des Unternehmens
· die Ebene einzelner Unternehmensbereiche

Personell:
· die Ebene der Führungskräfte
· die Ebene der Mitarbeiter

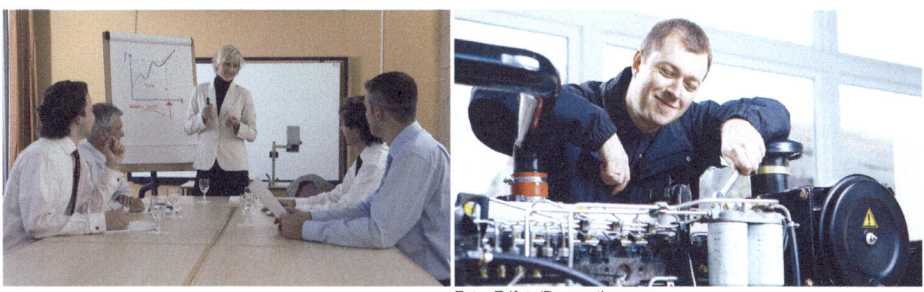
Foto: Edfoto/Dreamstime.com

Abb. 6.6 Ebenen der Qualifikationsbedarfsanalyse (eigene Darstellung)

Methoden und Instrumente zur Qualifikationsbedarfsanalyse
Die Qualifikationsmatrix ist ein bekanntes und für Mitarbeiter häufig eingesetztes Instrument, um Qualifikationsbedarf zu ermitteln und darzustellen. Es gibt jedoch darüber hinaus weitere Werkzeuge. Einige werden hier beispielhaft vorgestellt. Weitere Instrumente finden Sie auf der Website des Forschungsinstituts Betriebliche Bildung, f-bb (vgl. „Weiterführende Informationen, Links").

- Bestandsaufnahme der Situation zur Qualifikationsbedarfsanalyse mithilfe eines Orientierungsleitfadens

Im Rahmen des bereits erwähnten ifaa-Projekts mit den Unternehmerverbänden Rhein-Wupper mit Sitz in Leverkusen und vier Unternehmen wurde ein Orientierungsleitfaden mit 15 Fragen entwickelt. Als eine Art „Navigationssystem" bietet die Beantwortung der Leitfragen einen ersten Ansatz zur Ermittlung von unternehmensrelevanten Veränderungen und den Auswirkungen auf den aktuellen und künftigen Qualifikationsbedarf. Zugleich weist der Orientierungsleitfaden auch schon die möglichen Handlungsfelder für die Qualifikationsbedarfsermittlung aus (Abb. 6.7).

- Erfassen von Entwicklungen und Trends und Ableiten von Qualifikationsbedarf für das Unternehmen und einzelne Bereiche

Die Qualifikationsbedarfsermittlung auf Unternehmensebene setzt insbesondere die Kenntnis künftiger Trends und Entwicklungen voraus. Da diese bisher häufig nicht systematisch erfasst werden, wird auch der Qualifikationsbedarf auf der Unternehmensebene in der Regel nicht systematisch ermittelt.

Es ist jedoch unerlässlich für die Zukunftsfähigkeit von Unternehmen, Trends und Veränderungen frühzeitig zu erfassen. Der Geschäftsführer eines am Projekt beteiligten Unternehmens hat das treffend formuliert: „Wenn ich an die Zukunft des Unternehmens glaube, muss ich mich auch mit der Zukunft auseinandersetzen. Das Unternehmen muss seinen Kunden immer einen Schritt voraus sein."

Das Unternehmen des zitierten Geschäftsführers nutzt folgende Möglichkeiten, um Trends und Entwicklungen zu erfassen und daraus resultierende Veränderungen für das Unternehmen ableiten zu können:

- Netzwerke und Kontakte zu Hochschulen und Universitäten,
- Teilnahme an entsprechenden Veranstaltungen von Wissenschaft, Industrie und Forschung, um über aktuelle Entwicklungen und Trends informiert zu sein,
- Fachpresse,
- Mitarbeit in nationalen und internationalen Normungsorganen, u. a. auch als Gelegenheit zum Erfahrungsaustausch,
- Vergabe von studentischen Abschlussarbeiten, um aus Trends und Entwicklungen entsprechende Lösungen abzuleiten.

6 Instrumente

Leitfragen für die Qualifikationsbedarfsermittlung im Unternehmen

1 Wie sieht die strategische Ausrichtung Ihres Unternehmens aus?
   Welche Ziele hat das Unternehmen?
   · kurzfristig (1 Jahr):
   · mittelfristig (bis 3 Jahre):
   · längerfristig (über 3 Jahre hinaus):

2 Mit welchen Veränderungen, Entwicklungen und Trends, die Auswirkungen auf Ihr Unternehmen haben (z. B. im Hinblick auf Produkte, Produktionsverfahren, Dienstleistungen) rechnen Sie in den nächsten ein bis drei Jahren?

3 Wie wirken sich Veränderungen des Marktes auf Ihr Unternehmen aus?

4 Welche Bedeutung haben technologische Entwicklungen für Ihr Unternehmen?

5 Welche Bedeutung hat die Entwicklung neuer Materialien, Werkstoffe, Verfahren für Ihr Unternehmen?

6 Welche Auswirkungen haben Veränderungen rechtlicher Rahmenbedingungen für das Unternehmen?

7 Wie erfassen Sie diese Entwicklungen und Trends?

8 Wo sehen Sie die Wettbewerbsvorteile und wo sehen Sie eher Wettbewerbsnachteile Ihres Unternehmens gegenüber der Konkurrenz?

9 Wie stellen Sie sicher, dass auch in drei Jahren die Produkte des Unternehmens nachgefragt werden und dass Sie die Produkte zu konkurrenzfähigen Preisen absetzen können?

10 Was würde mit der Firma passieren, wenn Sie als Eigentümer, als Geschäftsführer des Unternehmens von heute auf morgen ausfallen würden? Ist die Stellvertretung für einen solchen Fall geregelt?

11 Wie stellen Sie sicher, dass unternehmensrelevantes Know-how im Unternehmen verbleibt?

12 Welche Bedeutung hat die demografische Entwicklung für Ihr Unternehmen?

13 Welche Möglichkeiten zur Ermittlung des Qualifikationsbedarfs nutzen Sie schon?

14 Welche Qualifikationen brauchen Sie für die strategische Ausrichtung des Unternehmens?

15 Wie findet Personalentwicklung und Qualifizierung statt?

16 ...

Abb. 6.7 Orientierungsleitfaden als Kompass zur Bedarfsermittlung

- Qualifikationsmatrix – für Mitarbeiter und Führungskräfte

Ein vielfach eingesetztes Instrument zur Qualifikationsbedarfsermittlung des Mitarbeiters ist die Qualifikationsmatrix. Sie stellt in übersichtlicher Weise den Qualifikationsanforderungen der Tätigkeiten die vorhandenen Qualifikationen der Mitarbeiter gegenüber und weist durch den Vergleich von Soll und Ist den Qualifizierungsbedarf für die Struktureinheit und den einzelnen Mitarbeiter aus (Abb. 6.8).

Name	Geburtsjahr	Knickschleifen	Aufhängung schleifen	Richten	Hängebahn	manuelles Anstreichen	Kontrolle	Stapler
		3	3	3	2	2	1	1
Schmidt	1951		X			O		S
Müller	1953	O	X	O		O	S	
Meyer	1953	O	X		O		S	
Becker	1954		X			O	S	S
Bauer	1955	X	O		O	O		O
Hamann	1957	O	O	O	O	O	X	
Schildner	1957	O	O	O	X			
Förster	1958	O	O		X			
Kunz	1960	X		O	O	O		
Uhrmacher	1961	X	O	O	O			
Gerber	1962			X		O		
Hintze	1964		X					
Mathieu	1965	X		O		O	O	
Landau	1965	O	X		O			
Johann	1967				S		X	
Littig	1970	O	O	O	O		X	
Ernst	1971		X					
Braun	1973	X		X		O		
Klein	1974	X	O					

Legende:
1 bis **3** = körperlicher Schweregrad der Arbeit: **1** = leicht; **2** = normal; **3** = schwer
X = Stammarbeitsplatz **O** = Mehrfachqualifikation **S** = Schulungsbedarf
Alle Angaben wurden anonymisiert.

Abb. 6.8 Beispiel für eine Qualifikationsmatrix (www.demowerkzeuge.de [Werkzeuge im Überblick/Personaleinsatz/Personaleinsatzmatrix] [15.12.2013])

Ein am Projekt beteiligtes Unternehmen setzt das Instrument Qualifikationsmatrix auch zur Ermittlung des Qualifikationsbedarfs für Führungskräfte ein.

- Mitarbeitergespräche, Workshops

Weitere Möglichkeiten der Qualifikationsbedarfsermittlung sind zum Beispiel (siehe auch f-bb unter „Weiterführende Informationen, Links"):

- Mitarbeitergespräche zwischen Führungskraft und Mitarbeiter sowie
- Reflexionsworkshops – das heißt: Workshops, in denen Mitarbeiter eines Bereiches oder einer Abteilung mit der Unterstützung eines Moderators gemeinsam Qualifizierungsbedarf für ihren Bereich und für sich selber erarbeiten.

- **Aufbereitung und Auswertung der Daten aus der Bestandsaufnahme**

Nach der Beschreibung der Instrumente zur Bedarfsanalyse geht es für die Projektgruppe jetzt mit den Schritten 3 bis 7 weiter (vgl. Teil II, Kap. 5 „Vorgehensmodell – von der demografischen Analyse zum Handlungskonzept"):

- Es folgt die Auswertung und Interpretation der erhobenen Daten aus der regionalen Umfeldanalyse, der Altersstrukturanalyse und -prognose sowie der Qualifikationsbedarfsanalyse. Erste Schlussfolgerungen für das Unternehmen können beispielsweise in Form von Thesen formuliert werden (vgl. Vorgehensmodell, Schritt 3). Für die Präsentation vor der Geschäftsleitung werden entsprechende Unterlagen (z. B. Powerpoint-Präsentationen) erarbeitet.
- Die Ergebnisse der Bestandsaufnahmen und die daraus abgeleiteten Thesen werden der Unternehmensleitung vorgestellt; das weitere Vorgehen wird erörtert und abgestimmt (vgl. Vorgehensmodell, Schritt 4).
- Anschließend werden die Führungskräfte in einem Workshop informiert und eingebunden. Die Ergebnisse der Bestandsaufnahme werden vorgestellt und das weitere Vorgehen vertiefend bearbeitet (vgl. Vorgehensmodell, Schritt 5; vgl. auch das Praxisbeispiel).
- Als Ergebnis aus dem Workshop werden die Handlungsfelder für das Unternehmen definiert und ein Handlungsplan für das weitere Vorgehen erstellt (vgl. Vorgehensmodell, Schritt 6).
- Schließlich kann die Umsetzung der Maßnahmen beginnen (vgl. Vorgehensmodell, Schritt 7; vgl. auch das Praxisbeispiel).

Weiterführende Informationen, Links
Übersicht über Schnellchecks
Schnellcheck „Demografiefeste Personalarbeit"
INQA – Initiative Neue Qualität der Arbeit: Altersstrukturanalysen und Demographie-Checks. Übersicht (2010): http://www.inqa.de/DE/Informieren-Themen/Diversity/Demografie/altersstrukturanalysen.html Demographie-Checks für Unternehmen (als pdf abrufbar) [16.10.2013]

Regionale Daten
Arbeitsagentur: www.statistik.arbeitsagentur.de [16.10.2013]
Bertelsmann Stiftung, Wegweiser Kommune: www.wegweiser-Kommune.de [16.10.2013]
Statistische Ämter des Bundes und der Länder: www.regionalstatistik.de [16.10.2013]

Altersstrukturanalyse und -prognose
Tool des VME in Berlin und Brandenburg:

- die VME-Alters- und Qualifikationsanalyse (auf Basis von Microsoft Excel) und
- der VME-Fachkräftecheck, ein Fragebogen

Beide Analyse-Tools wurden im Rahmen des Projekts „Fachkräftesicherung durch betriebliche Weiterbildung" (Laufzeit: 2012 bis 2013) erstellt und in den am Projekt beteiligten Unternehmen eingesetzt. Das Projekt der *Initiative weiter bilden* wurde vom Verband der Metall- und Elektroindustrie in Berlin und Brandenburg getragen und vom Bildungswerk der Wirtschaft in Berlin und Brandenburg, bbw, durchgeführt.

Hier finden Sie Informationen über die Leistungsfähigkeit und Einsatzmöglichkeiten beider Instrumente und das Projekt insgesamt:
Parlitz, F.; Schulte, R.; Wiedemann, J.: Demografieaktive Personalarbeit – Instrumente aus dem Projekt „Fachkräftesicherung". In: Betriebspraxis & Arbeitsforschung (2014) Nr. 219, S. 24–31
Amsinck, C. (Hrsg.); Wiedemann, J. (verantw. Red.); Schulte, R. (verantw. Red.): Demografieaktive Personalarbeit. Fachkräfte entwickeln – unterstützen – sichern. Projektbericht: Fachkräftesicherung durch betriebliche Weiterbildung. Berlin: Verband der Metall- und Elektroindustrie in Berlin und Brandenburg e. V. (VME), bbw Bildungswerk der Wirtschaft in Berlin und Brandenburg e. V., 2013. Als PDF verfügbar unter: http://www.fachkraeftesicherung.de/wp-content/uploads/2014/03/Demografieaktive-Personalarbeit.pdf [27.03.2014]
http://www.fachkraeftesicherung.de/ [27.03.2014]
Film zum Projekt: http://www.youtube.com/watch?v=46jU9UzeOAs [27.03.2014]
AGE – Management – innowise – Die Toolbox zum AGE-Management: http://www.age-management.net/ [16.10.2013]
AGE – Management – Checklisten/Checkliste Durchführung einer Altersstrukturanalyse: http://www.age-management.net/xd/public/content/index._cGlkPTUwOA_.html?_=7E5Aijo6EeOG_QAkIe8uTw; Hier erhalten Sie Hinweise zur Durchführung einer Altersstrukturanalyse und -prognose [15.12.2013]
Analyse-Tools – Übersicht: INQA – Initiative Neue Qualität der Arbeit: Altersstrukturanalysen und Demographie-Checks (Stand: 2010): http://www.inqa.de/DE/Informieren-Themen/Diversity/Demografie/altersstrukturanalysen.html/ *Übersicht: Instrumente zur Altersstrukturanalyse (als pdf abrufbar) [16.10.2013]*
HCscore3Analyse- und Simulationstool: www.hcscore3.de [25.03.2014]
Morschhäuser, M.; Matthäi, I.; Institut für Sozialforschung und Sozialwirtschaft e. V. (Hrsg.):Anleitung zur Altersstrukturanalyse. Saarbrücken: Institut für Sozialforschung und Sozialwirtschaft e. V., verfügbar unter: http://www.lago-projekt.de/medien/instrumente/Altersstrukturanalyse.pdf [16.10.2013]
Checkliste zur Durchführung einer Altersstrukturanalyse: Modellprojekt „Mit älter werdenden Beschäftigten wachsen – AGE-Management in KMU". Mit Unterstützung des Landes Nordrhein-Westfalen und des Europäischen Sozialfonds: http://toolbox.age-management.net/data/checkliste_asa_25.pdf [16.10.2013]
Das Demografie Netzwerk, ddn: Frühwarnindikator Altersstrukturanalyse: http://demographie-netzwerk.de/demographie-praxis/fuehrung/detail/artikel/fruehwarnindikator-altersstrukturanalyse.html [16.10.2013]

Qualifikationsbedarfsanalyse

Forschungsinstitut Betriebliche Bildung, f-bb: Qualifizieren im Betrieb: http://www.f-bb.de/materialien/instrumente.html. Hier finden Sie Instrumente und Methoden zur Qualifikationsbedarfsanalyse [15.12.2013]

Forschungsinstitut Betriebliche Bildung, f-bb: Durchführung Soll-Ist-Vergleich, Qualifizierungsbedarf erheben, Umsetzungsbeispiele: http://qib.f-bb.de/qib/bedarf_erheben/umsetzungsbeispiele/soll/soll.rsys [15.12.2013]

Helbich, B.: Qualifikationsbedarfsermittlung. MACH 2 Personalentwicklung, S. 1–3 http://www.mach1-weiterbildung.de/fileadmin/user_upload/PDF/MACH2-Infotexte/Qualifikationsbedarfsermittlung.pdf [15.12.2013]

Initiative Neue Qualität der Arbeit, INQA (Hrsg.): Aller guten Dinge sind drei! Altersstrukturanalyse, Qualifikationsbedarfsanalyse, alter(n)sgerechte Gefährdungsbeurteilung – drei Werkzeuge für ein demographiefestes Unternehmen. Berlin: INQA, 2011, verfügbar unter: http://www.inqa.de/DE/Lernen-Gute-Praxis/Publikationen/aller-guten-dinge-sind-drei.html [15.12.2013]

Initiative Neue Qualität der Arbeit – INQA (Hrsg.): Guter Mittelstand: Erfolg ist kein Zufall. Check und Leitfaden. Berlin: INQA, 2011, verfügbar unter: http://www.inqa.dc/DE/Lernen-Gute-Praxis/Publikationen/check-mittelstand.html. Hier finden Sie Checklisten und Hinweise zur Sicherung der Zukunftsfähigkeit Ihres Unternehmens [15.12.2013]

Literatur

Adenauer, S.: Qualifikationsbedarfsermittlung als Beitrag zur Wettbewerbsfähigkeit. In: Betriebspraxis & Arbeitsforschung (2011), Nr. 209, S. 24–29

Bundesministerium für Wirtschaft und Technologie, BMWi (Hrsg.): Ratgeber Demografie. Tipps und Hilfen für Betriebe. Berlin: Bundesministerium für Wirtschaft und Technologie, 2007, verfügbar unter: https://www.bmwi-unternehmensportal.de/recherchecenter/downloadsuche/index.php?p=&s=-1&id=151&fi=1&au=0&ck=0&br=0&wp=0&gz=0&nl=0&st=0&vi=0&nr=10&33aac69a458031d8a89ad5160060b258 [15.12.2013]

Bursee, M.; Schawilye, R.: Auswirkungen des demografischen Wandels auf Unternehmen. In: Adenauer, S. u. a.; Institut für angewandte Arbeitswissenschaft (Hrsg.): Demografische Analyse und Strategieentwicklung in Unternehmen. Köln: Wirtschaftsverlag Bachem, 2005, S. 14–18

Hammer, W.; REFA Bundesverband e. V. (Hrsg.): REFA Wörterbuch der Arbeitswissenschaft. Begriffe und Definitionen. München: Carl Hanser Verlag, 1997

Initiative Neue Qualität der Arbeit, INQA (Hrsg.): Aller guten Dinge sind drei! Altersstrukturanalyse, Qualifikationsbedarfsanalyse, alter(n)sgerechte Gefährdungsbeurteilung – drei Werkzeuge für ein demographiefestes Unternehmen. Berlin: INQA, 2011, verfügbar unter: http://www.inqa.de/SharedDocs/PDFs/DE/Publikationen/aller-guten-dinge-sind-drei.pdf?__blob=publicationFile [15.12.2013]

Adenauer, S. u. a.; Institut für angewandte Arbeitswissenschaft e. V. (Hrsg.): Der demografiefeste Betrieb. Mit Schnellcheck+Altersstrukturanalyse. Köln: Wirtschaftsverlag Bachem, 2009

Langhoff, T.: Den demographischen Wandel im Unternehmen erfolgreich gestalten. Eine Zwischenbilanz aus arbeitswissenschaftlicher Sicht. Heidelberg: Springer-Verlag, 2009

Lorber, R.: Demografischer Wandel – in Mecklenburg-Vorpommern angekommen. In: Gesellschaft für Arbeitswissenschaft, GfA (Hrsg.): Angewandte Arbeitswissenschaft für kleine und mittelständische Unternehmen. Tagungsband zur Herbstkonferenz 2012 der Gesellschaft für Arbeitswissenschaft. Dortmund: GfA-Press, 2012, S. 81–88

Mühlbradt, T.; Schawilye, R.: Analyse personalwirtschaftlicher Risiken und Potenziale. In: Adenauer, S. u. a.; Institut für angewandte Arbeitswissenschaft (Hrsg.): Demografische Analyse und Strategieentwicklung in Unternehmen. Köln: Wirtschaftsverlag Bachem, 2005, S. 38–59

Prynda, M.: Mit dem Personalkonzept „Overall Employment Deal" dem demografischen Wandel begegnen. In: Betriebspraxis & Arbeitsforschung (2012), Nr. 213, S. 24–36 www.demowerkzeuge.de *Werkzeuge im Überblick/Personaleinsatz/Personaleinsatzmatrix* [15.12.2013]

Praxisbeispiel EGGER Holzwerkstoffe Wismar GmbH & Co. KG
Das folgende Beispiel zeigt, wie das zuvor allgemein dargestellte Vorgehen erfolgreich in der betrieblichen Praxis umgesetzt wurde (*Lorber* 2012).

Das Unternehmen
Das Familienunternehmen EGGER Holzwerkstoffe wurde 1961 gegründet und zählt zu den global führenden Herstellern von Holzwerkstoffen. Zu den Produkten gehören unter anderem Möbelfertigteile, dekorative Materialen aus Holz für den Innenbereich und Fußböden aus Laminat. Die EGGER-Gruppe beschäftigt derzeit rund 7 200 Mitarbeiterinnen und Mitarbeiter an 17 Produktionsstandorten sowie in Vertriebsgesellschaften weltweit. Der Produktionsstandort in Wismar, Mecklenburg-Vorpommern, wurde 1999 errichtet. Hier sind rund 800 Beschäftigte tätig. EGGER Holzwerkstoffe Wismar GmbH & Co. KG ist größter Arbeitgeber in der Hansestadt Wismar (Abb. 6.9).

Ausgangslage
Über Medien und Literatur, aber auch aus eigener Erfahrung von EGGER Holzwerkstoffe Wismar GmbH & Co. KG ist bekannt, dass es in Mecklenburg-Vorpommern nicht zuletzt aufgrund einer starken Abwanderung qualifizierter Menschen zunehmend an Fachkräften mangelt. EGGER und die meisten anderen Unternehmen in der Region bewegt die zentrale Frage: Wie soll, wie kann angesichts dieser Entwicklung der Fachkräftebedarf der Zukunft abgedeckt werden?

Vorgehen
EGGER ist Mitglied im AGV Nord Allgemeiner Verband der Wirtschaft Norddeutschlands e. V. und wird auch von NORDMETALL Verband der Metall- und Elektro-Industrie e. V., betreut. Der Verband sensibilisiert seine Mitgliedsunternehmen für demografierelevante Fragestellungen und unterstützt sie bei der Identifizierung von entsprechendem Handlungsbedarf sowie der Erarbeitung von Lösungswegen. Dies geschieht unter anderem durch Erfahrungsaustauschkreise im Verband und durch Unterstützung vor Ort im Unternehmen. Im Jahre 2011 entschied sich EGGER mit Unterstützung und Begleitung durch NORDMETALL, die eigene betriebsspezifische Situation mit Blick auf die de-

Abb. 6.9 EGGER Holzwerkstoffe Wismar GmbH & Co. KG (EGGER)

mografische Entwicklung zu analysieren, um konkreten Handlungsbedarf zu erkennen und entsprechende Maßnahmen abzuleiten. Das Unternehmen ging projektorientiert und schrittweise vor:

- September 2011 Kick-off, Führungskräftetag:
  Workshop – NORDMETALL referierte bei EGGER über das Thema „Herausforderung demografischer Wandel".
- Bildung eines Kernteams; Aufgabe dieses noch kleinen Personenkreises: Vorarbeiten – Ermittlung von Analysemöglichkeiten und die Aufbereitung entsprechender Daten, auf deren Basis erste wegweisende Thesen erarbeitet werden sollten, um Akzeptanz und Verständnis für ein Demografieprojekt im Unternehmen sicherzustellen.
- Standortbestimmung: Analyse und Aufbereitung wichtiger Daten zur regionalen demografischen Entwicklung im September und Oktober 2011.
  Dabei handelte es sich um diese Daten:
  - Entwicklung der Bevölkerung im Umfeld des Unternehmens (Geburtenraten, Sterbefälle, Wanderungsverhalten)
  - Entwicklung der Bevölkerung im erwerbsfähigen Alter
  - Entwicklung der Schülerabgangszahlen
  - Entwicklung der regionalen Wirtschaft und Dienstleistungen
  - Trends und zukünftige Schwerpunkte der Region – das heißt: langfristige Veränderungen

Diese Zahlen belegen, wie schnell die Ressource „Arbeitskraft" in Mecklenburg-Vorpommern schrumpft. Die Bevölkerung im erwerbsfähigen Alter (15 bis 65 Jahre), die im Jahr 2006 noch bei 1,1675 Mio. und 2010 bei 1,0886 Mio. lag, wird bis 2050 auf etwa 628 000 und damit fast um die Hälfte (42 %) zurückgehen. Auch die rückläufige Zahl der Schulabgänger zeigt, wie dramatisch die demografische Entwicklung in Mecklenburg-Vorpommern verläuft. Bis 2008 waren es jährlich noch über 20 000 Schulabgänger. 2011 sank die Zahl auf 9 452 und damit erstmals unter 10 000 und wird sich ab 2015 auf durchschnittlich 12 650 einpendeln. Verschärft wird die Situation durch die Abwanderung gut ausgebildeter und mobiler Menschen, die ihre Perspektiven in anderen Regionen Deutschlands suchen.

- Altersstrukturanalyse und -prognose in der Zeit von November 2011 bis März 2012
  Mit dem Altersstrukturanalyse-Tool des ifaa führte das Kernteam mit Unterstützung des Arbeitgeberverbandes NORDMETALL eine Altersstrukturanalyse und -prognose der Belegschaft durch. Diese Analyse ergab für das Unternehmen insgesamt in 2011: 6 % der Beschäftigten waren unter 25 Jahre alt, 50 % der Beschäftigten gehörten der Altersgruppe 45 bis 60 Jahre an. Die Altersstrukturanalyse und -prognose wurde auch differenziert für einzelne Bereiche und Funktionsgruppen durchgeführt. Sie ergab beispielsweise bei den Gabelstaplerfahrern in 2011, dass 45 % über 50 Jahre alt waren.
- Ableiten von Thesen auf Basis der Standortbestimmung (regionale Daten und Altersstrukturanalyse und -prognose)
  Aus den Ergebnissen erarbeitete die Arbeitsgruppe erste wegweisende Thesen für den Standort Wismar:
  – These Gesundheitsförderung
    EGGER wird aufgrund der zukünftigen Altersstruktur und der EGGER-spezifischen Anforderungen bei verschiedenen Arbeitsaufgaben der Produktion, Logistik beziehungsweise Instandhaltung zukünftig Probleme mit höheren und/oder längeren Ausfallzeiten haben.
  – These Führung und Motivation
    Ein geringerer Ersatzbedarf bei den Führungskräften führt in den nächsten Jahren bei den leistungswilligen karriereorientierten Mitarbeitern zu Abwanderung, sinkender Produktivität und fehlender Motivation zur Weiterbildung.
  – These Arbeitsorganisation
    EGGER wird zukünftig die Arbeitsabläufe sowie spezielle Arbeitszeitregelungen an den Wertewandel insbesondere der jüngeren Mitarbeiter anpassen müssen.
  – These Arbeitgebermarke
    Falsche Vorstellungen über die angebotenen Ausbildungsberufe (Tischler oder Holzmechaniker) oder ein falscher Eindruck vom Unternehmen („bei Euch brennt es ständig") sowie häufige Verwechselungen mit anderen Unternehmen im Holzcluster sind Hemmnisse für potenzielle Bewerber.

- Durchführung von Workshops, März 2012
  Durchgeführt wurden die Workshops mit Unterstützung des Arbeitgeberverbandes. Teilnehmer waren die Werkleitung und alle Führungskräfte, die der Werkleitung direkt unterstellt sind. Ausschließlich die Fragen nach dem „Wer ist EGGER heute?" und „Wer ist EGGER morgen?" führte zu den Punkten, die als ungelöst, verbesserungswürdig oder als gänzlich neue Themen erkannt wurden. Die Liste der verschiedenen Ansatzpunkte wurde zunächst fortlaufend erfasst und anschließend klassifiziert. Das Gros der aufgeworfenen Punkte – alle als Fragestellung formuliert – wurde zunächst auf ihre Umsetzbarkeit hin überprüft. Erst die Ergebnisse daraus ließen Schwerpunkte erkennen, Zielformulierungen abstimmen, Ressourcen der Umsetzung abschätzen und ein Projekt zur Abarbeitung aufsetzen. Die Ergebnisse wurden hinsichtlich Priorität und Klassifizierung in geeigneten Übersichten aufgelistet.
  Ziele der beiden Workshops waren folgende:
  - auf Basis der Standortbestimmung Risiken und Chancen des demografischen Wandels für EGGER deutlich machen
  - Führungskräfte und Mitarbeiter sensibilisieren und einbinden
  - neue Lösungswege einschlagen
  - Maßnahmenkatalog erarbeiten, Prioritäten setzen
  - Handlungsplan aufstellen (Festlegung Arbeitspakete, Verantwortliche, Termine usw.)
  - Demografiereporting erarbeiten
- Definition der Handlungsfelder für das Werk
  Die Zuordnung der erarbeiteten Ergebnisse zu den aus der Literatur bekannten Handlungsfeldern ergab für EGGER fünf Handlungsfelder des Demografieprojekts (Abb. 6.10):

Abb. 6.10 Definierte Handlungsfelder für EGGER in Wismar (Lorber 2012)

- Zwischeninformation an die Führungskräfte am Führungskräftetag, Juni 2012:
  Führungskräfte wurden über die Ergebnisse der Standortanalyse und die Thesen informiert.
- August 2012, Statusmeeting und Projektverabschiedung durch die Unternehmensleitung – Beginn der Umsetzungsphase:
  Das Kernteam stellte die Ergebnisse aus der Standortbestimmung und die Thesen der Unternehmensleitung vor. Die Unternehmensleitung gab grünes Licht für das Demografieprojekt.

Die Umsetzungsphase begann im August 2012, nachdem die allgemeine Projektorganisation sichergestellt war. Neben den erforderlichen regelmäßigen Statusmeetings wurden die Verantwortlichen benannt, die Projektgruppe zusammengestellt und die Abläufe abgestimmt. Ausgehend von den Ergebnissen aus den Workshops soll die Projektgruppe Lösungsansätze für die identifizierten Handlungsfelder erarbeiten. Dabei stehen Realisierbarkeit, Kosten und Nutzen, verfügbare Ressourcen bei den Mitarbeitern sowie der Zeithorizont im Vordergrund. Mit diesem Projektschritt, der Umsetzungsphase, werden die demografischen Rahmenbedingungen langfristig beziehungsweise dauerhaft in die betrieblichen Handlungsfelder integriert und es wird ein Demografiemanagement-Prozess etabliert.

Erfahrungen und Empfehlungen aus dem Demografieprojekt bei EGGER
Es war hilfreich, die Vorarbeiten wie Analyse und Standortbestimmung in einem kleinen Arbeitskreis vorzunehmen und die Ergebnisse gemeinsam mit formulierten Thesen der Geschäftsleitung vorzustellen. Konkrete Zahlen und Thesen helfen, Akzeptanz und Verständnis sicherzustellen.

Es war gut, die Beschäftigten durch Workshops einzubinden; das schuf unter anderem Transparenz über das Demografieprojekt und stellte die Akzeptanz dafür sicher. Die Beschäftigten mit ihrem Know-how wurden zudem in die Erarbeitung von Lösungen eingebunden. Es hat sich bewährt, aus den analysierten Daten und Fakten Thesen abzuleiten und diese als Grundlage für die weiteren Arbeiten in den Workshops zu wählen. Auf der Basis der beiden Kernfragen – „Wer ist EGGER heute und wer ist EGGER künftig?" – wurden die Thesen vertiefend bearbeitet und es wurde der Handlungsbedarf konkretisiert.

Die Verantwortung für einen erfolgreichen und nachhaltigen Demografiemanagement-Prozess liegt bei der Unternehmens- beziehungsweise der Geschäftsführung, der Führungsmannschaft und beim Betriebsrat. Dafür ist ein regelmäßiges Reporting notwendig, das von Beginn an auf der oberen Führungsebene angesiedelt war. Es dient der regelmäßigen Überprüfung von Maßnahmen.

So wie Qualitätsprozesse, Unternehmensimage, Unternehmensstrategie und Führungskultur sozusagen selbstverständlich feste Bestandteile in den Köpfen der Belegschaft sind, so sind die Herausforderungen des demografischen Wandels als ein neuer Baustein zu sehen, der ebenfalls seinen festen Platz in den Köpfen der Führungskräfte und Beschäftigten finden muss. Auch dessen Steuerung und Erfolgswirksamkeit ist Teil der neuen

Herausforderung. Die Veränderungen müssen den Entscheidern im Unternehmen auf allen Ebenen bewusst und dann Teil ihrer Arbeit werden.

Die Langfristigkeit des Projekts birgt die Gefahr, dass Ziele aus den Augen verloren werden oder die Thematik versandet. Es liegt in der Hand des Unternehmers beziehungsweise des Managements, für eine nachhaltig erfolgreiche Umsetzung zu sorgen. Hier hilft das regelmäßige Reporting der Projektgruppe an die Unternehmensleitung sowie die jährliche Überprüfung und Steuerung von Maßnahmen.

Literatur

Lorber, R.: Demografischer Wandel – in Mecklenburg-Vorpommern angekommen. In: Gesellschaft für Arbeitswissenschaft, GfA (Hrsg.): Angewandte Arbeitswissenschaft für kleine und mittelständische Unternehmen. Tagungsband zur Herbstkonferenz 2012 der Gesellschaft für Arbeitswissenschaft. Dortmund: GfA-Press, 2012, S. 81–88

Teil III

7 Relevante Handlungsfelder einer leistungsförderlichen demografiefesten Personalarbeit 89

8 Handlungsfeld „Arbeit gestalten" 91

9 Handlungsfeld „Arbeitszeit gestalten" 133

10 Handlungsfeld „Personalpolitik und Personalstrategie realisieren" 219

11 Handlungsfeld „Unternehmenskultur und Führung optimieren" 337

12 Handlungsfeld „Gesundheit aktiv gestalten" 389

13 Handlungsfeld „Wissen sichern und weitergeben" 435

Sachverzeichnis 459

7 Relevante Handlungsfelder einer leistungsförderlichen demografiefesten Personalarbeit

Corinna Jaeger

Wie können Unternehmen im demografischen Wandel die Leistungsfähigkeit ihrer alternden Beschäftigten erhalten? Diese Frage rückt immer mehr in den Vordergrund. Größte Erfolgsaussichten hat eine Unternehmensstrategie, die die wichtigsten Handlungsfelder miteinander verzahnt und die Eigenverantwortung der Beschäftigten einbezieht (Abb. 7.1).

Um zielgerichtet handeln zu können, muss ein Unternehmen zunächst wissen, wo es steht. Der 1. Schritt ist also die Analyse, mit der sich Teil II dieses Kompendiums beschäftigt. Die Ergebnisse zeigen den Bedarf auf. Anschließend folgt der Weg zum Ziel – die Gestaltung.

Handlungsbedarf kann sich in unterschiedlichen Bereichen ergeben. Ergonomische Arbeitsgestaltung, Investitionen in moderne Produktionstechniken und betriebliche und private Gesundheitsförderung tragen ebenso zum Erhalt und zur Stärkung der Leistungsfähigkeit der Beschäftigten bei wie betriebliche Weiterbildung für jede Altersgruppe und die Weitergabe von Wissen. Wie gut einzelne Maßnahmen wirken, hängt sehr stark von der Kultur und Führung im Unternehmen sowie auch der Bereitschaft der Beschäftigten ab.

Dieses Kompendium stellt Maßnahmen vor, die zur Gestaltung eines demografiefesten Betriebes besonders geeignet sind. Zur besseren Orientierung sind die Maßnahmen folgenden Handlungsfeldern zugeordnet:

C. Jaeger (✉)
Institut für angewandte Arbeitswissenschaft e. V. (ifaa), Düsseldorf, Deutschland
E-Mail: c.jaeger@ifaa-mail.de

© Springer-Verlag Berlin Heidelberg 2015
Institut für angewandte Arbeitswissenschaft e. V. (ifaa) (Hrsg.),
Leistungsfähigkeit im Betrieb, ifaa-Edition, DOI 10.1007/978-3-662-43398-0_7

Abb. 7.1 Handlungsfelder einer leistungsförderlichen demografiefesten Personalarbeit

Handlungsfeld „Arbeit gestalten" 8

Giuseppe Ausilio, Norbert Baszenski, Julia Teipel,
Frank Lennings, Ralf Neuhaus, Stephan Sandrock
und Sascha Stowasser

> **Worum geht es in diesem Beitrag?**
> Sie erfahren, welchen Einfluss die Arbeitsgestaltung auf die Leistungsfähigkeit hat. Weiterhin wird gezeigt, was unter den Begriffen „Arbeitsmittel", „Arbeitsumgebung" und „Arbeitsplatz" zu verstehen ist und was im Sinne einer alternsgerechten Arbeitsgestaltung zu tun ist. Verschiedene Unternehmensbeispiele zeigen, dass oft schon mit verblüffend einfachen Mitteln unnötige und mit erhöhtem Verschleißrisiko behaftete Belastungen vermieden werden können.
>
> **Überblick:**
> - Was ist Arbeitsgestaltung?
> - Was ist das Ziel von Arbeitsgestaltung?
> - Welchen Bezug hat das Handlungsfeld zu Leistungsfähigkeit und Demografie?
> - Welcher Rechtsrahmen ist bei der Arbeitsgestaltung zu beachten?
> - Welche Stellschrauben gibt es?
>   - Arbeitsmittel
>   - Arbeitsumgebung
>   - Arbeitsplatz
> - Praxisbeispiele

Was ist Arbeitsgestaltung?
Arbeitsgestaltung beinhaltet Maßnahmen zur Anpassung der Arbeit an den Menschen. Arbeitsgestaltung bezieht sich auf die Arbeitsumgebungsbedingungen (z. B. Beleuchtung, Klima, Schall), auf inhaltliche Aspekte der Tätigkeit, auf die Arbeitsorganisation (z. B. Gruppenarbeit), auf die Gestaltung von Arbeitsmitteln (Werkzeuge, Arbeitsstühle, Hard- und Software etc.), den Arbeitsplatz (z. B. durch die Berücksichtigung von menschlichen Maßen wie der Körpergröße oder von Greifräumen).

Was ist das Ziel von Arbeitsgestaltung?
Die Arbeitsgestaltung soll im Prinzip so ausgelegt sein, dass sie die physischen und auch die psychischen Leistungspotenziale des Menschen angemessen fordert. Dabei sind langfristige Über- und Unterforderungen zu vermeiden. Die menschengerechte Gestaltung der Arbeit soll die Leistung verbessern und das Wohlbefinden des Beschäftigten erhalten beziehungsweise fördern. So ist es beispielsweise sinnvoll, bei der Gestaltung eines Montagesystems wichtige Maße (z. B. Körpergröße und Armlänge) des Menschen zu kennen und diese zu berücksichtigen, damit Arbeitsmittel und Werkstück auch erreicht werden können.

Welchen Bezug hat das Handlungsfeld zu Leistungsfähigkeit und Demografie?
Die Arbeitsgestaltung beeinflusst die Leistungsfähigkeit von Unternehmen und Mitarbeitern unmittelbar.

8 Handlungsfeld „Arbeit gestalten"

Wenn bei der Arbeitsgestaltung ergonomische Prinzipien berücksichtigt werden, können ungünstige Belastungskonstellationen, die langfristig möglicherweise zu Beeinträchtigungen führen können, vermieden werden. Weiterhin können an ergonomischen Arbeitsplätzen jüngere wie ältere Beschäftigte gleichermaßen arbeiten.

Welcher Rechtsrahmen ist bei der Arbeitsgestaltung zu beachten?
Bei der Arbeitsgestaltung sind zahlreiche Gesetze und Verordnungen einzuhalten – zum Beispiel:

- die Arbeitsstättenverordnung,
- die Lastenhandhabungsverordnung und
- die Bildschirmarbeitsverordnung.

Darüber hinaus existieren Informationen der Berufsgenossenschaften (www.dguv.de) und Normen, in denen Hinweise für die Gestaltung unterschiedlichster Arbeitsplätze angegeben sind.

Welche Stellschrauben gibt es?
Zu den Stellschrauben der Arbeitsgestaltung zählen im Wesentlichen:

- die Arbeitsmittel,
- die Arbeitsumgebung und
- der Arbeitsplatz.

Das Handlungsfeld „Arbeit gestalten" ist sehr vielschichtig, sodass an dieser Stelle nur beispielhafte Impulse für diese drei „Stellschrauben" gegeben werden können.

Stellschraube „Arbeitsmittel"
Arbeitsmittel sind zum Beispiel Anzeigen und Signale, Hard- und Software, Arbeitsstühle, Griffe, Stell- und Bedienteile, Werkzeuge. Für die Gestaltung dieser Arbeitsmittel gibt es zahlreiche praktische Checklisten und Anwendungsbeispiele. Diese werden von den Berufsgenossenschaften (www.dguv.de), der Bundesanstalt für Arbeitsschutz und Arbeitsmedizin (www.baua.de), vom Institut für angewandte Arbeitswissenschaft, ifaa, und anderen Organisationen sowie Instituten zur Verfügung gestellt.

Bereits bei der Neuanschaffung von Arbeitsmitteln sollte man auf deren ergonomische Beschaffenheit achten. Denn eine Nachrüstung ist in der Regel mit höheren Kosten verbunden.

Im Folgenden werden Gestaltungskriterien für ausgewählte Arbeitsmittel dargestellt. Beispiele für ergonomische Kriterien bei der Hard- und Softwaregestaltung zeigt Tab. 8.1.

Beispiel für Anforderungen an Arbeitsstühle;
Stühle in Produktion und Büro unterscheiden sich in ihren Anforderungen. Beim Kauf sollte auf die unterschiedlichen Kriterien geachtet werden.

Tab. 8.1 Ergonomische Arbeitsmittelgestaltung (aus: ifaa-Checkliste Ergonomie)

Sind die Arbeitsmittel ergonomisch gestaltet?	Bei Werkzeugen ist zum Beispiel auf Kraft- und Formschluss zu achten.
Werden die Zeichen deutlich dargestellt?	Sind beispielsweise Verwechslungen zwischen „5" und „S", „O" und „0" sowie „I" und „1" ausgeschlossen?
Bilden die Zeichen einen guten Kontrast zum Zeichenhintergrund? Ist der Zeichenkontrast einstellbar?	Schriften und Zeichen müssen groß und unverwechselbar sein, sie müssen sich von ihrem Untergrund deutlich abheben (Kontraststärke) und bei unterschiedlichen Lichteinflüssen zu erkennen sein. Schriften, Zeichen und Grafiken müssen ausreichend groß und kontrastreich sein. Das Display darf nicht zu Blendungen oder Verzerrungen der Darstellung führen.
Bedienbarkeit der Hardware, wie zum Beispiel Tasten oder Schalter	Tasten und Schalter müssen ausreichend groß und eindeutig voneinander zu unterscheiden sein. Bei Betätigung müssen sie eine Rückmeldung an den Benutzer geben.
Intuitive Bedienung des Arbeitsmittels insgesamt	Die Bedienung des Geräts muss einfach und ohne komplexe Schlussfolgerungen erfolgen können.
Ist die Software leicht zu bedienen?	Folgende Kriterien sollten erfüllt sein: Software bietet Hilfestellung, ist leicht erlernbar, hat alle Funktionen, die zur Erledigung der Aufgabe benötigt werden. Häufig auftretende Bearbeitungsvorgänge lassen sich automatisieren, Funktionsangebot ist übersichtlich, Software ermöglicht einfachen Wechsel zwischen Bildschirmseiten, hat zur Orientierung einheitliche Gestaltung der Bildschirmseiten, gibt Rückmeldung über Eingaben und Stand der Bearbeitung.

Stühle im Produktionsbereich

Bei Stühlen beziehungsweise Sitzgelegenheiten im Produktionsbereich, die meist stärkeren Belastungen ausgesetzt sind, ist auf Folgendes besonders zu achten:

- hohe mechanische Festigkeit, denn der Stuhl wird als „dynamische Sitzmaschine" genutzt;
- gute Verstellmöglichkeiten, denn der Stuhl muss im Mehrschichtbetrieb häufig verschiedenen Körpergrößen angepasst werden;
- Korrosionsbeständigkeit, denn der Sitz ist häufig aggressiven Materialien ausgesetzt;
- eine auswechselbare und atmungsaktive Polsterung (wenn vorhanden).

Stühle im Bürobereich

Der Arbeitsstuhl muss standfest und auch bei größter Rückneigung der Rückenlehne kippsicher sein, mit mindestens fünf Rollen ausgestattet und gegen unbeabsichtigtes Wegrollen gesichert sein.

8 Handlungsfeld „Arbeit gestalten"

Der Rollwiderstand ist dem Fußbodenbelag (zum Beispiel Teppich, Laminat oder Parkett) anzupassen.

Stühle sollten den Nutzer beim Hinsetzen leicht abfedern, um die Stoßbelastung der Wirbelsäule so gering wie möglich zu halten.

Der Stuhl darf keine scharfen Kanten aufweisen und soll über gepolsterte atmungsaktive Sitz- und Rückenlehnen verfügen. Die Polsterung sollte fest, aber dennoch komfortabel sein.

Die Höhe der Sitzfläche muss sich mindestens in einem Bereich von 42 bis 50 cm verstellen lassen.

Die Sitztiefe beträgt mindestens 38 bis 44 cm – günstig ist hier eine Verstellmöglichkeit. Die Sitzbreite beträgt mindestens 40 bis 48 cm.

Die Rückenlehne ist horizontal konkav gekrümmt und weist eine Breite von 36 bis 48 cm auf, vertikal ist die Krümmung konvex ausgebildet.

Die Lehne sollte den Rücken des Nutzers in verschiedenen Arbeitshaltungen möglichst gut unterstützen beziehungsweise entlasten. Hierzu ist auf eine ausreichende Höhe und/oder Verstellbarkeit zu achten. Die Ausstattung mit einer gekoppelten Sitz-Lehnen-Neigungsverstellung (Synchronmechanik) ist empfehlenswert.

Praxisbeispiel eines Automobilzulieferers
Automobilzulieferer optimiert Hebehilfen
Bei einem Automobilzulieferer klagten Mitarbeiter über erhöhte Beschwerden des Muskel-Skelett-Apparates. Führungskräfte und die Fachkraft für Arbeitssicherheit entdeckten bei einer Ergonomie-Begehung verschiedene Aspekte, die zu gestalten waren. An zwei Arbeitsplätzen waren Hebehilfen an Stahllaufschienen mit einer Länge von bis zu 4 m angebracht. Die im Arbeitsalltag von den Mitarbeitern zu bewegenden Bauteile wiegen zwischen 25 und 35 kg. Doch die dafür erforderliche Hebehilfe forderte einen hohen Kraftaufwand (Zugkraft an der Hebehilfe rund 20 kg), um überhaupt in Bewegung gesetzt zu werden. Der Autozulieferer ersetzte daraufhin sämtliche Stahlschienen durch Alu-Leichtlaufschienen, um das Gesamtgewicht der Hebehilfe zu reduzieren. Die nun erforderliche Zugkraft wurde dadurch um rund 50 % verringert. Die körperlichen Beschwerden an diesen Arbeitsplätzen sowie die Ausfalltage, die durch diese Belastung verursacht wurden, reduzierten sich deutlich. Auch bei einer Umfrage unter den Mitarbeitern gab es durchgehend ein positives Feedback. Auch Arbeiter, die die Hebehilfen wegen deren Schwergängigkeit bisher nicht genutzt hatten, setzen diese jetzt durchgehend ein.

Stellschraube „Arbeitsumgebung"
Bei der Gestaltung der Arbeitsumgebung ist auf von außen auf die Beschäftigten einwirkende Faktoren wie beispielsweise Schall, Klima und Beleuchtung zu achten. Die Gestaltungsmöglichkeiten sollten immer nach dem TOP-Prinzip erfolgen – das heißt: Zunächst kommen technische, danach organisatorische und zuletzt personenbezogene Gestaltungslösungen in Betracht.

Schall

Schall wird durch mechanische Schwingungen, die von gasförmigen, flüssigen oder festen Medien ausgehen, verursacht. Unterschieden wird Luftschall – dieser gelangt direkt von der Quelle oder über Reflexionen an das Gehör – und Körperschall. Erst die subjektive Bewertung lässt Schall zu Lärm werden. Lärm ist demnach als negativ empfundener Schall zu verstehen – er ist für Betroffene unerwünscht oder dazu geeignet, diese psychisch oder physisch zu beeinträchtigen. Neben den das Gehör schädigenden Wirkungen (ab 80 dBA, etwa so laut wie ein lautes Gespräch, eine Schreibmaschine oder ein vorbeifahrendes Auto) wirkt Schall auch extra-aural auf den Menschen ein. Dies bedeutet, dass Lärm zum Beispiel zu Reaktionen des Herz-Kreislauf-Systems oder zu psychischen Reaktionen führen kann.

Bei geistiger Arbeit kann Schall auch bei deutlich geringeren Pegeln stören und die Leistung beeinträchtigen. Daher sollte je nach Art des Betriebes die Schallexposition so gering wie möglich gehalten werden. Bei der Altersschwerhörigkeit, die ab rund 50 Jahren einsetzt, handelt es sich um eine frequenzabhängige Gehörabnahme. Dies kann dazu führen, dass die Sprachwahrnehmung gestört wird oder dass akustische Warnsignale nicht gehört werden.

Maßnahmen zur Vermeidung und Minderung von Lärm sollen dem TOP-Prinzip folgen – das heißt: Lärm ist zunächst an der Quelle zu bekämpfen, danach ist über organisatorische Aspekte und erst zuletzt über persönliche Schutzausrüstung nachzudenken. Nachstehende Übersicht zeigt *Beispiele* der jeweiligen Maßnahmen (Tab. 8.2).

Klima

Die Leistungsfähigkeit des Menschen hängt wesentlich von klimatischen Bedingungen der Umgebung ab. Klima ist nicht direkt messbar, sondern setzt sich aus den Faktoren Lufttemperatur, Luftfeuchtigkeit, Luftgeschwindigkeit und Wärmestrahlung zusammen.

Für Beschäftigte mit sitzenden und leichten Tätigkeiten werden für den Winterbetrieb Raumlufttemperaturen von 19 bis 24 °C und für den Sommer von 23 bis 26 °C als Behaglichkeitsbereiche angesehen. Auch im Sommer sollten die Spitzentemperaturen die Marke von 26 °C nicht überschreiten. Trotzdem kann an heißen Sommertagen nicht vollständig ausgeschlossen werden, dass die Richttemperatur aus der Arbeitsstättenregel ASR A3.5 zeitweilig überschritten wird. Die ASR empfiehlt (bis 30 °C in Arbeitsräumen) beziehungsweise fordert (bis 35 °C in Arbeitsräumen) bestimmte Maßnahmen zur Entlastung der Beschäftigten. Dazu zählen:

- die Installation und der effektive Einsatz von möglichst außen liegenden Sonnenschutzvorrichtungen,
- eine erhöhte Nachtlüftung (besonders in den frühen Morgenstunden),
- die Verschiebung von Arbeitszeiten,
- Lockerung der Bekleidungsordnung oder
- die Bereitstellung von Erfrischungsgetränken.

Tab. 8.2 Beispiele für die Lärmminderung

Maßnahmen	Beispiele
Technische Maßnahmen zur Minderung der Schallentstehung, Schallausbreitung, Schallübertragung	Minderung der Schallentstehung durch Verfahrensauswahl Spülen statt Ausblasen Kleben oder Schweißen statt Nieten Kunststoffrollen bei Transportbändern Minderung der Schallabstrahlung/-ausbreitung durch konstruktive Maßnahmen Installation von Schalldämpfern Aufbringung von Dämpfungsmaterialien Minderung der Schallübertragung durch Kapselung Aufstellung von Abschirmwänden und Schallschirmen Installation von Schutzkabinen
Organisatorische Maßnahmen	Räumliche Abtrennung von lauten Arbeiten Verlegung in separate Räume oder Gebäudeteile Arbeitsplatzgestaltung Maschinenaufstellung/-anordnung zeitliche Verlegung von lauten Arbeiten
Persönliche Maßnahmen (nachrangig)	Gehörschutzstöpsel Kapselgehörschützer Gehörschutzhelme

Beleuchtung

Neben den von den technischen Regeln für Arbeitsstätten geforderten Mindestanforderungen für Beleuchtung hängt diese von der Art der Tätigkeit ab. Beispielsweise ist für die Oberflächenprüfung lackierter Flächen eine weitaus hellere Beleuchtung nötig als bei der Bildschirmarbeit, zum Beispiel bei der Texteingabe.

Die Beleuchtung eines Arbeitsplatzes sollte so ausgelegt sein, dass sie dem höheren Lichtbedarf eines älteren Mitarbeiters gerecht wird. Dieser erhöhte Lichtbedarf tritt nicht unbedingt bei jedem älter werdenden Beschäftigten in gleicher Weise auf und kann selbstverständlich auch durch eine geeignete Zusatzbeleuchtung (Arbeitsplatzleuchte) ausgeglichen werden. Wichtig ist generell, dass die Art und Stärke der Beleuchtung von der Art der Tätigkeit abhängt. So verlangen visuelle Prüftätigkeiten eine stärkere Beleuchtung als zum Beispiel gröbere Montagetätigkeiten. Darüber hinaus sind natürlich die einschlägigen Vorschriften und Regeln des Arbeitsschutzes zu berücksichtigen. Weiterhin ist darauf zu achten, dass Blendung vermieden wird.

Stellschraube „Arbeitsplatz"

Arbeitsplätze sind Bereiche von Arbeitsstätten, in denen sich Beschäftigte bei der von ihnen auszuübenden Tätigkeit regelmäßig über einen längeren Zeitraum oder im Verlauf der täglichen Arbeitszeit nicht nur kurzfristig aufhalten müssen (vgl. ArbStättV).

Über die Gestaltung von Arbeitsmitteln und Arbeitsumgebung hinaus ist bei der Arbeitssystemgestaltung auch die räumliche Gestaltung wichtig. Hier geht es unter anderem darum, ob die Körpermaße des Menschen berücksichtigt sind. Eine gute Arbeitsplatzgestaltung vermeidet unnötige Belastung, um langfristig eventuelle Beeinträchtigungen oder Schädigungen zu vermeiden. Grundsätzlich sind deshalb die Elemente des Systems an die Abmessungen und physiologische Parameter (z. B. Kräfte, Greifräume) des Menschen anzupassen. Dabei ist weiterhin zu beachten, ob eine Tätigkeit im Stehen, Sitzen oder in anderen Positionen erbracht werden soll. Beispielsweise sind Tischhöhen derart zu wählen, dass auch die Beine größer gewachsener Personen darunter Platz finden.

Praxisbeispiel eines Automobilzulieferers
Automobilzulieferer erleichtert Teileentnahme aus Behältern
Bei einem Automobilzulieferer traten bei den Mitarbeitern Beschwerden an einer Materialentnahmestelle auf, an der pro Schicht 600 Teile zu entnehmen waren. Diverse Materialbehälter standen zwar auf Erhöhungsgestellen; eine Entnahme der unteren Materiallagen war aber nur möglich, wenn sich die Werker tief in die Materialbehälter bückten. Obwohl die Mitarbeiter alle 2,5 Stunden den Arbeitsplatz wechselten, nahmen sie das Beugen in die Materialbehälter als hohe Belastung wahr und klagten über Rückenbeschwerden. Der Automobilzulieferer schaffte elektrische Hub-Kipp-Gestelle und mechanische Kippgestelle an, die lediglich durch die Schwerkraft kippen und die Materialbehälter schräg zum Werker neigen. Das Entnehmen der Teile ist dadurch wesentlich einfacher. Die Rückenbeschwerden gingen deutlich zurück.

Praxisbeispiel WILO SE
Schwere Teile „schweben" bei der WILO SE auf dem Kugelbrett und auf dem Hubtisch
Die WILO SE stellt Pumpen und Pumpensysteme für die Heizungs-, Kälte- und Klimatechnik, die Wasserversorgung sowie die Abwasserentsorgung und -reinigung her. Der Konzern hat seinen Hauptsitz in Dortmund.

In einem Bereich der Pumpenmontage erfolgt der Weitertransport einer Pumpe von einer Arbeitsstation zur nächsten über ein Kugelbrett (Abb. 8.1). So können auch schwerere Bauteile mit geringem Krafteinsatz einfach transportiert werden. Belastungen des Mitarbeiters durch Heben und Tragen entfallen somit, und das Bauteil erreicht zügig die nächste Station.

In einem U-förmig angelegten Montagesystem werden unterschiedliche Pumpen montiert. Am Ende des Montageprozesses werden die Pumpen verpackt, für den Versand vorbereitet und palettiert.

Um den gepackten Karton auf den Umwicklungsautomaten zu verbringen, ist eine Höhe von rund 30 cm zu überwinden. Dies wurde früher von den Beschäftigten per Hand erledigt – das heißt: Pakete mussten angehoben werden. Das Unternehmen hat in der Arbeitsstation inzwischen einen mit Fußhebel zu bedienenden pneumatischen Hubtisch installiert, der diesen Arbeitsgang erledigt, um die Belastung der Mitarbeiter zu reduzieren (Abb. 8.2a, b). Der Hubtisch fährt bei Betätigung nach oben, und das Paket kann reibungs- und belastungsarm geschoben werden. Die folgende Palettierung erfolgt über einen Scherenhubtisch, welcher der jeweiligen Arbeitshöhe einfach angepasst werden kann (Abb. 8.3). Damit entfallen zum Beispiel Verdrehungen des Körpers unter Last, die eventuell langfristig zu Beschwerden führen könnten.

8 Handlungsfeld „Arbeit gestalten"

Abb. 8.1 Firma WILO SE: Kugelbrett zum manuellen Weitertransport von Pumpen in einem Arbeitssystem

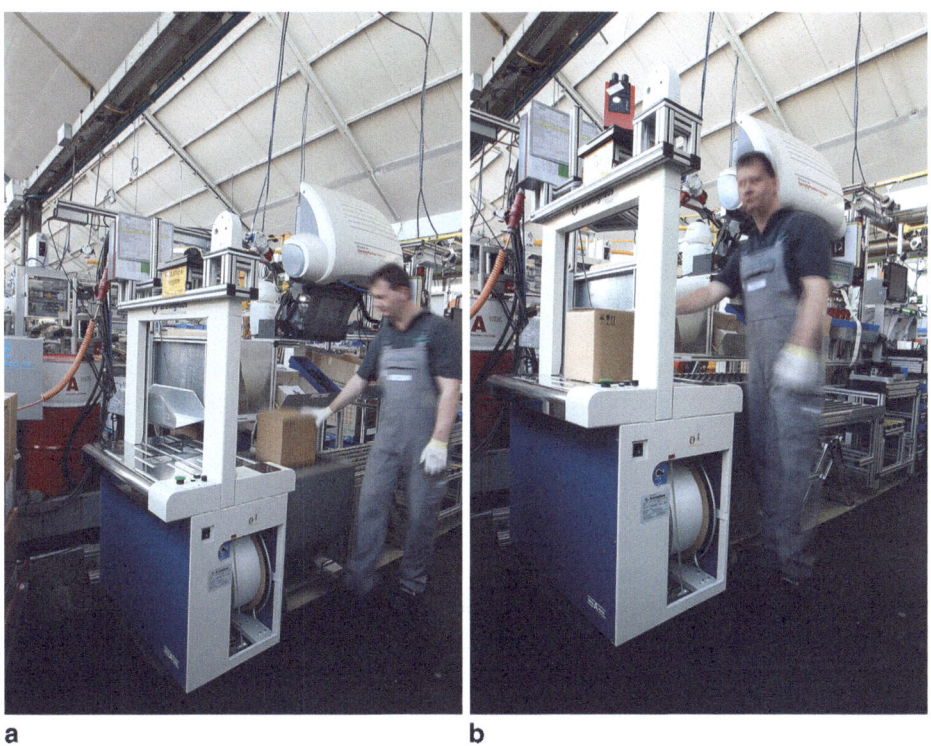

a b

Abb. 8.2 a, **b** Pneumatischer Hubtisch zur Belastungsreduktion bei der Firma WILO

Abb. 8.3 Scherenhubtisch zur Palettierung bei der Firma WILO

Gesetzlicher Rahmen

Hinweis: die Gesetzestexte sind unter dem Link: http://www.gesetze-im-internet.de [13.12.2013] zu finden, die technischen Regeln finden sich unter www.baua.de [13.12.2013]

Arbeitsschutzgesetz
Arbeitsstättenverordnung
Lärm- und Vibrations-Arbeitsschutzverordnung
Technische Regeln zur Lärm- und Vibrations-Arbeitsschutzverordnung (TRLV Lärm)
Technische Regeln für Arbeitsstätten Beleuchtung ASR A3.4
Technische Regeln für Arbeitsstätten Raumtemperatur ASR A3.5

Weiterführende Informationen, Links

Berufsgenossenschaft Energie, Textil, Elektro, Medienerzeugnisse, verfügbar unter: www.bgetem.de [13.12.2013]

Berufsgenossenschaft Holz und Metall, verfügbar unter: www.bghm.de [13.12.2013]
Verwaltungs-Berufsgenossenschaft gesetzliche Unfallversicherung, verfügbar unter: www.vbg.de [13.12.2013]
Bundesanstalt für Arbeitsschutz und Arbeitsmedizin, verfügbar unter: www.baua.de [13.12.2013]
Deutsche gesetzliche Unfallversicherung, verfügbar unter: www.dguv.de [13.12.2013]
Normenrecherchetool der Kommission Arbeitsschutz und Normung, verfügbar unter: www.nora.kan.de [13.12.2013]

Literatur
Bundesanstalt für Arbeitsschutz und Arbeitsmedizin (Hrsg.): Produkte für Ältere? Produkte für alle! Quartbroschüre A 67. Dortmund: Bundesanstalt für Arbeitsschutz und Arbeitsmedizin, 2009, verfügbar unter: http://www.baua.de/de/Publikationen/Broschueren/A67.pdf;jsessionid=358BDD1CC9858714FA4493587AEE5638.1_cid380?__blob=publicationFile&v=13 [13.12.2013]
Bundesanstalt für Arbeitsschutz und Arbeitsmedizin (Hrsg.): Gesundes Klima und Wohlbefinden am Arbeitsplatz. Dortmund: BauA, 2011
DIN EN ISO 6385:2004: Ergonomic Principles in the Design of Work Systems (ISO 6385: 2004). Berlin: Beuth, 2004
Richter, D.: Ergonomische Arbeitsgestaltung in der Montage bei der Firma Benteler JIT in Düsseldorf. In: Gesellschaft für Arbeitswissenschaft, GfA (Hrsg.): Angewandte Arbeitswissenschaft für kleine und mittelständische Unternehmen. Dortmund: GfA-Press, 2012, S. 13–19
Schlick, C.; Bruder, R.; Luczak, H.: Arbeitswissenschaft. Heidelberg: Springer-Verlag, 2010
Windel, A.; Lange, W.; Bundesanstalt für Arbeitsschutz und Arbeitsmedizin (Hrsg.): Kleine ergonomische Datensammlung. Köln: TÜV Media GmbH, 2013

8.1 Ergonomische Arbeitsgestaltung – für Wirtschaftlichkeit und Wohlbefinden

Worum geht es in diesem Beitrag?
Ergonomische Arbeitsgestaltung ist eine Grundvoraussetzung für menschengerechte Arbeit. In diesem Beitrag erfahren Sie mehr über den Begriff „Ergonomie". Sie finden hier auch Informationen darüber, wie sich Investitionen in ergonomische Arbeitssysteme rechnen und was getan werden kann, um die Belegschaft auf den Weg zu besserer Ergonomie mitzunehmen. Die folgenden Seiten beantworten auch die Frage, ob ältere Mitarbeiter eine besondere Gestaltung brauchen. So viel schon vorab: Gute Ergonomie nützt auch den Jüngeren.

> **Überblick:**
> - Was ist Ergonomie?
> - Was ist ergonomische Arbeitsgestaltung – und wo sind betriebliche Ansatzpunkte?
> - Was bedeutet „menschengerechte" Gestaltung?
> - Welchen Nutzen hat ergonomische Arbeitsgestaltung?
> - Benötigen Ältere eine besondere Gestaltung?
> - Worauf müssen Sie achten? Welche Hürden könnten auftreten?

Was ist Ergonomie?
Ergonomische Arbeitsgestaltung in Produktion und Büro kann einen wesentlichen Beitrag zur Erhöhung der Wettbewerbsfähigkeit darstellen. Geeignete Präventionsmaßnahmen können zur Senkung der Fehlzeiten und zur Verbesserung des Gesundheitszustands des Personals führen und dazu beitragen, Arbeitsunfälle zu vermeiden (vgl. auch Abschn. 12.2 „Arbeits- und Gesundheitsschutz – mit Sicherheit leistungsfähig bleiben").

Ergonomie ist ein Kunstbegriff, der sich aus den griechischen Begriffen „ergon" (Arbeit) und „nomos" für Gesetz/Regel zusammensetzt. Ergonomie kann verstanden werden als die Lehre von Mensch und Technik. Sie umfasst die Gestaltung von Produkten, Produktdetails, von Arbeitsplätzen und komplexen Arbeitssystemen nach Kriterien, welche durch Eigenschaften beziehungsweise Leistungsvoraussetzungen des Menschen bestimmt werden. Die Ergonomie ist als Teil der Arbeitswissenschaft eine wissenschaftliche Disziplin, die sich mit dem Verständnis der Wechselwirkungen zwischen menschlichen und anderen Elementen eines Arbeitssystems befasst. Daneben ist sie auch der Berufszweig, der Theorie, Prinzipien, Daten und Methoden auf die Gestaltung von Arbeitssystemen anwendet und das Wohlbefinden des Menschen sowie die Leistung des Gesamtsystems optimieren will.

Die Gestaltung von Arbeitsplätzen nach ergonomischen Prinzipien (siehe Abb. 8.4) hilft, die Leistungsfähigkeit der Mitarbeiter zu erhalten. Unter anderem im Arbeitsschutzgesetz ist festgelegt, dass der Arbeitgeber Arbeitsplätze und Arbeitsumgebung nach dem Stand der Technik, der Arbeitsmedizin und Hygiene sowie sonstigen gesicherten arbeitswissenschaftlichen Erkenntnissen zu gestalten hat – dies vor allem zum Schutz der Beschäftigten vor arbeitsbedingten Gesundheitsgefahren und Unfällen. Das erhält das Wohlergehen der Beschäftigten und hat auch positive wirtschaftliche Folgen.

Was ist ergonomische Arbeitsgestaltung – und wo sind betriebliche Ansatzpunkte?
Ergonomische Arbeitsgestaltung will Arbeitssysteme unter der Berücksichtigung der Leistungsvoraussetzungen der vorgesehenen Beschäftigtenpopulation so auslegen, dass die Leistungsfähigkeit der beschäftigten Personen erhalten beziehungsweise gestärkt wird. Gleichzeitig soll sich dabei die Wirtschaftlichkeit des Gesamtsystems erhöhen.

In Kürze bedeutet dies, dass primär die Arbeit an den Menschen angepasst wird. Zunächst müssen bei der menschengerechten Gestaltung daher die menschlichen Körperab-

Dimensionen und Aufgaben der ergonomische Arbeitsplatzgestaltung

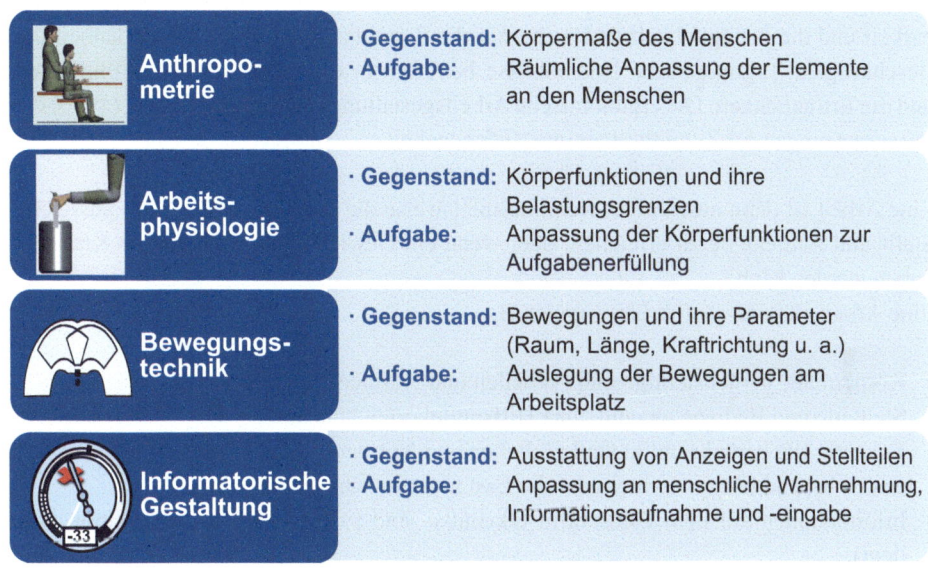

Abb. 8.4 Dimensionen und Aufgaben der ergonomischen Arbeitsplatzgestaltung

messungen, Belastungsgrenzen, Seh- und Wirkräume berücksichtigt werden. Allerdings gibt es keine optimale Gestaltung, die allen potenziellen Nutzern und allen für ein Produkt denkbaren Aufgaben gleichermaßen gerecht wird.

Grundlage einer ergonomischen Gestaltung ist stets die

- genaue Analyse der Arbeitsaufgabe,
- die Bestimmung der relevanten Beschäftigtengruppe mit ihren individuellen Leistungsvoraussetzungen und
- die Festlegung der Arbeitsteilung und der Schnittstelle zwischen Mensch und Maschine.

Schwerpunkte für die Anwendung ergonomischer Prinzipien sind die Gestaltung von:

- Arbeitsplatz (vgl. Kap. 8 Handlungsfeld „Arbeit gestalten")
- Arbeitsmittel (vgl. Kap. 8 Handlungsfeld „Arbeit gestalten")
- Arbeitsumgebung (vgl. Kap. 8 Handlungsfeld „Arbeit gestalten")
- Arbeitszeit (vgl. Kap. 9 Handlungsfeld „Arbeitszeit gestalten")
- Arbeitsstruktur
- Arbeitsaufgaben

Was bedeutet „menschengerechte" Gestaltung?
Wichtige Kriterien für eine menschengerechte Gestaltung von Arbeit sind die Ausführbarkeit und die Erträglichkeit und weiterhin die Zumutbarkeit und die Zufriedenheit der Beschäftigten. Ergonomische Erkenntnisse betreffen in erster Linie die Ausführbarkeit und die Erträglichkeit. Die ergonomische Arbeitsgestaltung schafft nach Laurig (1990) die Voraussetzungen für Zumutbarkeit und Zufriedenheit.

Eine Arbeit ist dann ausführbar, wenn beispielsweise die Greiflänge der Arme ausreicht, Stell- und Bedienteile zu erreichen, oder wenn ein Gewicht mit menschlicher Kraft gehoben werden kann.
Eine Arbeit ist dann ausführbar, wenn z. B.

- Körpermaße berücksichtigt sind (Tabellen und Normen),
- Stellteile und Bedienelemente ohne Hilfsmittel erreichbar sind,
- Körperkräfte berücksichtigt sind (Tabellen und Normen),
- das zu hebende Arbeitsmittel oder die Last nicht zu schwer ist,
- Informationen auf dem Bildschirm erkennbar sind (wenn z.B. keine Reflexion vorliegt).

Nach der Beurteilung der Ausführbarkeit ist zu prüfen, ob die Arbeit erträglich ist. Dies bedeutet, dass die Arbeit für die Dauer einer Schicht bei täglicher Wiederholung nicht zu einer Beeinträchtigung der Gesundheit führt.

Eine Arbeit ist dann erträglich, wenn zum Beispiel

- die Belastung durch Lärm deutlich unterhalb der schädigenden Grenze ist,
- die Arbeit in günstiger Arbeitshöhe und in ergonomisch günstiger Körperhaltung ausgeführt werden kann,
- beim Heben und Tragen die Gewichte nicht zu hoch sind (Lastenhandhabungsverordnung).

Eine Arbeit ist dann zumutbar, wenn sie vom Mitarbeiter individuell als zumutbar empfunden wird. Die Zumutbarkeit hängt unter anderem von der Einstellung der Gesellschaft zur jeweiligen Arbeit ab. Für diese Bewertungsebene bietet die Ergonomie keine Erkenntnisse an. Dies kann zum Beispiel mit den Erkenntnissen der Sozialwissenschaften beurteilt werden. Zur Beurteilung der individuellen Zufriedenheit wird auf Methoden der Psychologie, zum Beispiel Fragebögen (vgl. Abschn. 10.1 „Mitarbeiterbefragungen als Instrument der Personalarbeit"), verwiesen.

Welchen Nutzen hat ergonomische Arbeitsgestaltung?
Die Gestaltung von Arbeitsplatz und Arbeitsumgebung nach arbeitswissenschaftlichen Erkenntnissen ist auch unter wirtschaftlichen Gesichtspunkten interessant. Sie kann dazu beitragen, dass

- krankheitsbedingte Fehlzeiten und damit verbundene Kosten gesenkt werden,
- die Leistungs- und Einsatzfähigkeit aller Beschäftigten gefestigt wird, wodurch ein längerer Verbleib im Unternehmen möglich wird,
- Vorgabezeiten für die Ausführungen der Tätigkeiten vorteilhaft gesenkt werden,
- die mit dem Alter abnehmenden Fähigkeiten kompensiert werden können,
- Belastungen optimiert werden können und
- gesundheitlichen Beeinträchtigungen präventiv entgegengewirkt wird.

Allerdings ist der Nutzen nicht immer sofort sichtbar, sondern zeigt sich oft erst nach einer längeren Zeit durch Rückgang von Krankheiten, insbesondere des Muskel-Skelett-Systems. Studien haben gezeigt, dass es günstig ist, bereits in der Planung von Arbeitssystemen auf ergonomische Kriterien zu achten, da dies in der Regel teurere Nachrüstungen erspart.

Benötigen Ältere eine besondere Gestaltung?
Für ältere Arbeitnehmer gelten die gleichen Gesetze und Richtlinien bei der Umsetzung von Maßnahmen zur Arbeitsgestaltung wie für alle übrigen Arbeitnehmer. Denn grundsätzlich gilt: Ein ergonomisch ausgelegter Arbeitsplatz ist auch altersgerecht. Sind Arbeitsmittel und Arbeitssystem ergonomisch gestaltet, so können auch ältere Beschäftigte in der Regel physisch und psychisch die gleiche Leistung erbringen wie junge Menschen. Altern ist ein individueller Prozess. Es gibt physiologische Funktionen, die mit dem Alter eher abnehmen. Dazu zählt beispielsweise eine altersbedingte Verminderung der Sehfähigkeit im Nahbereich (Altersweitsichtigkeit); auch eine altersbedingte verminderte Hörleistung (Altersschwerhörigkeit) ist wahrscheinlich. Auch die Beweglichkeit der Gelenke nimmt im Alter tendenziell ab. Individuelle Unterschiede, Trainingszustand, Verschleißerscheinungen aufgrund beruflicher oder privater Einflussfaktoren spielen hier aber auch eine wesentliche Rolle. Daher muss von einer großen Streubreite der Veränderungen im Alter ausgegangen werden. Deshalb sind individuelle Lösungen sinnvoll (vgl. Kap. 3 „Leistungsfähig sein und bleiben" und Kap. 4 „Leistungsfähigkeit und Alter – praxisrelevante Hinweise für Unternehmen und Beschäftigte").

Möglichkeiten zur Arbeitsplatzgestaltung für Ältere können sein:

- Erhöhung des Kontrasts an Sichtgeräten und Messinstrumenten,
- Vergrößerung der Schrift und Symbole auf Monitoren und Sichtgeräten,
- Erhöhung der Signal-Geräusch-Relation am Arbeitsplatz – das heißt: lautere Signale, akustische Vorsignale.

Worauf müssen Sie achten? Welche Hürden könnten auftreten?
Erfahrungen aus verschiedenen anwendungsbezogenen Projekten zeigen, dass das Verständnis und die Akzeptanz für das Anwenden präventiver, sicherheitsrelevanter und ergonomischer Maßnahmen am besten im direkten Zusammenhang der Arbeit vermittelt

werden. So fiel beispielsweise auf, dass vereinzelt auch vom Arbeitgeber zur Verfügung gestellte persönliche Schutzausrüstung nicht getragen wurde; auch Hebezeuge wurden nicht verwendet. Es zeigte sich, dass die Beschäftigten die negativen Folgen solchen Verhaltens teilweise nicht kannten. Ein anderer Teil der Arbeiter verstieß aber auch wissentlich gegen betriebliche Regeln. Deshalb ist es wichtig, vorbeugende Maßnahmen so zu vermitteln, dass die Beschäftigten sie auch verstehen. Die Praxis zeigt darüber hinaus, dass es wichtig ist, die Beschäftigten an der Gestaltung beziehungsweise bei der Neuanschaffung von Arbeitsmitteln zu beteiligen. Das Unternehmen kann dabei von den Erfahrungen und Ideen der Arbeitnehmer profitieren und erhöht gleichzeitig deren Akzeptanz für die Anwendung.

Weiterführende Informationen, Links
Bundesanstalt für Arbeitsschutz und Arbeitsmedizin, verfügbar unter: www.baua.de [13.12.2013]
Normenrecherchetool der Kommission Arbeitsschutz und Normung, verfügbar unter: www.nora.kan.de [13.12.2013]
Institut für angewandte Arbeitswissenschaft e. V., verfügbar unter: www.arbeitswissenschaft.net [13.12.2013]
Institut für Arbeitswissenschaft der Universität Darmstadt, verfügbar unter:www.arbeitswissenschaft.de [13.12.2013]
Gesellschaft für Arbeitswissenschaft, verfügbar unter: http://www.gesellschaft-fuer-arbeitswissenschaft.de [13.12.2013]
Institut für Arbeitsschutz der Deutschen Gesetzlichen Unfallversicherung, verfügbar unter: www.dguv.de/ifa/ [13.12.2013]
Arbeitsschutzgesetz
Arbeitsstättenverordnung
Bildschirmarbeitsverordnung
Maschinenrichtlinie
DIN EN ISO 6385:2004: Ergonomic Principles in the Design of Work Systems (ISO 6385:2004). Berlin: Beuth, 2004
DIN EN ISO 26800:2011: Ergonomics – General approach, principles and concepts (ISO 26800: 2011). Berlin: Beuth, 2011

Literatur
Brombach. J.: Gestaltung und Beurteilung der räumlichen Bedingungen von Arbeitsplätzen unter ergonomischen Gesichtspunkten. In: angewandte Arbeitswissenschaft (2009), Nr. 201, S. 4–19
Institut für angewandte Arbeitswissenschaft (Hrsg.): Büroarbeit planen und gestalten, Teil 1: Bildschirmarbeit und Büroraumplanung. Köln: Wirtschaftsverlag Bachem, 2002
Institut für angewandte Arbeitswissenschaft (Hrsg.): Arbeits- und Gesundheitsschutz in Klein- und Mittelunternehmen. Köln: Wirtschaftsverlag Bachem, 2007

Landau, K.: Ergonomie und Wirtschaftlichkeit – "rechnet" sich die Arbeitsgestaltung? In: angewandte Arbeitswissenschaft (2002), Nr. 172, S. 49–67

Landau, K. (Hrsg.); Pressel, G. (Hrsg.): Medizinisches Lexikon der beruflichen Belastungen und Gefährdungen – Definitionen – Vorkommen – Arbeitsschutz. Stuttgart: Gentner, 2009

Laurig, W.: Grundzüge der Ergonomie. Berlin: Beuth, 1990

Luczak, H.; Volpert, W.: Handbuch Arbeitswissenschaft. Stuttgart: Schäffer-Poeschel, 1997

Kubitschek, S.; Kirchner, J.-H.: Kleines Handbuch der praktischen Arbeitsgestaltung. München: Hanser, 2005

Richter, D.: Ergonomische Arbeitsplatzgestaltung in der Montage der Benteler JIT in Düsseldorf. In: GfA (Hrsg.): Angewandte Arbeitswissenschaft für kleine und mittelständische Unternehmen. Dortmund: GfA-Press, 2012, S. 13–20

Sandrock, S.: Muskel-Skelett-Erkrankungen mit Schwerpunkt Rückenschmerzen – Einflussgrößen und mögliche Präventionsansätze. In: angewandte Arbeitswissenschaft (2009), Nr. 202, S. 47–63

Sandrock, S.; Vomberg, A.: Ergonomie-Normen. Bestandteil des Arbeitsschutzes. In: MTMaktuell (2011), Nr. 1, S. 22–23

Schmidtke, H.: Ergonomie. München: Hanser, 1993

Bundesanstalt für Arbeitsschutz und Arbeitsmedizin (Hrsg.): Ergonomische Arbeitsplatz- und Organisationsgestaltung in kleinen und mittleren Unternehmen (KMU). Dortmund: Bundesanstalt für Arbeitsschutz und Arbeitsmedizin, 2008

8.2 Psychische Belastung – Vorgehen bei der Erfassung und Gestaltung zur Reduktion negativer Beanspruchungsfolgen

Worum geht es in diesem Beitrag?
Was genau heißt eigentlich „psychische Belastung" und „psychische Beanspruchung" im Arbeitsleben? Dieser Beitrag klärt die Begriffsabgrenzungen und macht deutlich, dass Ansprüche, die Arbeit an die menschliche Psyche stellt, nicht nur belastend, sondern vielfach auch anregend wirken können. Sie erhalten hier allerdings auch Informationen darüber, wie und wo im Arbeitsleben Gefährdungen für die Psyche entstehen können. Arbeitgeber sind im Rahmen des gesetzlichen Arbeitsschutzes verpflichtet, Beschäftigte vor Gefährdungen zu schützen. Im Zuge des demografischen Wandels ist das auch unter Aspekten der Motivation von Mitarbeitern wichtig, die länger im Arbeitsleben stehen werden. Auf den folgenden Seiten erhalten Sie Anhaltspunkte, wie Sie Gefährdungen und Belastungsfaktoren erkennen. Vorgestellt wird auch das vom ifaa entwickelte Kurzverfahren Psychische Belastung, KPB. Es richtet sich an Betriebspraktiker und liegt nun auch als App für Tablets vor.

> **Überblick:**
> - Was ist unter psychischer Belastung zu verstehen?
> - Was ist unter psychischer Beanspruchung zu verstehen?
> - Was sind Beanspruchungsfolgen?
> - Welche gesetzlichen Verpflichtungen des Arbeitgebers gibt es?
> - Wie können psychische Belastung und Beanspruchung bewertet werden?
> - Was können Unternehmen auf der betrieblichen Ebene tun?

Moderne Informations- und Kommunikationstechnologien durchdringen das produzierende Gewerbe und den Dienstleistungssektor. Sie bringen veränderte Arbeitsanforderungen mit sich, und zwar primär an die menschliche Informationsverarbeitung. Im Rahmen seiner Vorsorgepflicht hat der Arbeitgeber Aufgaben im Arbeits- und Gesundheitsschutz wahrzunehmen. Unter anderem beinhalten diese eine Beurteilung der Arbeit hinsichtlich möglicher Gefährdungen für die Arbeitnehmer. Im Rahmen dieser Gefährdungsbeurteilung sind neben den üblichen Feldern (z. B. Gefahrstoffe, Lärm, körperliche Belastung) auch Faktoren, die überwiegend psychisch auf die Beschäftigten einwirken, zu beurteilen. Es ist weder sinnvoll, noch zwingend erforderlich, mögliche Gefährdungen durch psychische Faktoren isoliert zu betrachten. Im Rahmen der betrieblichen Arbeitsschutzorganisation erfolgt die Erfassung und Beurteilung eventuell vorliegender arbeitsbedingter Gefährdungen sowie deren Ursachen. Im Anschluss werden geeignete Maßnahmen zur Gestaltung der Arbeitsbedingungen eingeleitet.

Mit sämtlichen Arbeitstätigkeiten gehen körperliche und geistige Belastungsanteile einher. Anders als in der Umgangssprache versteht die Arbeitswissenschaft die Begriffe „Belastung" und „Beanspruchung" neutral. Mit DIN EN ISO 10075 liegt eine Norm vor, in der die Begriffe „Psychische Belastung" und „Beanspruchung" sowie „Beanspruchungsfolgen" in ihrer Bedeutung bestimmt werden. Abb. 8.5 zeigt ein Schema des Belastungs-Beanspruchungskonzeptes in Anlehnung an DIN EN ISO 10075. Die verwendeten Begrifflichkeiten werden im Folgenden erläutert.

Was ist unter psychischer Belastung zu verstehen?
Nach DIN EN ISO 10075-1 ist unter psychischer Belastung die Gesamtheit der von außen psychisch auf den Menschen einwirkenden Faktoren zu verstehen. (DIN EN ISO 10075 ist ein internationaler Standard, der Prinzipien der Arbeitsgestaltung bezüglich psychischer Arbeitsbelastung beschreibt.) Modellhaft lassen sich dabei die vier Bereiche

- Arbeitsaufgabe und die damit verbundenen Anforderungen,
- physikalische Umgebung,
- soziale und organisationale Faktoren und schließlich
- gesellschaftliche Faktoren

voneinander unterscheiden.

Was ist unter psychischer Beanspruchung zu verstehen?

Die psychische Beanspruchung ist die unmittelbare Folge der psychischen Belastung im Menschen. Die Beanspruchung wird neben den von außen einwirkenden Aspekten von individuellen Eigenschaften (zum Beispiel Fähigkeiten, Fertigkeiten, Motivation, aktuelle Leistungsfähigkeit) einschließlich der Bewältigungsstrategien mitbestimmt. Dies bedeutet, dass dieselbe psychische Belastung bei verschiedenen Personen zu unterschiedlichen Folgen führen kann.

Was sind Beanspruchungsfolgen?

Die der Belastung folgende Beanspruchung führt nach DIN EN ISO 10075–1 zu unterschiedlichen Folgen. Einerseits können anregende und damit erwünschte Effekte entstehen. Dabei kann es sich zum Beispiel um Aufwärmungseffekte oder Aktivierungseffekte handeln.

Andererseits kann die Beanspruchung aber auch unerwünschte beeinträchtigende Folgen nach sich ziehen. Für den Arbeitgeber ist es wichtig, die Arbeitsprozesse so zu gestalten, dass diese negativen Folgen vermieden werden. Denn diese können sich unmittelbar auf die Leistungsfähigkeit der Beschäftigten auswirken (vgl. Abb. 8.5, Schema des Belastungs-Beanspruchungskonzeptes).

Was sind positive Folgen psychischer Belastung und Beanspruchung?

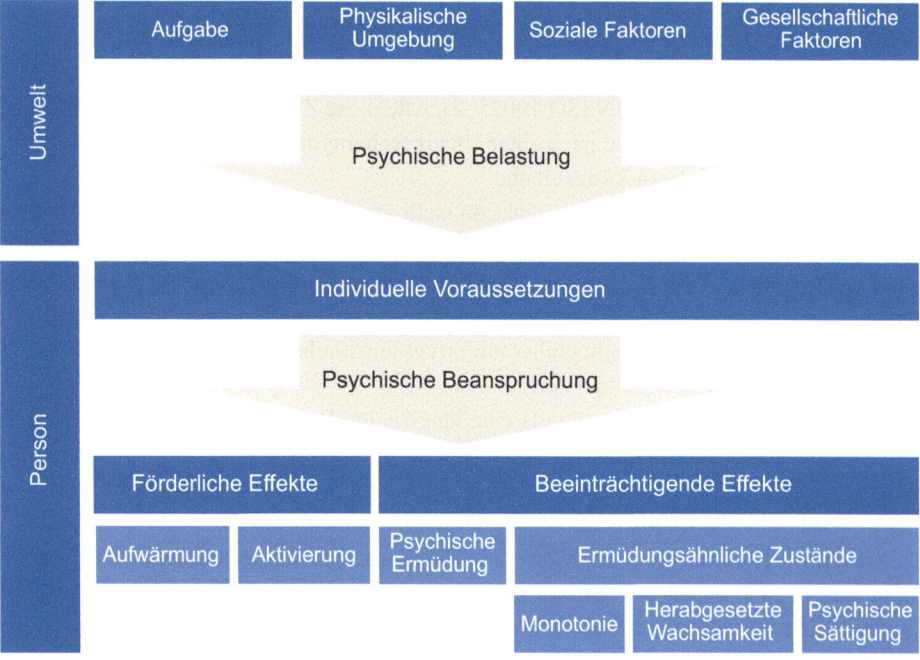

Abb. 8.5 Schema des Belastungs-Beanspruchungskonzeptes (in Anlehnung an ISO 10075, 2000)

Eine häufige Folge psychischer Beanspruchung sind Aufwärmungseffekte. Diese können dazu führen, dass Menschen eine Tätigkeit kurz nach ihrer Aufnahme mit weniger Anstrengung ausführen. Die Aktivierung als weitere förderliche Beanspruchungsfolge stellt einen inneren Zustand mit verschieden hoher psychischer und körperlicher Funktionstüchtigkeit dar. Mittelfristig kann die Inanspruchnahme mentaler Ressourcen im Sinne einer aktiven Auseinandersetzung mit der Tätigkeit die Kompetenzen eines Menschen erhöhen.

Was sind beeinträchtigende Folgen psychischer Belastung und Beanspruchung?
Die Arbeitsabläufe sollten so gestaltet sein, dass beeinträchtigende Folgen vermieden werden.

Die Beeinträchtigungswirkungen von psychischer Belastung und Beanspruchung werden normativ in Ermüdung und sogenannte ermüdungsähnliche Zustände (Monotonie, herabgesetzte Wachsamkeit, psychische Sättigung) unterteilt.

Bei der psychischen Ermüdung handelt es sich um eine vorübergehende Beeinträchtigung der psychischen und körperlichen Leistungsfähigkeit eines Menschen. Sie hängt von der Dauer, der Stärke und dem Verlauf der vorangegangenen Beanspruchung ab. Es kann sich ein Gefühl der Erschöpfung oder ein Müdigkeitsgefühl ohne Langeweile einstellen. Das kann dazu führen, dass ein Mensch mehr Zeit für bestimmte Handlungen braucht. Oder es unterlaufen ihm Fehler oder er vergisst Informationen. Die ermüdungsähnlichen Zustände können auch mit einem subjektiven Müdigkeitsgefühl einhergehen; sie haben aber andere Ursachen. Monotonie kann zum Beispiel in reizarmen Situationen entstehen, wenn einförmige oder sich wiederholende Tätigkeiten auszuführen sind. Abwechslungsarme Überwachungstätigkeiten können zu einer herabgesetzten Wachsamkeit führen. Eine Sättigung kann auftreten, wenn Menschen den Sinn ihrer Tätigkeit nicht verstehen (vgl. DIN EN ISO 10075–1, DIN EN ISO 10075–2). Alle diese Zustände sind reversibel – das heißt: Sie klingen zum Beispiel nach einer Unterbrechung der Tätigkeit beziehungsweise der Aufnahme einer anderen Tätigkeit ab.

Stress beziehungsweise die Stressreaktion stellt eine weitere beeinträchtigende Beanspruchungsfolge dar, die allerdings bislang noch nicht in der DIN EN ISO 10075 aufgenommen ist. Als Auslöser wird hier die objektive Überforderung ohne Ausweichmöglichkeit beziehungsweise das Erleben von durch die Überforderung ausgelösten negativen Emotionen betrachtet. Stress geht einher mit erregt-ängstlicher Gespanntheit, Unruhe und der Sorge um die Erfüllbarkeit der Aufgabe.

Das Thema Burnout, das derzeit als eine langfristige Beanspruchungsfolge diskutiert wird, wird in Kap. 12.5 behandelt. Weitere Informationen dazu finden sich auch bei Sandrock (2011).

Die beschriebenen Beanspruchungsfolgen verdeutlichen den Bezug zur Leistungsfähigkeit. Um kurz- und möglicherweise auch längerfristig wirkenden negativen Folgen vorzubeugen, ist es daher für die Arbeitsgestaltung wichtig, dass die psychische Belastung weder zu einer Überforderung noch zu einer Unterforderung der Leistungsvoraussetzungen von Menschen führt.

Eine ergonomisch günstig gestaltete – das heißt: beanspruchungsoptimale – Gestaltung der Arbeitsaufgabe und der Arbeitsumgebung soll dazu führen, dass die Beschäftigten ihre Arbeit als anregend erleben. Außerdem sollten menschliche Fähigkeiten optimal eingesetzt sowie durch die vorhandene Technik effektiv unterstützt werden können.

Welche gesetzlichen Verpflichtungen des Arbeitgebers gibt es?
Der Arbeitgeber ist nach § 5 des Arbeitsschutzgesetzes dazu verpflichtet, Arbeitsplätze hinsichtlich möglicher Gefährdungen zu beurteilen. Neben klassischen technischen Aspekten und den physikalischen Arbeitsumgebungsbedingungen sind auch psychisch auf die Beschäftigten einwirkende Faktoren zu beurteilen. Explizit weisen darauf auch die Bildschirmarbeitsverordnung sowie die Maschinenrichtlinie hin.

Wie können psychische Belastung und Beanspruchung bewertet werden?
Der dritte Teil von DIN EN ISO 10075 beschreibt Anforderungen an Verfahren zur Beurteilung der arbeitsbezogenen psychischen Belastung. Danach hat zunächst die Nennung des zu untersuchenden Gegenstandsbereiches, nämlich Belastung, Beanspruchung oder Beanspruchungsfolgen, zu erfolgen. Demnach ist festzulegen, ob eine bedingungs- oder personenbezogene Bewertung erfolgen soll.

Folgen der Beanspruchung lassen sich grundsätzlich über physiologische, subjektive Erlebens- und Leistungsparameter abbilden. Diese können Hinweise auf die individuelle Beanspruchung geben, ein Rückschluss auf die tatsächlich vorliegende Belastung ist aber oft nicht möglich.

Da aber die Belastung als Einwirkgröße Ziel der Arbeitsgestaltung sein muss, scheiden zum Beispiel anonyme Mitarbeiterbefragungen zur Messung der psychischen Belastung aus. Diese geben in erster Linie Auskunft über das subjektive Erleben der Beschäftigten – und nicht über die betriebliche Situation.

Was können Unternehmen auf der betrieblichen Ebene tun?
Bevor mit detaillierten und aufwändigen arbeitswissenschaftlichen Verfahren vorgegangen wird, empfehlen sich in der Praxis gestufte Vorgehensweisen (vgl. Abb. 8.6).

In einem ersten Schritt ist es sinnvoll, zunächst auf bereits vorhandene Symptome von psychischer Belastung und Beanspruchung bei den Beschäftigten zu schauen, um eventuelle Problembereiche zu identifizieren. Anhaltspunkte hierfür kann eine regelmäßige Auswertung betrieblicher Daten als Grundlage für die Gefährdungsbeurteilung bieten. Indikatoren sind hier beispielsweise Fehlzeiten, Fluktuation, Qualitätsmängl, Stabilität der Arbeitsprozesse usw. Hinweise sind auch aus dem Erfahrungswissen, aus Beobachtungen und nicht zuletzt aus Gesprächen mit den Beschäftigten zu gewinnen.

In einem zweiten Schritt werden die Arbeitsbedingungen auf Belastungsfaktoren hin überprüft. Dabei sollten Arbeitsplätze beziehungsweise Tätigkeiten mit vergleichbaren Bedingungen zu einer Beurteilung zusammengefasst werden (ArbSchG, § 5, Abs. 2).

Als dritter Schritt folgt eine Abschätzung des Risikos für die Beschäftigten. Ergeben sich hierbei einzelne Bereiche mit einem Gefährdungspotenzial, so sollten diese in einem vierten Schritt mit speziellen Verfahren begutachtet werden.

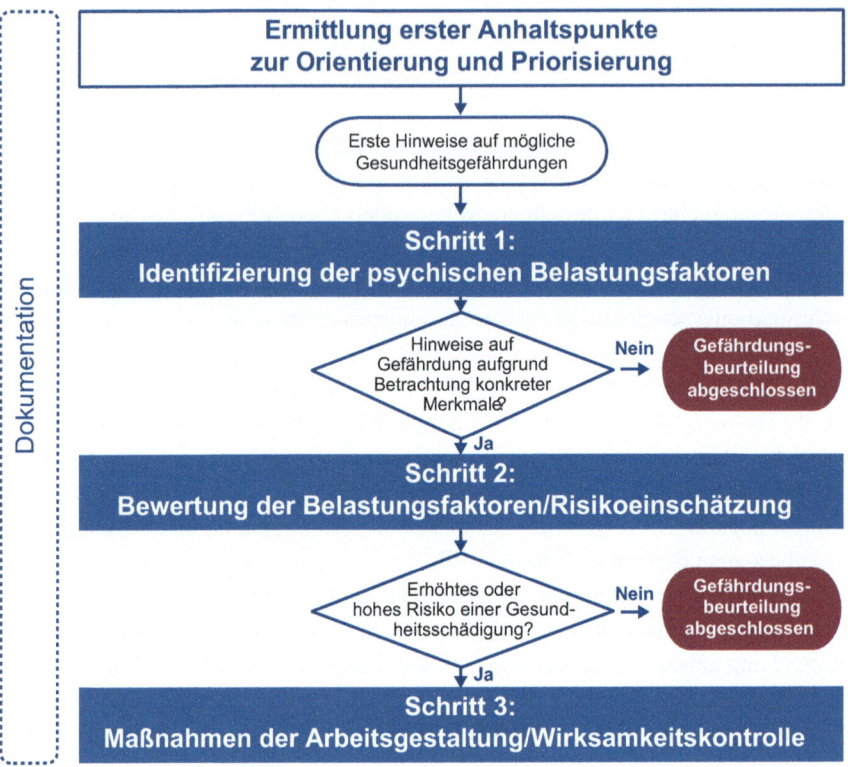

Abb. 8.6 Schematische Darstellung einer praktischen Herangehensweise

Dieser vierte Schritt, eine Bewertung der Belastung, sollte in Form bedingungsbezogener Verfahren – zum Beispiel durch Beobachtungsinterviews – erfolgen. Die Fragen in diesen Interviews sollten Aspekte ansprechen, die Arbeitswissenschaftler als wahrscheinliche Auslöser negativer Beanspruchungsfolgen identifiziert haben.

Hilfestellung für Betriebspraktiker bietet das Institut für angewandte Arbeitswissenschaft, ifaa, an. Das ifaa hat das Kurzverfahren Psychische Belastung (KPB) veröffentlicht (Neuhaus 2014). Diese in vierter Auflage erschienene Handlungshilfe unterstützt Verantwortliche in den Unternehmen bei der Gefährdungsbeurteilung psychischer Belastung. Mit dem Verfahren können Sie auf einem orientierenden Niveau Tätigkeiten hinsichtlich der zu vermeidenden Beanspruchungsfolgen „Stress", „Monotonie", „Ermüdung" und „psychische Sättigung" beurteilen. Der Vorteil des Verfahrens besteht in seiner Praxisnähe – der Beurteiler erhält nach der Bewertung von Arbeitsplätzen Hinweise zur besseren Gestaltung. In Ergänzung zu dem Verfahren entwickelte das ifaa eine App (Abb. 8.7), die auf Android- und Apple-iOS-Tablets läuft. So wird die Gefährdungsbeurteilung im Betrieb komfortabel unterstützt.

8 Handlungsfeld „Arbeit gestalten"

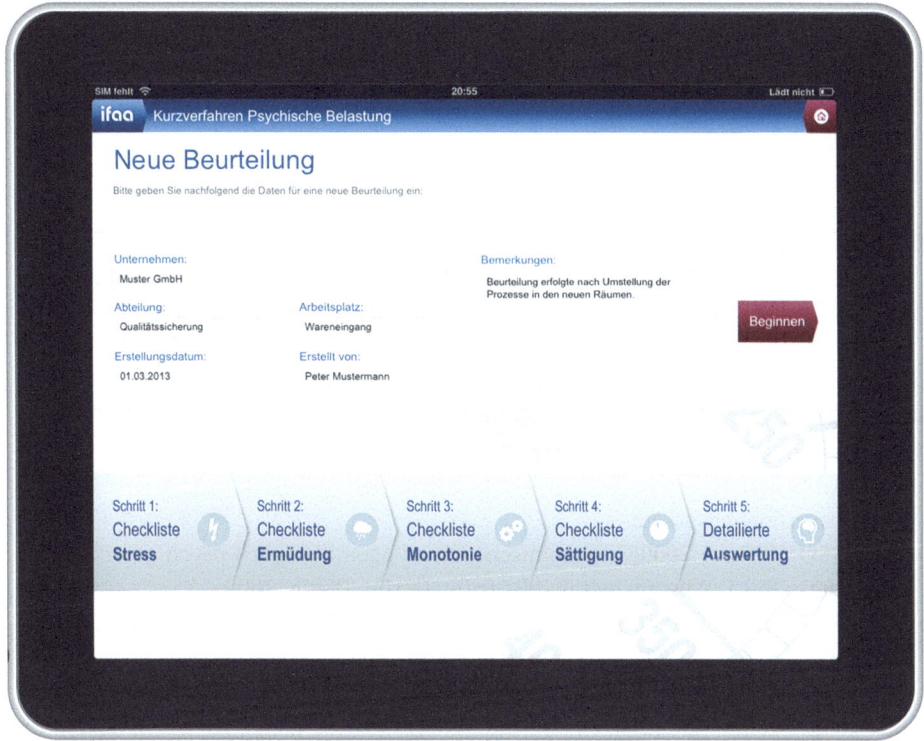

Abb. 8.7 Darstellung der KPB-App

Weiterführende Informationen, Links
DGUV Vorschrift 2
  Maschinenrichtlinie, Richtlinie 2006/42/EG
Verordnung über Sicherheit und Gesundheitsschutz bei der Arbeit an Bildschirmgeräten (Bildschirmarbeitsverordnung – BildscharbV)
Demerouti, E. et al.: Psychische Belastung und Beanspruchung am Arbeitsplatz. Berlin: Beuth, 2012
Neuhaus, R.: Psychische Belastungen im Rahmen der Gefährdungsbeurteilung – Fachlicher Hintergrund und Vorgehensweisen. In: BPUVZ 125 (2013), Nr. 5, S. 304–310
Sandrock, S.: Depression und Burnout – wie Unternehmen damit umgehen können. In: Betriebspraxis & Arbeitsforschung (2011), Nr. 209, S. 16–23
Schütte, M.; Nachreiner, F.: Psychische Belastung und Beanspruchung. In: Landau, K. (Hrsg.); Pressel, G. (Hrsg.): Medizinisches Lexikon der beruflichen Belastungen und Gefährdungen – Definitionen – Vorkommen – Arbeitsschutz. Stuttgart: Gentner, 2009, S. 796–800
Stowasser, S.; Hofmann, A.: Psychische Belastung – Berücksichtigung im Rahmen der Gefährdungsbeurteilung. In: Personal und Recht (2013), Nr. 4, S. 83–85

Tools

Neuhaus, R.; Institut für angewandte Arbeitswissenschaft e. V. (Hrsg.): KPB – Kurzverfahren Psychische Belastung. 4., überarbeitete Auflage. Heidelberg: Dr. Curt Haefner-Verlag, 2014

Institut für angewandte Arbeitswissenschaft e. V. (Hrsg.): Kurzverfahren Psychische Belastung. App für Android- und Apple-iOS-Tablets, 2013

BKK Dachverband e. V. (Hrsg.): Förderung psychischer Gesundheit als Führungsauf-gabe. eLearning Tool für Führungskräfte, Berlin: BKK Dachverband e. V., verfügbar unter: http://psyga.info/ueber-psyga/materialien/psyga-material/elearning-tool/ [13.12.2013]

Literatur

Gesetz über die Durchführung von Maßnahmen des Arbeitsschutzes zur Verbesserung der Sicherheit und des Gesundheitsschutzes der Beschäftigten bei der Arbeit (Arbeitsschutzgesetz – ArbSchG)

Betriebsverfassungsgesetz

DIN EN ISO 10075-1:2000: Ergonomische Grundlagen bezüglich psychischer Arbeitsbelastung – Teil 1: Allgemeines und Begriffe. Berlin: Beuth, 2000

DIN EN ISO 10075-2:2000: Ergonomische Grundlagen bezüglich psychischer Arbeitsbelastung – Teil 2: Gestaltungsgrundsätze. Berlin: Beuth, 2000

DIN EN ISO 10075-3:2004: Ergonomische Grundlagen bezüglich psychischer Arbeitsbelastung – Teil 3: Grundsätze und Anforderungen an Verfahren zur Messung und Erfassung psychischer Arbeitsbelastung. Berlin: Beuth, 2004

8.3 Arbeitsorganisation am Beispiel der Jobrotation

Worum geht es in diesem Beitrag?
Sie erfahren hier, welche Chancen und Möglichkeiten in der Jobrotation gerade auch mit Blick auf absehbar längere Erwerbsbiografien im Zuge des demografischen Wandels liegen. Das bringt neue Herausforderungen für die Arbeitsorganisation: Der Wechsel von Aufgaben kann Monotonie und Verschleißerscheinungen vorbeugen. Er fördert zudem Flexibilität und den Blick der Mitarbeiter fürs Ganze. Außerdem wirkt sich diese Maßnahme nachhaltig positiv auf die Motivation aus. Lesen Sie hier auch mehr über Jobrotation in der Praxis bei der BMW Group.

Überblick:
- Aufbau- und Ablauforganisation
- Belastungswechsel
- Arbeitsplatzwechsel (Jobrotation)
- Bedeutung der Führungskräfte
- Praxisbeispiele

8 Handlungsfeld „Arbeit gestalten"

Die Gestaltung der Arbeitsorganisation bestimmt, wie Mitarbeiter eines Unternehmens (z. B. Meister, Einrichter, Maschinenbediener) im Produktionsablauf zusammenarbeiten. Dabei geht es um die systematische und zweckmäßige Gliederung und Gestaltung des Arbeitsablaufs beziehungsweise der Arbeitsaufgabe, deren Aufteilung zwischen Mitarbeiter und Betriebsmittel sowie zwischen mehreren Mitarbeitern.

Aufbau- und Ablauforganisation
Prinzipiell wird zwischen Aufbau- und Ablauforganisation in einem Unternehmen unterschieden. Unter „Aufbauorganisation" versteht man die Gliederung in Organisationseinheiten: zum Beispiel Abteilungen, Meisterbereiche oder Ähnliches und die damit verbundene Festlegung von Aufgaben, Verantwortlichkeiten, Zuständigkeiten und Kompetenzen. Die Ablauforganisation regelt die räumlich und zeitlich logische Reihenfolge der Aufgabenwahrnehmung und die Arbeits- und Verfahrensabläufe im betriebsorganisatorischen Sinne. Damit wird die Art und Weise der Vorbereitung, Planung, Durchführung, Überwachung und Kontrolle von Aufgaben festgelegt. Ziel der Ablauforganisation ist die möglichst effiziente Gestaltung des Arbeitsprozesses. Dazu wird beispielsweise ein Gesamtablauf zur Erstellung eines Produktes in einzelne Arbeitsschritte unterteilt. Die Ablauforganisation regelt somit die Festlegung der Arbeitsprozesse im Hinblick auf die Faktoren Raum, Zeit, Sachmittel und Personen; sie ergänzt damit die beschriebene Aufbauorganisation – diese liefert mit der Strukturierung des Unternehmens das organisatorische Gerüst.

Durch die Organisation des Arbeitsablaufs wird demnach auch die körperliche Belastung während der Ausführung einer Arbeitsaufgabe mitbestimmt. Diese kann sich wesentlich auf die Leistungsfähigkeit der Mitarbeiter auswirken. Man unterscheidet zwischen dynamischer und statischer Belastung. Statische Belastung, wie zum Beispiel das Halten einer Bohrmaschine während des Bohrens, kann unter Umständen zu einer stärkeren Beanspruchung und Ermüdung führen. Arbeitsphysiologisch ist grundsätzlich eine dynamische Belastung, die durch wechselnde Arbeitshaltungen und -tätigkeiten sowie die Betätigung mehrerer Muskelgruppen gekennzeichnet ist, zu bevorzugen. Einseitig dynamische Tätigkeiten sollten aus Gründen der fehlenden Ausgewogenheit auf ein Minimum reduziert werden.

Belastungswechsel
Abläufe sowie die Strukturierung von Arbeit sollten grundsätzlich die physischen und die psychischen Fähigkeiten des Menschen angemessen fordern (vgl. auch Kap. 8 „Arbeit gestalten"). Langfristige Über- und Unterforderungen sind in der Regel zu vermeiden. Deshalb sollte es generell das Ziel sein, bei der Arbeit vielfältig wechselnde physische und psychische Anforderungen an den Menschen zu stellen – zum Beispiel wechselnde Körperhaltungen und unterschiedliche kognitive Anforderungen. Diese allgemeinen Aussagen gelten in der Regel sowohl für ältere als auch für jüngere Beschäftigte. Sie streben nicht nur die augenblickliche ergonomische Gestaltung der Arbeit an, sondern zielen insbesondere auch auf die langfristige Sicherung der physischen und psychischen Leistungsfähigkeit der Mitarbeiter ab (Neuhaus 2005).

Die Bundesanstalt für Arbeitsschutz und Arbeitsmedizin (BAuA) empfiehlt Unternehmen, die ihre Mitarbeiter auch nach Jahren oder Jahrzehnten flexibel einsetzen möchten, insbesondere einseitige Belastungen bei Tätigkeiten zu vermeiden oder zumindest durch regelmäßige Belastungswechsel abzuschwächen.

Arbeitsplatzwechsel (Jobrotation)
Ein gesteuerter planmäßiger Tätigkeits- und damit Belastungswechsel kann dazu beitragen, die Beschäftigten zu fordern und körperlich wie geistig fit zu halten. Einseitige Belastungen können reduziert werden. So können zum Beispiel körperlich anstrengende Tätigkeiten mit weniger anstrengenden Tätigkeiten gemischt werden. Das Prinzip „Jobrotation" wirkt sich positiv auf die oben genannten Zusammenhänge aus.

Jobrotation ist ein Verfahren der Arbeitsstrukturierung – das heißt: der Verteilung und Gestaltung des Arbeitsinhaltes. Dabei handelt es sich um den planmäßigen Wechsel von Arbeitsplatz und Arbeitsaufgabe. Durch den geplanten und systematischen Arbeitsplatzwechsel wird der Aufgabenbereich breiter, und die Arbeitsinhalte werden vielfältiger. Gleichzeitig wechseln dadurch Art und Höhe der Inanspruchnahme von Organen oder des gesamten menschlichen Organismus. In einem festgelegten Stunden- und Tagesrhythmus wechseln die Mitarbeiter eines Arbeitsbereiches den Arbeitsplatz untereinander. Im Rhythmus wandern sie von einem Arbeitsplatz zum nächsten und sind so für einen bestimmten Zeitraum jeweils beispielsweise mit einer Teilaufgabe des Gesamtablaufs beschäftigt. Dadurch können einseitige Belastungen und damit oftmals einhergehende Verschleißerkrankungen/Muskel-Skelett-Erkrankungen reduziert werden. Da demografiebedingt von längeren Erwerbsbiografien auszugehen ist, wird dies noch wichtiger.

Durch die ständige Bewegung zwischen verschiedenen Arbeitsinhalten und -stellen erhält der wechselnde Mitarbeiter Einblicke in unterschiedliche Tätigkeiten und Aufgabengebiete. Das erleichtert und fördert das funktions- sowie einheitenübergreifende Denken und wirkt sich positiv auf die Flexibilität und den Erhalt der Leistungsfähigkeit des Mitarbeiters aus. Je nach Mitarbeitergruppe und Hierarchieebene beziehungsweise Tätigkeits- und Verantwortungsbereich (z. B. direkte Produktionsmitarbeiter oder Führungskräfte im indirekten Bereich) wird durch das geplante und systematische Rotieren zwischen Arbeitsplätzen und Tätigkeiten das Wissensspektrum und Können eines Mitarbeiters in konkreten Arbeits- oder Führungssituationen erweitert; das verbessert die Qualifikationsbasis im Unternehmen. Jobrotation kann als Maßnahme eingesetzt werden, um das Wissen und das Aufgabenspektrum zu vergrößern. Sie kann sich so auch positiv auf die Motivation auswirken. Dies geschieht auch, weil demotivierende Monotonie durch gleichförmige Tätigkeiten reduziert wird. Jobrotation kann die Arbeitszufriedenheit und die Attraktivität der Arbeitsplätze erhöhen.

Zudem kann sich ein regelmäßiger Arbeitsplatzwechsel positiv auf die Fähigkeit der Mitarbeiter auswirken, auf neue fachliche und soziale Herausforderungen im Unternehmen oder am Arbeitsplatz flexibel reagieren zu können. Lebenslanges Lernen als Erfordernis der Personalentwicklung im Rahmen des demografischen Wandels wird unterstützt, um ein leistungsfähiges Mitarbeiterpotenzial zu schaffen und zu erhalten.

Die genannten positiven Effekte hängen jedoch wesentlich vom Anforderungsprofil der in die Rotation eingeschlossenen Arbeitstätigkeiten oder Positionen ab. Hier muss vor allem auch zwischen einem horizontalen oder vertikalen Arbeitsplatzwechsel unterschieden werden. Geht es hier um einen Wechsel zwischen anforderungsähnlichen Arbeitsplätzen (horizontal mit gleichem Qualifikationsniveau, beispielsweise verschiedene Tätigkeiten innerhalb eines Montageablaufs)? Oder findet ein vertikaler Arbeitsplatzwechsel zwischen Tätigkeiten auf unterschiedlich hohen Anforderungsniveaus beziehungsweise Anforderungsstufen statt?

Grundsätzlich gilt, dass eine „optimale" Leistungsfähigkeit jüngerer und älterer Arbeitspersonen nur dann abgerufen werden kann, wenn ihre Leistungsbereitschaft entwickelt und gefördert wird. Wesentlich hierbei sind die Arbeitsmotivation und die Arbeitszufriedenheit. Unter Berücksichtigung der Tatsache, dass die intellektuelle Leistungsfähigkeit in höherem Maße altersstabil ist als die körperliche, ist es daher mit förderlichen Arbeitsbedingungen durchaus möglich, eine hohe Leistungsbereitschaft bei älteren Mitarbeitern aufrechtzuerhalten (Grube und Hertel 2008). Motivationsfördernde Arbeitsbedingungen wirken sich zudem positiv auf die Leistungsbereitschaft und damit auf die Leistungsfähigkeit aus.

Untersuchungen zeigen, dass Arbeitspersonen je nach Alter bei gleicher Arbeit unter Umständen unterschiedlich beansprucht werden. Nach Kenny et al. (2008), Shephard (2000), WHO (1994) können folgende Arbeitsbedingungen für ältere Personen besonders belastend sein:

- eine starre Arbeitsorganisation
- keine oder wenig Abwechslung hinsichtlich der körperlichen und geistigen Anforderungen
- psychologische Faktoren, zum Beispiel eine unklare Rolle der älteren Arbeitspersonen
- mangelnde Kontrolle über die eigene Arbeit
- ergonomische Faktoren – zum Beispiel ungünstige Körperhaltungen (Zwangshaltungen), Heben und Tragen schwerer Lasten, hohe Geschwindigkeitsanforderungen bezüglich der Körperbewegungen, hohe manuelle Präzisionsanforderungen, hohe Anforderungen an die Atmung

Eine flexiblere Arbeitsstrukturierung zum Beispiel durch Jobrotation kann dem Mitarbeiter helfen, bestimmte arbeitsbedingte Stressoren abzubauen beziehungsweise ihnen vorzubeugen. Dies kann praktisch geschehen, indem ihm verschiedene Verantwortungsbereiche übertragen werden: ausführende, planerische und kontrollierende Tätigkeiten. Dies kann auch umgesetzt werden, indem einseitige beziehungsweise dauerhaft statische Belastungen durch den Wechsel zwischen verschiedenen Tätigkeiten vermieden werden.

Eine Befragung der acht ältesten Mitarbeiter eines Automobilherstellers hat ergeben, dass belastungsvermindernde Positionswechsel im Erwerbsverlauf Gesundheit und Leistungsfähigkeit im Unternehmen fördern und erhalten. Jobrotation ist demnach eine mögliche Maßnahme, um Mitarbeiter bis ins hohe Alter leistungsfähig zu halten (Morschhäuser 2002; Stanic 2010). Ein systematischer Arbeitsplatzwechsel wirkt nicht nur positiv auf die Motivation und Leistungsfähigkeit älterer Mitarbeiter; er hat vielmehr auch über das gesamte Erwerbsleben hinweg förderliche Auswirkungen auf die Mitarbeiter. Ein offener und flexibler Umgang mit Arbeitsplatz- und Tätigkeitswechseln in jungen Jahren gewöhnt Mitarbeiter zudem daran, auch in späteren Berufsjahren problemloser mit Veränderungen umzugehen (Zisgen und Reutter 2003; Stanic 2010).

Bedeutung der Führungskräfte
Den Führungskräften kommt bei der Wahl einer solchen Form der Arbeitsstrukturierung eine besondere Bedeutung zu, da das Einhalten der Rotationszyklen überwacht und gegebenenfalls von den Mitarbeitern eingefordert werden muss (vgl. Kap. 11 Handlungsfeld „Unternehmenskultur und Führung optimieren"). In der Einführungsphase ist es besonders wichtig, die Akzeptanz der Mitarbeiter für die neue Arbeitsform zu gewinnen und Ängsten oder Vorbehalten durch Information und Sensibilisierung vorzubeugen.

Fazit: Jobrotation kann eine sinnvolle Maßnahme sein, um dem demografischen Wandel konstruktiv zu begegnen und die Leistungsfähigkeit der Mitarbeiter zu erhalten. Dabei können die Vorteile (vgl. Stanic 2010) wie folgt zusammengefasst werden:

- höhere Flexibilität und Mobilität der Mitarbeiter über die gesamte Lebensarbeitszeit – beispielsweise bei organisatorischen Änderungen oder wechselnden Anforderungen
- Steigerung der Kompetenzen und Fähigkeiten
- Reduzierung von Monotonie
- Förderung des lebenslangen Lernens durch vielfältigere Arbeitstätigkeiten
- Schärfung des Blicks der Mitarbeiter für den ganzheitlichen Produktentstehungsprozess
- Unterstützung des kontinuierlichen Verbesserungsprozesses (KVP, vgl. Kap. 11.2 „Motivation und Nutzung von Erfahrung durch KVP-Aktivitäten")
- geringere einseitige Belastung beziehungsweise Entlastung durch Belastungswechsel

Literatur
Grube, A.; Hertel, G.: Altersbedingte Unterschiede in Arbeitsmotivation, Arbeitszufriedenheit und emotionalem Erleben während der Arbeit. In: Alter und Arbeit. Themenheft der Wirtschaftspsychologie (2008), Nr. 10, S. 18–29
Glen P. K. u. a.: Physical Work Capacity in Older Adults. Implications for the Aging Worker. In: American Journal of Industrial Medicine 51 (2008), Nr. 8, S. 610–625
Morschhäuser, M.: Betriebliche Gesundheitsförderung angesichts des demografischen Wandels. In: Morschhäuser, M. (Hrsg.): Gesund bis zur Rente. Konzepte gesundheits- und altersgerechter Arbeits- und Personalpolitik. Broschürenreihe: Demographie und Erwerbsarbeit. Stuttgart: Fraunhofer IRB Verlag, 2002, S. 10–21
Neuhaus, R.: Erhaltung der Leistungsfähigkeit durch Arbeitsgestaltung. In: Adenauer, S. u. a.; Institut für angewandte Arbeitswissenschaft (Hrsg.): Demografische Analyse und Strategieentwicklung in Unternehmen. Köln: Wirtschaftsverlag Bachem, 2005, S. 75–78

Shephard, R. J.: Aging and productivity: some physiological issues. In: International Journal of Industrial Ergonomics 25 (2000), Nr. 5, S. 535–545

Stanic, S. (Hrsg.): Fahrzeugendmontage – Herausforderungen für den demografischen Wandel. Dissertation. Bd. 8 Schriftenreihe Personal und Organisationsentwicklung. Kassel: kassel university press, 2010

Weichel, J. u. a.: Job rotation – Implication for old and impaired assembly line workers. In: Occupational Ergonomics 9 (2010), Nr. 2, S. 67–74

Bundesanstalt für Arbeitsschutz und Arbeitsmedizin (Hrsg.): Altern und Arbeit. Aging and Working Capacity. Schriftenreihe der BAuA: Übersetzung Ü 3 der Ergebnisse einer WHO-Studiengruppe. Bremerhaven: Wirtschaftsverlag NW Verlag für neue Wissenschaft, 1994

Zisgen, A.; Reutter, H.: Motivierende Arbeitsstrukturen für ältere Mitarbeiter. IAB Colloquium „Praxis trifft Wissenschaft", Lauf, 20.–21.Oktober 2003, verfügbar unter: http://doku.iab.de/grauepap/2003/lauf_zisgen_vortrag.pdf

Praxisbeispiel BMW Group

Belastungsoptimierte Mitarbeiterrotation bei der BMW Group

Das Unternehmen
Die BMW Group ist mit ihren Marken BMW, MINI und Rolls-Royce der weltweit führende Premium-Hersteller von Automobilen und Motorrädern. Als internationaler Konzern betreibt das Unternehmen 28 Produktions- und Montagestätten in 13 Ländern sowie ein globales Vertriebsnetzwerk mit Vertretungen in über 140 Ländern.

Im Jahr 2012 erzielte die BMW Group einen weltweiten Absatz von rund 1,85 Mio. Automobilen und über 117 000 Motorrädern. Das Ergebnis vor Steuern im Geschäftsjahr 2012 belief sich auf rund 7,82 Mrd. €, der Umsatz auf rund 76,85 Mrd. €. Zum 31. Dezember 2012 beschäftigte das Unternehmen weltweit 105 876 Mitarbeiterinnen und Mitarbeiter.

Seit jeher sind langfristiges Denken und verantwortungsvolles Handeln die Grundlage des wirtschaftlichen Erfolges der BMW Group. Das Unternehmen hat ökologische und soziale Nachhaltigkeit entlang der gesamten Wertschöpfungskette, umfassende Produktverantwortung sowie ein klares Bekenntnis zur Schonung von Ressourcen fest in seiner Strategie verankert. Entsprechend ist die BMW Group seit acht Jahren Branchenführer in den Dow Jones Sustainability Indizes.

Ausgangslage
Das Durchschnittsalter der inländischen Mitarbeiter wird sich bis 2020 erhöhen, der Anteil der Mitarbeiter, die älter als 50 Jahre sind, steigt von rund 25% auf über 35%. Das Unternehmen hat deshalb bereits im Jahr 2004 das Programm „Heute für Morgen" aufgelegt, um dem demografischen Wandel proaktiv zu begegnen und Wettbewerbsfähigkeit sowie Innovationskraft auch mit einer im Schnitt älteren Belegschaft sicherzustellen. Eine

zentrale Frage dabei war, wie es gelingt, die Gesundheit, Leistungsfähigkeit und Kompetenz der Mitarbeiter zu erhalten. Das Programm ist ganzheitlich angelegt und umfasst die Haupthandlungsfelder:

1. Gestaltung der Arbeitsplätze/Ergonomie
2. Arbeitsorganisation
3. Gesundheit und Prävention
4. Führung und Qualifizierung

Die im Folgenden beschriebene „Belastungsoptimierte Mitarbeiterrotation" wurde im Haupthandlungsfeld „Arbeitsorganisation" entwickelt.

Belastungsoptimierte Mitarbeiterrotation
Bei der systematischen und rechnerunterstützt geplanten Rotation führen die Mitarbeiter während des Schichtverlaufes unterschiedliche Tätigkeiten aus. Sie sollen verschiedene Körperregionen möglichst vielseitig belasten und somit einseitige körperliche Belastungen weitestgehend vermeiden. Voraussetzung für die belastungsoptimierte Mitarbeiterrotation ist zunächst eine ergonomische Bewertung einzelner Produktionsarbeitsplätze. BMW nutzt hierfür die „Anforderungs- und Belastbarkeits-Analyse für die Produktion (ABATech)". Diese prüft das Anforderungsniveau anhand von 19 Merkmalen (siehe Tab. 8.3).

Tab. 8.3 Merkmale für die Anforderungs- und Belastbarkeits analyse (ABATech)/(Mohrlong 2012)

Körperhaltung/Körperkräfte	01	Arbeitshöhe
	02	Belastung des Nackens
	03	Arbeiten über Schulterhöhe
	04	Beweglichkeit des Rumpfes
	05	Beweglichkeit der Arme
	06	Muskelbelastung der Arme
	07	Belastung der Unterarme und Handgelenke
	08	Belastung der Finger
	09	Beweglichkeit Kniegelenke
	10	Stehen, Gehen, Sitzen
	11	Handhaben von Lasten
Umfeldbedingungen	12	Lärm
	13	Klima
	14	Beleuchtung
	15	Gefahrstoffe
	16	Feuchtarbeit
Psychomentale Belastungen	17	Taktbindung
	18	Informationsaufnahme
Weitere Gefährdungen	19	Unfallgefahren

8 Handlungsfeld „Arbeit gestalten"

Für die Mitarbeiterrotation sind vor allem die Merkmale zu Körperhaltung und Körperkräften von Bedeutung. Alle Arbeitsabläufe an einem Arbeitsplatz oder in einem Takt werden dazu analysiert und hinsichtlich dieser Merkmale bewertet. Das Ergebnis wird je Merkmal in den Ampelfarben „grün", „gelb" und „rot" angegeben. In die Bewertung fließen sowohl die Höhe der Belastung als auch die Belastungsdauer ein.

Abbildung 8.8 verdeutlicht exemplarisch die Bewertung der Belastung bei der Entnahme von Teilen aus einer Transportbox hinsichtlich des Merkmals „04 Beweglichkeit des Rumpfes". Bewertungskriterien sind

- Drehen < 15° und/oder Beugen zwischen 15° bis 30°
- Drehen > 15° und/oder Beugen zwischen > = 30° bis 90° (volle Beweglichkeit)
- Beugen > = 90° und/oder Drehen unter erschwerten Bedingungen

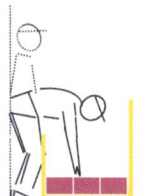 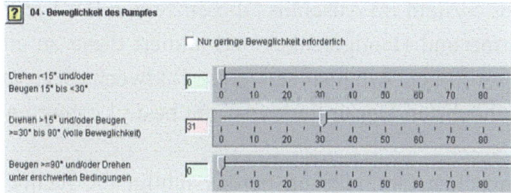 

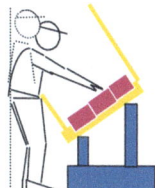 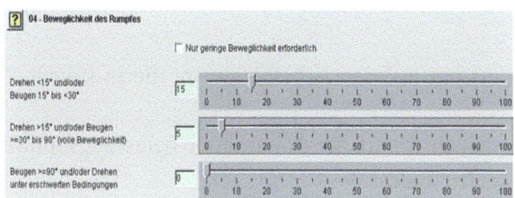 

Abb. 8.8 Bewertung der Belastung zum Merkmal „Beweglichkeit des Rumpfes" bei der Entnahme von Teilen aus einer Transportbox (Mohrlong 2012)

Im rechnergestützten Bewertungswerkzeug gibt der Anwender ein, ob und über welchen Anteil der Arbeitszeit hinweg die genannten Belastungen auftreten, und erhält als Ergebnis die Ampelbewertung für das Merkmal.

„ABATech" ist sowohl für die Gestaltung neuer als auch für die Optimierung vorhandener Arbeitsplätze geeignet. Das Beispiel in Abb. 8.8 verdeutlicht, wie Belastungen mit relativ einfachen Gestaltungsmaßnahmen und wenig Aufwand reduziert werden können.

Die Planung und Umsetzung der belastungsoptimierten Mitarbeiterrotation bei BMW erfolgt rechnergestützt und kombiniert ergonomische Gesichtspunkte sowie die Anwesenheitsplanung. Grundsätzlich sind bis zu vier Rotationsphasen täglich vorgesehen, die meist nach Pausen oder anderen Arbeitsunterbrechungen wechseln. Welche Arbeitsplätze für eine Kombination bei belastungsoptimierter Mitarbeiterrotation geeignet sind, hängt von den jeweils auftretenden Belastungen ab.

Am besten ist dabei stets die Kombination „Rot" und „Grün" – das heißt: Nach einer höheren Belastung („Rot") erfolgt ein Wechsel zu einer niedrigeren Belastung („Grün") oder umgekehrt. „Rot" steht dabei für Belastungen, die zwar höher, aber dennoch legitim und zumutbar sind. Die schlechteste Kombination ist die zweier roter Belastungen, weil es in diesem Fall keinen positiv wirkenden Belastungswechsel gibt.

Für die Suche nach geeigneten Kombinationen von Tätigkeiten wird jedem Belastungswechsel ein sogenannter „Belastungswechselindex (BWI)" zugeordnet. Diese Zahl ermöglicht die quantitative Bewertung von Belastungswechseln. Je höher der Indexwert, desto empfehlenswerter ist der Belastungswechsel. Die Kombination „Rot/Grün" erhält deshalb den höchsten und der Wechsel „Rot/Rot" den niedrigsten Indexwert.

Bei der Prüfung, welche Arbeitsplätze oder Takte in der Rotation vorteilhaft miteinander kombinierbar sind, werden zunächst je Arbeitsplatz alle auftretenden Belastungsarten bestimmt und mit Ampelfarben bewertet. Für alle relevanten Arbeitsplatz- oder Taktkombinationen ermittelt das System im Anschluss die einzelnen BWI je Belastungsart (z. B. Belastung der Unterarme und Handgelenke) und addiert diese zu einem Gesamtindex. Dieser bewertet den jeweiligen Arbeitsplatz- oder Taktwechsel zusammenfassend. Die Kombination mit dem höchsten Gesamtindex ist die beste Lösung und wird zur Umsetzung vorgeschlagen.

Neben der ergonomischen Optimierung berücksichtigt die rechnergestützte Planung der Mitarbeiterrotation bei der BMW Group weitere Aspekte. Insgesamt werden folgende Regeln angewandt:

1. Der Mitarbeiter rotiert nur auf den Arbeitsplätzen, die in seinem Ausbildungsspiegel hinterlegt sind.
2. Auf diesen Arbeitsplätzen rotiert der Mitarbeiter belastungsoptimiert, mit möglichst hohem Belastungswechselindex.
3. Für die erste Rotationsphase wird der Arbeitsplatz gewählt, der am längsten nicht belegt war.
4. Arbeitsplätze aus dem Ausbildungsspiegel müssen für den Qualifikationserhalt spätestens nach 15 Tagen wieder belegt werden.

Abbildung 8.9 verdeutlicht das prinzipielle Vorgehen zusammenfassend an einem konkreten Beispiel mit drei Montagearbeitsplätzen. An Arbeitsplatz B treten hohe Belastungen bei der Beweglichkeit des Rumpfes und der Knie auf. Sofern diese Belastungen nicht durch Arbeitsplatzgestaltung sinnvoll reduziert werden können, liegt es nahe, die Belastung durch einen Wechsel der Arbeitsplätze zu reduzieren. Nach Abb. 8.9 ist für die in diesem Fall auftretenden Belastungen ein Wechsel der Arbeitsplätze B und C vorteilhaft.

Bewertung durch die Anwender:
Eine Bewertung durch die Pilotanwender ergab eine hohe Zustimmung zur rechnergestützten Planung und den damit verbundenen Vorteilen. Nur 10 % bevorzugten eine manuelle

8 Handlungsfeld „Arbeit gestalten"

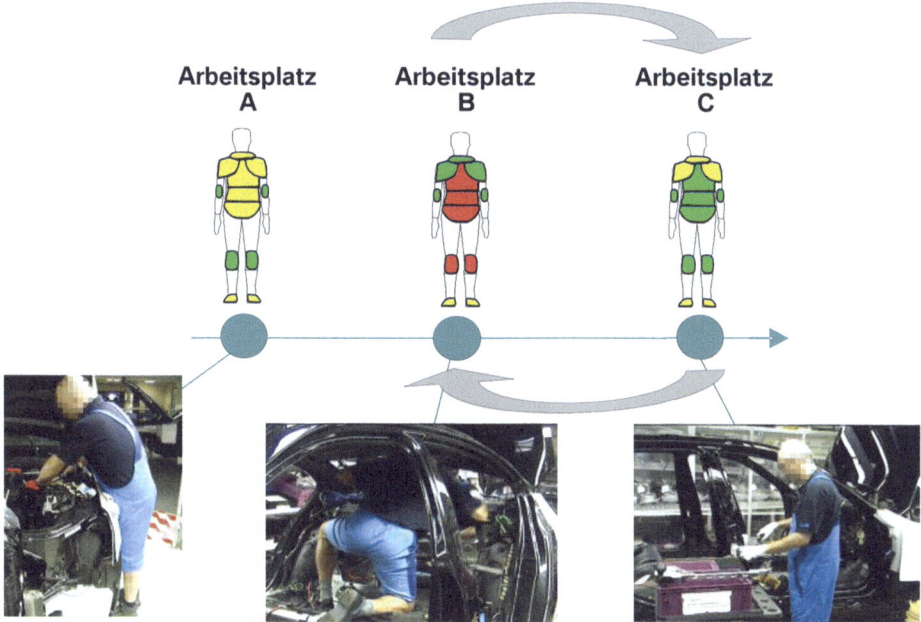

Abb. 8.9 Beispiel für eine „Belastungsoptimierte Mitarbeiterrotation" (Pieper 2010)

Rotationsplanung. Im Vergleich zur manuellen Planung konnten mit der rechnergestützten Planung im Durchschnitt etwa 50 % höhere Belastungswechselindizes erzielt werden.

Die belastungsoptimierte Rotation wird von den Mitarbeitern überwiegend sehr positiv beurteilt und wird von vielen als wesentliches Element des Programms „Heute für Morgen" wahrgenommen. Auch Mitarbeiter, die aufgrund ihrer Erfahrungen aus der Vergangenheit keine Wechsel gewohnt waren und deshalb einer Rotation skeptisch gegenüberstanden, empfinden es in der Regel nach kurzer Zeit als Verbesserung zur bisherigen Arbeitsweise.

Empfehlungen und Erfahrungen:
In der BMW Group sind umfangreiche Werkzeuge zur Belastungsanalyse und -bewertung sowie der Rotationsplanung verfügbar. Das Prinzip kann aber auch mit weniger Aufwand nachvollzogen und praktiziert werden. Die entscheidenden Schritte hierzu sind:

- Pilotbereich wählen
- Einzelarbeitsplätze systematisch beobachten und bewerten:
  Welche wesentlichen Belastungsarten treten auf?
  Wie groß sind die Belastungen? (Einfache Skala: z. B. niedrig, mittel, hoch)
- Schrittweise Wechsel mit hohem Belastungswechselindex ermöglichen

Literatur

Mohrlong, M.: Ergonomie bei BMW, Vortrag, 2012, verfügbar unter: http://www.teamwork-arbeitsplatzgestaltung.de/download/vortraege2012/Michael_Mohrlang_-_Ergonomie_bei_BMW.pdf [31.3.2014]

Piper, M.: Das Programm „Heute für Morgen" bei der BMW Group, Vortrag 2010, verfügbar unter: http://demographie-netzwerk.de/download.html?no_cache=1&download=Parlamentarischer_Abend_Praesentation_Pieper_BMW_Group.pdf&did=81 [31.3.2014]

8.4 Standardisierung von Prozessen zur Unterstützung der Arbeitsausführung

Worum geht es in diesem Beitrag?

Der folgende Text richtet den Fokus auf das Element der Standardisierung zur altersgerechten Arbeitsplatzgestaltung. Erfahrungen japanischer Produktionssysteme fließen seit langem auch in die Arbeitsorganisation produzierender Unternehmen in Deutschland ein. Davon kann übrigens auch die Administration profitieren. Standardisierung hebt Effizienz-Potenziale insbesondere durch Vermeidung von Such- und Wartezeiten. Darüber hinaus wird explizit auf die Vorteile der Arbeitsplatzgestaltung durch Standards eingegangen. Abgeschlossen wird der Abschnitt mit einer möglichen Vorgehensweise zur Schaffung von Standards. In diese fließt idealerweise das Erfahrungswissen von älteren Mitarbeitern ein. So wird sichergestellt, dass das Know-how älterer Mitarbeiter auch nach deren Ausscheiden im Unternehmen bleibt.

Überblick:
- Standardisierung in der Praxis
- Standardisierung und Einbindung der Beschäftigten
- Standardisierung im Büro als Mittel zur Erhaltung der Leistungsfähigkeit im demografischen Wandel
- Praxisbeispiel aus der Produktion

Standardisierung ist eine Vereinheitlichung von Prozessen in der Ablauforganisation oder von Tätigkeiten in Form von Stellenbeschreibungen. Die Standardisierung kann sich im Betrieb durch vereinheitlichte Formulare oder geregelte sowie einzuhaltende Dienstwege ausdrücken (vgl. Schneck o. J.). Standards stellen in der Regel den augenblicklich besten bekannten Zustand der Prozess- oder Arbeitsausführung dar. In diesem Sinne schränkt Standardisierung Komplexität ein und ist gleichzeitig Ausgangspunkt für Verbesserungsmaßnahmen und neue Lösungen, die zu einem neuen Standard führen. Auf diese Weise sind Standards die Basis für eine „abgesicherte" kontinuierliche Verbesserung von Prozessen und Arbeitsbedingungen, bei der neue Lösungen zugleich auch neuer Standard werden.

Bei der Ausgestaltung von Strukturen in einer Organisation steht eine systematische Definition – das heißt: eine Standardisierung von Prozessen, Methoden und Organisationskonzepten – im Fokus. Standards sind notwendig, um kurze Regelkreise zu gestalten, die es ermöglichen, wichtige Entscheidungen schnell treffen zu können, um damit zum Beispiel auf entsprechende Entwicklungen im Umfeld zu reagieren. Standards können unter anderem durch Erfahrungen von Führungskräften und Experten oder durch Verbesserungsvorschläge der Mitarbeiter geschaffen werden (vgl. Neuhaus 2010).

Standards werden zumeist in mehreren Schritten festgelegt. Dabei spielen Pilotbereiche, in denen neue Methoden zuerst eingeführt und getestet werden, eine wichtige Rolle. Aufgrund der in den Pilotbereichen oder im Rahmen der Anwendung der Standards gemachten Erfahrungen kann beziehungsweise soll es vorkommen, dass Standards überarbeitet werden müssen.

Standardisierung spielt als Kernelement eines Managementsystems oft eine der wichtigsten Rollen, um Methoden und Formen der Arbeitsausführung als zugängliches Prozesswissen geordnet einführen und absichern zu können. Über Standardisierung kann gleichzeitig eine allgemeingültige Basis für die kontinuierliche Verbesserung und Ausführung von Prozessen geschaffen werden. Der Verzicht auf Standardisierung macht für Organisationen nur Sinn, wenn sie Spielräume zur Entwicklung und Erprobung neuer Standards benötigen oder wenn die Anforderungen interner oder externer Natur so rasant wechseln, dass eine Standardisierung keinen Sinn macht.

Während Standardisierung in manchen Unternehmen als ein notwendiges Wechselspiel zwischen Standardisierung, Auditierung und Verbesserung angesehen wird, wird Standardisierung in anderen Unternehmen zum Teil weniger stark betont oder sogar überhaupt nicht erwähnt. Zu den Grundprinzipien vieler Organisationen gehört, dass einmal erreichte Verbesserungen, zum Beispiel als Ergebnis von KVP-Workshops, nur dann Bestand haben, wenn sie zum allgemein verbindlichen Standard erklärt werden.

Als ein Kernelement z. B. von Produktionssystemen ist die Standardisierung auch ein Konfliktfeld. Mit der Einführung von Produktionssystemen auf betrieblicher Ebene sind neue Reflexions- und Entscheidungsprozesse verbunden. Dies bedeutet zum einen die Formalisierung beziehungsweise Standardisierung von Prozessen und das Festlegen von Verantwortlichkeiten im Sinne gegenwärtiger Auditierungssysteme (z. B. im Qualitätsmanagement) anstelle lokaler Regelungen und erfahrungsgeleiteter Vorgehensweisen. Zum anderen führt die bewusste Auswahl von Methoden und ihrer systemischen Zusammenhänge zu einer Neuorientierung bestehender Produktionssysteme.

Der Ist-Zustand beziehungsweise die Ist-Anwendung von standardisierten Methoden in einem Produktionssystem kann beziehungsweise muss regelmäßig hinterfragt, überprüft oder auditiert und weiterentwickelt werden. Das sichert den Ist-Zustand ab oder sorgt für Verbesserung, auch wenn hierdurch die Gefahr der Bürokratisierung und des Schematismus besteht.

Standardisierung in der Praxis
Standardisierung kann in den Betrieben zum Beispiel häufig in Form der 5A- oder 5S-Methodenumsetzung beobachtet werden. 5A oder 5S dient oftmals als Einstieg in den

Verbesserungs- und anschließenden Standardisierungsprozess. Ziel ist es, dass ein klar definiertes Ergebnis angestrebt wird, dessen Ergebnis und Standard klar visualisiert werden kann. Ziel dieser Methodik ist vor allem die Schaffung von Übersicht und Ordnung am Arbeitsplatz durch wiederholtes Abarbeiten einer in fünf Schritten systematisierten Folge, die auch für die Abkürzung 5A steht:

- Aussortieren
- Aufräumen
- Arbeitsplatz sauber halten
- Anordnung zur Regel machen
- Alle Schritte wiederholen

Das Entwickeln und Beschreiben von Standards, sei es für die Arbeitsplatzgestaltung oder für Arbeitsabläufe, kann sowohl grob als auch sehr detailliert erfolgen, um zum Beispiel die Abfolge von Arbeitsschritten, die Anordnung von Arbeitsmitteln sowie die Ausführung von Bewegungen festlegen und später prüfen zu können.

Ein oft benanntes Beispiel ist in diesem Zusammenhang Toyota. Toyota setzt in den eigenen Strukturen sehr auf die zielgerichtete Anwendung und Einhaltung von Standards, um auf diese Weise eine hohe Effektivität in der Produktion zu erzielen, die durch einen geringen Grad an defekten Produkten, Fehlhandlungen und Unfällen begleitet wird. Dieser Erfolg wird bei Toyota insbesondere dem Standardarbeitsblatt zugeschrieben, Abb. 8.10.

„Standardarbeitsblätter listen die Tätigkeiten des Arbeitsablaufs und diejenigen Schlüsselpunkte auf, die weiterer Präzisierung bedürfen (Qualität, Sicherheit, Unterschriftengenehmigung, zulässige Standardbestände etc.). Sie werden an jeder Arbeitsstation ausgehängt. Standardarbeitsblätter dokumentieren alle prozessrelevanten Daten... Sie enthalten beispielsweise: notwendige Werkzeuge und Maschinen, Einbaumaterial, Vorgaben zu Beständen/Puffer, Sicherheitshinweise, das Layout mit Materialfluss beziehungsweise den zurückzulegenden Wegen der Mitarbeiter im Arbeitssystem und Hinweise zur Qualitätssicherung..." (Scholtz 2003, S. 222).

Standardisierung und Einbindung der Beschäftigten
Standards werden oft nicht mit den Betroffenen vor Ort erarbeitet, sondern in den Büros von Fachexperten und höheren Führungskräften generiert (vgl. Neuhaus 2010). Standards, die auf diese Weise entstehen, werden unter Umständen aber von den Mitarbeitern und Führungskräften vor Ort in der täglichen Umsetzung nicht „gelebt" und akzeptiert, da sie durchaus praxisfern oder aber für die betroffenen Führungskräfte und Beschäftigten nicht nachvollziehbar sein können. „Ein geeignetes Arbeitsverfahren kann man jedoch nicht am Schreibtisch entwerfen. Es muss in der Fabrik ausprobiert und mehrmals modifiziert werden. Außerdem muss es so gestaltet sein, dass jeder es sofort verstehen kann" (Ohno 1993, S. 47). Taiichi Ohno, Begründer des Toyota-Produktionssystems (TPS), bat daher seine Arbeiter, selbst Standard-Arbeitsverfahren zu entwickeln. „Standard-Arbeits-

8 Handlungsfeld „Arbeit gestalten"

Arbeitsfolgekarte						
Firma X	Arbeitssystem 2001 01 18 Projekt PLANUNG				erst.: 18. Jan 2001 geänd.: 06. Juli 2001	
	Station DMGTT03E12-P-5 Endmontage2 Montageplatz 12				erst.: 30. März 2001 geänd.: 26. Juli 2001	
Beschreibung : Platz 12	Code : DMGTT03E12S-P-5	Zeit (MIN) :$_g$t	ZT : TH	A :	Zeit (MIN) :$_g$t	
Hilfsmittel :				☐ Stehplatz		
Werkzeug :				☒ Podest		
Vorrichtung :				☐ Sitzplatz		

Arbeitsplatzdarstellung :   *Zeiten in [min] :*

Foto oder Skizze

Taktzeit 1,89 | Arbeitsinhalt 1,78 | Taktausgleich 0,11

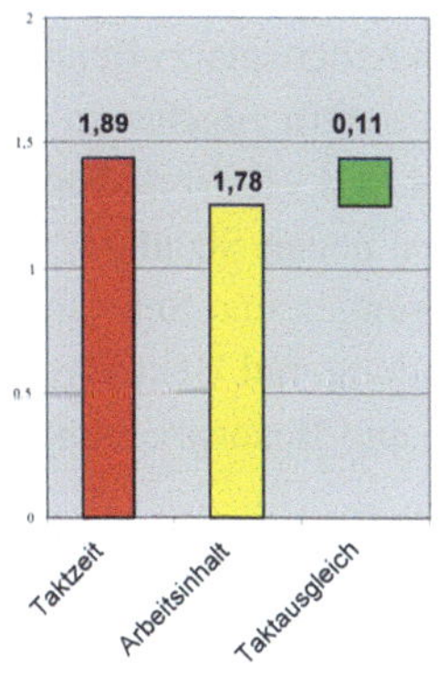

Montageinhalte :

Nr.	Satz-Nr.	Tätigkeit
1	0 7 7 , 1	Seitenwand unten 1x verschrauben
2	1 0 3 , 2	Deckel öffnen, Deckelmodul 3x verschrauben und Deckel schließen
3	1 0 7 , 1	Deckel schließen, Kabel unter Schließkolben legen
4	0 0 2 0 1	Werkzeugträger drehen um 180°
5	0 6 9 , 3	...
6	0 0 0 8 5	
7	0 0 0 8 7	
8	0 0 0 8 8	
9	0 8 9 , 1	
10	0 9 0 , 1	
11	0 0 0 9 1	
12	0 0 2 0 2	
13		
14		

Abteilung Projektteam	Datum 25-Juli-01	erstellt MTM - Berater	geprüft	Gültigkeit Probephase	MTM

Abb. 8.10 Standardarbeitsblatt (Demonstrationsbeispiel)

blätter und die Informationen, die in ihnen enthalten sind, sind wichtige Elemente des Toyota-Produktionssystems. Damit ein Arbeiter in der Lage ist, ein Standard-Arbeitsblatt selbst zu verfassen, das andere Arbeiter verstehen können, muss er von seiner Wichtigkeit überzeugt sein" (Ohno 1993, S. 47). Auf diese Weise wird den Beschäftigten nicht nur die Möglichkeit gegeben, Standards selber zu entwickeln, sondern diese auch zu vertreten und zu verbessern. Beschäftigte können so ihr kreatives Potenzial für Ideen und Verbesserungsvorschläge einsetzen und Abläufe weiterentwickeln. Dies hat in der Regel zudem den Vorteil, dass mitgestaltend erarbeitete Standards von den Beschäftigten viel eher akzeptiert werden.

Standardisierte Arbeitsabläufe und Strukturen können das Lernen und die Einarbeitung am Arbeitsplatz erleichtern. Sie bieten Führungskräften, Fachexperten und Beschäftigten – sofern zugelassen – den Spielraum, die Prozesse und Arbeitsbedingungen zum Beispiel in KVP-Workshops zu verbessern. Diese Verbesserungen bieten dann die Basis für einen neuen Standard. Standards dienen zudem einer Stabilisierung von Prozessen, um Störungen und Schwankungen in den Prozessen zu vermeiden. So können Zeitverschwendung und Hektik vermieden werden, die wiederum zu erhöhter psychischer Belastung und Beanspruchung, wie zum Beispiel Stress und psychische Sättigung, führen können.

An dieser Stelle wird durch die Anwendung von Standards, die dem Mitarbeiter Sicherheit im Handeln geben, eine stressfreie und harmonisierte Arbeitsumgebung geschaffen. Diese entsprechende Arbeitsumgebung fördert die Leistungsfähigkeit der Mitarbeiter, indem ein routinierter und bewährter Arbeitsfluss die Aufgaben planbar und damit beherrschbarer macht.

Literatur

Brunner, J. F.: Japanische Erfolgskonzepte. 3., überarbeitete Auflage. Wien: Carl Hanser Verlag, 2008

Grundmann, I.; Pöeschel, K.: Demografie-Festigkeit von Unternehmen in der Metall- und Elektroindustrie. Selbst-Check und Weiterbildung. In: Betriebspraxis & Arbeitsforschung (2012), Nr. 212, S. 8–17

Jürgens, U.: Aktueller Stand von Produktionssystemen – ein globaler Überblick. Beitrag zum 3. Fachkongress des REFA-Fachausschusses Fahrzeugbau „Produktion & Arbeitspolitik Vorsprung im globalen Wettbewerb durch Prozessmodelle und Produktionssysteme", 1.-2. Oktober 2002 in Dresden

Maas, V.: Was bringt Standardisierung? Der Einfluss von Standards auf Kostenreduktion, Prozesssicherheit und Kundenorientierung. In: io new management 71 (2002), Nr. 9, S. 56–62

Neuhaus, R.: Evaluation und Benchmarking der Umsetzung von Produktionssystemen in Deutschland. Norderstedt: BOD-Verlag, 2010

Ohno, T.: Das Toyota-Produktionssystem. Frankfurt, New York: Campus Verlag, 1993

Schneck, O.: Lexikon der Betriebswirtschaft. CD-ROM. München: Vahlen, o. J.

Teeuwen, B.; Schaller C.; May, C. (Hrsg.): 5S – Die Erfolgsmethode zur Arbeitsplatzorganisation. Schriftenreihe "Operational Excellence" Nr. 8. Ansbach: CETPM Publishing, 2011

Institut für angewandte Arbeitswissenschaft, ifaa (Hrsg.): Demografie meistern. Standpunkte/Praxisbeispiele. Düsseldorf: Institut für angewandte Arbeitswissenschaft, 2012

8.4.1 Standardisierung im Büro als Mittel zur Erhaltung der Leistungsfähigkeit im demografischen Wandel

Im Büro ist die Standardisierung oft geringer ausgeprägt als in der Produktion. Aber auch hier kann sie zur Vermeidung von Verschwendung beitragen. Dies gilt vornehmlich für Prozesse in der Administration, die einen hohen Wiederholungsgrad aufweisen, wie beispielsweise die Erstellung von Arbeitspapieren für die Produktion oder die Erstellung von Angeboten. Durch eine standardisierte Anordnung von Dokumenten und einheitliche Beschriftungs- und Ablagesystematik können insbesondere Such- und Wartezeiten sowie durch Fehler bedingte Nacharbeit eliminiert werden. Dies gilt sowohl für physische Ordner im Büro als auch für Serverstrukturen, deren Dokumente täglich und abteilungsübergreifend aufgerufen werden. Die Vorteile von Standards für den Mitarbeiter liegen unter anderem in der mentalen Entlastung, da ein verlässlicher Standard dem Mitarbeiter beispielsweise die Frage: „Wie gehe ich vor?" oder „Wo finde ich was?" beantwortet und hierdurch die Aufgabenerfüllung vereinfacht wird. Vor diesem Hintergrund kann sich der Mitarbeiter vollständig auf die Erledigung der Aufgabe konzentrieren, da er über den Standard die Sicherheit erhält, dass die Vorgehensweise verlässlich und erprobt ist.

Weiterhin gewinnt die Standardisierung in der Administration unter dem Aspekt des demografischen Wandels an Bedeutung. Durch die Verringerung von Such- und Wartezeiten sowie die Eliminierung von Nacharbeit kann insbesondere für ältere Mitarbeiter innerhalb ihrer Arbeitszeit eine höhere punktuelle Belastung und eine daraus resultierende Leistungsverdichtung, die zur Kompensation der aufgeführten Verschwendungen notwendig wäre, vermieden werden.

Beispiel:
Ein Mitarbeiter der Buchhaltung hat die Aufgabe, innerhalb eines Arbeitstages die Rechnungen der vergangenen Woche zu erstellen und an seine Kunden zu senden. Verbringt dieser Beschäftigte nun einen Großteil der Zeit mit dem Suchen der Informationen über die in Rechnung zu stellende Leistung, so wird er zum Ende des Arbeitstages nur mit viel Mühe alle Rechnungen der vergangenen Woche erstellen und verschicken können. Durch einen Standard, d. h., dass alle Informationen über die erbrachten Leistungen in einem Standardformular erfasst und in einem Ordner (physisch oder digital) abgelegt werden, erspart sich der Buchhaltungsmitarbeiter die Suchzeiten und kann kontinuierlich die Rechnungen erstellen.

Dies führt zu einem geringeren Zeitdruck der Mitarbeiter. Die Schaffung der notwendigen Standards zur Vermeidung der aufgeführten Störungen sollte unter Einbeziehung des Wissens und der Erfahrung von älteren Mitarbeitern erfolgen.

Abbildung 8.11 zeigt das Vorgehen – rein plakativ – im Kontext eines Regelkreises. Das vorhandene Wissen wird hierbei für die Schaffung von stabilen standardisierten und alternsgerechten Abläufen eingesetzt. Dieses Vorgehen ist als rollierender Prozess zu sehen.

Durch dieses Vorgehen wird neben der Prozessstabilität als eingangs erwähntes Ziel auch das Wissen von Mitarbeitern nach deren Ausscheiden im Unternehmen gehalten. Dabei werden Prozessstandards zur Schaffung von stabilen Prozessabläufen stets unter

Abb. 8.11 Der Regelkreis zeigt, wie die Fähigkeiten älterer Mitarbeiter durch Schaffen und Anpassen von Standards genutzt werden können.

Einbeziehung des Erfahrungsschatzes und der Fähigkeiten älterer Mitarbeiter festgelegt. Alternsgerechte Teamworkshops sowie Schulungen und Seminare können helfen, diese Standards zu schaffen. Dadurch wird sichergestellt, dass das vorhandene Wissen und die Erfahrungen von älteren Mitarbeitern sowie deren Erwartungen an eine angemessene Arbeitsgestaltung berücksichtigt werden. Die Prozessstandards sollten ihre Aktualität bis zum Entstehen einer besseren Lösung im ganzheitlichen Sinne behalten. Kommt eine solche Lösung auf, so beginnt das beschriebene Vorgehen erneut.

5A/5S – wie die Administration von der Produktion lernen kann
In der Produktion haben sich aus der Fülle der Methoden rund um die Schlagworte „kontinuierlicher Verbesserungsprozess" (KVP) oder Kaizen (japanisch: Kai = Veränderung, Wandel; Zen = zum Besseren) einige Vorgehensweisen als „Basis- oder Einstiegsmethoden" auf dem Weg zur „schlanken" Administration herauskristallisiert. Eine dieser Basismethoden stellt die 5A-/5S-Methode dar. 5A geht zurück auf die japanische 5S-Methode. Die Abkürzung bezieht sich auf die japanischen Begriffe *Seiri, Seiton, Seiso, Seiketsu, Shitsuke, Shukan*.

5S-Pionier Takashi Osada schlug folgende Übersetzung vor: „*organisation* (seiri), *neatness* (seiton), *cleaning* (seiso), *standardisation* (seiketsu) und *discipline* (shitsuke). Die deutsche Übersetzung wird mit 5S oder 5A, je nach Auswahl der Anfangsbuchstaben, versucht: seiri (Sortieren; Aussortieren), seiton (Systematisieren; Aufräumen), seiso (Sauberkeit; Arbeitsplatz sauber halten), seiketsu (Standardisieren; Anordnung zur Regel machen) und shitsuke (Selbstdisziplin; alle Phasen wiederholen)", zitiert nach Kamiske. Die Phasen dieser Methode zeigt Abb. 8.12.

Die 5A-/5S-Methode ist ein kontinuierlicher Prozess zur Schaffung von Ordnung und Sauberkeit am Arbeitsplatz. Diese ursprünglich aus der Produktion stammende Methode kann analog in der Administration angewendet werden. Hierbei geht es nicht, wie häufig geglaubt, darum, einmalig den Arbeitsplatz aufzuräumen. Zwar lautet ein Schritt der

Abb. 8.12 5S-Prozess

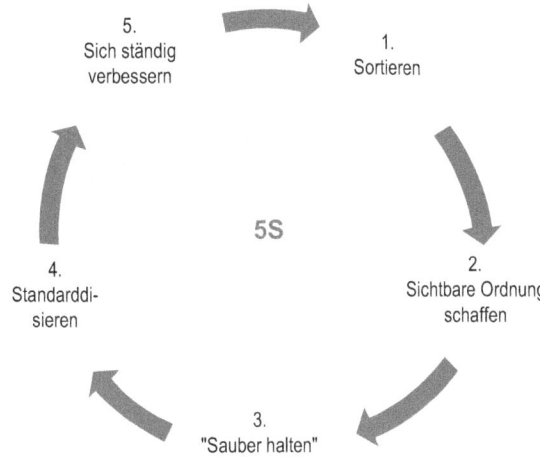

5S-Methode „Aufräumen" s. Abb. 8.13. Das Ziel von 5S ist es jedoch, durch Schaffung von Ordnung und Sauberkeit Verschwendungen wie Suchzeiten in Ordnern und Fehler zu reduzieren beziehungsweise zu eliminieren. Diese Methode lässt sich nicht nur im Büro, sondern auch auf Serverstrukturen des Computers anwenden, damit auch hier Suchzeiten minimiert werden können. Auch hier findet sich als wichtiges Kernelement die Standardisierung wieder. Die Standardisierung dient auch in diesem Fall als Element zur Sicherung der Prozessstabilität und zur Einhaltung der Prozessqualität.

Vorteile von Standards für die Praxis:
- Ist der Prozess eindeutig und für jeden Mitarbeiter verständlich festgelegt, reduzieren sich die Suchzeiten für etwaige andere (individuelle) Vorgehensweisen.
- Mitarbeiter sind mental weniger belastet und beansprucht, denn der Standard ist eine verlässliche und funktionierende Vorgehensweise.
- Fehler in den Abläufen werden mit der Einhaltung der Standards unwahrscheinlicher. Tritt ein Fehler jedoch besonders häufig nach der Standardisierung auf, so ist zu hinterfragen, ob der Standard eingehalten worden ist oder ob der festgeschriebene Standard praktisch handhabbar und umsetzbar ist.
- Die Prozesse werden über definierte Durchlauf- und Bearbeitungszeiten planbarer.
- Durch die Einhaltung der Standards werden Prozesse stabiler, insbesondere Prozesse mit einem hohen Wiederholungsgrad. Hierdurch entstehen wiederum Lerneffekte, diese wiederum stärken die Prozessstabilität.
- Kosten werden reduziert, da aufgrund vermeidbarer Suchzeiten und Fehler die Prozesszeiten verkürzt und Nacharbeiten minimiert werden.
- Der Arbeitsprozess wird seltener unterbrochen. Dies vermeidet, dass sich der Mitarbeiter stets neu in die Aufgabe reindenken muss.
- Die Einarbeitung von neuen und auch von älteren Mitarbeitern wird vereinfacht, da es keiner langen Betriebszugehörigkeit bedarf, um auch komplexe Prozesse eigenständig einzuarbeiten und eigenständig durchzuführen.

- Für Ältere wird das Erlernen von Prozessen erleichtert.
- Die Qualität des Prozessoutputs entspricht stets der Zielsetzung (Prozessstabilität).

Abb. 8.13 Beispiel eines Arbeitsbereichs vor und nach Methode „Aufräumen" gemäß 5S.

Praxisbeispiel aus der Produktion
Ein Unternehmen der Metall- und Elektroindustrie beschäftigt in einem Produktionsbereich sogenannte Einrichter. Die Aufgabe eines Einrichters ist das Einstellen einer Verformungsmaschine zur Herstellung von Metallschaufeln. Diese Einstellung erfordert neben der mechanischen Kenntnis der Maschine und des Materials auch ein gewisses Maß an Erfahrung. Ein Einrichter, der seit 35 Jahren in der besagten Abteilung arbeitet, scheidet in naher Zukunft altersbedingt aus dem Unternehmen aus. Um das Abwandern des Wissens und der Erfahrung des Mitarbeiters im Unternehmen zu verhindern, führt dieser bis zu seinem Ausscheiden altersübergreifende Schulungen für Einrichter in seinem Betrieb durch. Hierbei werden Standards erarbeitet, die sowohl den Ansprüchen der älteren Mitarbeiter dienen als auch den jungen Mitarbeitern das notwendige Wissen vermitteln.

Literatur
Kamiske, G. (Hrsg.): Handbuch QM-Methoden. Die richtige Methode auswählen und erfolgreich umsetzen. 2., aktualisierte und erweiterte Auflage. München: Carl Hanser Verlag, 2012

Handlungsfeld „Arbeitszeit gestalten"

Corinna Jaeger und Frank Lennings

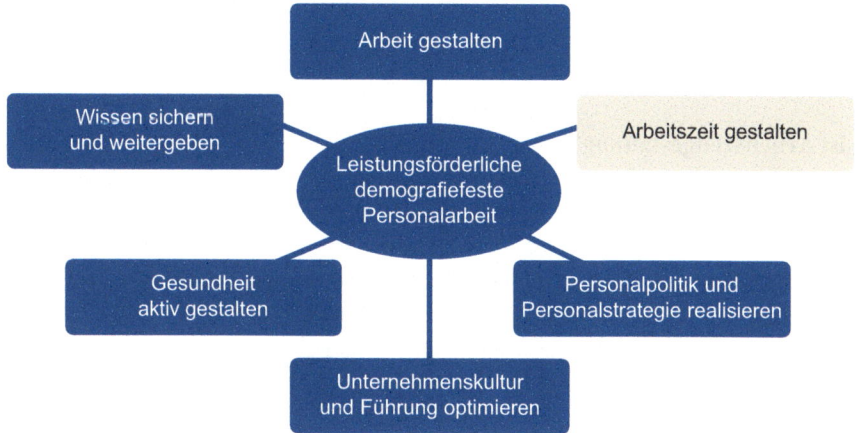

Worum geht es in diesem Beitrag?
Sie erfahren, welche Ziele die Arbeitszeitgestaltung verfolgt und welche Wechselwirkungen zur Leistungsfähigkeit der Beschäftigten bestehen. Die Arbeitszeit bestimmt die Dauer der arbeitsbezogenen Belastung. Unabhängig davon kann die Arbeitszeit – je nach ihrer Lage und Dauer – eine Belastung darstellen. Ergonomische oder alternsgerechte Arbeitszeitsysteme können Mitarbeiter entlasten; sie können die Leistungsfähigkeit der Beschäftigten positiv beeinflussen und erhalten. Lebenssitu-

C. Jaeger (✉) · F. Lennings
Institut für angewandte Arbeitswissenschaft e.V. (ifaa), Düsseldorf, Deutschland
E-Mail: c.jaeger@ifaa-mail.de

ationsspezifische Arbeitszeitsysteme können die Zufriedenheit und die Motivation der Mitarbeiter stärken. Das Handlungsfeld „Arbeitszeit gestalten" bietet somit viele Ansatzpunkte, die Leistungsfähigkeit und -bereitschaft auch älterer Beschäftigter zu erhalten und zu fördern. Arbeitszeitgestaltung, die Interessen der Mitarbeiter bestmöglich berücksichtigt, kann neue Arbeitskräfte-Ressourcen erschließen, die zum Beispiel nicht Vollzeit arbeiten können oder wollen und dem Employer Branding dienen. Das sind in Zeiten eines wachsenden Wettbewerbs um Arbeitskräfte wichtige Vorteile für Unternehmen. Der Betriebszeitbedarf des Unternehmens muss jedoch stets zuverlässig abgedeckt sein, um Wettbewerbsfähigkeit und Arbeitsplätze zu sichern.

Überblick:
- Was ist Arbeitszeitgestaltung?
- Was ist das Ziel von Arbeitszeitgestaltung?
- Welchen Bezug hat das Handlungsfeld „Arbeitszeit gestalten" zu Leistungsfähigkeit und Demografie?

Was ist Arbeitszeitgestaltung?
Arbeitszeitgestaltung umfasst die kurz-, mittel- und langfristige Festlegung von Dauer, Lage und Verteilung der Arbeitszeit. Das zu verteilende Volumen entspricht der vertraglichen Arbeitszeit zuzüglich eventueller Mehrarbeit. Im Sinne des Arbeitszeitgesetzes ist Arbeitszeit die Zeit vom Beginn bis zum Ende der Arbeit ohne Ruhepausen. Die Arbeitszeiten der Mitarbeiter müssen in Summe die erforderliche Betriebszeit des Unternehmens abdecken. Während der Betriebszeit erstellen die Mitarbeiter Produkte oder erbringen Dienstleistungen. Die erforderliche Betriebszeit ergibt sich aus dem Auftragseingang und der Dauer der jeweils erforderlichen Arbeitsschritte.

Was ist das Ziel von Arbeitszeitgestaltung?
Arbeitszeitgestaltung soll

- den Betriebszeitbedarf ohne Über- und Unterschreitungen abdecken und dabei
- die Belange der Mitarbeiter bestmöglich berücksichtigen,
- die Belastung der Mitarbeiter möglichst gering halten und
- Änderungen des Betriebszeitbedarfs sowie der Verfügbarkeit von Mitarbeitern zeitnah erkennen und schnell darauf reagieren.

Voraussetzungen hierfür sind, dass der Betriebszeitbedarf des Unternehmens und die Mitarbeiterbedürfnisse bekannt sind sowie regelmäßig und zuverlässig ermittelt werden.

Welchen Bezug hat das Handlungsfeld „Arbeitszeit gestalten" zu Leistungsfähigkeit und Demografie?
Die Arbeitszeitgestaltung hat Einfluss auf die Dauer der arbeitsbezogenen Belastung sowie auf die Höhe der Belastung, die aus der Lage und der Dauer der Arbeitszeit selbst

resultiert. Die Arbeitszeitgestaltung legt auch die Möglichkeiten fest, berufliche und private Aufgaben und Belange in Einklang zu bringen. Leisten Systeme das nicht, so kann dies dazu führen, dass Mitarbeiter ihre Leistungsfähigkeit nicht in vollem Umfang einsetzen. Die Arbeitszeitgestaltung hat somit erheblichen Einfluss auf die aktuelle und zukünftige Leistungsfähigkeit und -bereitschaft der Mitarbeiter.

Die praktizierten Arbeitszeitsysteme beeinflussen außerdem die Attraktivität des Unternehmens als Arbeitgeber und somit dessen Chancen, im demografischen Wandel

- neue qualifizierte Mitarbeiter zu gewinnen,
- Fachkräfte länger an das Unternehmen zu binden sowie
- Fachkräfte zu gewinnen, die bisher nicht oder nur eingeschränkt erwerbstätig sein konnten oder wollten – zum Beispiel Alleinerziehende, Ältere, Pflegende oder andere Personen mit zeitlich eingeschränkten Einsatzmöglichkeiten.

Ausgewogene und mitarbeiterorientierte Arbeitszeitgestaltung gilt inzwischen als ein zentrales Instrument zur Überwindung der Folgen des demografischen Wandels. In der Diskussion sind alters-, alterns-, familien-, pflege-, lebensphasen-, lebenssituations- oder weiterbildungsgerechte, ergonomische oder präventive Arbeitszeiten. Belastbare Definitionen und klare Abgrenzungen dieser Begriffe fehlen jedoch oft. Im Folgenden werden die Begriffe „altersgerechte oder ergonomische Arbeitszeit" sowie „lebenssituationsspezifische Arbeitszeit" genutzt, um die Gestaltungsmöglichkeiten zu strukturieren (vgl. Tab. 9.1).

Tab. 9.1 Ziele und möglich Gestaltungsmerkmale lebenssituationsspezifischer und alternsgerechter Arbeitszeit

Lebenssituationsspezifische Arbeitszeit	Ergonomische/alternsgerechte Arbeitszeit
Situative Beeinträchtigungen berücksichtigen (zum Beispiel Familie, Pflege, Weiterbildung, Ehrenamt…)	Leistungswandel (körperliche Beeinträchtigungen) berücksichtigen
Volumen wählbar	Volumen wählbar
Verteilung beeinflussbar • tägliche Lage • tägliche Dauer	Verteilung beeinflussbar • tägliche Lage • tägliche Dauer
Volumen und Verteilung beeinflussbar	Volumen und Verteilung beeinflussbar
	Präventiv gestalten • arbeitswissenschaftliche Empfehlungen berücksichtigen • Vorlieben und Lebenssituation berücksichtigen

Lebenssituationsspezifische Arbeitszeitmodelle berücksichtigen individuelle situative Beeinträchtigungen der Mitarbeiter – gleich welcher Art. Diese Modelle sollen Mitarbeitern ermöglichen, je nach ihrer aktuellen persönlichen Lebenssituation

- ein passendes Arbeitszeitvolumen zu wählen und/oder
- die Lage und Dauer ihrer Arbeitseinsätze zu beeinflussen.

Situative Beeinträchtigungen werden dabei grundsätzlich als vorübergehend angesehen. Das Arbeitszeitvolumen kann beispielsweise durch Teilzeit- oder Wahlarbeitszeit individuell flexibilisiert werden – Lage und Dauer der Arbeitseinsätze können beispielsweise durch Gleitzeit und Zeitkonto oder die Vereinbarung individueller Wunscharbeitszeitfenster variiert werden, siehe Abschn. 9.5 „Lebenssituationsspezifische Arbeitszeitgestaltung".

Alternsgerechte oder ergonomische Arbeitszeitmodelle gelten einheitlich für alle Mitarbeiter eines Unternehmens oder eines Unternehmensbereiches. Diese Modelle

- sind ergonomisch und wirken präventiv für alle Mitarbeiter und
- berücksichtigen einen eventuellen Leistungswandel von Mitarbeitern.

Mehr Informationen dazu finden Sie im Abschn. 9.4 „Ergonomische Arbeitszeitgestaltung – alternsgerechte Arbeitszeiten".

Präventiv wirken die arbeitswissenschaftlichen Empfehlungen für eine ergonomische Gestaltung von Arbeitszeit- und Schichtmodellen. Die Berücksichtigung der Empfehlungen kann sich nachweislich positiv auf die Leistungsfähigkeit der Mitarbeiter in allen Altersklassen auswirken, siehe Abschn. 9.3 „Ergonomische Arbeitszeitgestaltung – Nacht- und Schichtarbeit".

Der Einsatz von Mitarbeitern mit Leistungswandel oder körperlichen Beeinträchtigungen kann – ähnlich wie bei situativen Beeinträchtigungen – durch Arbeitszeitmodelle unterstützt werden, bei denen das Arbeitszeitvolumen wählbar ist und die Dauer und Lage der Arbeitseinsätze beeinflussbar sind. Dies kann beispielsweise für Mitarbeiter gelten, die „nur" vier Tage in der Woche arbeiten oder weniger Nachtschichten leisten möchten.

Die Übergänge zwischen „lebenssituationsspezifischer Arbeitszeit" und „alternsgerechter Arbeitszeit" sind fließend. Beispielsweise kann lebenssituationsspezifische Arbeitszeit auch individuell entlastend und präventiv wirken. Spannungen zwischen den beiden Ansätzen entstehen, wenn selbstgewählte Arbeitszeiten, die gut zur Lebenssituation passen, im Widerspruch zu arbeitswissenschaftlichen Empfehlungen stehen. Dies kann zum Beispiel der Fall sein, wenn ein alleinerziehender Mitarbeiter aus familiären und/oder finanziellen Gründen bei der Lage der Arbeitszeit die Dauernachtarbeit bevorzugt.

Die Beiträge zu diesem Handlungsfeld enthalten ausführlichere Informationen zu lebenssituationsspezifischer und ergonomischer/alternsgerechter Arbeitszeitgestaltung sowie anschauliche Praxisbeispiele.

9 Handlungsfeld „Arbeitszeit gestalten"

Was muss, was sollte bei der Arbeitszeitgestaltung beachtet werden?
Bei der Arbeitszeitgestaltung sind zahlreiche Gesetze einzuhalten. Hierzu zählen unter anderem:

- das Arbeitszeitgesetz (ArbZG)
- das Betriebsverfassungsgesetz (BetrVG)
- das Teilzeit- und Befristungsgesetz (TzBfG)
- das Mutterschutzgesetz (MuSchG)
- das Jugendschutzgesetz (JuSchG)

Insbesondere bei der Gestaltung von Nacht- und Schichtarbeit schreibt das Arbeitszeitgesetz in § 6 vor, gesicherte arbeitswissenschaftliche Erkenntnisse zu berücksichtigen, siehe Abschn. 9.3 „Ergonomische Arbeitszeitgestaltung – Nacht- und Schichtarbeit". Zudem sind Tarif- und Betriebsvereinbarungen zu beachten.

Die Arbeitszeitgestaltung steht in enger Wechselwirkung mit den anderen Handlungsfeldern dieses Kompendiums. Maßnahmen der Arbeitszeitgestaltung entwickeln eine weitreichendere und bessere Wirkung, wenn sie durch ergänzende Maßnahmen in anderen Handlungsfeldern unterstützt werden.

- Das Fundament jeder Arbeitszeitgestaltung ist der zugrunde gelegte Kapazitätsbedarf. Ein Arbeitszeitsystem kann nicht besser sein als seine Planungsgrundlage. Von der Arbeitszeitgestaltung können deshalb in vielen Fällen auch Impulse ausgehen, die Qualität von Bedarfsprognosen zu verbessern.
- Vor allem für Arbeit in der Nacht oder in unattraktiven Zeitfenstern, die schwer zu besetzen sind, ist regelmäßig zu prüfen, ob der zugrunde gelegte Personalbedarf reduziert werden kann – beispielsweise durch technische oder organisatorische Maßnahmen.
- Die Gestaltungsspielräume sind auch von der Qualifikation der vorhandenen Mitarbeiter abhängig. Ein breites Qualifikationsspektrum ermöglicht einen vielseitigen Mitarbeitereinsatz. Dadurch verbessern sich insgesamt die Möglichkeiten,
  - lebenssituationsspezifische Arbeitszeiten für möglichst viele Mitarbeiter realisieren zu können und
  - dies auch über das gesamte Erwerbsleben hinweg anbieten zu können sowie
  - Belastungen häufig zu wechseln oder auf möglichst viele Schultern zu verteilen.

Urlaub, Krankheit und Weiterbildung verursachen Fehlzeiten. Wenn diese durch Vertretung kompensiert werden sollen, ist dafür zusätzliche Personalkapazität vorzusehen. Der Mehrbedarf liegt für die tariflichen Bedingungen der Metall- und Elektroindustrie in einer Größenordnung von 20 %. Arbeitszeitsysteme, die das nicht berücksichtigen, ermöglichen keine zuverlässigen betrieblichen Abläufe und können die Mitarbeiter negativ beanspruchen.

Der demografische Wandel und die Verlängerung der Lebensarbeitszeit erfordern, dass Unternehmen – je nach Branche und Region – bisher bewährte Arbeitszeitmodelle weiterentwickeln. Denn begehrte Fachkräfte werden den Arbeitgeber bevorzugen, der ihre persönlichen Belange und Vorlieben am besten berücksichtigt. Die Wahl- und Einflussmöglichkeiten sowie die Eigenverantwortlichkeit der Mitarbeiter werden deshalb vielfach erweitert. Das Spektrum möglicher Lösungen hierfür ist sehr breit. Bei der Wahl sollten Sie immer die betriebsspezifischen Möglichkeiten und Grenzen berücksichtigen. Geeignete Lösungen sollten so viel Spielraum wie nötig bieten und nicht wie möglich. Sie müssen nicht aufwändig sein und sind beispielsweise auch im Schichtdienst praktikabel. Beispiele sind in den folgenden Abschnitten beschrieben.

Die Arbeitszeitgestaltung beeinflusst neben der Leistungsfähigkeit der Mitarbeiter auch unmittelbar die Wirtschaftlichkeit des Unternehmens. Ist die bereitgestellte Arbeitszeit kleiner als die benötigte Betriebszeit, so leiden die Termintreue und andere dem Kunden zugesicherte Leistungen. Zudem wächst die Belastung der Mitarbeiter. Ist die bereitgestellte Arbeitszeit größer als die benötigte Betriebszeit, so steigen die Herstellkosten unnötig und schwächen die Wirtschaftlichkeit sowie die Wettbewerbsfähigkeit der Unternehmen.

Welche Stellschrauben gibt es?
Arbeitszeitgestaltung muss das benötigte Arbeitszeitvolumen ermitteln und bereitstellen sowie kurz-, mittel- und langfristig – also über Tage, Wochen, Monate oder gegebenenfalls Jahre – bedarfs- und mitarbeitergerecht verteilen und dabei Schwankungen flexibel folgen. Stellschrauben der Arbeitszeitgestaltung sind

- das Arbeitszeitvolumen der Mitarbeiter (vertragliche Wochenarbeitszeit) und
- die Verteilung der Arbeitszeit, hier insbesondere die Lage der Arbeitseinsätze am Tag oder in der Woche, die Länge der Arbeitseinsätze und die Dauer und Lage von Pausen.

Sie sind in Abschn. 9.1 „Grundlagen zur Gestaltung flexibler und leistungsförderlicher Arbeitszeiten – Stellschrauben und rechtliche Aspekte" ausführlich beschrieben. Aus betrieblicher Sicht müssen diese Schrauben so „gedreht" werden, dass die Summe der einzelnen Arbeitszeiten der Belegschaft die benötigte Betriebszeit des Unternehmens zuverlässig und flexibel abdeckt. Aus der Sicht der Mitarbeiter muss dies so geschehen, dass die aktuelle Lebenssituation sowie Wünsche und Vorlieben über das Arbeitsleben hinweg bestmöglich berücksichtigt sind.

Die Arbeitszeitgestaltung muss festlegen, wer die Stellschrauben wann „drehen" darf – und nach welchen Regeln. Dabei müssen Aufwand und Nutzen sorgfältig abgewogen werden. Die Regelung muss zu den Besonderheiten und der Kultur des Unternehmens passen – siehe Abschn. 9.7 „Wie Unternehmen ein maßgeschneidertes Arbeitssystem entwickeln können".

9 Handlungsfeld „Arbeitszeit gestalten"

9.1 Grundlagen zur Gestaltung flexibler und leistungsförderlicher Arbeitszeiten – Stellschrauben und rechtliche Aspekte

Worum geht es in diesem Beitrag?
Sie erfahren hier mehr über die zentralen Stellschrauben der flexiblen Arbeitszeitgestaltung. Mehr Arbeitszeitvielfalt kann viele Vorteile für Unternehmen bringen. Sie können flexibler auf Nachfrageschwankungen reagieren. Sie können bei richtiger Umsetzung ihren Beschäftigten mehr Arbeitsplatzsicherheit bieten und so die Motivation erhöhen. Sie können durch flexible Arbeitszeiten gleitende Übergänge in den Ruhestand ermöglichen. Der Beitrag dokumentiert aber auch wichtige Aspekte des komplizierten Rechtsrahmens, in dem sich Unternehmen hier bewegen. Diese Hinweise sollen Sie dabei unterstützen, Arbeitszeiten flexibel und leistungsförderlich zu gestalten.

Überblick:
- Welche sind die zentralen Stellschrauben der Arbeitszeitgestaltung?
- Inwiefern können flexible Arbeitszeiten zur Erhaltung und Förderung der Leistungsfähigkeit beitragen?
- Welche rechtlichen Aspekte sind zu beachten?
- Welche Tools können bei der Gestaltung von Arbeitszeiten unterstützen?

Welche sind die zentralen Stellschrauben der Arbeitszeitgestaltung?
Dauer, Lage und Verteilung der Arbeitszeit sind zentrale Stellschrauben der Arbeitszeitgestaltung (vgl. Abb. 9.1 und 9.2). Sie beeinflussen die Produktivität und Wettbewerbsfähigkeit von Unternehmen sowie die Leistungsfähigkeit, die Leistungsbereitschaft und das Privatleben von Beschäftigten. In welche Richtung die jeweilige Schraube gedreht werden darf und wie stark sie angezogen werden darf, ist abhängig vom geltenden rechtlichen Rahmen. Diesen setzen zum Beispiel das Arbeitszeitgesetz und der jeweilige Tarifvertrag. Arbeitszeitgestaltung ist zudem mitbestimmungspflichtig gemäß Betriebsverfassungsgesetz.

Die Dauer der Arbeitszeit bezieht sich zum einen auf die (tarif-)vertraglich vereinbarte Wochenarbeitszeit (das Volumen), die im Durchschnitt über einen bestimmten Zeitraum zu erreichen ist. Je nach Volumen handelt es sich um Vollzeit oder Teilzeit. Es gibt mehrere Ansätze zur Flexibilisierung.

- Ein Flexibilisierungsansatz ist der Zeitraum, innerhalb dessen die durchschnittliche Wochenarbeitszeit unterschiedlich verteilt werden darf.
- Ein weiterer Ansatz besteht darin, das Volumen der vertraglich vereinbarten Wochenarbeitszeit zu verändern – zum Beispiel beim Wechsel von Vollzeit zu Teilzeit, aber auch durch innovative Ansätze wie „Wahlarbeitszeit".

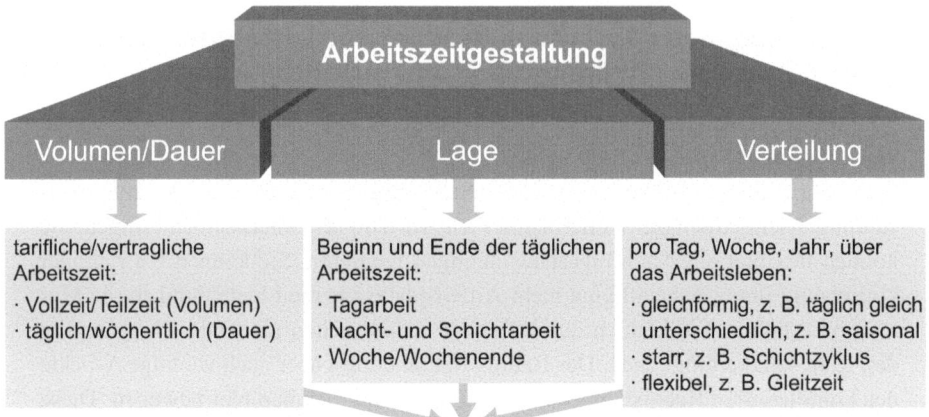

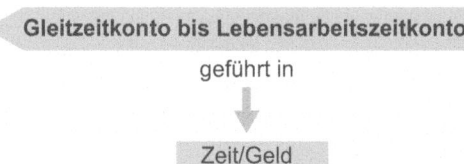

Abb. 9.1 Überblick über Stellschrauben und Instrumente zur Gestaltung der Arbeitszeit

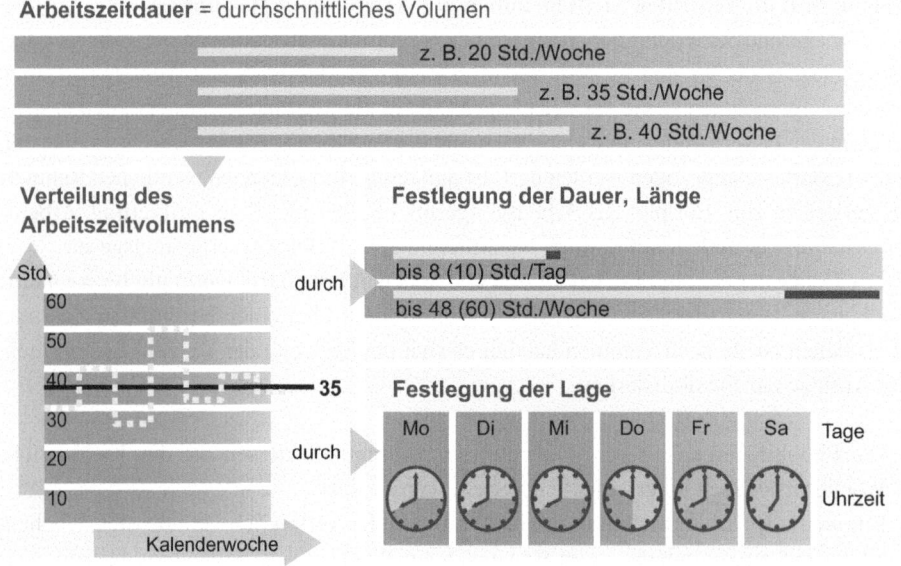

Abb. 9.2 Volumen beziehungsweise Dauer, Lage und Verteilung der Arbeitszeit (Schlaffke et al. 2000)

Nähere Erläuterungen hierzu enthalten die Beiträge in den Abschnnitten 9.4 „Ergonomische Arbeitszeitgestaltung – alternsgerechte Arbeitszeiten" und 9.5 „Lebenssituationsspezifische Arbeitszeitgestaltung".

Die Dauer der Arbeitszeit bezieht sich darüber hinaus auf die Anzahl der täglich beziehungsweise wöchentlich zu arbeitenden Stunden. Je nach Flexibilisierungsgrad ist die Dauer immer gleich oder unterschiedlich.

Mit der Lage der Arbeitszeit wird festgelegt, in welchem Abschnitt des 24-stündigen Bemessungszeitraums eines Kalendertages der Arbeitseinsatz stattfindet. Je nach Lage handelt es sich um Tag-, Nacht- beziehungsweise Wochenendarbeit. Bei versetzten Arbeitszeiten überschneiden sich die Einsatzzeiten der Beschäftigten in Abschnitten. Bei Schichtarbeit wird ein Arbeitsplatz nacheinander von mehreren Beschäftigten besetzt – die Betriebszeit ist hier länger als die individuelle Arbeitszeit. Die Lage der Arbeitszeit wird beeinflusst von der Dauer, Anzahl und Lage der Ruhepausen und bietet viele Flexibilisierungsmöglichkeiten.

Dauer und Lage deuten bereits an, dass die Verteilung der Arbeitszeit eine weitere zentrale Stellschraube der Arbeitszeitgestaltung ist. Der Verteilungshorizont kann sich von einem Arbeitstag bis über das gesamte Arbeitsleben erstrecken. Viele Unternehmen erfassen flexibel verteilte Arbeitszeiten, verwalten Abweichungen von Ist-Zeit und Soll-Zeit über Arbeitszeitkonten und gleichen diese innerhalb eines festgelegten Zeitraums aus (siehe Abschn. 9.6 „Arbeitszeitkonten zur Unterstützung demografiefester Personalarbeit"). Vertrauensarbeitszeit ist überwiegend nicht mit einem Arbeitszeitkonto kombiniert. Der Beitrag „Ergonomische Arbeitszeitgestaltung – alternsgerechte Arbeitszeiten" zeigt am Beispiel der HELLA KGaA Hueck & Co (siehe Abschn. 9.4), wie das in der Praxis funktioniert.

Wie entwickelt sich der Bedarf an betrieblicher und individueller Flexibilität?
Sowohl Betriebe als auch Beschäftigte haben einen zunehmenden Bedarf an flexiblen Arbeitszeiten (GESAMTMETALL 2013, S. 55). Das ifaa-Trendbarometer „Arbeitswelt" erhebt quartalsweise die Bedeutung einzelner vorgegebener Themen der Arbeits- und Betriebsorganisation sowie der Arbeitswissenschaft. Die Experten, die ihre Einschätzungen abgeben, kommen aus Wirtschaft, Verbänden, Wissenschaft und sonstigen Bereichen. Rund 80 % der im 4. Quartal 2013 Befragten messen der Arbeitszeitflexibilität eine hohe bis sehr hohe Bedeutung bei (Abb. 9.3).

Aufgrund der globalen Veränderungen unseres Wirtschaftsmarktes, und nicht zuletzt wegen der Liberalisierung des europäischen Marktes, erleben nicht nur große Konzerne, sondern auch kleine und mittlere Unternehmen (KMU) einen wachsenden Wettbewerbsdruck. Hinzu kommen zunehmend spürbare Auswirkungen des demografischen Wandels – älter werdende Belegschaften, das Ringen um geeignete Fachkräfte und ein schrumpfendes Reservoir jüngerer Arbeitskräfte. Vor diesem Hintergrund ist eine möglichst flexible Arbeitsorganisation wichtige Voraussetzung für den wirtschaftlichen Erfolg der Unternehmen.

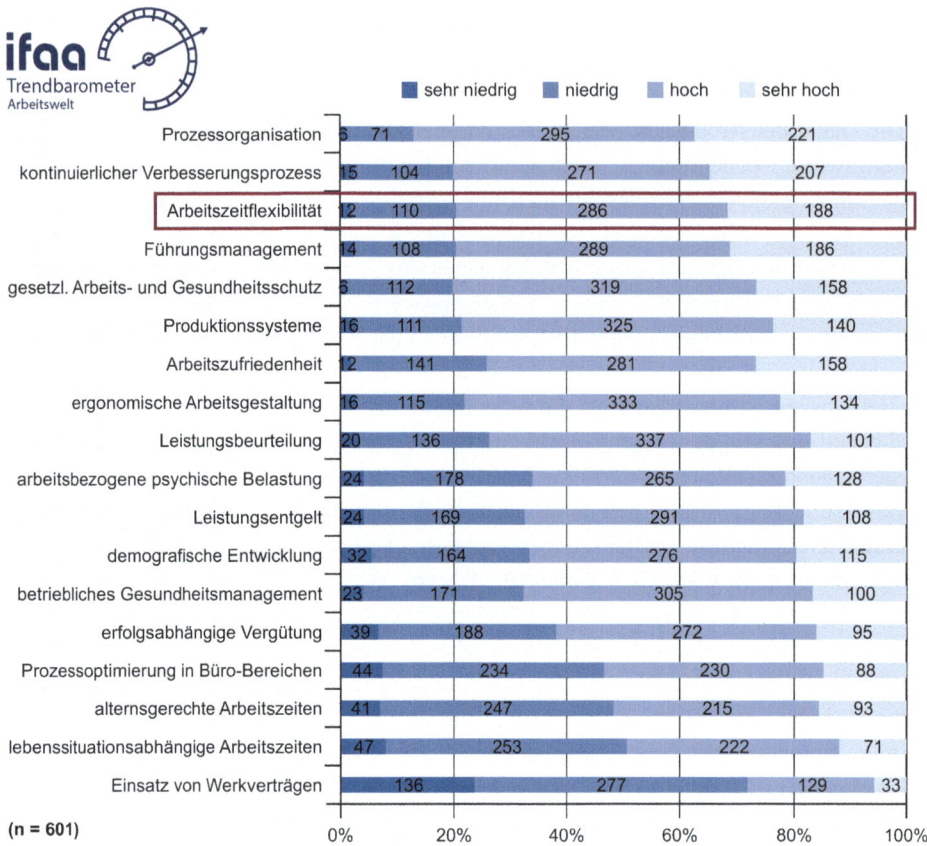

Abb. 9.3 ifaa-Trendbarometer „Arbeitswelt", Quartal 4/2013

Arbeitszeitgestaltung sollte neben den Bedürfnissen des Unternehmens auch diejenigen der Mitarbeiter aller Altersgruppen berücksichtigen. Dies ist mit einem betrieblichen Arbeitszeitrahmen möglich, der individuelle Gestaltungsspielräume lässt.

Inwiefern können flexible Arbeitszeiten zur Erhaltung und Förderung der Leistungsfähigkeit beitragen?
Hier finden Sie einige positive Wirkungen.

- Belastung und Beanspruchung optimieren
  Über flexible Arbeitszeiten lässt sich die Einsatzzeit an das individuelle Leistungsvermögen eines Mitarbeiters anpassen. Das beugt Fehlbeanspruchungen vor, ermöglicht es, Leistungsgewandelte effizient einzusetzen oder auch einen gleitenden Übergang in den Ruhestand zu gestalten.
- Arbeitsverhältnis festigen
  Kann der Arbeitgeber seine Mitarbeiter zeitlich flexibel einsetzen und damit besser auf Auftragsschwankungen reagieren, so reduziert sich für den Beschäftigten das Risiko

von Kurzarbeit oder gar Entlassung. Arbeitsplatzsicherheit fördert wiederum die Identifikation des Mitarbeiters mit dem Unternehmen und damit seine Motivation.
- Arbeitsmotivation und Leistungsbereitschaft steigern
Beschäftigte, die eigenverantwortlich die Verteilung ihrer Arbeitszeit mitgestalten können, arbeiten motivierter.
- Eigenverantwortung und Selbstorganisation steigern
Der mit der flexiblen Arbeitszeit einhergehende erweiterte Handlungsspielraum des Arbeitnehmers erhöht dessen Selbstorganisation bei der Bewältigung der Arbeit und steigert das Verantwortungsbewusstsein.
- Fachkräfte rekrutieren und halten
Qualifizierte Fachkräfte legen zunehmend mehr Wert auf Handlungs- und Kontrollspielräume bei der Arbeit. Flexible Arbeitszeiten können Zeitautonomie oder Zeitsouveränität schaffen.
- Vereinbarkeit von Beruf und Privatleben verbessern
Zeitliche Spielräume erlauben Abweichungen von der Soll-Zeit, die zu einem späteren Zeitpunkt ausgeglichen werden. Die Option von Zeitguthaben beziehungsweise Zeitschulden kann genutzt werden, um beispielsweise familiären Pflichten oder Behördengängen nachzukommen, ohne einen Urlaubstag zu „opfern".
- Zusätzliche Beschäftigtengruppen erschließen
Zeitliche Spielräume ebnen den Weg ins Unternehmen für Erwerbstätige mit eingeschränkter zeitlicher Verfügbarkeit, zum Beispiel Eltern – insbesondere Alleinerziehende – und häuslich Pflegende.

Welche rechtlichen Aspekte sind zu beachten?
Unternehmen, die Arbeitszeitflexibilität bereits leben oder einführen möchten, bewegen sich in einem komplexen Rahmen rechtlicher Vorschriften, die bei der Dauer, Lage und Verteilung der Arbeitszeit zu beachten sind. Das Arbeitszeitrecht umfasst neben dem Arbeitszeitgesetz weitere Gesetze, zum Beispiel das Jugendarbeitsschutzgesetz, das Mutterschutzgesetz, das Bundesurlaubsgesetz, das Berufsbildungsgesetz.

Das Arbeitszeitgesetz (ArbZG) will „die Sicherheit und den Gesundheitsschutz der Arbeitnehmer bei der Arbeitszeitgestaltung ... gewährleisten und die Rahmenbedingungen für flexible Arbeitszeiten ... verbessern"(§ 1 Nr. 1). Hier finden Sie einige wichtige Auszüge aus dem Arbeitszeitgesetz:

- § 3 Arbeitszeit der Arbeitnehmer
„Die werktägliche Arbeitszeit der Arbeitnehmer darf acht Stunden nicht überschreiten. Sie kann auf bis zu zehn Stunden nur verlängert werden, wenn innerhalb von sechs Kalendermonaten oder innerhalb von 24 Wochen im Durchschnitt acht Stunden werktäglich nicht überschritten werden."
- § 4 Ruhepausen
„Die Arbeit ist durch im Voraus feststehende Ruhepausen von mindestens 30 Minuten bei einer Arbeitszeit von mehr als sechs bis zu neun Stunden und 45 Minuten bei einer Arbeitszeit von mehr als neun Stunden insgesamt zu unterbrechen. Die Ruhepausen

nach Satz 1 können in Zeitabschnitte von jeweils mindestens 15 Minuten aufgeteilt werden. Länger als sechs Stunden hintereinander dürfen Arbeitnehmer nicht ohne Ruhepause beschäftigt werden."
- § 5 Ruhezeit
„(1) Die Arbeitnehmer müssen nach Beendigung der täglichen Arbeitszeit eine ununterbrochene Ruhezeit von mindestens elf Stunden haben.
(2) Die Dauer der Ruhezeit des Absatzes 1 kann in Krankenhäusern und anderen Einrichtungen ... um bis zu eine Stunde verkürzt werden, wenn jede Verkürzung der Ruhezeit innerhalb eines Kalendermonats oder innerhalb von vier Wochen durch Verlängerung einer anderen Ruhezeit auf mindestens zwölf Stunden ausgeglichen wird."
- § 6 Nacht- und Schichtarbeit
„(1) Die Arbeitszeit der Nacht- und Schichtarbeitnehmer ist nach den gesicherten arbeitswissenschaftlichen Erkenntnissen über die menschengerechte Gestaltung der Arbeit festzulegen."
(2) Die werktägliche Arbeitszeit der Nachtarbeitnehmer sollte grundsätzlich maximal acht Stunden betragen. Eine Verlängerung auf bis zu zehn Stunden ist zulässig, wenn innerhalb von einem Kalendermonat oder innerhalb von vier Wochen maximal acht Stunden werktäglich im Durchschnitt erreicht werden.
(4) Der Arbeitgeber hat den Nachtarbeitnehmer auf dessen Verlangen auf einen für ihn geeigneten Tagesarbeitsplatz umzusetzen. Nachzuweisende Gründe: Gesundheit gefährdet, Kind unter 12 Jahren, schwer pflegebedürftige Angehörige. Voraussetzung: dringende betriebliche Erfordernisse stehen dem nicht entgegen.
- § 9 Sonn- und Feiertagsruhe
„(1) Arbeitnehmer dürfen an Sonn- und gesetzlichen Feiertagen von 0 bis 24 Uhr nicht beschäftigt werden.
(2) In mehrschichtigen Betrieben mit regelmäßiger Tag- und Nachtschicht kann Beginn oder Ende der Sonn- und Feiertagsruhe um bis zu sechs Stunden vor- oder zurückverlegt werden, wenn für die auf den Beginn der Ruhezeit folgenden 24 h der Betrieb ruht.
(3) Für Kraftfahrer und Beifahrer kann der Beginn der 24-stündigen Sonn- und Feiertagsruhe um bis zu zwei Stunden vorverlegt werden."
- § 10 Sonn- und Feiertagsbeschäftigung (ohne gesonderte Genehmigung)
(1) Sofern die Arbeiten nicht an Werktagen vorgenommen werden können, dürfen Arbeitnehmer an Sonn- und Feiertagen abweichend von § 9 beschäftigt werden ... In ausgewählten Bereichen und um bestimmte Schäden zu vermeiden.

Das Arbeitszeitgesetz gibt einen Rahmen vor, der durch Vereinbarungen zwischen den Tarifparteien erweitert werden kann. Tarifliche Arbeitszeitregelungen bieten zumeist Spielraum. Die konkrete Ausgestaltung auf betrieblicher Ebene ist gemäß Betriebsverfassungsgesetz mitbestimmungspflichtig. Sie wird zwischen Betriebsrat und Arbeitgeber geregelt. Das Ergebnis wird zum Beispiel in einer Betriebsvereinbarung schriftlich festgehalten.

Hilfreiche Ansprechpartner zu allen Fragen der gesetzlichen und tariflichen Möglichkeiten zur Arbeitszeitgestaltung sind die regionalen Arbeitgeberverbände.

Welche Tools können bei der Gestaltung von Arbeitszeiten unterstützen?

Auf dem Markt gibt es unterschiedliche elektronische Tools zur Gestaltung von Schichtplänen. Diese Software könnte in einzelnen Aspekten auch zur Gestaltung von Arbeitszeit allgemein genutzt werden. Umfänge und Preise sind sehr unterschiedlich. Ein Software-Vergleich der Programme e-shift-Design, BASS, OPA und SPA, Optischicht findet sich bei Lennings (2011).

Bereits 1998 haben Gärtner et al. (1998) ein praxisorientiertes Handbuch zur systematischen Erstellung von Schichtplänen herausgebracht.

Weiterführende Informationen, Links

Erlewein, M.; Hofmann, A. u. a.; Institut für angewandte Arbeitswissenschaft (Hrsg.); GESAMTMETALL (Hrsg.): Arbeitszeit – so geht's! Köln: edition agrippa, 2001

Gärtner, J.; Kundi, M.; Wahl, S.: Handbuch Schichtpläne. Planungstechnik, Entwicklung, Ergonomie, Umfeld. 1. Auflage. Zürich: vdf Hochschulverlag AG, 1998

Jaeger, C.: Vollkontinuierliches flexibles Schichtsystem in der Produktion – 12 Jahre Erfahrung bei Infineon am Standort Warstein. In: Betriebspraxis & Arbeitsforschung (2012), Nr. 214, S. 42–48

Institut für angewandte Arbeitswissenschaft (Hrsg.): ifaa-Trendbarometer „Arbeitswelt": www.arbeitswissenschaft.net [05.12.2013]

Literatur

Schlaffke, P.; Erlewein, M.; Hofmann, A. u. a.; Institut für angewandte Arbeitswissenschaft (Hrsg.); GESAMTMETALL (Hrsg.): Arbeitszeit. Köln: edition agrippa, 2000

Institut für Demoskopie Allensbach – Gesellschaft zum Studium der öffentlichen Meinung mbH; GESAMTMETALL (Hrsg.): Die Metall- und Elektroindustrie im Wandel. Berlin: GESAMTMETALL, 2013

Lennings, F.: Software-Vergleichstest. In: Betriebspraxis & Arbeitsforschung (2011), Nr. 207, S. 48

9.2 Arbeitszeitmodelle zur Erhaltung und Förderung der Leistungsfähigkeit

Worum geht es in diesem Beitrag?
Die folgenden Seiten bieten einen Überblick über die Vielfalt populärer flexibler und innovativer Arbeitszeitmodelle. Diese werden jeweils kurz vorgestellt. Im Anschluss beleuchtet dieser Beitrag die Effekte in der betrieblichen Praxis. Nicht alles passt für jede betriebliche Situation und Notwendigkeit. So ist zum Beispiel Schichtarbeit nicht kompatibel mit Vertrauensarbeitszeit. Der Überblick soll Unternehmen, die über Flexibilisierung nachdenken, Hinweise geben, sich das eine oder andere Flexibilisierungsmodell einmal näher anzuschauen. Die hier vorgestellten Modelle

bieten Spielraum für betriebliche und individuelle Flexibilität. Diese kann dazu beitragen, den jeweils benötigten Kapazitätsbedarf abzudecken, Arbeitszeiten alternsgerecht und lebenssituationsspezifisch zu gestalten und die Arbeitgeberattraktivität zu erhöhen.

Überblick:
- Welche Arbeitszeitmodelle flexibilisieren über die Höhe des Arbeitszeitvolumens?
  - Teilzeit
  - Altersteilzeit
  - Jobsharing
  - Wahlarbeitszeit
- Welche Arbeitszeitmodelle flexibilisieren über die Lage und Verteilung der Arbeitszeit?
  - Gleitzeit, Kernarbeitszeit, Funktionszeit
  - Vertrauensarbeitszeit
  - Nacht- und Schichtarbeit
  - Versetzte Arbeitszeiten
  - Arbeit auf Abruf
  - Arbeitszeit-Korridor
  - Jahresarbeitszeit
  - Sabbatical
- Welche neuen Arbeitsformen unterstützen flexible Arbeitszeiten?
  - Telearbeit und mobiles Arbeiten

Arbeitszeitmodelle und neue Arbeitsformen

Die Bandbreite an Arbeitszeitmodellen ist groß. Zudem können unterschiedliche Arbeitszeitmodelle kombiniert werden – zum Beispiel Gleitzeit mit Funktionszeit, Teilzeit mit versetzten Arbeitszeiten oder Schichtarbeit in Teilzeit. Es gibt eine Reihe von Flexibilisierungsmöglichkeiten, die den betrieblichen Bedarf abdecken und Interessen der Beschäftigten berücksichtigen – unabhängig von Geschlecht, Alter und Funktion. Die Mehrzahl der flexiblen Arbeitszeitmodelle ist mit Arbeitszeitkonten verbunden. Details finden Sie in Abschn. 9.6 „Arbeitszeitkonten zur Unterstützung demografiefester Personalarbeit".

Neuere Arbeitsformen – zum Beispiel Telearbeit und mobiles Arbeiten – erweitern den Spielraum durch Flexibilisierung des Arbeitsortes.

Es gibt keine „guten" oder „schlechten" Arbeitszeitmodelle. Ein Arbeitszeitmodell ist nicht nur unternehmensspezifisch zu entwickeln, damit es zu den Rahmenbedingungen passt und die gewünschte Wirkung erzielen kann, sondern auch bereichsspezifisch. Beispielsweise lassen sich Schichtarbeit und Vertrauensarbeitszeit nicht kombinieren. Grundlagen zur Gestaltung von Arbeitszeit – und damit zur Entwicklung von Arbeitszeitmodellen – enthält der gleichnamige Beitrag in diesem Kompendium (Abschn. 9.1). Ausführliche schriftliche Informationen finden Sie in der im Februar 2013 erschienenen „Arbeitszeitberatungs-Info-&-Tool-Box" aus dem staatlich geförderten Projekt „Neue ArbeitsZeitPraxis".

Das Kompendium präsentiert an dieser Stelle gängige und innovative Modelle aus der breiten Palette von Möglichkeiten zur Arbeitszeitflexibilisierung. Alle Modelle stehen in der betrieblichen Praxis vor allem auch dafür, die Leistungsfähigkeit von Beschäftigten zu erhalten und zu fördern.

Welche Arbeitszeitmodelle flexibilisieren über die Höhe des Arbeitszeitvolumens?
Dieses Kapitel bietet eine Kurzübersicht über Arbeitszeitmodelle, bei denen in erster Linie die Dauer der (tarif-)vertraglich vereinbarten Wochenarbeitszeit – das sogenannte Arbeitszeitvolumen – variiert.

Teilzeit
Teilzeit ist jede vertragliche Wochenarbeitszeit, deren Höhe unterhalb der Arbeitszeit für Vollzeitbeschäftigte im gleichen Unternehmensbereich liegt.

Bedeutung für die betriebliche Praxis:
- Teilzeit ermöglicht die Anpassung der Arbeitszeit an den betrieblichen Bedarf.
- Sie unterstützt die Vereinbarkeit von Beruf und Privatleben.
- Sie kann dazu beitragen, Fehlzeiten – zum Beispiel aufgrund von Erkrankungen eigener Kinder oder Leistungseinschränkung – zu reduzieren.
- Sie verbessert die Einsetzbarkeit zeitlich eingeschränkt verfügbarer Fachkräfte, zum Beispiel Mütter.
- Teilzeit erhöht die Arbeitgeberattraktivität.

Altersteilzeit
Altersteilzeit ist ein Arbeitszeitmodell, das erst ab einem bestimmten Alter in Anspruch genommen werden kann und im Altersteilzeitgesetz (AltTZG) geregelt ist. Für ab dem 1.1.2010 und später begonnene Altersteilzeit entfällt die Förderung von der Bundesagentur für Arbeit. Tarifverträge einzelner Branchen – zum Beispiel der Metall- und Elektroindustrie – regeln Altersteilzeit und stocken das Entgelt während der Altersteilzeit auf.

Bedeutung für die betriebliche Praxis:
- Altersteilzeit ermöglicht älteren Beschäftigten vor Beginn des regulären Verrentungszeitpunktes eine schrittweise (gleitender Übergang in den Ruhestand) beziehungsweise die komplette Freistellung von der Arbeit – und zwar unter anteiliger Fortzahlung des Entgeltes.
- Sie ermöglicht Unternehmen, Tandems von älteren und jüngeren Beschäftigten zu bilden und Wissen weiterzugeben.
- Sie trägt zur alternsgerechten und lebenssituationsspezifischen Arbeitszeitgestaltung bei (siehe separate Beiträge im Handlungsfeld „Arbeitszeit gestalten", Abschn. 9.4 und 9.5).
- Altersteilzeit hilft, die Leistungsfähigkeit zu erhalten und zu fördern.

Jobsharing

Jobsharing ist eine besondere Form der Teilzeit und in § 13 TzBfG geregelt. Zwei oder mehr Beschäftigte teilen sich einen Arbeitsplatz, den sie im Wechsel besetzen.

Bedeutung für die betriebliche Praxis:
- Jobsharing ermöglicht längere Betriebszeiten.
- Es verbessert die Einsetzbarkeit zeitlich eingeschränkt verfügbarer Fachkräfte, zum Beispiel Mütter.
- Jobsharing bietet Beschäftigten mehr Zeitsouveränität und kann die Produktivität erhöhen.
- Es trägt zur alternsgerechten und lebenssituationsspezifischen Arbeitszeitgestaltung bei (siehe separate Beiträge im Handlungsfeld „Arbeitszeit gestalten", Abschn. 9.4 und 9.5).

Wahlarbeitszeit

Wahlarbeitszeit zeichnet sich dadurch aus, dass Beschäftigte das Volumen ihrer vertraglich vereinbarten wöchentlichen Arbeitszeit für einen festgelegten Zeitraum verändern können. Das Entgelt wird entsprechend angepasst.

Bedeutung für die betriebliche Praxis:
- Wahlarbeitszeit bietet Flexibilität für Unternehmen und Beschäftigte.
- Die Personalkapazität kann damit an längerfristige Auftragsschwankungen angepasst werden.
- Beschäftigte, die vorübergehend zeitlich eingeschränkt sind (zum Beispiel, weil sie sich in einer berufsbegleitenden Weiterbildung befinden) oder vorübergehend ein höheres Einkommen benötigen, können an das Unternehmen gebunden werden.
- Wahlarbeitszeit trägt zur alternsgerechten und lebenssituationsspezifischen Arbeitszeitgestaltung bei (siehe separate Beiträge im Handlungsfeld „Arbeitszeit gestalten", Abschn. 9.4 und 9.5).

Welche Arbeitszeitmodelle flexibilisieren über die Lage und Verteilung der Arbeitszeit?
Dieser Abschnitt stellt Arbeitszeitmodelle vor, bei denen in erster Linie die Lage und Verteilung der (tarif-)vertraglich vereinbarten Wochenarbeitszeit variiert. Die Lage setzt bei Beginn und Ende der täglichen Arbeitszeit an. Der Zeitraum, über den die (tarif-)vertragliche Wochenarbeitszeit verteilt werden darf, kann von einzelnen Tagen bis über das gesamte Arbeitsleben reichen – einschließlich Arbeit in der Nacht sowie an Sonn-und Feiertagen. Am Ende des Zeitraums ist die vertraglich vereinbarte Wochenarbeitszeit im Durchschnitt zu erreichen. Zu beachtende Rahmenregelungen finden sich zum Beispiel im Arbeitszeitgesetz und dem geltenden Tarifvertrag.

Gleitzeit, Kernarbeitszeit, Funktionszeit
Gleitzeit bietet Beschäftigten die Möglichkeit, Lage und Verteilung ihrer Arbeitszeit im betrieblich vorgesehenen Rahmen eigenverantwortlich festzulegen. Während einer Kernarbeitszeit besteht allgemeine Anwesenheitspflicht. Während einer Funktionszeit ist lediglich eine Mindestbesetzung abzudecken.

Bedeutung für die betriebliche Praxis:
- Gleitzeit ermöglicht Flexibilität für Unternehmen und Beschäftigte.
- Sie bietet Beschäftigten ein hohes Maß an Arbeitszeitsouveränität.
- Kern- und Funktionszeit erleichtern eine bedarfsorientierte Arbeitszeitverteilung, zum Beispiel für den Kundenservice.
- Ohne Kern- und Funktionszeit ist der Flexibilitätsspielraum am größten; dies erfordert jedoch eine hohe Eigenverantwortung der Beschäftigten, um die Funktionsfähigkeit des Betriebes zu garantieren, was zum Beispiel die Erreichbarkeit und die Teilnahme an Meetings angeht.
- Gleitzeit unterstützt die Vereinbarkeit von Beruf und Privatleben.

Vertrauensarbeitszeit
Die Vertrauensarbeitszeit ist das für Beschäftigte flexibelste Arbeitszeitmodell mit zahlreichen Varianten. Grundsätzlich gibt es keine festgelegten Arbeitszeiten. Was zählt, ist das Arbeitsergebnis.

Bedeutung für die betriebliche Praxis:
- Vertrauensarbeitszeit setzt eine Unternehmenskultur des Vertrauens voraus.
- Sie ermöglicht weitreichende Flexibilität für Unternehmen und Beschäftigte.
- Sie bietet Beschäftigten ein hohes Maß an Arbeitszeitsouveränität, Handlungs- und Entscheidungsspielraum und fördert die Motivation.
- Dies erfordert eine stark ausgeprägte Eigenverantwortung der Beschäftigten sich selbst und dem Unternehmen gegenüber.
- Durch die Ergebnisorientierung fallen keine bezahlten unproduktiven Arbeitszeiten an, Kosten können gesenkt, Effizienz und Produktivität gesteigert werden.
- Die Vereinbarkeit von Beruf und Privatleben wird unterstützt.

Nacht- und Schichtarbeit
Nacht- und Schichtarbeit zeichnet sich dadurch aus, dass verschiedene Beschäftigte einen Arbeitsplatz nacheinander übernehmen. Diesem Arbeitszeitmodell ist wegen seiner besonderen Bedeutung im Handlungsfeld „Arbeitszeit gestalten" in Abschn. 9.3 „Ergonomische Arbeitszeitgestaltung – Nacht- und Schichtarbeit" ein eigener Beitrag inklusive Praxisbeispiel gewidmet.

Bedeutung für die betriebliche Praxis:
- Bei Nacht- und Schichtarbeit werden Betriebszeit und individuelle Arbeitszeit entkoppelt. Dies ermöglicht Produktionsprozesse, die länger dauern als die gesetzlich zulässige tägliche Höchstarbeitszeit der Beschäftigten.
- Die ausgedehnten Betriebszeiten verbessern die Wettbewerbsfähigkeit von Unternehmen im globalisierten Markt. Im Dienstleistungssektor gewährleisten sie Schutz und Versorgung rund um die Uhr.
- Schichtzulagen und Zuschläge verbessern das Einkommen der Beschäftigten.
- Mit Schichtarbeit einhergehende wechselnde Arbeitszeiten bieten Zeitfenster zur Erledigung privater Angelegenheiten, ohne dafür Urlaub nehmen zu müssen.
- Nacht- und Schichtarbeit belasten Beschäftigte in besonderem Maße. Deshalb sind bei der Gestaltung von Schichtplänen arbeitswissenschaftliche Gestaltungskriterien zu berücksichtigen.

9 Handlungsfeld „Arbeitszeit gestalten"

Versetzte Arbeitszeiten
Bei versetzter Arbeitszeit ist die Betriebszeit ebenfalls länger als die individuelle Arbeitszeit. Die Beschäftigten arbeiten in zeitlich überlappenden Abschnitten, zum Beispiel von 7:00 bis 14:30 Uhr, von 8:00 bis 15:30 Uhr und von 10:00 bis 17:30 Uhr.

> Bedeutung für die betriebliche Praxis:
> - Versetzte Arbeitszeiten bieten eine große Bandbreite zur Anpassung der Personalkapazität an schwankende Auslastungen – insbesondere im Tages- und Wochenverlauf.
> - In Kombination mit kurzen Teilzeiteinsätzen können stundenweise Auftragsspitzen effizient und kostengünstig abgedeckt werden.
> - Beschäftigte, die bei der Planung der versetzten Arbeitszeiten einbezogen werden, sind motiviert und können Beruf und private Verpflichtungen besser aufeinander abstimmen.

Arbeit auf Abruf
Arbeit auf Abruf ist das für Unternehmen flexibelste Arbeitszeitmodell. Die beiden häufigsten Varianten sind KAPOVAZ (kapazitätsorientierte variable Arbeitszeit) und Rufbereitschaft.

> Bedeutung für die betriebliche Praxis:
> - Arbeit auf Abruf bietet dem Unternehmen weitreichende und kurzfristige Flexibilität.
> - Bereithaltungszeiten und Einsatzzeiten während der Rufbereitschaft werden in Abhängigkeit von der geltenden Regelung bei der Anrechnung von Arbeitszeiten berücksichtigt beziehungsweise anteilig vergütet.

Arbeitszeit-Korridor
Bei einem Arbeitszeit-Korridor wird eine Ober- und eine Untergrenze für die wöchentliche Arbeitzeit festgelegt. Der daraus resultierende Flexibilitätsspielraum bietet die Möglichkeit, die Dauer der Arbeitszeit und die Höhe des Monatsentgeltes an die Auftragslage anzupassen.

Bedeutung für die betriebliche Praxis:
- Ein Arbeitszeit-Korridor bietet nicht nur zeitlichen, sondern auch finanziellen Flexibilitätsspielraum. Die Höhe des Monatsentgeltes ist abhängig von der jeweils geltenden Wochenarbeitszeit.
- Personalkapazität und Monatsentgelt können zum Beispiel an konjunkturelle oder saisonale Auftragsschwankungen angepasst werden.
- Arbeitszeit-Korridore können zur alternsgerechten und lebenssituationsspezifischen Arbeitszeitgestaltung beitragen (siehe separate Beiträge im Handlungsfeld „Arbeitszeit gestalten", Abschn. 9.4 und 9.5).

Jahresarbeitszeit
Jahresarbeitszeit ist die Summe an Stunden, die ein Beschäftigter auf Basis seiner vertraglich vereinbarten Wochenarbeitszeit auf das Jahr hochgerechnet arbeiten muss. Die Jahresarbeitszeit wird bedarfsgerecht über das Jahr verteilt und zumeist über ein Arbeitszeitkonto verwaltet.

Bedeutung für die betriebliche Praxis:
- Die Arbeitszeit kann zum Beispiel an konjunkturelle oder saisonale Auftragsschwankungen angepasst werden.
- Überstunden und Unterauslastung können dadurch vermieden werden.
- Die Beschäftigten können sich auf die vorab grob geplanten höheren beziehungsweise niedrigeren Wochenarbeitszeiten einstellen.

Sabbatical
Ein Sabbatical ist eine Phase bezahlter Freistellung. Beschäftigte können diese arbeitsfreie Phase durch Ansammlung von Plusstunden und/oder Reduktion von Entgelt bei voller Arbeitszeit vor- und/oder nacharbeiten.

Bedeutung für die betriebliche Praxis:
- Ein Sabbatical ermöglicht Beschäftigten eine Phase bezahlter Freistellung für persönliche Zwecke wie zum Beispiel eine Weiterbildung, eine Reise oder auch die Verlängerung der „Elternzeit".
- Es kann einem Leistungsverlust vorbeugen beziehungsweise eine längere Phase zur Erholung schaffen.
- Arbeitszeitmodelle wie ein Sabbatical erhöhen die Arbeitgeberattraktivität.

Welche neuen Arbeitsformen unterstützen flexible Arbeitszeiten?

Telearbeit und mobiles Arbeiten
Telearbeit gehört zu den sogenannten „neueren Arbeitsformen" und ist im eigentlichen Sinne kein Arbeitszeitthema. Bei Telearbeit wird regelmäßig oder unregelmäßig und an unterschiedlich vielen Tagen außerhalb der betrieblichen Arbeitsstätte gearbeitet.

Mobiles Arbeiten findet nicht an einem Telearbeitsplatz statt, sondern an unterschiedlichen Orten außerhalb der betrieblichen Arbeitsstätte.

Bedeutung für die betriebliche Praxis:
- Telearbeit ermöglicht Beschäftigten, ihren Beruf und ihr Privatleben besser zu vereinbaren sowie Fahrzeiten und Fahrtkosten zu sparen.
- Oft wird sie genutzt, um konzentriert und ungestört zu arbeiten (zum Beispiel bei Betriebsstätte mit Großraumbüro).
- Unternehmen profitieren von effizient und produktiv genutzten Arbeitszeiten.
- Mobiles Arbeiten nutzt moderne Medien und kann dadurch Aufgaben unabhängig vom Arbeitsort bearbeiten.
- Es gewährleistet eine insgesamt gute Erreichbarkeit und den Austausch unabhängig vom Ort.
- Leerlaufzeiten und die Anhäufung von Aufgaben während der Abwesenheitszeit können reduziert werden.

Weiterführende Informationen, Links
Beermann, B.; Bundesanstalt für Arbeitsschutz und Arbeitsmedizin (Hrsg.): Leitfaden zur Einführung und Gestaltung von Nacht- und Schichtarbeit. 9., unveränderte Auflage. Dortmund: Bundesanstalt für Arbeitsschutz und Arbeitsmedizin, 2005
Hoff, A.: Vertrauensarbeitszeit: einfach flexibel arbeiten. Berlin: Gabler Verlag, 2002
Rechtliche Aspekte zur Altersteilzeit: Bundesministerium für Arbeit und Soziales (BMAS) (Hrsg.): Teilzeit – Alles, was Recht ist. Bonn: Bundesministerium für Arbeit und Soziales (BMAS), 2010, verfügbar unter: http://www.bmas.de/DE/Service/Publikationen/a263-teilzeit-alles-was-recht-ist.html [05.12.2013].
www.neue-arbeitszeit-praxis.de: [05.12.2013] Arbeitszeitberatungs-Info- & Tool-Box 2013
www.gesetze-im-internet.de: [05.12.2013] Teilzeit- und Befristungsgesetz (TzBfG), Altersteilzeitgesetz (AltTZG)
www.arbeitaufabruf.de [05.12.2013]

Literatur

Bundesanstalt für Arbeitsschutz und Arbeitsmedizin (Hrsg.): Im Takt – Risiken, Chancen und Gestaltung von flexiblen Arbeitszeitmodellen. Dortmund: Bundesanstalt für Arbeitsschutz und Arbeitsmedizin, 2008

Neue ArbeitsZeitPraxis: Arbeitszeitberatungs-Info- & Tool-Box: www.neue-arbeitszeit-praxis.de [05.12.2013]

9.3 Ergonomische Arbeitszeitgestaltung – Nacht- und Schichtarbeit

Worum geht es in diesem Beitrag?

Im Interesse der Wettbewerbsfähigkeit können viele produzierende Unternehmen nicht auf Nacht- und Schichtarbeit verzichten. Dies betrifft im demografischen Wandel auch eine wachsende Zahl älterer Mitarbeiter. Auf den folgenden Seiten erfahren Sie, welche arbeitswissenschaftlichen Empfehlungen es gibt und welchen Hintergrund diese haben. Sie erhalten zudem Umsetzungstipps. Arbeitswissenschaftliche Erkenntnisse sind laut Arbeitszeitgesetz bei Nacht- und Schichtarbeit zu berücksichtigen. Dadurch können Belastungen reduziert und die Arbeitsfähigkeit verbessert werden. Doch in der Belegschaft gibt es oft Widerstände gegen die Einführung arbeitswissenschaftlich fundierter ergonomischer Schichtpläne. Dieser Abschnitt liefert Ihnen auch Argumente und Hinweise zum Vorgehen, damit Sie die Menschen im Unternehmen überzeugen können. Die Vorteile ergonomisch gestalteter Schichtpläne belegt auch das Betriebsbeispiel des Weißblechherstellers ThyssenKrupp Rasselstein GmbH.

Überblick:

- Was ist Nacht- und Schichtarbeit?
- Was ist ergonomische Gestaltung der Nacht- und Schichtarbeit?
- Welchen Nutzen bietet die ergonomische Gestaltung?
- Wie können Sie einen Schichtplan ergonomisch gestalten?
- Worauf müssen Sie achten? Welche Hürden können auftreten?
- Praxisbeispiel

Was ist Nachtarbeit?

Nachtarbeit im Sinne des Arbeitszeitgesetzes ist jede Arbeit, die mehr als zwei Stunden der Nachtzeit, von 23:00 bis 06:00 Uhr (in Ausnahmefällen 5:00 Uhr), umfasst (§ 2 ArbZG).

Was ist Schichtarbeit?

Schichtarbeit liegt vor, wenn ein Arbeitsplatz nacheinander von mehreren Arbeitnehmern besetzt wird und die Betriebszeit länger ist als die individuelle Arbeitszeit eines Beschäftigten. Betriebszeiten und Arbeitszeiten der Beschäftigten sind voneinander entkoppelt.

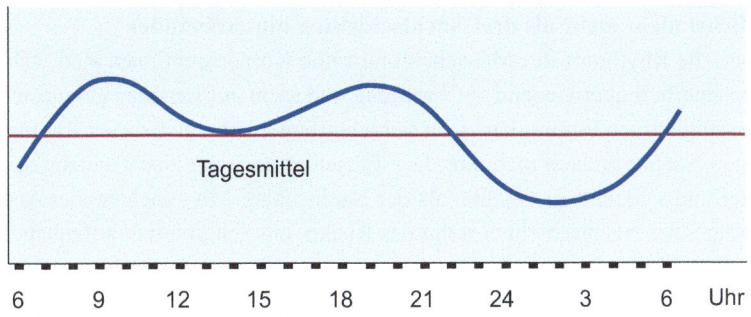

Abb. 9.4 Tagesgang der physiologischen Leistungsbereitschaft (Graf 1954)

Was ist ergonomische Gestaltung der Nacht- und Schichtarbeit?
Der Mensch ist ein tagaktives Lebewesen, dessen physiologische Leistungsfähigkeit regelmäßig schwankt – siehe qualitative Darstellung in Abb. 9.4. Der grundsätzliche Verlauf ist hormon- und lichtgesteuert und nicht bewusst beeinflussbar. Schichtdienst mit Nachtarbeit kann Mitarbeiter besonders beanspruchen, weil Arbeits- und Ruhephasen nicht mit dem natürlichen Rhythmus übereinstimmen. In § 6 Absatz 1 des Arbeitszeitgesetzes ist deshalb gefordert, die Arbeitszeit der Nacht- und Schichtarbeitnehmer nach den gesicherten arbeitswissenschaftlichen Erkenntnissen über die menschengerechte Gestaltung der Arbeit festzulegen. Ergonomische Nacht- und Schichtarbeit berücksichtigt arbeitswissenschaftliche Erkenntnisse und Empfehlungen und hilft, die Beanspruchung durch Schichtarbeit zu mindern.

Wesentliche arbeitswissenschaftliche Empfehlungen sind (Beermann 2005; DGAUM 2006; Knauth und Hornberger 1997; Wedderburn 1991):

1. Möglichst nicht mehr als drei Nachtschichten hintereinander
2. Schnelle Rotation von Früh- und Spätschichten
3. Ausreichende Ruhezeiten zwischen zwei Schichten vorsehen
4. Keine Anhäufung von Arbeitszeiten
5. Vorwärtsrotation der Schichten
6. Geblockte (Wochenend-)Freizeiten
7. Ungünstige Schichtfolgen vermeiden
8. Flexibilität zulassen
9. Kurzfristige Änderungen der Schichtfolge möglichst vermeiden
10. Frühschicht nicht zu früh beginnen
11. Spätschicht und Nachtschicht nicht zu spät beenden

1. **Möglichst nicht mehr als drei Nachtschichten hintereinander**
Der biologische Rhythmus des Menschen und seine Körperfunktionen sind während der Zeit der Nachtarbeit überwiegend auf Erholung und nicht auf Leistung „eingestellt". Entgegen dem subjektiven Empfinden vieler Schichtarbeiter kehrt sich dieser Rhythmus auch nach einigen Nachtschichten nicht um. Der Tagschlaf nach der Nachtschicht ist von kürzerer Dauer und schlechterer Qualität als der Nachtschlaf. Mit zunehmender Anzahl aufeinander folgender Nachtschichten steigt das Risiko, ein Schlafdefizit aufzubauen.

2. **Schnelle Rotation von Früh- und Spätschichten**
Frühschichten beginnen in unserem Kulturkreis in der Regel recht früh. Der Schlaf vor der Frühschicht ist oft kurz. Lange Frühschichtblöcke können deshalb Schlafdefizite fördern. Schnelle Rotation fördert kürzere Früh- und Spätschichtblöcke. Dies beugt Schlafdefiziten vor und vereinfacht soziale Kontakte.

3. **Ausreichende Ruhezeiten zwischen zwei Schichten vorsehen**
Hier sind gemäß Arbeitszeitgesetz prinzipiell elf Stunden vorgeschrieben. Nach einer Nachtschichtphase sollte die Ruhezeit jedoch mindestens 24 Stunden, besser 48 Stunden, betragen. Ungünstige Schichtfolgen wie „Nacht – Frei – Früh" werden so vermieden, und die Mitarbeiter haben nach der Nachtschicht genügend Zeit, sich auf neue Schichtzeiten einzustellen.

4. **Keine Anhäufung von Arbeitszeiten**
Sowohl lange Arbeitszeiten pro Tag als auch häufige lange Blöcke von Arbeitstagen sollten vermieden werden. Zwar ermöglichen sie längere zusammenhängende Freizeitblöcke. Von diesen wird jedoch ein größerer Teil zur Erholung benötigt.

5. **Vorwärtsrotation der Schichten**
Nach den Empfehlungen 1 und 2 sind lange Arbeitsblöcke mit gleicher Schichtart zu vermeiden. Dafür müsste die Schichtart idealerweise während eines Arbeitsblockes wechseln. Die Vorwärtsrotation – zum Beispiel FFSSNN (F: Frühschicht, S: Spätschicht, N: Nachtschicht) – ermöglicht dies. Darüber hinaus betragen die Ruhezeiten zwischen den Schichten bei den Wechseln „Früh/Spät", „Spät/Nacht" jeweils 24 Stunden. Im Gegensatz zu 16 Stunden Ruhezeit bei gleichbleibender Schichtart stehen bei Vorwärtswechsel somit acht Stunden zusätzliche Freizeit zur Verfügung.

6. **Geblockte (Wochenend-)Freizeiten**
Diese sind für Erholung und Sozialkontakte wertvoller als einzelne freie Tage.

7. **Ungünstige Schichtfolgen vermeiden**
Hierzu gehören zum Beispiel einzelne freie Tage, die insbesondere Nachtschichtblöcke unterteilen (…N – N…), einzelne Arbeitstage, die Freizeitblöcke „zerstückeln" (zum Beispiel …– F –…), aber auch Schichtfolgen, die im Widerspruch zur biologischen Tagesrhythmik stehen (zum Beispiel …N – F). Letztere ist mit Einschlafschwierigkeiten beim Nachtschlaf vor der Frühschicht und deshalb mit einem Übermüdungsrisiko verbunden.

8. Flexibilität zulassen

Dies umfasst Raum für individuelle Regelungen – wie beispielsweise den Schichttausch oder den individuell verschobenen Schichtwechsel nach Absprache unter den Mitarbeitern.

9. Kurzfristige Änderungen der Schichtfolge möglichst vermeiden

Um die Planungssicherheit zu erhöhen, sollte eine klare Schichtfolge eingehalten werden. Sind Einbring- oder Freischichten vorgesehen, um die Wochenarbeitszeit zu erreichen, so sollten diese rechtzeitig angekündigt werden oder Regelungen hierzu vereinbart sein. Die Lage eventuell erforderlicher flexibler Schichten sollte bekannt und ihre Handhabung vereinbart sein.

10. Frühschicht nicht zu früh beginnen

Wenn die Frühschicht zu früh beginnt, müssen die Schichtarbeitnehmer – je nach Entfernung zum Arbeitsplatz – so früh aufstehen, dass Schlafdefizite entstehen können.

11. Spätschicht und Nachtschicht nicht zu spät beenden

Die Spätschicht sollte möglichst bis 23:00 Uhr enden und keine halbe Nachtschicht werden. Auch die Nachtschicht sollte möglichst früh enden. Der Tagschlaf ist meistens umso länger, je früher er beginnt.

In der Praxis können nicht immer alle arbeitswissenschaftlichen Empfehlungen vollständig umgesetzt werden. Im vollkontinuierlichen Schichtbetrieb kann nicht die Nachtschicht früh enden und gleichzeitig die Frühschicht spät beginnen. Hier müssen Kompromisse gefunden werden, welche die arbeitswissenschaftlichen Empfehlungen weitestmöglich berücksichtigen. So ist zum Beispiel die Bedeutung der Empfehlungen für die einzelnen Mitarbeiter sehr unterschiedlich. Deshalb sollte Schichtplanung immer auch klar erkennbare Wünsche der Belegschaft berücksichtigen, sofern sie den Empfehlungen nicht völlig widersprechen.

Abbildung 9.5 verdeutlicht zusammenfassend die arbeitswissenschaftlichen Empfehlungen anhand der Umstellung eines Schichtplans.

Abb. 9.5 Schichtplanumstellung unter Berücksichtigung der arbeitswissenschaftlichen Empfehlungen

Welchen Nutzen bietet die ergonomische Gestaltung?

Die aus der Schichtarbeit resultierende Beanspruchung der Beschäftigten aller Altersgruppen kann gemindert und die Leistungsfähigkeit auch im Alter erhalten beziehungsweise gefördert werden. Einzelstudien ergaben, dass Mitarbeiter, die nach ergonomisch gestalteten Schichtplänen arbeiten,

- über alle Altersgruppen hinweg einen höheren Work Ability Index (WAI) aufwiesen, Abb. 9.6 (Knauth et al. 2009);
- über einen besseren Schlaf und eine bessere Vereinbarkeit von Arbeits- und Privatleben berichten, siehe „Praxisbeispiel ThyssenKrupp Rasselstein".

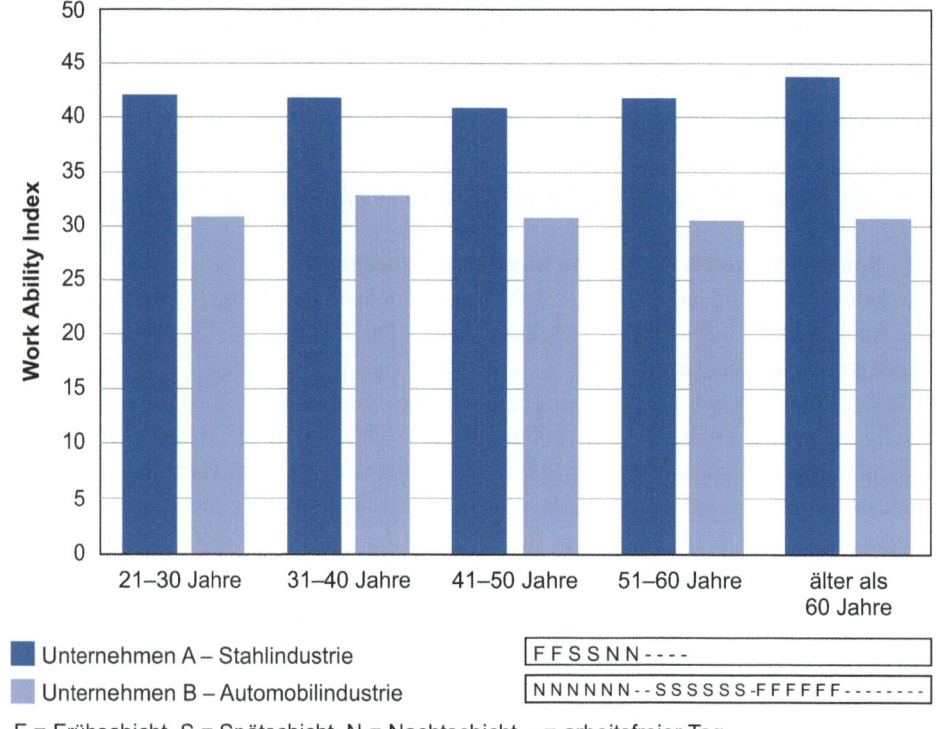

Abb. 9.6 Vergleich der Arbeitsfähigkeitsindizes von Mitarbeitern mit verschiedenen Schichtplänen (Knauth et al. 2009, S. 70)

Mitarbeiter können also – auch im Schichtbetrieb – länger arbeitsfähig bleiben. Risiken infolge von Schlafdefiziten (z. B. Unfallgefahr) können vermindert werden.

Die gleichmäßigere Verteilung der Arbeitszeit ermöglicht zudem eine regelmäßigere Teilhabe am gesellschaftlichen Leben (Lennings 2004, 2011).

Der Arbeitgeber erfüllt die Vorgaben des § 6 ArbZG und verbessert die Voraussetzungen dafür, dass die Mitarbeiter ausgeruht, motiviert und leistungsfähig sind.

9 Handlungsfeld „Arbeitszeit gestalten"

Wie können Sie einen Schichtplan ergonomisch gestalten?

Voraussetzungen und Randbedingungen prüfen
Die arbeitswissenschaftlichen Empfehlungen sind nur unter bestimmten Randbedingungen erfüllbar. Prüfen Sie deshalb zunächst, ob diese für Ihren Planungsfall gegeben sind:
Für den schnellen Vorwärtswechsel der Schichtarten muss die Anzahl der Schichtgruppen größer als die Anzahl der Schichtarten sein. Im Zweischichtbetrieb müssen also mindestens
2 + 1 = 3 Schichtgruppen und
im Dreischichtbetrieb mindestens
3 + 1 = 4 Schichtgruppen eingerichtet sein.

Dies ist in der Regel nur möglich, wenn die wöchentliche Betriebszeit in etwa der Gruppenanzahl multipliziert mit der vertraglichen Wochenarbeitszeit der Vollzeitbeschäftigten entspricht. Für einen Dreischichtbetrieb mit 120 Stunden Betriebszeit/Woche von Montag bis Freitag und drei Schichtgruppen sind die Empfehlungen demnach für Wochenarbeitszeiten von 35 bis 40 Stunden in der Regel kaum umsetzbar.

Verlagerung nächtlicher Tätigkeiten untersuchen
Grundsätzlich sollten Sie regelmäßig prüfen, ob Tätigkeiten aus der Nacht- in die Früh- und Spätschicht verlagerbar sind. Jede mögliche Reduzierung der Anzahl, Dauer oder der Besetzungsstärke von Nachtschichten bietet Spielraum zur Minderung von Belastungen der Mitarbeiter und finanziellen Zuschlägen (Gärtner und Lennings 2006).

Mitarbeiter qualifizieren und sensibilisieren
Ob Mitarbeiter ergonomisch gestaltete Schichtpläne akzeptieren, hängt unter anderem davon ab, ob sie die arbeitswissenschaftlichen Empfehlungen verstehen. Informieren Sie deshalb betroffene Mitarbeiter frühzeitig über Veränderungen, über die Empfehlungen und deren Hintergründe sowie positive Erfahrungen anderer Unternehmen. Diese Information kann auch über Dritte erfolgen – beispielsweise Arbeitsmediziner.

Einhaltung der arbeitswissenschaftlichen Empfehlungen prüfen
Überprüfen Sie, ob und in welchem Umfang aktuelle oder neu entwickelte Schichtpläne die beschriebenen Empfehlungen erfüllen. Verstöße sollten Sie dabei zunächst für jede Empfehlung ermitteln und zählen; im Anschluss sollten Sie dies über alle Empfehlungen hinweg bilanzieren. Die Prüfung kann „von Hand" durch Zählen oder rechnergestützt erfolgen. Geeignete Programme hierfür sind beispielsweise Optischicht, BASS, e-Shift-Design oder der Schichtplanassistent (Gärtner 2007; Lennings et al. 2009; Nachreiner et al. 2005; Schweflinghaus 2006). Insbesondere wenn verschiedene Pläne zur Auswahl stehen, sollten Sie auch deren arbeitswissenschaftliche Bewertung gegenüberstellen.

Schichtpläne ergonomisch gestalten und optimieren
Pläne mit unbefriedigenden Prüfungsergebnissen können Sie durch „Verschieben" der Schichten im Planungsraster manuell verbessern. Alternativ kann rechnergestützt für vor-

gegebene Schichten und Besetzungszahlen nach ergonomischen Schichtfolgen gesucht werden. Dabei unterstützen Sie Programme mit entsprechenden Algorithmen oder Datenbanken mit Musterlösungen. Auch im Internet oder der Literatur sind Musterlösungen für viele betriebliche Standardsituation verfügbar – siehe „Weiterführende Informationen, Links".

Mitarbeiter in Planung und Auswahl einbeziehen
Welche arbeitswissenschaftlichen Empfehlungen und Wünsche an das Schichtsystem in der jeweiligen Situation besonders bedeutsam sind, hängt auch von der Zusammensetzung der Belegschaft ab. Niemand kennt die Prioritäten besser als die betroffenen Mitarbeiter selbst. Beziehen Sie diese deshalb in die Planung, Bewertung und Auswahl der Schichtsysteme ein. Eine hundertprozentige Zustimmung der Mitarbeiter ist jedoch erfahrungsgemäß selten erreichbar.

Probezeiten und Abstimmungen vorsehen
Erfahrungen belegen, dass Widerstände am besten überwunden werden, wenn die Mitarbeiter in die Planung einbezogen und neue Pläne zunächst in einem Pilotbereich befristet eingesetzt werden. Am Ende der Testphase sollten die Mitarbeiter in einer Befragung darüber entscheiden, ob der neue Plan beibehalten werden soll. Wichtig ist, dass ein Rückkehrrecht besteht. Die Probephase sollte sechs bis 12 Monate dauern. Erst nach einer längeren Probezeit ist der Alltag neu organisiert, und die Wirkung des Planes kann objektiv empfunden und beurteilt werden (Knauth und Hornberger 1997, S. 74).

Mitarbeitern Wahlmöglichkeiten bieten
Ergonomische Schichtpläne können Wochenarbeitszeiten aufweisen, die unter den vertraglichen Arbeitszeiten der Vollzeitmitarbeiter liegen. In solchen Fällen leisten die Mitarbeiter oft sogenannte Ausgleichsschichten oder Einbringschichten, um die vertragliche Arbeitszeit zu erreichen. Ausgleichsschichten sind für einen zuverlässigen Betrieb des Unternehmens nicht immer erforderlich. Dann können Sie den Mitarbeitern anbieten, auf freiwilliger Basis darauf zu verzichten – zugunsten einer Teilzeitregelung mit angepasstem Entgelt. Hierdurch können Sie Mitarbeitern ohne besonderen administrativen und organisatorischen Aufwand die Wahl lebenssituationsspezifischer Arbeitszeiten ermöglichen.

Mitarbeiter zur Wahrnehmung von Belastungen im Lebensumfeld sensibilisieren
Unabhängig vom Schichtsystem sollten die Mitarbeiter auch individuell belastende Faktoren in ihrem Alltag identifizieren und deren Wirkung reduzieren. In den Lebensbereichen Schlaf, Ernährung, Familie, Freundschaft und Freizeit bestehen vielfach Verbesserungsmöglichkeiten, die Mitarbeiter selbst mit relativ einfachen Maßnahmen erschließen können (Schweflinghaus 2006).

Worauf müssen Sie achten? Welche Hürden können auftreten?

Widerstand gegen die Neuorganisation des täglichen Lebens
Ergonomische Schichtpläne werden von den betroffenen Mitarbeitern zunächst oft vehement abgelehnt. Ursache hierfür ist unter anderem, dass der Alltag neu gestaltet und organisiert werden muss. Das gilt vor allem für Familien, wenn beide Elternteile berufstätig sind. Langfristige Beobachtungen ergaben, dass nach probeweisen Schichtplanumstellungen mit „Rückkehrrecht" etwa 80 % der befragten Mitarbeiter mit ergonomischen Schichtplänen zufrieden waren und diese behalten wollten (Knauth und Hornberger 1997, S. 63)

Widerstand gegen neue Einsatzzeiten und finanzielle Verluste
Schichtplanumstellungen sind häufig mit Ausweitungen der Betriebszeit verbunden. Bei Umstellung von 120 Stunden Betriebszeit und drei Schichtgruppen auf 144 Stunden Betriebszeit und vier Schichtgruppen erweitert sich die Arbeitszeit um regelmäßige Wochenendeinsätze. Diese waren vielleicht bisher nicht oder nur auf freiwilliger Basis zu leisten. Widerstände richten sich in solchen Fällen meist weniger gegen einen neuen Schichtplan, sondern vielmehr gegen die regelmäßige Wochenendarbeit. Wenn im beschriebenen Fall vorher gelegentliche oder regelmäßige freiwillige Samstagsarbeit auf Überstundenbasis geleistet wurde, entfällt für den betroffenen Mitarbeiterkreis ein Teil des Entgeltes, was ebenfalls zur Ablehnung eines neuen ergonomischen Schichtplanes führen kann. In der betrieblichen Diskussion ist es wichtig, die eigentlichen Ursachen für Ablehnung zu erfahren und getrennt voneinander zu betrachten und zu lösen.

Laut § 6 (4) des Arbeitszeitgesetzes muss der Arbeitgeber den Nachtarbeitnehmer auf dessen Verlangen auf einen für ihn geeigneten Tagarbeitsplatz versetzen, wenn

- weitere Nachtarbeit den Arbeitnehmer nach arbeitsmedizinischer Feststellung in seiner Gesundheit gefährdet,
- im Haushalt des Arbeitnehmers ein Kind unter 12 Jahren lebt, das nicht von einer anderen im Haushalt lebenden Person betreut werden kann, oder
- der Arbeitnehmer einen schwer pflegebedürftigen Angehörigen zu versorgen hat, der nicht von einer anderen im Haushalt lebenden Person versorgt werden kann.

Dies gilt, sofern dem nicht dringende betriebliche Erfordernisse entgegenstehen.

Weiterführende Informationen, Links
Gärtner, J.; Kundi, M.; Wahl, S.: Handbuch Schichtpläne. Planungstechnik, Entwicklung, Ergonomie, Umfeld. 1. Auflage. Zürich: vdf Hochschulverlag an der ETH Zürich, 1998
Schichtplanungssoftware: http://www.arbeitswissenschaft.net/e-Shift-Design-Die-Praxishil.766.0.html [27.03.2014]
http://www.tuev-nord.de/de/optischicht/download-99934.htm [27.03.2014]
http://www.baua.de/de/Informationen-fuer-die-Praxis/Handlungshilfen-und-Praxisbeispiele/Arbeitszeitgestaltung/Computerprogramm%20BASS%203.0.html [27.03.2014]
http://www.ximes.com/produkte/software/shift-plan-assistant-spa [27.03.2014]
http://www.arbeitswissenschaft.net [28.11.2014] (Film: Schichtarbeit arbeitswissenschaftlich gestaltet – entlastet Mitarbeiter und stärkt Unternehmen)

Literatur

Beermann, B.; Bundesanstalt für Arbeitsschutz und Arbeitsmedizin Hrsg.): Leitfaden zur Einführung und Gestaltung von Nacht- und Schichtarbeit. 9., unveränderte Auflage. Dortmund: Bundesanstalt für Arbeitsschutz und Arbeitsmedizin, 2005

Deutsche Gesellschaft für Arbeitsmedizin und Umweltmedizin e. V., DGAUM (Hrsg.): Leitlinie Nacht- und Schichtarbeit. München: Deutsche Gesellschaft für Arbeitsmedizin und Umweltmedizin e. V., 2006, verfügbar unter: http://www.soliserv.de/pdf/Leitlinie_Nacht-_und_Schichtarbeit.pdf [27.03.2014]

Gärtner, J.: Flexible Werkzeuge für die Arbeitszeitgestaltung: Time-Intelligence Solutions [TIS] und Shiftplan-Assistant [SPA] In: Zülch, G. u. a. (Hrsg.):. Tagungsband zu: Erfolgsfaktor Arbeitszeit im Krankenhaus. Karlsruhe: Institut für Arbeitswissenschaft und Betriebsorganisation, 2007, S. 111–130

Graf, O.: Physiologische Leistungsbereitschaft und nervöse Belastung. In: Jahrbuch 1954 der Max-Planck-Gesellschaft zur Förderung der Wissenschaften e. V. Dortmund: 1954, S. 97–122

Knauth, P.; Hornberger, S.: Schichtarbeit und Nachtarbeit. München: Bayerisches Staatsministerium für Arbeit und Sozialordnung, 1997

Knauth, P.; Karl, D.; Elmerich, K.: Lebensarbeitszeitmodelle. Karlsruhe: Universitätsverlag, 2009

Lennings, F.: Ergonomische Schichtpläne – Vorteile für Unternehmen und Mitarbeiter. In: angewandte Arbeitswissenschaft (2004), Nr. 180, S. 33–51

Lennings, F.: Bedarfsgerechte und ergonomische Schichtpläne – Praxisbeispiele, Erfahrungen und Empfehlungen. In: Betriebspraxis & Arbeitsforschung (2011), Nr. 208, S. 24–26

Lennings, F.; Höfer, K.; Holzhäuser, T.; Diel, C.; Institut für angewandte Arbeitswissenschaft (Hrsg.): e-Shift-Design – Die Praxishilfe zur Schichtplanung. Köln: Wirtschaftsverlag Bachem, 2009

Nachreiner, F. u. a.; Bundesanstalt für Arbeitsschutz und Arbeitsmedizin (Hrsg.): Softwaregestützte Arbeitszeitgestaltung mit BASS 4. Bremerhaven: Verlag für neue Wissenschaft GmbH, 2005

Schweflinghaus, W.; BKK Bundesverband (Hrsg.): Besser leben mit Schichtarbeit. 7., überarbeitete Auflage. Essen: BKK Bundesverband, 2006

Wedderburn, A.; Europäische Stiftung zur Verbesserung der Lebens- und Arbeitsbedingungen – EUROFOUND – (Hrsg.): Leitlinien für Schichtarbeiter. In: BEST – Bulletin für europäische Schichtarbeitsfragen, Nr. 3. Dublin: EUROFOUND, 1991

Praxisbeispiel ThyssenKrupp Rasselstein GmbH

Das Unternehmen

Die ThyssenKrupp Rasselstein GmbH ist ein Tochterunternehmen der ThyssenKrupp Steel Europe AG und der einzige deutsche Weißblechhersteller. Das Unternehmen gehört zu den drei größten Weißblechlieferanten in Europa.

Im Produktionsstandort Andernach in Rheinland-Pfalz stellen rund 2 400 Mitarbeiter jährlich etwa 1,5 Mio. Tonnen Verpackungsstahl für 400 Kunden aus 80 Ländern her. Etwa 75 % der Produktion werden exportiert. Verfahrensbedingt wird ein Großteil der Anlagen des Unternehmens vollkontinuierlich betrieben.

Ausgangslage
Das Unternehmen hat in den 1990er-Jahren ergonomische Schichtpläne mit kurzen Wechseln eingeführt. Der prinzipielle Aufbau des bis dahin gültigen Schichtplanes für drei Gruppen und die damals überwiegende Betriebszeit von 144 Stunden/Woche ist in Abb. 9.7 dargestellt.

Schicht-gruppe	1							2							3						
	Mo	Di	Mi	Do	Fr	Sa	So	Mo	Di	Mi	Do	Fr	Sa	So	Mo	Di	Mi	Do	Fr	Sa	So
A	F	F	F	F	F	F		N	N	N	N	N	N		S	S	S	S	S	S	
B	N	N	N	N	N	N		S	S	S	S	S	S		F	F	F	F	F	F	
C	S	S	S	S	S	S		F	F	F	F	F	F		N	N	N	N	N	N	

Früh | Spät | Nacht | Frei

Abb. 9.7 Schichtplanschema für drei Gruppen und eine Betriebszeit von 144 Stunden/Woche

Bei einer Arbeitszeit von 7,5 Stunden zuzüglich einer unbezahlten Pause von 0,5 Stunden je Schicht ergibt sich für diesen Plan jedoch eine Wochenarbeitszeit von 45 Stunden. Zur Erreichung der damaligen Soll-Wochenarbeitszeit von 37,5 Stunden wurden zusätzliche freie Tage gleichmäßig auf die einzelnen Mitarbeiter oder Teilgruppen verteilt. Abbildung 9.8 verdeutlicht dies exemplarisch für die Gruppe A.

Dieser wochenweise rückwärts rotierende Plan für drei Schichtgruppen sollte abgelöst werden durch einen arbeitswissenschaftlich vorteilhaften Plan. Wesentliche Auslöser hierfür waren, dass Rasselstein die arbeitswissenschaftlichen Erkenntnisse im Interesse der Mitarbeiter berücksichtigen und seine Attraktivität als Arbeitgeber langfristig entwickeln und ausbauen wollte.

Ergebnis
1992 wurde ein schnell vorwärts rotierender Plan etabliert (vgl. Abb. 9.9), in dem die Schichtart alle zwei Tage wechselt. Bei 7,5 Stunden Arbeitszeit je Schicht beträgt die Wochenarbeitszeit 33,75 Stunden. Die zusätzliche Gruppe konnte weitgehend mit den überzähligen Mitarbeitern der übergroßen Gruppen besetzt werden.

Vorgehen
Der Plan wurde zu Beginn der 1990er-Jahre unter Mitarbeit des Institutes für Industriebetriebslehre und industrielle Produktion der Universität Karlsruhe (Abteilung Arbeitswissenschaft, Prof. Knauth) entwickelt. Weil die Mitarbeiter dem neuen Plan zunächst

sehr skeptisch und ablehnend gegenüberstanden, war zunächst ein einjähriger Test in ausgewählten Pilotbereichen vereinbart worden. Daran waren insgesamt 120 Mitarbeiter beteiligt. Danach sollten die Mitarbeiter entscheiden, ob der Plan beibehalten oder das alte System wieder eingeführt werden sollte. Nach der Testphase wollten alle einbezogenen Mitarbeiter weiter nach dem neuen Schichtplan arbeiten.

Schicht-gruppe	1							2							3								
	Mo	Di	Mi	Do	Fr	Sa	So	Mo	Di	Mi	Do	Fr	Sa	So	Mo	Di	Mi	Do	Fr	Sa	So	Mo	Di
A.1			F	F	F	F		N	N	N	N	N			S	S	S	S	S			F	etc.
A.2	F	F			F	F		N	N	N	N	N					S	S	S	S		F	etc.
A.3	F	F	F	F				N	N	N	N	N			S	S			S	S		F	etc.
A.4	F	F	F	F	F	F			N	N	N	N			S	S	S	S				F	etc.
A.5	F	F	F	F	F	F		N	N			N	N		S	S	S	S	S				etc.
A.6	F	F	F	F	F	F		N	N	N	N				S	S	S	S	S			F	etc.
B.1																							
etc.																							

Früh | Spät | Nacht | Frei

Abb. 9.8 Reduzierung der Wochenarbeitszeit durch gleichmäßig verteilte freie Tage

Schicht-gruppe	1							2							3							4							
	Mo	Di	Mi	Do	Fr	Sa	So	Mo	Di	Mi	Do	Fr	Sa	So	Mo	Di	Mi	Do	Fr	Sa	So	Mo	Di	Mi	Do	Fr	Sa	So
A	F	F	S	S	N	N			F	F	S	S			N	N			F	F		S	S	N	N			
B	S	S	N	N				F	F	S	S	N	N				F	F	S	S		N	N			F	F	
C	N	N			F	F		S	S	N	N				F	F	S	S	N	N				F	F	S	S	
D		F	F	S	S			N	N			F	F		S	S	N	N				F	F	S	S	N	N	

Früh | Spät | Nacht | Frei

Abb. 9.9 Arbeitswissenschaftlich vorteilhafter, vorwärts rotierender Plan

Bewertung

Alle Beteiligten beurteilten den neuen Plan positiv und erkannten mehrere Vorteile.

Die erforderliche Wochenarbeitszeit von damals 37,5 Stunden wurde durch Einbringen von Zusatzschichten erreicht. Diese Zusatzschichten wurden zur teilweisen Abdeckung der Urlaubs- und Krankheitsvertretung genutzt.

Nach Einführung des Planes konnte der Betrieb wesentlich flexibler arbeiten. Beispielsweise war jetzt bei Bedarf durch „Anhängen" von Sonntagsschichten kurzfristig auch ein vorübergehender Wechsel in den vollkontinuierlichen Betrieb oder zu erweiterten Betriebszeiten möglich.

Der neue Plan wird von der Mehrheit der Mitarbeiter – trotz anfänglicher Ablehnung – in vielen Punkten, die für die persönliche Lebensgestaltung besonders wichtig sind, besser beurteilt als der alte Plan. Besonders geschätzt werden offensichtlich die verbesserten Möglichkeiten, am familiären und gesellschaftlichen Leben teilnehmen zu können – siehe Abb 9.10.

Der neue Schichtplan ist für:

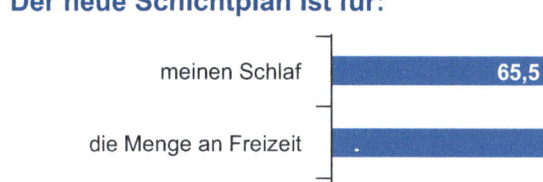

Abb. 9.10 Bewertung der Testphase des neuen Schichtplans (May 2013)

Empfehlungen und Erfahrungen

Es hat sich bewährt, die Umstellung zunächst probeweise in Pilotbereichen vorzunehmen und die Mitarbeiter anschließend darüber abstimmen zu lassen, ob der neue ergonomische Schichtplan beibehalten werden soll. Die Mehrheit der Mitarbeiter hat die erwarteten positiven Effekte des neuen Schichtplanes in dieser Abstimmung bestätigt.

Die Schichtplanumstellung war kein „isoliertes" Ereignis, sondern auch eine Weichenstellung für künftige Entwicklungen im Unternehmen. Beginnend im Jahr 1995 hat Rasselstein zunehmend die vollkontinuierliche Arbeitsweise eingeführt. 1997 reduzierte ein Teilbereich des Unternehmens auf der Grundlage des Tarifvertrags zur Beschäftigungssicherung die Wochenarbeitszeit auf 32 Stunden und erstellte hierfür einen Schichtplan mit fünf Schichtgruppen (vgl. Abb. 9.11). Auch dieser Schichtplan wurde von den Mitarbeitern positiv angenommen. Die Zustimmung äußert sich beispielsweise in folgenden Aussagen:

- „Ich möchte auf keinen Fall wieder nach den alten Schichtplänen arbeiten."
- „Das ist der beste Plan, nach dem ich je gearbeitet habe."
- „Ich kann mit meinen Kindern Hausaufgaben machen."
- „Jeder hat eine Schichtart, die ihm besonders schwer fällt. Die dauert jetzt nur zwei Tage."
- „Nach der ersten Nachtschicht ist das Ende schon in Sicht."

Zugleich ist die Einführung dieses Plans auch Beginn des „Bündnisses für Arbeit" bei ThyssenKrupp Rasselstein und von Wahlarbeitszeit im Schichtbetrieb. Die Wochen-

Schicht-gruppe	1							2							3							
	Mo	Di	Mi	Do	Fr	Sa	So	Mo	Di	Mi	Do	Fr	Sa	So	Mo	Di	Mi	Do	Fr	Sa	So	Mo
A	F	F	S	S	N	N					F	F	S	S	N	N					F	etc.
B			F	F	S	S	N	N					F	F	S	S	N	N				etc.
C					F	F	S	S	N	N					F	F	S	S	N	N		etc.
D	N	N				F	F	S	S	N	N						F	F	S	S	N	etc.
E	S	S	N	N				F	F	S	S	N	N						F	F	S	etc.

Früh   Spät   Nacht   Frei

Abb. 9.11 Vollkontinuierlicher Schichtplan mit 5 Schichtgruppen

arbeitszeit des Planes beträgt 31,5 Stunden bei einer Laufzeit von zehn Wochen. Um eine Wochenarbeitszeit von 35 Stunden sowie ein entsprechendes Entgelt zu erhalten, müssen die Mitarbeiter jährlich – über die regulär geplanten Schichten hinaus – etwa 20 zusätzliche Einbringschichten leisten. Die Mitarbeiter können jedoch wahlweise auch eine niedrigere Wochenarbeitszeit von 32, 33 oder 34 Stunden mit weniger Einbringschichten und entsprechend reduziertem Entgelt wählen.

Anfang des Jahres 2013 nutzten die rund 1 300 Mitarbeiter in Konti-Arbeitsweise diese Möglichkeiten wie in Abb. 9.12 dargestellt. Die Regelung bietet den Mitarbeitern die Möglichkeit, eine Wochenarbeitszeit zu wählen, die zu ihrer jeweiligen Lebenssituation passt. Somit verbessert sie die Voraussetzungen, Schichtarbeit auch im fortgeschrittenen Alter leisten zu können.

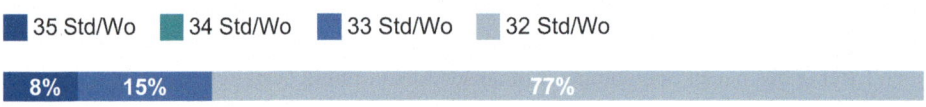

■ 35 Std/Wo   ■ 34 Std/Wo   ■ 33 Std/Wo   ■ 32 Std/Wo

8%   15%   77%

Durchschnittliche Wochenarbeitszeit = **32,4 Stunden**

Stand 1. Januar 2013

Abb. 9.12 Auswertung der Wahlarbeitszeit (May 2013)

Weiterführende Informationen, Links
Lennings, F.: Ergonomische Schichtpläne – Vorteile für Unternehmen und Mitarbeiter. In: angewandte Arbeitswissenschaft (2004), Nr. 180, S. 33–51

Literatur
May, M.: Arbeitszeitgestaltung unter Einfluss von Demographie und Globalisierung. In: Betriebspraxis & Arbeitsforschung (2013), Nr. 218, S. 32–36

9.4 Ergonomische Arbeitszeitgestaltung – alternsgerechte Arbeitszeiten

Worum geht es in diesem Beitrag?
Sie erfahren, dass alternsgerechte Arbeitszeitgestaltung Beschäftigten aller Altersgruppen nützt. Denn sie trägt ein ganzes Arbeitsleben lang zur Optimierung von Belastungen und Beanspruchungen bei. Und das wiederum fördert und erhält altersunabhängig die Leistungsfähigkeit von Beschäftigten. Dieser Beitrag stellt präventive Ansätze zur alternsgerechten Gestaltung von Arbeitszeit dar und belegt diese auch anhand von Praxisbeispielen prominenter Unternehmen wie Infineon, BMW Group, Trumpf Werkzeugmaschinen und HELLA. Das Beispiel einer Werft informiert über den erfolgreichen Einsatz leistungsgeminderter beziehungsweise leistungsgewandelter Beschäftigter. Alternsgerechte Arbeitszeitmodelle erhöhen die Wahrscheinlichkeit, zukünftig auch mit weniger und immer älteren Beschäftigten die Produktivität der Unternehmen zu entwickeln.

Überblick:
- Was ist unter alternsgerechter Arbeitszeitgestaltung zu verstehen?
- Welchen Nutzen bieten alternsgerecht gestaltete Arbeitszeiten?
- Wie kann Arbeitszeit alternsgerecht gestaltet werden?
- Welche betrieblichen Lösungen haben ausgewählte Unternehmen realisiert?
- Worauf ist bei der Gestaltung alternsgerechter Arbeitszeiten zu achten?
- Praxisbeispiele

Was ist unter alternsgerechter Arbeitszeitgestaltung zu verstehen?
Alternsgerechte Arbeitszeitgestaltung ist maßgeschneidert und strategisch angelegt. Somit ist sie auf das jeweilige Unternehmen und dessen Belegschaft ausgerichtet – mit kurz-, mittel- und langfristiger Perspektive. Sie deckt den jeweiligen betrieblichen Bedarf ab und berücksichtigt besondere Arbeitszeitbedürfnisse von Beschäftigten aller Altersgruppen. Diese können sich zum Beispiel durch Leistungswandel aufgrund von Krankheit, Unfall, Alter ergeben. Auch ist es möglich, dass sich die individuelle zeitliche Verfügbarkeit je nach Lebenssituation verändert, zum Beispiel durch die Gründung einer Familie, durch eine Weiterbildung oder durch notwendig gewordene Pflege von Angehörigen.

Alternsgerechte Arbeitszeitgestaltung

- berücksichtigt gesicherte arbeitswissenschaftliche Erkenntnisse über die menschengerechte Gestaltung der Arbeitszeit und darauf basierende Gestaltungsempfehlungen (vgl. Beitrag Abschn. 9.3 „Ergonomische Arbeitszeitgestaltung – Nacht- und Schichtarbeit"),
- bezieht sich auf jedes Lebensalter,
- setzt präventiv bei den Jüngeren an,
- berücksichtigt das individuelle Leistungsvermögen und vorhandene Leistungseinschränkungen.

Welchen Nutzen bieten alternsgerecht gestaltete Arbeitszeiten?
Alternsgerechte Arbeitszeitgestaltung will die Arbeits- und Leistungsfähigkeit aller Beschäftigten frühzeitig fördern und langfristig erhalten sowie Leistungsverlust kompensieren. Alternsgerechte Arbeitszeiten sind im Rahmen der betrieblichen Möglichkeiten an individuelle Bedürfnisse angepasst und tragen über das gesamte Arbeitsleben hinweg zur Optimierung von Belastung und Beanspruchung bei.

Das ist insbesondere in Anbetracht des demografischen Wandels wichtig. Abnehmender Anteil jüngerer Beschäftigter, wachsender Anteil älterer Beschäftigter, Verlängerung der Lebensarbeitszeit und Leistungswandel im Alter erfordern Arbeitszeitmodelle, die diesen Entwicklungen Rechnung tragen – präventiv und kurativ. Alternsgerechte Arbeitszeit ist ergonomisch gestaltet. Im Sinne der Prävention setzt sie an der Wurzel an und kann dazu beitragen, negative Beanspruchungsfolgen und vermeidbaren gesundheitlichen Verschleiß über das Arbeitsleben zu verhindern. Alternsgerechte Arbeitszeit bietet Flexibilitätsspielraum für Unternehmen und Beschäftigte. Dieser ermöglicht es zum Beispiel, Dauer, Lage und Verteilung der Arbeitszeit von leistungsgeminderten beziehungsweise leistungsgewandelten Beschäftigten an deren temporäre Einsetzbarkeit anzupassen und entsprechend produktiv tätig zu sein.

Bedeutung für die betriebliche Praxis:
- Optimale Belastung und Beanspruchung im betrieblichen und im privaten Bereich können dazu beitragen, die Leistungsfähigkeit bis zum regulären Verrentungszeitpunkt zu erhalten.
- Mit alternsgerechten Arbeitszeitmodellen können Unternehmen gute Voraussetzungen zur Optimierung von Belastung und Beanspruchung schaffen (Frieling et al. 2012).
- Pauschale Arbeitszeitregelungen für Ältere sind nicht sinnvoll. Denn Gesundheit und Leistungsfähigkeit streuen mit zunehmendem Alter bei Gleichaltrigen stärker.
- Arbeitszeitmodelle sind auf Basis unternehmensspezifischer Rahmenbedingungen zu gestalten, um den betrieblichen Bedarf abzudecken und die individuellen Bedürfnisse zu berücksichtigen.
- Alternsgerechte Arbeitszeitmodelle erhöhen die Wahrscheinlichkeit, zukünftig auch mit weniger und immer älteren Beschäftigten die Produktivität der Unternehmen zu entwickeln.

In engem Zusammenhang mit alternsgerechter Arbeitszeitgestaltung steht die lebenssituationsspezifische Arbeitszeitgestaltung. Hier geht es jedoch weniger um ergonomische Aspekte, sondern verstärkt um die Vereinbarkeit von Beruf und Privatleben – und somit um Leistungsbereitschaft, Motivation und Arbeitgeberattraktivität. Nähere Ausführungen finden Sie in Abschn. 9.5 „Lebenssituationsspezifische Arbeitszeitgestaltung".

9 Handlungsfeld „Arbeitszeit gestalten"

Wie kann Arbeitszeit alternsgerecht gestaltet werden?
Welche allgemeinen Stellschrauben gibt es, um Arbeitszeit zu gestalten? Das beschreibt der Beitrag 9.1 „Grundlagen zur Gestaltung flexibler und leistungsförderlicher Arbeitszeiten – Stellschrauben und rechtliche Aspekte" in diesem Handlungsfeld. Spezifische Hinweise zur ergonomischen Gestaltung von Nacht- und Schichtarbeit finden Sie in Abschn. 9.3. Nachfolgend erhalten Sie konkrete Ansatzpunkte zur Gestaltung alternsgerechter Arbeitszeiten. Unternehmensbeispiele verdeutlichen die Gestaltungsaspekte. Im Fokus stehen sowohl Maßnahmen zur Vorbeugung als auch Maßnahmen für Beschäftigte mit beeinträchtigter Leistungsfähigkeit.

Welche Ansatzpunkte bietet die Dauer der Arbeitszeit?
Die Dauer der Arbeitszeit bezieht sich zum einen auf die Höhe der (tarif-)vertraglich vereinbarten durchschnittlichen Wochenarbeitszeit (Volumen). Zum anderen geht es um die Dauer der täglichen und wöchentlichen Arbeitszeit.

Leistungsfähigkeit und Konzentrationsfähigkeit können bis ins hohe Alter erhalten bleiben, wenn ausreichend Zeit zur Erholung gewährt wird. Über die Dauer der Arbeitszeit kann das Verhältnis von Arbeitszeit und arbeitsfreier Zeit verändert werden, zum Beispiel durch

- Ausgleich von Mehrarbeit beziehungsweise Mehrbelastung durch Freizeit statt Geld (z. B. Überstunden/Nachtzuschläge);
- Reduzierte tägliche beziehungsweise wöchentliche Arbeitszeit, insbesondere bei Nacht- und Schichtarbeit – zum Beispiel Wahlarbeitszeit, Teilzeit beziehungsweise betriebliche Altersteilzeit mit gleitendem Übergang in den Ruhestand, Freizeitnahme aus einem Langzeitkonto;
- Mehr und regelmäßige Zeit zur Erholung – zum Beispiel längere Erholungsphasen nach der Nachtschicht, häufige Kurzpausen, Pause unmittelbar nach körperlicher beziehungsweise mentaler Belastung, mehr Urlaubstage, gleichmäßige Urlaubsverteilung;
- Belastungswechsel, durch den sich belastete Körperregionen erholen können, während in dieser Zeit andere Regionen beansprucht werden und der Mitarbeiter weiterhin wertschöpfend tätig ist. Eine von vielen Möglichkeiten: Wechsel von Hand-Arm-Belastung zu Beinen beziehungsweise Wechsel von mentaler zu körperlicher Belastung (vgl. Ausführungen und Praxisbeispiel zu Jobrotation in Kap. 8 Handlungsfeld „Arbeit gestalten", Abschn. 8.3 „Arbeitsorganisation am Beispiel der Jobrotation");

Ob Änderungen in der Dauer der Arbeitszeit und der Gesamtdauer und Häufigkeit von Pausen mit Anpassungen des Entgeltes einhergehen, ist zum Beispiel von den geltenden tariflichen beziehungsweise arbeitsvertraglichen Regelungen abhängig.

Abb. 9.13 Ergonomisch gestaltetes flexibles Schichtsystem, Infineon Standort Warstein

Schichtgruppe	Woche 1 (Mo Di Mi Do Fr Sa So)	Woche 2 (Mo Di Mi Do Fr Sa So)	Woche 3 (Mo Di Mi Do Fr Sa So)	Woche 4 (Mo Di Mi Do Fr Sa So)
A	F F S S N N ·	· F F S S S N	· · F F F S S	N N · · F F S S N N
B	· F F S S N N	· · F F F S S N N	· F F S S N ·	· F F S S N N N
C	N N · · F F F	S S N N · · ·	F F S S N N N	· · F F S S S
D	S S N N · · ·	F F S S N N N	· F F S S S N N	· · · · F F F

↑ hohe Auslastung, inkl. Samstag und Sonntag, Wochenarbeitszeit 38,93 Stunden

Schichtgruppe	Woche 1	Woche 2	Woche 3	Woche 4
A	F F S S N N ·	· F F S S · ·	N N · · · F F	S S N N · · ·
B	· F F S S N N	· · F F · · ·	S S N N · · ·	F F S S N N ·
C	N N · · F F ·	S S N N · · ·	· F F S S N N	· · · F F S S
D	S S N N · · ·	F F S S N N ·	· · F F S S ·	N N · · · F F

↔ mittlere Auslastung, ohne Sonntag, Wochenarbeitszeit 33,37 Stunden

Schichtgruppe	Woche 1	Woche 2	Woche 3	Woche 4
A	F F S S N · ·	· F F S · · ·	N N · · F · ·	S S N N · · ·
B	· F F S · · ·	N N · · F · ·	S S N N · · ·	F F S S N · ·
C	N N · · F · ·	S S N N · · ·	F F S S N · ·	· · F F S · ·
D	S S N N · · ·	F F S S N · ·	· · F F S · ·	N N · · · F ·

↓ niedrige Auslastung, ohne Samstag und Sonntag, Wochenarbeitszeit 27,82 Stunden

Welche betrieblichen Lösungen haben ausgewählte Unternehmen realisiert?

Praxisbeispiel Infineon Technologies AG

Ergonomisches Schichtsystem

Infineon am Standort Warstein praktiziert seit gut 12 Jahren ein mehrstufiges flexibles Schichtsystem mit Arbeitszeitkonten (Jaeger 2012). Je nach Auslastungsstufe variiert die durchschnittliche wöchentliche Arbeitszeit zwischen knapp 28 und rund 39 Stunden. Der Schichtplan berücksichtigt ergonomische Gestaltungskriterien – unter anderem maximal drei Nachtschichten in Folge und mindestens zwei freie Tage nach der letzten Nachtschicht. Die durch die hohe Auslastungsstufe anfallende Mehrarbeit gleicht das Unternehmen grundsätzlich in Freizeit aus (Abb. 9.13).

Praxisbeispiel BMW Group

Zusätzliche freie Tage

Die BMW Group bietet einen umfangreichen Katalog zur Flexibilisierung der Arbeitszeit an. Eine Maßnahme ist „Vollzeit Select". Seit 2008 können Beschäftigte bis zu 20 zusätzliche freie Tage pro Jahr kaufen. Sie reduzieren dadurch ihre Wochenarbeitszeit, bleiben jedoch – soweit Sie in Vollzeit beschäftigt sind – im Status „Vollzeit" mit allen damit verbundenen Vorzügen. Diese Möglichkeit, die Wochenarbeitszeit zu reduzieren und zusätzliche freie Tage in die Arbeitswoche einzuplanen, ist sehr beliebt und soll der Regeneration aber auch der Vereinbarkeit von Berufs- und Privatleben dienen. Die Summe der Nutzer hat sich bis zum Jahr 2012 nahezu verdreifacht.

Praxisbeispiel Trumpf Werkzeugmaschinen GmbH + Co. KG

Wahlarbeitszeit
Das „Bündnis 2016" der Trumpf Werkzeugmaschinen GmbH + Co. KG enthält eine breite Palette an Maßnahmen zur flexiblen und damit alternsgerechten Gestaltung der Arbeitszeit (Gryglewski 2011). Die „Wahlarbeitszeit" ist eine davon. Sie wird auch zur lebenssituationsspezifischen Gestaltung der Arbeitszeit genutzt. Grundlage bildet die vertraglich vereinbarte „Basisarbeitszeit" eines Beschäftigten. Diese liegt zwischen 15 und 40 Stunden pro Woche. Zur Anpassung an individuelle Zeitbedürfnisse beziehungsweise das Leistungsvermögen haben die Beschäftigten die Möglichkeit, alle zwei Jahre eine von der Basisarbeitszeit abweichende Wahlarbeitszeit zu beantragen, die ebenfalls zwischen 15 und 40 Stunden liegt. Eine vom Unternehmen genehmigte Wahlarbeitszeit gilt für zwei Jahre. Anschließend können Mitarbeiter entweder zur Basisarbeitszeit zurückkehren oder erneut eine Wahlarbeitszeit für die nächsten zwei Jahre vereinbaren. Die gewünschte Arbeitszeit muss zur betrieblichen Situation passen. Nicht alle Wünsche sind erfüllbar.

Welche Ansatzpunkte bietet die Lage der Arbeitszeit?
Bei der Lage der Arbeitszeit geht es darum, in welchem Abschnitt des 24-stündigen Tageszeitraums die Arbeitszeit liegt.

Mit zunehmendem Alter

- braucht der Körper tendenziell länger, um sich an wechselnde Arbeitszeiten anzupassen,
- führen diese Anpassungsprozesse häufig zu einer stärkeren Beanspruchung,
- nehmen Schlafstörungen durch wechselnde Arbeitszeiten oftmals zu.

Über diese Veränderungen hinaus verschlechtert sich die Schlafqualität im Alter (Zulley und Knab 2002). Dies schränkt die Fähigkeit ein, sich durch Schlaf von stärkerer Beanspruchung zu erholen.

Vorbeugend und um betroffene Beschäftigte zu entlasten, sollte die Lage der Arbeitszeit – soweit betrieblich möglich – in etwa gleichförmig sein, zum Beispiel durch

- weniger, kürzere oder keine (Nacht-)Schichten,
- täglich in etwa gleiche Arbeitszeit,
- individuelle Zeiteinteilung (zum Beispiel Gleitzeit, Vertrauensarbeitszeit).

Welche betrieblichen Lösungen haben ausgewählte Unternehmen realisiert?

Praxisbeispiel eines Technologie- und Dienstleistungsunternehmens

Besondere gemeinsame Schichtgruppe

In einem Technologie- und Dienstleistungsunternehmen sind 255 Mitarbeiter in einem Schichtsystem mit 56 unterschiedlichen Zeiten beschäftigt. Der Gestaltungsspielraum reicht von 1-, 2- bis 3-schichtig.

Wer besondere Arbeitszeitbedürfnisse hat, kann eine „besondere gemeinsame Schichtgruppe" (bgSG) gründen. Der Betroffene beantragt die bgSG, gibt einen Sachgrund an – zum Beispiel Nachtschichtuntauglichkeit – und sucht sich Teampartner. Die beiden Teampartner übernehmen die Nachtschichten des Kollegen. Eine genehmigte bgSG kann mit einer Frist von drei Monaten gekündigt werden.

In dem Unternehmen gibt es rund 20 besondere gemeinsame Schichtgruppen mit rund 60 Mitarbeitern. Der Verwaltungsaufwand ist erhöht.

Es sei darauf hingewiesen, dass die am Beispiel „Nachtschichtuntauglichkeit" skizzierte bgSG lediglich eine vorübergehende Lösung darstellt, die das Problem möglicherweise auf einen späteren Zeitpunkt verschiebt. Denn die beiden Teampartner werden durch einen höheren Anteil an Nachtschichten mehr belastet.

Praxisbeispiel HELLA KGaA Hueck & Co.

Vertrauensarbeitszeit

Bei der HELLA KGaA Hueck & Co. gibt es neben zahlreichen weiteren Maßnahmen zur Flexibilisierung der Arbeitszeit die Vertrauensarbeitszeit (Begger et al. 2013). Realisierbar ist sie dort, wo Mitarbeiter nicht permanent zeitgleich zusammenarbeiten müssen – zum Beispiel in der Verwaltung, in der Entwicklung, in indirekten Bereichen der Produktion. Auch für Führungskräfte eignet sich Vertrauensarbeitszeit: Beschäftigte können ihre Arbeitszeit unter Berücksichtigung des Arbeitsanfalls, der Rahmenarbeitszeit sowie Funktionszeiten des Bereiches individuell verteilen oder private Termine im Tagesablauf vorsehen. Es gibt weder eine zentrale Zeiterfassung noch eine Zeitkontenführung.

Zeitautonomie und Entfall des Anwesenheitszwangs eröffnen einen weiten Spielraum, um die Arbeitszeit individuellen Bedürfnissen anzupassen (Abb. 9.14).

Welche Ansatzpunkte bietet die Verteilung der Arbeitszeit?

Die (tarif-)vertraglich vereinbarte durchschnittliche Wochenarbeitszeit kann in Abhängigkeit von den geltenden rechtlichen Regelungen unterschiedlich verteilt werden – der Verteilzeitraum kann sich über eine Woche bis hin zu einem gesamten Arbeitsleben erstrecken.

Arbeit zu unterschiedlichen Zeitpunkten und von langer Dauer ist eine Belastung, die mit zunehmendem Alter zu einer stärkeren Beanspruchung führen kann. Schwankende Tages- und Wochenarbeitszeiten forcieren diesen negativen Effekt (Knauth und Hornberger 1997; Wirtz 2010).

9 Handlungsfeld „Arbeitszeit gestalten"

Abb. 9.14 Rahmen für Vertrauensarbeitszeit bei Hella

Folgende Gestaltungsoption ist aus arbeitswissenschaftlicher Sicht empfehlenswert (vgl. arbeitswissenschaftliche Empfehlungen in Abschn. 9.3 „Ergonomische Arbeitszeitgestaltung – Nacht- und Schichtarbeit"):

- gleichmäßige Verteilung der Arbeitszeit über den Tag und die Woche, um einen gleichmäßigen Lebens- und Arbeitsrhythmus zu gewährleisten.

Vor dem Hintergrund des zunehmenden Bedarfs an betrieblicher und individueller Flexibilität und Schichtarbeit wird es schwieriger, diese Empfehlung umzusetzen. Bei der Entwicklung von Flexibilisierungskonzepten wird oft außer Acht gelassen, dass es auch die Möglichkeit zur gleichförmigen Arbeitszeit geben sollte. Im nachfolgenden Praxisbeispiel sind gleichförmige Arbeitszeiten – neben weiteren Maßnahmen zur altersgerechten Gestaltung der Arbeitszeit – zumindest für eine bestimmte Beschäftigtengruppe realisiert worden – und zwar durch eine Tagschicht von 8:00 bis 17:00 Uhr an fünf Tagen in der Woche.

Welche betrieblichen Lösungen haben ausgewählte Unternehmen realisiert?

Praxisbeispiel einer Werft

Tagschicht für Ältere und Leistungsgeminderte
Eine Werft mit rund 450 Beschäftigten akquirierte in einem zusätzlich eröffneten Geschäftsbereich einen umfangreichen Auftrag und musste kurzfristig von der einschichtigen Produktion auf ein vollkontinuierliches 3-Schichtsystem umstellen (Jaeger 2013). Der Altersdurchschnitt von 48 Jahren, hoher Krankenstand und ein großer Anteil an älteren und leistungsgeminderten Beschäftigten stellten besondere Anforderungen an die Arbeitszeitgestaltung. Zudem mussten jüngere Mitarbeiter parallel zur Auftragsbearbeitung für die erforderliche neue Schweißtechnik qualifiziert werden.

Schicht-gruppe	Woche 1							Woche 2							Woche 3							Woche 4						
	MO	Di	Mi	Do	Fr	Sa	So	MO	Di	Mi	Do	Fr	Sa	So	MO	Di	Mi	Do	Fr	Sa	So	MO	Di	Mi	Do	Fr	Sa	So
A1	F	F	S	S	N	N	N		F	F	S	S	S	N	N			F	F	F		S	S	N	N			
A2	F	F	S	S	N	N	N		F	F	S	S	S	N	N			F	F	F		S	S	N	N			
A2	F	F	S	S	N	N	N		F	F	S	S	S	N	N			F	F	F		S	S	N	N			
A3	F	F	S	S	N	N	N		F	F	S	S	S	N	N			F	F	F		S	S	N	N			
A4	F	F	S	S	N	N	N		F	F	S	S	S	N	N			F	F	F		S	S	N	N			
A5	F	F	S	S	N	N	N		F	F	S	S	S	N	N			F	F	F		S	S	N	N			
B1			F	F	S	S	S	N	N			F	F	F	S	S	N	N				F	F	S	S	N	N	N
B2			F	F	S	S	S	N	N			F	F	F	S	S	N	N				F	F	S	S	N	N	N
B3			F	F	S	S	S	N	N			F	F	F	S	S	N	N				F	F	S	S	N	N	N
B4			F	F	S	S	S	N	N			F	F	F	S	S	N	N				F	F	S	S	N	N	N
B5			F	F	S	S	S	N	N			F	F	F	S	S	N	N				F	F	S	S	N	N	N
C1	N	N			F	F	F	S	S	N	N			F	F	S	S	N	N	N				F	F	S	S	S
C2	N	N			F	F	F	S	S	N	N			F	F	S	S	N	N	N				F	F	S	S	S
C3	N	N			F	F	F	S	S	N	N			F	F	S	S	N	N	N				F	F	S	S	S
C4	N	N			F	F	F	S	S	N	N			F	F	S	S	N	N	N				F	F	S	S	S
C5	N	N			F	F	F	S	S	N	N			F	F	S	S	N	N	N				F	F	S	S	S
D1	S	S	N	N				F	F	S	S	N	N	N			F	F	S	S	S	N	N			F	F	F
D2	S	S	N	N				F	F	S	S	N	N	N			F	F	S	S	S	N	N			F	F	F
D3	S	S	N	N				F	F	S	S	N	N	N			F	F	S	S	S	N	N			F	F	F
D4	S	S	N	N				F	F	S	S	N	N	N			F	F	S	S	S	N	N			F	F	F
D5	S	S	N	N				F	F	S	S	N	N	N			F	F	S	S	S	N	N			F	F	F
CS	T	T	T	T	T			T	T	T	T	T			T	T	T	T	T			T	T	T	T	T		
CS	T	T	T			T	T	T	T	T			T	T	T	T	T			T	T	T	T	T			T	T
CS	T			T	T	T	T	T			T	T	T	T	T			T	T	T	T	T			T	T	T	T
CS		T	T	T	T	T			T	T	T	T	T			T	T	T	T	T			T	T	T	T	T	
CS	T	T	T	T			T	T	T	T	T			T	T	T	T	T			T	T	T	T	T			T

Abb. 9.15 Zusätzliche Tagschicht (T) in einem ergonomisch gestalteten Schichtsystem

Unterstützt von NORDMETALL und dem ifaa führte die Werft ein alternsgerechtes Schichtsystem mit vier Schichtgruppen und Coaching-Schicht ein. Es ist nach arbeitswissenschaftlichen Erkenntnissen ergonomisch gestaltet. Zudem ist die Gesamtdauer der Pause je Schicht länger als die gesetzliche Mindestdauer und auf zwei Abschnitte aufgeteilt. Die Nachtschicht wurde ausgedünnt, indem ein Teil der Tätigkeiten in eine Tagschicht verlegt worden ist. Die Älteren und Leistungsgeminderten arbeiten ausschließlich in der Tagschicht – auch „Coaching-Schicht" genannt. Dort qualifizieren sie ihre jüngeren Kollegen für die spezielle Schweißtechnik (Abb. 9.15).

Worauf ist bei der Gestaltung alternsgerechter Arbeitszeiten zu achten?
Oberste Priorität hat die zuverlässige Abdeckung des Kapazitätsbedarfs des Unternehmens, um Wettbewerbsfähigkeit und Arbeitsplätze zu sichern. Betrieblicherseits dürfte es kaum realisierbar sein, jedem eine maßgeschneiderte Arbeitszeit zu bieten. Auch pauschale Regelungen in Abhängigkeit vom Lebensalter sind nicht sinnvoll und aus rechtlicher Sicht mit Blick auf das Allgemeine Gleichbehandlungsgesetz (AGG) gegebenenfalls diskriminierend.

Maßnahmen zur alternsgerechten Gestaltung von Arbeitszeit müssen zum Unternehmen und der Beschäftigtenstruktur passen und langfristig haltbar sein. Kompromissbereitschaft ist gefordert, um Betriebs- und Mitarbeiterinteressen in Einklang zu bringen. Umfangreiche Möglichkeiten eröffnet ein betrieblicher Arbeitszeitrahmen mit individuellem Gestaltungsspielraum. Größte Aussichten auf Erfolg haben Maßnahmen, die in die Unternehmensstrategie eingebettet und mit anderen Handlungsfeldern vernetzt sind.

Weiterführende Informationen, Links
Beermann, B.; Bundesanstalt für Arbeitsschutz und Arbeitsmedizin (Hrsg.): Leitfaden zur Einführung und Gestaltung von Nacht- und Schichtarbeit. 9., unveränderte Auflage. Dortmund: Bundesanstalt für Arbeitsschutz und Arbeitsmedizin, 2005
Ilmarinen, J. (Hrsg.); Tempel, J. (Hrsg.): Arbeitsfähigkeit 2010 – Was können wir tun, damit Sie gesund bleiben? Hamburg: VSA, 2002
www.arbeitswissenschaft.net [01.12.2013]: Vortrag: „Betrieblicher Arbeitszeitrahmen mit individuellem Gestaltungsspielraum"

Literatur
Frieling, E. u. a.: Mit der Taktzeit am Ende – Die älteren Beschäftigten in der Automobilmontage. Stuttgart: Ergonomia Verlag, 2012
Gryglewski, S.: Lebensphasenorientierte Arbeitszeit ein Element der zukünftigen Arbeitswelt. In: Gesellschaft für Arbeitswissenschaft e. V., GfA (Hrsg.): Neue Konzepte zur Arbeitszeit und Arbeitsorganisation. Bericht zur Herbstkonferenz der Gesellschaft für Arbeitswissenschaft e. V. vom 19. bis 20.10.2011. Dortmund: GfA-Press, 2011, S. 57–61
Jaeger, C.: Alternsgerechter Schichtplan und altersgemischte Teams in einer Werft. In: Gesellschaft für Arbeitswissenschaft e. V., GfA (Hrsg): Chancen durch Arbeits-, Produkt- und Systemgestaltung – Zukunftsfähigkeit für Produktions- und Dienstleistungsunternehmen. Bericht der Gesellschaft für Arbeitswissenschaft e. V. zum 59. Frühjahrskongress vom 27.02. – 1.03.2013. Dortmund: GfA-Press, 2013, S. 605–608
Jaeger, C.: Vollkontinuierliches flexibles Schichtsystem in der Produktion – 12 Jahre Erfahrung bei Infineon am Standort Warstein. In: Betriebspraxis & Arbeitsforschung (2012), Nr. 214, S. 42–48
Knauth, P.; Hornberger, S.: Schichtarbeit und Nachtarbeit. München: Bayerisches Staatsministerium für Arbeit und Sozialordnung, 1997
Begger, M.; Leifhelm, B.; Lennings, F.: (Arbeitszeit-)Flexibilität in der Praxis – mit und ohne Zeitkonto. In: Betriebspraxis & Arbeitsforschung (2013), Nr. 218, S. 26–31
Wirtz, A.; Bundesanstalt für Arbeitsschutz und Arbeitsmedizin (Hrsg.): Gesundheitliche und soziale Auswirkungen langer Arbeitszeiten. Dortmund: Bundesanstalt für Arbeitsschutz und Arbeitsmedizin, 2010
Zulley, J.; Knab, B.: Die kleine Schlafschule – Wege zum guten Schlaf. 8. Auflage. Freiburg im Breisgau: Verlag Herder, 2002

9.5 Lebenssituationsspezifische Arbeitszeitgestaltung

Worum geht es in diesem Beitrag?
Sie erfahren, wie lebenssituationsspezifische Arbeitszeitgestaltung Mitarbeitern hilft, Volumen und Lage der Arbeitszeit an ihre persönliche aktuelle Lebenssituation anzupassen. Ein wichtiger Aspekt in Zeiten knapper werdender Personalressourcen: Betriebe, die in dieser Weise auf ihre Mitarbeiter eingehen, zeigen damit Wertschätzung. Das bindet Mitarbeiter an das Unternehmen und motiviert sie. Das belegt auch das Praxisbeispiel der Phoenix Contact GmbH in diesem Abschnitt. Das konzerngroße Familienunternehmen bietet eine Vielzahl individueller und flexibler Arbeitszeitregelungen.

Grundsätzlich gilt: Der Betriebszeitbedarf des Unternehmens muss dabei zuverlässig abgedeckt bleiben. Und attraktive und begehrte Arbeitszeitfenster müssen unter den Mitarbeitern gerecht und geregelt verteilt werden.

Überblick:
- Was ist lebenssituationsspezifische Arbeitszeitgestaltung?
- Welchen Nutzen bietet lebenssituationsspezifische Arbeitszeitgestaltung?
- Wie können Arbeitszeiten lebenssituationsspezifisch gestaltet werden?
- Worauf müssen Sie achten? Welche Hürden könnten auftreten?
- Praxisbeispiel

Was ist lebenssituationsspezifische Arbeitszeitgestaltung?
Lebenssituationsspezifische Gestaltung der Arbeitszeit berücksichtigt besondere Umstände der individuellen Situation von Mitarbeitern und versucht, deren Arbeitszeiten daran anzupassen. So sollen Mitarbeiter zum einen trotz zeitlicher Einschränkungen zum Beispiel aus privaten Gründen weiter eingesetzt werden können. Zum anderen sollen individuelle Arbeitszeitvorlieben und -wünsche von Mitarbeitern berücksichtigt werden (Lennings 2013).

Beispiele für Zeitrestriktionen von Mitarbeitern sind:

- Kinderbetreuung,
- Pflege von Angehörigen,
- Arbeitszeiten des (Ehe-)Partners,
- Weiterbildungs- und Qualifizierungsmaßnahmen,
- Verkehrsanbindung, Fahrplan und Fahrzeiten und/oder
- ehrenamtliche Tätigkeit (zum Beispiel Freiwillige Feuerwehr) und vieles mehr.

Beispiele für besondere Vorlieben und Wünsche sind:

- möglichst früher oder später Arbeitszeitbeginn,
- Viertagewoche ohne Freitag, weil Arbeitsort und Wohnort der Familie weit voneinander entfernt sind,
- häufige zwei- bis dreimonatige Abwesenheit wegen Fernreisen und vieles mehr.

Welchen Nutzen bietet lebenssituationsspezifische Arbeitszeitgestaltung?
Lebenssituationsspezifische Arbeitszeitgestaltung unterstützt die Unternehmen dabei, ihren Personalbedarf auch im demografischen Wandel langfristig zu sichern. Folgen dieses Wandels auf betrieblicher Ebene sind:

- Die Mitarbeiter verbleiben durchschnittlich länger als bisher im Betrieb, und das Durchschnittsalter der Belegschaften vieler Betriebe wird zunehmen.
- Auf dem Arbeitsmarkt sind weniger junge Mitarbeiter verfügbar.

Diese Aussagen beschreiben die generelle Tendenz. Regional sowie branchen- oder unternehmensbezogen sind immer auch andere Entwicklungen möglich.

Die lebenssituationsspezifische Arbeitszeitgestaltung kann die Zufriedenheit und die Motivation der Mitarbeiter erhöhen. Zudem steigern solche Arbeitszeitmodelle die Attraktivität des Unternehmens als Arbeitgeber und helfen,

- Mitarbeiter stärker an das Unternehmen zu binden,
- Mitarbeiter präventiv zu entlasten und
- neue Mitarbeiter zu gewinnen.

Die „Generation Y" – also die zwischen 1980 und 2000 Geborenen – löst derzeit die Generation der Babyboomer auf dem Arbeitsmarkt ab. Vielfach wird erwartet, dass die nachrückenden jungen Fach- und Führungskräfte unter anderem auch hinsichtlich der Flexibilisierung von Arbeitsort und -zeit künftig höhere Ansprüche stellen werden. Je nach Situation müssen Betriebe, die ihren Fachkräftebedarf sichern wollen, solche Erwartungen bei der Arbeitszeitgestaltung genauso berücksichtigen wie gesundheitliche oder situativ bedingte Beeinträchtigungen. Unter anderem kann davon ausgegangen werden, dass Mitarbeitern der Generation Y eine starre Anwesenheitskultur überholt erscheint (DGFP 2011, S. 21).

Auch Eltern haben hinsichtlich der Arbeitszeitgestaltung anspruchsvolle Erwartungen an den Staat und die Unternehmen. Wichtige Ergebnisse des Familienmonitors 2012 des Bundesministeriums für Familie, Senioren, Frauen und Jugend sind unter anderem:

- 60% der Eltern von Kindern unter 18 Jahren halten es für eine der wichtigsten politischen Aufgaben, die Vereinbarkeit von Familie und Beruf zu verbessern.
- Etwa 70% sehen Staat und Unternehmen gleichermaßen in der Verantwortung dafür.

- 89% der Bevölkerung, 94% der Väter und 96% der Mütter mit Kindern unter 18 Jahren sind der Meinung, dass familienfreundliche Betriebe flexiblere Arbeitszeiten anbieten sollten (BMFSFJ 2012).

Die positiven Wirkungen lebenssituationsspezifischer Arbeitszeiten und einer familienorientierten Haltung von Unternehmen sind empirisch belegbar. Dies zeigen Ergebnisse einer repräsentativen Unternehmensbefragung zur Vereinbarkeit von Familie und Beruf aus dem Jahre 2012, die das „Forschungszentrum Familienfreundliche Personalpolitik" durchführte. Dabei wurden Personalverantwortliche oder Geschäftsführende aus 944 deutschen Unternehmen zur Familienfreundlichkeit ihres Unternehmens befragt. Aus den Antworten wurde die Familienfreundlichkeit in Form eines zusammenfassenden Indexes ermittelt. Dieser berücksichtigt verschiedene Indikatoren aus den Dimensionen „Dialog", „Leistung" und „Kultur", in denen unter anderem auch Qualität und Quantität umgesetzter Maßnahmen berücksichtigt werden. Dazu gehörten auch Maßnahmen einer lebenssituationsspezifischen Arbeitszeitgestaltung.

Die Familienfreundlichkeit der Unternehmen wirkt sich positiv auf betriebswirtschaftliche Kennzahlen aus. Unternehmen mit hohem Familienfreundlichkeitsindex haben deutliche Vorteile gegenüber weniger familienfreundlich orientierten Wettbewerbern. Das betrifft nicht nur Fehlzeiten, Fluktuation, Motivation und Produktivität (vgl. Abb. 9.16). Bei der Interpretation dieser Angaben ist jedoch zu beachten, dass die Unternehmen mit einem hohen Familienfreundlichkeitsindex sich nicht auf familienfreundliche und lebenssituationsspezifische Arbeitszeitgestaltung beschränken. Sie pflegen insgesamt eine familienfreundliche Kultur, die für die Mitarbeiter glaubhaft und spürbar ist.

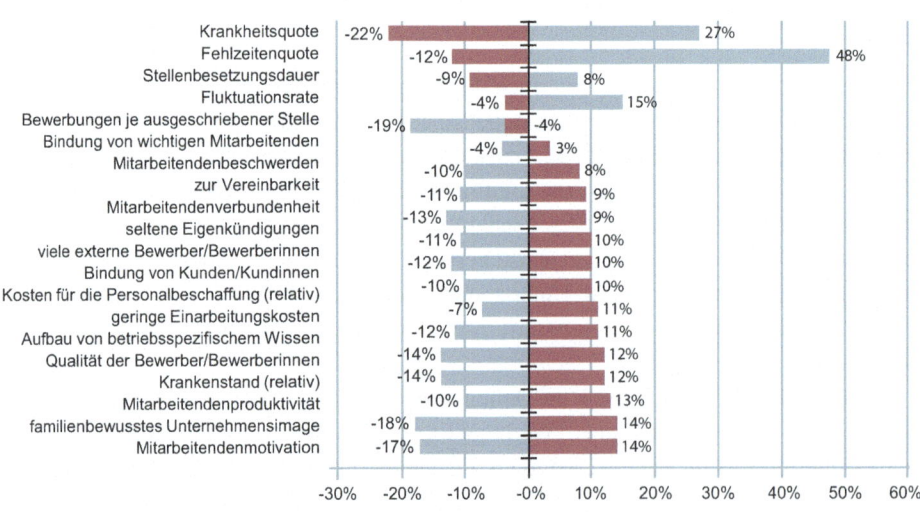

Abb. 9.16 Prozentuale Abweichungen vom Gesamtmittelwert, Vergleich der Mittelwerte von den oberen und unteren 25% der Unternehmen mit der höchsten und der niedrigsten Familienfreundlichkeit. (Gerlach et al. 2013, S. 7) Mit freundlicher Genehmigung der berufundfamilie gGmbH.

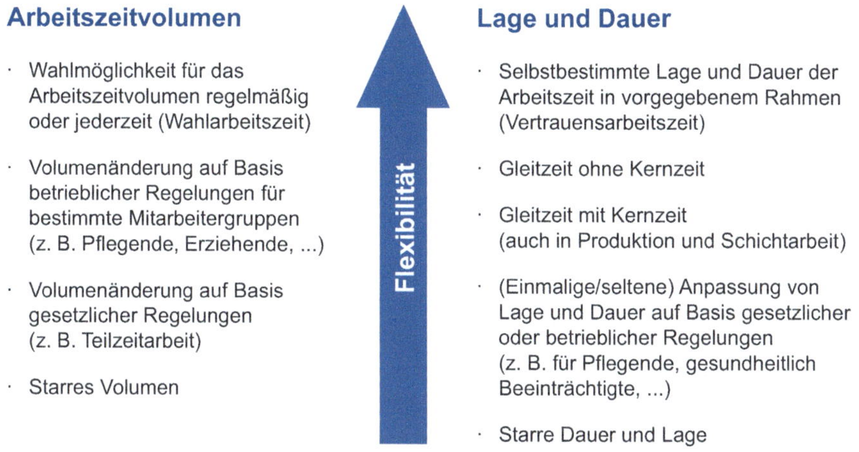

9 Handlungsfeld „Arbeitszeit gestalten"

Arbeitszeitvolumen

- Wahlmöglichkeit für das Arbeitszeitvolumen regelmäßig oder jederzeit (Wahlarbeitszeit)
- Volumenänderung auf Basis betrieblicher Regelungen für bestimmte Mitarbeitergruppen (z. B. Pflegende, Erziehende, ...)
- Volumenänderung auf Basis gesetzlicher Regelungen (z. B. Teilzeitarbeit)
- Starres Volumen

Flexibilität ↑

Lage und Dauer

- Selbstbestimmte Lage und Dauer der Arbeitszeit in vorgegebenem Rahmen (Vertrauensarbeitszeit)
- Gleitzeit ohne Kernzeit
- Gleitzeit mit Kernzeit (auch in Produktion und Schichtarbeit)
- (Einmalige/seltene) Anpassung von Lage und Dauer auf Basis gesetzlicher oder betrieblicher Regelungen (z. B. für Pflegende, gesundheitlich Beeinträchtigte, ...)
- Starre Dauer und Lage

Abb. 9.17 Flexibilisierungsmöglichkeiten für Volumen sowie Lage und Dauer der Arbeitszeit

Wie können Arbeitszeiten lebenssituationsspezifisch gestaltet werden?
Grundsätzlich eignen sich dafür alle Maßnahmen, die Mitarbeitern die Möglichkeit bieten, das Volumen ihrer Arbeitszeit und/oder die Lage und die Dauer ihrer Arbeitseinsätze zu wählen oder zu beeinflussen. In Abb. 9.17 sind exemplarisch jeweils einige Lösungen mit unterschiedlicher Flexibilität benannt, die vielfältig miteinander kombinierbar sind. Zum Beispiel jährlich wählbares Arbeitszeitvolumen mit starrer Verteilung, starres Volumen mit selbstbestimmter Lage und Dauer oder Teilzeitarbeit mit Gleitzeit ohne Kernzeit.

Unterschiedliche Flexibilitätsstufen für das Arbeitszeitvolumen sind beispielsweise

- starres Volumen,
- flexibles Volumen im Rahmen gesetzlicher Regelungen (z. B. Teilzeitarbeit),
- flexibles Volumen im Rahmen betrieblicher Regelungen,
  - zum Beispiel bedarfsbezogene Regelungen für bestimmte Personengruppen oder
  - Regelungen für alle Mitarbeiter mit regelmäßiger oder ständiger Wahlmöglichkeit (z. B. Wahlarbeitszeit).

Die Flexibilität nimmt in der Reihenfolge der Aufzählung zu.

In sogenannten Wahlarbeitszeitsystemen können Mitarbeiter ihre vertragliche Arbeitszeit innerhalb eines definierten Rahmens wählen. Das ist natürlich auch bei gesetzlich geregelter Teilzeitarbeit möglich. Wahlarbeitszeit räumt den Mitarbeitern diese Möglichkeit jedoch selbstverständlich und regelmäßig ein. Im Sommer 2011 fand das Wahlarbeitszeitmodell der Firma Trumpf Beachtung in den Medien (vgl. auch Abschn. 9.4 „Ergonomische Arbeitszeitgestaltung – altersgerechte Arbeitszeiten"). Das Modell wird nach wie vor über die Unternehmensgrenzen hinaus aufmerksam beobachtet. Es erhöht die Attraktivität des Unternehmens als Arbeitgeber: Die Anzahl der Bewerber stieg um 30 %, obwohl in der Region weitere beliebte Arbeitgeber um Fachkräfte werben (Miller 2011, S. 21 ff.).

Wahlarbeitszeitsysteme sind unter bestimmten Voraussetzungen auch im Schichtbetrieb mit überschaubarem Aufwand zu realisieren. Bei Schichtarbeit ergibt sich die Wochenarbeitszeit der Mitarbeiter aus dem Schichtplan. Vor allem Schichtpläne, welche die arbeitswissenschaftlichen Empfehlungen berücksichtigen (vgl. Abschn. 9.3 „Ergonomische Arbeitszeitgestaltung – Nacht- und Schichtarbeit") haben häufig Arbeitszeiten, die viele tariflich vereinbarte Wochenarbeitszeiten unterschreiten. Dann müssen zusätzlich „Einbringschichten" geleistet werden, um das „Arbeitszeitdefizit" auszugleichen. Manchmal sind die Einbringschichten aus betrieblicher Sicht unbedingt erforderlich und fest eingeplant. Ist dies nicht der Fall, so kann Mitarbeitern die Wahl eingeräumt werden, zugunsten einer Teilzeitbeschäftigung ganz oder teilweise auf die Einbringschichten zu verzichten – vgl. „Praxisbeispiel ThyssenKrupp Rasselstein" im oben genannten Abschnitt.

Bei Wahlarbeitszeit haben alle Mitarbeiter die Möglichkeit, ihr Arbeitszeitvolumen innerhalb bestimmter Grenzen zu wählen. Andere betriebliche Vereinbarungen knüpfen die Flexibilisierungsmöglichkeit oft an bestimmte Voraussetzungen, zum Beispiel Alter über 58 Jahre oder Absolvierung einer beruflichen Weiterbildung. Lösungen im Rahmen gesetzlicher Regelungen wie zum Beispiel Teilzeitarbeit bieten ebenfalls Flexibilisierungsmöglichkeiten, jedoch nur, soweit „betriebliche Gründe nicht entgegenstehen". Die Vereinbarkeit mit betrieblichen Belangen ist natürlich auch Voraussetzung für praktikable betriebliche Vereinbarungen. Mit dem Abschluss der Vereinbarung sendet das Unternehmen jedoch ein verbindlicheres Signal an die Mitarbeiter und bringt ihnen erkennbar Wertschätzung entgegen.

Modelle mit unterschiedlichen Flexibilitätsgraden für die Lage und Dauer der täglichen Arbeitseinsätze sind beispielsweise

- starre und unveränderbare Lage und Dauer,
- Sonderregelungen für bestimmte Mitarbeitergruppen,
- Gleitzeit mit Kernzeit (auch in Produktion und Schichtarbeit),
- Gleitzeit ohne Kernzeit oder
- Vertrauensarbeitszeit.

Diese Modelle sind bekannt und in Abschn. 9.2 sowie der Literatur ausführlich beschrieben (z. B. Erlewein et al. 2001; Schlaffke et al. 2000; Kutscher et al. 1996). Welche Option im Einzelfall besonders geeignet ist beziehungsweise welche Kombination in Abb. 9.15 die beste Lösung für ein Unternehmen ist, richtet sich nach dem Flexibilitätsbedarf, den bisher praktizierten Lösungen und der Unternehmenskultur. Die Lösung sollte so viel Flexibilität wie nötig und nicht so viel wie möglich bieten. Mehr ist hier nicht automatisch besser.

Auch bewährte und seit langem verbreitete Modelle, wie flexible Arbeitszeiten mit Zeitkonten, helfen, private und berufliche Belange besser zu vereinbaren. In einer Befragung von 1 079 Mitarbeitern aus 322 Unternehmen der deutschen Metall- und Elektroindustrie im Jahr 2012 waren 64 % der befragten Mitarbeiter der Meinung, dass sich Beruf und Familie dadurch besser vereinbaren lassen. Dabei waren unter den Befragten auch Mitarbeiter mit starren Arbeitszeiten. Von den Mitarbeitern mit flexiblen Arbeitszeiten waren sogar 73 % dieser Meinung (GESAMTMETALL 2013).

Ein Beispiel für den Personaleinsatz mit Wunschdienstplänen bietet die Flugsicherheit am Flughafen Frankfurt. Betriebszeiten und Personalbedarf je Tag und Uhrzeit sind definiert, und alle benötigten Stunden kommen in einen „Topf". Daraus sucht sich jeder Beschäftigte Schichtblöcke aus und legt sich für 6 Wochen fest. Gibt es für bestimmte Zeiten zu viele Interessenten, müssen sie sich in der nächsten Runde abwechseln. Niemand kann ein bestimmtes Wunschmuster dauerhaft für sich beanspruchen (Meise 2010).

Worauf müssen Sie achten? Welche Hürden könnten auftreten?
Lebenssituationsspezifische Arbeitszeitmodelle müssen sowohl die benötigte Flexibilität der Unternehmen als auch die der Mitarbeiter berücksichtigen. Akzeptierte und „gelebte" Vereinbarungen müssen sichern, dass Unternehmens- und Mitarbeiterinteressen ausgewogen berücksichtigt sind.

Unter günstigen Voraussetzungen können sehr viele der individuellen Arbeitszeitbelange berücksichtigt werden, ohne dass es Probleme gibt, den Betriebszeitbedarf abzudecken. In dem Fall passen Betriebszeitbedarf sowie die Mischung der Belegschaftsmitglieder mit ihren jeweiligen individuellen Bedürfnissen gut zusammen. Das wird jedoch nicht immer der Fall sein. Dann müssen Regeln für die Arbeitszeitverteilung sichern, dass der Betriebszeitbedarf des Unternehmens zuverlässig abgedeckt und Arbeitszeitbelange der Mitarbeiter gerecht erfüllt werden. Bei Sonderregelungen für bestimmte Personengruppen müssen zunächst die Voraussetzungen definiert werden. Interessenten müssen belegen, dass sie die Voraussetzungen erfüllen. Alle bewilligten Sonderarbeitszeiten müssen befristet und an die Erfüllung der Voraussetzungen gebunden sein. Entfallen die Voraussetzungen, so muss auch der Anspruch auf besondere Arbeitszeiten entfallen. Diese Nischen dürfen nicht aus Gewohnheit oder Bequemlichkeit von einzelnen Personen dauerhaft besetzt bleiben, sondern müssen denen zur Verfügung stehen, die sie jetzt benötigen – siehe Praxisbeispiel Phoenix Contact GmbH.

Lösungen und Elemente von Arbeitszeitsystemen anderer Unternehmen sollten nicht unreflektiert übernommen werden. Grundsätzlich muss zunächst ermittelt werden, wie viel Flexibilität im jeweiligen Fall erforderlich und sinnvoll ist. Die Lösung sollte mit bisher praktizierten Lösungen und der Unternehmenskultur vereinbar sein.

Die Berücksichtigung individueller Arbeitszeitwünsche insbesondere hinsichtlich Lage und Dauer der Einsätze kann aufwändig und komplex sein. Vielfach gibt es keine Standardlösungen, und Einzelfälle können spezielle Maßnahmen erfordern – bis hin zu Versetzungen und Qualifizierungen. Selbstorganisation als Gestaltungsprinzip kann die Planung erheblich vereinfachen und den Aufwand reduzieren.

Die Zusammensetzung der Belegschaft und die individuelle Situation ihrer Mitglieder ändern sich ständig. Auch der Betriebszeitbedarf ist nicht starr, sondern infolge der Volatilität der Märkte ständig in Bewegung. Lösungen können deshalb nicht ewig halten, sondern erfordern ständige Beobachtung und Entwicklung.

Weiterführende Informationen, Links
Bundesvereinigung der Deutschen Arbeitgeberverbände, BDA (2013): Tarifpolitik für familienbewusste Arbeitszeiten. Bundesverband der deutschen Arbeitgeber und Erfolgsfaktor Familie (Hrsg.). Berlin. Download: http://www.arbeitgeber.de/www/arbeitgeber.nsf/res/9CFBC83F2C7E89B9C1257B2C0034ADDC/$file/Tarifpolitik_fuer_Familienbewusste_Arbeitszeiten.pdf [31.03.2014]
www.erfolgsfaktor-familie.de [31.03.2014]
http://www.hessenstiftung.de [31.03.2014]
www.gesetze-im-internet.de [31.03.2014]
http://www.beruf-und-familie.de [31.03.2014]

Literatur
Deutsche Gesellschaft für Personalführung e. V., DGFP (Hrsg.): Zwischen Anspruch und Wirklichkeit. Generation Y finden, fördern und binden. Praxispapier 9/2011. Düsseldorf: Deutsche Gesellschaft für Personalführung, 2011, S. 21, verfügbar unter: http://static.dgfp.de/assets/publikationen/2011/GenerationY-finden-foerdern-binden.pdf [31.03.2014]
Erlewein, M.; Hofmann, A. u. a.; Institut für angewandte Arbeitswissenschaft (Hrsg.); GESAMTMETALL (Hrsg.): Arbeitszeit – so geht's! Köln: edition agrippa, 2001
Gerlach, I. u. a.: Ergebnisse der repräsentativen Unternehmensbefragung zur Vereinbarkeit von Familie und Beruf. Münster: Forschungszentrum Familienbewusste Personalpolitik, 2013, verfügbar unter: http://www.beruf-und-familie.de/system/cms/data/dl_data/cceec679f8b9d168cc4733118defb432/Kurzfassung_Unternehmensbefragung_2013.pdf [31. 03.2014]
Institut für Demoskopie Allensbach – Gesellschaft zum Studium der öffentlichen Meinung mbH; GESAMTMETALL (Hrsg.): Die Metall- und Elektroindustrie im Wandel. Berlin: GESAMTMETALL, 2013, S. 55
Kutscher, J.; Weidinger, M.; Hoff, A.: Flexible Arbeitszeitgestaltung. Praxishandbuch zur Einführung innovativer Arbeitszeitmodelle. Gabler: Wiesbaden, 1996
Lennings, F.: Arbeitszeit- und Schichtsystemgestaltung. In: Hentrich, J. (Hrsg.); Latniak E. (Hrsg.): Rationalisierungsstrategien im demografischen Wandel. Handlungsfelder, Leitbilder und Lernprozesse. Wiesbaden: Springer Gabler, 2013, S. 199–226
Meise, S.: Spielräume. In: Brand Eins (2010), Nr. 12, S. 80–83
Miller, M.: Drei Bausteine für die Arbeitszeit nach Wunsch. Mehr Kapazität an Bord. In: Personalmagazin (2011), Nr. 10, S. 22–23
Schlaffke, P.; Erlewein, M.; Hofmann, A. u. a.; Institut für angewandte Arbeitswissenschaft (Hrsg.); GESAMTMETALL (Hrsg.): Arbeitszeit. Köln: edition agrippa, 2000

Praxisbeispiel Phoenix Contact GmbH & Co. KG

Das Unternehmen
Das Familienunternehmen Phoenix Contact ist weltweit Marktführer und Innovationsträger in der Elektrotechnik, Elektronik und Automation. Für Phoenix Contact sind mehr als 12 900 Mitarbeiter im Einsatz. Das Unternehmen erzielte 2013 einen Umsatz von 1,64 Mrd. €. Am Stammsitz in Blomberg, Nordrhein-Westfalen, ist ungefähr ein Drittel der gesamten Belegschaft beschäftigt. Zur Phoenix-Contact-Gruppe gehören neun Unternehmen, 52 eigene Vertriebsgesellschaften im Ausland und mehr als 30 Vertretungen in Europa und Übersee.

9 Handlungsfeld „Arbeitszeit gestalten"

Ausgangslage
Die Arbeitszeitgestaltung ist eingebettet in eine aktiv gelebte Unternehmens- und Führungskultur, die sich an der Unabhängigkeit für unternehmerische Entscheidungen sowie einem partnerschaftlich vertrauensvollen Umgang mit Kunden, Geschäftspartnern und Mitarbeitern ausrichtet. Das Unternehmen übernimmt soziale Verantwortung für die Arbeitsplätze der Mitarbeiter und die Region. Zu den Zielen von Phoenix Contact gehört es, qualifizierte Mitarbeiter zu gewinnen, zu entwickeln, ihre Leistungsfähigkeit zu erhalten und sie an das Unternehmen zu binden. Dies ist auch in den Unternehmensprinzipien verankert. Zahlreiche aktuelle und wiederholte Auszeichnungen unter anderem in den Programmen „Top-Arbeitgeber für Ingenieure", „Great Place to Work" oder „TOP JOB" belegen den Erfolg der Maßnahmen.

Lebenssituationsspezifische und alternsgerechte Arbeitszeitgestaltung bei Phoenix Contact
Die Arbeitszeitmodelle bei Phoenix Contact sind so gestaltet, dass das Unternehmen bei Bedarf hohe Betriebszeitflexibilität erreicht, um auf dem globalen Markt schnell und flexibel reagieren zu können. Auf der anderen Seite unterstützen die Arbeitszeitmodelle die Bedürfnisse der Mitarbeiter und ihre private Zeitgestaltung.

Gleitzeit
Um den Mitarbeitern Freiraum und Eigenverantwortung bei der Arbeit zu ermöglichen, berücksichtigen die Arbeitszeitmodelle einen großen Zeitkorridor ohne Kernzeiten und feste Pausen. So können die Mitarbeiter ihre Arbeitskraft entsprechend der Auftragssituation und ihrer eigenen Bedürfnisse einsetzen. Bei Phoenix Contact gibt es zwei Gleitzeitkorridore. Die meisten Angestellten sind im Korridor 1 tätig, der um 6 Uhr beginnt und um 20 Uhr endet. Er bietet einen Spielraum von 14 Stunden. Korridor 2 mit einem Gestaltungsraum von 10 Stunden beginnt um 12 Uhr und endet um 22 Uhr. Hier sind vor allem Mitarbeiter tätig, die mit Partnern außerhalb der mitteleuropäischen Zeitzone zusammenarbeiten.

Alle Mitarbeiter in Vollzeit haben einen Arbeitszeitkontorahmen von −70 Stunden bis + 140 Stunden. Dieser Rahmen wird bei Beschäftigten in Teilzeit proportional zum Stundenvolumen angepasst.

In besonderen Lebenssituationen können Mitarbeiter bis zu 210 Stunden aufbauen. Diese Stunden werden beispielsweise für Weiterbildung oder Hausbau genutzt. Dabei muss der Wunsch für die längerfristige Nutzung des Zeitkontos betrieblich abbildbar sein und mit dem Vorgesetzten vereinbart werden. Darin ist ein individueller Auf- und Abbauplan für die Stunden festgelegt. Im Jahr 2012 nutzten knapp 80 Mitarbeiter am Standort Blomberg diese Regelung.

Teilzeit
Vielfältige Teilzeitmodelle ermöglichen, das Arbeitszeitvolumen individuell zu reduzieren. Arbeitsabläufe müssen dabei uneingeschränkt aufrechterhalten werden. Die Mitarbei-

ter können zum einen vollzeitnah in einer Viertagewoche arbeiten. Pro Tag werden durchschnittlich sieben Stunden und in der Woche dann 28 Stunden gearbeitet. Zum anderen gibt es die „Turnusteilzeit", in der Mitarbeiter eine volle Woche arbeiten und dann eine Woche nicht arbeiten. Dabei teilen sich zwei Mitarbeiter in Teilzeit einen Arbeitsplatz. Die Wochenarbeitszeit liegt dann niedriger, nämlich bei 17,5 Stunden.

Teilzeitarbeit ist auch für Mitarbeiter im Schichtbetrieb möglich. Insgesamt gab es 2012 über 33 Schichtarbeitszeitmodelle, davon 15 in Teilzeit. Ein Grundmuster hierfür ist, Früh- und Spätschichten in zwei vierstündige Schichten zu zerlegen, sodass sich zwei Mitarbeiter eine Schicht teilen. Es besteht zusätzlich die Möglichkeit, zu Beginn und Ende der Schichten in Abstimmung mit den Kollegen jeweils +/- 1 Stunde zu gleiten. Bei Schichtarbeit in Vollzeit beträgt der Spielraum für Gleitzeit zu Beginn und Ende der Schicht +/- 2 Stunden, wobei die tägliche Höchstarbeitszeit von 10 Stunden nicht überschritten werden darf. Die Gleitzeit muss vorher zwischen den sich ablösenden Mitarbeitern abgestimmt werden. Arbeitsplätze müssen besetzt sein und betriebliche Abläufe ungestört bleiben.

Im Jahr 2012 arbeiteten etwa 10 % der Mitarbeiter in Teilzeit, die Mehrzahl davon waren Mitarbeiterinnen. Im Schichtbetrieb sind etwa 20 % in Wechselschichtsystemen mit den zuvor genannten Teilzeitschichten tätig.

Insgesamt nutzen die Mitarbeiter am Standort Blomberg derzeit 19 unterschiedliche Arbeitszeitmodelle für Vollzeitkräfte mit Gleitzeit sowie 33 Modelle für Vollzeitmitarbeiter im Schichtbetrieb. Teilzeitmitarbeiter nehmen derzeit 66 Gleitzeitmodelle im administrativen Bereich und 15 Schichtmodelle in der Produktion in Anspruch. In diesen Zahlen sind auch Lösungen enthalten, die für einzelne Mitarbeiter aufgrund der Betriebsvereinbarung „Individuelle Arbeitszeiten" (siehe im Folgenden) eingerichtet wurden.

Homeoffice
Mitarbeiter, deren Aufgaben nicht unbedingt eine permanente Präsenz im Unternehmen erfordern, können auch zu Hause tätig sein. Das gilt beispielsweise für Hard-, Softwaresowie Konzept-Entwickler oder Mitarbeiter im Außendienst. Als Korridor für Telearbeit wurde definiert:

- mindestens 20 % Tätigkeit im Betrieb,
- mindestens 50 % Tätigkeit zu Hause.

Diese Regelung bietet Mitarbeitern viel Freiraum, um betriebliche und private Interessen ausgewogen zu berücksichtigen. Im Jahre 2012 nutzten am Standort Blomberg 85 Personen diese Möglichkeit.

Möglichkeiten der individuellen Arbeitszeitgestaltung
Die Betriebsvereinbarung „Individuelle Arbeitszeiten" bietet Mitarbeitern eine individuelle Arbeitszeit mit der Unterstützung des Unternehmens entsprechend ihrer persönlichen Bedürfnisse, unter anderem wenn

- Kinder mit einem Alter unter 12 Jahren zu betreuen sind,
- Angehörige zu pflegen sind und mindestens Pflegestufe 1 vorliegt,
- gesundheitliche Einschränkungen auftreten, die vom behandelnden Arzt und dem Betriebsarzt attestiert sind,
- medizinische Therapien erforderlich sind, die nur in der regulären Arbeitszeit durchgeführt werden können,
- Mitarbeiter älter als 58 Jahren sind oder
- umfangreiche beruflich orientierte Weiterbildungen absolviert werden.

Die Betriebsvereinbarung wurde erstmals im Jahr 2000 abgeschlossen. Mitarbeiter, die die Regelung nutzen wollen, stellen einen schriftlichen Antrag. Darin bestätigen sie, dass die genannten Voraussetzungen in ihrem Fall erfüllt sind. Die Bestätigung ist bei Bedarf jährlich zu aktualisieren. Diese Regelung sichert die bedarfsgerechte Verteilung besonderer Arbeitszeiten, die nach Genehmigung einer Befristung unterliegen. Besondere Arbeitszeiten sollen für die Mitarbeiter verfügbar sein, die sie wirklich benötigen.

Individuelle Arbeitszeiten entsprechend der Betriebsvereinbarung erfordern teilweise umfangreiche Maßnahmen bis hin zu Versetzungen, Qualifizierungen und organisatorischen Änderungen. Oft gibt es hierfür keine Standards; vielmehr versuchen die Fachlinie und der Personalbereich, unter Berücksichtigung der betrieblichen Belange, individuelle Lösungen zu erarbeiten.

Einige in der Betriebsvereinbarung geregelte Fälle sind auch gesetzlich berücksichtigt. Die Vereinbarung geht jedoch weiter und signalisiert den Mitarbeitern, dass ihre Belange ernst genommen werden und klare Regelungen vorhanden sind.

Beispiele individueller Arbeitszeiten

Beispiel 1 (individuelle Teilzeit im Büro):
Eine Mitarbeiterin, die Vollzeit im Verwaltungsbereich arbeitete, bekam für ihr Kind keinen Betreuungsplatz in einer Kindertagesstätte. Solange dieses Problem besteht, arbeitet sie montags und dienstags jeweils 8 Stunden an ihrem alten Arbeitsplatz. Ihre Wochenarbeitszeit beträgt 16 Stunden.

Beispiel 2 (individuelle Teilzeit im Schichtbetrieb):
Eine Mitarbeiterin, die in Vollzeit im Dreischichtbetrieb tätig war, kehrt nach der Elternzeit in das Unternehmen zurück. Wegen der Kinderbetreuung kann sie nur noch in der Frühschicht arbeiten und zudem auch erst um 7:00 Uhr mit der Arbeit beginnen. Für sie wurde eine individuelle Lösung entwickelt. Die Mitarbeiterin arbeitet jetzt in einer anderen Produktionswerkstatt, in der ihr eine reine Frühschicht angeboten werden konnte. Sie besetzt den neuen Arbeitsplatz von 7:00 bis 14:00 Uhr mit einer reduzierten Wochenarbeitszeit. Bei Bedarf ist der Arbeitsplatz ab 14:00 Uhr für eine Spätschicht verfügbar.

Beispiel 3 (individuelle Teilzeit im Schichtbetrieb):
Zwei Mitarbeiterinnen teilen sich die Spätschicht. Eine Mitarbeitern nimmt die Betriebsvereinbarung in Anspruch, weil sie älter als 58 Jahre ist. Sie hat die frühe Spätschicht von 14:00 bis 18:00 Uhr gewählt, weil diese gut mit ihrem Tagesrhythmus vereinbar ist. Die späte Spätschicht von 18:00 bis 22:00 Uhr übernimmt eine Mitarbeiterin, die Kinder unter 12 Jahren hat. Ihr Ehemann ist tagsüber berufstätig und betreut die Kinder abends. Die Frühschicht deckt eine Mitarbeiterin ab, die aus gesundheitlichen Gründen nur Frühschichten leisten kann.

Beispiel 4 (individuelle Teilzeit mit Homeoffice):
Eine Mitarbeiterin hat gesundheitliche Einschränkungen, die keine langen Arbeitseinsätze zulassen. Zudem hat sie eine weite Anfahrt zum Unternehmen. Mitarbeiterin, Schwerbehindertenvertretung, Betriebsarzt, Führungskraft und Personalmanagement erarbeiteten gemeinsam eine Lösung mit einer Wochenarbeitszeit von 12 Stunden. Wöchentlich leistet sie dabei drei vierstündige Einsätze. Zudem nutzt sie eine Homeoffice-Vereinbarung, die einen Präsenztag pro Woche im Unternehmen vorsieht.

Bewertung durch die Anwender
Die Mitarbeiter schätzen die flexiblen und individuellen Möglichkeiten der Arbeitszeitgestaltung, die das Unternehmen ihnen bietet. In der Bewertungskategorie „Familienorientierung und Demografie" der Mitarbeiterbefragung des TOP-JOB-Wettbewerbs erzielte das Unternehmen eine der Spitzenbewertungen. Außerdem haben die Mitarbeiter dabei die „flexible und familienfreundliche Arbeitszeitgestaltung" als eine der Stärken des Unternehmens besonders hervorgehoben.

Empfehlungen und Erfahrungen
Arbeitende Menschen haben private Bedürfnisse, die höchst unterschiedlich sein können. Nach Überzeugung des Unternehmens übt die private Situation starken Einfluss auf das berufliche Leistungsvermögen aus. Wenn ein Mitarbeiter das Werkgelände betritt, bringt er neben seiner Arbeitskraft auch seine Sorgen und Nöte mit. Wenn das Unternehmen keine Möglichkeiten bietet, berufliche und private Interessen seiner Mitarbeiter in Einklang zu bringen, können viele Probleme auftreten, aus denen Nachteile für Unternehmen und Mitarbeiter entstehen. Mitarbeiterbefragungen bei Phoenix Contact bestätigen, dass die drei Themen „Unternehmenskultur", „Arbeitszeitsysteme" und „Gesundheit" für die Mitarbeiter einen besonders hohen Stellenwert haben.

Solche Prioritäten sind auch in anderen Unternehmen zu erwarten. Es ist in vielen Fällen vorteilhaft, Arbeitszeitmodelle anzubieten oder zu ermöglichen, welche die privaten Interessen berücksichtigen und so helfen, die Leistungsfähigkeit der Mitarbeiter zu erhalten und zu fördern.

Weiterführende Informationen, Links
Olesch, G.: Erfolgreich mit Personalmanagement. In: Institut für angewandte Arbeitswissenschaft (Hrsg.): Erfolgreich mit Personalmanagement. Köln: Wirtschaftsverlag Bachem, 2010, S. 31–111

9.6 Arbeitszeitkonten zur Unterstützung demografiefester Personalarbeit

Worum geht es in diesem Beitrag?
Sie erfahren, was ein Arbeitszeitkonto ist, wie dieses Instrument zur Erhaltung und Förderung von Leistungsfähigkeit und Leistungsbereitschaft beitragen kann und welche Vorteile sich daraus für Betriebe und Beschäftigte in Anbetracht des demografischen Wandels ergeben können. Es wird dargestellt, wie ein Arbeitszeitkonto funktioniert – und es wird auf rechtliche Rahmenbedingungen sowie mögliche Probleme hingewiesen. Zudem erhalten Sie einen Überblick über unterschiedliche Arten von Arbeitszeitkonten. Dieser Abschnitt bietet auch nützliche Tipps zur Gestaltung eines Arbeitszeitkontos. Unternehmen können durch Arbeitszeitkonten im Auf und Ab der Auftragslage „atmen". Das war ein wichtiges Motiv, warum Airbus in Hamburg sein Kontenmodell eingeführt hat. Ein weiterer wichtiger Aspekt: Das umfassende Angebot bei Airbus sollte im härter werdenden Wettbewerb um Fachkräfte auch das Arbeitgeberimage von Airbus verbessern und Mitarbeiter ans Unternehmen binden. Lesen Sie mehr über das umfassende Angebot an Arbeitszeitkonten und die Erfahrungen damit in einem Praxisbericht.

Überblick:
- Was ist ein Arbeitszeitkonto?
- Welchen Bezug haben Arbeitszeitkonten zu Leistungsfähigkeit und Demografie?
- Wie funktioniert ein Arbeitszeitkonto?
- Welche rechtlichen Aspekte sind zu beachten?
- Welches Arbeitszeitkonto eignet sich für was?
- Wie kann ein unternehmensspezifisches Arbeitszeitkonto entwickelt und eingeführt werden?
- Welche sonstigen Hinweise könnten wichtig sein?
- Wie verbreitet sind Arbeitszeitkonten?
- Praxisbeispiel

Was ist ein Arbeitszeitkonto?
Ein Arbeitszeitkonto ist ein Instrument, das die Gestaltung flexibler Arbeitszeiten im Tages- und im Schichtdienst unterstützt.

Ein Arbeitszeitkonto ähnelt dem Konto bei der Bank. Arbeitnehmer können damit Guthaben ansammeln (Plusbereich) und – wenn vereinbart – auch Schulden machen (Minusbereich). Arbeitszeit kann eingebracht oder abgebucht werden. Entweder in Zeit – dann handelt es sich um ein Zeitkonto – oder in Geld – beim sogenannten Zeitwertkonto beziehungsweise Wertkonto. Unabhängig vom Stand des Arbeitszeitkontos ist das monatliche Entgelt konstant.

Welchen Bezug haben Arbeitszeitkonten zu Leistungsfähigkeit und Demografie?
Flexible Arbeitszeiten sind wichtiger denn je, um internationale Handelsbeziehungen, variierende Auftragslage und lebenssituationsspezifische Zeitbedürfnisse der Beschäftigten miteinander vereinbaren zu können. Arbeitszeitkonten sind ein geeignetes Instrument, um Flexibilitätsspielraum für das Unternehmen und die Beschäftigten zu schaffen, Personalkosten einzugrenzen und Arbeitszeit alternsgerecht sowie lebenssituationsspezifisch zu gestalten.

Durch angepasste Arbeitszeiten können Leistungsgewandelte bis zum Verrentungszeitpunkt einsatzfähig bleiben. Und (Fach-)Kräfte lassen sich eher gewinnen und auch binden, wenn sie ihre Arbeitszeit beeinflussen können.

Bedeutung für die betriebliche Praxis:
- Arbeitszeitkonten verwalten flexible Arbeitszeiten.
- Sie bieten Unternehmen und Beschäftigten Flexibilitätsspielraum zur variablen Verteilung der Arbeitszeit.
- Arbeitszeitkonten fangen Auslastungsspitzen und Auftragstäler auf, schaffen und sichern dadurch Arbeitsplätze.
- Arbeitszeitkonten ermöglichen Beschäftigten, die eigene Arbeitszeit zu beeinflussen, um Beruf und Privatleben besser miteinander zu vereinbaren.
- Als attraktiv empfundene Arbeitszeiten steigern Motivation, Leistungsbereitschaft und Leistungsfähigkeit.
- Sie verbessern das Arbeitgeberimage (Employer Branding) und erleichtern die Gewinnung und Bindung von Mitarbeiter/-innen.
- Mehrarbeit, die durch Freizeit ausgeglichen wird, bietet Spielraum. Arbeitszeit und Leistungsvermögen können so besser aufeinander abgestimmt werden.
- Die Möglichkeit, auf einem Langzeitkonto angesparte Guthaben für einen gleitenden oder vorgezogenen Ruhestand zu nutzen, weckt vor dem Hintergrund der demografischen Entwicklung und der beabsichtigten Verlängerung der Lebensarbeitszeit zunehmendes Interesse bei Unternehmen und Beschäftigten.

Wie funktioniert ein Arbeitszeitkonto?
Ein Arbeitszeitkonto erfasst die Zeit, die von der Soll-Zeit abweicht (Abb. 9.18). Die tatsächlich geleistete Arbeitszeit (Ist) wird mit der zu erbringenden Arbeitszeit (Soll) verrechnet – Abweichungen (plus oder minus) werden auf dem Arbeitszeitkonto festgehalten. Abweichungen vom Soll sind über einen festgelegten Zeitraum auszugleichen, sodass im Durchschnitt die (tarif-)vertraglich vereinbarte Wochenarbeitszeit erreicht ist. Das Arbeitszeitkonto steht dann auf „null".

Ein Zeitkonto wird in Zeit geführt – das heißt: Eine Stunde bleibt eine Stunde. Sie bekommen so viel Zeit heraus, wie Sie hineingegeben haben. Wird aus einem Arbeitszeitkonto mehr herausgenommen als drin ist, so rutscht es in den Minusbereich. Arbeitszeitkonten, die in Zeit geführt werden, sind einfach zu handhaben und werden grundsätzlich

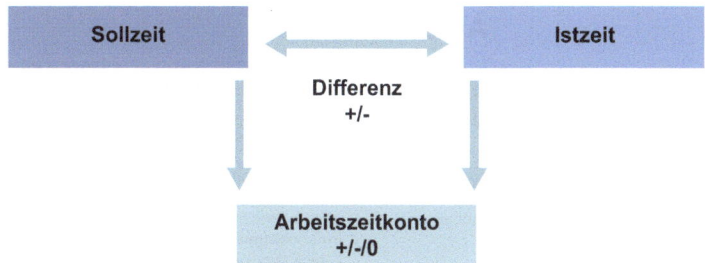

Abb. 9.18 Prinzip eines Arbeitszeitkontos

vom Unternehmen selbst verwaltet. Ein Zeitwertkonto wird in Geld geführt. Eine Stunde wird in den Bruttolohn pro Stunde umgerechnet und ins Konto gebucht. Damit sich der Betrag über möglichst hohe Zinsen vermehrt, wird er als Kapitalanlage angelegt. Wie viel Freistellungszeit Beschäftigte aus dem Wertkonto finanzieren können, hängt von ihrem jeweiligen Bruttostundenlohn und der Verzinsung der Kapitalanlage ab. Weil in Geld geführte Arbeitszeitkonten aufwändiger sind, lassen die meisten Unternehmen ein Wertkonto von einem externen Anbieter verwalten. Aufgrund des Umwandlungsprozesses von Zeit und Geld vereinbaren Unternehmen üblicherweise eine Mindestfreistellungsdauer ab einem Monat. Viele Unternehmen sehen lediglich einen Plusbereich im Sinne eines Ansparmodells vor. Grundsätzlich tritt der Arbeitgeber nicht in Vorleistung, um eine längerfristige bezahlte Freistellung zu finanzieren. Ausnahmen wären in Zusammenhang mit dem Familienpflegezeitgesetz und der Familienpflegezeitversicherung denkbar (Schiefer und Jaeger 2012).

Welche rechtlichen Aspekte sind zu beachten?
Wie groß der Flexibilitätsspielraum eines Arbeitszeitkontos für das Unternehmen und die Beschäftigten ist, hängt hauptsächlich von drei Faktoren ab: den Kontengrenzen (maximale Plus-/Minusstunden), dem Ausgleichszeitraum und dem Steuerungsmechanismus. Letzteres bezieht sich auf den Entscheidungsspielraum von Arbeitgeber und Arbeitnehmer und unter welchen Bedingungen wie viele Stunden auf- und abgebaut werden dürfen. Bei der Gestaltung und Einführung von Arbeitszeitkonten sind gesetzliche, tarifvertragliche oder einzelvertragliche und betriebliche Aspekte zu beachten. Tarifgebundene Unternehmen der Metall- und Elektroindustrie zum Beispiel dürfen Langzeitkonten nur einführen, wenn der regionale Tarifvertrag diese Möglichkeit zulässt.

Lang- und Lebensarbeitszeitkonten, die bis zum 31. Dezember 2008 umgesetzt worden sind, dürfen wahlweise in Zeit oder Geld geführt werden. Mit Einführungsdatum ab dem 1. Januar 2009 oder später gilt das sogenannte „Flexi II"-Gesetz (Gesetz zur Verbesserung der Rahmenbedingungen der sozialrechtlichen Absicherung flexibler Arbeitszeitregelungen). Sie sind als Zeitwertkonto in Geld zu führen. Dabei sind zahlreiche Aspekte aus dem Steuerrecht und dem Sozialversicherungsrecht zu beachten. Regelungen zum Arbeitszeitkonto sind gemäß § 87 Betriebsverfassungsgesetz (BetrVG) mitbestimmungspflichtig. Sie sollten schriftlich festgehalten werden – gerade wenn es weder einen Tarifvertrag noch eine Betriebsvereinbarung gibt –, um für Klarheit zu sorgen.

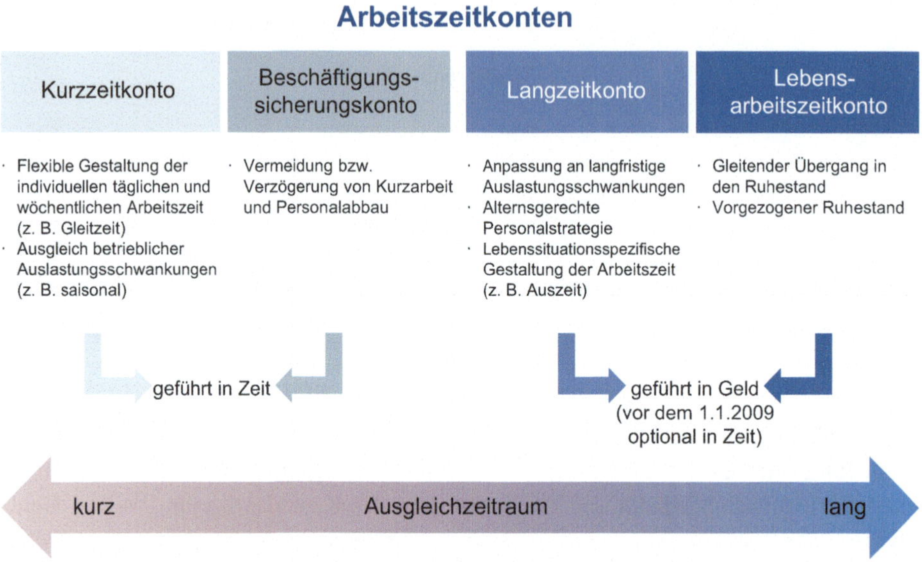

Arbeitszeitkonten

Kurzzeitkonto
- Flexible Gestaltung der individuellen täglichen und wöchentlichen Arbeitszeit (z. B. Gleitzeit)
- Ausgleich betrieblicher Auslastungsschwankungen (z. B. saisonal)

Beschäftigungssicherungskonto
- Vermeidung bzw. Verzögerung von Kurzarbeit und Personalabbau

Langzeitkonto
- Anpassung an langfristige Auslastungsschwankungen
- Altersgerechte Personalstrategie
- Lebenssituationsspezifische Gestaltung der Arbeitszeit (z. B. Auszeit)

Lebensarbeitszeitkonto
- Gleitender Übergang in den Ruhestand
- Vorgezogener Ruhestand

geführt in Zeit

geführt in Geld (vor dem 1.1.2009 optional in Zeit)

kurz ← Ausgleichzeitraum → lang

Abb. 9.19 Arten von Arbeitszeitkonten

Welches Arbeitszeitkonto eignet sich für was?
Arbeitszeitkonten unterscheiden sich nicht nur darin, ob sie in Zeit oder Geld geführt werden. Je nach Ausgleichszeitraum und Verwendungszweck werden Kurz- und Langzeitkonten unterschieden (Abb. 9.19). Die längste Laufzeit hat das Lebensarbeitszeitkonto.

Kurzzeitkonten
Zu den Kurzzeitkonten zählen Gleitzeitkonto und Jahresarbeitszeitkonto. Sie werden genutzt, um die tägliche oder wöchentliche Arbeitszeit flexibel zu gestalten und/oder betriebliche Produktions- und Arbeitszeitzyklen auszugleichen. Somit ist es möglich, einen betrieblichen Arbeitszeitrahmen abzustecken, der Beschäftigten individuellen Gestaltungsspielraum bietet. Das „Flexi II"-Gesetz gilt nicht. Deshalb werden Kurzzeitkonten in Zeit geführt (Tab. 9.2).

Gleitzeitkonto
Der Flexibilitätsspielraum umfasst üblicherweise maximal das Dreifache der (tarif-)vertraglichen Wochenarbeitszeit. Der Ausgleichzeitraum beträgt einen oder mehrere Monate. Einzelne Unternehmen gestalten den Plusbereich größer als den Minusbereich. Dies birgt die Gefahr, dass Beschäftigte verstärkt dazu tendieren, Guthaben zu sammeln und den Minusbereich zu meiden (Details vgl. Praxisbeispiel Airbus Operations GmbH im Anschluss an diesen Beitrag).

9 Handlungsfeld „Arbeitszeit gestalten"

Tab. 9.2 Möglicher Nutzen von Kurzzeitkonten

Betriebliche Flexibilität	Individuelle Flexibilität
Anpassung an kurzzeitige Auslastungsschwankungen (z. B. saisonal)	Einfluss der Beschäftigten auf die eigene Arbeitszeit
Anpassung an Kundenwünsche	Flexible Beginn- und Endzeiten, damit unter anderem weniger Stress auf dem Weg zur Arbeit
Kurze Lieferzeiten	Berücksichtigung persönlicher Zeitbedürfnisse
Reaktion auf unvorhergesehene betriebliche Bedarfe	Zeitnahe Erholung
Keine vermeidbaren Personalkosten durch zuschlagspflichtige Mehrarbeit oder Leerlauf	Verlängerung des Urlaubs durch Gleitzeittage
Gewinnung und Bindung von Beschäftigten und Know-how durch attraktive Arbeitszeitregelungen	

Ampelkonto

Dabei handelt es sich um eine Variante des Gleitzeitkontos. Ampelphasen weisen im Sinne eines „Frühwarnsystems" darauf hin, wenn sich der Stand des Kontos kontinuierlich in eine Richtung bewegt. So können Unternehmen und Beschäftigte frühzeitig reagieren, indem sie betriebliche beziehungsweise persönliche Planungen anpassen (Abb. 9.20).

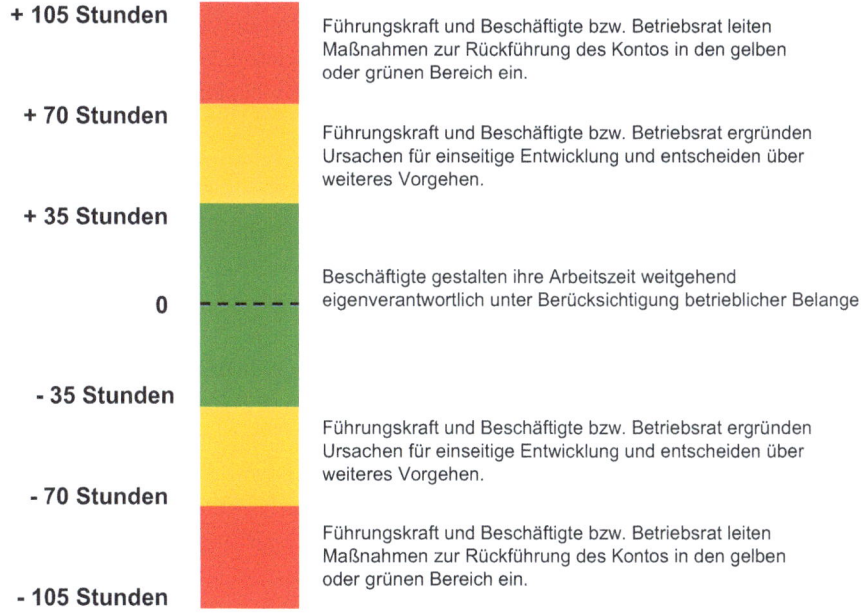

Abb. 9.20 Beispielhaftes Ampelkonto

Jahresarbeitszeitkonto
Grundlage ist die Jahresarbeitszeit, also die vertraglich vereinbarte Anzahl an Stunden, die auf das Jahr hochgerechnet gearbeitet werden muss. Der Arbeitseinsatz der Beschäftigten kann im Rahmen gesetzlicher und tariflicher Regelungen flexibel gestaltet werden. Das Jahresarbeitszeitkonto hat ebenfalls einen Plus- und einen Minusbereich. Die vertraglich vereinbarte Wochenarbeitszeit ist innerhalb von 12 Monaten im Durchschnitt zu erreichen. Statt eine feste Ausgleichsfrist zu setzen, kann auch ein individueller Nulldurchlauf vereinbart werden, bei dem die Ausgleichsfrist von 12 Monaten jedes Mal neu beginnt, wenn das Arbeitszeitkonto des Einzelnen die Nulllinie berührt. Das bietet Unternehmen und Beschäftigten mehr Flexibilitätsspielraum.

Beschäftigungssicherungskonto
Es wird ebenfalls in Zeit geführt. Abweichend vom Jahresarbeitszeitkonto kann der Ausgleichszeitraum jedoch mehr als 12 Monate betragen. Das Beschäftigungssicherungskonto dient dazu, größere Beschäftigungseinbrüche – wie beispielsweise während der Wirtschaftskrise in 2008–2009 – abzupuffern und damit Kurzarbeit und Personalabbau zu verzögern und bestenfalls zu vermeiden (Details vgl. Praxisbeispiel Airbus Operations GmbH).

Langzeitkonten
Demografischer Wandel, Veränderung der Leistungsfähigkeit im Laufe des Lebens und Abstriche bei sozialen Sicherungssystemen stellen Unternehmen vor neue Herausforderungen. Formen der Neugestaltung der Lebensarbeitszeit und flankierende Maßnahmen zur Altersvorsorge gewinnen an Bedeutung. Langzeitkonten und die Variante „Lebensarbeitszeitkonto" haben sich als geeignetes Instrument erwiesen, Unternehmen und Mitarbeitern gleichermaßen mehr Flexibilität in der Arbeitszeitplanung zu ermöglichen und diese stärker an spezifische Lebenssituationen und die individuelle Einsetzbarkeit anzupassen. Grundsätzlich handelt es sich um Ansparmodelle, bei denen es lediglich einen Plusbereich gibt. Diese müssen gegen Insolvenz gesichert werden. Je nach Vereinbarung können neben Plusstunden auch Zeitzuschläge, Urlaubstage und Entgeltbestandteile eingebracht werden (Tab. 9.3).

Langzeitkonto
Eine Entnahme erfolgt über längere Freistellungsphasen – üblicherweise ab einer Dauer von mehr als einem Monat – oder auch in Form längerer Phasen mit reduzierter Wochenarbeitszeit. Der Ausgleich eines Langzeitkontos ist an keinen bestimmten Zeitpunkt gebunden, muss jedoch vor der Verrentung erfolgen. In Absprache mit dem Arbeitgeber könnten Beschäftigte im Laufe ihres Arbeitslebens auch mehrere Ausgleichsphasen nehmen, um die Arbeitszeit an bestimmte Lebenssituationen oder Belastbarkeit anzupassen und somit Motivation und Leistungsfähigkeit zu stärken.

Tab. 9.3 Möglicher Nutzen von Langzeitkonten

Für Unternehmen	Für Beschäftigte
Anpassung an langfristige Auslastungsschwankungen	Bessere Möglichkeit, die Arbeitszeit an verschiedene Lebenssituationen anzupassen:
Optimale Auslastung der Personalkosten und Personalkapazität	Bessere Vereinbarkeit von Beruf und Privatleben (Work-Life-Balance)
Erhöhung von Produktivität und Motivation der Beschäftigten	Verbesserung der Karrierechancen von Erziehenden
Erhalt von Wettbewerbsfähigkeit und Arbeitsplätzen	Individuelle Freiräume für längere Auszeiten ohne Entgelteinbußen (zum Beispiel für Familie/Qualifizierung/Pflege/Langzeiturlaub)
Alternsgerechte Personalstrategie:	Reduzierte Wochenarbeitszeit bei vollem Entgelt (vorübergehend oder als gleitender Übergang in den Ruhestand)
Bindung qualifizierter Frauen mit Kinderwunsch an das Unternehmen	Vorgezogener Einstieg in den Ruhestand ohne lebenslange Rentenabschläge
Unterstützung von Weiterbildungsprogrammen, für die Beschäftigte freigestellt werden	Kompensation der Verlängerung der Lebensarbeitszeit (Rente mit 67) ohne Einkommensverlust
Weiterbeschäftigung Leistungsgeminderter, zum Beispiel mit reduzierter Arbeitszeit, um Belastung und Beanspruchung zu optimieren	Stundung von Steuern und Sozialabgaben (diese fallen erst in der Freistellungsphase an)
Förderung eines gleitenden Überganges in den Ruhestand und Wissensweitergabe	Möglichkeit der Überführung von Wertguthaben in die betriebliche Altersversorgung
Streuung des Verrentungszeitpunktes geburtenstarker Jahrgänge	
Nachrücken junger Beschäftigter durch vorzeitig frei werdende Stellen	

Lebensarbeitszeitkonto

Hierbei handelt es sich um ein spezielles Langzeitkonto. Beim Lebensarbeitszeitkonto muss das Guthaben unmittelbar vor der Rente verwendet werden – entweder durch Freistellung *en bloc* (vorgezogener Ruhestand) oder in Form reduzierter Wochenarbeitszeit (gleitender Übergang in den Ruhestand) (Abb. 9.21). Dadurch können ältere Beschäftigte ihr Know-how auf Nachwuchskräfte übertragen – das hält wichtiges Wissen im Unternehmen. Das Arbeitsverhältnis besteht bis zum Beginn der Rente fort (Details vgl. Praxisbeispiel Airbus Operations GmbH).

Wie kann ein unternehmensspezifisches Arbeitszeitkonto entwickelt und eingeführt werden?

„Das" Arbeitszeitkonto, das für alle Unternehmen passt, gibt es nicht. Ein Arbeitszeitkonto ist anhand unternehmensspezifischer Merkmale zu entwickeln – also quasi maßgeschneidert. Ein erfolgversprechendes Arbeitszeitkonto berücksichtigt sowohl die betrieb-

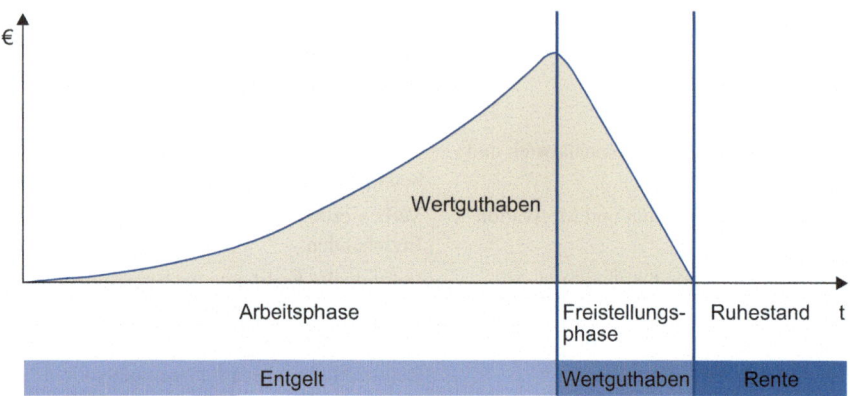

Abb. 9.21 Lebensarbeitszeitkonto geführt in Geld

lichen Belange als auch Interessen der Beschäftigten. Idealerweise sind Geschäftsführung, Betriebsrat und Mitarbeiter an der Entwicklung beteiligt. Der Abschn. 9.7 „Wie Unternehmen ein maßgeschneidertes Arbeitszeitsystem entwickeln können" im Handlungsfeld „Arbeitszeit gestalten" zeigt eine systematische Vorgehensweise unter Beteiligung unterschiedlicher betrieblicher Akteure auf, die auch als Leitfaden zur Entwicklung und Einführung von Arbeitszeitkonten genutzt werden kann.

Festlegung von Rahmenbedingungen
Die Checkliste am Ende dieses Beitrags enthält wichtige Rahmenbedingungen für Arbeitszeitkonten; sie erhebt keinen Anspruch auf Vollständigkeit. Die Ergebnisse einer Ist-Analyse und die Ableitung des betrieblichen und mitarbeiterseitigen Bedarfs bilden die Grundlage für die Festlegung der Rahmenbedingungen. Wie groß der Flexibilitätsspielraum eines Arbeitszeitkontos für das Unternehmen und die Beschäftigten ist, hängt von dessen Rahmenbedingungen ab.

Bei der Entwicklung und Führung von Langzeitkonten – insbesondere Zeitwertkonten – sind weitere, spezifische Rahmenbedingungen festzulegen, zum Beispiel Insolvenzsicherung, Kapitalanlage und Verwaltung. Zudem müssen umfangreiche Vorschriften – unter anderem aus dem Sozialversicherungs- und Steuerrecht – beachtet werden. Um den Rahmen hier nicht zu sprengen, wird auf entsprechende Literatur und Links am Ende dieses Beitrags verwiesen.

Bedeutung für die betriebliche Praxis:
- Ein Arbeitszeitkonto muss maßgeschneidert sein. Die festzulegenden Rahmenbedingungen sind das A und O, um den Bedarf des Unternehmens und seiner Belegschaft zuverlässig und nachhaltig abdecken zu können.
- Eine systematische und transparente Vorgehensweise bei der Entwicklung und Einführung eines Arbeitszeitkontos vermeidet Verunsicherung seitens der Betroffenen und fördert Akzeptanz.

Der Umgang mit flexiblen Arbeitszeiten will gelernt sein. Schulungen der Führungskräfte und Beschäftigten erhöhen die Wahrscheinlichkeit, dass die Arbeitszeitkonten den gewünschten Effekt erzielen.

Welche sonstigen Hinweise könnten wichtig sein?
Sowohl für flexible Arbeitszeiten als auch Arbeitszeitkonten gilt, dass das Prinzip auf Dauer nur funktionieren kann, wenn

- angemessen Personal zur Verfügung steht und
- alle Beteiligten verantwortungsvoll mit Arbeitszeit umgehen.

Einzelne Beschäftigte neigen dazu, Plusstunden anzusammeln, die betrieblich nicht notwendig sind. Entsprechende Regelungen zum Arbeitszeitkonto können dazu beitragen, dem unproduktiven Aufbau von Zeitguthaben vorzubeugen (vgl. Praxisbeispiel Airbus Operations GmbH).

Bezüglich Lang- und Lebensarbeitszeitkonten sei Folgendes angemerkt:

- Es dauert sehr lange, ausschließlich über Plusstunden Wertguthaben anzusparen.
- Regelmäßig und über einen langen Zeitraum Plusstunden zu leisten, kann zu einer höheren Beanspruchung mit negativen Folgen führen und die Work-Life-Balance kippen.
- Insbesondere bei längerfristigen Freistellungen ist eine angemessene Vertretungsregelung zu treffen.
- Das „Flexi II"-Gesetz erlaubt weiterhin eine Überführung von Wertguthaben in die betriebliche Altersversorgung. Dabei müssen jedoch Sozialversicherungsbeiträge abgeführt werden, was die Übertragung weniger attraktiv macht.
- Beim Wechsel des Arbeitgebers kann ein Wertguthaben mitgenommen werden, wenn der zukünftige Arbeitgeber dem zustimmt. Bislang sind wenig Arbeitgeber dazu bereit, unter anderem, weil bei der Freistellung zusätzliche Kosten entstehen können.
- Das „Flexi II"-Gesetz bietet die Möglichkeit, Wertguthaben auf die Deutsche Rentenversicherung Bund zu übertragen.
- Wertguthaben sind vererbbar.

Anhand der verschiedenen Möglichkeiten zur Übertragung gehen Lang- und Lebensarbeitszeitkonten nicht verloren, wenn der ursprüngliche Verwendungszweck – zum Beispiel die Anpassung der Arbeitszeit an eine bestimmte Lebenssituation – nicht realisierbar ist. Sie können alternativ verwendet werden, zum Beispiel für die soziale Absicherung im Alter.

Wie verbreitet sind Langzeitkonten?
Laut Bericht der Bundesregierung über die Auswirkungen des „Flexi II"-Gesetzes (2012) hängt die Nutzung von Zeitwertkonten stark von der Betriebsgröße ab. In Deutschland führen ca. 40.000 Unternehmen (rund 2 %) Zeitwertkonten nach den Regelungen des „Fle-

xi II"-Gesetzes. Dabei handelt es sich überwiegend um größere Unternehmen mit 500 und mehr Beschäftigten (13 %). Am stärksten vertreten sind Chemie- und Metallindustrie. Im öffentlichen Dienst beträgt der Anteil an Wertkonten 7 %.

Ausgewählte Unternehmen, die unterschiedliche Arbeitszeitkonten führen

Kurzzeitkonto und Zeitwertkonto	Airbus Operations GmbH
	Audi AG
	BMW Group
	Continental AG
	Edelstahlwerke Südwestfalen GmbH
	Sick AG
	Trumpf Werkzeugmaschinen GmbH + Co. KG
	VW AG

Weiterführende Informationen, Links
„Flexi I"-Gesetz: Gesetz zur sozialrechtlichen Absicherung flexibler Arbeitszeitregelungen vom 6. April 1998, Bundesgesetzblatt I 1998, Seite 688, www.bit.ly/Z403MZ [01.12.2013]
„Flexi II"-Gesetz: Gesetz zur Verbesserung der Rahmenbedingungen für die Absicherung flexibler Arbeitszeitregelungen und zur Änderung anderer Gesetze vom 21. Dezember 2008, Bundesgesetzblatt I 2008, Seite 2940, www.bit.ly/13lQozW (Gesetzentwurf Bundestagsdrucksache 16/10289, www.bit.ly/14RnHQa; Beschlussempfehlung und Bericht des Ausschusses für Arbeit und Soziales, Bundestagsdrucksache 16/10901: www.bit.ly/17jK7qN) [01.12.2013]
Bericht der Bundesregierung über die Auswirkungen des Gesetzes zur Verbesserung der Rahmenbedingungen für die Absicherung flexibler Arbeitszeitregelungen („Flexi II"-Gesetz) und zur Änderung anderer Gesetze vom 14. März 2012, Bundestagsdrucksache 17/8991, www.bit.ly/ZgJCs9 [01.12.2013]
Forschungsbericht zum „Flexi II"-Gesetz: Evaluation des Gesetzes zur Verbesserung der Rahmenbedingungen für die Absicherung flexibler Arbeitszeitregelungen („Flexi II"-Gesetz), Stand November 2011, www.bit.ly/17KGlYO 0 [01.12.2013]
Vorschriften der Finanzverwaltung: Lohn-/einkommensteuerliche Behandlung sowie Voraussetzungen für die steuerliche Anerkennung von Zeitwertkonten-Modellen, Schreiben des Bundesministeriums der Finanzen vom 17. Juni 2009, Bundessteuerblatt I 2009, Seite 1286, www.bit.ly/12nY6gb [01.12.2013]
Durchführungsvorschriften der Spitzenorganisationen der Sozialversicherung:
Rundschreiben vom 31. März 2009, www.bit.ly/17KGrQb [01.12.2013]
Frage- und Antwortkatalog vom 13. April 2010, www.bit.ly/ZDn2Jn [01.12.2013]
Besprechungsergebnis vom 2./3. November 2010, TOP 5 und TOP 9, www.bit.ly/11IyqaT [01.12.2013]
Besprechungsergebnis vom 23./24. November 2011, TOP 9 und TOP 10, www.bit.ly/ZBBum0 [01.12.2013]
Deutsche Rentenversicherung Bund: Informationen zur Übertragung von Wertguthaben auf die Deutsche Rentenversicherung Bund, www.bit.ly/Ziagqx [01.12.2013]
Broschüre zur „Übertragung von Wertguthaben", www.bit.ly/13lQI1A [01.12.2013]
http://www.arbeitszeitberatung.de/azb.aspx?Sp=0&Dok=06_publikationen/publikationen-inhalt.htm [01.12.2013]

Literatur

Jaeger, C.: Arbeitszeitkonten: „Flexi II"-Gesetz, was neu ist, wie sich dies auswirkt und welcher Handlungsbedarf besteht. In: WOHLFAHRT INTERN, das Entscheider-Magazin für die Sozialwirtschaft (2009), Nr. 3, S. 22–23

Kümmerle, K.; Buttler, A.; Keller, M.: Betriebliche Zeitwertkonten. Einführung und Gestaltung in der Praxis. Heidelberg/München/Landsberg/Berlin: Verlagsgruppe Hüthig Jehle Rehm, 2006

Schiefer, B.; Jaeger, C.: Was bringt das Familienpflegezeitgesetz für die Vereinbarkeit von Pflege und Beruf? In: Betriebspraxis & Arbeitsforschung (2012), Nr. 211, S. 36–39

Checkliste Rahmenbedingungen

Rahmenbedingungen	Beispielhafte Regelungen
Verwendungszweck	
Wofür kann das Arbeitszeitkonto eingesetzt werden?	ZUM BEISPIEL flexible Gestaltung der täglichen und wöchentlichen Arbeitszeit beziehungsweise der Lebensarbeitszeit, Arbeitszeitabbau vor der Anordnung von Kurzarbeit; hiervon ausgenommen sind Lebensarbeitszeitkonten
Kontengrenzen	
Wie viele Plusstunden, wie viele Minusstunden darf das Arbeitszeitkonto maximal enthalten?	ZUM BEISPIEL das Dreifache der (tarif-)vertraglichen Wochenarbeitszeit/die Dauer der verbleibenden Zeit bis zum regulären Verrentungszeitpunkt
Wo liegen die Plus-/Minusgrenzen der grünen, gelben und roten Phase eines Ampelkontos?	ZUM BEISPIEL nach der ein-, zwei- und dreifachen Wochenarbeitszeit
Ausgleichszeitraum	
Wann hat das Arbeitszeitkonto auf „null" zu stehen?	ZUM BEISPIEL spätestens am Ende eines Quartals oder auch des Arbeitslebens
Zeiterfassung	
Wie wird die Ist-Zeit erfasst?	ZUM BEISPIEL Handaufschreibung, Excel-Tabelle, elektronisches Zeiterfassungssystem
Information	
Wie werden die Beschäftigten über den Stand ihres Arbeitszeitkontos informiert?	ZUM BEISPIEL durch von der Personalabteilung erstellte Übersichten, ein Tabellen-Tool per Computer, durch ein elektronisches Zeiterfassungssystem
Steuerung	
In welchem Zeitraum dürfen wie viele Plusstunden ins Konto gebucht werden?	ZUM BEISPIEL maximal drei Plusstunden pro Woche/bis zu 12 zusätzliche Schichten pro Beschäftigten und Jahr
Was darf sonst noch ins Arbeitszeitkonto eingebracht werden?	ZUM BEISPIEL Zeitzuschläge/bei Langzeitkonten auch Entgeltbestandteile, Urlaubstage oberhalb des gesetzlichen Mindesturlaubs
Wie sind Plusstunden zu entnehmen?	ZUM BEISPIEL stundenweise, tageweise, in Kombination mit Urlaub

Rahmenbedingungen	Beispielhafte Regelungen
Wie lange im Voraus muss eine Freizeitnahme angekündigt werden?	ZUM BEISPIEL Staffelung in Abhängigkeit von der Dauer der Freistellung; beispielsweise ein Tag beim Gleitzeittag/12 Monate bei einer Auszeit von einem Jahr
Darf der Arbeitgeber Freizeitnahme ablehnen?	Es ist empfehlenswert, dem Arbeitgeber die Möglichkeit einer (einmaligen) Ablehnung zu geben.
Was passiert mit Plusstunden nach Ende des Ausgleichszeitraums?	Das ist abhängig vom Tarifvertrag. Kappung (kann rechtlich kritisch sein).[1] ZUM BEISPIEL Übertragung in ein Langzeitkonto/ in Altersversorgung/Auszahlung nach Ende des Arbeitsverhältnisses
Wie sind Minusstunden auszugleichen?	ZUM BEISPIEL stundenweise/durch zusätzliche Arbeitstage unter Beachtung gesetzlicher und tariflicher Vorschriften
Was passiert mit Minusstunden nach Ende des Ausgleichszeitraums?	ZUM BEISPIEL Übertragung in den nächsten Ausgleichszeitraum/bei Beendigung des Arbeitsverhältnisses Verrechnung mit dem Entgelt
Wird Krankheit/Arbeitsunfähigkeit während der Freizeitnahme berücksichtigt?	ZUM BEISPIEL abhängig vom Tarifvertrag und weiteren rechtlichen Regelungen
Dispositionsrechte	
Unter welchen Bedingungen steuert der Arbeitnehmer das Arbeitszeitkonto, wann der Arbeitgeber?	Das hängt vom Kontostand und den betrieblichen Belangen ab.

[1] Ob eine Kappung von Plusstunden zulässig ist, hängt unter anderem von individual- und kollektivrechtlichen Regelungen bezüglich des Arbeitszeitkontos ab.

Praxisbeispiel Airbus Operations GmbH

Airbus Operations GmbH

Airbus ist eine Gesellschaft der Airbus Group. Airbus ist der führende Flugzeughersteller, der ein komplettes Programm von Flugzeugfamilien mit einer Kapazitätspalette von 100 bis weit über 500 Sitzen anbietet – die modernste, umfassendste und treibstoffeffizienteste Produktpalette, die heute auf dem Markt ist. Die Airbus Operations GmbH beschäftigt rund 18.000 Menschen.

Airbus Operations GmbH ist ein Unternehmen der Metallindustrie mit Haustarifverträgen und mehreren Standorten in Deutschland. Die tarifliche Wochenarbeitszeit beträgt grundsätzlich 35 Stunden.

Gründe für die Einführung des Arbeitszeitkontensystems

Die Fertigungsfenster im Flugzeugbau sind lang. Die Luftfahrtindustrie muss zudem mit starken konjunkturellen Schwankungen umgehen. Dies betrifft auch die Auftragslage von Airbus. Vor Einführung des Arbeitszeitkontensystems wurde in Hochlastphasen Mehrarbeit geleistet, die mit hohen Zuschlägen versehen und ausbezahlt wurde. Für Auslastungstäler stand hingegen kein Zeitpolster zur Verfügung, das hätte genutzt werden können. So entstanden teure Leerlaufzeiten. Im Rahmen der damaligen tariflichen Regelungen führte diese mangelnde Flexibilität phasenweise zu Mehrkosten, ineffizienter Arbeitszeit und Kurzarbeit. Es bestand die Gefahr, dass wertvolle Fachkräfte das Unternehmen verlassen würden.

Um wirtschaftlicher arbeiten und wettbewerbsfähig bleiben zu können, musste Airbus flexibler auf den Markt reagieren können. Es galt, Kurzarbeit zu verzögern – bestenfalls zu vermeiden –, Arbeitsplätze zu sichern und neue zu schaffen. Darüber hinaus wollte das Unternehmen den Beschäftigten einen individuellen Flexibilitätsspielraum bieten, um Familie und Beruf zu fördern und als attraktiver Arbeitgeber Fachkräfte zu gewinnen und an das Unternehmen zu binden.

Das Kontensystem

Airbus Deutschland erreichte die anvisierten Ziele, indem es vorhandene bewährte Instrumente des Kapazitätsmanagements um ein +3-Kontensystem (Abb. 9.22) ergänzte und im Jahr 2003 einführte. Die drei verschiedenen Arbeitszeitkonten stellen ein in sich geschlossenes System dar, in dem Mehrarbeit grundsätzlich in Freizeit ausgeglichen wird.

Darüber hinaus gibt es ein flexibles Wertkonto („Care for Life"), das vom +3-Kontensystem unabhängig ist (Tab. 9.4).

Arbeitszeitkonto

Bei dem Arbeitszeitkonto handelt es sich um ein Kurzzeitkonto. Jeder Aufbau von Stunden und jede Entnahme von Stunden wird hierüber gesteuert. Die Grenzen reichen – je nach betrieblicher Ausgestaltung – in der Regel von −50 bis +100 Stunden. Gebucht werden insbesondere Gleitzeit und Mehrarbeit. Da Mehrarbeit in der Regel in Freizeit ausgeglichen wird, werden regelmäßig nur die Mehrarbeitszuschläge ausgezahlt.

Über das Arbeitszeitkonto können Beschäftigte und das Unternehmen die tägliche und/oder wöchentliche Arbeitszeit flexibel gestalten. Das Arbeitszeitkonto bietet den Beschäftigten damit persönliche Flexibilität für individuelle Arbeitszeitwünsche. Unter Berücksichtigung betrieblicher Belange kann der Mitarbeiter über das Arbeitszeitkonto Freizeit entnehmen. Ist bei gefüllten Arbeitszeitkonten ein Abbau aus betrieblichen Gründen nicht möglich, besteht bei einem Stand von +80 Stunden die Möglichkeit, grundsätzlich bis zu 10 Stunden pro Monat vom Arbeitszeitkonto ins Sicherheitskonto oder ins Lebensarbeitszeitkonto zu übertragen.

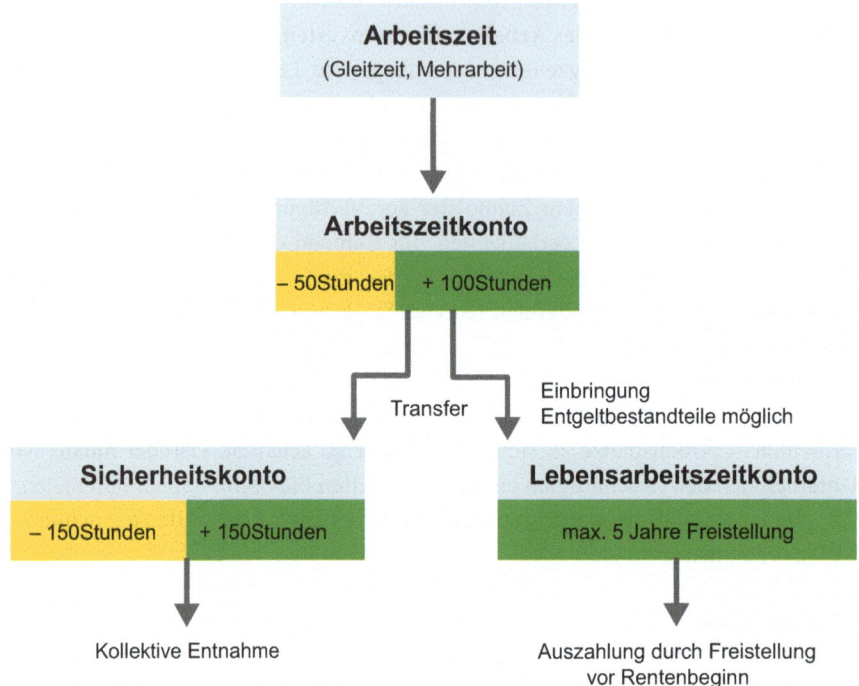

Abb. 9.22 Das +3-Kontensystem

Sicherheitskonto

Das Sicherheitskonto von Airbus hat einen kurz- bis mittelfristigen Zeithorizont. Die Grenzen reichen von −150 bis +150 Stunden. Gefüllt wird es durch Plusstunden aus dem Arbeitszeitkonto.

Das Sicherheitskonto bietet zusätzlichen Flexibilitätsspielraum für das Unternehmen und die Mitarbeiter. Im Rahmen der Regeln des Transfers vom Arbeitszeitkonto ins Sicherheitskonto entscheiden die Beschäftigten individuell, wann und in welcher Höhe es gefüllt wird. Die Betriebsparteien entscheiden gemeinsam, wann und wofür kollektiv Stunden aus dem Sicherheitskonto entnommen werden. Um einen Anreiz für den Aufbau eines Sicherheitspolsters zu schaffen, erhalten Mitarbeiter einen Zeitzuschlag von 15 % für jede Stunde, die das Unternehmen aus dem positiven Stand ihres Sicherheitskontos entnimmt. Ist die Plusgrenze des Sicherheitskontos erreicht, können die Betriebsparteien unter Berücksichtigung der Auslastungssituation Regelungen zur Übertragung von Stunden ins Langzeitkonto treffen. In besonderen Einzelfällen ist eine individuelle Entnahme möglich.

Mit dem Sicherheitskonto hat Airbus ein Instrument geschaffen, mit dem es im Vorfeld Auslastungsschwankungen begegnet, anstatt lediglich im Nachhinein zu reagieren. Es dient dem Ausgleich kurz- und mittelfristiger Produktions- und Arbeitszeitzyklen ohne Entgeltverlust. Dadurch begrenzt es Personalkosten und hilft, Kurzarbeit zu vermeiden. Letztendlich stärkt der zusätzliche und erweiterte Flexibilitätsspielraum die Wettbewerbsfähigkeit und sichert Arbeitsplätze.

Tab. 9.4 Übersicht über die bestehenden Arbeitszeit- beziehungsweise Zeitwertkonten bei Airbus

	Arbeitszeitkonten		Zeitwertkonten	
	Arbeitszeitkonten (ArbZK)	Sicherheits-konto (SIKO)	Lebensarbeitszeit-konto (LAKO)	NEU: Flexibles Wertkonto („Care for Life")
Ziel	Bezahlte Freistellung von der Arbeit			
Verwendungszweck	Flexible Gestaltung der werktäglichen/ Wöchentlichen Arbeitszeit	Ausgleich betrieblicher Produktions- u. Arbeitszeit-zyklen	Freistellung vor Renteneintritt	Pflege v. Angehörigen / Freistellung aus anderen Gründen („Sabbatical")
Kontoführung	In Zeit	In Zeit	In Geld	In Geld
Aufbau	Gleitzeit/ Mehrarbeit	Transfer von Arbeitszeit aus d. Arbeitszeit-konto	Aufbau eines positiven Wertguthabens durch Transfer von Arbeitszeit aus dem Arbeitszeitkonto/ Entgeltumwandlung	Aufbau eines negativen Wertgut-habens während der Freistellungs- bzw. der Pflegephase
Abbau	Grds. eigenverant-wortliche Disposition des MA in Abstimmung mit dem Vorgesetzten	Grds. kollektive Verwendung (Zuschlag i. H. v. 15 %)[a] Stunden	Freistellung vor Renteneintritt	Ausgleich des negativen Wertguthabens in der Arbeitsphase, in der weiterhin ein reduziertes Gehalt gezahlt wird
Rahmen	i. d. R. −150, +150 Stunden	i. d. R. −150, +150 Stunden	Positiver Saldo bis 0	Negativer Saldo bis 0

[a] Individuelle Entnahmen möglich bei begründetem Antrag und positiver Entscheidung der Betriebsparteien; Aufschlag von 7,5 % bei Entnahmen für Fortbildungs- und Förderprogramme.

Lebensarbeitszeitkonto – „Invest for Life"

Abgerundet wird das +3-Kontensystem von Airbus in Deutschland durch ein Lebensarbeitszeitkonto. Dabei handelt es sich um ein spezielles Langzeitkonto, das nur einen einzigen Verwendungszweck hat, nämlich die bezahlte Freistellung im Alter – entweder als vollständige Freistellung unmittelbar vor Beginn der Rente oder als Verkürzung der Arbeitsphase der Altersteilzeit.

Ausschließlich der Arbeitnehmer hat Zugriff auf das Lebensarbeitszeitkonto.

Das Lebensarbeitszeitkonto wird als Zeitwertkonto in Geld geführt (Abb. 9.23). Zeit wird „eingezahlt", d. h. in Geld umgewandelt und angelegt. Daneben können auch Entgeltbestandteile eingezahlt werden, um das Guthaben aufzustocken.

Das bringt zudem den Vorteil, dass bei der Bruttoumwandlung weder Sozialversicherungsbeiträge noch Steuern abgeführt werden müssen. Zum Zeitpunkt der Entnahme wird die Kapitalanlage in Arbeitszeit umgerechnet und für die Dauer der Freistellung als Gehalt ausgezahlt.

Lebensarbeitszeitkonto (Zeitwertkonto)

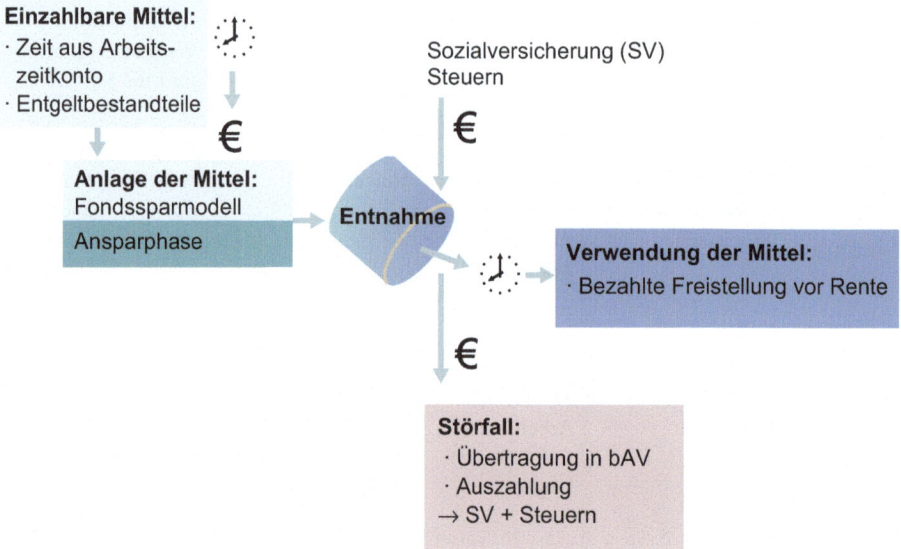

Abb. 9.23 Aufbau und Abbau des Lebensarbeitszeitkontos, geführt in Geld

Eine Freistellung, die auf diese Weise angespart wird, ist grundsätzlich auf fünf Jahre begrenzt. Mitarbeiterinnen und Mitarbeiter mit einer Betriebszugehörigkeit von mindestens sechs Monaten und einem unbefristeten Arbeitsvertrag können das Lebensarbeitszeitkonto nutzen.

Das Lebensarbeitszeitkonto ermöglicht es Airbus, auch langfristige und wiederkehrende Hochauslastungsphasen abzudecken, indem Mehrarbeit und Gleitzeit für eine spätere Freistellung des Mitarbeiters verwendet werden. Dem Unternehmen ist es zudem wichtig, seinen Beschäftigten über das Lebensarbeitszeitkonto eine Verkürzung der Lebensarbeitszeit ohne Entgelteinbußen trotz steigenden Renteneintrittsalters zu ermöglichen und somit die Mitarbeitermotivation zu erhöhen.

Flexibles Wertkonto – „Care for Life"
Auch das flexible Wertkonto von Airbus dient der individuellen Gestaltung der Lebensarbeitszeit. Es beinhaltet die beiden Modelle „Familienpflegezeit" und „Freistellung für sonstige Zwecke". Es unterscheidet sich vom Lebensarbeitszeitkonto unter anderem durch zwei maßgebliche Aspekte:

1. Der Verwendungszweck ist vielseitig und nicht an einen vorgezogenen oder gleitenden Übergang in den Ruhestand gebunden. Eine bezahlte Freistellung ist also nicht ausschließlich zum Ende der Lebensarbeitszeit, sondern während des gesamten Arbeitslebens möglich.

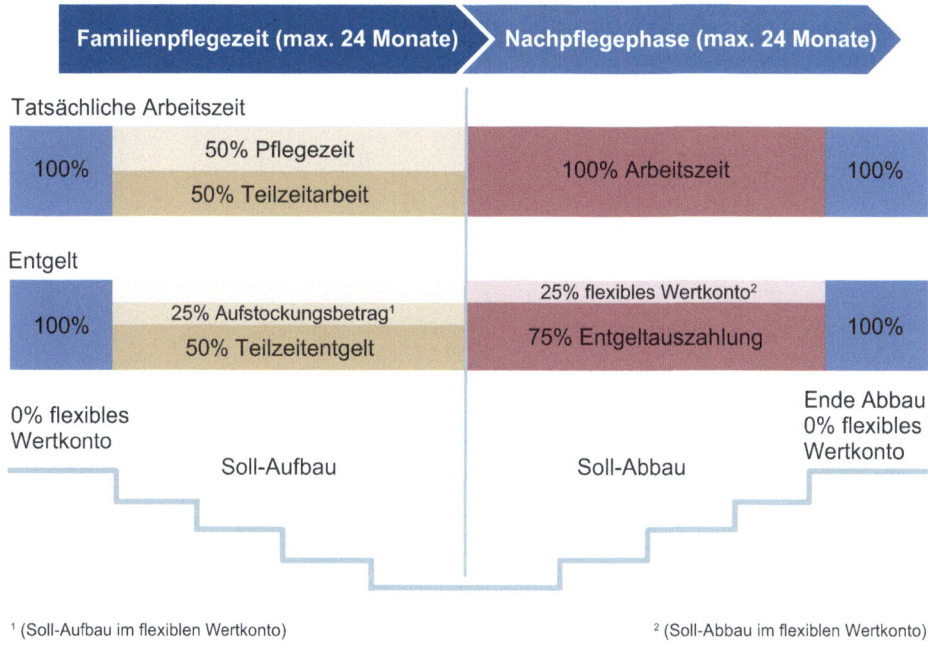

Abb. 9.24 Modell „Familienpflegezeit"

2. Es handelt sich um ein sogenanntes negatives Wertkonto. Das heißt: Der Mitarbeiter muss nicht zuvor ein positives Guthaben angespart haben; er kann sich über das flexible Wertkonto sofort freistellen lassen beziehungsweise die Arbeitszeit reduzieren und das negative Wertguthaben anschließend „zurückzahlen".

Während der anteiligen Freistellung (Familienpflegezeit, Abb. 9.24) beziehungsweise der vollständigen Freistellung für sonstige Zwecke (Abb. 9.25) erhält ein Beschäftigter eine Aufstockung auf 75 % seines bisherigen Entgeltes. In einer darauffolgenden Arbeitsphase (oder Nachpflegephase) arbeitet er wieder voll (100 %), erhält aber weiterhin nur 75 % seines Entgeltes, bis das negative Wertguthaben zurückgezahlt ist. Es handelt sich also um einen klar abgegrenzten Zeitraum, für den eine individuelle Zusatzvereinbarung zu „Care for Life" unterzeichnet wird.

Familienpflegezeit
Die Familienpflegezeit ermöglicht den Beschäftigten die häusliche Pflege von nahen Angehörigen durch eine befristete Teilzeitbeschäftigung mit Entgeltaufstockung.

Freistellung für sonstige Zwecke
Die Freistellung für sonstige Zwecke ermöglicht zum Beispiel eine längere Auszeit für persönliche Zwecke bei einem weiterlaufenden reduzierten Entgelt. Damit liegt auch in dieser Zeit weiterhin ein sozialversicherungspflichtiges Beschäftigungsverhältnis vor.

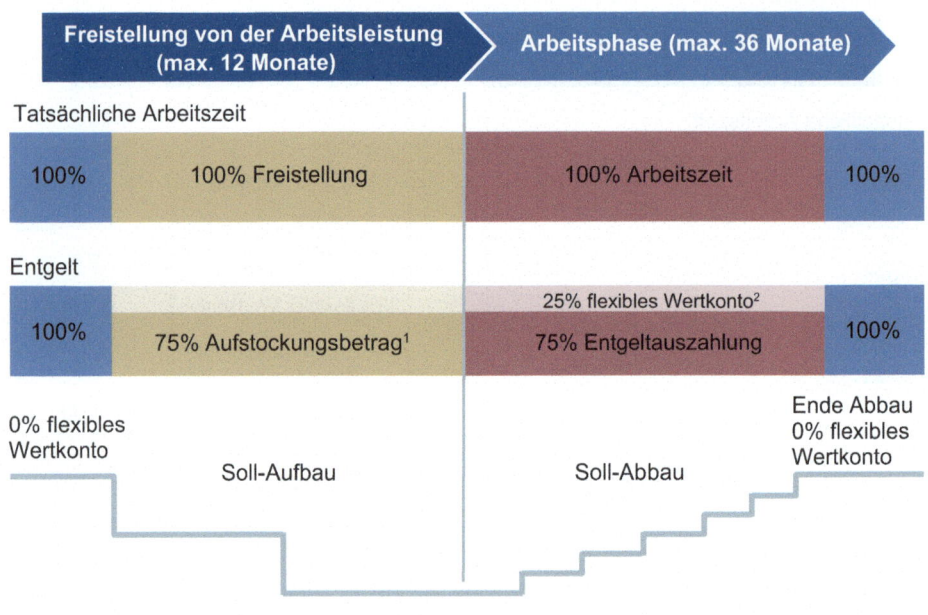

Abb. 9.25 Modell „Freistellung für sonstige Zwecke"

Das flexible Wertkonto „Care for Life" erlaubt durch die kurzfristige Nutzung ohne vorheriges Ansparen eine Flexibilisierung der Lebensarbeitszeit, fördert damit die Vereinbarkeit von Arbeit und Privatleben und erleichtert familiäre Pflege. Das steigert die Attraktivität des Arbeitgebers und die Motivation der Mitarbeiter und erhöht im besten Sinne die Bindung der Mitarbeiter an das Unternehmen.

Vorgehen zur Einführung
Die Airbus Operations GmbH analysierte zunächst die Auftragslage, Auslastung und Mehrarbeit unter Berücksichtigung zukünftiger Aufträge, um den Bedarf, die einzuführenden Kontenarten und deren Grenzen festzulegen.

Die Zeitkonten verwaltet Airbus selbst. Das Lebensarbeitszeitkonto inklusive Kapitalanlage wird extern verwaltet. Letzteres war eine große Herausforderung. Es sollte hohe Ertragschancen bieten und gleichzeitig hohe Sicherheit für die Einlagen.

Insbesondere zum Lebensarbeitszeitkonto bestand daher ein hoher Kommunikationsbedarf. Zunächst wurden Personalabteilung, Beschäftigte und Betriebsrat über das geplante Arbeitszeitkontensystem informiert und mit der Steuerung vertraut gemacht. Erste Informationen erhielten die Mitarbeiterinnen und Mitarbeiter über einen Flyer, Personalabteilung und Betriebsrat über eine kurze Einweisung. Wenige Monate später wurde eine mehrseitige Broschüre verteilt, in der die einzelnen Aspekte des Kontensystems detailliert erklärt sind. Es folgten Informationsveranstaltungen an allen Standorten. Zudem konnten per E-Mail Fragen gestellt werden. Personalabteilung und Betriebsräte wurden geschult und mit den Grundsätzen des Systems vertraut gemacht.

Bewertung

Das +3-Kontensystem plus flexibles Wertkonto der Airbus Operations GmbH

- bietet kurz-, mittel- und langfristigen Flexibilitätsspielraum für Beschäftigte und Unternehmen,
- fängt Auslastungsspitzen und Auftragstäler auf,
- schafft und sichert Arbeitsplätze,
- erhält das Know-how im Unternehmen,
- unterstützt Work-Life-Balance und fördert Leistungsfähigkeit,
- ermöglicht Beschäftigten bezahlte Auszeiten, Arbeitszeitverkürzung und bezahlte Freistellung vor Beginn der Rente,
- erhöht die Arbeitgeberattraktivität.

Empfehlungen

Bei der Einführung eines solchen Kontensystems muss sich das Unternehmen über den großen Regelungsbedarf bewusst sein. Teilweise sind Detailfragen erst im Laufe der Umsetzung erkennbar und bedürfen nachträglicher Lösungen.

Der Erfolg eines solchen Systems hängt zudem von einer zielgruppenspezifischen, transparenten und mehrstufigen Kommunikation ab. Dabei sind nicht nur die Funktionsweisen der Konten von Bedeutung, sondern auch eine verständliche Darstellung ihrer Wirkungsweise, Chancen und Zielsetzungen. Nur wenn das notwendige Vertrauen bei den Mitarbeitern gewonnen wird und Management und Arbeitnehmervertretung das Modell unterstützen, kann langfristig ein effektiver Einsatz der Konten sichergestellt werden.

9.7 Wie Unternehmen ein maßgeschneidertes Arbeitszeitsystem entwickeln können

Worum geht es in diesem Beitrag?
Sie erfahren, was maßgeschneiderte Arbeitszeitsysteme sind, wie sie für Ihr Unternehmen ein solches System erstellen können und welche Vorteile das für alle Seiten bringen kann. In allen Stufen schildert dieser Beitrag auch das erfolgreiche Beispiel der Robert Bosch GmbH in Reutlingen. Hier sanken Fehlzeiten, und nach anfänglicher Skepsis ist die Mitarbeiterzufriedenheit mit dem neuen System sehr hoch.

Erfolgreiche Arbeitszeitsysteme müssen – natürlich – zunächst erst einmal den betriebsspezifischen Bedarf und die Ziele des Unternehmens abbilden. Deshalb müssen solche Systeme „maßgeschneidert" sein und können nicht einfach „von der Stange" – zum Beispiel von einem anderen Betrieb – übernommen werden. Das heißt: Vorhandene Modelle und Lösungsansätze sind so zu kombinieren und zu detaillieren, dass sie ein betriebsspezifisches Arbeitszeitsystem bilden, das genau auf den Bedarf des Unternehmens ausgerichtet ist.

Arbeitszeitsysteme sind nur dann erfolgreich, wenn sie breite Akzeptanz unter Mitarbeitern und Führungskräften finden. Deshalb sollten bei der Entwicklung und Einführung alle Betriebsparteien und der Betriebsrat umfassend einbezogen werden. Der Weg zu einem funktionierenden Arbeitszeitsystem setzt die Bereitschaft zum Kompromiss und den vorbehaltsfreien Blick auf mögliche Alternativen voraus. Alle Seiten müssen sich in der neuen Lösung wiederfinden. Es ist empfehlenswert, ein neues Arbeitssystem zunächst in einem Pilotbereich zu erproben.

Überblick:
- Was sind maßgeschneiderte Arbeitszeitsysteme und welchen Nutzen bieten sie?
- Wie „schneidern" Sie Ihr Arbeitszeitsystem?
- Worauf müssen Sie achten? Welche Hürden könnten auftreten?
- Praxisbeispiel

Was sind maßgeschneiderte Arbeitszeitsysteme und welchen Nutzen bieten sie?
Maßgeschneiderte Arbeitszeitsysteme berücksichtigen den Arbeitszeit- und den Flexibilitätsbedarf des Unternehmens sowie der Mitarbeiter. Sie bieten so viel Flexibilität wie nötig – und nicht wie möglich. Und sie passen zur Organisation und zur Kultur des Unternehmens. Dafür werden vorhandene Modelle und Lösungsansätze betriebsspezifisch kombiniert und detailliert. Maßgeschneiderte Arbeitszeitsysteme werden unter Einbeziehung betroffener Mitarbeiter und Führungskräfte sowie des Betriebsrates für das Unternehmen oder einzelne Bereiche gemeinsam geplant, eingeführt und optimiert.

Während alle Seiten gemeinsam ein Arbeitssystem zuschneiden, wächst das Verständnis für eventuelle Schwächen des bestehenden Arbeitszeitsystems und die Notwendigkeit von Verbesserungen. Die gemeinsame Erarbeitung umfasst auch die Diskussion über Stärken und Schwächen möglicher Alternativen. Dieser gemeinsame Prozess macht Verbesserungspotenziale für alle Seiten sichtbar. Aus diesem Grund sind Verständnis und Zustimmung der Belegschaft größer, als wenn diese Systeme einfach „übergestülpt" werden. Betroffene sind in den Prozess einbezogen und wirken als Multiplikatoren. Dadurch ist die gesamte Belegschaft in den Informationsfluss eingebunden. Das verbessert die Chancen auf breite Akzeptanz und Motivation. Auch wenn gemeinsame Orientierungs- und Diskussionsphasen scheinbar unnötig Aufwand verursachen und Kapazität binden, helfen sie spätere Reparaturen oder Neuplanungen zu vermeiden. Dadurch bleibt der Gesamtaufwand „unter dem Strich" meist niedriger als bei anderen Vorgehensweisen.

Wie „schneidern" Sie Ihr Arbeitszeitsystem?
Jede Veränderung im Betrieb bedeutet für die Mitarbeiter eine Änderung gewohnter und vertrauter Verhaltensmuster. Dies gilt vor allem für die Arbeitszeit. Änderungen von Volumen und/oder Verteilung der Arbeitszeit wirken sich unmittelbar auch auf den privaten Bereich aus. Sie beeinflussen persönliche und familiäre Lebensgewohnheiten, die sich teilweise über Jahre oder Jahrzehnte entwickelt haben. Subjektiv stehen im Empfinden der Mitarbeiter häufig zuerst mögliche negative Auswirkungen im Vordergrund. Damit

verbundene Sorgen sind oft der Nährboden für eine von vornherein ablehnende Haltung gegenüber Veränderungen.

Auch für Führungskräfte können Änderungen des Arbeitszeitsystems beunruhigend sein, beispielsweise wenn Entscheidungsbefugnisse über die Disposition der Arbeitszeit verstärkt den Mitarbeitern übertragen werden. Die Sorge, vertraute und bewährte Einflussmöglichkeiten auf die betriebliche Leistungserbringung zu verlieren, kann erfolgreiche Veränderung verhindern. Führungskräfte sollten deshalb als Unterstützer und Multiplikatoren in den Gestaltungsprozess eingebunden werden, um der Gefahr zu begegnen, dass sie zu „Bremsern" werden.

Die Verteilung der vertraglichen Arbeitszeit unterliegt der betrieblichen Mitbestimmung gemäß § 87 BetrVG. Dies betrifft Beginn und Ende der täglichen Arbeitszeit einschließlich Pausen sowie die Verteilung der Arbeitszeit auf die einzelnen Wochentage. Bei jeder Arbeitszeitregelung sind diese Punkte mit dem Betriebsrat abzustimmen. Damit erforderliche Vereinbarungen später nicht am Widerstand des Betriebsrates scheitern, sollte dieser – über die Mitbestimmung nach Betriebsverfassungsgesetz hinaus – von Anfang an informiert und in die Entwicklung eines maßgeschneiderten Arbeitszeitsystems einbezogen sein.

Laden Sie deshalb betroffene Mitarbeiter und Führungskräfte sowie den Betriebsrat ein, bei der Entwicklung und Einführung eines maßgeschneiderten Arbeitszeitsystems konstruktiv mitzuwirken. Dadurch wird sichergestellt, dass Ideen und Vorschläge der Betroffenen in die Gestaltung des neuen Arbeitszeitsystems einfließen können und neben den Erfordernissen des Unternehmens Berücksichtigung finden. Zudem sind die Betroffenen dadurch in die betriebliche Informationspolitik eingebunden. Das ist eine gute Voraussetzung dafür, Widerstände abzubauen und auch die positiven Folgen einer Veränderung besser bewusst zu machen.

Die Entwicklung eines maßgeschneiderten Arbeitszeitsystems ist ein Projekt. Wie bei jedem Projekt benötigen Sie dafür eine geeignete Organisation. Es hat sich bewährt, Planungs- und Entscheidungsfunktionen zu trennen (Abb. 9.26). Die Vorteile dabei sind:

- Im oberen Management sind weniger der erfahrungsgemäß knappen Ressourcen gebunden.
- Im Planungsteam sind weniger Hierarchiestufen vertreten. Dies unterstützt eine offene und schnelle Planungsarbeit.
- Der Betriebsrat kann sich fachlich einbringen, ohne unter dem Druck zu stehen, dadurch bereits bestimmte Lösungen zu präjudizieren.

Das neue System sollten Sie zunächst für einen Pilotbereich erarbeiten und dort einführen. Während einer befristeten Pilotphase von beispielsweise sechs Monaten können die Betroffenen Erfahrungen sammeln, Schwächen entdecken und vor einer weiteren Verbreitung beheben.

Kleine und mittlere Unternehmen, die nicht über umfangreiche Ressourcen verfügen, müssen meist mit einer einfacheren Organisation arbeiten. In dem Fall kann auch ein ein-

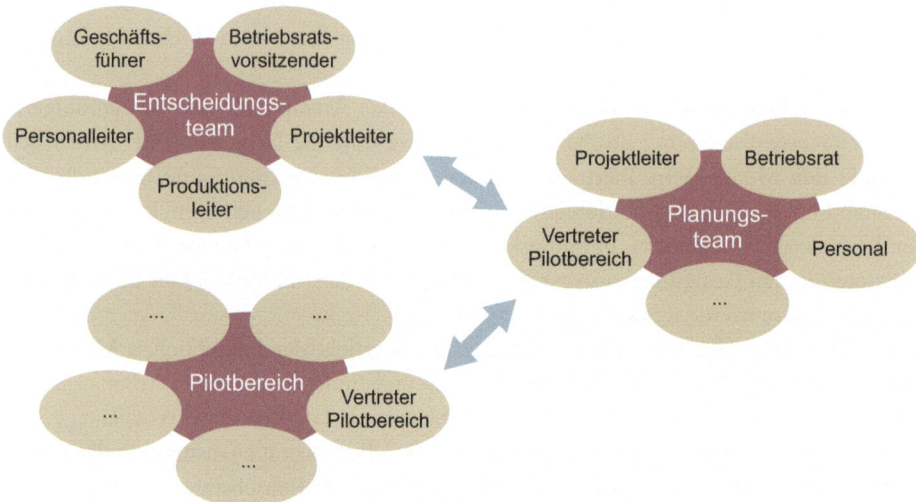

Abb. 9.26 Mögliche Organisation eines Arbeitszeitprojekts (Erlewein und Hofmann 2001)

ziges kleines Team mit beispielsweise zwei bis drei Mitarbeitern in enger Kooperation mit Geschäftsführung und Betriebsrat ein neues Arbeitszeitsystem erarbeiten. Die im Folgenden beschriebenen Arbeitsschritte sind auch unter diesen Bedingungen empfehlenswert.

Die gemeinsame Entwicklung eines neuen Arbeitszeitsystems umfasst in der Regel die im Folgenden beschriebenen Arbeitsschritte (Erlewein und Hofmann 2001). Inhalt und erforderlicher Aufwand je Schritt können von Fall zu Fall sehr unterschiedlich sein.

- Problembewusstsein schaffen
- Ziele formulieren
- Ausgangslage analysieren
- Arbeitszeitsysteme entwickeln
- Kompromissfindung
- Arbeitszeitsysteme auswählen
- Lösung umsetzen
- Arbeitszeit optimieren

Problembewusstsein schaffen
Auslöser für den Wunsch nach einem neuen Arbeitszeitsystem sind in der Regel Missstände und Schwächen des alten Systems, die Leidensdruck verursachen. Für das Unternehmen können beispielsweise folgende Aspekte eine Rolle spielen:

- finanzielle Belastungen durch Überstundenzuschläge bei hoher Auslastung,
- unproduktive bezahlte Anwesenheit in Auslastungstälern oder
- mangelnde Betriebszeitflexibilität.

9 Handlungsfeld „Arbeitszeit gestalten"

Aus Mitarbeitersicht kann der Wunsch nach geänderten Arbeitszeiten bestehen, weil beispielsweise Kinder zu betreuen sind oder weil ältere Mitarbeiter andere Tagesabläufe wünschen. Die Gründe, warum ein neues Arbeitszeitsystem eingeführt und umgesetzt werden soll, können sehr vielfältig sein. Wichtig ist, alle Betroffenen offen über die Schwächen des bisherigen Arbeitszeitsystems und deren negative Auswirkungen zu informieren. Dabei sollten nicht nur Auswirkungen berücksichtigt werden, die finanziell bewertbar sind, sondern auch andere Effekte. Dazu gehören beispielsweise Belastungen, fehlende Spielräume oder die Unzufriedenheit von Mitarbeitern und Kunden. Die Mitglieder des Entscheidungsteams beziehungsweise der Geschäftsführung sowie Abteilungsleiter und Betriebsrat sollten zu Beginn die Ausgangslage und die Gründe für den Anstoß des Projekts vorstellen.

Ziele formulieren
In diesem Schritt müssen Sie die Ziele bestimmen, die das neue Arbeitszeitsystem unterstützen soll. Ziele geben die „Marschrichtung" vor und helfen, die beste Lösung unter verschiedenen Alternativen auszuwählen. Außerdem können Sie den Erfolg Ihres Projekts nach der Einführung des neuen Systems anhand der Zielerreichung beurteilen. Voraussetzungen dafür sind, dass die Ziele messbar und erreichbar sind. Die Ziele sollten Planungs- und Entscheidungsteam gemeinsam festlegen. Am besten formulieren Sie nicht mehr als drei Ziele, um Zielkonflikte möglichst zu vermeiden.
  Beispiele für messbare Ziele sind:

- Reaktion auf kurzfristige Auslastungsschwankungen verbessern
  (z. B. Überstundenvolumen um 50 % reduzieren, Lieferverzüge von 8 % auf 2 % reduzieren, freiwillige Samstagseinsätze um zwei Drittel reduzieren, …)
- Kundenservice durch geeignete Ansprechzeiten verbessern
  (z. B. Anzahl nicht angenommener Anrufe oder der Nachrichten auf dem Anrufbeantworter auf null reduzieren, …)
- Kostensenkung durch Ausdehnung von Betriebszeiten
  (wöchentliche Betriebszeit der Lackieranlage von 120 Stunden auf 144 Stunden erweitern, …)
- Sicherung oder Schaffung von Arbeitsplätzen durch verbesserte Wettbewerbsfähigkeit
  (z. B. Steigerung des Umsatzes um 8 %, Erweiterung des Kundenstamms um 3 %, Umwandlung von 50 % der Zeitarbeiterkapazität in zusätzliche betriebliche Arbeitsplätze, …)
- Motivation der Mitarbeiter
  (z. B. Zufriedenheit mit dem Arbeitszeitsystem in der Mitarbeiterbefragung um 40 % verbessern, Fluktuationsrate um 25 % senken, …)

Ausgangslage analysieren
Um Probleme zu verdeutlichen und Ziele zu formulieren, ist bereits eine erste Untersuchung der Ist-Situation nötig. Die Entwicklung geeigneter Lösungen erfordert aber meist, den Ist-Zustand und die Vergangenheit noch genauer zu analysieren.

Eine Analyse für das Ziel „keine überlaufenden Zeitkonten" könnte beispielsweise die Klärung folgender Fragen umfassen:

- Wie lange waren in der Vergangenheit die Zeiträume von einer Spitzenauslastung zur nächsten (bei stark unterschiedlichen Zyklusdauern: Minimum, Durchschnitt, Maximum der letzten zehn Zyklen)?
- Mit welchem Ausgleichszeitraum und welchem Kontentyp können diese Zyklusdauern bewältigt werden?
- Wie weit weichen die tatsächlichen Arbeitszeiten in Phasen unterschiedlicher Auslastung von der Vertragsarbeitszeit nach oben oder unten ab?
- Wie viele Plus-/Minusstunden sammeln sich dabei durchschnittlich an?
- Welche Spielräume für die tägliche und wöchentliche Arbeitszeitdauer sind zu vereinbaren, damit die Schwankungen ohne Mehrarbeit zu bewältigen sind.
- Welche Ober- und Untergrenzen sind für die Zeitkonten zu vereinbaren, damit sie die kumulierten Plus- und Minusstunden der Auslastungstäler und -spitzen fassen können?

Für das Ziel „bedarfsgerechte Arbeitszeiten für Mütter und Alleinerziehende anbieten" sind beispielsweise folgende Punkte zu untersuchen:

- Wer gehört zu den Betroffenen (Kindesalter, vorhandene Betreuungsmöglichkeiten, …)?
- Wie viele Mitarbeiter sind in dieser Lebenssituation?
- Wie hat sich diese Zahl entwickelt? Wie wird sie sich entwickeln?
- Soll es eine Rangfolge der Ansprüche geben? Wovon hängt diese ab?
- Welche Arbeitszeitfenster benötigen die Betroffenen?
- Wie viel Kapazität fehlt in anderen Zeitfenstern, wenn alle Betroffenen nach Wunsch arbeiten könnten?
- In welchem Umfang wollen andere Mitarbeiter diese Kapazität abdecken?
- Wäre das ergonomisch vertretbar?
- usw.

Arbeitszeitsysteme entwickeln

Spätestens nachdem die Ausgangslage analysiert ist, beginnt die Entwicklung neuer Arbeitszeitsysteme. Erste Ideen dazu entstehen jedoch meist schon in den vorigen Schritten. Oft sind mehrere Möglichkeiten zum Erreichen der Ziele denkbar – oder es herrscht kein Konsens. Dann werden mehrere mögliche Lösungen ausgearbeitet und dem Entscheidungsteam vorgelegt.

Kompromissfindung

Vor der Entscheidung muss gegebenenfalls eine breite offene Diskussion über Vor- und Nachteile der Alternativen stehen. Vor allem bei strittigen Themen (z. B. Änderung der Einkommenssituation der Mitarbeiter durch Reduzierung von Überstunden oder freiwilliger Samstagsarbeit oder einer Verlagerung von Entscheidungsbefugnissen) sollten Sie Kompromisse suchen. Die Gestaltung der Arbeitszeit muss unabhängig sein von Überlegungen, ob, wie und in welchem Umfang vermeintliche Besitzstände (z. B. Vergütung für regelmäßige Mehrarbeit) erhalten bleiben. Das Ziel der Arbeitszeitgestaltung kann nicht darin bestehen, besondere Belastungen beizubehalten und dafür eine finanzielle Kompensation zu gewähren.

Zum Wesen eines Kompromisses gehört es, dass die Beteiligten ihre Maximalforderungen nicht durchsetzen können. Bei einer gemeinsamen Lösungsfindung sollte es keine Gewinner und Verlierer geben. Gewinner von heute sind Verlierer von morgen – und umgekehrt. Beachten Sie auch in der innerbetrieblichen Kommunikation, dass das Ergebnis als gemeinsamer Erfolg gewertet wird, bei dem es keine Gewinner und Verlierer gibt.

Arbeitszeitsysteme auswählen
Das Entscheidungsteam sollte in enger Abstimmung mit dem Planungsteam die umzusetzende Lösung wählen. Die Abstimmung bietet noch einmal die Gelegenheit, auf Probleme und Widerstände einzugehen. An dieser Stelle treten oft noch einmal Bedenken und Zweifel auf. „Haben wir an alles gedacht?", „Wie werden die Betroffenen reagieren?", „Was tun wir, wenn dies oder das schiefgeht?"

Folgende Argumente können helfen, eine drohende Lähmung zu überwinden:

- Sie starten in einem Pilotbereich: Mögliche negative Wirkungen und „Kinderkrankheiten" betreffen dann nicht das gesamte Unternehmen.
- Die Begleitung der Einführung durch Kennzahlen zeigt Abweichungen von der Planung frühzeitig auf.
- Entscheidungs- und Planungsteam begleiten die Umsetzung. Negative Entwicklungen werden erkannt und korrigiert.

Lösung umsetzen
In der Praxis hat es sich bewährt, das neue System zunächst nur in einem Pilotbereich einzuführen und nicht jede Eventualität in einer Betriebsvereinbarung zu regeln. Vereinbaren Sie eine Pilotphase von beispielsweise sechs Monaten, in denen das neue System im Pilotbereich erprobt wird. Sie werden feststellen, dass viele zuvor befürchtete Probleme oft gar nicht erst auftreten. Andererseits können trotz sorgfältiger Planung Fragen und Probleme entstehen, die Sie in der Planungsphase nicht bedacht haben. Achten Sie während der Umsetzungsphase darauf, dass den Betroffenen feste Ansprechpartner zur Verfügung stehen und diese bekannt sind.

Arbeitszeit optimieren
Nach der Pilotphase sollten Sie bewerten, wie gut die Lösung die vereinbarten Ziele erfüllt. Bevor Sie ein neues System in weiteren Unternehmensbereichen umsetzen, müssen Kinderkrankheiten und Schwächen aus der Pilotphase im Team geklärt und beseitigt werden.

Worauf müssen Sie achten? Welche Hürden könnten auftreten?
Das neue Arbeitszeitsystem soll Ihre betrieblichen Ziele erfüllen. Deshalb können Sie nicht einfach erfolgreiche Systeme anderer Unternehmen übernehmen. Obwohl dies immer wieder versucht wird, bleibt der Erfolg meist aus, weil Betriebszeitbedarf, Flexibilitätsanforderungen, interne Prozesse, erforderliche Besetzungsstärken, Belegschaftszusammensetzung usw. nicht übereinstimmen.

Formulieren Sie Ihre Ziele möglichst allgemein. Sie sollten Ziele nicht mit Maßnahmen gleichsetzen. Wenn Sie beispielsweise das Ziel verfolgen, die Betriebszeit auszuweiten, sollten Sie sich nicht auf das Ziel „Einführung von Samstagsarbeit" festlegen. Hierdurch schließen Sie andere zielführende Maßnahmen – zum Beispiel die Ausweitung der täglichen Arbeitszeiten – von vornherein aus.

Das Fundament jeder Arbeitszeitgestaltung ist der zugrunde gelegte Kapazitätsbedarf. Das Arbeitszeitsystem kann nicht besser sein als seine Planungsgrundlage. Eine sorgfältige Untersuchung der Ausgangssituation bewahrt vor Lösungen, die nicht zielführend sind. Mühe und Aufwand, die Sie in diesen Schritt investieren, zahlen sich aus.

Die flächendeckende Einführung eines Arbeitszeitsystems im ganzen Unternehmen ist mit großen Anstrengungen und Risiken verbunden. Unklarheiten, Missverständnisse oder fehlende Informationen können die Stimmung in der Belegschaft schnell negativ beeinflussen und den Gesamtprozess gefährden. Beginnen Sie deshalb immer mit der Entwicklung und Umsetzung in einem Pilotbereich und testen Sie die neue Lösung in einer befristeten Pilotphase. Erst wenn alle eventuellen Kinderkrankheiten geheilt sind, ist der richtige Zeitpunkt für die Übertragung in andere Unternehmensbereiche gekommen. Meist haben sich positive Erfahrungen aus den Pilotbereichen dann auch schon in anderen Teilen des Unternehmens herumgesprochen und dort einen fruchtbaren Boden bereitet.

Der Arbeitszeit- und Flexibilitätsbedarf ist nicht statisch und unveränderlich. Die Zusammensetzung des Produkt- und Dienstleistungsangebotes sowie die Nachfrage durch die Kunden schwankt oder ändert sich dauerhaft. Alter und Lebenssituationen der Mitarbeiter und damit deren Arbeitszeitbedürfnisse ändern sich. Die Zusammensetzung der Belegschaft ist ebenfalls in stetem Wandel. Diese Schwankungen und Veränderungen müssen kontinuierlich beobachtet und im Arbeitszeitsystem berücksichtigt werden. Ein maßgeschneidertes Arbeitszeitsystem ist niemals „endgültig fertig". Änderungen und Verbesserungen sind kein Zeichen schlechter Arbeitszeitgestaltung, sondern eine normale Reaktion auf ständigen Wandel.

Literatur
Erlewein, M.; Hofmann, A. u. a.; Institut für angewandte Arbeitswissenschaft (Hrsg.); GESAMTMETALL (Hrsg.): Arbeitszeit – so geht's! Köln: edition agrippa, 2001

9 Handlungsfeld „Arbeitszeit gestalten"

Praxisbeispiel Robert Bosch GmbH Reutlingen

Umstellung eines vollkontinuierlichen Schichtsystems

Das Unternehmen
Die Bosch-Gruppe ist ein international führendes Technologie- und Dienstleistungsunternehmen mit rund 306.000 Mitarbeitern. Die Gruppe umfasst die Robert Bosch GmbH und ihre rund 360 Tochter- und Regionalgesellschaften in rund 50 Ländern. Das Beispiel stammt aus dem Geschäftsbereich Automotive Electronics mit Hauptsitz in Reutlingen. Dieser Bereich entwickelt, fertigt und vertreibt Mikroelektronik für den Einsatz in automobilen und nicht automobilen Anwendungen.

Ausgangslage
Am Standort Reutlingen wurde 1994 mit Beginn der Fertigung in einer neuen Halbleiterfabrik ein kontinuierliches Schichtsystem eingeführt. Dieses gewährleistet eine in der Halbleiterfertigung prozessbedingt unerlässliche unterbrechungsfreie Produktion sowie die Auslastung der teuren Produktionsanlagen rund um die Uhr. Im Laufe der Zeit wurde das Schichtmodell auch in anderen Produktionsbereichen eingeführt. Die tägliche Arbeitszeit beträgt 8,5 Stunden/Schicht bei einer wöchentlichen Arbeitszeit von 29,75 Stunden (8,5 Std./Schicht, 3,5 AT/Woche). In dem kontinuierlichem Schichtsystem wurde mit vier gleichen Schichten in Folge gearbeitet. Anschließend kamen jeweils vier freie Tage (vgl. Abb. 9.27). Der Wechsel der Schichtarten erfolgte rückwärts rollierend.

Schicht-gruppe	1							2							3							4							
	Mo	Di	Mi	Do	Fr	Sa	So	Mo	Di	Mi	Do	Fr	Sa	So	Mo	Di	Mi	Do	Fr	Sa	So	Mo	Di	Mi	Do	Fr	Sa	So	
A	N	N	N	N				S	S	S	S				F	F	F	F							N	N	N	N	usw.
B					S	S	S	S				F	F	F	F					N	N	N	N						usw.
C	S	S	S	S				F	F	F	F				N	N	N	N							S	S	S	S	usw.
D					F	F	F	F				N	N	N	N					S	S	S	S						usw.
E	F	F	F	F				N	N	N	N				S	S	S	S							F	F	F	F	usw.
F					N	N	N	N				S	S	S	S					F	F	F	F						usw.

Abb. 9.27 Alter Schichtplan

Mit Bau der neuen Halbleiterfertigung wurden zusätzliche Mitarbeiter eingestellt. Die Belegschaft war bei Einführung des Schichtsystems relativ jung. Das Schichtsystem war sehr beliebt. In den letzten Jahren vor der Umstellung häuften sich schichtbedingte gesundheitliche Beschwerden, die vor allem auf die demografische Entwicklung in dem Bereich zurückzuführen waren. Meist wünschten Mitarbeiter eine Versetzung in Wechselschicht (Früh- und Spätschicht), in der am Standort Reutlingen in einigen Werkstätten gearbeitet wird. Führend im Beschwerdebild der Mitarbeiter waren Schlafstörungen nach der Nachtschicht. Zum Teil hatten sich auch generell Einschlaf- und Durchschlafstörungen entwickelt.

Ergebnis

Eine bereichsübergreifende Projektgruppe erarbeitete ein Schichtsystem, das vielen arbeitswissenschaftlichen Empfehlungen gerecht wird. Berücksichtigt wurde eine kurze vorwärts rollierende Schichtfolge mit nur zwei Nachtschichten hintereinander, gefolgt von geblockter Freizeit (vgl. Abb. 9.28).

Schicht-gruppe	1							2							3							4							Mo	
	Mo	Di	Mi	Do	Fr	Sa	So	Mo	Di	Mi	Do	Fr	Sa	So	Mo	Di	Mi	Do	Fr	Sa	So	Mo	Di	Mi	Do	Fr	Sa	So	Mo	
A	F	F	S	S	N	N						F	F	S	S	N	N								F	F	S	S		usw.
B		F	F	S	S	N	N						F	F	S	S	N	N								F	F			usw.
C			F	F	S	S	N	N						F	F	S	S	N	N								F			usw.
D				F	F	S	S	N	N						F	F	S	S	N	N										usw.
E	N	N						F	F	S	S	N	N						F	F	S	S	N	N						usw.
F	S	S	N	N						F	F	S	S	N	N						F	F	S	S	N	N				usw.

Abb. 9.28 Neuer Schichtplan

Vorgehen

Eine Projektgruppe erarbeitete das neue Schichtsystem; vertreten waren darin: Arbeitnehmervertretungen, Personalwesen, Industrial Engineering, Werksarzt, Sozialberatung und Vorgesetzte. Viele Mitarbeiter hatten sich mit ihrer Lebensplanung auf das bisherige Schichtsystem eingestellt. Verständlich war deshalb, dass erhebliche Bedenken von Teilen der Belegschaft bezüglich eines neuen Schichtsystems bestanden. Deshalb entschied die Projektgruppe, zunächst zwei Pilotbereiche probeweise umzustellen. Ein Bereich war die Werkfeuerwehr, da dort der Wunsch einer Schichtplanumstellung bestand und keine anderen Bereiche betroffen waren. Ein zweiter, eher eigenständiger und abgegrenzter Bereich wurde innerhalb der Halbleiterfertigung gefunden. In diesen beiden Pilotbereichen waren insgesamt knapp 60 Mitarbeiter beschäftigt. Die Begleitung der Umstellung erfolgte mit Informationen, Protokollen, Befragungen und Schichtinformationen.

Das neue Schichtsystem wurde in den Pilotbereichen so gut angenommen, dass sich die Mitarbeiter vehement dagegen wehrten, nach dem einjährigen Pilotbetrieb wieder in das alte Schichtsystem wechseln zu müssen. Die Projektgruppe entschied sich, die Pilotphase nicht zu beenden, sondern den gesamten Bereich mit kontinuierlichem Schichtsystem auf das neue Modell umzustellen. Das neue Schichtsystem wurde für ein Jahr auf Probe angelegt. Vor Einführung des neuen Schichtsystems erfolgte – wie zuvor bereits im Pilotbetrieb – eine umfangreiche Information der Mitarbeiter über das neue Schichtsystem und das Vorgehen bei der Einführung. Dazu wurden Schichtinformationen und die Betriebsversammlung genutzt. Außerdem wurde der erfreuliche Verlauf der Pilotumstellung dargestellt. Besonders hilfreich war der direkte Informationsaustausch durch Mund-zu-Mund-Propaganda zwischen Mitarbeitern im neuen und im alten Schichtsystem.

Sowohl Vorgesetzte als auch die Arbeitnehmervertretungen nahmen Sorgen und Verbesserungsvorschläge der Mitarbeiter auf, die mit der Schichtplanumstellung verbunden waren. Meistens handelte es sich um Fragen zur Kinderbetreuung – zum Beispiel, wenn der Partner in einer anderen Schichtgruppe beschäftigt war. In fast allen der rund 60 Fälle wurden Lösungen gefunden – zum Beispiel durch einen späteren Schichtbeginn.

9 Handlungsfeld „Arbeitszeit gestalten"

Abb. 9.29 Schlafprotokoll

Abb. 9.30 Auszug aus dem Befindlichkeitsprotokoll

Ein Informationsbrief klärte die Mitarbeiter rund einen Monat vor der Umstellung ausführlich auf. Begleitend erhielten die Mitarbeiter ein Schlafprotokoll (siehe Abb. 9.29) und einen Fragebogen zum Aufzeichnen des Wohlbefindens (siehe Abb. 9.30). Mit beiden Protokollen zeichneten die Mitarbeiter bis zur Umstellung Schlafqualität, Wohlbefinden und Müdigkeit auf. Die Protokolle bewahrten die Mitarbeiter auf. Spätere Bewertungen des alten und neuen Schichtplanes basierten dadurch auf mehrwöchigen Dokumentationen von Schlafqualität und Befinden und waren somit „nahezu objektiv".

Die erste Befragung der Mitarbeiter erfolgte direkt vor der Schichtplanumstellung. In dem Fragebogen sollten diese zuerst das alte Schichtsystem bewerten. Dann wurde die Bereitschaft abgefragt, das neue System auszuprobieren. Anschließend folgten Fragen zu Kinderbetreuung, sozialem Umfeld, Ernährung und Gesundheit. Weitere Themen waren die Wachheit/Erschöpfung, die seelische Ausgeglichenheit, der Schlaf nach der Nacht-

Insgesamt finde ich die bisherige **4-Tage-Kontischicht**	☺	☻	☹
Ich möchte das **6-Tage-Kontischichtmodell** gerne ausprobieren	☺	☻	☹

	Klartext Bitte teilen Sie uns mit, was Sie uns sagen wollen (Kritik, Verbesserungen):	Einschätzung Mir geht es durch das **bisherige** Kontimodell eher:				Insgesamt ist dieser Punkt für mich: ❶ sehr wichtig ❻ unwichtig					
		gut	mittel	schlecht	nicht relevant						
Kinderbetreuung		☺	☻	☹		❶	❷	❸	❹	❺	❻
Soziales Umfeld		☺	☻	☹		❶	❷	❸	❹	❺	❻
Ernährung		☺	☻	☹		❶	❷	❸	❹	❺	❻
Gesundheit		☺	☻	☹		❶	❷	❸	❹	❺	❻
Wachheit/ Erschöpfung		☺	☻	☹		❶	❷	❸	❹	❺	❻
Seelische Ausgeglichenheit		☺	☻	☹		❶	❷	❸	❹	❺	❻
Schlaf nach der Nachtschicht		☺	☻	☹		❶	❷	❸	❹	❺	❻
Schlaf nach dem Nachtschichtblock		☺	☻	☹		❶	❷	❸	❹	❺	❻
						Tage					
Wie viele Tage benötigen Sie, um nach der Nachtschicht in Ihren Tagesrhythmus zurückzufinden						❶	❷	❸	❹		

Abb. 9.31 Befragung der Beschäftigten vor Schichtplanumstellung

schicht sowie nach dem Nachtschichtblock und die Anzahl der Tage, welche die Mitarbeiter danach zur Rückkehr zu einem normalen Schlaf-/Wachrhythmus benötigen. Die Bewertung erfolgte zum einen mit drei Smileys; dabei durften auch Zwischenstufen angekreuzt werden. Zudem konnten die einzelnen Punkte nach Wichtigkeit abgestuft werden. Auch Freitextmitteilungen waren möglich (Abb. 9.31).

Drei und sechs Monate nach der Umstellung wurden Folgebefragungen durchgeführt. Jeweils vier Wochen vor der Befragung erhielten die Mitarbeiter ein Schlaf- und Befindlichkeitsprotokoll per Post. Im Folgefragebogen wurden die ersten zwei Fragen ausgetauscht; stattdessen wurde nach der allgemeinen Bewertung des neuen Schichtsystems gefragt. Die anderen Fragen blieben gleich. Der Werksärztliche Dienst des Standortes wertete die anonymen Fragebögen aus und stellte die Ergebnisse zusammen. Die Ergebnisse der Befragungen wurden zuerst der Projektgruppe vorgestellt, dann präsentierten die Vorgesetzten sie der Belegschaft.

Bewertung

Die erste Befragung zeigte eine hohe Bereitschaft zum Ausprobieren des neuen Schichtsystems. Die Mitarbeiter konnten ihre Zustimmung zu der Aussage „Ich möchte das 6-Tagemodell gern ausprobieren" auf folgender Skala angeben: ☺ = 1, ☻ = 2 und ☹ = 3. Der Durchschnittswert der Antwortenden war 1,34. Allerdings wurden sowohl in der Befragung, aber auch persönlich, massive Bedenken gegen die Schichtplanumstellung vor-

9 Handlungsfeld „Arbeitszeit gestalten"

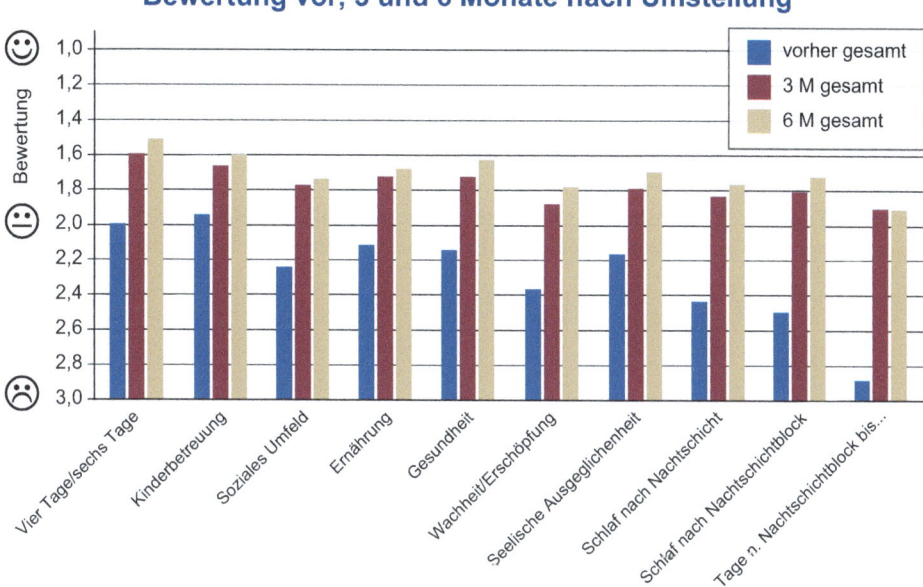

Abb. 9.32 Ergebnisse der Befragungen

gebracht. Die Beteiligung an der Befragung lag am Anfang bei 50 %. Sie steigerte sich aber mit der Zeit. Bei der abschließenden Ja/Nein-Befragung zur Einführung des neuen Schichtsystems lag die Beteiligungsquote bei 92,5 %.

Die Bewertung des neuen Schichtsystems, bezogen auf die einzelnen Lebensbereiche, besserte sich kontinuierlich (vgl. Abb. 9.32). Dies wurde auch schon bei den vorgeschalteten Pilotbereichen beobachtet. Bei der abschließenden Ja/Nein-Befragung sprachen sich 84,3 % der Mitarbeiter für die Beibehaltung des neuen Schichtsystems aus.

Die Umstellung des Schichtsystems ergab eine deutliche Verbesserung der Arbeitsbedingungen und wirkte sich positiv auf die Leistungsfähigkeit der Mitarbeiter aus. Der Anteil an Meldungen von gesundheitlichen Problemen mit Schichtarbeit, insbesondere mit der Nachtschicht, reduzierte sich auf wenige Einzelfälle. Teilweise sind Mitarbeiter, die mit gesundheitlichen Problemen aus der Nachtschicht ausgeschieden sind, wieder in das kontinuierliche Schichtsystem zurückgekehrt. Die Beliebtheit der Arbeit in dem kontinuierlichen Schichtsystem hat nach der Umstellung erheblich zugenommen.

Aus den Freitextnennungen der Befragung seien zwei stellvertretend zitiert: „Das Beste, was uns hätte passieren können." und „So möchte ich bis zu meiner Rente arbeiten.".

Nach der Umstellung waren die Fehlzeiten deutlich rückläufig, wobei die Schichtplanumstellung nicht die einzige Ursache dafür gewesen sein muss.

Empfehlungen und Erfahrungen

Ein gutes theoretisches Konzept, das die aktuellen arbeitswissenschaftlichen Empfehlungen zu Schichtarbeit berücksichtigt, ist noch kein Garant für eine erfolgreiche Umsetzung eines neuen Schichtsystems in den Praxisbetrieb. Mindestens genauso wichtig ist die Gewinnung der Stakeholder im Betrieb, die Beteiligung der Mitarbeiter in geeigneter Form sowie ein gutes Kommunikationskonzept. Veränderung ist ein Prozess, der stetig unterstützt werden muss.

Literatur

Papenfuss, F.; Storcz, R.: Umstellung eines kontinuierlichen Schichtsystems: Idee, Planung, Umsetzung und Hürden. In: Betriebspraxis & Arbeitsforschung (2013), Nr. 215, S. 38–44

Handlungsfeld „Personalpolitik und Personalstrategie realisieren" 10

Sibylle Adenauer, Sonja Fischer, Christian Hentschel,
Irene Heuser, Anna Peck, Magdalene Prynda,
Sven Rottinger und Stephan Sandrock

S. Adenauer (✉)
Institut für angewandte Arbeitswissenschaft e. V. (ifaa), Düsseldorf, Deutschland
E-Mail: s.adenauer@ifaa-mail.de

C. Hentschel
NIEDERSACHSENMETALL, Hannover, Deutschland

I. Heuser
E-Mail: i.heuser@ifaa-mail.de

A. Peck
E-Mail: a.peck@ifaa-mail.de

S. Sandrock
E-Mail: s.sandrock@ifaa-mail.de

© Springer-Verlag Berlin Heidelberg 2015
Institut für angewandte Arbeitswissenschaft e. V. (ifaa) (Hrsg.),
Leistungsfähigkeit im Betrieb, ifaa-Edition, DOI 10.1007/978-3-662-43398-0_10

> **Worum geht es in diesem Beitrag?**
> Sie erfahren auf den folgenden Seiten, was unter den Begriffen „Personalpolitik" und „Personalstrategie" zu verstehen ist. Diese beiden Begriffe sind im Zuge des demografischen Wandels und der knapper werdenden Fachkräfteressourcen noch stärker in den Fokus gerückt. Von einer guten Personalpolitik und -strategie hängt es ab, ob Unternehmen mittel- und langfristig über jene Qualifikationen verfügen, die sie für ihre Tätigkeit benötigen. Auf den folgenden Seiten erfahren Sie mehr darüber, welche Aspekte bei der Entwicklung von Personalpolitik beziehungsweise Personalstrategie zu berücksichtigen sind und durch welche Maßnahmen die Personalstrategie umgesetzt wird.
>
> **Überblick**:
> - Was ist Personalpolitik?
> - Was ist Personalstrategie?
> - Was ist das Ziel von Personalpolitik und -strategie?
> - Welchen Bezug haben Personalpolitik und -strategie zu Leistungsfähigkeit und Demografie?
> - Welche „Stellschrauben" gibt es?
> - Was sollte bei der Personalpolitik und -strategie beachtet werden?
> - Welche gesetzlichen Rahmenbedingungen gibt es?

Was ist Personalpolitik?
Grundsätzliche Entscheidungen, die die gesamte Belegschaft eines Unternehmens betreffen, fasst man unter dem Begriff **„Personalpolitik"** zusammen. Die Personalpolitik ergibt sich aus der allgemeinen Unternehmenspolitik und den langfristigen (strategischen) Unternehmenszielen.

Zur Personalpolitik gehören unter anderem:

- strategische Planungen zur Gewinnung und Bindung von Mitarbeitern und Führungskräften,
- Strategien zur Aus- und Weiterbildung sowie zur bedarfsgerechten Qualifizierung,
- die Festlegung der Entgeltpolitik,
- die Laufbahnplanung,
- Fragen der betrieblichen Erfolgsbeteiligung,
- die betriebliche Altersvorsorge und
- die betriebliche Mitbestimmung (vgl. Macharzina 1992).

Da diese strategischen Planungen und Fragestellungen wenig konkret sind, werden im Rahmen der Formulierung der Personalstrategie konkrete Maßnahmen abgeleitet.

Personalpolitik sollte zukunftsorientiert sein – das heißt: Sie sollte gesellschaftliche Entwicklungen beobachten und aufgreifen. Sie muss somit ständig angepasst und weiterentwickelt werden. Zu betrachten sind Entwicklungen wie:

- steigender Fachkräftemangel,
- älter werdende Belegschaften,
- der Wertewandel in der Gesellschaft,
- zunehmende Berufstätigkeit von Frauen,
- Internationalisierung der Belegschaft und
- Diversity Management.

Was ist Personalstrategie?
Die **Personalstrategie** eines Unternehmens beschäftigt sich mit den personellen Herausforderungen des Unternehmens, die sich aus der Unternehmensstrategie ableiten, und mit der Gestaltung konkreter Lösungsansätze hierzu (vgl. Porten 2011). Schwerpunkte der Personalstrategie sind die Sicherung des Mitarbeiterpotenzials durch eine ausgewogene Mitarbeiterstruktur (Stichwort „Demografie"), bedarfsgerechte Qualifikation der Belegschaft, Entwicklung der Mitarbeiter und Führungskräfte.

Beispiel: Wenn ein Unternehmen neue Märkte erschließen oder bisher vernachlässigte Geschäftsfelder will, ist es Aufgabe der Personalstrategie aufzuzeigen, welche Voraussetzungen aus personeller Sicht erforderlich sind, um diese Ziele zu erreichen (vgl. Schmitz 2006).

Im Rahmen der Strategieentwicklung werden unter anderem folgende Fragen betrachtet (vgl. Porten 2011):

- Welche Kernkompetenzen müssen im Unternehmen unbedingt gesichert werden (vgl. Abschn. 10.3 „Personalentwicklung und Personalqualifizierung", vgl. Abschn. 10.3.1 „LLL – lebenslanges Lernen", vgl. Abschn. 10.3.2 „Didaktische Konzepte für altersgerechtes Lernen")?
- Wie kann die Mitarbeiterbindung und Identifikation mit dem Unternehmen gesteigert werden (vgl. Abschn. 10.5 „Personalbindung")?
- Wie können künftig Leistungsträger für das Unternehmen gewonnen und langfristig gebunden werden (vgl. Abschn. 10.2 „Personalgewinnung")?
- Wie kann die Arbeitgeberattraktivität gesteigert werden (vgl. Abschn. 10.2.1 „Mit Employer Branding zum attraktiven Arbeitgeber")?
- Wie kann die Leistungsfähigkeit älterer Mitarbeiter gesichert werden (vgl. Kap. 3 „Leistungsfähig sein und bleiben" und 4 „Leistungsfähigkeit und Alter – praxisrelevante Hinweise für Unternehmen und Beschäftigte")?
- Wie kann das vorhandene Wissen im Unternehmen gehalten werden, wenn Mitarbeiter in den Ruhestand gehen (vgl. Abschn. 10.6 „Gestaltung Berufsaustritt")?

- Wie können Mitarbeiter bedarfsgerecht eingesetzt werden (vgl. Abschn. 10.4 „Personaleinsatz")?
- Welche Instrumente können für die strategische Personalarbeit eingesetzt werden (vgl. Abschn. 10.1 „Mitarbeiterbefragungen als Instrument der Personalarbeit", vgl. Abschn. 10.2.3 „So baue ich ein regionales Netzwerk auf", vgl. Abschn. 10.3.3 „Personalentwicklungs- und Feedbackgespräch")?

Die Personalstrategie wird von den Bereichsleitungen beziehungsweise von der Unternehmensleitung erstellt, da diese Mitarbeiter- und Budgetverantwortung tragen und für die Erreichung der übergeordneten Ziele der Unternehmung verantwortlich sind. Die Personalabteilung unterstützt als strategischer Partner in der Formulierung, beispielsweise durch Vorschläge zur Prozessgestaltung oder durch die Darstellung von Möglichkeiten und Grenzen im Rahmen von Personalmaßnahmen (vgl. Hanisch 2008).

Was ist das Ziel von Personalpolitik und -strategie?
Ziel der Personalpolitik: Sie soll langfristig die Handlungs-, Wettbewerbs- und Innovationsfähigkeit des Unternehmens sicherstellen, indem sie dafür sorgt, dass stets rechtzeitig der richtige Mitarbeiter mit den benötigten Qualifikationen zur Verfügung steht.

Die Personalstrategie soll dazu beitragen, einen strategischen Wettbewerbsvorsprung zu schaffen und das Unternehmen im Wettbewerb individuell positionieren (vgl. Trogrlic 2003) (Abb. 10.1).

Abb. 10.1 Personalpolitik & -strategie sollen die Ziele des Unternehmens unterstützen. (Foto: Christian Schwier/fotolia.de)

10 Handlungsfeld „Personalpolitik und Personalstrategie realisieren"

Welchen Bezug haben Personalpolitik und -strategie zu Leistungsfähigkeit und Demografie?
Bedingt durch den **demografischen Wandel** werden sich Unternehmen mit einer Verknappung von Fachkräften und dem zahlenmäßigen Rückgang der Erwerbsbevölkerung auseinandersetzen müssen. Nach einer ifo-Umfrage (Oktober 2010) gehen 71 % (siehe Abb. 10.2) unter insgesamt 830 Unternehmen davon aus, im Jahr 2020 in mittlerem bis starkem Ausmaß vom Fachkräftemangel betroffen zu sein. Bei Unternehmen des Verarbeitenden Gewerbes (ohne weiterführende Differenzierung hinsichtlich M+E) sind es bereits 76%.

Umso wichtiger wird die Personalstrategie. Deren Aufgabe ist es, rechtzeitig neue geeignete Mitarbeiter zu gewinnen und eine konsequente Nachfolgeplanung für Schlüsselpositionen sicherzustellen. Diese Aufgabe dient der Wertschöpfung des Unternehmens (vgl. Staud 2006). Ebenso soll Personalstrategie dafür sorgen, dass Mitarbeiter umfassend an den Betrieb gebunden werden, um Fluktuation und somit den Verlust von Wissen im Unternehmen gering zu halten. Ein betriebliches Gesundheitsmanagement ist wichtiger Bestandteil der Personalstrategie. Denn es trägt beispielsweise dazu bei, die Arbeits- und Leistungsfähigkeit von Beschäftigten langfristig zu erhalten und zu fördern.

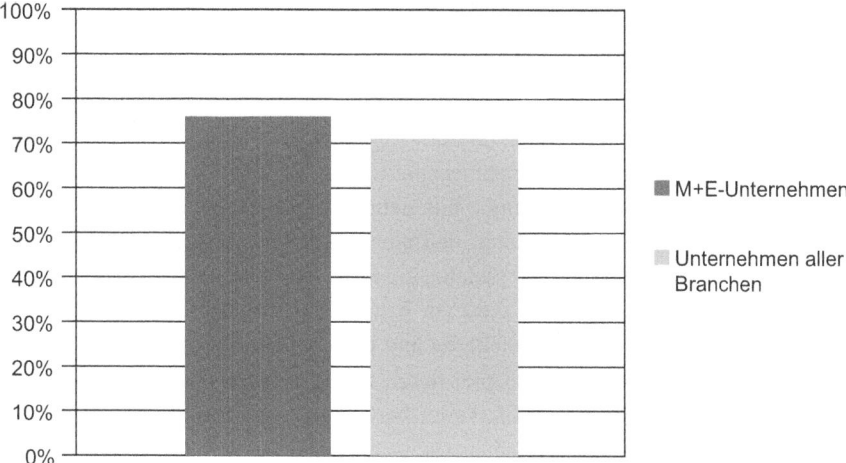

Abb. 10.2 Unternehmen, die befürchten, 2020 in mittlerem bis starkem Maße vom Fachkräftemangel betroffen zu sein (ifo 2010)

In Bezug auf die **Leistungsfähigkeit** von Beschäftigten können Personalpolitik und Personalstrategie außerdem dazu beitragen, die Qualifikation und Motivation zu erhalten und zu steigern. Hier geht es um „Führung", „Wertschätzung" und „Entlohnung". Wichtiger Bestandteil der unternehmerischen Personalstrategie ist eine Personalentwicklung, die dazu beiträgt, sowohl Beschäftigte aller Altersgruppen als auch Leistungsgeminderte entsprechend der betrieblichen Bedarfe zu qualifizieren und somit ihre Arbeits- und Leistungsfähigkeit zu erhalten und zu fördern. Eine an den Unternehmensbedarfen als auch an Mitarbeiterqualifikationen orientierte Personaleinsatzplanung wirkt sich ebenfalls positiv auf die Motivation und Leistungsfähigkeit der Mitarbeiter aus (beispielsweise durch Jobrotation und Belastungswechsel bei den ausgeführten Tätigkeiten). Monotone Tätigkeiten sollten reduziert werden und die Eigenverantwortung der Mitarbeiter sollte gefördert werden.

Welche „Stellschrauben" gibt es?
Die jeweilige **Personalstrategie** im Unternehmen ist eine konkrete betriebliche Handlungsanweisung für die verschiedenen Bereiche der Personalwirtschaft. Sie soll sicherstellen, dass das Unternehmen die Mitarbeiter hat, die es für seine Arbeit braucht. Am Anfang steht die Analyse des aktuellen Standes im Unternehmen – beispielsweise durch Altersstruktur- und/oder Qualifikationsanalysen. Der aus diesen Analysen abgeleitete Bedarf sollte anhand verschiedener Stellschrauben die unternehmerische **Personalpolitik** mitgestalten (vgl. Olfert 2008):

- **Personalgewinnung** – zum Beispiel über Stellenanzeigen oder über das Angebot interner Entwicklungsmöglichkeiten, Kooperationen mit Hochschulen und betrieblicher Berufsausbildung. Ausführliche Informationen zum Thema „Personalgewinnung" siehe Abschn. 10.2.
- **Personalplanung** – zum Beispiel Planung quantitativer und qualitativer Mitarbeiterkapazitäten im Rahmen der strategischen Unternehmensplanung. Sie soll sicherstellen, dass kurz-, mittel- und langfristig die im Unternehmen benötigten Beschäftigten in der erforderlichen Qualität und Quantität zum richtigen Zeitpunkt, am richtigen Ort und unter Berücksichtigung der unternehmenspolitischen Ziele zur Verfügung stehen.
- **Nachfolge- und Laufbahnplanung** – hier geht es zum Beispiel darum, wichtige Positionen im Unternehmen zu besetzen und sicherzustellen, dass strategisch wichtiges Wissen in der Organisation bleibt; gleichzeitig muss das Unternehmen Potenzialträgern Karriereperspektiven bieten, um diese zu halten. Ausführliche Informationen hierzu siehe Abschn. 10.3 „Personalentwicklung und Personalqualifizierung".
- **Arbeitszeitgestaltung** – zum Beispiel durch lebenssituationsspezifische Arbeitszeitmodelle, die die Situation der Mitarbeiter berücksichtigen. Die Arbeitszeitgestaltung beinhaltet die Festlegung von Wochenarbeitszeit, Schichtarbeit, Nachtarbeit, Wochenendarbeit, Gleitzeit, Telearbeit etc. Ausführliche Informationen zum Thema „Arbeitszeit gestalten" siehe Kap. 9.
- **Gestaltung der Vergütung** – hier geht es zum Beispiel auch um leistungsabhängige Boni und Incentives, die Mitarbeitern im Rahmen der Vergütung angeboten werden können. Unternehmen sind gut beraten, transparent mit der Zusammensetzung der Vergütung umzugehen. Es muss klar sein, welches Entgelt welches Leistungsniveau erfordert. Hierzu ist es wichtig, die Arbeitsaufgaben festzulegen und Abgrenzungen von Tätigkeiten außerhalb des Vergütungsrahmens vorzunehmen.
- Bedarfsgerechte **Qualifizierung** und **strategische Personalentwicklung** sind die Voraussetzungen für einen bedarfs-, fähigkeits- und altersgerechten Personaleinsatz. Eine

Qualifikationsbedarfsanalyse gibt Aufschluss über den zukünftigen Qualifizierungsbedarf im Unternehmen. Weiterführende Informationen siehe Abschn. 10.3 „Personalentwicklung und Personalqualifizierung".
- Auch die **Arbeitsgestaltung** ist Teil der Personalpolitik (siehe Kap. 8). Eine ergonomische Gestaltung der Arbeit oder Maßnahmen der betrieblichen Gesundheitsförderung (siehe Kap. 12 „Gesundheit aktiv gestalten") tragen dazu bei, die Arbeits- und Leistungsfähigkeit langfristig zu sichern.

Was sollte bei der Personalpolitik und -strategie beachtet werden?
Bei der Gestaltung der Personalpolitik und -strategie sind eine Reihe **interner Rahmenbedingungen und externer Einflüsse** zu beachten. Die internen Faktoren betreffen unternehmerische Entscheidungen, die sich in der Unternehmensstrategie wiederfinden – hier geht es beispielsweise um die Wachstumsplanung, eine angestrebte oder zu behauptende Qualitäts-, Markt- oder Technologieführerschaft, komplexere Arbeitsprozesse, die weiterführende Qualifizierungen erfordern, neue Werksstrukturen sowie den Prozess der Internationalisierung. Neben der wirtschaftlichen Situation des Unternehmens ist zu berücksichtigen, wie die Personalwirtschaft in die Organisationsstruktur eingebunden ist.

Bei der Ausgestaltung der Personalpolitik und -strategie müssen Unternehmen externe Einflüsse, die sie nicht selbst verändern können, besonders beachten. Dazu gehören der zunehmende Fachkräftemangel, die gesetzlich eingeführte Verlängerung des Arbeitslebens (Rente mit 67), technologische Entwicklungen, Veränderung gesellschaftlicher und individueller Werte der Beschäftigten, tarifpolitische Entwicklungen sowie das Mitbestimmungsrecht der Beschäftigten.

Welche gesetzlichen Rahmenbedingungen gibt es?
Bei der Planung von Personalpolitik und -strategie gilt ab einer bestimmten Mitarbeiteranzahl die gesetzliche Mitbestimmung der Beschäftigten. Dies hat der Arbeitgeber zu berücksichtigen. Im Rahmen der Mitbestimmung sind zwei Arten zu unterscheiden:

- zum einen die Mitbestimmung nach dem Betriebsverfassungsgesetz (BetrVG), hierbei hat der Betriebsrat Mitsprache bei sozialen, personellen und wirtschaftlichen Fragestellungen,
- zum anderen haben Mitarbeiter bei strategischen Entscheidungen auf Unternehmensebene ein Mitbestimmungsrecht (MitbestG, DrittelbG) im Aufsichtsorgan.

Nicht bei allen personalwirtschaftlichen Aktivitäten ist es notwendig, die Mitarbeitervertretung einzubeziehen. Dennoch empfiehlt es sich, den Betriebsrat frühzeitig über geplante Maßnahmen der Personalstrategie zu informieren. Maßnahmen lassen sich so leichter umsetzen, wenn sie bei den Mitarbeitern eine höhere Akzeptanz finden.

Weiterführende Informationen, Links
Nähere Informationen zum Thema Mitbestimmung finden Sie auf der Homepage des Bundesministeriums der Justiz:
http://www.gesetze-im-internet.de/betrvg/index.html [11.12.2013]
http://www.gesetze-im-internet.de/mitbestg/index.html [11.12.2013]
http://www.gesetze-im-internet.de/drittelbg/ [11.12.2013]
Porten, M.: Personalarbeit der nächsten Dekade (Teil II): Die Personalstrategie. In: unternehmer. de vom 15. Dezember 2011, verfügbar unter: http://www.unternehmer.de/management-people-skills/126855-personalarbeit-der-naechsten-dekade-teil-ii-die-personalstrategie [11.12.2013]

Literatur
Hanisch, D.: Der Strategiebegriff im Handlungsfeld Human Resources. Was ist Personalstrategie, wer formuliert sie? In: Personalführung (2008), Nr. 4, S. 64–69
Macharzina, K.: Personalpolitik. In: Gaugler, E.; Weber, W. (Hrsg.): Handwörterbuch des Personalwesens. Stuttgart: Poeschel, 1992, S. 1780–1797
Olfert, K.: Lexikon Personalwirtschaft. 1. Auflage. Herne: Friedrich Kiehl Verlag, 2008
Schmitz, M.: Konrad-Adenauer-Stiftung e. V. (Hrsg.): Familienfreundliche Personalpolitik. Band Nr. 74. Sankt Augustin: Konrad-Adenauer-Stiftung e. V., 2006
Staud, J.: Geschäftsprozessanalyse. Ereignisgesteuerte Prozessketten und objektorientierte Geschäftsprozessmodellierung für Betriebswirtschaftliche Standartsoftware. Heidelberg: Springer-Verlag, 2006
Trogrlic, T.: Personalstrategie – leitet sich die Personalstrategie aus der Unternehmensstrategie ab oder umgekehrt oder parallel/rekursiv? München: GRIN Verlag, 2003

10.1 Mitarbeiterbefragungen als Instrument der Personalarbeit

Worum geht es in diesem Beitrag?
Sie erfahren, wie und wozu Mitarbeiterbefragungen eingesetzt werden können und welche Funktionen derartige Erhebungen haben. Mitarbeiterbefragungen sind wichtige Instrumente der Personalarbeit. Sie werden in vielen Unternehmen eingesetzt, um Informationen über Meinungen und Einstellungen der Beschäftigten zu unterschiedlichen Themen, zum Beispiel zur Gesundheitsförderung, zur Zufriedenheit oder zum Commitment zu erhalten. Das Hineinhören in die eigene Belegschaft ist für Unternehmen heute wichtiger denn je, denn sie wollen und müssen Mitarbeiter angesichts knapper werdender Personalressourcen langfristig halten. Der Beitrag zeigt auf, wie Mitarbeiterbefragungen praktisch durchgeführt werden können und worauf zu achten ist.

Überblick:
- Was sind Mitarbeiterbefragungen?
- Welchen Nutzen bieten Mitarbeiterbefragungen?
- Welchen Kriterien sollte eine Mitarbeiterbefragung folgen?
- Wie werden Mitarbeiterbefragungen durchgeführt? Welche Maßnahmen kann der Betrieb ergreifen?
- Worauf müssen Sie achten? Welche Hürden könnten auftreten?
- Wie können Mitarbeiterbefragungen aussehen?
- Nutzefrageboge

Was sind Mitarbeiterbefragungen?
Unter einer Mitarbeiterbefragung (MAB) versteht man jegliche Form einer systematischen Erhebung von Meinungen und Einstellungen von Beschäftigten eines Unternehmens oder einer Organisation zu arbeitsbezogenen Themen. In der Regel wird die Erhebung über Fragebogeninstrumente vorgenommen, die standardisiert auswertbar sind. Dies bedeutet, dass beispielsweise Häufigkeiten oder Mittelwerte der Befragungsergebnisse zwischen Abteilungen miteinander verglichen werden können oder das Unternehmen mit einem Benchmark verglichen werden kann. Mitarbeiterbefragungen sind anonyme, freiwillige und prinzipiell schriftlich durchgeführte Befragungen. Durch ihre Systematik und Einbindung in die strategische Ausrichtung eines Unternehmens unterscheiden sich MAB grundsätzlich von informellen Gesprächen mit Mitarbeitern, Belegschaftsbefragungen durch Arbeitnehmervertretungen und Befragungen im Rahmen von Forschungsarbeiten, die in erster Linie wissenschaftlichen Zwecken dienen.

Mitarbeiterbefragungen haben zwei Funktionen: die diagnostische und die Interventionsfunktion. Die diagnostische Funktion beinhaltet unter anderem die Analyse des aktuellen Zustandes im Unternehmen aus Sicht der Beschäftigten (z. B. zu Themen wie „Arbeitszufriedenheit", „Betriebsklima", „Führungsstil"). Im Rahmen einer solchen Analyse können Stärken beziehungsweise Verbesserungspotenziale aufgedeckt werden. Ist in der Vergangenheit bereits eine MAB durchgeführt worden, so hat die folgende Befragung auch eine Evaluations- und eine Kontrollfunktion. Das heißt: Mit ihr kann zum Beispiel überprüft werden, wie abgeleitete Maßnahmen durchgeführt worden sind. Mitarbeiterbefragungen können auch Klarheit darüber schaffen, ob die durchgeführten Maßnahmen überhaupt von den Mitarbeitern wahrgenommen wurden beziehungsweise aus deren Sicht etwas verändert haben.

Die Interventionsfunktion ist ebenfalls unter mehreren Aspekten zu betrachten. Intervention bedeutet allgemein die Durchführung einer Maßnahme. Einmal geht es um die Interventionsfunktion der Befragung selbst: Denn schon die Durchführung einer Mitarbeiterbefragung stellt eine Intervention dar. Der zweite Aspekt der Interventionsfunktion bezieht sich auf die Folgeprozesse, die auf Basis der erhobenen Ergebnisse initiiert werden. Hierunter fallen sämtliche Maßnahmen, die auf Basis der Mitarbeiterbefragung eingeleitet werden. Beispielsweise fallen darunter die Auswahl von Maßnahmen im Rahmen der betrieblichen Gesundheitsförderung oder auch Schulungen zur Kommunikation.

Welchen Nutzen bieten Mitarbeiterbefragungen?
Aus den Ergebnissen einer zielgerichteten Mitarbeiterbefragung lassen sich Hinweise auf betriebliche Stärken und Verbesserungspotenziale gewinnen; diese Erkenntnisse können als Grundlage für die Ableitung konkreter Maßnahmen dienen, zum Beispiel zur Veränderung und Optimierung von Arbeitsprozessen sowie Organisationsstrukturen. Durch die Einbindung der Mitarbeiter wird eine gemeinsame Grundlage für den Veränderungsprozess geschaffen. Weiterhin können Mitarbeiterbefragungen Ansatzpunkt für die Gestaltung personalpolitischer Maßnahmen sein, die im direkten Bezug zur Leistungsfähigkeit der Beschäftigten stehen – insbesondere in den Bereichen „Personalgewinnung", „Personalbindung", „Personalentwicklung" und „Personalsicherung". Daneben kann die Mitarbeiterbefragung dazu dienen, die Kommunikation zwischen den Mitarbeitern und den Führungskräften zu stärken sowie durch die Beteiligung der Beschäftigten deren Motivation zu steigern.

Welchen Kriterien sollte eine Mitarbeiterbefragung folgen?
Die Befragung ist in übergeordnete Strategien eingebettet und sollte als Datenlieferant für künftige Maßnahmen dienen.
Die Befragung ist zielgerichtet.
Die Zielgruppe der Befragung ist im Vorfeld zu bestimmen.
Die Befragung erfolgt mit einem standardisierten, in der Regel schriftlichen Fragebogen.
Die Befragung ist freiwillig und anonym.
Die Befragung findet regelmäßig statt (in der Regel alle ein bis zwei Jahre).
Die Ergebnisrückmeldung erfolgt anonym.

Wie werden Mitarbeiterbefragungen durchgeführt? Welche Maßnahmen kann der Betrieb ergreifen?
Eine Mitarbeiterbefragung kann in acht Projektphasen unterteilt werden: Vorbereitung, Konzeption, Organisation & Information, Durchführung, Auswertung, Rückmeldung, Umsetzung Befragungsergebnis und abschließende Evaluation (vgl. ausführlich dazu Sandrock und Prynda 2012). Eine Mitarbeiterbefragung wird dann erfolgreich sein, wenn alle Phasen der Befragung ernsthaft und kooperativ abgearbeitet werden. Dies setzt eine detaillierte Planung, eine professionelle Durchführung und transparente Informationen im gesamten Projektverlauf mit zeitnaher Rückmeldung der Ergebnisse voraus. Die abgeleiteten Maßnahmen müssen kontinuierlich überprüft werden. Jede Mitarbeiterbefragung ist nur so effektiv wie ihre Folgemaßnahmen. Daher hat das Unternehmen die Aufgaben,

- in einem geführten Workshop mit Führungskräften und Mitarbeitern (Moderation durch externen Leiter oder durch Mitarbeiter der Personalabteilung) die Ergebnisse zum Zwecke der Prozesssteuerung aufzuarbeiten sowie
- konkrete Maßnahmen abzuleiten und diese stringent und zeitnah durchzuführen.

10 Handlungsfeld „Personalpolitik und Personalstrategie realisieren"

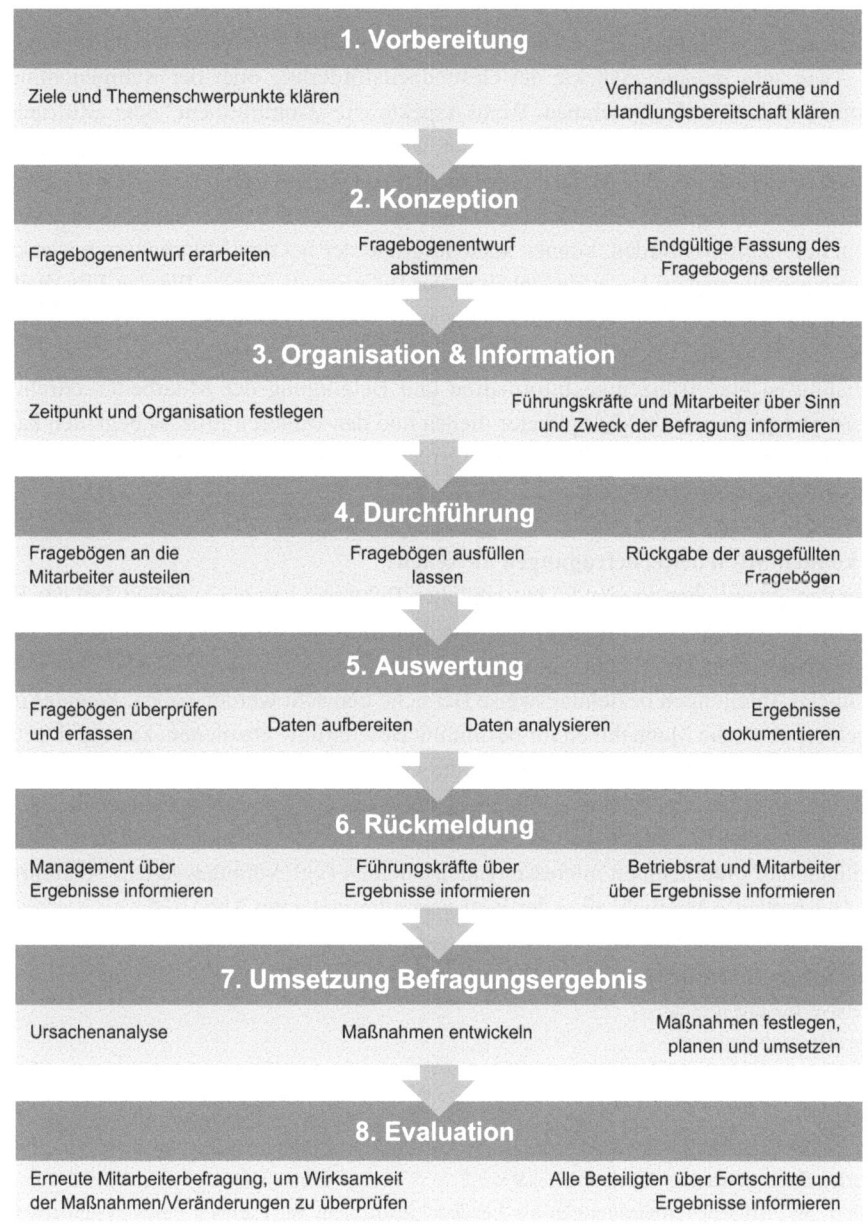

Abb. 10.3 Ablaufschritte einer Mitarbeiterbefragung. (Sandrock und Prynda 2012, S. 8)

Nachstehende Abbildung veranschaulicht den Prozesscharakter einer Mitarbeiterbefragung (Abb. 10.3).

Worauf müssen Sie achten? Welche Hürden könnten auftreten?
Die in der Erhebung abgefragten Themengebiete sollten aus den mittel- bis langfristigen Zielen eines Unternehmens abgeleitet werden beziehungsweise in diese eingebettet sein.

Sie sollten sich auf Inhalte beschränken, die einer zeitnahen Intervention auch zugänglich sind – wie zum Beispiel Aspekte der Gesundheitsförderung oder der wahrgenommene Informationsfluss im Unternehmen. Wenn Aspekte wie „Commitment" oder „Zufriedenheit" erfragt werden, sollte überprüft werden, welche anderen Inhalte diese beeinflussen, um dann wiederum gezielte Maßnahmen ableiten zu können.

Mitarbeiterbefragungen, die ad hoc und ohne in die Ziele des Unternehmens eingebettet zu sein durchgeführt werden, können auch aufgrund der bei den Mitarbeitern geweckten Erwartungshaltungen zu Unzufriedenheit in der Belegschaft führen. Werden Mitarbeiterbefragungen durchgeführt, so sollten immer auch Maßnahmen abgeleitet und umgesetzt werden.

Wichtig ist eine frühzeitige Information und Beteiligung der Mitarbeitervertretung, die zum Beispiel auch als Multiplikator dienen und den weiteren Prozess begleiten kann. Unabhängig davon sind die Mitbestimmungsrechte des Betriebsrates sowie datenschutzrechtliche Belange zu beachten.

Wie können Mitarbeiterbefragungen aussehen?

Neben den eigentlichen Fragen zu betrieblichen Belangen können in einem Teil des Fragebogens bestimmte betriebliche Daten, wie zum Beispiel die Abteilungszugehörigkeit, erfasst werden. Das kann dann sinnvoll sein, wenn vergleichende Aussagen über unterschiedliche Abteilungen beziehungsweise Bereiche gemacht werden sollen. Wenn es darum geht, spezifische Maßnahmen für bestimmte Beschäftigte abzuleiten, kann es daneben sinnvoll sein, zum Beispiel auch das Alter, das Geschlecht oder das jeweilige Arbeitszeitmodell mit zu erfassen. Dabei ist darauf zu achten, dass der Datenschutz eingehalten wird. Im nachfolgenden Teil folgen dann die eigentlichen Fragen beziehungsweise Items zu den jeweiligen das Unternehmen interessierenden Themen (vgl. vorangegangene Ausführungen). Beispielhafte Möglichkeiten der Item-Formulierung zeigt Abb. 10.4.

Weiterführende Informationen, Links
Betriebsverfassungsgesetz
Bundesdatenschutzgesetz

Literatur
Borg, I.: Mitarbeiterbefragungen. Strategisches Aufbau- und Einbindungsmanagement. Göttingen: Verlag für angewandte Psychologie, 1995
Bungard, W.: Mitarbeiterbefragungen als Feedbackinstrument im Rahmen eines systematischen Prozess-Controllings. In: Wirtschaftspsychologie (2000), Nr. 7, S. 4–15
Bungard, W.; Müller, K.; Niethammer, C.: Mitarbeiterbefragung – was dann? Heidelberg: Springer-Verlag, 2007
Domsch, M. E.; Ladwig, D. H.: Mitarbeiterbefragung – Stand und Entwicklungen. In: Domsch, M. E.; Ladwig, D. H. (Hrsg.): Handbuch Mitarbeiterbefragung. Heidelberg: Springer-Verlag, 2000, S. 1–14
Sandrock, S.; Prynda, M.; Institut für angewandte Arbeitswissenschaft (Hrsg): Mitarbeiterbefragungen in kleinen und mittleren Unternehmen gezielt richtig durchführen. Heidelberg: Dr. Curt Haefner-Verlag, 2012

10 Handlungsfeld „Personalpolitik und Personalstrategie realisieren"

Allgemeiner Musterfragebogen	Trifft zu	Trifft eher zu	Trifft eher nicht zu	Trifft nicht zu
A) Bereichsklima				
Bei Schwierigkeiten kann ich mich nicht auf meine Kollegen im Team bzw. in der Gruppe verlassen.	O	O	O	O
In meinem direkten Arbeitsumfeld helfen und unterstützen wir uns gegenseitig.	O	O	O	O
Die Stimmung in unserer Abteilung/unserem Team ist gut.	O	O	O	O
Ich kann jederzeit Ideen und Vorschläge einbringen.	O	O	O	O
Die Kommunikation in meinem Arbeitsbereich ist offen und vertrauensvoll.	O	O	O	O
B) Unternehmensklima/-kultur				
Ich kenne die Ziele und Strategien unseres Unternehmens.	O	O	O	O
Bei uns gibt es eine Unternehmenskultur mit festgelegten Normen und Werten.	O	O	O	O
Mir wird in unserem Unternehmen das Gefühl gegeben, dass meine Arbeit wichtig ist.	O	O	O	O
In unserem Unternehmen hört man selten freundliche Worte.	O	O	O	O
Die Entscheidungswege innerhalb des Unternehmens sind schwer durchschaubar.	O	O	O	O
C) Wissensmanagement – Information und Kommunikation				
Ich werde ausreichend über Veränderungen der Arbeitsabläufe in meinem Arbeitsumfeld informiert.	O	O	O	O
Ich habe alle notwendigen Informationen, um gute Arbeit leisten zu können.	O	O	O	O
Der Informationsfluss zwischen den Abteilungen ist bei weitem nicht ausreichend.	O	O	O	O
Mir ist nicht klar, welche Anforderungen die Kunden an unsere Produkte stellen.	O	O	O	O
Über aktuelle Veränderungen in meinem Unternehmen werde ich nicht informiert.	O	O	O	O
D) Personalbindung – Commitment				
Ich überlege ernsthaft, die Firma, für die ich momentan arbeite, in den kommenden 12 Monaten zu verlassen.	O	O	O	O
Ich würde mich jederzeit wieder für meine Firma als Arbeitgeber entscheiden.	O	O	O	O
Ich bin stolz, Mitarbeiter bei meinem Unternehmen zu sein.	O	O	O	O
Ich empfehle mein Unternehmen einem arbeitssuchenden Freund, ohne zu zögern.	O	O	O	O
Wenn jemand das Unternehmen, für das ich arbeite, lobt, empfinde ich das als ein persönliches Kompliment.	O	O	O	O
E) Personalentwicklung				
Ich muss oft Dinge tun, für die ich eigentlich zu wenig ausgebildet und vorbereitet bin.	O	O	O	O
Wenn ich Unterstützung für meine berufliche Entwicklung (z. B. Weiterbildung, Schulungen) benötige, erhalte ich sie auch.	O	O	O	O
Ich habe nicht die Möglichkeit, an Schulungen, die für meine Tätigkeit wichtig sind, teilzunehmen.	O	O	O	O
Über Weiterbildungsmöglichkeiten in unserem Unternehmen werde ich ausreichend informiert.	O	O	O	O
Die von mir besuchten Weiterbildungsmaßnahmen nützen mir in meiner täglichen Arbeit.	O	O	O	O
F) Entgelt und Nebenleistung				
Mir ist es wichtig, einer herausfordernden Tätigkeit nachzugehen.	O	O	O	O
Ich suche mir meine Stellen in erster Linie nach der Bezahlung aus.	O	O	O	O
Ein Beruf ist nur ein Mittel, um Geld zu verdienen – nicht mehr.	O	O	O	O
Ich wäre auch dann gerne berufstätig, wenn ich das Geld nicht bräuchte.	O	O	O	O
G) Betriebliche Gesundheitsförderung				
Die Mitarbeiter erhalten hilfreiche Maßnahmen zur Förderung der Gesundheit.	O	O	O	O
Die körperliche Sicherheit am Arbeitsplatz ist gewährleistet.	O	O	O	O
Betriebliche Gesundheitsangebote wären auch bei Eigenbeteiligung eine gute Sache.	O	O	O	O
Angebote zur betrieblichen Gesundheitsförderung fände ich gut, aber nur wenn sie während der Arbeitszeit stattfinden.	O	O	O	O
Angebote zur betrieblichen Gesundheitsförderung fände ich gut, sie sollten aber außerhalb der Arbeitszeit stattfinden.	O	O	O	O
H) Work-Life-Balance				
Mein Berufs- und Privatleben sind in einer guten Balance.	O	O	O	O
Ich kann Beruf und Privatleben gut vereinbaren.	O	O	O	O
Die angebotenen Maßnahmen zur Vereinbarkeit von Beruf und Familie sind hilfreich.	O	O	O	O
Die Anforderungen meiner Arbeit belasten mein Privatleben.	O	O	O	O
Mein Unternehmen ist familienfreundlich.	O	O	O	O

Abb. 10.4 Beispielhafte Fragen einer Mitarbeiterbefragung

10.2 Personalgewinnung

Worum geht es in diesem Beitrag?
Sie erfahren in diesem Artikel, welche Möglichkeiten Unternehmen haben, dem Fachkräftemangel frühzeitig entgegenzuwirken. Unternehmen können auf Maßnahmen der externen sowie der internen Personalgewinnung zurückgreifen. Die Chancen, geeigneten Fachkräftenachwuchs zu entwickeln, können durch Zusammenarbeit mit Hochschulen wachsen. Die Personalgewinnung kann auf ausgewählte Zielgruppen mit entsprechendem Potenzial – zum Beispiel Frauen und Ältere – ausgeweitet werden. Die Erhöhung der Bekanntheit des Unternehmens durch Öffentlichkeitsarbeit fördert die Chancen von KMU, bei Bewerbern als attraktiv zu gelten und einen guten Namen zu haben.

Überblick:
- Was ist Personalgewinnung?
- Was ist interne Personalgewinnung?
- Was ist externe Personalgewinnung?
- Wie werden ausgewählte Mitarbeitergruppen gewonnen?
- Welchen Bezug hat Personalgewinnung zu Leistungsfähigkeit und Demografie?
- Welche „Stellschrauben" der Personalgewinnung gibt es?

Was ist Personalgewinnung?
Der demografische Wandel stellt viele Unternehmen vor eine neue wichtige Herausforderung. Zwar sind einige Unternehmen beispielsweise aufgrund ihrer Bekanntheit und Reputation als ausgezeichneter Arbeitgeber weniger betroffen, allerdings gibt es auch viele Firmen, die hier in Zukunft dringenden Handlungsbedarf haben. Diese Dringlichkeit hängt zum Beispiel von folgenden Rahmenbedingungen entscheidend ab (vgl. Kap. 2 „Demografischer Wandel und Auswirkungen auf Unternehmen"):

1. dem Bedarf an Fach- und Arbeitskräften im Unternehmen: Die Altersstrukturanalyse und -prognose zeigt hier den möglichen Handlungsbedarf auf (vgl. Abschn. 1 „Vorgehensmodell – von der demografischen Analyse zum Handlungskonzept").
2. dem Angebot an Fach- und Arbeitskräften in der Region (Abb. 10.5).

Um für die Zukunft gerüstet zu sein, muss die Personalgewinnung (oder auch das „Recruiting") an Bedeutung gewinnen. Mit dem Begriff „Personalgewinnung" werden alle Aktivitäten bezeichnet, die Unternehmen ausführen, um potenzielle Mitarbeiter anzuziehen. Personalgewinnung ist Bestandteil der Personalstrategie und trägt somit zum Ziel bei, einen langfristigen Wettbewerbsvorteil gegenüber vergleichbaren Unternehmen zu erreichen.

Abb. 10.5 Personalgewinnung unkonventionell. (Foto: pixelio)

Um in Zeiten des Fach- und Arbeitskräftemangels offene Positionen besetzen zu können, sollte die Vorgehensweise beim Recruiting genau geplant werden. Wird Einstellungsbedarf insbesondere in Schlüsselpositionen erkannt, ist zunächst zu klären, ob hier Anstrengungen vom Unternehmen selbst oder von einer Personalvermittlungsagentur unternommen werden sollen. Im Falle eigener Bemühungen um qualifiziertes Personal ist dann festzulegen, ob dieser Prozess zentralisiert von der Personalabteilung durchgeführt wird oder aber dezentral von einer entsprechenden Fachabteilung. Offene Stellen können dabei auf zwei Arten besetzt werden – nämlich intern, also mit Mitarbeitern aus dem bestehenden Personalstamm, oder extern, also mit Kandidaten, die von außen kommen (Abb. 10.6).

Die folgende Zusammenstellung soll Anregungen zur Gestaltung der internen und externen Personalgewinnung geben, um auch in Zukunft den Bedarf an Fach- und Arbeitskräften sicherzustellen. Eine Übersicht finden Sie in Abb. 10.8 „Möglichkeiten des Recruitings"

Was ist interne Personalgewinnung?
Bei der internen Personalgewinnung werden potenzielle Kandidaten für freie Stellen im Unternehmen identifiziert, beispielsweise durch ihre Nominierungen von Kollegen oder Vorgesetzten, aber auch durch Selbstnominierungen, also einer internen Bewerbung. Auch eine gezielte Nachfolge- und Karrierepfadplanung und ein unternehmensweiter Talentpool sind sehr sinnvoll, um Positionen intern besetzen zu können. Um eine vakante Stelle im Unternehmen bekannt zu machen, gibt es verschiedene Wege, die auch der klassischen Unternehmenskommunikation dienen, wie Intranet, E-Mails, Mitarbeiterzeitschriften, schwarze Bretter oder Plakate an exponierten Stellen.

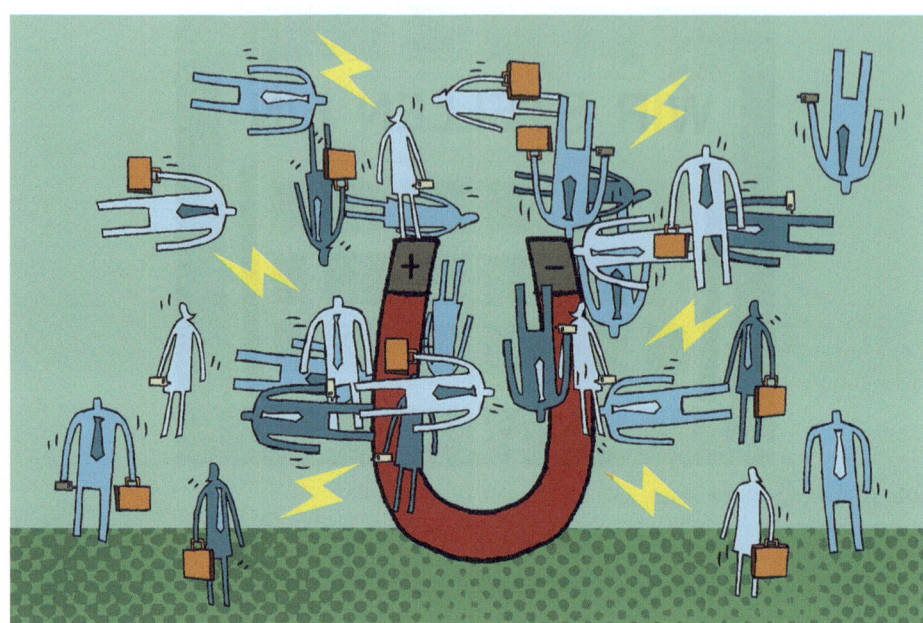

Abb. 10.6 Wie können Unternehmen Mitarbeiter „anziehen"? (Foto: Fotosearch)

Internes Recruiting hat gegenüber dem externen einige Vorteile: Die Mitarbeiter kennen die Unternehmenskultur sowie gängige Gepflogenheiten bereits. Sie sind oft gut im Unternehmen vernetzt und benötigen meist weniger Training als externe Kandidaten. Außerdem hat es einen motivierenden Effekt für die Stammbelegschaft zu sehen, wie freie Stellen im Sinne eines persönlichen Aufstiegs auch intern besetzt werden. Auch im Unternehmen beschäftigte Zeitarbeiter stellen eine gute Möglichkeit dar, um Positionen intern zu besetzen.

Obwohl man es vermuten würde, ist internes Recruiting nicht unbedingt günstiger. Zwar ist es oftmals sinnvoll, eine Schlüsselstelle intern zu vergeben und daraufhin die andere, weniger anspruchsvolle Stelle extern neu zu besetzen. Wird aber zum Beispiel ein interner Kandidat letztlich doch nicht für die offene Position auserwählt, besteht eine dringende und mitunter auch kostenintensive Notwendigkeit, diesen Mitarbeiter fortan zu fördern, um ihn nicht sogar aufgrund der erlebten Enttäuschung zu verlieren – bei externen Bewerbern genügt hingegen ein Absageschreiben.

Was ist externe Personalgewinnung?
Externe Personalgewinnung bedeutet, Kandidaten außerhalb der Organisation zu identifizieren beziehungsweise diese auf freie Positionen im Unternehmen aufmerksam zu machen. Es gibt viele Möglichkeiten, um Kontakt zu potenziellen Bewerbern herzustellen:

- Stellenanzeigen in Tageszeitungen und Fachzeitschriften sind der klassische Weg, um Mitarbeiter anzuwerben. Allerdings sollte man bei der Auswahl der Zeitung/Zeitschrift genau überlegen, ob mit dem speziellen Medium überhaupt die gewünschte Zielgruppe erreicht wird. Für Positionen, die spezielle Qualifikationen erfordern, eignen sich Inserate in einer berufsgruppenspezifischen Fachzeitschrift. Ist eine Stelle mit einem am Arbeitsmarkt leicht zu findendem Profil zu besetzen, so ist eine lokale Tageszeitung passend.
- Eine moderne und sehr effektive Methode ist das Schalten von Stellenanzeigen auf Online-Jobbörsen im Internet. Hier ist ebenfalls zu bedenken, mit welchem Anbieter sich die gewünschte Zielgruppe am besten erreichen lässt. Bekannte Jobbörsen mit hohen Zugriffszahlen durch Jobsuchende sind zum Beispiel *Monster* und *Stepstone*. Aber auch soziale Netzwerke, wie *Facebook*, oder Business-Netzwerke, wie *XING* oder *LinkedIn*, erfreuen sich zunehmender Beliebtheit bei Bewerbern und Recruitern (vgl. Abschn. 10.2.2 „Moderne Medien in der Personalgewinnung").
- Mitarbeiter aus dem Unternehmen empfehlen Kandidaten. Diese Praxis ist weit verbreitet, günstig im Vergleich zu anderen Methoden und generell erfolgversprechend. Einige Unternehmen haben sogar Mitarbeiterempfehlungsprogramme entwickelt: Mitarbeiter, die einen Kandidaten erfolgreich an das Unternehmen vermittelt haben, erhalten eine Prämie von einigen hundert bis tausend Euro.
- Arbeitsvermittlungsagenturen können die eigenen Recruiting-Aktivitäten des Unternehmens bei der Besetzung von freien Stellen im Bereich geringer bis durchschnittlicher Qualifizierung unterstützen. Um Positionen mit hochqualifiziertem Personal und Führungskräften besetzen zu können, eignet sich „Executive Search" oder ein „Headhunter", da dort oft auch über Direktansprache auf geeignete Personen zugegangen wird.
- Der Arbeitgeberservice der Arbeitsagenturen unterstützt Unternehmen beim Finden von geeigneten Kandidaten und bietet darüber hinaus vielfältige Kooperationsangebote an über 600 Standorten in Deutschland. Informationen finden Sie unter: https://www.arbeitsagentur.de/web/content/DE/Unternehmen/Detail/index.htm?dfContentId=L6019022DSTBAI494847.
- Jobmessen und Absolventenmessen bieten Unternehmen eine Plattform, um mit potenziellen Bewerbern ins Gespräch zu kommen, und gegebenenfalls die Möglichkeit, das eigene Unternehmen zu bewerben.
- Um Fachkräftenachwuchs mit Hochschulabschluss für das Unternehmen zu gewinnen, eignen sich Kooperationen mit Hochschulen. So lernen Studenten ein Unternehmen während ihres Studiums kennen und können bis zum Erreichen des Hochschulabschlusses vom Unternehmen begleitet werden. Vorteil für das Unternehmen: Sie lernen den zukünftigen Mitarbeiter beziehungsweise die Mitarbeiterin bereits vor der Festanstellung gut kennen. Kooperationen können durch Einladung von Hochschullehrern und Studenten initiiert werden, um vor Ort über das eigene Unternehmen zu informieren. Auch Stipendien für Studenten relevanter Studienfächer oder die Vergabe von Projekt-, Seminar- und Abschlussarbeiten sind zu empfehlen. Praktikumsplätze oder

Arbeitsstellen als Werkstudenten ermöglichen es, Studenten Arbeitsabläufe im Unternehmen näher zu bringen und sie praktische Erfahrungen sammeln zu lassen. Auch können Aushilfsarbeiten in den Semesterferien angeboten werden. Auf diese Weise werden Unternehmen bekannter und können Studenten an sich binden. Die Chance, dass sich der Student und gegebenenfalls zukünftige Mitarbeiter mit dem Unternehmen identifizieren, steigt hierdurch.

- Ein Recruiting-Video ist eine Möglichkeit, Bewerbern einen authentischen Einblick in das Unternehmen zu vermitteln und die Arbeitgebermarke und Kultur bildhaft darzustellen. Eine Umfrage der Hochschule der Medien (HdM) und der KÖNIGSTEINER AGENTUR ergab, dass Bewerber sich von einem Recruiting-Video Informationen über das Unternehmen samt des Tätigkeitsfelds und den konkreten Aufgaben sowie über potenzielle Benefits versprechen (www.koenigsteiner-agentur.de/recruiting-videos.html). Ein Recruiting-Video kann auf einer Unternehmenshomepage oder in einem Online-Netzwerk veröffentlicht werden.

Wie werden ausgewählte Mitarbeitergruppen gewonnen?
Aufgrund des demografischen Wandels und dem damit verbundenem Fachkräftemangel rücken seit einigen Jahren bestimmte Mitarbeitergruppen stärker in den Fokus der Unternehmen. Im Folgenden werden wir erläutern, mit welchen Maßnahmen Unternehmen diese Mitarbeitergruppen für sich gewinnen können, um ihren Bedarf an Fachkräften auch in Zukunft decken zu können.

Auszubildende gewinnen
Für Unternehmen in Deutschland wird es zunehmend schwerer, ihre Ausbildungsplätze zu besetzen (Berufsbildungsbericht 2013): Im Jahr 2012 blieben 33 275 Ausbildungsplätze unbesetzt. Kleine Betriebe haben dabei mehr Schwierigkeiten als große Unternehmen. 42,4 % der Klein- und Kleinstbetriebe konnten ihre Ausbildungsplätze nicht beziehungsweise teilweise nicht besetzen, bei Großbetrieben liegt diese Quote nur bei 17,5 %. Wie können Unternehmen also potenzielle Ausbildungskandidaten auf sich aufmerksam machen?

- Eine Teilnahme an Ausbildungsmessen bietet Unternehmen die Gelegenheit, sich als Arbeitgeber mit attraktiven Arbeitsbedingungen zu präsentieren und zum Beispiel durch persönliche Gespräche unmittelbar Kontakt mit potenziellen Ausbildungskandidaten und -kandidatinnen aufzunehmen. Ziel ist es, qualifizierte junge Menschen für eine Berufsausbildung zu interessieren und zu einer Bewerbung zu ermutigen. Eine Plattform für Ausbildungs- und Berufsmessen finden Sie unter: www.azubiyo.de/ausbildungsmessen. Auskunft geben auch die Verbände der Metall- und Elektroindustrie auf ihren Homepages: www.gesamtmetall.de/gesamtmetall/meonline.nsf/id/DE_M+E-Verbaende.
- Um gezielt Mädchen und Frauen für technische Berufe zu gewinnen, gibt es den jährlichen bundesweiten *Girls'Day*, den Mädchen-Zukunftstag. Vor allem Betriebe mit

technischen Abteilungen und Ausbildungen sowie Hochschulen und Forschungszentren öffnen am *Girls' Day* ihre Türen für Schülerinnen, um Mädchen einen praktischen Einblick in technische Berufe zu ermöglichen, sie Technik ausprobieren zu lassen und sich in Gesprächen mit Beschäftigten aus erster Hand zu informieren. Unternehmen, die sich am *Girls' Day* beteiligen, verzeichnen einen steigenden Anteil junger Frauen in technischen Berufen. Informationen rund um den *Girls' Day* finden Sie zum Beispiel über Termine, Teilnahmemöglichkeiten und Praxisberichte unter: www.girls-day.de.
- Der InfoTruck der Metall- und Elektroindustrie ist ein 17 Meter langer mit Multimedia-Terminals zur Information über Berufe in der Metall- und Elektroindustrie ausgerüsteter Bus. Schülerinnen und Schüler können auf diese Weise für technische Berufe interessiert werden. Die Website www.meberufe.info informiert über die Metall- und Elektroindustrie, die Berufe und die Berufsausbildung. Informationsmaterial, insbesondere eine umfassend informierende DVD, kann kostenfrei bestellt werden. Informationen rund um das InfoTruck (z. B. Ausstattung, Terminvereinbarung, Formular zur Bestellung des InfoTrucks) finden Sie unter me-vermitteln.de/InfoMobilimEinsatz/DasInfoMobil.aspx.
- Einen Überblick über das Angebot der Verbände der Metall- und Elektroindustrie und der Unternehmen zur Nachwuchssicherung sowie Links finden sich unter: www.gesamtmetall.de/gesamtmetall/meonline.nsf/id/DE_Nachwuchssicherung.
- Um an qualifizierte Ausbildungskandidaten zu gelangen, ist Werbung für das Unternehmen und mögliche Ausbildungen an umliegenden Schulen sinnvoll. Die Unternehmen können Informationsveranstaltungen oder Bewerbertrainings durchführen. Schulklassen zu Betriebsbesichtigungen einzuladen, ist ebenfalls eine gute Werbemöglichkeit für das Unternehmen.
- Viele Unternehmen klagen über eine geringe Ausbildungsfähigkeit von Schulabgängern (Berufsbildungsbericht 2013). Um diesen Missstand zu lindern, können Unternehmen Patenschaften für Schulklassen übernehmen. Die Schüler können im letzten Schuljahr durch regelmäßige Besuche im Unternehmen auf das, was für die Ausbildungsfähigkeit wichtig ist, vorbereitet werden. Zusätzlich können Unternehmensvertreter stundenweise den Schulunterricht gestalten und mit den Schülern zum Beispiel praxisnahe Aufgaben besprechen oder ein Bewerbungsgespräch für einen Ausbildungsplatz simulieren.
- Um die Ausbildung im Unternehmen besonders attraktiv zu gestalten, kann eine Ausbildungseinheit zum Beispiel an einem anderen Standort des Unternehmens im Ausland stattfinden. Dadurch können unter anderem Unternehmensprozesse vermittelt werden, um methodische und soziale Kompetenzen sowie unternehmerisches Denken durch den „Blick über den Tellerrand" zu fördern. Möglichkeiten zur beruflichen Qualifizierung im Ausland bietet die Deutsche Gesellschaft für Internationale Zusammenarbeit (GIZ) GmbH: www.giz.de/.
- In vielen Betrieben zeichnen sich zwei gegenläufige Entwicklungen ab: Einerseits werden vermehrt qualifizierte Mitarbeiter benötigt, andererseits können die Unternehmen – zum Beispiel aufgrund ihrer hohen Spezialisierung – nicht (mehr) selbst umfassend ausbilden. Der Weg aus dieser Problemlage ist die Ausbildung junger Menschen im

Unternehmensverbund. Hierbei werden die unterschiedlichen Ausbildungskapazitäten zusammengeführt. Informationen zum Thema Verbundausbildung finden Sie unter: Ausbildung im Verbund, Pro regio e. V.: www.proregioev.de; Unterstützung insbesondere für kleine und mittlere Betriebe durch das Ministerium für Arbeit, Gesundheit und Soziales des Landes NRW: www.arbeit.nrw.de/ausbildung/ausbildung_foerdern/verbundausbildung/.

- Viele Unternehmen bieten ihren Auszubildenden ein duales Studium – eine Verbindung von betrieblicher Ausbildung und (Fach-)Hochschulstudium. Diese Mischung macht eine Berufsbildung auch für Abiturienten attraktiv. Sie erhalten so neben dem theoretischen Wissen auch Praxiserfahrung und lernen das Unternehmen kennen. Informationen zu dualen Studiengängen finden Sie unter: www.ausbildungplus.de/html/30.php.
- Die Unternehmerverbandsgruppe e. V. Duisburg bietet Schülerinnen und Schülern der Oberstufe ein „Duales Orientierungspraktikum" zur Studien- und Berufsorientierung an. Der Verband organisiert das zweiwöchige Praktikum. In der ersten Woche „erleben" die Schülerinnen und Schüler vor Ort an der Westfälischen Hochschule Gelsenkirchen, Bocholt, Recklinghausen, wie die Ingenieurausbildung aussieht. In der zweiten Woche machen sie ein Praktikum in einem Unternehmen und erhalten Einblick in die Berufspraxis und die Aufgaben eines Ingenieurs, den sie die Woche über begleiten. Die Schülerinnen und Schüler werden auf das Praktikum vorbereitet und während des Praktikums betreut. Ausführliche Informationen zu Inhalt, Zielen, Ablauf und Bewerbungsvoraussetzungen finden Sie unter www.duales-orientierungspraktikum.de (Abb. 10.7).

Abb. 10.7 Es gibt viele Möglichkeiten für Unternehmen, Auszubildende zu gewinnen

Frauen gewinnen
Im Jahr 2010 war knapp die Hälfte aller Beschäftigten weiblich. 1991 lag der Anteil der weiblichen Beschäftigten noch bei 44 % (Wanger 2012). Bei näherer Betrachtung lässt sich allerdings feststellen, dass das von Frauen geleistete Arbeitsvolumen seit 1991 nur wenig angestiegen ist. Die Erklärung: Der prozentuale Anstieg der weiblichen Erwerbstätigkeit lässt sich überwiegend in Teilzeittätigkeit und geringfügiger Beschäftigung feststellen. Laut Institut für Arbeitsmarkt- und Berufsforschung (IAB) würden sich viele der in Teilzeit und Minijobs beschäftigten Frauen eine Ausweitung ihrer Arbeitszeiten wünschen. Für Unternehmen liegt hier ein großes Potenzial durch bisher ungenutzte Arbeitskapazitäten (Wanger 2012).

Um dieses Arbeitskräftepotenzial erschließen zu können, sind bestimmte Rahmenbedingungen notwendig, um die Vereinbarkeit von Familie und Beruf zu gewährleisten – zum Beispiel durch flexible Formen der Arbeitszeitgestaltung und der Arbeitsorganisation. In diesem Zusammenhang spielen Arbeitsformen wie Telearbeit („Homeoffice") und Jobsharing eine tragende Rolle. Immer mehr Unternehmen legen Wert auf eine familienorientierte Personalarbeit und das Image, ein „familienfreundlicher Betrieb" zu sein. Denn das erhöht ihre Attraktivität und Bekanntheit als Arbeitgeber.

Ältere Mitarbeiter gewinnen
Ältere Arbeitssuchende, darunter auch Fach- und Führungskräfte, haben es häufig schwer, wieder Eingang in den Arbeitsprozess zu finden. Dabei verfügen sie oft über Qualifikationen, Fähigkeiten und Erfahrungen, die in den Unternehmen gebraucht werden, wie zum Beispiel Erfahrungen im Umgang mit Menschen und Projekten (vgl. Teil 1).

Ältere Mitarbeiter, die in einem neuen Unternehmen eine Aufgabe gefunden haben, sind häufig hoch motiviert, mit dem Unternehmen eng verbunden und zeigen eine geringere Abwanderungstendenz.

- Für die Einstellung von Bewerbern, die das 50. Lebensjahr vollendet haben, können Unternehmen Förderleistungen der Bundesagentur für Arbeit nutzen. Darüber informiert eine Broschüre, die als PDF-Datei abgerufen werden kann unter: www.arbeitsagentur.de (Unternehmen/Finanzielle Hilfen).
- Es gibt zunehmend Beispiele von Unternehmen, die Beschäftigte aus dem Ruhestand zurückholen, da qualifizierte Fachkräfte fehlen. Auch gibt es Organisationen, die sich darauf spezialisiert haben, Senior-Experten zu vermitteln, zum Beispiel als Interimsmanager oder für die Durchführung von Projekten. Viele Industrie- und Handelskammern bieten KMU Hilfestellungen zum Thema „Senior-Experten".

Zuwanderer gewinnen
Eine weitere Möglichkeit, den Fachkräftebedarf im Unternehmen zu decken, besteht durch die Nutzung des Potenzials von Zuwanderern. Die Zahl der Zuwanderer hat in Deutschland im Jahr 2012 einen Höchststand von über einer Million Menschen erreicht. Zuletzt hatte die Zuwanderung im Jahr 1995 ein solches Niveau (Statistisches Bundesamt 2013). Insbesondere aus Süd- und Osteuropa kommen mehr Menschen nach Deutsch-

land. Die Bertelsmann Stiftung bescheinigt den Einwanderern ein in den vergangenen Jahren gestiegenes Qualifikationsniveau. So besitzen beispielsweise 43 % der erwerbsfähigen Einwanderer einen Meister-, Hochschul- oder Technikerabschluss. Bei der deutschen Bevölkerung ohne Migrationshintergrund sind es hingegen nur 26 % (Bertelsmann Stiftung 2013).

- Die Fachkräfte-Offensive ist ein gemeinsames Projekt des Bundesministeriums für Arbeit und Soziales, des Bundesministeriums für Wirtschaft und Energie sowie der Bundesagentur für Arbeit und verschiedener Unternehmen. Hinweise zur Beschäftigung von Einwanderern: www.fachkraefte-offensive.de/DE/Die-Offensive/Strategie/integration.html.
- Das vom Bundesministerium für Arbeit und Soziales geförderte Programm „Förderung der beruflichen Mobilität von ausbildungsinteressierten Jugendlichen und arbeitslosen jungen Fachkräften aus Europa" (MobiPro-EU) zielt darauf ab, durch die Förderung von Mobilität einen Beitrag gegen Jugendarbeitslosigkeit innerhalb der Europäischen Union zu leisten und den Fachkräftebedarf in Deutschland zu sichern. Nähere Informationen zu dem Projekt sind zu finden unter: www.foerderdatenbank.de/Foerder-DB/Navigation/Foerderrecherche/suche.html?get=4aa561e46fff16fb87d819d09c769842;views;document&doc=11828&typ=KU.

Abb. 10.8 Möglichkeiten des Recruitings

Welchen Bezug hat Personalgewinnung zu Leistungsfähigkeit und Demografie?
Die aktuelle demografische Entwicklung und zukünftige Entwicklungen in Deutschland machen es für die Unternehmen schwieriger als noch vor einigen Jahren, passendes Personal zu finden. So wird auch von einem „War for Talents" gesprochen. In diesen Kampf um qualifizierte Mitarbeiter müssen sich Unternehmen besser als je zuvor überlegen, wie sie Kandidaten für ihr Unternehmen gewinnen können. Die Personalgewinnung und die Darstellung des Unternehmens als attraktiver Arbeitgeber (vgl. Abschn. 10.2.1 „Mit Employer Branding zum attraktiven Arbeitgeber") rücken daher stärker in den Fokus der Personalarbeit.

Welche „Stellschrauben" der Personalgewinnung gibt es?
Recruiting-Botschaft
Welche Aussage möchte Ihr Unternehmen mit einer Stellenausschreibung – unabhängig vom Medium – an potenzielle Kandidaten transportieren? Grundsätzlich werden drei Arten unterschieden: Die Aussage einer Stellenausschreibung kann in erster Linie realistisch sein, ein positives Arbeitgeberimage vermitteln oder eine bestimmte Zielgruppe ansprechen.

In einer realistischen Stellenausschreibung werden sowohl gute als auch negative Seiten der Position und des Unternehmens angesprochen. Das kann auf einige Kandidaten abschreckend wirken. Bei denen, die sich davon nicht abschrecken lassen, ist später auch eine niedrigere Fluktuation zu erwarten. Eine realistische Recruiting-Botschaft eignet sich bei entspannten Arbeitsmarktbedingungen – das heißt, wenn ausreichend qualifizierte Bewerber am Markt sind.

Eine Botschaft, die ein positives Arbeitgeberimage vermittelt, beruht auf Marketing-Prinzipien und hebt in besonderer Weise die Vorzüge des Unternehmens hervor. Die Gefahr bei dieser Methode ist, dass neue Mitarbeiter enttäuscht sind, nachdem sie das Unternehmen besser kennengelernt haben. Dies kann zu Unzufriedenheit und somit zu Fluktuation führen. Diese Recruiting-Botschaft eignet sich für angespannte Arbeitsmarktbedingungen, dem War for Talents.

Mit einer Recruiting-Botschaft, die auf eine bestimmte Zielgruppe fokussiert ist, sollen Kandidaten, die sehr spezifische Qualifikationen mitbringen, angesprochen werden. Hier ist eine große Übereinstimmung der Jobanforderungen und der Bewerberqualifikationen zu erwarten. Nachteil ist hier, dass Kandidaten mit Potenzial, die sich in dem gewünschten Profil jedoch nicht wiederfinden, von einer Bewerbung abgehalten werden.

Ziele

Bevor Sie beginnen, Recruiting-Aktivitäten zu planen, sollten Sie Ziele (Personalbedarf, Zielgruppe, interne oder externe Personalgewinnung, durchschnittliche Zeit bis zur Stellenbesetzung, Qualität der Bewerbungen, Kosten) für Ihr Unternehmen festlegen. Diese Ziele sollten die Strategie des Unternehmens und, wenn vorhanden, die der Personalstrategie unterstützen. Um den Personalgewinnungsbedarf festzustellen, ist eine enge Zusammenarbeit mit den Führungskräften Voraussetzung.

Die Kosten für den Recruiting-Prozess sollten genau geplant werden, da diese hoch ausfallen können. Zu bedenken sind Kosten für:

- Arbeitszeit der Mitarbeiter und Führungskräfte, die mit dem Recruiting beschäftigt sind,
- Reisekosten für Kandidaten, die zu Bewerbungsgesprächen kommen,
- Kosten für externe Dienstleister, wie Arbeitsvermittlungen oder Headhuntern sowie
- Trainings- und Einarbeitungskosten abhängig von der Qualität der Kandidaten.

Hinzu kommen eventuell Kosten für Recruiting-Veranstaltungen oder die Teilnahme an Jobmessen.

Weiterführende Informationen, Links

Externe Personalgewinnung

Arbeitgeberservice der Arbeitsagenturen (Hrsg.): verfügbar unter: https://www.arbeitsagentur.de/web/content/DE/Unternehmen/Detail/index.htm?dfContentId=L6019022DSTBAI494847 [11.12.2013]

KÖNIGSTEINER AGENTUR (Hrsg.): Umfrage zu Recruiting Videos. Was wollen Bewerber? Stuttgart/Karlsruhe: Königsteiner Agentur, 2013, verfügbar unter: http://www.koenigsteiner-agentur.de/recruiting-videos.html [11.12.2013]

Bundesministerium für Bildung und Forschung (Hrsg.): Berufsbildungsbericht 2013. Berlin: Bundesministerium für Bildung und Forschung, 2013 verfügbar unter: http://www.bmbf.de/de/berufsbildungsbericht.php [11.12.2013]

Auszubildende gewinnen

Azubiyo GmbH (Hrsg.): Plattform für Ausbildungs- und Berufsmessen, Azubiyo GmbH, München, verfügbar unter: http://www.azubiyo.de/ausbildungsmessen

GESAMTMETALL (Hrsg.): Mitgliedsverbände der Metall- und Elektroindustrie. Berlin: GESAMTMETALL, verfügbar unter: http://www.gesamtmetall.de/gesamtmetall/meonline.nsf/id/DE_M+E-Verbaende [11.12.2013]

Kompetenzzentrum Technik – Diversity – Chancengleichheit e. V.(Hrsg.): Informationen rund um den Girls'Day, Berlin, Kompetenzzentrum Technik – Diversity – Chancengleichheit e. V., verfügbar unter: www.girls-day.de [11.12.2013]

GESAMTMETALL (Hrsg.): Berufsinformation in der Metall- und Elektroindustrie. Berlin: GESAMTMETALL www.meberufe.info [11.12.2013]

GESAMTMETALL (Hrsg.): Das M+E-InfoMobil. Berufsinformation, die ankommt. Berlin: GESAMTMETALL, verfügbar unter: http://me-vermitteln.de/InfoMobilimEinsatz/DasInfoMobil.aspx [11.12.2013]

GESAMTMETALL (Hrsg.): Nachwuchssicherung. Berlin: GESAMTMETALL, verfügbar unter: http://www.gesamtmetall.de/gesamtmetall/meonline.nsf/id/DE_Nachwuchssicherung [11.12.2013]

Unternehmerverbandsgruppe e. V. (Hrsg.): Duales Orientierungspraktikum. Duisburg: Unternehmerverbandsgruppe e. V., verfügbar unter: www.duales-orientierungspraktikum.de [18.12.2013]

Deutsche Gesellschaft für Internationale Zusammenarbeit, GIZ (Hrsg.): Bonn: Deutsche Gesellschaft für Internationale Zusammenarbeit (GIZ) GmbH, verfügbar unter: http://www.giz.de/ [11.12.2013]

Ausbildung im Verbund, Pro regio e. V. (Hrsg.): Uetze: Ausbildung im Verbund pro regio e. V., verfügbar unter: www.proregioev.de [11.12.2013]

Ministerium für Arbeit, Gesundheit und Soziales des Landes NRW (Hrsg.): Ausbildung im Verbund. Optimale Ergänzung. Düsseldorf: Ministerium für Arbeit, Gesundheit und Soziales des Landes NRW, verfügbar unter: http://www.arbeit.nrw.de/ausbildung/ausbildung_foerdern/verbundausbildung/ [11.12.2013]

Duale Studiengänge: verfügbar unter: http://www.ausbildungplus.de/html/30.php [11.12.2013]

DIHK – Deutscher Industrie- und Handelskammertag (Hrsg.): Informationen zur Aus- und Weiterbildung: Industrie- und Handelskammern. Berlin: DIHK – Deutscher Industrie- und Handelskammertag, verfügbar unter: www.ihk.de [11.12.2013]

Bundesministerium für Bildung und Forschung, BMBF (Hrsg.): Ausbildung und Beruf. Rechte und Pflichten während der Berufsausbildung. Bonn: Bundesministerium für Bildung und Forschung, 2013, verfügbar unter: http://www.bmbf.de/pub/ausbildung_und_beruf.pdf [11.12.2013]

Ältere Mitarbeiter gewinnen

Bundesagentur für Arbeit (Hrsg.): Förderleistungen der Bundesagentur für Arbeit. Unternehmen/Finanzielle Hilfen. Nürnberg: Bundesagentur für Arbeit, verfügbar unter: http://www.arbeitsagentur.de/[11.12.2013]

Senior Experten Service, SES (Hrsg.): Stiftung der Deutschen Wirtschaft für internationale Zusammenarbeit GmbH. Bonn: Senior Experten Service (SES), verfügbar unter: http://www.ses-bonn.de/ [11.12.2013]

Greycon Management GmbH (Hrsg.): Seniorexperten für den Mittelstand. Hamburg: Greycon Management GmbH, verfügbar unter: www.greycon.de [11.12.2013]

Zuwanderer gewinnen

Statistisches Bundesamt (Hrsg.): Wiesbaden-Bonn-Berlin, Statistisches Bundesamt, 2013, verfügbar unter: https://www.destatis.de/DE/ZahlenFakten/GesellschaftStaat/Bevoelkerung/Wanderungen/Wanderungen.html [11.12.2013]

Bertelsmann-Stiftung: http://www.bertelsmann-stiftung.de/cps/rde/xchg/SID-D10E5A47-42BDDDA1/bst/hs.xsl/nachrichten_116488.htm [11.12.2013]

Bundesministerium für Arbeit und Soziales (BMAS), Bundesministerium für Wirtschaft und Energie (BMWi), Bundesagentur für Arbeit (Hrsg.): Fachkräfte-Offensive des Bundesministeriums für Arbeit und Soziales. Integration und qualifizierte Zuwanderung. Berlin: Bundesministerium für Arbeit und Soziales (BMAS), Bundesministerium für Wirtschaft und Energie (BMWi), Bundesagentur für Arbeit, 2011, verfügbar unter: http://www.fachkraefte-offensive.de/DE/Die-Offensive/Strategie/integration.html [11.12.2013]

Bundesministerium für Wirtschaft und Energie (Hrsg.): Das vom Bundesministerium für Arbeit und Soziales geförderte Programm „Förderung der beruflichen Mobilität von ausbildungsinteressierten Jugendlichen und arbeitslosen jungen Fachkräften aus Europa" (MobiPro-EU). Bonn: Bundesministerium für Wirtschaft und Energie, 2013, verfügbar unter: http://www.foerderdatenbank.de/Foerder-DB/Navigation/Foerderrecherche/suche.html?get=4aa561e46fff16fb87d819d09c769842;views;document&doc=11828&typ=KU [11.12.2013]

Literatur

DIHK – Deutscher Industrie- und Handelskammertag (Hrsg.); Bundesministerium für Familie, Senioren, Frauen und Jugend (Hrsg.); berufundfamilie gGmbH (Hrsg.): Familienorientierte Personalpolitik. Checkheft für kleine und mittlere Unternehmen. Rostock: Publikationsversand der Bundesregierung, 2010

Fischer, G. u. a.: Institut für Arbeitsmarkt- und Berufsforschung der Bundesagentur für Arbeit (Hrsg.): Langfristig handeln, Mangel vermeiden. Betriebliche Strategien zur Deckung des Fachkräftebedarfs (IAB Forschungsbericht, 03/2008). Nürnberg: Institut für Arbeitsmarkt- und Berufsforschung, 2007

Henemann, H. G.; Judge, T. A.; Kammeyer-Mueller, J. D.: Staffing Organizations. New York: McGraw-Hill/Irwin, 2011

Matthes, N.; Schuster, J.: Maschinen volle Kraft voraus! Ingenieure und andere Spezialisten sind rar. Viele Firmen reagieren mit cleveren Konzepten auf den Fachkräftemangel. In: Focus (2008), Nr. 16, S. 154–160

Noe, R. A.; Hollenbeck, J. R.; Gerhart, B.: Human Resource Management: Gaining a Competitive Advantage. New York: McGraw-Hill/Irwin, 2010

Vereinigung der Hessischen Unternehmerverbände, HESSENMETALL, HessenChemie, Hessenstiftung – Familie hat Zukunft (Hrsg.): Erfolgsfaktor Familienfreundlichkeit: Nutzen, Strategie, Umsetzung. Leitfäden für Unternehmer, Personaler, Führungskräfte und Mitarbeiter. Frankfurt am Main: F. A. Z.-Institut für Management-, Markt- und Medieninformationen GmbH, 2007

Wanger, S: Arbeitszeitpotenziale von Frauen – Wunschlängen und wahre Größen. In IAB-Forum. Heft 1/2012

10.2.1 Mit Employer Branding zum attraktiven Arbeitgeber

Worum geht es in diesem Beitrag?
Sie erfahren in diesem Beitrag, was Employer Branding ist und warum es gerade auch für kleine und mittlere Unternehmen vordringlich und lohnend ist, sich mit diesem Thema auseinanderzusetzen. Im demografischen Wandel stehen Unternehmen nicht nur bei Produktqualität und Preis im Wettbewerb, sondern verstärkt auch in einer Konkurrenz um Arbeitskräfte. Die nachfolgenden Seiten geben einen Überblick über Facetten des Employer Brandings und zeigen in einem Praxisteil Schritte auf, die ein Unternehmen gehen sollte, um eine nachhaltig positive Employer Brand zu entwickeln und dies nach innen und außen zu leben.

Überblick:
- Wie ist die aktuelle Situation?
- Was ist Employer Branding?
- Was ist eine Employer Brand?
- Welche Formen des Employer Brandings sind für das Unternehmen relevant?
- Welchen Nutzen hat das Employer Branding?
- Praxisbeispiel

Wie ist die aktuelle Situation?
Im Zuge des demografischen Wandels entwickeln sich die Recruiting-Aktivitäten der Unternehmen in unterschiedliche Richtungen:

- Der eine Personaler erfreut sich einer hohen Bewerberanzahl und droht in Bewerbungsschreiben zu ertrinken.
- Der andere Personalverantwortliche sucht verzweifelt nach geeigneten Fachkräften, um seine vakanten Stellen zu besetzen. Dies ist insbesondere dann der Fall, wenn eine technische Ausbildung oder ein Ingenieurstudium Voraussetzung für die Aufnahme der Tätigkeit ist.

Unabhängig davon fehlt in vielen Unternehmen eine strategische Vorgehensweise, was das Recruiting angeht. Wichtiger Bestandteil einer solchen Strategie ist das Employer Branding, die Bildung einer Arbeitgebermarke.

Das Instrument „Employer Branding" hilft, unabhängig von der Angebots- und Nachfragesituation am Arbeitsmarkt die passenden Bewerber zu erreichen. Ziel des Employer Brandings ist die strukturierte Entwicklung der Arbeitgebermarke – damit kann ein Unternehmen sich attraktiv auf dem Arbeitsmarkt positionieren und geeignete Bewerber anziehen. Über die Chancenverbesserung bei der Personalgewinnung hinaus, die ein systematisch nach außen und nach innen entwickeltes positives Arbeitgeberimage bringt, werden Mitarbeiter verstärkt an das Unternehmen gebunden (Abb. 10.9).

Abb. 10.9 Mitarbeiter beißen nicht bei jedem Köder an. (Foto: Fotosearch)

Was ist Employer Branding?
„Employer Branding ist die identitätsbasierte, intern wie extern wirksame Entwicklung und Positionierung eines Unternehmens als glaubwürdiger und attraktiver Arbeitgeber. […]. Entwicklung, Umsetzung und Messung dieser Strategie zielen unmittelbar auf die nachhaltige Optimierung von Mitarbeitergewinnung, Mitarbeiterbindung, Leistungsbereitschaft und Unternehmenskultur sowie die Verbesserung des Unternehmensimages. Mittelbar steigert Employer Branding außerdem Geschäftsergebnis sowie Markenwert." (vgl. DEBA 2006)

Employer Branding ist die Strategie, wie sich ein Unternehmen als attraktiver Arbeitgeber auf dem Arbeitsmarkt positionieren kann. Es geht um die nachhaltige Stärkung beziehungsweise Optimierung der Arbeitgebermarke.

Was ist eine Employer Brand?
Eine Employer Brand – die Arbeitgebermarke – ist

- unverwechselbar,
- nachhaltig und
- authentisch.

Mithilfe von klassischen und modernen Medien (vgl. Abschn. 10.2.2 „Moderne Medien in der Personalgewinnung") können Unternehmen sich als Arbeitgeber attraktiv positionieren, indem sie ihre Stärken nach außen kommunizieren. Es gibt unterschiedliche Anreize, die attraktiv und bindend wirken, zum Beispiel Work-Life-Balance-Maßnahmen, Entwicklungsperspektiven, Weiterbildungsangebote und Standortvorteile des Unternehmens.

Welche Formen des Employer Brandings sind für das Unternehmen relevant?
Im Employer-Branding-Prozess wird zwischen internem und externem Employer Branding unterschieden.

Internes Employer Branding fokussiert die Umsetzung der attraktiven Arbeitgebermarke im Unternehmen. Arbeitnehmer erleben die Arbeitgebermarke in ihrer täglichen Arbeit, daher sprechen wir hier von der Arbeitgeberattraktivität.

Die Arbeitgeberattraktivität wird durch folgende Handlungsfelder operationalisiert:

- Führung,
- flexible Anreize sowie
- Kommunikation und Interaktion.

1. Führung
Inwieweit Mitarbeiter die eigene Tätigkeit als attraktiv empfinden, hängt unter anderem vom Führungsstil ab. Der Führungsstil wird entscheidend von der Unternehmenskultur sowie den Führungsleitlinien getragen und geprägt. Führungskräfte, die besonders mitarbeiterorientiert und wertschätzend agieren, sind als Stärke für das Unternehmen anzusehen. Dieser Faktor kann als starkes Argument für den Arbeitgeber kommuniziert werden.

2. Flexible Anreize
Ein Arbeitgeber ist erst attraktiv, wenn die kommunizierten Maßnahmen auch tatsächlich angeboten werden. Dazu zählen flexible Arbeitszeiten, flexible Arbeitsgestaltung (Homeoffice, Telearbeit), Weiterbildungsmaßnahmen, Sozialleistungen, Entgelt und Nebenleistung (Essenzulagen), Kinderbetreuung, betriebliche Altersvorsorge und betriebliche Gesundheitsförderung. Insbesondere der Aspekt „Work-Life-Balance" entwickelt sich zum wichtigsten Attraktivitätsmerkmal eines Unternehmens. Nach empirischen Umfragen sind Work-Life-Balance, ein gutes Arbeitsklima sowie die Nähe zum Management bei Mitarbeitern zunehmend gefragt. Diese Aspekte sind an dieser Stelle besonders interessant, weil sie gerade für kleine und mittlere Unternehmen realisierbar sind und als Stärke gegenüber den Großbetrieben angeführt werden können.

3. Kommunikation und Interaktion
Hierbei ist es wichtig, die kommunizierten Werte und Stärken gemäß Corporate Identity (Unternehmensidentität) einheitlich auf allen Ebenen zu kommunizieren und zu leben. Das nach außen präsentierte Image erfordert auch intern die Kommunikation gemäß Employer Branding. Im Konkreten sind alle Kommunikationskanäle wie Intranet, Mitarbeiterzeitung oder Meetings, die für das Employer Branding wichtig sind, aufeinander abzustimmen.

Externes Employer Branding fokussiert die Kommunikation der Arbeitgebermarke nach außen. Es richtet sich verstärkt auf die Positionierung der Arbeitgebermarke auf dem

Arbeitsmarkt, um ein Arbeitgeberimage authentisch und attraktiv zu präsentieren/darzustellen. Die Gestaltung einer aussagestarken Corporate Identity darf sich nicht in der Gestaltung der Website erschöpfen. Hier bieten sich folgende Hilfsmittel zur integrierten Kommunikation der Arbeitgebermarke an:

1. Klassische Kommunikation
Die klassische Kommunikation erstreckt sich auf Printmedien wie zum Beispiel Unternehmensbroschüren und -publikationen, Plakate, Rekrutierungsveranstaltungen, Hochschulmarketing, Schulkooperationen und Öffentlichkeitsarbeit.

2. Digitale Kommunikation
Die digitale Kommunikation ergänzt den klassischen Kommunikationskanal um den digitalen Auftritt. Dazu gehören die Unternehmens- und Produkthomepage, Stellenanzeigen in Jobbörsen und interaktive Online-Berufswelten.

3. Soziale Kommunikation/Netzwerke
Hierzu zählen soziale Netzwerke und Web 2.0-Aktivitäten (vgl. Kap. 10.2.2 „Moderne Medien in der Personalgewinnung").

Wichtig ist hierbei, die Kommunikationsinstrumente auf allen Rekrutierungsebenen einheitlich darzustellen und ein konsistentes Erleben der Arbeitgebermarke zu gewährleisten (vgl. DEBA 2012). Bei den unterschiedlich eingesetzten Kommunikationsmitteln ist darauf zu achten, dass innerhalb der Instrumente, also formal (Corporate Design: Bild, Layout, Ton) und inhaltlich, identische beziehungsweise semantisch gleiche Aussagen erfolgen.

Welchen Nutzen hat das Employer Branding?
Mithilfe des Employer Brandings kann nach außen das Bündel an attraktiven Angeboten des Arbeitgebers an potenzielle Bewerber, wie zum Beispiel Maßnahmen der Personalentwicklung, der betrieblichen Gesundheitsförderung, der Work-Life-Balance oder der flexiblen Arbeitszeit- und Arbeitsplatzgestaltung, kommuniziert werden.

Employer Branding geht über die Kategorien der internen Markenkommunikation hinaus. Die angestrebte Positionierungsstrategie ist für reale Veränderungsprozesse handlungsleitend. Es zielt also nicht nur auf die interne Vermittlung der Marke beziehungsweise Arbeitgebermarke, sondern adressiert darüber hinaus die Auswirkungen auf die externen Partner, wie Lieferanten und Partner des Unternehmens – sowohl direkt durch Arbeitgeberkommunikation als auch indirekt als Markenbotschafter.

Anwendungsfelder des Employer Brandings:
Insgesamt gibt es vier Felder (siehe Abb. 10.10), die nachhaltigen Nutzen und Vorteile durch Employer Branding erfahren (vgl. Deutsche Employer Branding Akademie 2006):

10 Handlungsfeld „Personalpolitik und Personalstrategie realisieren"

Abb. 10.10 Wirkungsfelder des Employer Brandings

1. **Personalgewinnung**

Eine attraktiv positionierte Arbeitgebermarke erhöht den Bekanntheitsgrad des Unternehmens und grundsätzlich dabei die Bewerberanzahl. Der Recruiting-Prozess sowie auch die Stellenbeschreibungen sind daher zielgruppenspezifisch auszurichten. Employer Branding muss die Kompetenzen aufzeigen, die tatsächlich gefordert werden, und darüber hinaus Bedingungen schildern, die tatsächlich vorhanden sind – wie zum Beispiel die Arbeitsbedingungen, Karriere- und Weiterbildungsmöglichkeiten, Work-Life-Balance-Maßnahmen etc. So kann sich ein Arbeitgeber von anderen positiv abheben. Ziel von Employer Branding ist nicht die Quantität an Bewerbungen, sondern eine besonders hohe Qualität der Bewerber.

Ziele von Employer Branding aus Sicht der Personalgewinnung sind:

- Erhöhung der Arbeitgeberattraktivität
- Anstieg der Zahl qualifizierter Bewerber
- Verbesserung der passenden Bewerber
- Reduzierung des Rekrutierungsaufwandes

2. **Personalbindung**

Eine positive Arbeitgebermarke beinhaltet unternehmensinterne Anreize, die an den Interessen der Mitarbeiter orientiert sind und somit die langfristige Bindung der Mitarbeiter an das Unternehmen fördern. Dies wirkt sich gleichzeitig auf die folgenden Bereiche aus:

- Bindung von qualifizierten Mitarbeitern
- Bindung von Wissen
- Erhöhung des Commitments zu den Zielen des Unternehmens

- Stärkung der Eigenverantwortung
- Senkung der Fluktuationskosten
- Verbesserung der Mitarbeiterzufriedenheit

3. Leistung und Ergebnis

Kann das Unternehmen mit seiner Positionierungsstrategie seine Mitarbeiter und Führungskräfte langfristig binden und den eigenen Fachkräftebedarf sichern, so können darüber hinausgehende Resultate für das Unternehmen erreicht werden. Ein hohes Commitment und eine ausgeprägte Identifikation mit dem Unternehmen stärken dessen Leistungsfähigkeit. Und das wirkt sich am Ende direkt auf die Innovations- und Wettbewerbsfähigkeit aus. Dies geschieht insbesondere durch:

- die Steigerung der Leistungsfähigkeit des Unternehmens,
- die Steigerung der Qualität der Arbeitsergebnisse und
- die Verbesserung der Leistungsmotivation.

4. Unternehmensmarke (Unternehmensimage)

Eine authentische und aussagestarke Arbeitgebermarke fördert die Reputation des Unternehmens bei den Mitarbeitern, Kunden, Stakeholdern und in der Gesellschaft durch:

- die Stärkung des Unternehmensimages und
- die Steigerung des Unternehmenswertes.

Wie können Sie das Employer Branding im Unternehmen umsetzen?

1. Analyse der Stärken und Schwächen

Voraussetzung eines Employer Brandings ist das Wissen über die internen Stärken und Schwächen des Unternehmens. Die Analysephase steht an erster Stelle, um ein Employer Brand zu entwickeln. Folgende Leitfragen (vgl. Compamedia, wbpr_ Kommunikation, 2013) helfen bei der Analyse:

- Wie schätzen Sie Ihren Ruf als Arbeitgeber ein?
- Welche Werte vertreten Sie als Arbeitgeber?
- Wodurch unterscheiden Sie sich von Ihren Wettbewerbern?
- Wie beurteilen Sie Betriebsklima und Strukturen im Unternehmen?
- Welche Standortvorteile können Sie Bewerbern bieten?
- Welche Weiterbildungsmöglichkeiten bieten Sie?
- Welche Entwicklungsmöglichkeiten gibt es im Unternehmen?
- Welche Work-Life-Balance-Maßnahmen bieten Sie an?

Da es wichtig ist, für die Analyse nicht nur die Sichtweise Ihres Unternehmens in Betracht zu ziehen, bietet sich eine Befragung Ihrer Mitarbeiter (vgl. Abschn. 10.1 „Mitarbeiterbefragungen als Instrument der Personalarbeit") an. Kennen Sie die Erwartungen Ihrer

Zielgruppe? Falls nicht, fragen Sie sie, zum Beispiel bei der Einstellung neuer Mitarbeiter oder auf Jobmessen. Auch Ihre Wettbewerber sollten Sie in Ihre Analyse einbeziehen.

- Wie gehen Ihre Wettbewerber vor?
- Wie sieht Ihre Karrierewebsite aus?
- Wie ist die Präsentation auf Messen und Veranstaltungen?
- Was sagen Ihre neuen Mitarbeiter über die frühere Tätigkeit bei der Konkurrenz?

Im Analyseschritt ermittelt das Unternehmen, welche Anreize bei den Mitarbeitern gut ankommen: Hier geht es beispielsweise um flexible Arbeitszeiten, flexible Arbeitsplatzbedingungen sowie Entgelt und Nebenleistungen. Viele Stellenanzeigen sind zu plakativ und allgemein gehalten, statt tatsächlich Bezug auf den Arbeitsalltag und die Besonderheiten eines Unternehmens zu nehmen. Dadurch wirken die Stellenanzeigen austauschbar und unattraktiv. In der Regel sind Elemente der Personalentwicklung, Work-Life-Balance oder Flexibilität für Arbeitnehmer besonders wichtig.

2. Gestaltung der Arbeitgebermarke: Alleinstellungsmerkmale hervorheben
Die ermittelten Stärken werden nun im zweiten Schritt zum Aufbau einer Arbeitgebermarke genutzt. Dabei ist es wichtig, die Besonderheiten hervorzuheben. Bei der Verdichtung der Stärken ist darauf zu achten, dass diese sich möglichst deutlich von der Konkurrenz unterscheiden. Ziel ist der strategische Aufbau einer einzigartigen und unverwechselbaren Position am Arbeitsmarkt. In der Praxis sind oftmals stereotype Darstellungen vorzufinden. Die Strategie der Arbeitgebermarkenbildung sollte sich an der Unternehmensstrategie orientieren.

3. Umsetzung: Die Arbeitgebermarke nach außen kommunizieren
Nachdem ein Unternehmen seine Arbeitgebermarke definiert hat, gilt es, die Employer Brand zu vermarkten. Um die Employer Brand zu kommunizieren, stehen Unternehmen viele Kanäle zur Verfügung. Es gibt sowohl traditionelle als auch die modernen Medien, um als attraktiver Arbeitgeber wahrgenommen zu werden. Eine Vermarktungskampagne sollte auf jeden Fall genau geplant werden.

Folgende Maßnahmen bieten sich im Rahmen einer Kampagne an:

- multimediale und interaktive Social Media (vgl. Abschn. 10.2.2 „Moderne Medien in der Personalgewinnung") auf der Unternehmenswebsite einsetzen,
- einen Fanclub entwickeln, in dem (potenzielle) Mitarbeiter das Unternehmen (besser) kennenlernen – zum Beispiel durch Videos, Facebook, Fanpage oder Twitter,
- Stellenanzeigen im Web professionell texten und prüfen, ob die richtigen Eigenschaften einer Employer Brand betont sind,
- Mitarbeiter zu Wort kommen lassen – auf Jobmessen, in Bewertungsnetzwerken, in der Betriebszeitschrift oder in Fachzeitschriften,

- aktive Öffentlichkeitsarbeit betreiben – zum Beispiel Artikel in Tageszeitungen, die die Bekanntheit in der Region erhöhen,
- eine Unternehmensbroschüre mit wichtigen Informationen für potenzielle Mitarbeiter produzieren,
- ein Arbeitgebervideo entwickeln, das auf der Karriereseite des Unternehmens, aber auch auf anderen Internetplattformen veröffentlicht werden kann,
- Bewerbung um einen Arbeitgeberpreis einreichen – zum Beispiel „Great Place to Work" oder „Top Arbeitgeber".

4. Kontrolle: Langfristiges Aufbauen der Arbeitgebermarke

Um den Erfolg der Maßnahmen nachhalten zu können, empfiehlt es sich, Erfolgsindikatoren und Kennzahlen zu definieren. So können Sie regelmäßig Ihren Gesamtprozess evaluieren und gegebenenfalls Ihre Marketingmaßnahmen anpassen. Um Integrität im Employer Branding zu vermitteln und somit den langfristigen Erfolg zu sichern, ist es wichtig, dass Gesagtes auch im Unternehmen gelebt wird. Ein klares Bild zeichnet ein Employer Branding nur, wenn es authentisch und kontinuierlich ist. Dazu gehört es, authentisch und transparent mit einer einheitlichen und glaubwürdigen Unternehmensidentität sowie -kultur und -werten aufzutreten.

Wie wirkt sich die Arbeitgeberattraktivität auf die Leistungsfähigkeit der Mitarbeiter aus?

Eine authentisch gelebte Arbeitgebermarke fördert die Leistungsfähigkeit der Mitarbeiter. Die durch Employer Branding gesteigerte Identifikation des Mitarbeiters mit der eigenen Organisation und Führung wirkt sich positiv auf die Motivation, Anregung, Problemlösefähigkeit, Akzeptanz der Leistungsmaßstäbe, Arbeitsfreude und Unternehmensbindung aus (Domsch und Ladwig 2006). All diese Faktoren erhöhen die Leistungsfähigkeit der Mitarbeiter und somit der gesamten Organisation.

Worauf müssen Sie achten?
Kontinuität
Bei der Umsetzung der Unternehmenspositionierung muss der eingeschlagene Weg konsequent eingehalten werden.

Authentizität
Die zentralen Botschaften des Unternehmens, die in der Arbeitgebermarke kommuniziert werden, müssen authentisch sein. Es dürfen nur Stärken und Leistungen dargeboten werden, die auch tatsächlich im Unternehmen angeboten werden.

Markenbotschafter
Die Führungsebene hat nach innen und nach außen die Markenbotschaft zu transportieren und zu repräsentieren. Gemäß Employer Branding sind sie die Markenbotschafter.

Integrierte Kommunikation

Alle Maßnahmen der Unternehmenskommunikation sind über alle Kanäle hinweg inhaltlich und formal aufeinander abzustimmen. Die durch die Kommunikationsmittel hervorgerufenen Wirkungen sind zu sammeln und haben sich gegenseitig zu unterstützen.

Weiterführende Informationen, Links

Praxisteil: Checkliste – Die zehn Grundregeln zum Employer Branding (vgl. managerSeminare 2007)

- *Topmanagement einbeziehen*
  Sorgen Sie von Anfang an für die anhaltende Unterstützung und Aufmerksamkeit des Topmanagements. Ohne die Unterstützung des Topmanagements ist eine Employer-Branding-Strategie nicht umsetzbar.
- *Für Vernetzungen sorgen*
  Vernetzen Sie bereits bei der Entwicklung der Employer-Branding-Strategie die Bereiche Personal und Marketing. Das bringt Budgetsynergien und erleichtert die spätere Umsetzung der Strategie.
- *Wettbewerber analysieren*
  Betreiben Sie Benchmark. Analysieren Sie, wie sich Ihre Wettbewerber im Arbeitsmarkt positionieren.
- *Stärken identifizieren*
  „Trüffeln" Sie nach Imagekapital für Ihr Unternehmen. Fragen Sie Ihre Mitarbeiter, was Sie am eigenen Job besonders schätzen.
- *Alleinstellungsmerkmal definieren*
  Ermitteln und formulieren Sie, was Sie als Arbeitgeber einzigartig macht.
- *Externe Unterstützung suchen*
  Meist ist es ratsam, sich für die Umsetzung der Strategie – also für die Recruiting-Kommunikation – an eine Agentur zu wenden. Mit einem eher kleinen Budget sollten Sie sich an eine kleinere Agentur wenden. Bei einem Big Player laufen Sie Gefahr, als „Kleiner Fisch" nicht die volle Aufmerksamkeit zu erhalten.
- *Auf einheitlichen Auftritt achten*
  Achten Sie bei der Umsetzung der Strategie auf Sprache und Bilder. Diese müssen zum übrigen Corporate Design des Unternehmens passen.
- *Arbeitgebermarke leben*
  Leben Sie Ihre Arbeitgebermarke auch intern. Wer innen nicht hält, was er nach außen verspricht, sorgt für Missstimmung und Frustration unter den Mitarbeitern.
- *Geduld bewahren*
  Üben Sie sich in Geduld. Ein Arbeitgeberimage lässt sich nicht in einigen Monaten verändern. Realistisch ist ein Horizont von drei bis fünf Jahren.

- *Kosten kalkulieren*
  KMU müssen für die Entwicklung eines Employer-Branding-Konzepts mit mehr oder weniger hohen Kosten rechnen. Durch die Gestaltung der Maßnahmen ergeben sich Kosten, die mit einkalkuliert werden müssen.

Links

Deutsche Employer Branding Akademie, DEBA (Hrsg.): Berlin: Deutsche Employer Branding Akademie, verfügbar unter: http://www.employerbranding.org [11.12.2013]
compamedia GmbH (Hrsg.), wbpr_Kommunikation (Hrsg.): Employers Branding für den Mittelstand. Leitfaden zur Top-Arbeitgebermarke. Überlingen am Bodensee, verfügbar unter: http://www.top-arbeitgebermarke.de/templates/File/intern/leitfaden-employer-branding.pdf [11.12.2013]
Deutsche Employer Branding Akademie, DEBA (Hrsg.): Universitärer Zertifikatskurs zum Employer Brand Manager. Berlin: Deutsche Employer Branding Akademie (DEBA), verfügbar unter: http://www.employerbranding.org/ebm [11.12.2013]
GPtW (Hrsg.): Great Place to Work Institut. Die Experten für Arbeitsplatzkultur und Arbeitgeberattraktivität.Köln: GPtW GmbH, verfügbar unter: http://www.greatplacetowork.de [11.12.2013]
Top Arbeitgeber: http://www.toparbeitgeber.com [11.12.2013]
Top Arbeitgeber Ingenieure: http://www.toparbeitgeber.com/TopIngenieure.aspx [11.12.2013]
Top Arbeitgeber Automotive: http://www.toparbeitgeber.com/TopAutomotive.aspx [11.12.2013]

Literatur

Deutsche Gesellschaft für Personalführung e. V., DGFP (Hrsg.): Employer Branding – Die Arbeitgebermarke gestalten und im Employer Branding umsetzen. Bielefeld: W. Bertelsmann, 2012
Domsch, M. E.; Lagwig, D.: Handbuch Mitarbeiterbefragung. Heidelberg: Springer-Verlag, 2006
Kroeber-Riel, W.; Esch, F.-R.: Strategie und Technik der Werbung. Kohlhammer Verlag: Stuttgart, 2004
Martens, A.: Attraktiv als Arbeitgeber – Employer Branding. In: managerSeminare (2007), Nr. 113, S. 62–67

Praxisbeispiel Coroplast Fritz Müller GmbH und Co. KG

Wer ist das Unternehmen?
Employer Branding wird vor allem mit großen und bekannten Unternehmen assoziiert. Beispiele für Kampagnen des Employer Brandings bekannter Konzerne sind „are you automotivated?" von Continental, „Be-Lufthansa" von Lufthansa oder „Passion Wanted!" von McKinsey & Company. Für kleine und mittlere Unternehmen hingegen ist Employer Branding noch ein relativ neues Thema, mit dem sich aber mehr und mehr KMU erfolgreich befassen und sich so von ihrer Konkurrenz abheben.

Ein erfolgreiches Beispiel dafür ist die Coroplast Fritz Müller GmbH und Co. KG. Das familiengeführte Unternehmen mit rund 5 000 Mitarbeitern weltweit hat seinen Hauptsitz in Wuppertal, Nordrhein-Westfalen. Das Unternehmen besteht seit 1928 und produziert heute technische Klebebänder, Kabel und Leitungen sowie Leitungssatzsysteme insbesondere für die Automobilindustrie.

Was war der Auslöser für die Einführung von Employer Branding?
Coroplast hatte viele Jahrzehnte lang eine relativ konstante Mitarbeiterzahl und eine sehr geringe Fluktuation. Dementsprechend musste wenig Personal rekrutiert werden. In den vergangenen Jahren ist das Unternehmen allerdings stark gewachsen und benötigte innerhalb kurzer Zeit viele zusätzliche Mitarbeiter.

Zulieferer-Firmen und ihre Produkte sind vielen Menschen unbekannt, auch wenn das Endprodukt an sich einen hohen Bekanntheitsgrad genießt. So ging es auch Coroplast. Außerdem ließen die eingehenden Bewerbungen den Rückschluss zu, dass die Bekanntheit des Unternehmens bei Jobsuchenden nicht weit über die Stadtgrenze reichte. Deshalb entschied sich die Coroplast für ein strategisches Employer Branding, um einen strategischen Vorsprung im „War for Talents" zu erreichen.

Wie ist das Unternehmen vorgegangen?
Am Anfang des Prozesses stand eine kritische Bestandsaufnahme der aktuellen Tätigkeiten des Unternehmens bezüglich der Personalgewinnung. Diese Analyse ergab ein umfassendes Bild des Ist-Zustands und bildete einen guten Ausgangspunkt für die Planung der weiteren Vorgehensweise. Wichtige Elemente, Fragestellungen und Befunde dieser Analyse:

- **Personalgewinnungselemente**: Es existierten bereits attraktive Maßnahmen wie ein Traineeprogramm und Incentives beziehungsweise Rabatte für Mitarbeiter. Allerdings fanden diese Maßnahmen in einem *Vakuum* statt und waren teilweise sogar den Mitarbeitern unbekannt.
- Eine **Altersstrukturanalyse** zeigte auf, in welchen Bereichen in den nächsten Jahren Mitarbeiter ersetzt werden müssen.
- **Interviews mit den Führungskräften** dokumentierten, wie in der Vergangenheit bei der **Personalentwicklung** vorgegangen wurde.
- **Interviews aller neu eingestellten Mitarbeiter**: Diese wurden per Fragebogen zu ihren Erfahrungen befragt: Bestandteile des Fragebogens waren: Wie sind Sie auf Coroplast aufmerksam geworden? Wie haben Sie den Recruiting-Prozess (Bearbeitungszeit, erster Kontakt, Bewerbungsgespräch) erlebt? Welchen Eindruck hatten Sie beim Besuch der Unternehmenshomepage? Haben Sie auf der Homepage erkannt, welche Produkte Coroplast produziert? Wie bewerten Sie die Stellenanzeige, auf die Sie sich beworben hatten, bezüglich Informationen, Aufbau, Layout? Wie war die Einarbeitungszeit?
- **Fluktuation**: Auffällig war, dass viele neue Mitarbeiter das Unternehmen innerhalb von sechs bis zwölf Monaten wieder verließen. Die Gründe waren nicht bekannt.
- **Personalkennzahlen**: Es wurde deutlich, dass im Unternehmen bisher nur wenige Personalkennzahlen erhoben wurden – hier lediglich Daten wie die Anzahl der Mitarbeiter, Anteil Frauen/Männer, Personalkosten und den Krankenstand. Für ein Personalcontrolling fehlten Angaben zu Fluktuation, Altersstruktur und durchschnittlicher Verweildauer der Mitarbeiter.
- **Bestandsaufnahme der IT-Systeme im Unternehmen**: Welche Funktionen können für die Personalarbeit genutzt werden? Welche Funktionen können sinnvollerweise ergänzt werden?

Neben den Aktivitäten der Personalabteilung wurden auch die Unternehmens- und Führungskultur analysiert, um so eine Grundlage für die Bildung der Arbeitgebermarke zu schaffen. Das Unternehmen hat folgende Stärken für sich definiert, die es charakterisieren und von der Konkurrenz unterscheiden:

- eine mittelstandsgeprägte, inhabergeführte Unternehmenskultur,
- wertebasierte Führungsleitlinien, die von den Führungskräften gelebt werden,
- Engagement, Loyalität und Vertrauen als zentrale Werte des Unternehmens,
- kurze und schnelle Entscheidungswege,
- eine offene und transparente Kommunikation auf allen Ebenen; hierzu gehören:
  - Unternehmensziele und -strategie,
  - „Open-Door-Policy" des Managements,
  - Mitarbeitergespräche,
  - Mitarbeiterzufriedenheitsbefragungen,
  - Mitarbeiter als „Unternehmer im Unternehmen",
  - Förderung der Eigeninitiative der Mitarbeiter,
  - Übertragung von Verantwortung und
  - Ideenmanagement.

Employer Branding ist klassischerweise in der Personalabteilung angesiedelt. So ist es auch bei Coroplast. Es besteht eine enge Zusammenarbeit zwischen den Bereichen „Personalmarketing", „Personalrecruiting" und „Personalentwicklung" (siehe Abb. 10.11). Die drei Bereiche der Personalabteilung wurden im Rahmen des Employer Brandings mit unterschiedlichen Aufgabenschwerpunkten betraut.

Abb. 10.11 Beteiligte Abteilungen im Employer Branding

Aufgaben der Bereiche im Employer Branding sind beispielsweise:

Personalmarketing:
- Entwicklung eines Unternehmensimages mit Fokus auf:
  - regionales soziales Engagement
  - Innovationsstärke
  - Investitionen
  - Arbeitsplatzsicherheit
- Entwicklung und Umsetzung eines konsequenten, einheitlichen Corporate Designs inkl. „Slogans"; hierzu gehören:
  - Präsenz auf Recruiting-Messen
  - Kooperationen und Partnerschaften mit Schulen und Hochschulen
  - Artikel/Annoncen in Fachzeitschriften
  - Social-Media-Aktivitäten

Personalrecruiting:
- Recruiting über Internetplattformen und digitale Medien
  - für eine zeitgemäße Ansprache der Bewerber,
  - die Erhöhung der Daten- und Bewerberqualität sowie
  - eine Reduzierung der Durchlaufzeiten je Bewerbung.
- zielgruppenspezifische Aktivitäten zur Mitarbeitergewinnung:
  - Schüler: Schülerpraktika, Ausbildungen und duales Studium
  - Studenten: Praktika, Diplom- & Bachelorarbeiten
  - Absolventen: Traineeprogramm
  - Berufserfahrene: Fach- und Führungskräfte-Entwicklungsprogramme
- Vergütung:
  - marktgerechte Entlohnung inklusive variabler Gehaltsbestandteile
  - entgeltwirksame Zielvereinbarungen sowie Leistungsbeurteilungen
  - betriebliche Altersversorgung

Personalrecruiting und Personalentwicklung:
Diese beiden Abteilungen arbeiten übergreifend an der Ausgestaltung des Employer Brandings zusammen durch
- flexible Arbeitszeitmodelle für den jeweiligen Bereich,
- Arbeitszeitkonten im gewerblichen Bereich,
- Vertrauensarbeitszeit im Angestelltenbereich,
- das Angebot von Teilzeit, Sabbaticals und Leave of Absence,
- die Möglichkeit per Homeoffice zu arbeiten,
- Aufbau eines Mitarbeiterservices mit einem externen Kooperationspartner. Der Service beinhaltet unterschiedliche Angebote:

- Beratungsangebote zu Problemen am Arbeitsplatz, Konflikten in der Partnerschaft/Familie, Suchtberatung und Schuldnerberatung.
- Familienservice – hier Beratung und Vermittlung von Betreuungsangeboten, Beratung zu Pflegebedürftigkeit, Erziehungsfragen oder Schulschwierigkeiten.
- Fitness und Gesundheitsförderungsmaßnahmen,
- Betriebsgastronomie sowie
- Mitarbeiterveranstaltungen wie Sommerfest, Weihnachtsfeier und Teambuilding-Events.

Personalentwicklung:
Aufgabe der Personalentwicklung ist es, das interne Employer Branding zu unterstützen. Hier geht es um das Anbieten attraktiver, individueller Personalentwicklungsprogramme für alle Mitarbeiter je nach Karrierestufe (vgl. Abb. 10.12).

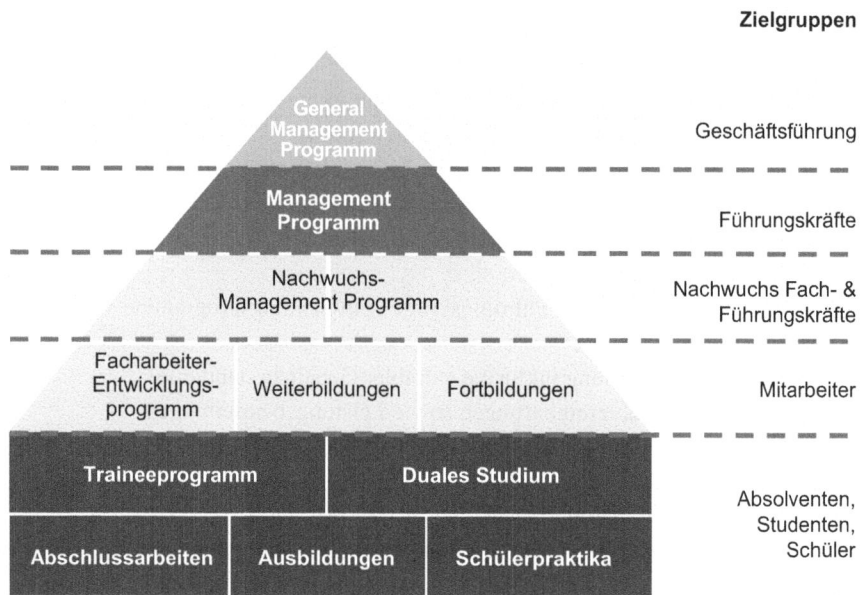

Abb. 10.12 Personalentwicklung

Welche Veränderungen sind durch Employer Branding aufgetreten?
Ein Employer-Branding-Konzept zu erarbeiten, umzusetzen und innerhalb des Unternehmens und nach außen zu leben, funktioniert nicht von heute auf morgen. Ein Jahr sollte sich ein Unternehmen geben. Diese Erfahrung machte auch Coroplast. Doch heute zieht

man hier eine positive Bilanz: Der Einsatz hat sich nachweislich bezahlt gemacht. Die positiven Effekte lassen sich in folgenden Bereichen feststellen:

Marken-/Unternehmensimage/Arbeitgeberimage
- Die Bekanntheit und das Image von Coroplast haben sich verbessert. Das dokumentieren stark angestiegene Zugriffe auf die Unternehmenshomepage („Traffic") oder Anzeigen in Jobbörsen. Auch der Karrierebereich der Coroplast-Homepage wurde öfters als in der Vergangenheit besucht.
- Coroplast hat sich für eine Auszeichnung als *Top Arbeitgeber* beworben und wurde 2013 zum sechsten Mal in Folge ausgezeichnet. Damit dies gelingt, müssen einige Kriterien erfüllt sein. Unternehmen, die diesen Weg gehen, können sich im Falle einer Platzierung freuen und mit der Auszeichnung auf ihrer Homepage und in Stellenanzeigen werben. Viele Jobsuchende schauen sich gezielt Unternehmen an, die eine Auszeichnung als guter Arbeitgeber erhalten haben.

Bewerbungs-/Einstellungsprozess
Wie erhofft, konnte der Recruiting-Prozess insgesamt deutlich vom Employer Branding profitieren.
- Durch gezielte Recruiting-Kampagnen gingen signifikant mehr Bewerbungen pro Stellenausschreibung ein, und die durchschnittliche Passgenauigkeit der Bewerbungen stieg. So konnte die Absagequote gesenkt werden – das heißt: Coroplast hat mehr Bewerber für geeignet befunden als in der Vergangenheit, auch gab es weniger Absagen von Bewerberseite.
- Vor den Employer-Branding-Aktivitäten dauerte es bis zu neun Monate, bis eine Stelle besetzt werden konnte. Jetzt können offene Positionen schneller mit geeigneten Kandidaten besetzt werden.
- Durch die Maßnahmen konnten schon nach kurzer Zeit 30 % der Recruiting-Kosten eingespart werden.

Mitarbeiter im Unternehmen
Im Rahmen des Employer Brandings wurden zusätzliche Personalkennzahlen eingeführt. Die durchschnittliche Verweildauer der Mitarbeiter im Unternehmen und die Fluktuationsquote werden nun erfasst.
- Neu eingestellte Mitarbeiter bleiben länger bei Coroplast, die durchschnittliche Verweildauer steigt.
- Die Fluktuation ist niedriger als in vergleichbaren Unternehmen.

Welche Empfehlungen gibt es?
Auf der Basis der gemachten Erfahrungen empfiehlt Coroplast kleinen und mittelständischen Unternehmen, nicht jedem Trend des Personalmanagements zu folgen. Denn hier bestehe insbesondere für KMU „die Gefahr, sich zu verzetteln". Stattdessen solle geschaut werden, was zum eigenen Unternehmen passt und sich mit wenig Aufwand realisieren lässt. Bei Coroplast war in Bezug auf die Arbeitgeberattraktivität schon viel Gutes vorhanden, das mit anderen Maßnahmen verknüpft werden konnte. Ein weiterer wichtiger Punkt sei es, die Aktivitäten gleichermaßen nach innen und außen zu richten. Wenn ein Unternehmen beispielsweise nur in Werbekampagnen investiere, sich innerhalb des Unternehmens aber nichts ändert, verliere das Unternehmen schnell an Glaubwürdigkeit bei (zukünftigen) Mitarbeitern. Deshalb ist es nach Auffassung der Verantwortlichen bei Coroplast für ein nachhaltig gutes Employer Branding wichtig, dass ein Unternehmen nach innen und nach außen zeigt, dass es ein guter Arbeitgeber ist.

10.2.2 Moderne Medien in der Personalgewinnung

Worum geht es in diesem Beitrag?
Wer im Wettbewerb um knapper werdende Personalressourcen junge Fach- und Führungskräfte erreichen will, der muss Medienkanäle bespielen, die diese nutzen. Immer mehr Unternehmen bewegen sich nicht nur zu Marketingzwecken und zur Steigerung des Bekanntheitsgrades in modernen Medien. Sie nutzen diese auch für die gezielte Personalgewinnung. Hier erhalten Sie einen Überblick über die verschiedenen virtuellen Kanäle. Wie wendet man sie an? Worauf ist beim Einstieg und in der Pflege zu achten? Facebook, Jobportale, YouTube & Co.: Welchen Nutzen haben Unternehmen bei der Personalgewinnung insbesondere von Social Media und welche Ressourcen müssen sie dafür einsetzen?

Überblick:
- Was sind moderne Medien und wie können Unternehmen diese nutzen?
- Welchen Nutzen bieten moderne Medien bei der Personalgewinnung?
- Wie können Social Media für die Personalarbeit eines Unternehmens sinnvoll eingesetzt werden?
- Was ist zum Einstieg zu beachten? Checkliste für den Unternehmenseinsatz

Was sind moderne Medien und wie können Unternehmen diese nutzen?

- **Klassische digitale Medien im Internet** (z. B. Firmenwebsites) informieren über das Produkt- und Dienstleistungsportfolio, über das Unternehmen allgemein, die Organisationsstruktur sowie über Aktuelles. Hier wendet sich das Unternehmen an wichtige Interessengruppen.

Abb. 10.13 Moderne Medien – eine Vielzahl an Kanälen: von Google über Twitter, Facebook, LinkedIn, YouTube bis hin zu WhatsApp reicht die Palette. (Foto: Fotosearch)

- **Soziale Medien (Social Media)** dienen dem Austausch von unternehmensrelevanten Informationen und Erfahrungen. Anders als bei einer Homepage verläuft der Informationsfluss hier bidirektional – das heißt: Die Unternehmensseite, aber auch Nutzer und Anwender können kommunizieren.
- **Mobile Medien** (mobile/digitale Applikationen) ergänzen den Aspekt der oben genannten Medien um die Mobilitätskomponente, wie zum Beispiel Applikationen (Apps) für Smartphones oder Tablets. Dies ist übrigens ein rapide wachsender Bereich!

Inzwischen sind moderne Medien überall im beruflichen und privaten Alltag präsent. Sie werden heute nicht nur von der mit dem Internet aufgewachsenen Generation (Digital Natives), sondern auch von Hochschulabsolventen, Fach- und Führungskräften gerade auch für die Stellensuche genutzt (Auswahl an möglichen Kanälen, siehe Abb. 10.13). **Die potenziellen Bewerber wollen** unter anderem:

- einfache Zugänge zu transparenten und übersichtlichen Unternehmensinformationen,
- einen ersten Überblick erhalten, was sie in den Unternehmen erwartet,
- wissen, welche Anreize und Benefits das Unternehmen Beschäftigten bietet,
- einfache Zugänge zu Stellenausschreibungen und Bewerbungsverfahren auch über mobile Endgeräte wie Smartphones und Tablets,
- Auskünfte und Informationen über die Firmenkultur (in sozialen Medien wie Arbeitgeberbewertungsportalen auch von Dritten).

Tab. 10.1 Übersicht moderner Medien, Instrumente und Ziele

Moderne Medien	Sender/Empfänger	Instrumente zum Beispiel	Ziele für Unternehmen
Klassische digitale Medien	Ein Sender und viele Empfänger (one to many)	Firmen- und Produktseiten, Internetpräsenz, Websites, Wikis	Informationsvermittlung in der Regel von Produkt- und Dienstleistungsportfolio, Organisationsstruktur
Soziale Medien (Social Media)	Nutzer können sowohl Sender als auch Empfänger sein (many to many)	soziale Netzwerke wie zum Beispiel XING, LinkedIn, Facebook, Blogs, (Bewertungsportale)	Austausch und Dialog unternehmensrelevanter Informationen und Erfahrungen, Bewertungen von Geschäftspartnern, Kunden und Beschäftigten, Bewerbern
Mobile Medien, Applikationen (Mobile Media, Apps)	Ein Sender und viele Empfänger; viele Sender und viele Empfänger (one to many; many to many)	Applikationen (Apps)	Ergänzung der oben genannten Medien um die Mobiliätskomponente für mobile Endgeräte

Unternehmen können moderne Medien zum Beispiel für die Personalgewinnung nutzen, um:

- der zunehmenden Anzahl von internetaffinen, jungen potenziellen Bewerbern einen leichten Zugang zu Unternehmensinformationen und Stellenangeboten zu schaffen,
- den Bekanntheitsgrad des Unternehmens zu steigern,
- sich als attraktiven Arbeitgeber darzustellen,
- gezielt nach Talenten zu suchen,
- potenzielle Bewerber direkt anzusprechen,
- Social Media und Mobile Recruiting für die Personalbeschaffung zu nutzen (erweitertes „E-Recruiting").
- Bewerbungsverfahren einfach und zielgruppengerecht zu gestalten (Tab. 10.1).

Welchen Nutzen bieten moderne Medien bei der Personalgewinnung? Welche Vorteile bietet Social Media (soziale Netzwerke) für Unternehmen?
Aufgrund des demografischen Wandels werden Unternehmen künftig aktiver und härter kämpfen müssen, um potenzielle Auszubildende, Young Professionals und Fach- und Führungskräfte zu gewinnen. Potenzielle Bewerber und Nachwuchskräfte nutzen auf der Suche nach für sie interessanten und attraktiven Stellen nicht nur die Unternehmenswebsites im Internet, sondern zunehmend auch Social Media, um sich über Unternehmen, deren Angebote oder auch das Betriebsklima (Bewertungsportale!) zu informieren. Moderne Medien bieten weitere Möglichkeiten für Unternehmen für das Employer Branding (siehe

Kap. 10.2.1 „Mit Employer Branding zum attraktiven Arbeitgeber"). Eine gut entwickelte Arbeitgebermarke erweckt Aufmerksamkeit. Unternehmen, die sich gekonnt und authentisch in modernen Medien präsentieren, gewinnen Vorteile bei der Personalgewinnung und -bindung. Gerade kleine und mittelständische Unternehmen nutzen diese Möglichkeiten noch verhalten.

Nutzen und Vorteile moderner Medien im Allgemeinen:

- Steigerung der medialen Präsenz und Bekanntheit des Unternehmens (inklusive Produkt- und Dienstleistungsportfolio) und Stärkung der Arbeitgebermarke
- Ergänzung der vorhandenen Kommunikationskanäle
- neue Zugänge zu potenziellen Zielgruppen
- gezielte Nutzung von Kommunikationskanälen der Zielgruppen, um potenzielle Fachkräfte zu erreichen
- potenzielle Bewerber erhalten einen zeitgemäßen Zugang zu Unternehmensinformationen
- Präsentation als attraktiver und moderner Arbeitgeber
- virtuelle Darstellung der Anreize und Benefits, der Arbeitsbedingungen und des Arbeitsumfeldes des Unternehmens
- Plattform zum Austausch von Informationen zwischen Unternehmen und Kunden, Unternehmen und Beschäftigten sowie möglichen Bewerberzielgruppen (Auszubildende, Fach- und Führungskräfte)
- Verbesserung der Suchmaschinenergebnisse (Pagerank, Suchmaschinenoptimierung/ Search Engine Optimization, SEO)
- Steigerung der Besucherzahlen auf der Unternehmenswebsite
- Kostenvorteile – relativ günstige Nutzung bei großer Reichweite
- unmittelbare Vermittlung von Informationen und Feedback
- Multiplikatoren-/Streuungseffekt – Multiplikatoren helfen im Idealfall bei der Verbreitung der „Arbeitgebermarke"

Für Unternehmen ist es entscheidend, die Instrumente für die wirkungsvolle Personalgewinnung zielgerichtet einzusetzen und zu nutzen. Dies ist einerseits wichtig, um sich authentisch von den Wettbewerbern abzuheben und sich zielgruppengerecht darzustellen. Andererseits kann nur so ein sinnvoller Kosten-Nutzen-Effekt erzielt werden. Mittlerweile gibt es einen breiten Strauß an modernen Medien (Blogs, Internetforen, Business- und allgemeine Netzwerke, Bild- und Videoportale, Unternehmenswebsites, Podcasts), die Unternehmen nutzen können. Nachfolgend werden die bekanntesten skizziert. Und es wird auch beschrieben, welchen Nutzen Unternehmen daraus ziehen können.

Professionelle Business-Netzwerke sind zum Beispiel XING und LinkedIn. Diese dienen dem Austausch und der Vernetzung von Unternehmens- und Geschäftskontakten. Der Austausch erfolgt zwischen Unternehmen, Geschäftspartnern, Beschäftigten, Hochschulabsolventen und Studenten. Damit können alle registrierten Teilnehmer ihre Kontak-

Abb. 10.14 Die Business-Netzwerke LinkedIn und XING

te pflegen und verwalten. Viele nutzen mehrere Plattformen gleichzeitig, um sich privat und geschäftlich auszutauschen (siehe Abb. 10.14).

Nutzen für Unternehmen:

- Eine eigene Profilseite dient der Selbstdarstellung und sorgt für die Wahrnehmung als Arbeitgeber, Geschäftskontakt und Partner in der jeweiligen Zielgruppe.
- Zielgruppengerecht kann hier das Produkt- beziehungsweise Dienstleistungsportfolio hinterlegt werden. Dies gilt auch für Werbung.
- Unternehmen können hier Stellenanzeigen aufgeben oder direkt Kontakt zu passenden Nutzern aufnehmen – zum Beispiel zu Rekrutierungszwecken.
- Es gibt auch spezielle E-Recruiting-Tools.
- Unternehmen können in themenspezifischen Foren aktiv sein, um Wissen auszutauschen oder zu gewinnen. Ganz nebenbei haben sie dabei die Chance, interessante Kontakte zu Zielgruppen aufzubauen, die sich für ihre Themen interessieren.
- Unternehmen können eigene themenbezogene Gruppen gründen, um Wissen auszutauschen oder zu gewinnen (und damit auch personale Netzwerke).
- Unternehmen können zur Vernetzung und Akquise Kontakte zu Geschäftspartnern aufnehmen.

Allgemeine soziale Netzwerke sind vor allem Facebook, StudiVZ und Google+. Diese Netzwerke dienen dem Austausch und der Vernetzung mit anderen Netzwerkteilnehmern insbesondere im Privatbereich.

Nutzen für Unternehmen:

- Auf Facebook können sie eine eigene Profilseite (Fanpage) erstellen und bewerben. Eine Fanpage ist in der Regel ein öffentliches Profil eines Unternehmens, auf dem aktuelle Informationen über den Betrieb, Mitarbeiter und Produkte sowie Dienstleistungen verbreitet werden können. Aber auch branchenbezogene Nachrichten, Veranstaltungshinweise, Bilder, Videos oder Statusmeldungen können hier veröffentlicht werden. Damit können sich Unternehmen aktiv und selbststeuernd in Facebook präsentieren.
- Sie können kostengünstig und relativ einfach eine große Anzahl an Personen erreichen.
- Sie können aktiv Kontakt aufnehmen zu Kunden und „Fans", die potenzielle Bewerber sein können.
- Unternehmensseiten in Netzwerken bieten die Chance, von Nutzern wahrgenommen zu werden, aus denen Kunden oder potenzielle Bewerber werden können.

10 Handlungsfeld „Personalpolitik und Personalstrategie realisieren"

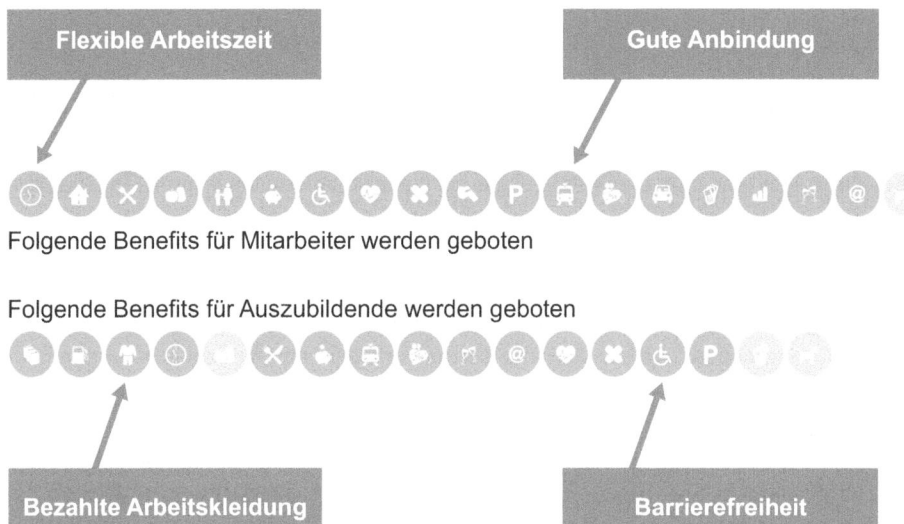

Abb. 10.15 kununu.com: Liste der Benefits, die ein Unternehmen bietet

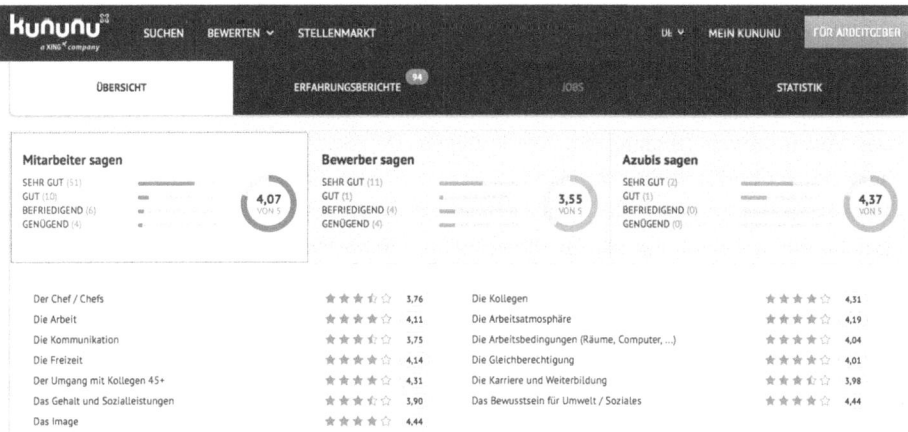

Abb. 10.16 Bewertungsbeispiel von kununu.com. Hierbei handelt es sich um nutzergenerierte Inhalte

- Auf Unternehmensseiten (Facebook und zum Beispiel auch XING) besteht die Chance, das Produkt- beziehungsweise Dienstleistungsportfolio zu präsentieren und Werbung sowie Stellenanzeigen zielgruppengerecht zu platzieren.

Bewertungsportale wie zum Beispiel www.kununu.com (siehe Abb. 10.16) sind Social-Media-Plattformen, auf denen (ehemalige) Beschäftigte und Bewerber Unternehmen nach vorgegebenen Kriterien bewerten können. Hier können sich Unternehmen präsentieren und die Anreize und Benefits darstellen (siehe Abb. 10.15 und 10.16), die sie den Beschäftigten bieten.

Nutzen für Unternehmen:

- Sie können sich einfach registrieren und finden hier gute Möglichkeiten zur Unternehmenspräsentation.
- Sie haben hier eine einfache Möglichkeit, ein eigenes Unternehmensprofil in Bild und Schrift zu erstellen – mit allgemeinen Informationen zum Unternehmen, mit Stellen- und Ausbildungsangeboten sowie Einblicken in den Arbeitsalltag.
- Sie erhalten gratis ein hilfreiches nutzerseitiges Feedback, das sie für den eigenen Verbesserungsprozess verwenden können – zum Beispiel, wie die Beschäftigten das Unternehmen wahrnehmen, wie sie das Vorgesetztenverhalten, den Kollegenzusammenhalt, die Arbeitsatmosphäre, die Kommunikation, die Arbeitsbedingungen, die Work-Life-Balance, die Benefits, die Weiterbildungsmöglichkeiten und das Image beurteilen.
- Portalbesucher können zu potenziellen Bewerbern werden – je besser die Bewertung des Unternehmens auf dem Portal ausfällt, desto höher ist das Interesse. Risiko: Es kann bei Widersprüchen zwischen Anspruch und Wirklichkeit im Employer Branding auch zu schlechten Bewertungen kommen, die das Unternehmen nicht beeinflussen und auch nicht ohne weiteres löschen kann.
- Eine Präsenz beweist Offenheit gegenüber dem „Kommunikationskanal" Web 2.0.
- Direkte Stellungnahme zur Bewertung und zu Kritik ist möglich: Unternehmen können nach außen sichtbar darstellen, dass sie eine offene Feedbackkultur leben. Sie können auf Verbesserungsvorschläge der Beschäftigten reagieren und einen wertschätzenden und konstruktiven Umgang mit Kritik zeigen. Dies setzt aber einen gewissen Pflegeaufwand der Online-Präsenzen voraus.
- Die aktive Beteiligung eines Unternehmens zum Beispiel an kununu.com kann seine Bekanntheit steigern und ein authentisches Employer Branding ermöglichen.

(Micro-)Blogs, auch Weblogs oder Webtagebücher genannt, sind auf einer Website geführte Journale, die aus abwärts chronologischen Einträgen bestehen. Der neueste Beitrag wird demnach immer als Erstes aufgeführt. Unternehmen können solche Blogs nutzen, um regelmäßig relevante Informationen ins Netz zu streuen. Gleichzeitig können diese Blogs bei entsprechender Einstellung (Zulassung von Nutzereinträgen, Kommentaren) dem aktuellen Austausch zwischen Nutzern und dem Unternehmen dienen. Viele größere Unternehmen haben einen eigenen Blog, der oft mit dem Kurznachrichtendienst **Twitter** verlinkt ist (siehe Abb. 10.17.).

Nutzen für Unternehmen:

- Unternehmen können sich sehr einfach registrieren.
- Sie verbreitern die Ansprache potenzieller Bewerber.
- Sie können Echtzeitkontakt mit Kunden, Partnern und Interessensgruppen aufbauen und aktuelle Informationen rund um das Unternehmen, Informationen über die Produkte und Dienstleistungen direkt mit Nutzern teilen.

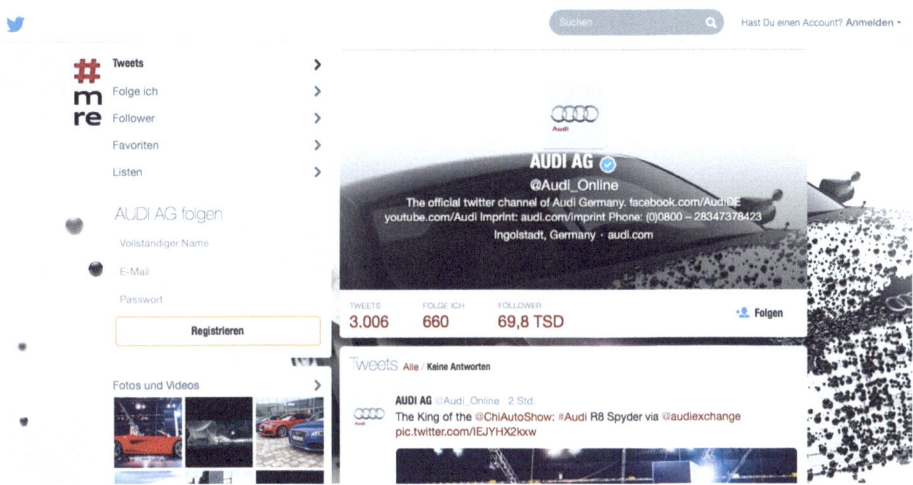

Abb. 10.17 Kanal mit wachsender Bedeutung: der Kurznachrichtendienst Twitter (vgl. business. twitter.com/)

- Sie können darüber hinaus kostengünstig Eigenwerbung platzieren.
- Blogs und Twitter-Accounts generieren zusätzliche Google-Fundstellen, verbessern also die Sichtbarkeit des Unternehmens im Netz.
- Bei Twitter erhalten abonnierte Leser die Nachricht (das „Tweet") als Textnachricht auf dem PC oder auf dem internetfähigen mobilen Telefon. Feedbackmöglichkeit oder Weiterverbreitung des Tweets ist per Klick möglich.
- Twitterkonten lassen sich mit dem eigenen Blog beziehungsweise der eigenen Website verknüpfen (Livestream).

Wikis sind Internetseiten, auf welchen Informationen dargestellt und miteinander verbunden werden. Bekanntestes Beispiel ist **Wikipedia** siehe Abb. 10.18 (vgl. www.wikipedia.org).

Nutzen für Unternehmen:

- Wiki-Seiten zur Bereitstellung der wichtigsten Informationen über das Unternehmen lassen sich einfach und ressourcenschonend erstellen (vgl. Abb. 10.18).
- Der Unternehmenseintrag lässt sich einfach pflegen. Risiko: Bei Wikipedia können auch externe Nutzer als Administratoren auftreten. Deren Einträge müssen nicht immer im Sinne eines Unternehmens sein. Sie bleiben Teil der Versionsgeschichte.
- Eine Verlinkung zur eigenen Website ist möglich und kann zum Beispiel neue Besucher auf die eigene Homepage führen.

Abb. 10.18 Eintrag des Instituts für angewandte Arbeitswissenschaft, ifaa, in Wikipedia

Abb. 10.19 Logos von Flickr und YouTube

- Ein Wiki-Eintrag schafft erste Einblicke für potenzielle Bewerber, zum Beispiel was Produkte und Dienstleistungen angeht.
- Wikipedia erlaubt das Bereitstellen von Wissen und Verknüpfungen von ähnlichen Themen für einen einfachen und anwenderfreundlichen Zugang zu Informationen über das Unternehmen.

Netzwerke mit Bildern und Videos: Das bekannteste und meistgenutzte Netzwerk für Bilder ist **Flickr.com** (vergleiche Abb. 10.19). Flickr-Nutzer dieses Netzwerks können Fotos und Videos organisiert auf der Plattform bereitstellen und diese mit allen Interessierten teilen.

Das bekannteste und meistgenutzte **Netzwerk für Videos** im Web ist **YouTube.com**. (siehe Abb. 10.19) Nutzer können hier Filme online stellen und diese mit allen Interessierten teilen. Diese Vodcasts lassen sich auch sehr einfach in Webseiten, Blogs, Facebook und anderes einbetten.

Nutzen für Unternehmen:

- Sie finden hier die Möglichkeit, sich einfach und kostengünstig bildstark im Web zu präsentieren.

Ablauf Einführung Social Media für die Personalgewinnung

```
Analyse              Zielgruppen-        Abstimmung          Festlegung der
Unternehmens-   →    definition      →   mit PR-,        →   Personalmarke-
strategie                                EDV-Verant-         tingstrategie:
HR-Satrategie        Zieldefinition      wortlichen          Social Media/
Kommunika-           Social Media                            Soziale
tionsstrategie                                               Netzwerke
                                                                  ↓
                                         Aufwand und Budget
                                         abschätzen und festlegen:
                                         Guidelines
                                                                  ↓
Monitoring       ←   Inhalte und     ←   Festlegung der
Erfolgsmessung       Medienmix           Organisation
                     festlegen           und Betreuung
```

Abb. 10.20 Schritte bei der Einführung von Social Media für die Personalgewinnung

- Sie können über eigene Konten und Netzwerke unternehmensrelevante Inhalte in Bildern und Videos verbreiten und damit auch potenzielle Bewerber ansprechen.
- Sie können vor allem jüngere webaffine Zielgruppen über ihre Produkte, Dienstleistungen oder über unternehmensinterne Studien- und Ausbildungsgänge informieren.
- Sie können Videos auf ihrem YouTube-Kanal sehr einfach in ihre Website sowie andere Social-Media-Kanäle einbetten.
- Sie erhalten über starke Portale wie Flickr und YouTube weitere starke Web-Fundstellen und erhöhen damit auch die Wahrscheinlichkeit, von potenziellen Bewerbern gefunden zu werden.

Wie können Social Media für die Personalarbeit eines Unternehmens sinnvoll eingesetzt werden? Was ist bei der Einführung und Pflege zu beachten?
Abstimmung auf Strategie und Ziele des Unternehmens
Vor der Einführung der oben genannten Medien für die Personalgewinnung und -bindung sollte – ausgehend von der Unternehmens-, Public-Relations- und Personalstrategie und den Zielen, die das Unternehmen mit dem Einsatz verfolgt – eindeutig festgelegt sein, welche Zielgruppen mit welchen Medieninstrumenten und -inhalten erreicht werden sollen. Danach ergibt sich die Auswahl der verschiedenen Medien für den zielgerichteten Einsatz im Personalbereich. Das Vorgehen ist in Abb. 10.20 schematisch dargestellt.

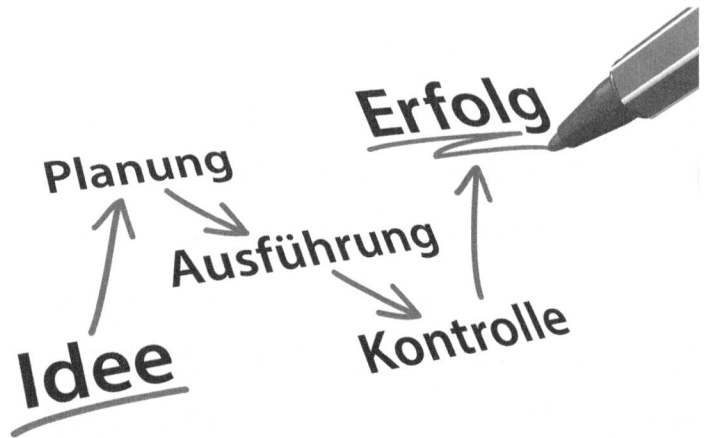

Abb. 10.21 Präsenzen von Unternehmen im Netz erfordern ein planvolles Vorgehen. (Foto: Oliver Boehmer/bluedesign®)

Aufwand, Etat und Pflege

Der finanzielle und personelle Aufwand für die Implementierung und gute Pflege ist sorgfältig zu prüfen. Der Zugang und die Registrierung eines Unternehmens bei Wikipedia, in Social-Media-Netzwerken sind einfach und kosten wenig Zeit. Die ersten auf den grundsätzlichen Inhalten der Unternehmenswebsite basierenden Inhalte lassen sich mit einem überschaubaren zeitlichen und personellen Aufwand platzieren.

Die größere Herausforderung ist in der Folge die regelmäßige Pflege der Medien, das zielgruppengerechte Aufbereiten der Informationen, das rasche Einstellen von Aktuellem, das rasche Reagieren und die Interaktion mit den Nutzern. Dieser Aufwand ist nicht zu unterschätzen und benötigt sowohl personelle als auch zeitliche Ressourcen. Die Betreuung von Blogs, Wikis und Social-Media-Netzwerken sollte vor der Implementierung gut abgestimmt sein – und zwar sowohl mit den PR-Verantwortlichen, dem Marketing, den Personalverantwortlichen sowie den Verantwortlichen für die Pflege der Unternehmenswebsite.

Eine Platzierung des Unternehmens und seiner Anliegen im (sozialen) Web ist nicht damit erledigt, dass man einen gedruckten Flyer einfach nur online stellt (vergleiche Abb. 10.21). Präsenzen in modernen Medien sind Informations- und Interaktionsplattformen, die von Unternehmen permanent betreut und von internen sowie externen Nutzern genutzt werden. Das stellt hohe Anforderungen an die Aktualität.

Was ist beim Einstieg zu beachten? Checkliste für den Unternehmenseinsatz[1])

1. Strategie
Prüfen Sie, in welchen Geschäftsbereichen und Handlungsfeldern Social Media Ihrem Unternehmen einen Mehrwert bietet. Beziehen Sie bei der Analyse neben Public Relations (PR), Marketing und Human Resources (HR) auch andere Felder ein, wie zum Beispiel die interne Kommunikation, Service & Support sowie die Produktentwicklung.

2. Ziele
Definieren Sie konkrete, realistische und messbare Ziele, die Sie mit Social Media im jeweiligen Unternehmensbereich erreichen wollen.

3. Organisation
Legen Sie fest, wer in Ihrem Unternehmen für Social Media verantwortlich ist und wer die Social-Media-Aktivitäten steuert. Stellen Sie sicher, dass die entsprechende Person beziehungsweise das Team hierfür auch ausreichend Zeit und die richtigen Ressourcen zur Verfügung hat. Richten Sie gegebenenfalls eine zentrale Social-Media-Arbeitsgruppe ein, um die verschiedenen Aktivitäten im Unternehmen zu koordinieren.

4. Aufwand und Budget
Berechnen Sie den finanziellen und personellen Aufwand für Ihre Social-Media-Aktivitäten genauso gewissenhaft, wie Sie dies auch für andere Projekte tun würden. Denken Sie daran, auch den Aufwand für die Interaktion mit den Nutzern einzukalkulieren.

5. Zielgruppe
Finden Sie heraus, wo im Internet Ihre Zielgruppe die meiste Zeit verbringt. Auf welchen Social-Media-Plattformen halten sich Nutzer, die Sie ansprechen wollen, vornehmlich auf? Neben den großen sozialen Netzwerken können auch kleinere, spezialisierte Plattformen (zum Beispiel Onlineforen) für Ihr Unternehmen von Bedeutung sein.

6. Monitoring
Beobachten Sie systematisch, was in Social Media über Ihr Unternehmen und sein Wettbewerbsumfeld kommuniziert wird. Es gibt neben Marketing und PR zahlreiche Anwendungsmöglichkeiten der mit Social Media Monitoring erhobenen Daten, zum Beispiel im Vertrieb, im Service und im Support.

7. Inhalte und Medienmix
Machen Sie sich mit den Informationsbedürfnissen Ihrer Zielgruppen vertraut und bieten Sie ihnen relevante Inhalte an. Stimmen Sie den Inhalt Ihrer Beiträge auf die Besonderheiten der jeweiligen Plattform ab; jede Plattform im Social Web kann eine bestimmte Rolle im Kommunikationsmix Ihres Unternehmens einnehmen. Integrieren Sie sämtliche Onlineauftritte Ihres Unternehmens so, dass sich ein stimmiges Gesamtbild ergibt.

8. Kritikmanagement
Stellen Sie sich auf Irritationen und Kritik der Nutzer ein. Über moderne Medien artikulierte Entrüstungsstürme, so genannte Shitstorms, könnten künftig eher die Regel als die Ausnahme sein. Nutzen Sie jedoch die kritischen Töne als Hinweise der Community, um die eigenen Produkte, Strukturen und Prozesse zu überdenken und zu verbessern. Nehmen Sie die Beiträge und Kommentare ernst und analysieren Sie sie. Bereiten Sie sich entsprechend vor, indem Sie Prozesse und Strukturen dafür vorbereiten.

9. Erfolgsmessung
Messen Sie kontinuierlich den Erfolg von Social-Media-Aktivitäten Ihres Unternehmens anhand des Erreichungsgrades Ihrer definierten Ziele. Legen Sie hierfür aussagekräftige Kennzahlen fest.

10. Guidelines, Richtlinien, Datenschutz, Datensicherheit
Statten Sie Ihre Mitarbeiter mit Social-Media-Guidelines aus, damit diese über die Chancen und Risiken von Social Media informiert sind. Führen Sie auch Informationsveranstaltungen und Schulungen durch, um die Transparenz und Akzeptanz zu erhöhen. Sorgen Sie für die notwendige Datensicherheit und die Einhaltung des gesetzlichen Datenschutzes.

1) Quelle: BITKOM (Hrsg.): Leitfaden Social Media, zweite erweiterte Auflage, Berlin 2012

Weiterführende Informationen, Links

Für die Entscheidung, **welche sozialen Medien** dem eigenen Bereich am ehesten gerecht werden, kann der „Social Media Planner" von INPOROMO hilfreich sein (siehe Abb. 10.22). Darin wird nach Angabe mehrerer Kriterien die geeignete Plattform ermittelt (www.socialmediaplanner.de).

Für die Planung, den Einsatz und die praktische Umsetzung von Social Media kann der Leitfaden Social Media der BITKOM hilfreich sein. Er beschreibt anschaulich und übersichtlich, was zu beachten ist inkl. Checklisten und Beispiele aus Betrieben (2. erweiterte Auflage 2012) http://www.bitkom.org/de/publikationen/38337_66014.aspx [12.03.2014]

Eine Auflistung der derzeit wichtigsten sozialen Netzwerke finden Sie unter: http://www.fwpsystems.com/soziale-netzwerke [12.03.2014]

Hinweise zum sicheren Umgang mit Social Media, zum Datenschutz, Definitionen, Urheberrecht etc. erläutert die Website http://www.klicksafe.de/themen/ [12.03.2014].

Eine Auflistung von sozialen Netzwerken, Apps für soziale Netzwerke, Links zu sozialen Netzwerken und Informationen, wie gerade die junge Generation diese Medien nutzt sowie Buchtipps zum Thema finden Sie unter http://www.soziale-netzwerke-links.de/soziale-netzwerke-links.html [12.03.2014].

Abb. 10.22 Der Social Media Planner schafft Übersicht

Aktuelle Gesetzgebung zum Bundesdatenschutzgesetz und alles rund um den Datenschutz finden Sie unter: http://www.datenschutzbeauftragter-info.de/ [12.03.2014] http://www.gesetze-im-internet.de/bdsg_1990/ [12.03.2014]

Viele hilfreiche Informationen rund um das Thema Personalgewinnung, -marketing, Social Media in Personalmarketing und Employer Branding inklusive Beispiele aus der Unternehmenspraxis finden Sie unter: http://www.dgfp.de/wissen/themen/beziehungen-und-netzwerke/social-media-in-personalmarketing-und-employer-branding [03.12.2013]

Bernecker, M.; Beilharz, F.: Social Media Marketing. Strategien, Tipps und Tricks für die Praxis. Bergisch-Gladbach: Johanna Verlag, 2012

Weinberg, T.; Pahrmann, C.; Ladwig, W.: Social Media Marketing – Strategien für Twitter, Facebook & Co. Köln: O'Reilly Verlag, 2013

Aßmann, S.; Röbbeln, S.: Social Media für Unternehmen: Das Praxisbuch für KMU. Bonn: Galileo Computing, 2013

Stuber, R.: Erfolgreiches Social Media Marketing mit Facebook, Twitter, Google+, XING, LinkedIn, YouTube. Düsseldorf: Data Becker, 2012

Hilker, C.: Social Media für Unternehmer: Wie man Xing, Twitter, Youtube und Co. erfolgreich im Business einsetzt. Wien: Lindeverlag, 2010

Träder, I.: Ausgewählte Methoden der Mitarbeitergewinnung über das Internet: Vor- und Nachteile: Betrachtung der eigenen Website, von Jobbörsen und Social-Media-Plattformen. München: GRIN Verlag, 2010

Trost, A.: Talent Relationship Management: Personalgewinnung in Zeiten des Fachkräftemangels. Heidelberg: Springer-Verlag, 2012

10.2.3 So baue ich ein regionales Netzwerk auf

Worum geht es in diesem Beitrag?
Sie erfahren, was ein Netzwerk ist, welche Formen von Netzwerken es gibt. Gerade kleinere und mittlere Unternehmen können von Netzwerken besonders profitieren. Es geht hier zum Beispiel um Ausbildungsverbünde mit anderen Betrieben, um den eigenen Nachwuchs umfassend zu qualifizieren. Oder zum Beispiel auch um Kooperationen mit Kindergärten, um Kinderbetreuung für Mitarbeiter/-innen anbieten zu können. Eine Liste bestehender Netzwerke zu den Themen „Demografie", „Gesundheitsförderung", „Qualifizierung" und „Personalentwicklung" finden Sie unter „Weiterführende Informationen, Links". Die Checkliste im Anhang „So baue ich ein regionales Netzwerk auf" enthält die Aspekte, an die Sie denken müssen.

Überblick:
- Was ist ein Netzwerk?
- Welchen Nutzen bieten Netzwerke?
- Wie kann ein Netzwerk aufgebaut werden?
- Worauf müssen Sie achten? Welche Hürden können auftreten?
- Checkliste: So baue ich ein regionales Netzwerk auf

Was ist ein Netzwerk?
Ein Netzwerk[1] ist ein Geflecht, ein Zusammenschluss, ein Verbundsystem von Partnern. Das können beispielsweise Personen, Institutionen oder Unternehmen sein. Der Zusammenschluss in einem Netzwerk ist in der Regel durch ein gemeinsames Interesse gekennzeichnet (vgl. auch *Meyer* 2013).

Es gibt

- Netzwerke innerhalb eines Unternehmens – zum Beispiel die Zusammenarbeit verschiedener Bereiche (z. B. „Steuerkreis Demografiemanagement" oder „Steuerkreis Gesundheitsförderung");
- Netzwerke, die schon bestehen und denen sich Unternehmen anschließen können (z. B. „Das Demographie Netzwerk – ddn");
- Netzwerke, die ein Unternehmen den eigenen betrieblichen Bedürfnissen entsprechend aufbauen muss (z. B. Kooperationen mit Schulen und Hochschulen, um qualifizierten Nachwuchs zu bekommen, die Kooperation mit einer Krankenkasse im Rahmen der betrieblichen Gesundheitsförderung).

---

[1] Im Rahmen dieses Kompendiums geht es um soziale Netzwerke.

Eine besondere Form von Netzwerken bilden internetbasierte Plattformen wie beispielsweise XING, Facebook, Twitter, Blogs, Chatrooms. Der Oberbegriff dafür ist Social Media, soziale Medien (vgl. auch Abschn. 10.2.2 „Moderne Medien in der Personalgewinnung"). Um diese Plattformen nutzen zu können, muss man in der Regel Mitglied sein und ein Passwort (Log-in) haben.

Kleine und mittelständische Unternehmen haben ein wachsendes Interesse an einer professionellen Unterstützung der betrieblichen Personalarbeit. Fachkräftemangel, älter werdende Belegschaften, wachsender Kostendruck, knappe Personalressourcen sind beispielhafte Gründe für die Suche nach professioneller externer Unterstützung.

Welchen Nutzen bieten Netzwerke?

- Netzwerke machen es möglich, durch Arbeitsteilung Rationalisierungs- und Kostensenkungspotenziale zu erschließen.
- Das Know-how der Mitglieder ermöglicht Synergieeffekte.
- Unternehmen können sich auf ihre Kernkompetenzen konzentrieren, wenn sie auf vorhandenes Know-how zurückgreifen können. Sie brauchen das Rad nicht neu zu erfinden.
- Durch Kooperationen gewinnen Unternehmen Know-how.

Netzwerke, die Unternehmen im Rahmen der Themen „demografischer Wandel" sowie „Erhalt der Leistungsfähigkeit älterer Belegschaften" helfen können:

- **Regionale Arbeitgeberverbände**: Hier empfiehlt sich die Teilnahme an Informationsveranstaltungen, Arbeitskreisen/Erfahrungsaustauschkreisen, die der Verband anbietet. Hilfreich sind auch Verbandsangebote zur Altersstrukturanalyse.
- **Externe Mitarbeiterberatung – Employee Assistance Program – EAP**: Dies ist ein Beratungsservice für Führungskräfte und Mitarbeiter, die berufliche, private und/oder gesundheitliche Probleme haben. Ziel ist es, die Stabilität, Gesundheit und Leistungsfähigkeit der Mitarbeiter zu festigen. Entsprechende Institutionen lassen sich beispielsweise unter dem Suchwort „EAP" im Internet finden. Die meisten Institutionen bieten auch einen Familienservice an, um die Mitarbeiter mit konkreten Angeboten zur Vereinbarkeit von Beruf und privaten Bedürfnissen zu unterstützen.
- **Institutionen, die betriebliche Gesundheitsförderung anbieten.**
- **Krankenkassen**: Diese unterstützen zum Beispiel die Ausrichtung von Gesundheitstagen. Hier finden Sie auch Auswertungen und Statistiken zu Fehlzeiten.
- **Fitness-Studios, physiotherapeutische Praxen, Ernährungsberatungen** und **Berufsgenossenschaften** sind weitere wichtige Kooperationspartner im betrieblichen Gesundheitsmanagement.
- **Kindergärten** und **Unternehmen in der Nachbarschaft**: Hier lassen sich Netzwerke und Kooperationspartner für den Aufbau von Kinderbetreuungsmöglichkeiten finden.

So kann das Unternehmen Voraussetzungen für eine bessere Vereinbarkeit von Beruf und Familie schaffen, um insbesondere qualifizierte Mitarbeiterinnen zu finden und an das Unternehmen zu binden.
- **Arbeitsagenturen, Schulen, Hochschulen, Bildungseinrichtungen** und **Bildungswerke der Wirtschaft** sind Partner bei der Suche nach Fach- und Arbeitskräften.
- **Zeitarbeitsfirmen** können bei Auftragsspitzen kurzfristig den Personalbedarf decken.
- **Ausbildungsverbünde** nach dem Vorbild von MACH1 und MACH2 (vgl. „Weiterführende Informationen, Links") können auch kleineren Unternehmen die Möglichkeit bieten, Bewerbern umfassende Ausbildungsangebote unterbreiten zu können. KMU können unter Umständen auch die Ausbildungsinfrastruktur anderer benachbarter Unternehmen nutzen. So bildet zum Beispiel das Unternehmen Phoenix Contact auch für andere Unternehmen aus.

Wie kann ein Netzwerk aufgebaut werden?
Die Checkliste im Anhang kann helfen, die wichtigsten Punkte bei dem Aufbau eines Netzwerkes zu berücksichtigen.

Worauf müssen Sie achten? Welche Hürden können auftreten?
Achten Sie bei der Bildung von Netzwerken zum Beispiel auf Folgendes:

- Legen Sie fest, zu welchem Zweck Sie ein Netzwerk bilden wollen beziehungsweise müssen; überlegen Sie mit Blick auf Ihre Unternehmensziele den Nutzen des geplanten Netzwerkes.
- Wählen Sie die Personen beziehungsweise Institutionen, mit denen Sie im Netzwerk zusammenarbeiten wollen, sorgfältig aus.
- Achten Sie bei webbasierten Netzwerken (z. B. Facebook) auf Datenschutz und Datensicherheit.
- Sorgen Sie für die regelmäßige Aktualisierung der Netzwerkdaten (z. B. Liste Ansprechpartner, Anschriften) durch einen Kümmerer im Unternehmen.

Weiterführende Informationen, Links
Beispiele für bestehende Netzwerke im Rahmen der Thematik dieses Kompendiums:
Ausbildung und Personalentwicklung im Verbund – MACH1 und MACH2
MACH1 Weiterbildung. Die „Arbeitsgemeinschaft der Wirtschaft für berufliche Weiterbildung im Kreis Herford e. V.", wurde 1988 von Unternehmen im Kreis Herford und vom Arbeitgeberverband Herford gegründet. Inzwischen wird MACH1 von über 120 Mitgliedern getragen. http://www.mach1-weiterbildung.de/ [15.12.2013]
MACH2 Personalentwicklung im Verbund mittelständischer Unternehmen ist ein Modell, wie kleine und mittlere Unternehmen (KMU), die über keine eigenen Strukturen für Personalentwicklung verfügen, eine systematische Personalentwicklung etablieren können. MACH2 ist ein

moderner Verbund für Personalentwicklung mit professionellen Netzwerkmanagern und Personalentwicklern für seine Mitgliedsunternehmen – und damit die externe Personalentwicklung für den Mittelstand. MACH2 ist ein zusätzlicher Schritt für die regionale Wirtschaft zur konsequenten Sicherung der Wettbewerbsfähigkeit durch Nutzung von Synergien in einem Netzwerk für Personalentwicklung. http://www.mach1-weiterbildung.de/ [15.12.2013]

Das Demographie Netzwerk e. V. – ddn

Gegründet wurde ddn im März 2006 auf Initiative des Bundesministeriums für Arbeit und Soziales (BMAS) und der Initiative Neue Qualität der Arbeit (INQA). Die Mitglieder setzen sich aus Unternehmen aller Größenordnungen, aber auch Verbänden, Beratungsunternehmen, Wissenschaftseinrichtungen oder Kommunen zusammen: http://demographie-netzwerk.de/ueber-ddn.html [15.12.2013]

Regionale Standorte des Demographie Netzwerkes – ddn

Wer im ddn aktiv sein will, muss dafür keine langen Wege in Kauf nehmen. Von allen Vorteilen einer Mitgliedschaft können Sie auch vor Ort profitieren: in den Regionalnetzwerken des ddn. Ob Fachkräftesituation oder Förderprogramme – die regionalen Besonderheiten bilden den Hintergrund der Aktivitäten. Auf einer Karte finden Sie die ddn-Standorte in Ihrer Nähe: http://demographie-netzwerk.de/regionale-standorte/standorte.html [15.10.2013]

Deutsches Netzwerk für Betriebliche Gesundheitsförderung DNBGF

Das Netzwerk geht auf eine Initiative des Europäischen Netzwerks für Betriebliche Gesundheitsförderung ENWHP zurück und wird vom Bundesministerium für Arbeit und Soziales, BMAS, und vom Bundesministerium für Gesundheit, BMG, unterstützt. Für die Arbeit des DNBGF wurde eine Geschäftsstelle eingerichtet, die vom BKK Bundesverband, der Deutschen Gesetzlichen Unfallversicherung (DGUV), dem AOK-Bundesverband und dem Verband der Ersatzkassen e. V. (vdek) im Rahmen der gemeinsamen Initiative Gesundheit und Arbeit (iga) getragen wird. Vor dem Hintergrund einer derzeit eher noch geringen Verbreitung von betrieblicher Gesundheitsförderung in Deutschland soll die Kooperation zwischen allen nationalen Akteuren verbessert werden. Diesem Ziel dient das DNBGF. http://www.dnbgf.de/ [15.12.2013]

Europäisches Netzwerk für Betriebliche Gesundheitsförderung (ENWHP)

Das 1996 gegründete ENWHP ist ein Zusammenschluss von Organisationen aus dem Bereich des Arbeits- und Gesundheitsschutzes sowie Akteuren der öffentlichen Gesundheit, der Gesundheitsförderung und der gesetzlichen Sozialversicherung aus den EU-Mitgliedsstaaten, den Beitrittsländern sowie den Staaten des Europäischen Wirtschaftsraums. http://www.move-europe.de/europaeisches-netzwerk-fuer-bgf-enwhp.html [15.12.2013]

P-Net. Netzwerk für betriebliche Personalentwicklung in der Märkischen Region

Unter der Moderation der Südwestfälischen Industrie- und Handelskammer haben mittelständische Unternehmen der Region Märkisches Südwestfalen das Netzwerk zur betrieblichen Personalentwicklung – P-Net gegründet. Sie wollen im engen Austausch miteinander die Auswahl und Förderung ihrer Fach- und Führungskräfte verbessern. Betriebliche und externe Personalentwickler aus der Region unterstützen die Unternehmen dabei und stellen ihr Know-how und ihre Leistungen zur Verfügung. http://www.sihk-p-net.de/index.php?mpid=2 [15.12.2013]

Thüringer Netzwerk Demografie – TND

Das Thüringer Netzwerk Demografie ermutigt dazu, dem demografischen Wandel aktiv zu begegnen und die sich daraus ergebenen Chancen zu nutzen. Das Netzwerk bietet praxistaugliche

Lösungen für das generationenübergreifende Arbeiten und fördert den Erfahrungsaustausch der Thüringer Unternehmen untereinander: http://www.netzwerk-demografie.de/vwt/cms_de.nsf/teaser_tnd.htm?readForm&p=tnd&NavDocID=F465CBF7557A8244C1257AF7004EDD09&counter=5 [15.12.2013]

Thüringer Netzwerk Betriebliche Gesundheitsförderung – BGF

Das Netzwerk ist ein Verbund aus Fitness- und Gesundheitsstudios. Gemeinsames Ziel ist es, dass Thüringer Firmen ihren Mitarbeitern Maßnahmen der betrieblichen Gesundheitsförderung in einer einheitlichen hohen und abgesicherten Qualität im gesamten Bundesland anbieten. http://www.bgf-thueringen.de/Thuringer_Netzwerk_BGF/BGF-Thuringer_Netzwerk_Betriebliche_Gesundheitsforderung.html [15.12.2013]

XING – Netzwerk der Personalentwickler

Das Netzwerk der Personalentwickler auf XING, dem Business Netzwerk für Geschäftsleute. Netzwerk der Personalentwickler ist eine von zahlreichen Fachgruppen und Gemeinschaften auf XING, die Fachwissen und Know-how von Millionen Mitgliedern aus über 200 Ländern weltweit verbinden. http://www.xing.com/net/ak_pe_muc [15.12.2013]

Darüber hinaus weiterführende Informationen und Links:

Bertelsmann Stiftung: Regionale Kompetenznetze – Gesunde Arbeitswelten im demographischen Wandel: http://www.bertelsmann-stiftung.de/cps/rde/xchg/SID-D59F2F46-2AE76CCC/bst/hs.xsl/6555_16345.htm [15.12.2013]

Bertelsmann Stiftung: Lokale Netzwerke für kleine und mittelständische Unternehmen. Gemeinsam den Herausforderungen des demographischen Wandels begegnen: http://www.bertelsmann-stiftung.de/cps/rde/xchg/SID-AD936784-7F030575/bst/hs.xsl/6555_6563.htm [15.12.2013]

Neweling, S.; Sonnek, A.; Liening, A. (Hrsg.): Ansätze des Personalmanagements in Unternehmensnetzwerken. Dortmunder Beiträge zur Ökonomischen Bildung. Diskussionsbeitrag Nr. 9, Mai 2006. Dortmund: Universität Dortmund, 2006, verfügbar unter: https://www.google.de/#q=Neweling+Sonnek+Ans%C3%A4tze+des+Personalmanagements+in+unternehmensnetzwerken [15.12.2013]

Thiehoff, R.: „Mit kleinen Netzwerken einer großen Herausforderung begegnen". Interview mit Dr. Rainer Thiehoff vom Demographie Netzwerk e. V. (ddn). In: randstadkorrespondent online vom März 2001, verfügbar unter: http://www.randstad-korrespondent.de/maerz-2011/interview-mit-dr-rainer-thiehoff.html [15.12.2013]

Thiehoff, R.: Unternehmensnetzwerke – eine Antwort auf den demographischen Wandel? In: Praeview. Zeitschrift für innovative Arbeitsgestaltung und Prävention (2013), Nr. 3, S. 28–31, verfügbar unter: http://www.zeitschrift-praeview.de/xd/public/content/index.html?pid=70 [15.12.2013]

Literatur

Meyer, C.: Was ist ein internetbasiertes soziales Netzwerk? Eine Arbeit erstellt im Rahmen von PHILOTEC; 2013. „Was sind soziale Netzwerke" verfügbar http://et.fh-duesseldorf.de/home/philotec/data/meyer-was-ist-ein-soziales-netzwerk.pdf [25.03.2014]

Checkliste: So baue ich ein regionales Netzwerk auf

Diese Checkliste können Sie nach eigenen Bedürfnissen ergänzen:

Bereiche/Handlungsfelder ermitteln, wo Sie Unterstützung brauchen	
Festlegen, was genau Sie brauchen: Kriterienkatalog erstellen	
Verantwortlichen/Verantwortliche auswählen, der/die sich kümmert	
Information und Kommunikation im Unternehmen	
Recherche nach entsprechenden Institutionen (zum Beispiel im Internet)	
Angebote einholen und vergleichen, auch Kosten vergleichen	
Terminabsprache; Ziel, Inhalte, Durchführung der Unterstützung, Kosten, wer führt die Aktivitäten durch?	
Netzwerkpartner dokumentieren (Ansprechpartner usw.)	
Regelmäßige Aktualisierung der Liste Netzwerke, Ansprechpartner	

10.3 Personalentwicklung und Personalqualifizierung

Worum geht es in diesem Beitrag?
In Zeiten knapper werdender Humanressourcen kommt es für Unternehmen mehr denn je darauf an, ihr Personal bedarfsgerecht und vor allem über ein ganzes Arbeitsleben hinweg zu qualifizieren. Wie erkennen Sie Talente, die für verantwortungsvollere Aufgaben geeignet sind? Wie setzen Sie ältere Mitarbeiter optimal ein und nutzen deren Erfahrungswissen? Wie erhalten und verbessern Sie die Leistungsfähigkeit Ihrer Belegschaft nachhaltig? Um diese und weitere Fragen geht es in diesem Abschnitt. Praxisbeispiele und eine ausführliche Checkliste zeigen, was Sie in Ihrem Unternehmen tun können, um Ihr Personal zu entwickeln und damit Ihre langfristige Wettbewerbsfähigkeit zu sichern.

Überblick:
- Was sind Personalentwicklung und Qualifizierung?
- Wie messe ich den Erfolg von Personalentwicklung und Qualifizierung?
- Welchen Bezug haben Personalentwicklung und Qualifizierung zu Leistungsfähigkeit und Demografie?
- Was muss bei der Qualifizierung älterer Mitarbeiter beachtet werden?
- Wie wird Personalentwicklung bedarfsorientiert gestaltet?
- Wie gestaltet man Laufbahnen bei älter werdenden Belegschaften?
- Checkliste Personalentwicklung und Qualifizierung

Was sind Personalentwicklung und Qualifizierung?
Der Begriff „Personalentwicklung" vereint alle Maßnahmen, die auf Qualifizierung der Mitarbeiter und Führungskräfte abzielen (Thom 1992) – zum Beispiel Bildung, Weiterbildung und Laufbahnplanung. Eine qualifizierte Belegschaft sichert die Wettbewerbsfähigkeit des Unternehmens. Die Personalentwicklungsaktivitäten können auf zwei unterschiedliche Ziele fokussiert sein, die Unternehmen in Einklang bringen sollten (Huber 2010):

- Unternehmensbezogener Fokus: Mitarbeiter sind so zu qualifizieren, dass sie optimal entsprechend der Unternehmensziele eingesetzt werden können.
- Mitarbeiterbezogener Fokus: Hier stehen die berufliche Weiterentwicklung und die Integration der persönlichkeitsbezogenen Ziele im Vordergrund.

Die Methoden der Personalentwicklung lassen sich in sechs Kategorien unterteilen (Huber 2010, siehe Abb. 10.23):

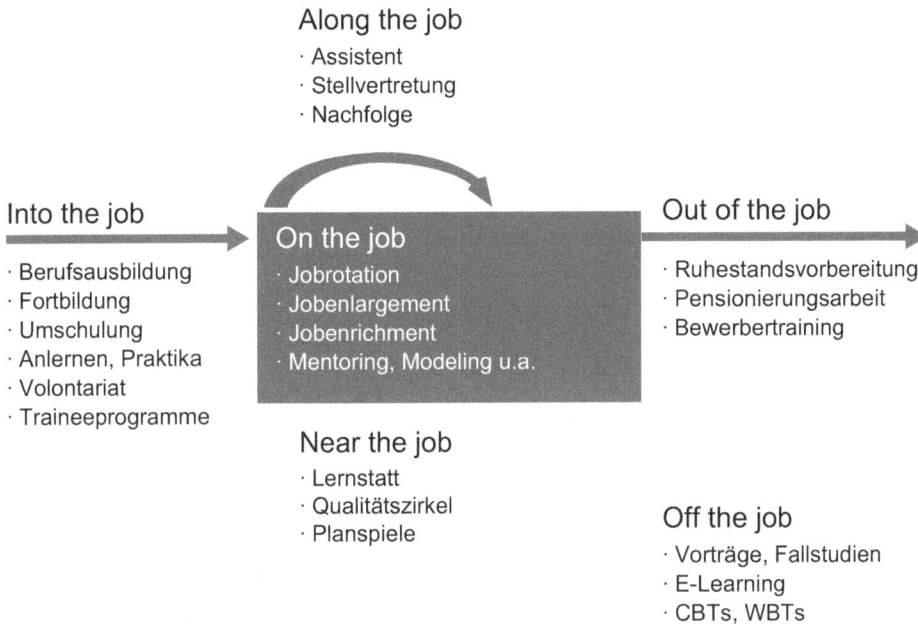

Abb. 10.23 Methoden der Personalentwicklung. (Huber 2010)

1. **Into the job**: Unter dieser Methode wird allgemeine Bildung verstanden – dazu zählen Schulbildung, Ausbildung oder berufliche Bildung. Durch Into-the-job-Personalentwicklung werden allgemein bildende oder berufliche Kenntnisse und Fähigkeiten erworben.
2. **On the job**: Dies bezeichnet berufsbezogene Fortbildungen, die vor oder während der Übernahme einer Tätigkeit angeboten werden – hier zum Beispiel eine betriebliche Unterweisung oder Beratung durch die Führungskraft.
3. **Near the job**: Unter diesen Begriff fallen zeitlich befristete Sonderaufgaben, wie zum Beispiel Qualitätszirkel.
4. **Along the job**: Hierbei werden Mitarbeiter auf die Übernahme einer Position in einer höheren Hierarchiestufe vorbereitet. Ihnen werden schrittweise mehr Kompetenzen und Verantwortlichkeiten übertragen.
5. **Off the job**: In diesem Fall erfolgt die Personalentwicklung außerhalb des Unternehmens – zum Beispiel durch Vorträge oder auf Fachkongressen.
6. **Out of the job**: Dies bezeichnet Maßnahmen, die Mitarbeiter beim Austritt aus dem Unternehmen begleiten – beispielsweise vor der Pensionierung oder bei Outplacement.

Eine Qualifikationsmatrix, Mitarbeitergespräche oder ein moderierter Workshop, in dem Mitarbeiter den eigenen Qualifizierungsbedarf reflektieren – das sind Maßnahmen, um den Qualifizierungsbedarf (Ist- und Soll-Qualifikation) der Beschäftigten festzustellen.

Alarmierend sind die Ergebnisse einer Befragung unter 400 Personalverantwortlichen, Führungskräften und Mitgliedern der Geschäftsleitung: Maßnahmen der persönlichen Weiterbildung, regelmäßiges Feedback sowie fachliche Weiterbildung sind nach Auffassung der Befragten für die Generation 50 plus wenig relevant (siehe Abb. 10.24).

Relevanz für die Generationen					
Faktor	Maßnahme	18–30 J.	31–50 J.	50+ J.	Fazit
Personalentwicklung	Persönliche Weiterbildung	1,27	1,33	2,24	· Persönliche Weiterbildung, Feedback besonders für 18- bis 30-Jährige · Personalentwicklung wird für über 50-Jährige als nicht relevant angesehen
	Regelmäßiges Feedback	1,34	1,44	2,08	
	Fachliche Weiterbildung	1,42	1,27	1,98	
	Führungskraft als Personalentwickler	1,82	1,50	2,09	

Abb. 10.24 Relevanz für die Generationen (Gerpott et al. 2013). Die Übersicht zeigt, welche Personalinstrumente die Unternehmen für die einzelnen Generationen für relevant halten (*1* = höchste Relevanz, *3* = niedrigste Relevanz). Dabei fällt auf, dass viele Unternehmen die über 50-Jährigen offenbar gar nicht im Fokus haben

Die unter Beteiligung des Personalmagazins zustande gekommene Studie hatte die empfundene Wichtigkeit bestimmter Personalentwicklungsinstrumente für Mitarbeiter der Altersstufen 18 bis 30 Jahre, 31 bis 50 Jahre und über 50 Jahre abgefragt (Gerpott et al. 2013).

Wie messe ich den Erfolg von Personalentwicklung und Qualifizierung?
Personalentwicklung und Qualifizierung sollen effizient und effektiv sein. Doch die Erfolgskontrolle ist teilweise schwierig. Klassische Kosten-Nutzen-Analysen können aufgrund nicht kontrollierbarer Faktoren nicht immer durchgeführt werden. Beispiel: Ist die gute Leistung eines Mitarbeiters auf die Personalentwicklungsmaßnahmen zurückzuführen oder ist er durch die Feedbackkultur oder die letzte Entgelterhöhung besonders motiviert?

Um Weiterbildungsmaßnahmen bewerten zu können, eignen sich vier Bewertungskriterien nach *Kirkpatrick* (in Marcus 2011):

- **Reaktionen**: Hierunter fallen Meinungen der Teilnehmer im Anschluss an eine Maßnahme. Folgende Fragen werden dabei unterschieden: „Wie hat es gefallen?" und „Was hat es gebracht?"
- **Lernerfolg**: Der Lernerfolg gibt an, inwieweit die Ziele der Maßnahme erreicht wurden. Der Lernerfolg kann zu drei unterschiedlichen Zeitpunkten gemessen werden:
  1. direkt nach der Schulung, beispielsweise mithilfe eines Wissenstests,
  2. mit zeitlicher Verzögerung, um zu überprüfen, was in Erinnerung geblieben ist, und
  3. durch eine praktische Demonstration des Erlernten am Arbeitsplatz.

- **Transfer**: Beim Transfer wird überprüft, ob sich das Verhalten am Arbeitsplatz verändert hat.
- **Ergebnis**: Welches Ergebnis hat die Maßnahme für den Unternehmenserfolg gebracht? Produktionskennziffern oder Kundenzufriedenheit sind Indikatoren für den Beitrag zum Unternehmenserfolg.

Unternehmen sollten systematische Kostenkontrollen der Maßnahmen durchführen, um einen Überblick zu erhalten, zukünftige Budgetplanungen zu erstellen und Angebote vergleichen zu können (siehe Tab. 10.2).

Tab. 10.2 Systematische Kostenkontrolle. (Huber 2010)

Kosten externer Qualifizierungsmaßnahmen	Kosten interner Qualifizierungsmaßnahmen außerhalb des Arbeitsplatzes	Kosten interner Qualifizierungsmaßnahmen am Arbeitsplatz
Seminargebühren, Reisekosten, Kosten für ausgefallene Arbeitszeit des Teilnehmers, Verwaltungskosten der Personalabteilung	Honorar und Reisekosten für externe Referenten, anteilige Personalkosten interner Referenten, Raum- und Lehrmittelkosten, Arbeitszeit des Teilnehmers, Verwaltungskosten der Personalabteilung	Kosten für die Unterweisung durch den Vorgesetzten oder Kollegen, Kosten für ausgefallene Arbeitszeit des Teilnehmers und des Unterweisenden, Verwaltungskosten der Personalabteilung

Welchen Bezug haben Personalentwicklung und Qualifizierung zu Leistungsfähigkeit und Demografie?

Bedingt durch den demografischen Wandel werden die Mitarbeiter länger in den Unternehmen bleiben. Denn es gibt zum einen weniger Nachwuchskräfte. Zum anderen wird das Renteneintrittsalter schrittweise angehoben. Vor diesem Hintergrund müssen Unternehmen ihre Beschäftigten so entwickeln und qualifizieren, dass die Leistungsfähigkeit gefördert wird. Den folgenden Aspekten sollte besondere Aufmerksamkeit gewidmet werden:

- Die Qualifikationen von älteren Mitarbeitern und Mitarbeitern der mittleren Altersgruppen müssen für eine längere Verweildauer im Unternehmen häufiger aufgefrischt werden.
- Ältere Mitarbeiter dürfen von einer kontinuierlichen Fort- und Weiterbildung nicht ausgeschlossen werden. Auf diese Weise wird eine Lernentwöhnung vermieden.
- Zunehmend flache Hierarchien lassen wenig Raum für Laufbahnperspektiven. Dies gilt entsprechend für KMU. Hier sollten alternative Anerkennung/Wertschätzungen und Einsatzmöglichkeiten für ältere Mitarbeiter geschaffen werden (vergleiche Abschn. 10.5 „Personalbindung").
- Qualifizierung sollte immer bedarfsorientiert erfolgen, damit Demotivation und auch der Verlust vorhandener Qualifikationen vermieden werden.

Was muss bei der Qualifizierung älterer Mitarbeiter beachtet werden?
Lernen ist grundsätzlich altersunabhängig möglich. Allerdings wird die Lernfähigkeit durch individuelle Leistungsvoraussetzungen beeinflusst. Die Lernfähigkeit muss durch Training erhalten und gefördert werden. Nur wer gelernt hat, sich von jung an auf neue Dinge einzustellen und das Lernen als kontinuierlichen Prozess begreift, ist in der Lage, dies auch im höheren Alter fortzuführen.

Die Rahmenbedingungen, die oftmals für „altersgerechtes" Lernen gefordert werden, sind im Grunde nicht altersspezifisch, sondern entsprechen weitgehend allgemeingültigen didaktischen Prinzipien. Der Aufbau innerbetrieblicher Qualifizierungsmaßnahmen für ältere Beschäftigte sollte dennoch einigen Grundsätzen folgen. So sollte zum Beispiel

- die individuelle Selbststeuerung des Lernens durch ein persönlich definiertes Lerntempo und individuelle Wiederholungs- und Übungseinheiten möglich sein;
- eine Verknüpfung des Neuen mit dem insbesondere bei älteren Beschäftigten vorhandenen Erfahrungswissen, der Praxisrelevanz und dem persönlichen Bezug bestehen;
- die Betriebs- und Arbeitsplatznähe, welche die unmittelbare Erprobung und Anwendung des Gelernten erlaubt, gegeben sein – beispielsweise durch Simulationen, die weniger Transfer des Gelernten bei der Wiederkehr an den Arbeitsplatz erfordern – sowie
- die individuelle, auf die persönlichen Interessen und Lebensbedingungen eingehende Aufbereitung des Lernstoffes berücksichtigt werden.

Auch die Bereitschaft zur Weiterbildung ist weniger eine Frage des biologischen Alters als vielmehr der individuellen Lernbereitschaft und Lerngewohnheit. Mitarbeiter, deren Lernfähigkeit vom Unternehmen nicht abgefragt wird, werden das Lernen verlernen. So sind Qualifikationsdefizite älterer Mitarbeiter weniger mit dem Alter begründet als vielmehr mit einer „Lernentwöhnung".

Wenn ältere Mitarbeiter längere Zeit nicht an Qualifizierungsmaßnahmen teilgenommen haben und die bisherige Tätigkeit wenig Lernanreize erforderte, fällt es ihnen in der Regel schwer, sich wieder an eine Lernsituation zu gewöhnen. Das Lernen muss sozusagen neu gelernt werden. Angepasste Lehr- und Lernmethoden, die diesen Umstand berücksichtigen, die Anknüpfung an vorhandenes Wissen sowie kürzere Lerneinheiten erleichtern den Wiedereinstieg in das Lernen.

Beispiel 1
Das Unternehmen hat die Erfahrung gemacht, dass Ältere nicht schlechter lernen als Jüngere. Sie haben jedoch andere Ansprüche an die Gestaltung der Lernsituation. So bevorzugen sie das gemeinsame Lernen mit anderen – das heißt: in einer Gruppe –, um Erfahrungen einzubringen und auszutauschen.

Beispiel 2
In dem Unternehmen stand eine Qualifizierung für die Umstellung auf ein neues EDV-Programm bevor. Wenn es um PC-Kurse geht, haben Ältere erfahrungsgemäß unter Um-

ständen mehr Berührungsängste. Daher wurden die älteren Mitarbeiter in einem PC-Kurs vorweg zunächst auf den Stand der jüngeren Kollegen gebracht. Die weitere Qualifizierung erfolgte dann für die Älteren und Jüngeren gemeinsam.

Oft sehen ältere Mitarbeiter für sich keinen Bedarf zur Qualifizierung, weil sie der Auffassung sind, als „alte Hasen" das Unternehmen und die Prozesse zu kennen. Hinter diesem Verhalten kann auch die Angst vor dem Neuen stecken. Hier ist Fingerspitzengefühl gefragt, die älteren Beschäftigten von der Notwendigkeit der Qualifizierung zu überzeugen und eventuelle Versagensängste abzubauen.

Rahmenbedingungen und Voraussetzungen für lebenslanges Lernen:
- Erforderlich ist eine Führungs- und Unternehmenskultur, die die Potenziale Älterer erkennt und fördert (vergl. Kap. 11 Handlungsfeld „Unternehmenskultur und Führung optimieren").
- Den Beschäftigten muss vermittelt werden, dass mit der Beendigung der Schule beziehungsweise Ausbildung die Lernphase im Berufsleben nicht beendet ist; vielmehr ist nur durch ständige Weiterqualifikation ein „Schritthalten" mit den technischen und organisatorischen Fortschritten möglich. Es muss ihnen klar werden, dass das Wahrnehmen der Qualifikationsangebote des Unternehmens die Grundlage dafür ist, die eigene Arbeits- und Beschäftigungsfähigkeit zu erhalten.

Formen altersübergreifender Qualifizierung
Oft erübrigt sich die „klassische" Weiterbildung in Form von Seminaren und Schulungen. Die Qualifizierung durch Lernen im Prozess der Arbeit ist immer dann vorzuziehen, wenn Wiederholungs- und Übungseffekte im Vordergrund stehen.

Besonders effektiv gestaltet sich das Lernen zum Beispiel:
- in altersgemischten Teams; diese ermöglichen Lernen über Wissenstransfer und Tätigkeitswechsel (vgl. Kap. 13 Handlungsfeld „Wissen sichern und weitergeben");
- bei innerbetrieblicher Rotation – das heißt: dem Wechsel von Tätigkeiten;
- bei wechselseitigem Lernen im Tandem (vgl. Kap. 13 Handlungsfeld „Wissen sichern und weitergeben");
- bei Kurztrainings, in denen neue Verrichtungen, neue Prozesse, Programme und Produkte gezeigt beziehungsweise vorgeführt werden.

Wie wird Personalentwicklung bedarfsorientiert gestaltet?
Praxisbeispiel Daimler: Für produzierende Unternehmen ist es wichtig, schwankende Auftragslagen bedienen zu können. Hierzu müssen sie zu jeder Zeit über gut ausgebildete Mitarbeiter in der Produktion verfügen. Bei der Daimler AG am Standort Mannheim wurde deshalb im Rahmen eines vom Bundesministerium für Bildung und Forschung geförderten Projekts „eine Systematik der proaktiven Qualifizierung" (Sehorsch et al. 2013)

implementiert: Die zeigt Qualifizierungsschwankungen frühzeitig auf und ermöglicht so bedarfsgerechte und reaktionsschnelle Qualifizierungen.

Die Mitarbeiterqualifizierung ist dabei grundsätzlich zweigeteilt in eine generelle Basis- und eine tätigkeitsbezogene Zusatzqualifizierung:
- In der Basisqualifizierung werden alle allgemeinen Kenntnisse vermittelt, über die jeder Produktionsmitarbeiter verfügen muss. Für diese Schulung kann ein flexibler Zeitpunkt unabhängig vom Tätigkeitsbereich gewählt werden.
- Die Zusatzqualifizierung hingegen erfolgt mitarbeiterindividuell, weil sie tätigkeitsbezogen ist. Die Kosten in diesem Konzept fallen vergleichsweise gering aus. Da nach dem Prinzip „Mitarbeiter qualifizieren Mitarbeiter" am Arbeitsplatz geschult wird, fallen keine Kosten für teure Trainer, Seminarräume oder Materialien an. Es fallen lediglich Kosten für den Produktionsausfall an, also für die Zeit, in der die Teilnehmer nicht an ihrem Arbeitsplatz sind.

Nutzen der proaktiven Qualifizierung für Unternehmen und Mitarbeiter: Das Konzept ermöglicht eine stark individualisierte und bedarfsgerechte Weiterentwicklung ihrer Handlungskompetenzen.

Die Mitarbeiter sind motivierter, zeigen größeres Selbstvertrauen und stärkeres Engagement, weil sie ein Mitspracherecht bei der Art der Qualifizierung haben. Das Konzept sorgt zudem dafür, dass insgesamt abwechslungsreichere Tätigkeiten ausgeführt werden. Die Mitarbeiter sind verantwortungs- und fehlerbewusster.

Unternehmen müssen sich frühzeitig Gedanken über eine kontinuierliche Nachwuchsförderung machen. Auf diese Art kann ein Unternehmen den Fachkräftebedarf durch die eigenen Mitarbeiter sichern. Individuelle Nachwuchsförderung kann zum Beispiel über Patenschaften stattfinden, bei denen der direkte Vorgesetzte die Potenzialträger durch regelmäßiges Feedback und das Setzen von Meilensteinen begleitet. Einige Firmen legen sich einen sogenannten Goldfischteich an (Heinzelmann 2004): Das ist ein Pool junger Fachkräfte. Diese werden durch eine gezielte Erweiterung ihres Aufgabenbereichs und durch begleitende externe Schulungen auf zukünftige Führungsaufgaben vorbereitet. Es ist sinnvoll, den Pool um ältere Fachkräfte zu erweitern. Eine gute Möglichkeit zur Rekrutierung von Facharbeitern und Führungskräften aus den Reihen der eigenen Mitarbeiter bietet die Leistungsbeurteilung.

Überhaupt ist es äußerst wichtig, sich einen Überblick über die Qualifikationen zu verschaffen, welche die Mitarbeiter altersunabhängig bereits heute mitbringen. Oft schlummern hier Potenziale, die dem Unternehmen so noch nicht bekannt oder bewusst sind.

Beispiel Talentliste: Die Suche nach internen Bewerbern für höherwertige Tätigkeiten wird durch die Talentliste unterstützt. Diese Liste, die unter Mitarbeit des Betriebsrates erstellt wurde, beinhaltet jene Mitarbeiter, die sich auf ihrem derzeitigen Arbeitsplatz so gut bewährt haben, dass sie für eine höherwertige Aufgabe in Betracht kommen. Beim Aufstellen der Talentliste trat erstmals deutlich zu Tage, dass einige Mitarbeiter neben dem Beruf ein Studium der Ingenieurwissenschaften absolvieren und für entsprechende Tätigkeiten im Unternehmen eingesetzt werden können.

Wie gestaltet man Laufbahnen bei älter werdenden Belegschaften?
Die langfristige Laufbahnplanung wird in Zukunft zu einem wichtigen Mittel der Mitarbeiterbindung und der Mitarbeitermotivation. Die langfristige Laufbahnplanung wird darüber hinaus bei Tätigkeiten mit höherer körperlicher Belastung wichtiger, bei denen im Prinzip von Anfang an klar ist, dass diese Tätigkeiten nicht bis zum Rentenalter durchzuführen sind. Hier muss rechtzeitig gehandelt werden – zum Beispiel durch Jobrotation (vgl. Kap. 8.3 „Arbeitsorganisation am Beispiel der Jobrotation"). Mit dieser Thematik sollten sich die Unternehmen auseinandersetzen, da in der Regel nicht genügend Schonarbeitsplätze existieren. Im Falle einer auftretenden Leistungsminderung wird dann der Arbeitsplatzwechsel häufig unsystematisch und plötzlich vorgenommen. Dies stört den Arbeitsprozess oft erheblich. Erforderlich sind nicht nur vertikale, sondern vor allem horizontale Entwicklungsmöglichkeiten.

Horizontale Entwicklungsmöglichkeiten könnten sein:
- die Übernahme von speziellen Aufgaben – zum Beispiel Projektleitung sowie Verantwortung und Begleitung von Veränderungsprozessen,
- die Verantwortung für die Ausbildung, die Weiterbildung,
- eine Tätigkeit als Berater für Expertenteams,
- Gewährung von Sonderrechten, die bisher nur Führungskräften vorbehalten waren, wie Verantwortungsübernahme und Teilnahme an Managementbesprechungen.

Weiterführende Informationen, Links
www.becker-stiftung.de
(Veranstaltungen/Tagung April 2011: „Alter und Arbeit im Fokus – neueste Aspekte zur Motivation älterer Arbeitnehmer und Zusammenarbeit von Forschung und Praxis") [12.12.2013]
Bundesinstitut für Berufliche Bildung, BIBB: www.bibb.de (Suchbegriffe: Demografischer Wandel oder: Ältere Arbeitnehmer oder: Didaktik für ältere Arbeitnehmer) [12.12.2013]
Bundesinstitut für Berufsbildung, BIBB: Qualifizierung von älteren Arbeitnehmern: www.bibb.de/de/4944.htm [12.12.2013]
Bundesinstitut für Berufsbildung, BIBB: Erfahrungsgestütztes Lernen: www.bibb.de/de/4946.htm [12.12.2013]
www.bibb.de (Suchwort: Fit im Beruf. Keine Altersfrage) [12.12.2013]
www.demowerkzeuge.de (Werkzeuge im Überblick/Weiterbildung und Personalentwicklung) [12.12.2013]

www.erfahrung-ist-zukunft.de (Suche: Lebenslang Lernen) [12.12.2013]
www.inqa.de (Themen/Wissen und Kompetenz) [12.12.2013]
http://www.mach1-weiterbildung.de [12.12.2013]
Projekte
Projekt „Länger leben, länger arbeiten, länger lernen". Neue Chancen für jüngere und ältere Beschäftigte. Kooperationsprojekt zwischen dem Transferzentrum für Neurowissenschaften und Lernen, ZNL Ulm (www.znl-ulm.de) und dem Fraunhofer-Institut für Arbeitswissenschaft und Organisation – IAO – Stuttgart (www.iao.fraunhofer.de) im Auftrag von Südwestmetall und Gesamtmetall: www.laengerlernen.iao.fraunhofer.de
Qualifizierungsinitiative der Bundesregierung: www.erfahrung-ist-zukunft.de (Bildung/Weiterbildung im Beruf)

Literatur

Bertelsmann Stiftung (Hrsg.); Bundesvereinigung der Deutschen Arbeitgeberverbände (Hrsg.): Erfolgreich mit älteren Arbeitnehmern. Strategien und Beispiele für die betriebliche Praxis. Gütersloh: Verlag Bertelsmann Stiftung, 2003

Bohn, H.; Adenauer, S.: Lernen im Veränderungsprozess. Lernförderliche Arbeitsumgebung im Modellversuch bei DaimlerChrysler in Gaggenau. In: angewandte Arbeitswissenschaft (2003), Nr. 178, S. 16–32

Bundesministerium für Bildung und Forschung (Hrsg.): Empfehlungen des Innovationskreises Weiterbildung für eine Strategie zur Gestaltung des Lernens im Lebenslauf. Bonn/Berlin: BMBF, 2008, verfügbar unter: www.bmbf.de (Service/Publikationen/Suche im Titel: Weiterbildung

DGFP (Hrsg.): Personalentwicklung für ältere Mitarbeiter. Grundlagen – Handlungshilfen – Praxisbeispiele. Bielefeld: W. Bertelsmann Verlag, 2004

Frerichs, F.: Der Einsatz älterer Mitarbeiter im Betrieb. In: angewandte Arbeitswissenschaft (1999), Nr. 159, S. 1–18

Gerpott, F.; Hackl, B.; von Schirach, C.: Attraktiver werden – für alle. In Personalmagazin (2013), Nr. 8, S. 28–31

Hacker, W.: Leistungs- und Lernfähigkeit älterer Menschen. In: Cranach, M. v. u. a. (Hrsg.): Ältere Menschen im Unternehmen. Chancen und Risiken, Modelle. Bern/Stuttgart/Wien: Haupt Verlag, 2004, S. 163–172

Heinzelmann, M.: Goldfischteich anlegen. Homag. In: Personal 56 (2004), Nr. 6, S. 39–42

Heine, V.; Schat, H.-D.: Kontinuierliche Personalentwicklung. Das Strategieportfolio eines mittelgroßen Automobilzulieferers. In: angewandte Arbeitswissenschaft (2006), Nr. 188, S. 39–54

Huber, A.: Personalentwicklung und Personalförderung. In: Personalmanagement. München: Verlag Franz Vahlen, 2010, S. 155–157

Kröll, M.: Alterung des naturwissenschaftlich-technischen Personals gefährdet Innovationsfähigkeit von Unternehmen. In: angewandte Arbeitswissenschaft (1997), Nr. 154, S. 18–35

Loebe, H. (Hrsg.); Severing, E. (Hrsg.): Wettbewerbsfähig mit alternden Belegschaften. Betriebliche Bildung und Beschäftigung im Zeichen des demografischen Wandels. Bielefeld: W. Bertelsmann Verlag, 2005

Marcus, B.: Personalpsychologie. Wiesbaden: Verlag für Sozialwissenschaften, 2011

Seitz, C.: Gesucht: Motivierte Mitarbeiter, die im Unternehmen bleiben. In: Adenauer, S. u. a.; Institut für angewandte Arbeitswissenschaft (Hrsg.): Demografische Analyse und Strategieentwicklung in Unternehmen. Köln: Wirtschaftsverlag Bachem, 2005, S. 83–90

Thom, N.: Personalentwicklung und Personalentwicklungsplanung. In: Gaugler, E.; Weber, W. (Hrsg.): Handwörterbuch des Personalwesens. Stuttgart: Schäffer-Poeschel, 1992, S. 1676–1690

Checkliste Personalentwicklung und Qualifizierung

Die Checkliste Personalentwicklung und Qualifizierung dient Unternehmen unterstützend zur Analyse des Ist-Zustands. Ausgehend von der Analyse lassen sich Maßnahmen hinsichtlich der Personalentwicklungsinstrumente ableiten.

Thema	Ergebnis			
1a. Die Personalentwicklung, geplante Qualifikationsstruktur und Unternehmensstrategie sind aufeinander abgestimmt.	Ja ...	Nein ...		
1b. In welcher Form haben Sie sich mit der Abstimmung von Personalentwicklung, geplanter Qualifikationsstruktur und Unternehmensstrategie auseinandergesetzt?	Informativ (ist bekannt) ...	Erste Kontakte aufgenommen und hergestellt ...	Maßnahmen geplant ...	Erfahrungswerte aus praktizierten Maßnahmen liegen bereits vor ...
2a. Die Grundsatzentscheidungen der Abstimmung von Personalentwicklung, geplanter Qualifikationsstruktur und Unternehmensstrategie sind auf tariflich bedingte Folgen überprüft.	Ja ...	Nein ...		
2b. In welcher Form haben Sie sich mit tariflich bedingten Folgen der Personalentwicklung auseinandergesetzt?	Informativ (ist bekannt) ...	Erste Kontakte aufgenommen und hergestellt ...	Maßnahmen geplant ...	Erfahrungswerte aus praktizierten Maßnahmen liegen bereits vor ...
3a. Die im Prozess der Arbeit erworbene Qualifikationen werden dokumentiert.	ja ...	nein ...		

Thema	Ergebnis			
3b. In welcher Form haben Sie sich mit der Dokumentation der im Prozess der Arbeit erworbenen Qualifikationen auseinandergesetzt?	Informativ (ist bekannt)	Erste Kontakte aufgenommen und hergestellt	Maßnahmen geplant	Erfahrungswerte aus praktizierten Maßnahmen liegen bereits vor
	…	…	…	…
4a. Alle qualifizierenden Aktivitäten werden auf ihre Wirtschaftlichkeit geprüft.	Ja …		Nein …	
4b. In welcher Form haben Sie sich mit der Überprüfung aller qualifizierenden Aktivitäten in Bezug auf ihre Wirtschaftlichkeit auseinandergesetzt?	Informativ (ist bekannt)	Erste Kontakte aufgenommen und hergestellt	Maßnahmen geplant	Erfahrungswerte aus praktizierten Maßnahmen liegen bereits vor
	…	…	…	…
5a. Aufstiegsfortbildungen sind angemessen geplant	Ja …		Nein …	
5b. In welcher Form haben Sie sich mit der Planung von Aufstiegsfortbildungen auseinandergesetzt?	Informativ (ist bekannt)	Erste Kontakte aufgenommen und hergestellt	Maßnahmen geplant	Erfahrungswerte aus praktizierten Maßnahmen liegen bereits vor
	…	…	…	…
6a. Für in Gruppenarbeit organisierte Bereiche sind Qualifikationsmatrizen o. ä. definiert.	Ja …		Nein …	
6b. In welcher Form haben Sie sich mit Qualifikationsmatrizen oder ähnlichen Planungs- und Dokumentationswerkzeugen aus dem Bereich der Gruppenarbeit auseinandergesetzt?	Informativ (ist bekannt)	Erste Kontakte aufgenommen und hergestellt	Maßnahmen geplant	Erfahrungswerte aus praktizierten Maßnahmen liegen bereits vor
	…	…	…	…
7a. Horizontale Laufbahnen (etwa: von Produktion in Instandhaltung) sind im Rahmen der PE definiert.	Ja …		Nein …	

10 Handlungsfeld „Personalpolitik und Personalstrategie realisieren"

Thema	Ergebnis			
7b. In welcher Form haben Sie sich mit horizontalen Laufbahnen auseinandergesetzt?	Informativ (ist bekannt)	Erste Kontakte aufgenommen und hergestellt	Maßnahmen geplant	Erfahrungswerte aus praktizierten Maßnahmen liegen bereits vor
	...	...	...	...
8a. Im Rahmen der demografischen Entwicklung notwendige Anpassungen der Personalentwicklung sind umgesetzt.	Ja		Nein	
	...		...	
8b. In welcher Form haben Sie sich mit der demografischen Entwicklung und ihrer Auswirkung auf die Personalentwicklung auseinandergesetzt?	Informativ (ist bekannt)	Erste Kontakte aufgenommen und hergestellt	Maßnahmen geplant	Erfahrungswerte aus praktizierten Maßnahmen liegen bereits vor
	...	...	...	...
9a. Beschäftigungsarme Zeiten werden gezielt zur Qualifizierung genutzt (zum Beispiel durch E-Learning, Selbstlernzentrum).	Ja		Nein	
	...		...	
9b. In welcher Form haben Sie sich mit der Nutzung beschäftigungsarmer Zeiten zur Qualifizierung (zum Beispiel durch E-Learning, Selbstlernzentrum) auseinandergesetzt?	Informativ (ist bekannt)	Erste Kontakte aufgenommen und hergestellt	Maßnahmen geplant	Erfahrungswerte aus praktizierten Maßnahmen liegen bereits vor
	...	...	...	...
10a. PE-Konzepte sind für alle häufiger auftretende Situationen (Tätigkeitsbeginn, Auslandseinsatz, erste Führungsaufgabe) realisiert.	Ja		Nein	
	...		...	

Thema	Ergebnis			
10b. In welcher Form haben Sie sich mit Personalentwicklungskonzepten für häufiger auftretende Situationen (Tätigkeitsbeginn, Auslandseinsatz, erste Führungsaufgabe) auseinandergesetzt?	Informativ (ist bekannt)	Erste Kontakte aufgenommen und hergestellt	Maßnahmen geplant	Erfahrungswerte aus praktizierten Maßnahmen liegen bereits vor
	...	...	...	...
11a. Ist die Unternehmensstrategie jeder Fach- und Führungskraft so kommuniziert, dass eigene Bildungsaktivitäten hierauf abgestimmt werden können?	Ja		Nein	
	...		...	
11b. In welcher Form haben Sie sich mit der Kommunikation der Unternehmensstrategie und deren Auswirkung auf von den Beschäftigten selbst initiierte Bildungsaktivitäten auseinandergesetzt?	Informativ (ist bekannt)	Erste Kontakte aufgenommen und hergestellt	Maßnahmen geplant	Erfahrungswerte aus praktizierten Maßnahmen liegen bereits vor
	...	...	...	...

10.3.1 LLL – lebenslanges Lernen

Worum geht es in diesem Beitrag?
Lebenslanges Lernen ist in der modernen Arbeitswelt unerlässlich dafür, dass Mitarbeiter ihre Arbeits- und Beschäftigungsfähigkeit erhalten. Sehr wichtig ist es auch für die Unternehmen: Denn die kontinuierliche Weiterbildung trägt wesentlich dazu bei, dass sie wettbewerbsfähig bleiben. Lebenslanges Lernen kann als formale Weiterbildung stattfinden, zum Beispiel in Workshops oder Seminaren. Sehr wichtig ist aber auch das informelle Lernen, insbesondere das Lernen im Prozess der Arbeit. Es ist ein Kernelement des lebenslangen Lernens und erfordert lernförderliche Arbeitsbedingungen. Eine entsprechende Unternehmens- und Führungskultur ist eine wesentliche Voraussetzung für die Etablierung von lebenslangem Lernen im Unternehmen.

Überblick:
- Was heißt lebenslanges Lernen?
- Welchen Nutzen bietet lebenslanges Lernen insbesondere im Prozess der Arbeit?
- Wie kann lebenslanges Lernen aufgebaut werden beziehungsweise im Unternehmen etabliert werden?
- Worauf müssen Sie achten? Welche Hürden könnten auftreten?

Was heißt lebenslanges Lernen?
Lebenslanges Lernen beziehungsweise lebensbegleitendes Lernen umfasst „alles Lernen während des gesamten Lebens, das der Verbesserung von Wissen, Qualifikationen und Kompetenzen dient und im Rahmen einer persönlichen, bürgergesellschaftlichen, sozialen beziehungsweise beschäftigungsbezogenen Perspektive erfolgt". Diese bis heute gültige Definition der Europäischen Union wurde im Dokument „Einen europäischen Raum des lebenslangen Lernens schaffen" im Jahr 2001 festgelegt (EU, Bildungsprogramm für lebenslanges Lernen).

Lernen ist grundsätzlich bis ins hohe Alter möglich – natürlich hängt das von den individuellen Leistungsvoraussetzungen ab. Die Lernfähigkeit muss jedoch durch Training erhalten und gefördert werden. Denn nur wer gelernt hat, sich von jung an auf neue Dinge einzustellen und das Lernen als kontinuierlichen Prozess begreift, ist in der Lage, dies auch im höheren Alter fortzuführen (siehe Projekt Pfiff: www.pfiffprojekt.de/ [15.12.2013]).

Lebenslanges beziehungsweise lebensbegleitendes Lernen gewinnt in der betrieblichen Weiterbildung zunehmend an Bedeutung. In Zeiten rascher Veränderungen in der Arbeitswelt reicht es nicht mehr, sich auf dem einmal Gelernten „auszuruhen". Lebenslanges Lernen ist unerlässlich, um auch zukünftig den Anforderungen der Arbeitswelt bis zum gesetzlichen Renteneintrittsalter gerecht zu werden.

Lebenslanges Lernen wird realisiert durch:

- formale Weiterbildung – beispielsweise Seminare und Workshops – und
- informelles Lernen, das im Rahmen des lebenslangen Lernens besonders wichtig ist. Informelles Lernen ist
  - Lernen im Prozess der Arbeit oder arbeitsplatznahes Lernen sowie
  - selbstgesteuertes Lernen.

Lernen im Prozess der Arbeit setzt insbesondere voraus:

- lernförderliche Arbeitsbedingungen sowie
- die Fähigkeit und Bereitschaft des Beschäftigten zu selbständigem, eigenverantwortlichem Lernen und zur Selbstorganisation (*Blazek* u. a. 2011).

Lernen im Prozess der Arbeit befördert wesentlich das lebenslange Lernen. Als Lernen im Prozess der Arbeit (oder „Training on the Job") werden Methoden der Personalentwicklung bezeichnet, die am Arbeitsplatz stattfinden und unmittelbar der Vermittlung und Erprobung von praktischen Kenntnissen und Fertigkeiten dienen. Durch Lernen im Prozess der Arbeit beispielsweise kann die Anwendung neuer Programme am Arbeitsplatz gelernt und direkt angewendet werden.

Abbildung 10.25 enthält beispielhaft Möglichkeiten und Instrumente des lebenslangen Lernens im Prozess der Arbeit.

- Unterweisung, Anlernen am Arbeitsplatz, z.B. durch Kollegen, durch Vorgesetzte
- Lesen berufsbezogener Fachliteratur
- Berufsbezogener Besuch von Fachmessen, Kongressen
- Betrieblich organisierte Fachbesuche in anderen Abteilungen/Bereichen des Unternehmens oder in anderen Werken (Blick über den Tellerrand)
- Computergestützte Selbstlernprogramme
- Qualitätszirkel, kontinuierlicher Verbesserungsprozess (KVP)
- Lernangebote/Recherchen im Internet
- Praktikum an einem anderen Arbeitsplatz, um andere Arbeitsbereiche und Arbeitsabläufe kennenzulernen
- Informationstisch in der Produktion mit entsprechendem Informationsmaterial

Foto: lassedesignen/fotolia.de

Abb. 10.25 Möglichkeiten und Instrumente für eigenständiges Lernen

Welchen Nutzen bietet lebenslanges Lernen insbesondere im Prozess der Arbeit?
Lebenslanges Lernen trägt zur Sicherung der Wettbewerbsfähigkeit des Unternehmens bei; und es sichert zugleich die Arbeits- und Beschäftigungsfähigkeit der Mitarbeiter:

- Wissen und Qualifikationen werden kontinuierlich anforderungsgerecht auf den neuesten Stand gebracht;
- Die Weiterbildung orientiert sich eng an den betrieblichen Erfordernissen;
- Die Lernfähigkeit wird über alle Erwerbsphasen hinweg erhalten;
- Qualifikationen können zeitnah im Prozess der Arbeit vermittelt und von den Beschäftigten unmittelbar umgesetzt werden.

Wie kann lebenslanges Lernen aufgebaut werden beziehungsweise im Unternehmen etabliert werden?
Dabei können Sie sich an den folgenden Fragen orientieren:

- Welche Formen der Weiterbildung gibt es bisher im Unternehmen (z. B. Seminare, Workshops, Tandems)?
- Werden alle Beschäftigten unabhängig vom Alter einbezogen?
- Wie werden die Bedarfe ermittelt? Gibt es im Unternehmen zum Beispiel eine Qualifikationsbedarfsanalyse?
- Welche Instrumente zur Selbststeuerung des Lernens werden bereitgestellt? Haben die Mitarbeiter beispielsweise über einen Infotisch in der Produktion Zugang zum Internet, zu Fachzeitschriften sowie Informationsmaterial?

Hinweise auf Praxisbeispiele (Georgsmarienhütte) und deren Etablierung im Unternehmen finden Sie unter „Weiterführende Informationen, Links".

Worauf müssen Sie achten? Welche Hürden können auftreten?
- Lebenslanges Lernen erfordert eine Führungs- und Unternehmenskultur, die die Potenziale Älterer erkennt und fördert (vgl. Kap. 11: Handlungsfeld „Unternehmenskultur und Führung optimieren").
- Die Beschäftigten müssen erfahren, dass die Lernphase im Berufsleben mit dem Schulabschluss und einer erfolgreichen Ausbildung nicht beendet ist; vielmehr ist nur durch ständige Weiterqualifikation ein Schritthalten mit den technischen und organisatorischen Fortschritten möglich. Wer die eigene Arbeits- und Beschäftigungsfähigkeit erhalten will, muss die Qualifikationsangebote des Unternehmens wahrnehmen.
- Lernen im Prozess der Arbeit setzt lernförderliche Arbeitsbedingungen voraus (siehe hierzu: *Dehnbostel* 2004).

Weiterführende Informationen, Links

AQUA – alternsgerechte Qualifizierung: http://www.f-bb.de/projekte/weiterbildung/weiterbildung-detail/proinfo/aqua-alternsgerechte-qualifizierung.html [15.12.2013]

Bundesministerium für Bildung und Forschung (BMBF): Lernen im Lebenslauf, verfügbar unter: http://www.bmbf.de/de/lebenslangeslernen.php [15.12.2013]

Bundesministerium für Bildung und Forschung (BMBF): Der Deutsche Qualifikationsrahmen für Lebenslanges Lernen, verfügbar unter: http://www.bmbf.de/de/12189.php [15.12.2013]

Bundesministerium für Bildung und Forschung (Hrsg.): Empfehlungen des Innovationskreises „Weiterbildung für eine Strategie zur Gestaltung des Lernens im Lebenslauf". Bonn/Berlin: BMBF, 2008, verfügbar unter: www.bmbf.de (Service/Publikationen/Weiterbildung) [15.12.2013]

Die Bundesregierung: Erfahrung ist Zukunft: www.erfahrung-ist-zukunft.de [15.12.2013]

DIE – Deutsches Institut für Erwachsenenbildung – Leibniz – Zentrum für Lebenslanges Lernen, Forschungsprojekt: ProfilPASS in der Wirtschaft. Weiterentwicklung des Kompetenzbilanzierungsverfahren ProfilPASS: Akzeptanz von Kompetenzfeststellung in Unternehmen, Unterstützung berufsorientierender Maßnahmen, Erschließung neuer Einsatzfelder, Begleitung der Entwicklung des eProfilPASS. http://www.die-bonn.de/Weiterbildung/Forschungslandkarte/Projekt.aspx?id=579 [15.12.2013]

Erwachsenenbildung.at. Das Portal für Lehren und Lernen Erwachsener. http://erwachsenenbildung.at/themen/lebenslanges_lernen/was_ist_lll/definitionen.php [15.12.2013]

Hinweis auf Beispiele: Ein Beispiel für die Einführung von lebenslangem Lernen im Unternehmen ist Georgsmarienhütte. Als PDF abrufbar unter:„Handout – Initiative weiter bilden" [15.12.2013]

Literatur

Blazek, Z. u. a.; Institut der deutschen Wirtschaft (Hrsg.): PersonalKompass. Demografiemanagement mit Lebenszyklusorientierung. Leitfaden für moderne Personalarbeit. Köln: Institut der deutschen Wirtschaft, 2011

Bohn, H.; Adenauer, S.: Lernen im Veränderungsprozess. Lernförderliche Arbeitsumgebung im Modellversuch bei DaimlerChrysler in Gaggenau. In: angewandte Arbeitswissenschaft (2003), Nr. 178, S. 16–32

Dehnbostel, P.: Arbeit lernförderlich gestalten – theoretische Aspekte und praktische Umsetzungen. In: lernen & lehren (2004), Nr. 76, S. 148–156, verfügbar unter: www.lernenundlehren.de im Bereich „Heftarchiv" [15.12.2013]

EU – Bildungsprogramm für Lebenslanges Lernen: http://www.bmbf.de/de/919.php [15.12.2013]

GESAMTMETALL (Hrsg.): Potenziale erschließen. Lebenslanges Lernen im Alltag des Betriebes. Berlin 2011. Ergebnisse aus dem M+E-Projekt länger leben. länger arbeiten. länger lernen, verfügbar unter: http://www.gesamtmetall.de/gesamtmetall/meonline.nsf/id/Page-Potenziale-erschliessen-Lebenslanges-Lernen-im-Alltag-des-Betriebes_DE [15.12.2013]

Lang, C.: Lebenslanges Lernen. In: Remdisch, S.; Utsch, A. (2007). Abschlussbericht – Bedarfsanalyse und Machbarkeitsstudie: Feststellung des Bedarfs für Weiterbildung und Wissenstransfer sowie Beurteilung der Machbarkeit eines spezifischen Angebots für die Region Lüneburg, S. 17–46, verfügbar unter: http://www.leuphana.de/fileadmin/user_upload/PERSONALPAGES/Fakultaet_2/Remdisch_Sabine/files/Abschlussbericht_ESF_3-VEC-99-10039-s.pdf [25.03.2014]

Projekt Pfiff – Programm zur Förderung und zum Erhalt intellektueller Fähigkeiten für ältere Arbeitnehmer, verfügbar unter: http://www.pfiffprojekt.de/ [15.12.2013]

Seitz, C.: Qualifizierung älterer Mitarbeiter. Lebenslanges Lernen ein Selbstverständnis? In: W&B Wirtschaft und Berufserziehung (2004), Nr. 11, S. 9–16, verfügbar unter: http://www.11d.de/mit-offenen-augen/handreichungen1_291104_fr.html [15.12.2013]

Stahn, C.: Lernen im Alter? Das geht! Die Bedeutung lebenslangen Lernens für das Berufs- und Alltagsleben, verfügbar unter: http://www.pfiffprojekt.de/pfiff1/index.php?option=com_content&task=view&id=43&Itemid=62 [15.12.2013]

Stamov Roßnagel, C.; Lloyd, K.: Lebenslanges Lernen fördern: Gezielter Aufbau von Lernkompetenz. In: Deutsche Gesellschaft für Personalführung (Hrsg.): Personalentwicklung bei längerer Lebensarbeitszeit. Ältere Mitarbeiter von heute und morgen entwickeln. Reihe: DGFP Praxis-Edition, Bd. 105. Bielefeld: W. Bertelsmann Verlag, 2012

10.3.2 Didaktische Konzepte für alternsgerechtes Lernen

Worum geht es in diesem Beitrag?
Sie erfahren, welche Faktoren das Lernen positiv beeinflussen und was eine gute Didaktik des Lehrens und Lernens ausmacht. Lernen ist grundsätzlich bis ins Alter möglich; das hängt jedoch von den individuellen Leistungsvoraussetzungen ab. Davon unabhängig muss die Lernfähigkeit durch Training erhalten werden; ebenso muss auch die Lernbereitschaft erhalten und gefördert werden. Die Rahmenbedingungen, die oftmals für „altersgerechtes" Lernen gefordert werden, sind im Grunde nicht altersspezifisch, sondern entsprechen weitgehend allgemeingültigen didaktischen Prinzipien. Der Aufbau innerbetrieblicher Qualifizierungen für ältere Beschäftigte sollte dennoch einige spezielle Aspekte berücksichtigen.

10 Handlungsfeld „Personalpolitik und Personalstrategie realisieren"

Überblick:
- Wie ist die Ausgangssituation?
- Was heißt Lernen und was beeinflusst Lernen positiv?
- Was müssen didaktische Konzepte für alternsgerechtes Lernen berücksichtigen?
- Welchen Nutzen bieten didaktische Konzepte für alternsgerechtes Lernen?
- Was ist bei der Etablierung didaktischer Konzepte für alternsgerechtes Lernen zu beachten?
- Worauf müssen Sie achten? Welche Hürden könnten auftreten?
- Hinweise auf rechtliche Grundlagen

Wie ist die Ausgangssituation?
Die Arbeitswelt wandelt sich ständig. In der Folge ändern sich die Qualifikationsanforderungen an die Beschäftigten entsprechend – beispielsweise durch:

- weiter fortschreitende Globalisierung,
- Orientierung am Kunden,
- Restrukturierungsprozesse im Unternehmen,
- technologische Neuerungen und
- die Halbwertzeit von Wissen.

In vielen Unternehmen stellt die Gruppe der älteren Beschäftigten über 50 Jahre gemeinsam mit der mittleren Altersgruppe (35–50 Jahre) den größten Anteil an der Belegschaft dar. In Zeiten des Fachkräftemangels und angesichts längerer Lebensarbeitszeiten ist sicherzustellen, dass auch ältere Beschäftigte mit veränderten Qualifikationsanforderungen Schritt halten können.

Zwei Ansätze sind hier von Bedeutung:
- Durch lebenslanges Lernen setzen Unternehmen präventiv bei den Jüngeren an, um einer möglichen Lernentwöhnung und Dequalifizierungseffekten entgegenzuwirken und stattdessen die Lernfähigkeit und Lernbereitschaft bis zum Renteneintrittsalter zu erhalten und zu fördern (siehe auch Abschn. 10.3.1 „LLL – lebenslanges Lernen").
- Darüber hinaus ist es notwendig, die heute Älteren und die Beschäftigten der mittleren Altersgruppe in die betriebliche Qualifizierung und Personalentwicklung einzubinden. Hier ist zu unterscheiden zwischen
  - Beschäftigten, die sich durch die Herausforderungen der Arbeitsaufgaben kontinuierlich weiterbilden (müssen) beziehungsweise gewohnt sind, das zu tun (z. B. Mitarbeiter in der Entwicklung & Konstruktion);
  - Beschäftigten, die erst wieder in die bedarfsorientierte Qualifizierung eingebunden werden müssen. Bei solchen Mitarbeitern hat sich oft Lernentwöhnung eingestellt, weil sie seit Jahren an derselben Maschine arbeiten und keine Qualifizierung mehr erhalten haben. Sie sind nicht auf veränderte Qualifikationsanforderungen vorbereitet und müssen in der Regel auch das Lernen neu lernen.

- **Lernfähigkeit (z.B. individuelle Voraussetzungen, Training, Lernstrategien nutzen können)**
- **Lernbereitschaft (lernen wollen, Neugier auf Neues)**
- **Lernorientierung:**
  - Lernmotivation
  - Lernüberzeugung: was verbinde ich mit Lernen, welchen Begriff des Lernens lege ich zugrunde, verbinde ich damit etwas Positives oder Negatives
- **Lernbedingungen (Zeit, Ort, Medien, Material, Methoden...)**
- **Positives Lernklima, Lernatmosphäre**
- **Sinn, Ziel, Nutzen des zu Lernenden für sich selber erkennen und anerkennen**
- **Die Bedingungen, unter denen man leichter lernt, kennen**
- **Den Lernerfolg selber auch erkennen können**

Foto: contrastwerkstatt/fotolia.de

Abb. 10.26 Merkmale für Lernförderlichkeit (Beispiele)

Was heißt Lernen und was beeinflusst Lernen positiv?
Lernen ist mehr als Wissensaneignung. Es ist der Erwerb von geistigen, körperlichen und sozialen Fertigkeiten und Kompetenzen. In Anlehnung an den Psychologen und Arbeitswissenschaftler Winfried Hacker ist Lernen der Aufbau und die Erhaltung der Fertigkeiten zur effizienten Bewältigung von Anforderungen (zitiert nach *Roßnagel* 2007, S. 85).

Lernen ist grundsätzlich bis ins Alter möglich. Lernfähigkeit muss jedoch durch Training erhalten und gefördert werden. Nur wer gelernt hat, sich von jung an auf neue Dinge einzustellen und das Lernen als kontinuierlichen Prozess begreift, ist in der Lage, dies auch im fortgeschrittenen Alter zu tun.

Neben der Lernfähigkeit und der Lernbereitschaft sind weitere Einflussfaktoren für erfolgreiches Lernen wichtig (vgl. *Roßnagel* 2008). Die Merkmale für Lernförderlichkeit zeigt Abb. 10.26.

Was müssen didaktische Konzepte für altersgerechtes Lernen berücksichtigen?
Sinn und Ziel von Didaktik ist es, geeignete Rahmenbedingungen bereitzustellen, damit Lernen möglich ist (*vgl. Barthel, Vonken*). Die in Abb. 10.27 aufgeführten Aspekte sollten dabei berücksichtigt werden.

Didaktische Konzepte für altersgerechtes Lernen beziehen sich auf die Gestaltung der Rahmenbedingungen für lebenslanges Lernen (vgl. *Frerich, Bögel* 2009). Die Mitarbeiter aller Altersgruppen werden in die bedarfsorientierte Qualifizierung einbezogen (siehe auch Abschn. 10.3.1 „LLL – lebenslanges Lernen").

Die Rahmenbedingungen, die oftmals für „altersgerechtes" Lernen gefordert werden, sind im Grunde nicht altersspezifisch, sondern entsprechen weitgehend allgemeingültigen didaktischen Prinzipien. „Altersgerechte Didaktik ist im Kern eine handwerklich gute Didaktik, die das Lernen in allen Lebensphasen unterstützt" (*Seitz* o. J, S. 13). Ältere lernen

Aspekte, die bei der Didaktik eine Rolle spielen (Beispiele)

- Wer?   Zielgruppe
- Was?   Inhalte
- Wozu?   Lernziele
- Von wem?   Lehrende Person
- Mit wem?   Sozialform
- Wann?   Zeitpunkt
- Wo?   Lernort
- Wie?   Methoden
- Womit?   Hilfsmittel

Foto: contrastwerkstatt/fotolia.de

Abb. 10.27 Aspekte der Didaktik (Beispiele)

grundsätzlich nicht schlechter als Jüngere, aber sie lernen oftmals anders – denn sie sind in ihrem Lernverhalten durch ihre berufliche Tätigkeit und Vergangenheit geprägt (*Seitz* 2004). Insofern gibt es Unterschiede zwischen Jüngeren und Älteren, die weniger auf das Alter, als vielmehr auf die Lernbiografie zurückzuführen sind. Es ist sinnvoll, diese Unterschiede bei der betrieblichen Qualifizierung zu berücksichtigen.

Jüngere

- sind in der Regel noch gewohnt zu lernen; ihnen fällt das Lernen daher in der Regel leichter;
- sind zumeist mit modernen Medien vertraut und haben keine Hemmschwellen, computergestützte Lernmöglichkeiten anzuwenden;
- können in der Regel besser als Ältere auch unter Zeitdruck lernen (*Lehr* 2002, zit. nach *Seitz* o. J., S. 12).

Ältere

- Bei Älteren unterscheidet man üblicherweise zwischen bildungsgewohnten und bildungsungewohnten Personen. Bei lernungewohnten Älteren sind Lernstrukturen und -techniken meist gar nicht oder nur fragmentarisch vorhanden.
- Qualifikationsdefizite älterer Mitarbeiter liegen in der Regel weniger im Alter begründet als vielmehr in einer „Lernentwöhnung". Auch die Bereitschaft zur Weiterbildung ist weniger eine Frage des Alters als vielmehr der individuellen Lernbereitschaft und Lerngewohnheit. Mitarbeiter, deren Lernfähigkeit nicht vom Unternehmen abgefragt wird, werden das Lernen verlernen.

- Lernen wird als mühsam empfunden – dies ist insbesondere dann der Fall, wenn die Erinnerungen an das schulische Lernen eher negativ besetzt sind. Darunter leidet dann die Lernmotivation.
- Häufig ergeben sich aufgrund der Lernentwöhnung Unsicherheiten in Bezug auf die Einschätzung der eigenen Lernfähigkeit sowie Schwierigkeiten, sich auf das Lernen einzustellen.
- Grundsätzlich nutzen Ältere vermehrt ihre Erfahrungen und versuchen, an bereits bestehendes Wissen anzuknüpfen.
- Neue Lerninhalte, die nicht in Bezug zu vorhandenen Denk- und Handlungsstrukturen gesetzt werden können, werden schnell wieder verlernt. Zur Gestaltung der Lernprozesse ist es daher besonders wichtig, den zu lernenden Lernstoff in einen Sinnzusammenhang einzuordnen, einen Bezug zu den beruflichen Erfordernissen herzustellen, das unterschiedliche Lernverhalten zu berücksichtigen, die individuellen Berufserfahrungen zu reflektieren, an vorhandene Kenntnisse und Fertigkeiten anzuknüpfen und neue Lerninhalte durch ständiges Rückkoppeln mit Bekanntem zu verbinden (Alt und Diner 1993, zit. nach *Seitz* o. J., S. 12).
- Weiterhin lernen ältere Menschen unter Zeitdruck schlechter als Jüngere. Ohne Berücksichtigung des Zeitfaktors sind die Lernleistungen von älteren und jüngeren Menschen allerdings durchaus gleich (Lehr 2002, zit. nach *Seitz* o. J., S. 12).
- Auch Ältere brauchen und wollen Mut machenden Zuspruch und Feedback.

Praxisbeispiel
Aktueller Qualifizierungsbedarf ergab sich für die älteren Mitarbeiter daraus, dass die innerbetriebliche Kommunikation seit einiger Zeit über E-Mail und Intranet abgewickelt wurde. Viele Ältere nutzten diese nicht, sondern verfassten Notizen weiterhin handschriftlich. Das Personalmanagement stand vor der Aufgabe, die Mitarbeiter zu schulen, um sie für die technische Kommunikation auf denselben Kenntnisstand wie die Jüngeren zu bringen. Die älteren Mitarbeiter wiesen einen möglichen Qualifizierungsbedarf zunächst weit von sich. Im Gegenteil waren sie der Meinung, sie hätten gerade aufgrund ihrer langjährigen Betriebszugehörigkeit und ihres Alters keine Qualifizierung nötig. Das Personalmanagement fand einen Weg, die Älteren für die Notwendigkeit der Qualifizierung zu gewinnen. Auf einer betriebsinternen „elektronischen Messe", einem internen Tag der offenen Tür, konnten sie sich bei Kollegen praxisnah über die Einsatzmöglichkeiten und Vorteile von E-Mail und Intranet für die interne Kommunikation informieren. So erkannten und akzeptierten sie die Notwendigkeit, sich weiterzubilden.

Oft erübrigt sich die klassische Weiterbildung in Form von Seminaren und Schulungen. Die Qualifizierung durch Lernen im Prozess der Arbeit ist immer dann vorzuziehen, wenn Wiederholungs- und Übungseffekte im Vordergrund stehen.

Welchen Nutzen bieten didaktische Konzepte für alternsgerechtes Lernen?
Alternsgerechtes Lernen im Sinne des lebenslangen Lernens und der gezielten Einbindung Älterer in die bedarfsorientierte Qualifizierung hat für Unternehmen insbesondere den folgenden Nutzen:

- kontinuierliche Sicherung des benötigten Fachkräftebedarfs durch Aktualisierung der Qualifikationen entsprechend den veränderten Anforderungen,
- Erhalt der Leistungsfähigkeit der Beschäftigten bis zum 67. Lebensjahr,
- Förderung der Einsatzflexibilität der Beschäftigten und
- zufriedene sowie motivierte Mitarbeiter.

Lebenslanges Lernen und die gezielte Einbindung bedeuten für ältere Beschäftigte insbesondere

- einen wesentlichen Beitrag zur Sicherung ihrer Arbeits- und Beschäftigungsfähigkeit und
- Entwicklungsperspektiven.

Was ist bei der Etablierung didaktischer Konzepte für alternsgerechtes Lernen zu beachten?
Qualifizierung sollte immer bedarfsorientiert erfolgen, damit Demotivation und auch der Verlust vorhandener Qualifikationen vermieden werden. Voraussetzung für eine bedarfsorientierte altersunabhängige betriebliche Qualifizierung: Zunächst muss der Qualifizierungsbedarf ermittelt werden. Dafür gibt es folgende Möglichkeiten: die Qualifikationsmatrix zur Ermittlung der Ist- und Soll-Qualifikationen (vergleiche Teil 2 des Kompendiums, „Vorgehensmodell – von der demografischen Analyse zum Handlungskonzept"), Mitarbeitergespräche, der Ansatz der Reflexion der Mitarbeiter über den eigenen Qualifizierungsbedarf in einem moderierten Workshop.

Über einen Lerntechnik-Workshop oder Mitarbeitergespräche können Beschäftigte, die lange nicht gelernt haben, wieder an das Lernen herangeführt werden (*Roßnagel* 2007).

Der Aufbau innerbetrieblicher Qualifizierungen für ältere Beschäftigte sollte den folgenden Grundsätzen folgen:

- Die individuelle Selbststeuerung des Lernens durch ein persönlich definiertes Lerntempo sowie individuelle Wiederholungs- und Übungseinheiten sollten möglich sein.
- Neues sollte insbesondere mit dem bei älteren Beschäftigten vorhandenen Erfahrungswissen verknüpft werden. Es sollte Praxisrelevanz und persönlichen Bezug haben.
- Durch Betriebs- und Arbeitsplatznähe muss es möglich sein, das Gelernte unmittelbar zu erproben und anzuwenden.

Besonders gut lernen Beschäftigte in folgenden Konstellationen:

- in altersgemischten Teams – diese ermöglichen Lernen über Wissenstransfer und Tätigkeitswechsel (vergl. Kap. 11, Abschn. 11.4, Handlungsfeld „Altersgemischte Teams");
- bei innerbetrieblicher Rotation – das heißt: dem Wechsel von Tätigkeiten;
- wenn wechselseitiges Lernen im Tandem (ein älterer Mitarbeiter und ein jüngerer Kollege) ermöglicht werden kann (vergl. Kap. 13 Handlungsfeld „Wissen sichern und weitergeben");

- bei Kurztrainings, in denen neue Verrichtungen, neue Prozesse, Programme und Produkte gezeigt sowie vorgeführt werden;
- durch aktive Lernformen.

Worauf müssen Sie achten? Welche Hürden können auftreten?
Auf diese Rahmenbedingungen und Voraussetzungen sollten Sie achten:

- Eine Führungs- und Unternehmenskultur, die die Potenziale Älterer erkennt und fördert (vgl. Kap. 11, Handlungsfeld „Unternehmenskultur und Führung optimieren").
- Die Bereitschaft, Qualifizierung und Personalentwicklung als wichtige Säulen für die Wettbewerbsfähigkeit anzusehen und nicht hier zuerst den Rotstift anzusetzen.
- Den Beschäftigten muss vermittelt werden, dass mit der Beendigung der Schule beziehungsweise Ausbildung die Lernphase im Berufsleben nicht beendet ist, sondern nur durch ständige Weiterqualifikation ein Schritthalten mit den technischen und organisatorischen Fortschritten möglich ist. Das Wahrnehmen der Qualifikationsangebote des Unternehmens ist die Grundlage dafür, die eigene Arbeits- und Beschäftigungsfähigkeit zu erhalten.
- Lernerfolg hängt nicht allein von der Lernfähigkeit ab, sondern es braucht auch Lernbereitschaft. Das zusammen bedingt dann das Lernverhalten. Die Alterung und altersbedingte Veränderungen spielen dabei nur eine von vielen Rollen. Auch das Lernklima wirkt sich auf die Lernbereitschaft aus.
- Die Älteren nicht als eine homogene, sondern als differenzierte Lerngruppe wahrnehmen.

Diese Hürden können auftreten:

Bei Älteren können Lernwiderstände auftreten und eine Lernmüdigkeit, die oftmals auf die Verarbeitung der schulischen Vergangenheit zurückzuführen ist (z. B. Lernen ausschließlich als Wissensaneignung und im Frontalunterricht).

Zum anderen entstehen Lernschwierigkeiten, wenn die Sinnhaftigkeit von Lernbemühungen und -anstrengungen nicht nachvollziehbar sind. Erwachsene sind nicht zu erziehen und fragen mehr noch als Jüngere nach der Verwendbarkeit von Lerninhalten.

Der Beschäftigte braucht selbst eine angemessene Einschätzung von „Lernen", um erfolgreich lernen zu können. Die Bedingungen, unter denen man leichter lernt oder aber die Lernen verhindern, sollte er kennen, um diese aktiv selbst herzustellen.

Hinweise auf rechtliche Grundlagen
Tarifvertrag zur Qualifizierung, TV Q, z. B., verfügbar unter: http://www.suedwestmetall.de/swm/web.nsf/id/pa_de_weiterbildung.html [15.12.2013]
Mitwirkungs- und Mitbestimmungsrechte des Betriebsrates bei der Berufsbildung, BetrVG, Berufsbildung, §§ 96–98, verfügbar unter: http://dejure.org/gesetze/BetrVG [15.12.2013]

Weiterführende Informationen, Links
Bei der Qualifizierung älterer Beschäftigter können Unternehmen Förderleistungen der Bundesagentur für Arbeit nutzen:
Programm WeGebAU
Im Fokus dieses Programms stehen ungelernte Beschäftigte und Beschäftigte in kleinen und mittleren Unternehmen. Die Förderung soll eine Anschubfinanzierung für die Weiterbildung insbesondere in kleineren und mittleren Unternehmen darstellen. http://www.arbeitsagentur.de/web/content/DE/BuergerinnenUndBuerger/Weiterbildung/Foerdermoeglichkeiten/Beschaeftigungsfoerderung/index.htm [31.03.2014]
Bildungsgutscheine
Im Rahmen der Förderung der beruflichen Weiterbildung können die Agenturen für Arbeit bei Vorliegen der Förderungsvoraussetzungen Bildungsgutscheine für zuvor individuell festgestellte Bildungsbedarfe aushändigen. http://www.arbeitsagentur.de/web/content/DE/BuergerinnenUndBuerger/Weiterbildung/Foerdermoeglichkeiten/Bildungsgutschein/index.htm [15.12.2013] https://www.arbeitsagentur.de/nn_26396/Navigation/zentral/Buerger/Hilfen/Weiterbildung/Weiterbildung-Nav.html [15.12.2013]
Qualifizierungscheck: Bundesagentur für Arbeit
http://www.arbeitsagentur.de/nn_537736/Navigation/zentral/Veroeffentlichungen/Themenheftedurchstarten/Weiter-durch-Bildung/Foerderung/Foerderung-Nav.html [15.12.2013]
Bundesinstitut für Berufsbildung – BIBB:
Qualifizierung von älteren Arbeitnehmern:
 http://www.bibb.de/de/4944.htm [27.03.2014]
Erfahrungsgestütztes Lernen:
 http://www.bibb.de/de/4946.htm [27.03.2014]
Fit im Beruf: keine Altersfrage:
 http://www.bibb.de/de/1301.htm [27.03.2014]
Weiterbildung älterer Beschäftigter – Konzepte und Handlungsfelder. Dokumentation der Fachtagung vom 3. u. 4. September 2008, Bonn.
 http://www.bibb.de/de/54256.htm [15.12.2013]
Weiterbildung älterer Beschäftigter. Weiterbildungskonzepte für das spätere Erwerbsleben (WeisE) – im Kontext lebensbegleitenden Lernens: http://www.bibb.de/de/wlk11792.htm
Deutsche Gesellschaft für Personalführung, DGFP (Hrsg.): Personalentwicklung für ältere Mitarbeiter. Grundlagen – Handlungshilfen – Praxisbeispiele. Bielefeld: W. Bertelsmann Verlag, 2004
GESAMTMETALL: Qualifizierung und Weiterbildung in der Metall- und Elektroindustrie
http://www.gesamtmetall.de/gesamtmetall/meonline.nsf/id/DE_Qualifizierung_und_Weiterbildung [15.12.2013] Lebenslanges Lernen im Alltag des Betriebes
http://www.gesamtmetall.de/gesamtmetall/meonline.nsf/id/Page-Potenziale-erschliessen-Lebenslanges-Lernen-im-Alltag-des-Betriebes_DE [15.12.2013]
Hacker, W.: Leistungs- und Lernfähigkeit älterer Menschen. In: Cranach, M. v. u. a. (Hrsg.): Ältere Menschen im Unternehmen. Chancen und Risiken, Modelle. Bern/Stuttgart/Wien: Haupt Verlag, 2004, S. 163–172
Kruse, A. (Hrsg.): Weiterbildung in der zweiten Lebenshälfte. Theorie und Praxis der Erwachsenenbildung. Eine Buchreihe des Deutschen Instituts für Erwachsenenbildung (DIE). Bielefeld: W. Bertelsmann Verlag, 2008
Länge, T. W. (Hrsg.); Menke, B. (Hrsg.): Generation 40plus. Demografischer Wandel und Anforderungen an die Arbeitswelt. Bielefeld: W. Bertelsmann Verlag, 2007

Loebe, H. (Hrsg.); Severing, E. (Hrsg.): Wettbewerbsfähig mit alternden Belegschaften. Betriebliche Bildung und Beschäftigung im Zeichen des demografischen Wandels. Bielefeld: W. Bertelsmann Verlag, 2005

Morschhäuser, M.; Ochs, P.; Huber, A.: Qualifikation und Qualifizierungsfähigkeit älterer Mitarbeiter. In: Bertelsmann Stiftung (Hrsg.); Bundesvereinigung der Deutschen Arbeitgeberverbände (Hrsg.): Erfolgreich mit älteren Arbeitnehmern. Strategien und Beispiele für die betriebliche Praxis. 3. Auflage. Gütersloh: Bertelsmann Stiftung, 2005, S. 51–75, verfügbar unter: www.bertelsmann-stiftung.de/cps/rde/xchg/bst/hs.xsl/publikationen_29295.htm [15.12.2013}

Roßnagel, C.: Lernen im fortgeschrittenen Erwerbsalter. Foliensatz, verfügbar unter: Bertelsmann Stiftung: http://www.bertelsmann-stiftung.de/cps/rde/xchg/SID-8E97F242-EE2BA589/bst/hs.xsl/5110.htm [15.12.2013]

Zimmermann, H.: Weiterbildung im späteren Erwerbsleben. Empirische Befunde und Gestaltungsvorschläge. Berichte zur beruflichen Bildung. Hrsg.: Bundesinstitut für Berufsbildung (BIBB), Bielefeld: W. Bertelsmann Verlag, 2009

Projekte:
- AQUA: Alternsgerechte Qualifizierung: http://www.f-bb.de/projekte/weiterbildung/weiterbildung-detail/proinfo/aqua-alternsgerechte-qualifizierung.html [15.12.2013]
- IntegrAL – Integrative Beschäftigungs-, Arbeits- und Lernprozesse für ältere Arbeitnehmerinnen und Arbeitnehmer in Thüringen (Projektlaufzeit: März 2006 bis Februar 2007). Empfehlungen des Projekts zur alternsgerechten Didaktik, verfügbar unter: http://www2.uni-erfurt.de/ibw/integral/downloads.htm [15.12.2013]

Literatur

Barthel, C.; Vonken, M. (o. J.); Universität Erfurt (Hrsg.): Empfehlungen zur alternsgerechten Didaktik, verfügbar unter: http://www2.uni-erfurt.de/ibw/integral/downloads.htm [15.12.2013]

Frerich, F.; Bögel, J.: Qualifizierung alternder Belegschaften – Altersübergreifende Konzepte und Anforderungen. In: Marie-Luise und Ernst Becker Stiftung (Hrsg.): Kognition, Motivation und Lernen älterer Arbeitnehmer – neueste Erkenntnisse für die Arbeitswelt von morgen. Dokumentation der Tagung am 18. und 19. September 2008 in Bonn. Köln: Marie-Luise und Ernst Becker Stiftung, 2009, S. 93–110

Roßnagel, C.: Berufliches Lernen für ältere ArbeitnehmerInnen. In: Marie-Luise und Ernst Becker Stiftung (Hrsg.): Vom Defizit- zum Kompetenzmodell – Stärken älterer Arbeitnehmer erkennen und fördern. Dokumentation der Tagung am 18. und 19. April 2007 in Bonn. Köln: Marie-Luise und Ernst Becker Stiftung, 2007, S. 67–76

Roßnagel, C.: Berufliche Lernkompetenz jenseits der 40: Neue Ansatzpunkte der Förderung. In: Marie-Luise und Ernst Becker Stiftung (Hrsg.): Kognition, Motivation und Lernen älterer Arbeitnehmer – neueste Erkenntnisse für die Arbeitswelt von morgen. Dokumentation der Tagung am 18. und 19. September 2008 in Bonn. Köln: Marie-Luise und Ernst Becker Stiftung, 2008, S. 84–92

Seitz, C.: Von der Stilllegung Älterer hin zu lebenslangem Lernen. Didaktische Empfehlungen und betriebliche Handlungsansätze eines Personalentwicklungskonzeptes für ältere Mitarbeiter/innen, verfügbar unter: www.ihk50plus.de/Download/Personalentwicklung50plus.doc [15.12.2013]

Seitz, C.: Qualifizierung älterer Mitarbeiter – Lebenslanges Lernen ein Selbstverständnis? In: W&B Wirtschaft und Berufserziehung (2004), Nr. 11, S. 9–16, verfügbar unter: http://www.11d.de/mit-offenen-augen/handreichungen1_291104_fr.html [15.12.2013]

10.3.3 Personalentwicklungs- und Feedbackgespräch

Worum geht es in diesem Beitrag?
Personalentwicklungs- beziehungsweise Feedbackgespräche (PEG) sind wichtige Instrumente, um die Motivation, Qualifikation und Leistungsentwicklung von Mitarbeitern langfristig zu fördern. Sie erfahren in diesem Beitrag, wie PEG aufgebaut werden, um im Sinne des Unternehmens erfolgreich zu wirken. Die KARL OTTO BRAUN GmbH & Co. KG, Wolfstein/Pfalz, hat infolge einer Mitarbeiterbefragung jährliche Feedbackgespräche im Angestelltenbereich eingeführt. Lesen Sie im Praxisbeispiel, wie der Hersteller von Spezialtextilien für die Medizin vorgegangen ist und welche Erfahrungen er gemacht hat.

Überblick:
Was ist ein Personalentwicklungsgespräch?
- Wie trägt ein PEG zum Erhalt und Ausbau der Leistungsfähigkeit der Mitarbeiter bei?
- Welchen Nutzen bieten Personalentwicklungsgespräche? Ziele und Vorteile
- Wie kann ich ein PE-Gespräch durchführen und im Unternehmen etablieren?
- Worauf müssen Sie achten? Welche Hürden könnten auftreten?
- Praxisbeispiel

Was ist ein Personalentwicklungsgespräch?
Ein Personalentwicklungsgespräch (PEG) ist ein Instrument der Personalentwicklung.

Personalentwicklung wird verstanden als Gesamtheit der Maßnahmen, die der individuellen beruflichen Entwicklung der Mitarbeiter dienen. Diese Maßnahmen vermitteln den Mitarbeitern unter Beachtung ihrer persönlichen Interessen die zur optimalen Wahrnehmung ihrer jetzigen und zukünftigen Aufgaben erforderlichen Qualifikationen.

Ein PEG ist eine Sonderform des Mitarbeitergesprächs. Das Mitarbeitergespräch ist ein zentrales Führungsinstrument. Es bringt in Form eines Dialoges Führungskraft und Mitarbeiter zusammen.

Es umfasst alle festgelegten (und gegebenenfalls formalisierten) Personalführungsgespräche, die der Vorgesetzte mit einem Mitarbeiter in Wahrnehmung seiner Führungsaufgabe gestaltet. Dabei ist zu beachten, dass Vorgesetzte und Mitarbeiter sich auf das Gespräch vorbereitet haben müssen.

Das PEG bietet dem Mitarbeiter die Möglichkeit, seine individuellen Vorstellungen und Wünsche zu verdeutlichen. Ferner dient es zur Abstimmung vorgesehener Entwicklungsmaßnahmen zwischen Vorgesetzten und Mitarbeiter. Weiterhin kann damit Klarheit über die weitere berufliche Entwicklung des Mitarbeiters im Unternehmen gewonnen werden. Vorrang hat in jedem Fall die Berücksichtigung der Interessen des Unternehmens.

Wie trägt ein PEG zum Erhalt und Ausbau der Leistungsfähigkeit der Mitarbeiter bei?
Nachfolgend wird erläutert, wie Personalentwicklungsgespräche dem Erhalt und Ausbau der Leistungsfähigkeit der Mitarbeiter und Führungskräfte dienen.

Im Gespräch sollen die Stärken und Entwicklungspotenziale der Mitarbeiter herausgearbeitet werden. Vorgesetzte können den Mitarbeiter so seinen Stärken nach einsetzen – oder auch so, dass der Mitarbeiter seine Potenziale entfalten kann. Werden Mitarbeiter nach ihren Stärken und Potenzialen eingesetzt, so fördert das ihre individuelle Leistungsfähigkeit und -bereitschaft.

Im PEG können auch die spezifischen Lebenssituationen, die Mitarbeiter über die Berufsphasen hinweg durchlaufen können, thematisiert und damit gestaltbar gemacht werden. Spezifische Lebenssituationen können beispielsweise die Betreuung von Kindern oder die Pflege von Angehörigen sein. Ein Unternehmen, das gezielt die individuellen Wünsche der Mitarbeiter und Führungskräfte zum Beispiel bei der Arbeitszeitgestaltung berücksichtigt, steigert aktiv Motivation und Leistungsfähigkeit der Mitarbeiter.

Eine Besonderheit des PEG ist demnach die Zukunftsorientiertheit. Es gibt verschiedene Anlässe zur Durchführung eines PEG – zum Beispiel interne Versetzungen oder auch Stellenkürzungen und darin begründete Umsetzungen. Auch vor Übernahme eines größeren Verantwortungsbereiches im Sinne eines Jobenrichments ist ein PEG sinnvoll, um die nötigen Fähigkeiten und Möglichkeiten des Mitarbeiters zu bewerten und notwendige beziehungsweise wünschenswerte Entwicklungsmaßnahmen auszuloten.

Welchen Nutzen bieten Personalentwicklungsgespräche? Ziele und Vorteile
Durch gut organisierte PEG profitieren Mitarbeiter und das Unternehmen gleichermaßen. Dabei haben im PEG bei Interessenkonflikten allerdings vorrangig die Interessen des Unternehmens im Vordergrund zu stehen:

Mögliche Ergebnisse für das Unternehmen
Durch den Aufbau beziehungsweise die Erweiterung von Kompetenzen können Leistungslücken geschlossen werden. Der Mitarbeiter kann für gewünschte weiterführende Tätigkeiten eingesetzt werden.

Die Potenzialanalyse des Mitarbeiters bringt gleich mehrere Vorteile:
- Sie schafft Transparenz über Aufstiegs- und Entwicklungsmöglichkeiten.
- In der Folge lassen sich gezielte PE-Maßnahmen ableiten, um Leistungslücken des Mitarbeiters zu schließen.
- Sie macht den Qualifizierungsbedarf im Hinblick auf neue berufliche Erfordernisse sichtbar.

Für den Mitarbeiter kann daraus resultieren
Ableitung von beruflichen Förder- und Weiterentwicklungskonzepten, die seinen Interessen entsprechen, Motivation durch Wertschätzung, Erhaltung der Beschäftigungsfähigkeit.

Wie kann ein PE-Gespräch durchgeführt und im Unternehmen etabliert werden?
PEG durchführen:
Zunächst ist es wichtig, sich auf das Gespräch vorzubereiten – dazu gehört in erster Linie die Klärung des Gesprächsanlasses. Dabei empfiehlt es sich, einen unternehmensspezifischen Leitfaden zu entwickeln, der die einzelnen Prozessschritte beinhaltet. Vorlagen dafür finden sich zum Beispiel bei Hossiep et al. (2008).
Weiterhin sollte im Vorfeld eine Stärken-Schwächen-Analyse durchgeführt werden. Dies kann zum Beispiel mit Unterstützung der Personalabteilung geschehen.
Die eigentliche Durchführung des PEG besteht aus mehreren Schritten:
Im Interesse einer angenehmen Gesprächsatmosphäre ist auf einen geschlossenen Rahmen zu achten. Im ersten Schritt wird der Mitarbeiter begrüßt und ein passender Gesprächseinstieg gewählt. In der folgenden Informationsphase stellt der Vorgesetzte die Situation des Mitarbeiters dar. Darüber hinaus ist es auch wichtig, die Erwartungen und Wünsche des Mitarbeiters zu erfahren. Im nächsten Schritt werden die Unternehmensziele und das Entwicklungspotenzial des Mitarbeiters aus Unternehmenssicht dargestellt. Daraufhin werden gemeinsam die Personalentwicklungsmaßnahmen festgelegt. Im Anschluss reflektieren beide Seiten den Gesprächsverlauf, und die Ergebnisse werden schriftlich festgehalten.

PEG im Unternehmen etablieren
Eine mögliche Form der Etablierung eines PEG wird im nachfolgenden Praxisbeispiel vorgestellt.

Worauf müssen Sie achten? Welche Hürden könnten auftreten?
Wie andere Mitarbeitergespräche stellt auch das PEG besondere Anforderungen an die Fähigkeiten von Führungskräften. Diese müssen unter Umständen erst erlernt werden.

Handlungsbedarf kann es auf diesen Feldern geben:
- Kommunikationsprobleme
- mangelnde Fähigkeiten bei Führungskräften – Abhilfe: für entsprechende Schulung sorgen
- Missverständnisse – Abhilfe: empfängergerechte Sprache wählen
- unterschiedliche Zielvorstellungen zwischen Führungskraft und Mitarbeiter (Zielinkongruenz)

Praxisbeispiel KARL OTTO BRAUN GmbH & Co. KG

Mitarbeiter-Feedback- und Personalentwicklungsgespräch „akrobat" bei KARL OTTO BRAUN (KOB)

Die 1903 gegründete KARL OTTO BRAUN GmbH & Co. KG (KOB) mit Sitz in Wolfstein, Rheinland-Pfalz, ist der weltweit größte Produzent elastischer Spezialtextilien für die Medizin – darunter elastische Binden und Trägergewebe für Pflaster und Pflasterbinden. KOB fertigt in einem internationalen Produktionsverbund (KOB-Gruppe). Neben dem Stammwerk in Deutschland gibt es einen indischen und einen chinesischen Produktionsstandort. Seit dem Jahr 2000 ist die HARTMANN GRUPPE, Heidenheim, an KOB beteiligt – zunächst war sie Mehrheitseigner, seit dem Jahr 2012 hat sie KOB zu 100 % übernommen. Nach wie vor wird KOB von einem Geschäftsführer aus der Braun-Gründerfamilie geleitet. In Wolfstein arbeiteten Anfang 2013 insgesamt 690 Beschäftigte. Diese verteilen sich auf eine Produktionsgesellschaft und die KOB-Holding. Weltweit hat KOB rund 2050 Beschäftigte.

KOB produziert nicht direkt für Kliniken und Ärzte, sondern bedient neben der HARTMANN GRUPPE fast alle großen Medicalanbieter weltweit. Die KOB-Gruppe produziert einerseits einfache Basisprodukte in großen Mengen. Sie stellt aber auch komplexere beschichtete Produkte (zum Beispiel selbsthaftende elastische Binden) sowie anspruchsvolle Produkte für die Kompressionstherapie her.

Was verbirgt sich hinter der Abkürzung „akrobat"?
„akrobat" steht für ein jährliches Mitarbeiter-Feedback- und Personalentwicklungsgespräch.
 „akrobat" steht für:
 Akzeptanz im Sinne von gegenseitiger Wertschätzung.
 Rückmelden, Artikulation und Transparenz bei **KOB**.
 Darüber hinaus bedeutet „akrobat":
- das Einbinden aller Beteiligten (Mitarbeiter & Vorgesetzte),
- Beweglichkeit,
- Flexibilität (auf geänderte Bedingungen reagieren, Interessen berücksichtigen),
- Veränderungsbereitschaft (andere Sichtweise, andere Positionen und kontinuierliche Lernfähigkeit).

In „akrobat" werden folgende Inhalte miteinander verknüpft:
1. Funktionsbeschreibung:
Hier werden die Zielsetzung der Stelle und deren zu erfüllende Hauptaufgaben beschrieben.
2. Kompetenzprofil und -beurteilung:
Neben den fest vorgegebenen KOB-Kompetenzen „Veränderungsbereitschaft" sowie „Leistungs- und Resultatsorientierung" definieren Vorgesetzte und Mitarbeiter gemeinsam drei Fachkompetenzen.
3. Personalentwicklung:
Bei Bedarf werden entsprechende Maßnahmen vereinbart.
4. Zielerreichung und Zielvereinbarung
5. Entwicklungsperspektiven des Mitarbeiters:
Folgende Fragen werden geklärt: Welche beruflichen Ziele verfolgt der Mitarbeiter? Sind diese Ziele aus Sicht des Vorgesetzten realisierbar? Welche Fördermaßnahmen sind hierfür notwendig?
6. Berufs- und Lebensphase:
KOB unterstützt Mitarbeiter, um seine Motivation sowie sein volles Leistungspotenzial unter Berücksichtigung der jeweiligen Berufs- und Lebensphase zu erhalten.

Was war der Auslöser für die Einführung von „akrobat"?
Eine Mitarbeiterbefragung im Jahr 2010 ergab, dass Mitarbeiter vielfach Rückmeldungen über ihre Arbeit fehlten. Sie vermissten zudem oft Hinweise darauf, welche Ziele von ihnen erwartet werden.

Zudem war nicht transparent, wie der Vorgesetzte die berufliche Entwicklung seiner Mitarbeiter einschätzt und welche eigenen Vorstellungen die Mitarbeiter zu ihrer beruflichen Weiterentwicklung und zur Einbeziehung von Lebensabschnitten einbringen können – zum Beispiel Familienplanung oder Betreuung.

Aus welchen Gründen hat KOB „akrobat" eingeführt?
Für die Einführung von „akrobat" waren zwei Anliegen entscheidend:
- Die Mitarbeiter sollten eine Rückmeldung über ihre Leistung und den Grad der Erwartungserfüllung erhalten. Und:
- Die sich verändernden Bedingungen im globalen Wettbewerb erfordern einen lebenslangen Kompetenzzuwachs.

Welchen Nutzen haben KOB und ihre Mitarbeiter von „akrobat"?
Der Nutzen für KOB: Die Mitarbeiter erfahren in den Gesprächen, wie sie ihren Beitrag für den Unternehmenserfolg leisten können.
Der Nutzen für die Mitarbeiter: Sie können gemeinsam mit ihren Vorgesetzten die eigenen Kompetenzen kontinuierlich weiterentwickeln und so ihre Leistungsfähigkeit erhalten und steigern.

Der Nutzen mit Blick auf eine lebensphasenorientierte Personalpolitik: Gemeinsam können Mitarbeiter- und Unternehmensseite frühzeitig Konzepte für die Zukunft entwickeln, die Wünsche und Bedürfnisse der Mitarbeiter sowie zukünftige Anforderungen des Unternehmens auf einen Nenner bringen. So können Mitarbeiter über „akrobat" auch ihre Wünsche einbringen, was die Vereinbarkeit von Beruf und Privatleben angeht.

Was wird mit „akrobat" erreicht?
„akrobat" ist ein Führungsinstrument, mit dem der Vorgesetzte zielgerichtet führen kann. Auf Mitarbeiter wirkt „akrobat" motivierend, da sie Rückmeldungen erhalten und damit erfahren, wie sie sich im Unternehmen weiterentwickeln und einbringen können.

In welchen Bereichen bei KOB ist „akrobat" bereits etabliert?
„akrobat" ist noch nicht im gesamten Unternehmen eingeführt, sondern wurde zuerst in den beiden Pilotbereichen „Services" und „Human Resources" erprobt, um Erfahrungen zu sammeln. Zunächst wurden die Führungskräfte in der korrekten Gabe von Feedback an ihre Mitarbeiter geschult. Auf Basis der hier gemachten Erfahrungen passte KOB „akrobat" an und führte die jährlichen Personalentwicklungsgespräche im gesamten Angestelltenbereich ein. Auch hier wurden die Vorgesetzten zunächst intensiv geschult. Die Mitarbeiter bereitete das Unternehmen in einer Informationsveranstaltung auf die neue Dialogform vor.

Worauf ist zu achten? Wo können Hürden auftauchen?
Im Führungskreis und in der Geschäftsführung ist ein gemeinsames Verständnis zu definieren, was mit dem Mitarbeiter-Feedback- und Entwicklungsgespräch erreicht werden soll. Zusätzlich zu Informationsveranstaltungen ist eine intensive Schulung der verantwortlichen Führungskräfte angezeigt.

Weiterhin ist darauf zu achten, ausreichende personelle und zeitliche Ressourcen für die Konzeptionierung (Aufbau, Durchführung und Nachbereitung) von „akrobat" zur Verfügung zu stellen.

Praktische Umsetzungshilfen
Checklisten zur Vorbereitung des Mitarbeiters und der Führungskraft, s. z. B. bei Hossiep et al. (2008)

Literatur
Hossiep, R.; Bittner, J. E.; Berndt, W.: Mitarbeitergespräche. Göttingen: Hogrefe, 2008
Mentzel, W.: Personalentwicklung. Freiburg im Breisgau: Rudolf Haufe Verlag, 1980
Nerdinger, F. W.: Führung durch Gespräche. München: Bayerisches Staatsministerium für Arbeit und Sozialordnung, Familie, Frauen und Gesundheit, 1996

10.4 Personaleinsatz

Worum geht es in diesem Beitrag?
Personaleinsatz ist die Zuordnung von Arbeitsaufgaben zu Mitarbeitern. Dabei soll es zu einer möglichst genauen Deckung zwischen Anforderungs- und Qualifikationsprofil kommen. Das ist heute wichtiger denn je. Denn Unternehmen werden Beschäftigte künftig länger als bisher einsetzen, weil sich das Renteneintrittsalter nach oben verschieben wird. Maßnahmen der Aufgabenrotation und Aufgabenbereicherung helfen Unternehmen dabei, zum Beispiel lang andauernde Fehlbelastungen zu vermeiden und deren Leistungsfähigkeit und -bereitschaft langfristig zu erhalten. Das bestimmt in Zukunft ihre Wettbewerbsfähigkeit noch stärker als heute.

Überblick:
- Was ist das Ziel von Personaleinsatz?
- Wie wird Personaleinsatz alternsgerecht gestaltet?
- Wie wird Handlungsbedarf über eine Personaleinsatzanalyse festgestellt?
- Welche Handlungsmöglichkeiten und Beispiele gibt es?
- Welchen Bezug hat Personaleinsatz zu Leistungsfähigkeit und Demografie?
- Praxisbeispiel

Was ist das Ziel von Personaleinsatz?
Die Anforderungen an den Personaleinsatz heutzutage sind vielfältig und gehen über die reine Zuordnung von Arbeitsaufgaben zu Mitarbeitern hinaus: Ein Ziel ist die möglichst genaue Deckung zwischen Anforderungsprofil der Stelle und Qualifikationsprofil des Mitarbeiters. Darüber hinaus soll der Personaleinsatz dem Unternehmen interne sowie externe Flexibilität ermöglichen. Unter „interner Flexibilität" wird der Ausgleich von Schwankungen im Personalbereich verstanden, um Zielsetzungen langfristig verfolgen zu können. Mit „externer Flexibilität" verbinden Fachleute den Umgang mit der demografischen Entwicklung – hier geht es beispielsweise um den Fachkräftemangel oder das künftig höhere Renteneintrittsalter. Flexibilität des Personaleinsatzes lässt sich in unterschiedliche Kategorien einteilen (siehe Tab. 10.3) (Abb. 10.28).

Tab. 10.3 Beschreibungskategorien der Flexibilität (PERSONALquarterly 01/2012)

Kategorie	Wirkung bei wechselnden Rahmenbedingungen	Reichweite/ Gestaltungsspielräume
Zeitlich	Variationsfähigkeit bezüglich der Lage und Dauer der Arbeitszeit	Tages-, Wochen-, Jahres- oder Lebensarbeitszeit
Monetär	Variationsfähigkeit bezüglich der Entgelt- und Anreizgestaltung	Quantität und Qualität von Enteltkomponenten
Numerisch	Variationsfähigkeit bezüglich des Arbeitskraftevolumens	Personenanzahl bzw. Arbeitskräftevolumen
Funktional	Variationsfähigkeit der Arbeitsorganisation	Arbeitsinhalt, Arbeitsteilung, Arbeitsstruktur und Arbeitsorganisation
Rechtlich	Variationsfähigkeit bezüglich der vertraglichen Ausgestaltung der Bindung zwischen Unternehmen und Mitarbeiter	Individualrechte und kollektivrechtliche Regelungen
Räumlich	Variationsfähigkeit bezüglich Arbeitsort und/oder Arbeitsplatz	Innerhalb der Bertriebsgrenzen, Montagetätigkeiten, Outbound

Abb. 10.28 Passen Anforderungs- und Qualifikationsprofil zusammen? (Foto: alphaspirit/fotolia.de)

Wie wird Personaleinsatz alternsgerecht gestaltet?
Die gesetzliche Anhebung des Renteneintrittsalters sowie der zunehmende Mangel an Nachwuchs- und Fachkräften erfordern von Unternehmen einen alternsgerechten Personaleinsatz. Voraussetzung dafür ist es, die Arbeits- und Leistungsfähigkeit sowie die Veränderungsfähigkeit und -bereitschaft der Beschäftigten frühzeitig zu fördern und lang-

fristig zu erhalten (vgl. Kap. 2 „Demografischer Wandel und Auswirkungen auf Unternehmen").

Ein altersgerechter Personaleinsatz wird durch folgende Aspekte unterstützt:
- eine Führungs- und Unternehmenskultur, die die Potenziale Älterer (an)erkennt und wertschätzt (vgl. Kap. 4 „Leistungsfähigkeit und Alter – praxisrelevante Hinweise für Unternehmen und Beschäftigte"; vgl. Kap. 11, Handlungsfeld „Unternehmenskultur und Führung optimieren");
- Entwicklungsmöglichkeiten und bedarfsorientierte Qualifizierung für Mitarbeiter unabhängig vom Alter (vgl. Abschn. 10.3 „Personalentwicklung und Personalqualifizierung");
- die konsequente Beachtung arbeitswissenschaftlicher Erkenntnisse bei der Gestaltung von Arbeitsplatz, Arbeitsumgebung und Arbeitsbedingungen (vgl. Kap. 8, Handlungsfeld „Arbeit gestalten");
- den Erhalt der (gesundheitlichen) Leistungsfähigkeit durch betriebliche Gesundheitsförderung; diese muss präventiv ansetzen und gleichzeitig die persönliche Eigenverantwortung stärken (vgl. Kap. 12, Handlungsfeld „Gesundheit aktiv gestalten");
- durch Arbeitszeitmodelle, die sowohl die Bedürfnisse des Unternehmens als auch der Beschäftigten aller Altersgruppen und Lebenssituationen angemessen berücksichtigen (vgl. Kap. 9, Handlungsfeld „Arbeitszeit gestalten").

Wie wird Handlungsbedarf über eine Personaleinsatzanalyse festgestellt?
Die Personaleinsatzanalyse ist ein Instrument, um die betriebliche Arbeitseinsatzpraxis bedarfsgerecht umzugestalten und neu zu orientieren. Sie liefert Informationen zum realen Arbeitseinsatz der Mitarbeiter, zum Belastungsgehalt der jeweiligen Arbeitsplätze, zum Qualifikationsstand und zum Alter der Beschäftigten (Abb. 10.29). Mit personenbezogenen Daten, wie Namen und Altersangaben, muss dabei vertraulich umgegangen werden (siehe Bundesdatenschutzgesetz, § 32).

Über die Personaleinsatzanalyse können Betriebe Risikoarbeitsplätze identifizieren und im Fall dauerhaft einseitiger Belastungen über Schulungsmaßnahmen und Arbeitseinsatzstrategien Abhilfe schaffen. Die Analyse zeigt zum Beispiel, ob sich ältere Mitarbeiter an besonders belastenden Arbeitsplätzen befinden. Sie gibt gleichermaßen Hinweise, in welche Richtung qualifiziert werden müsste, damit ältere Beschäftigte entlastende Tätigkeiten ausüben können.

Welchen Nutzen hat der Betrieb?
Im Fall langjähriger Fehlbeanspruchungen können sich chronische Erkrankungen entwickeln – beispielsweise durch das Heben schwerer Lasten oder Arbeiten in Zwangshaltung. Die Personaleinsatzanalyse kann dazu beitragen, solchen Chronifizierungsprozessen vorzubeugen und die Leistungsfähigkeit bis ins hohe Erwerbsalter zu erhalten. Darüber hinaus gewinnt der Betrieb systematische Informationen, die das Personalmanagement für unterschiedliche Zwecke verwenden kann.

Mithilfe der Matrix (siehe Abb. 10.29) kann eine Analyse der Aufgabenbereiche der Beschäftigten vorgenommen werden. Die Abbildung zeigt an einem Beispiel aus der Produktion eines metallverarbeitenden Betriebes, wie die Beschäftigten sich nach Alter auf die Arbeitsaufgaben verteilen.

Personaleinsatzanalyse

Name	Geburts-jahr	Knick schleifen	Aufhän-gung schleifen	Richten	Hänge-bahn	manu-elles Anstrei-chen	Kontrolle	Stapler
Schmidt	1951		X			O		S
Müller	1953	O	X	O		O	S	
Meyer	1953	O	X		O		S	
Becker	1954		X			O	S	
Bauer	1955	X	O		O	O		S
Hamann	1957	O	O	O	O	O	X	S
Schildner	1957	O	O	O	X			
Förster	1958	O	O		X			
Kunz	1960	X		O	O	O		
Uhrmacher	1961	X	O	O	O			
Gerber	1962			X		O		
Hintze	1964		X					
Mathieu	1965	X		O		O	O	
Landau	1965	O	X		O			
Johann	1967				S		X	
Littig	1970	O	O	O	O		X	
Ernst	1971		X					
Braun	1973	O		X		O		
Klein	1974	X	O					

Legende:
1 bis 3 = körperlicher Schweregrad der Arbeit: **1** = leicht; **2** = normal; **3** = schwer
X = Stammarbeitsplatz **O** = Mehrfachqualifikation **S** = Schulungsbedarf
Alle Angaben wurden anonymisiert.

Abb. 10.29 Beispiel für eine Personaleinsatzanalyse. (Firma Vetter, zitiert nach BDA/Bertelsmann Stiftung 2005)

In der vertikalen Spalte der Matrix sind die Beschäftigten mit Namen und Geburtsjahr aufgeführt. Horizontal dazu sind die verschiedenen Tätigkeiten des Bereiches aufgelistet. Diese sind nach der Schwere der körperlichen Arbeit von 1 bis 3 bewertet. In den Zeilen ist durch Symbole gekennzeichnet, ob es sich um Stammarbeitsplätze oder gelegentlich ausgeübte Tätigkeiten handelt und ob individueller Schulungsbedarf besteht.

10 Handlungsfeld „Personalpolitik und Personalstrategie realisieren"

Aus der Matrix geht hervor, dass sich bei den Tätigkeiten „Aufhängung schleifen" und „Kontrolle" deutliche Altersmuster zeigen: Gerade die körperlich schwere Arbeit wird in diesem Bereich von älteren Mitarbeitern wahrgenommen, während die körperlich leichte Tätigkeit „Kontrolle" überwiegend von den Jüngeren ausgeführt wird (vgl. Mühlbradt und Schawilye 2005, S. 48 ff.). Aufgrund der Matrix kann eine andere passendere Zuordnung der Aufgaben vorgenommen werden.

Auf der Informationsgrundlage der Personaleinsatzanalyse lässt sich ohne großen bürokratischen Aufwand ein Konzept zur Personalentwicklung und zum gesundheitsschonenden Einsatz der älteren Mitarbeiter und Mitarbeiterinnen entwickeln. In der Matrix ist dem dadurch Rechnung getragen worden, dass für bestimmte Beschäftigte ein Schulungsbedarf (S) für leichtere Arbeitsplätze eingeräumt worden ist und dass ihnen eine Qualifizierung für weniger belastende Tätigkeiten angeboten wurde. So ist zum Beispiel den Mitarbeitern Müller, Meyer und Becker – alle um die 60 Jahre alt und an „harten" Stammarbeitsplätzen im Einsatz – eine Qualifizierung in Kontrolltätigkeiten, die gemeinhin als körperlich leichte Arbeiten im Betrieb gelten, in Aussicht gestellt worden.

Welcher Aufwand ist erforderlich?
Die Anwendung der Personaleinsatzanalyse erfordert einen geringen Aufwand. Vermutlich haben viele Firmen ähnliche Instrumentarien, wie etwa die Gefährdungsbeurteilung oder die Qualifikationsmatrix in Gebrauch. Die Besonderheit der Personaleinsatzanalyse liegt darin, dass sie Gefährdungs- und Qualifikationsanalysen verbindet und zusätzlich die Dimension „Alter" aufnimmt. Auch bei der Gefährdungsbeurteilung geht man einen pragmatischen Weg: Vorgesetzte und Betriebsrat verständigen sich über die Schwere der Arbeit.

Man kann die Personaleinsatzanalyse jederzeit komplexer machen, indem man etwa bei der Belastungsanalyse die psychischen Dimensionen mit erfasst oder indem man den Qualifikationsbegriff ausdifferenziert. Doch für die Zwecke eines alternssensiblen Umsteuerns im Arbeitseinsatz reicht das geschilderte Verfahren aus. Eine Weiterentwicklung könnte auch darin bestehen, Arbeitsplatz, Arbeitsmittel, Arbeitsorganisation und Arbeitszeit so umzugestalten und für Ältere Erleichterungen zu schaffen, damit diese ihre Potenziale einbringen können.

Welche Handlungsmöglichkeiten und Beispiele gibt es?
Arbeitswissenschaftliche Erkenntnisse sind konsequent zu berücksichtigen. Im Rahmen der Arbeitsgestaltung ist grundsätzlich eine Ausgestaltung gefragt, die sowohl die physischen als auch die psychischen Leistungspotenziale des Menschen angemessen fordert (vgl. Kap. 8, Handlungsfeld „Arbeit gestalten"). In diesem Zusammenhang sind in der Regel langfristige Über- und Unterforderungen zu vermeiden. Deshalb sollte es generell das Ziel sein, bei der Arbeit vielfältig wechselnde physische und psychische Anforderungen an den Menschen zu generieren – zum Beispiel wechselnde Körperhaltungen und unterschiedliche kognitive Herausforderungen. Diese allgemeinen Aussagen gelten in der

Regel sowohl für ältere als auch für jüngere Mitarbeiter und streben nicht nur die augenblickliche ergonomische Gestaltung der Arbeit an; sie zielen insbesondere auch auf die anzustrebende langfristige Sicherung der physischen und psychischen Leistungsfähigkeit der Mitarbeiter (Neuhaus 2005).

Um die Mitarbeiter über ihre eigentlichen Tätigkeiten hinaus einsetzen zu können, eignen sich folgende Maßnahmen der Aufgabenerweiterung und der Aufgabenbereicherung (Huber 2010).

Aufgabenerweiterung
- Tätigkeitswechsel (Jobrotation):
  Die Bundesanstalt für Arbeitsschutz und Arbeitsmedizin (BAuA) empfiehlt Unternehmen, die auch nach Jahren oder Jahrzehnten ihre Mitarbeiter noch flexibel einsetzen möchten, insbesondere einseitige Belastungen bei Tätigkeiten zu vermeiden oder zumindest durch regelmäßige Belastungswechsel abzuschwächen.
  Ein gesteuerter planmäßiger Tätigkeitswechsel kann dazu beitragen, die Beschäftigten zu fordern und körperlich wie geistig fit zu halten. Einseitige Belastungen können reduziert werden. Zum Beispiel können körperlich anstrengende Tätigkeiten mit weniger anstrengenden Tätigkeiten gemischt werden (vgl. Kap. 8.3 „Arbeitsorganisation am Beispiel der Jobrotation").
- Erweiterung des Tätigkeitsspektrums (Jobenlargement):
  Operative Tätigkeiten werden zum Beispiel um planerische und kontrollierende Tätigkeiten ergänzt. Ältere Mitarbeiter können hier ihre Erfahrungen einbringen. Da sich die zusätzlichen Aufgaben auf der gleichen Anforderungsebene bewegen, bleibt das Entgelt bei Jobenlargement gleich.

Aufgabenbereicherung
- Aufgabenanreicherung (Jobenrichment):
  Bei Jobenrichment werden die bestehenden Tätigkeiten mit Aufgaben einer höheren Anforderungsebene angereichert. Diese zusätzlichen Aufgaben empfinden die Mitarbeiter oft als motivierender und interessanter. Jobenrichment kann zu Forderungen nach einer Entgelterhöhung führen.
- Teilautonome Arbeitsgruppen:
  In teilautonomen Arbeitsgruppen werden festgelegte Arbeitsaufgaben von einer Gruppe von Mitarbeitern ausgeführt. Teilautonome Arbeitsgruppen werden oft im Produktionsbereich eingesetzt, aber auch in Projekttätigkeiten.
  Wird ein Team speziell aus jüngeren und älteren Mitarbeitern zusammengesetzt, so spricht man von altersgemischten Teams. Dieser Ansatz wird vor dem Hintergrund demografischer Veränderungen und älter werdender Belegschaften vielfach vorge-

schlagen. In einem altersgemischten Team können die Stärken Älterer und Jüngerer so kombiniert werden, dass vorhandene Ressourcen, wie zum Beispiel technisches Knowhow von Jüngeren und langjähriges Wissen Älterer, effektiv kombiniert werden können (vgl. Kap. 13, Handlungsfeld „Wissen sichern und weitergeben").

Potenzialorientierter Einsatz von leistungsgewandelten Mitarbeitern
Leistungsgewandelte Mitarbeiter (jüngere wie ältere), die ihren Fähigkeiten gemäß eingesetzt werden, sind auf ihrem Arbeitsplatz ihren Rahmenbedingungen entsprechend leistungsfähig. Sie verfügen oft über Leistungswillen und Durchhaltevermögen und sind ihrem Unternehmen oft in besonderer Weise verbunden, insbesondere, wenn sie eine produktive und auch in ihren Augen sinnvolle Tätigkeit ausüben.

Beispiel 1
Mit dem Aufbau eines Integrationsteams hat ein Unternehmen einen neuen Ansatz geschaffen, um die Fähigkeiten von Mitarbeitern, die an ihrem bisherigen Arbeitsplatz aus gesundheitlichen Gründen nicht mehr eingesetzt werden können, sinnvoll weiter zu nutzen. Zum Einsatz kommt hierbei das Profilvergleichsverfahren IMBA (Integration von Menschen mit Behinderungen in die Arbeitswelt). Mit diesem Verfahren lassen sich Arbeitsplatzanforderungen und Fähigkeiten der Mitarbeiter auf der Basis einheitlicher Merkmale beschreiben und miteinander vergleichen. Der Profilvergleich ermöglicht den passgenauen Einsatz eines Mitarbeiters auf einem Arbeitsplatz, der seinen Fähigkeiten entspricht (siehe Abb. 10.30). Die Fähigkeitsprofile werden von Medizinern erstellt. Voraussetzung ist das Einverständnis der Mitarbeiter. Die erhobenen Daten werden vertraulich behandelt.

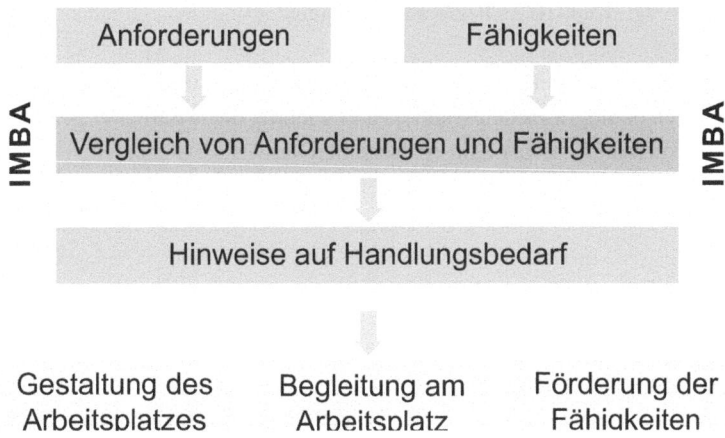

Abb. 10.30 Die Vorgehensweise beim Profilvergleich

Die Effekte des IMBA-Profilvergleiches sind:

- Befreiung von der Defizitbetrachtung und Mobilisierung der Potenziale und Ressourcen des Mitarbeiters sowie
- Zunahme des Selbstvertrauens des Mitarbeiters durch die Betonung der Fähigkeiten.

Beispiel 2
Ein Mitarbeiter arbeitete 25 Jahre als Schleifer in der Motorenfertigung. Seine Tätigkeit bestand unter anderem darin, die Kurbelwelle vom Band herunterzunehmen, auf den Tisch zu stellen, zu messen und vom Tisch wieder in den Automaten zu setzen. Da er diese Tätigkeit aufgrund eines Rückenleidens nicht weiter ausüben konnte, ist er als Staplerfahrer in die Logistikabteilung gewechselt.

Einsatz älterer Beschäftigter in anderen Aufgaben
Die mit dem Alter oftmals zunehmenden Fähigkeiten, Erfahrungen sowie bessere Persönlichkeitseigenschaften können und sollten für Aufgaben genutzt werden, die neben Fachwissen insbesondere soziale und methodische Kompetenzen erfordern (vgl. Kap. 4 „Leistungsfähigkeit und Alter – praxisrelevante Hinweise für Unternehmen und Beschäftigte").

Beispiele für solche Tätigkeiten sind Kundenbetreuung, Planung und Abwicklung von Projekten (z. B. Einführung eines Ideenmanagements im Unternehmen), die Verantwortung für die Ausbildung von Nachwuchskräften beziehungsweise für die betriebliche Weiterbildung.

Bei der Personalgewinnung die Potenziale Älterer nutzen
Ältere Mitarbeiter stellen für Unternehmen ein großes Potenzial an Fachwissen dar, deshalb sollten sie bei Personalgewinnung auch verstärkt berücksichtigt werden. Mehr Informationen hierzu: vgl. Kap. 10.2 „Personalgewinnung".

Welchen Bezug hat Personaleinsatz zu Leistungsfähigkeit und Demografie?
Bedingt durch den demografischen Wandel ist es wichtig, die Mitarbeiter gezielt und passgenau einzusetzen, damit sie bis zum Ausscheiden aus dem Erwerbsleben leistungsfähig bleiben. Darüber hinaus müssen Unternehmen versuchen, mit der Belegschaft von heute den Personalbedarf der Zukunft zu decken.

Weiterführende Informationen, Links
www.erfahrung-ist-zukunft.de [12.12.2013]
www.demowerkzeuge.de (Demografie-Werkzeuge/Werkezeuge im Überblick/Personaleinsatz/Personaleinsatz-Matrix) [12.12.2013]
http://www.gesetze-im-internet.de/bdsg_1990/__32.html (Bundesdatenschutzgesetz, § 32)
http://www.imba.de/einfuehrung.pdf [12.12.2013]
www.inqa.de [12.12.2013]
www.rehadat.de (Praxisbeispiele/Suche: Betriebliches Eingliederungsmanagement bei den Ford-Werken) [12.12.2013]

Literatur

Adenauer, S.: Die (Re-)Integration leistungsgewandelter Mitarbeiter in den Arbeitsprozess – Das Projekt FILM bei Ford Köln. In: angewandte Arbeitswissenschaft (2004), Nr. 181, S. 1–18

Bertelsmann Stiftung (Hrsg.); Bundesvereinigung der Deutschen Arbeitgeberverbände (Hrsg.): Erfolgreich mit älteren Arbeitnehmern. Strategien und Beispiele für die betriebliche Praxis, II Handlungsansätze und Beispiele guter Praxis. Gütersloh: Verlag Bertelsmann Stiftung, 2003

Bundesanstalt für Arbeitsschutz und Arbeitsmedizin (Hrsg.): Mit Erfahrung die Zukunft meistern! Altern und Ältere in der Arbeitswelt, 1. Auflage. Dortmund: Bundesanstalt für Arbeitsschutz und Arbeitsmedizin, 2004

Bundesministerium für Wirtschaft und Technologie (Hrsg.): Ratgeber Demografie. Tipps und Hilfen für Betriebe. Berlin: BMWi, 2007

Frerichs, F.: Der Einsatz älterer Mitarbeiter im Betrieb. In: angewandte Arbeitswissenschaft (1999), Nr. 159, S. 1–18

Fröhner, K.-D.: Alters- und alternsgerechte Gestaltung von Produktionssystemen. Probleme und Lösungsansätze in der betrieblichen Realität. In: angewandte Arbeitswissenschaft (1999), Nr. 161, S. 16–29

Großholz, M., Richter, K., Voigt, B. F. u. a.: Richtig flexibel – Anforderungen an innovative Personaleinsatzstrategien in KMU. In: PERSONALquarterly (2012), Nr. 1, S. 6–13

Huber, A.: Personalmanagement. München: Verlag Franz Vahlen, 2010

Jordan, P.: Anforderungen an den altersgerechten Personaleinsatz. In: angewandte Arbeitswissenschaft (1995), Nr. 146, S. 70–87

Knülle, E.: Integration leistungsgewandelter Mitarbeiter in einem Großunternehmen. Ein Beispiel für effektives betriebliches Eingliederungsmanagement. In: Badura B.; Schellschmidt, H.; Vetter, C. (Hrsg.): Fehlzeiten-Report 2006. Chronische Krankheiten. Betriebliche Strategien zur Gesundheitsförderung, Prävention und Wiedereingliederung. Heidelberg: Springer Medizin Verlag, 2007, S. 159–171

Landau, K. u. a. (Hrsg.): Altersmanagement als betriebliche Herausforderung. Stuttgart: ergonomia Verlag, 2007

Mühlbradt, T.; Schawilye, R.: Analyse personalwirtschaftlicher Risiken und Potenziale. In: Adenauer, S. u. a.; Institut für angewandte Arbeitswissenschaft (Hrsg.): Demografische Analyse und Strategieentwicklung in Unternehmen. Köln: Wirtschaftsverlag Bachem, 2005, S. 38–59

Neuhaus, R.: Erhaltung der Leistungsfähigkeit durch Arbeitsgestaltung. In: Adenauer, S. u. a.; Institut für angewandte Arbeitswissenschaft (Hrsg.): Demografische Analyse und Strategieentwicklung in Unternehmen, Köln: Wirtschaftsverlag Bachem, 2005, S. 75–78

Praxisbeispiel Harz Guss Zorge GmbH zum Personaleinsatz leistungsgeminderter Mitarbeiter

Die Harz Guss Zorge GmbH (HGZ) produziert seit 1870 Gussteile aus Eisen. Mit 500 Mitarbeitern werden in Zorge im Südharz jährlich bis zu 50 000 t komplexe Bauteile für den Maschinenbau und die Nutzfahrzeugindustrie hergestellt. Die „Steigerung des Arbeitsschutzes und der Gesunderhaltung unserer Mitarbeiter" ist Bestandteil der HGZ-Unternehmenspolitik. Die HGZ ist Teil der Georgsmarienhütte Unternehmensgruppe – einem führenden europäischen Stahlanbieter.

Wie war die Ausgangssituation?
15% der Mitarbeiter, die die HGZ heute beschäftigt, haben eine anerkannte Schwerbehinderung. Die Mitarbeiter arbeiten an für ihre Behinderung modifizierten Arbeitsplätzen, sodass sie trotz ihrer Einschränkung voll leistungsfähig sind. Die Mitarbeiter können so weiterhin in ihrem bisherigen Betätigungsfeld arbeiten und für das Unternehmen entfällt das Einrichten von Schonarbeitsplätzen. Für die vorbildliche Integration schwerbehinderter Mitarbeiter wurde die HGZ bereits mehrfach ausgezeichnet. Doch der heutige Zustand der Arbeitsplatzgestaltung ist das Ergebnis einer langen Entwicklung, die Anfang der neunziger Jahre durch die Eigeninitiative eines Mitarbeiters angestoßen wurde.

Der Anstoß: Ein schwerbehinderter Mitarbeiter der HGZ informierte sich, ob ihm aufgrund seiner Behinderung Fördermaßnahmen zustehen, um seine Beschäftigungsfähigkeit zu erhalten. Seine Recherche ergab, dass unter anderem das Integrationsamt[2] finanzielle Unterstützung bietet. Dem Mitarbeiter gelang es durch Förderung des Integrationsamtes einen ergonomischen Bürostuhl zu erhalten, der für seinen geschädigten Rücken eine große Entlastung darstellte.

Die HGZ war nun sensibilisiert. Sie stellte fest, dass es im Betrieb einige Mitarbeiter mit gesundheitlichen Problemen gab – sowohl Ältere als auch Jüngere. Allerdings hatten nur wenige Mitarbeiter einen Grad der Behinderung (GdB) oder sogar eine Schwerbehinderung durch ein Versorgungsamt feststellen lassen. Durch die Anerkennung einer Schwerbehinderung stehen Beschäftigten spezielle Beratungsangebote sowie finanzielle Leistungen zu.

Wie ist das Unternehmen vorgegangen?
Erklärtes Ziel der HGZ war es, ihre soziale Verantwortung als Arbeitgeber wahrzunehmen, indem sie die Gesundheit der Mitarbeiter fördert und durch Gestaltung der Arbeitsplätze sowie Arbeitsabläufe deren Leistungsfähigkeit auf Dauer sicherstellt. Geschäftsführer und Eigentümer unterstützten das Vorhaben. Das war eine wichtige Erfolgsvoraussetzung.

Um ein Bild des Ist-Zustands zu erhalten, wurden die Anforderungen und Belastungen der Arbeitsplätze sowie die Fähigkeiten der Mitarbeiter Abteilung für Abteilung analysiert. Zusätzlich wurde eine Altersstrukturanalyse durchgeführt (mehr zum Instrument der Altersstrukturanalyse siehe Teil 2 im Kompendium). Auf diese Weise gewann das Unternehmen einen guten Überblick, wie viele Mitarbeiter gesundheitlich eingeschränkt sind und für welche Arbeitsplätze eine Umgestaltung sinnvoll wäre. Anfangs stieß das

---

[2] Die Leistungen des Integrationsamtes werden durch die Ausgleichsabgabe (SGB IX, § 77) der Unternehmen finanziert, die zu zahlen ist, wenn Unternehmen bei 20 Arbeitsplätzen nicht mindestens 5% Schwerbehinderte beschäftigen (www.gesetze-im-internet.de/sgb_9/__77.html).

Unternehmen auf Unverständnis und Misstrauen seitens der Mitarbeiter – frei nach dem Motto: „Man wird hier aufs Abstellgleis geschoben." Durch viel Aufklärungs- und Überzeugungsarbeit legten sich die anfänglichen Bedenken der Mitarbeiter.

Das Unternehmen betrachtete bei der Analyse der Arbeitsplätze und bei der Suche nach Antworten auf die Frage, wie diese umgestaltet werden sollten, ganze Prozesse – und eben nicht nur eine einzelne Maschine, an der ein Mitarbeiter steht. Nur so konnte nach Überzeugung der Unternehmensverantwortlichen die Gestaltung der Arbeitsplätze entsprechend der Fähigkeiten der leistungsgeminderten Beschäftigten optimiert werden. In der Analyse stellte sich die Gussputzerei als kritisch heraus. Beim Gussputzen werden Kernreste am Gussstück entfernt und das Gussstück wird entgratet.

Nach und nach wurden Konzepte erarbeitet, um die Arbeitsplätze so umzugestalten, dass leistungsgeminderte Mitarbeiter weiterhin dort bleiben können und nicht auf Schonarbeitsplätze versetzt werden müssen. Zusätzlich lud die HGZ Mitarbeiter ein, Verbesserungsvorschläge für die Arbeitsplätze zu machen. Die Kosten für die Umsetzung der Maßnahmen wurden bei Mitarbeitern mit anerkannter Schwerbehinderung oft von Integrationsamt, Rentenversicherung, Berufsgenossenschaft oder Krankenkasse übernommen. Da es in der Regel eine maximale beziehungsweise eine prozentuale Fördersumme gibt, übernahm die HGZ die restlichen Kosten.

Einige Beispiele für die Umgestaltung der Arbeitsplätze:
- Gussteile werden strahltechnisch bearbeitet. Durch das Strahlen werden Verunreinigungen an den Gussstücken entfernt, und die Oberfläche erhält eine gleichmäßige Struktur. Für diesen Prozess hat die HGZ eine Maschine angeschafft, welche die Gussteile automatisch bewegt (vgl. Abb. 10.32). Zuvor waren Gussteile, die bis zu 50 Kilogramm wiegen, beim Strahlen per Hand gedreht und gewendet worden. Die körperliche Belastung wurde erheblich reduziert.
- Seil- und Hebezüge erleichtern den Transport von schweren Gegenständen.
- Ein Mitarbeiter hat durch einen Arbeitsunfall eine Hand verloren. Dadurch ist das Arbeiten an seinem bisherigen Arbeitsplatz unmöglich geworden. Durch Fördermittel konnte ein Stapler angeschafft werden, der sich einarmig bedienen lässt (vgl. Abb. 10.31). Elektrisch verstellbare Hebebühnen und Tische ermöglichen die Anpassung der Arbeitsplätze an die individuelle Körpergröße (vgl. Abb. 10.33).
- Die Materialaufbewahrung erfolgt in Gitterboxen mit Kipp-/Neigetechnik für ein rückenschonendes Be- und Entpacken (vgl. Abb. 10.34).

Abb. 10.31 Einarmig bedienbarer Stapler

Abb. 10.32 Strahlroboter

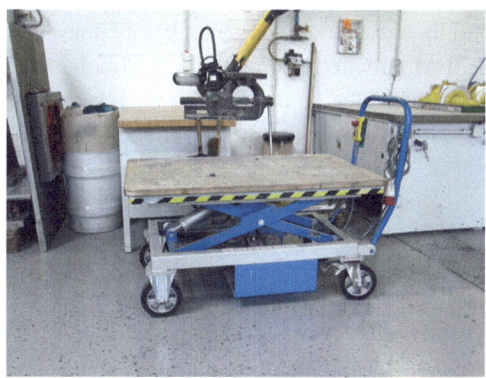

Abb. 10.33 Elektronisch höhenverstellbarer Wagen

Abb. 10.34 Gitterbox mit Kipp-/Neigetechnik

Wie werden Ergebnisse dargestellt und bewertet?
Im Rahmen des Unternehmenscontrollings finden monatliche Ergebnisbesprechungen statt. Dabei werden die aktuellen Ergebnisse aus der Produktion präsentiert und evaluiert, unabhängig davon, ob in den Bereichen leistungsgeminderte Mitarbeiter eingesetzt sind oder nicht. So besteht immer ein Überblick über die Leistungen der Mitarbeiter – und es lassen sich Entwicklungen sowohl positiver als auch negativer Art feststellen.

In den vergangenen 20 Jahren konnten bei der HGZ rund 80 Projekte realisiert werden – das heißt: Die Mitarbeiter konnten so an ihren Arbeitsplätzen bleiben – bei gleicher Produktivität wie Beschäftigte ohne gesundheitliche Einschränkungen. Um die umgesetzten Projekte bewerten zu können, hat das Unternehmen ein Schema in Anlehnung an den PDCA-Zyklus nach *Deming* entworfen (siehe Abb. 10.35). Der PDCA-Zyklus ist ein Instrument aus dem Qualitätsmanagement, das der kontinuierlichen Verbesserung von Prozessen dient. Die meisten der realisierten Projekte bei der HGZ wurden als erfolgreich bewertet – sowohl in Bezug auf die technische Umsetzung als auch in Bezug auf die Leistungsfähigkeit der leistungsgeminderten Mitarbeiter.

Positiv ist ebenfalls anzumerken, dass durch die Umgestaltung der Arbeitsplätze nicht nur beeinträchtigten Mitarbeitern, sondern auch Mitarbeitern ohne Gesundheitsproblem nützt, die in anderen Schichten arbeiten. Denn auch sie erfahren eine Erleichterung. Die HGZ hat in den vergangenen Jahren einen positiven Kulturwandel hin zu mehr Vertrauen und Offenheit erlebt, so Unternehmensverantwortliche. Zwar war der Prozess langwierig. Doch durch die gute Arbeit in der Vergangenheit sowie die Ergebnistransparenz der Geschäftsführung konnte ein Wandel erreicht werden. Die HGZ gilt unter dem Dach der Georgsmarienhütte inzwischen als Vorbild im Umgang mit leistungsgeminderten Mitarbeitern. Die Unternehmen der Holding können so von den Erfahrungen der HGZ profitieren.

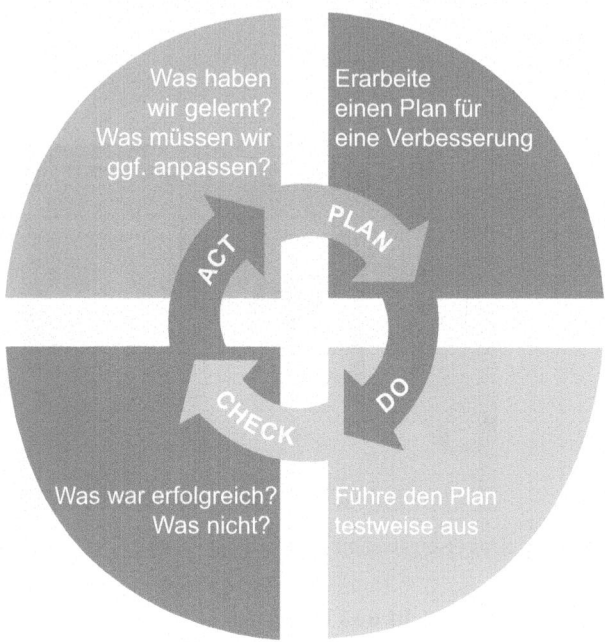

Abb. 10.35 PDCA-Zyklus nach Deming

Welche Empfehlungen gibt es?
Auf Basis ihrer gesammelten Erfahrungen empfiehlt die HGZ anderen Unternehmen, die ebenfalls Arbeitsplätze für leistungsgeminderte Beschäftigte umgestalten möchten, mit kleinen Projekten anzufangen. Zunächst sollten die Führungskräfte in diesen Betrieben darüber nachdenken, mit welchen einfachen Maßnahmen sich ein großer Effekt erzielen lässt. Die Integrationsämter bieten auch einen technischen Beratungsdienst an, der dabei hilft, ein Konzept für die behindertengerechte Gestaltung der Arbeitsplätze zu entwickeln. Auch Krankenkassen, die Deutsche Rentenversicherung oder die Berufsgenossenschaften unterstützen Unternehmen dabei.

Argumente dafür liefern beispielsweise Begehungen mit Ergonomie-Experten. Im Anschluss daran sprechen die Experten Empfehlungen aus. Liegt bei einem Beschäftigten ein

Grad der Behinderung vor, so können Unternehmen oft auf Fördermittel hoffen. Anträge dazu müssen allerdings genau vorbereitet sein. Dafür ist es wichtig, den Umgang mit den verschiedenen Anlaufstellen (Integrationsamt, Rentenversicherung, Berufsgenossenschaften und Krankenkassen) und das jeweilige Antragswesen zu kennen.

Die HGZ empfiehlt anderen Unternehmen, vor der Umgestaltung von Arbeitsplätzen eine genaue Prozessbeschreibung mit Anforderungs- und Belastungsanalyse zu erstellen. Ein klar definierter Prozess vereinfacht aus Sicht des Unternehmens den Ablauf der Antragsstellung und erhöht die Erfolgschance, Fördermittel zu erhalten.

Weiterführende Informationen, Links
Ausgleichsabgabe, SGB IX, § 77: http://www.gesetze-im-internet.de/sgb_9/__77.html
Bundesministerium für Arbeit und Soziales (Hrsg.): Informationen zum Thema „Schwerbehinderung". Berlin: Bundesministerium für Arbeit und Soziales, verfügbar unter: http://www.einfach-teilhaben.de/DE/StdS/Schwerbehinderung/schwerbehinderung_node.html
Bundesarbeitsgemeinschaft der Integrationsämter und Hauptfürsorgestellen GbR (Hrsg.): Technische Beratung der Integrationsämter. Münster: Bundesamt der Integrationsämter und Hauptfürsorgestellen GbR, verfügbar unter: http://www.integrationsaemter.de/service/60c168i1p39/index.html
Bundesarbeitsgemeinschaft der Integrationsämter und Hauptfürsorgestellen GbR (Hrsg.): Übersicht über die Aufgaben und Angebote der Integrationsämter. Münster: Bundesamt der Integrationsämter und Hauptfürsorgestellen GbR, verfügbar unter: http://www.integrationsaemter.de/Aktuell/72c/index.html

10.5 Personalbindung

Worum geht es in diesem Beitrag?
Die demografischen Veränderungen bringen eine Entwicklung vom Arbeitgebermarkt hin zum Arbeitnehmermarkt. Unternehmen werden es wesentlich schwerer haben, geeignete Fachkräfte zu finden. Sie werden verstärkt um Fachkräfte kämpfen und sich diese gegenseitig abwerben. Umso wichtiger wird die altersunabhängige Personalbindung sowie die Qualifikation und Motivation des eigenen Personals über ein länger werdendes Arbeitsleben hinweg. Sie erfahren hier, was Sie dafür tun können.

Überblick:
- Was sind Zielsetzung und Nutzen von Personalbindung?
- Wie werden Motivationsfaktoren für einen längeren Verbleib im Unternehmen ermittelt?
- Welche Möglichkeiten zur Bindung der Beschäftigten an das Unternehmen gibt es?
- Welchen Bezug hat Personalbindung zu Leistungsfähigkeit und Demografie?

Was sind Zielsetzung und Nutzen von Personalbindung?
In Zeiten von Fach- und Arbeitskräftemangel wird Mitarbeiterbindung immer wichtiger. Unternehmen muss daran gelegen sein, ihre Beschäftigten zum Bleiben zu motivieren. Denn zum einen wächst der Wettbewerb um die knapper werdenden Arbeitskräfte. Und zum anderen steigt aufgrund politischer Entscheidungen das Renteneintrittsalter (von den aktuell in der Großen Koalition beschlossenen Ausnahmen abgesehen).

Die veränderten Rahmenbedingungen zwingen zu neuen Denk- und Handlungsweisen in den Betrieben sowie bei den Beschäftigten: Die Unternehmen stehen vor der Herausforderung, die Leistungsfähigkeit und Leistungsbereitschaft der Beschäftigten bis 67 Jahre zu erhalten; die Beschäftigten müssen sich aktiv auf eine längere Lebensarbeitszeit vorbereiten.

Zielsetzung und Nutzen von Aktivitäten zur Personalbindung und Motivation für einen Verbleib von Beschäftigten sind **für die Unternehmen:**
Leistungsabfall und innerer Kündigung entgegenwirken:
- Wichtig ist eine Führungs- und Unternehmenskultur, die alle Mitarbeiter wertschätzt. Menschliche Anerkennung und Wertschätzung sind wichtig, um innerer Kündigung entgegenzuwirken. Das Gefühl, gebraucht zu werden, ist insbesondere für ältere Mitarbeiter wichtig. Führungskräfte sollten zudem allen Mitarbeitern Rückmeldung auf Arbeitsergebnisse geben (vgl. Kap. 11, Handlungsfeld „Unternehmenskultur und Führung optimieren").

Erhalt der Leistungsfähigkeit und Leistungsbereitschaft der Beschäftigten:
- Unabhängig von deren Alter müssen Unternehmen ihren Beschäftigten Bildungs- und Entwicklungsmöglichkeiten anbieten. Dies ist erforderlich, damit auch Ältere veränderte Arbeitsanforderungen bewältigen oder andere Aufgaben übernehmen können. Regelmäßige Schulung und Weiterbildung sind heute eine unabdingbare Voraussetzung für leistungsfähige Mitarbeiter (vgl. Abschn. 10.3 „Personalentwicklung und Personalqualifizierung").

Reduzierung von Fehlzeiten:
- Eine ergonomische Arbeitsplatzgestaltung, wie vom Arbeitsschutzgesetz gefordert, ist zum Erhalt der gesundheitlichen Leistungsfähigkeit wichtig. Motivation zu mehr Bewegung und sportlichen Aktivitäten in Gemeinschaft mit anderen fördert die Gesundheit. Unternehmen können hier mit örtlichen Fitnessstudios zusammenarbeiten und Kurse zu Rückenschulen anbieten, um Fehlzeiten durch Rückenprobleme zu vermeiden. Aktionstage in Zusammenarbeit mit den örtlichen Krankenkassen zeigen nachhaltige Wirkung auf das Gesundheitsbewusstsein (vgl. Kap. 8, Handlungsfeld „Arbeit gestalten" und Kap. 6 Handlungsfeld „Gesundheit aktiv gestalten").

Sicherung der Wettbewerbsfähigkeit durch leistungsfähige und motivierte Mitarbeiter:
- Durch Öffentlichkeitsarbeit kann das Image des Unternehmens als attraktiver Arbeitgeber positiv beeinflusst werden. Das erhöht die Chance, im Wettbewerb mit anderen Unternehmen für Bewerber interessant zu sein (vgl. Abschn. 10.2 „Personalgewinnung"). Unternehmen sollten auch älteren Mitarbeitern Möglichkeiten bereitstellen, Beruf und private Interessen zu vereinbaren (Work-Life-Balance). Dies ist zum Beispiel möglich durch flexible Arbeitszeitmodelle, die den Beschäftigten aller Altersgruppen Freiheitsgrade ermöglichen (vgl. Kap. 9, Handlungsfeld „Arbeitszeit gestalten").

Sicherung des notwendigen Fach- und Arbeitskräftebedarfs:
- Ein in der Öffentlichkeit positiv bekanntes Unternehmen hat es leichter, neue Mitarbeiter zu finden. Zum Beispiel durch Tage der offenen Tür, regionales Engagement sowie Kooperationen mit Schulen und Hochschulen haben Unternehmen Gelegenheit, sich als attraktive Arbeitgeber zu präsentieren (vgl. Abschn. 10.2 „Personalgewinnung").

Nutzen von Aktivitäten der Unternehmen zur Personalbindung und Motivation für einen Verbleib sind **für die Beschäftigten**:
(Gesundheitlich) leistungsfähig auch am Ende der Berufszeit:
- Motivation zu mehr Bewegung und sportlichen Aktivitäten in Gemeinschaft mit anderen fördert die Gesundheit. Kontinuierliche Angebote zu sportlichen Aktivitäten zeigen nachhaltige Wirkung auf das Gesundheitsbewusstsein (vgl. Kap. 12, Handlungsfeld „Gesundheit aktiv gestalten").

Durch anforderungsgerechte Qualifizierung mit Veränderungen Schritt halten:
- Regelmäßige Weiterbildung ist heute unabdingbare Voraussetzung für die Leistungsfähigkeit. Die Lernphase im Berufsleben ist mit dem Abschluss von Schule und Ausbildung nicht beendet. Nur wer sich ständig weiterqualifiziert, bleibt auf Augenhöhe mit den technischen und organisatorischen Fortschritten. Nur wer Qualifikationsangebote der Unternehmen wahrnimmt, kann die eigene Arbeits- und Beschäftigungsfähigkeit erhalten (vgl. Abschn. 10.3 „Personalentwicklung und Personalqualifizierung").

Die Arbeit ermöglicht es, Potenziale zu entfalten:
- Einsatzmöglichkeiten und Laufbahnperspektiven ermöglichen es auch Älteren, ihre Erfahrungen und Potenziale einzubringen (vgl. Abschn. 10.4 „Personaleinsatz").

Wie werden Motivationsfaktoren für einen längeren Verbleib im Unternehmen ermittelt?
Um Motivationsfaktoren für einen längeren Verbleib im Unternehmen zu ermitteln, kann beispielsweise auf die Erfahrungen aus dem Projekt „Mitten im Job" zurückgegriffen werden (www.mitten-im-job.de). Dieses Projekt soll Betriebe und Beschäftigte dafür sensibilisieren und motivieren, Beschäftigte länger im Unternehmen zu halten.

Betriebliche Aktivitäten setzen bei den Beschäftigten selbst an: Sie sollen eine positivere Einstellung zu einem späteren Renteneintrittsalter gewinnen. Kern des Projekts ist das Workshop-Programm „Erkennen – Handeln – Bewerten". Gemeinsam mit den älteren Beschäftigten werden Perspektiven erarbeitet, die sie motivieren, eine längere Berufstätigkeit anzustreben und diese auch aktiv zu gestalten (vgl. Tab. 10.4).

Zielsetzung: Bewusstseinswandel erreichen:
- Beschäftigte sollen erkennen: „Wir gehören nicht zum alten Eisen." Sie sollen stattdessen die eigenen Potenziale erkennen und die Faktoren herausfinden, die zum längeren Verbleib motivieren.
- Führungskräfte und Unternehmensleitungen sollen erfahren: Es gibt Motivationsanreize – und es macht Sinn, diese zu nutzen.

Grundlage für den angestrebten Bewusstseinswandel der Beschäftigten: Zunächst müssen die Faktoren ermittelt werden, die Beschäftigte motivieren können, länger im Unternehmen zu bleiben.

Beispiel aus der Betriebspraxis: In Mitarbeiter-Workshops (vgl. Tab. 10.4) wurden Vor- und Nachteile einer längeren Berufstätigkeit vor dem Hintergrund des betrieblichen Alltags und der individuellen Voraussetzungen herausgearbeitet. Unter Berücksichtigung der technischen, organisatorischen und wirtschaftlichen Rahmenbedingungen wurden gemeinsam Anforderungen an das Unternehmen und die Mitarbeiter formuliert, die zu einem längeren Verbleib im Berufsleben beitragen können. Die Workshop-Ergebnisse wurden der Unternehmensleitung vorgestellt und im Unternehmen kommuniziert. Sie werden als ein wichtiger Baustein für die Entwicklung hin zum demografiefesten Unternehmen genutzt. Die Erfahrungen aus dem Projekt werden auch für andere Standorte des Unternehmens genutzt.

Tab. 10.4 Ablauf des Workshops „Mitten-im-Job". (Helga et al. 2009)

Veranstaltungen	Inhalte
Auftakt-Workshop	Ziele und Erwartungen
	Demografische Entwicklungen
	Unternehmensdaten
Workshop I „Erkennen"	Zukünftige Herausforderungen
	Ältere Beschäftigte und Produktivität
	Anreize früher/später Ausstieg
	Arbeitsfähigkeitsindex
Workshop II „Handeln"	Handlungsansätze
	Längerer Verbleib (Wollen)
	Längerer Verbleib (Können)
	Wissenstransfer
Workshop III „Bewerten"	Erwartungen
	Verlauf der Workshops
	Handlungsvorschläge
	Wissenstransfer
	Weiteres Vorgehen

Welche Möglichkeiten zur Bindung der Beschäftigten an das Unternehmen gibt es?
Durch den zunehmenden Fachkräftemangel werden sich Unternehmen zukünftig gegenseitig qualifizierte Fachkräfte abwerben. In der Folge steigt die Fluktuation. Das führt zu erhöhten Kosten für die Gewinnung, Einarbeitung und Entwicklung von Personal. Deshalb ist es so wichtig, jüngere wie auch ältere Mitarbeiter mit geeigneten Maßnahmen an das Unternehmen zu binden. Attraktive Karrierechancen können Mitarbeiter motivieren, langfristig im Unternehmen zu bleiben. Allerdings ist es wegen schlanker Organisationsformen für Unternehmen oft schwierig, genügend Führungspositionen für High Potentials zu schaffen.

Eine Alternative zu klassischen Führungslaufbahnen sind Experten- oder Projektleiterlaufbahnen. Der Unterschied zur Führungslaufbahn besteht in erster Linie in der fehlenden Mitarbeiterverantwortung. Experten oder Projektleiter verfügen über spezielles Fachwissen und werden beispielsweise mit der Abwicklung komplexer Projekte beauftragt. Sie tragen damit zum unternehmerischen Erfolg entscheidend bei. Experten oder Projektleiter erhalten deshalb auch ein Einkommen, das dem von Führungskräften entspricht.

Allerdings wirken nicht ausschließlich materielle Anreize (Entgelt) motivierend. Vielfach sind es immaterielle Anreize, die Mitarbeiter motivieren. Diese sollten daher als Personalbindungsinstrumente stärker beachtet werden (vgl. auch Olesch 2007, S. 35 f.). Beispiele:

- Führungskultur und Betriebsklima
- eigener Handlungs- und Entscheidungsspielraum
- menschliche Anerkennung

- Bildungs- und Entwicklungsmöglichkeiten
- Arbeitsplatzgestaltung
- Arbeitszeitmodelle, die die Vereinbarkeit von Beruf und Familie für die Mitarbeiter aller Altersgruppen ermöglichen
- Sicherheit des Arbeitsplatzes
- Image des Unternehmens

Welchen Bezug hat Personalbindung zu Leistungsfähigkeit und Demografie?
Die demografischen Veränderungen bringen eine Entwicklung vom Arbeitgebermarkt hin zum Arbeitnehmermarkt: Qualifizierte Jobsuchende werden auf eine große Zahl von Angeboten stoßen – und die Unternehmen werden mehr Mühe haben, freie Stellen zu besetzen. Ziel der Unternehmen sollte es deshalb sein, die Belegschaft mit zielgruppengerechten Instrumenten an das Unternehmen zu binden.

Weiterführende Informationen, Links
www.mit-offenen-augen.de (Handreichungen/Handreichung 6: Motivation älterer Mitarbeiter) [12.12.2013]
Deutsche Gesellschaft für Personalführung e. V. (Hrsg.): Studie zur Professionalisierung des Personalmanagements. Düsseldorf: Deutsche Gesellschaft für Personalführung, 2012, verfügbar unter: http://static.dgfp.de/assets/empirischestudien/2011/DGFP-Langzeitstudie-Professionelles-Personalmanagement-2012-pix.pdf [12.12.2013]
Projekt
von Rothkirch + Partner (Hrsg.): Mitten im Job – Perspektiven für ein längeres Berufsleben. Erfahrungen und Angebote für Betriebe und Beschäftigte. Düsseldorf: von Rothkirch + Partner, 2008, verfügbar unter: www.mitten-im-job.de [12.12.2013]
Beckmann, S.: Expertenkarriere als Alternative zur Führungslaufbahn: am Beispiel der SEW-EURODRIVE GmbH & Co KG. Saarbrücken: Akademiker Verlag, 2012
Dombusch, M.; Ladwig, D.: Fachlaufbahnen, Neuwied: Wolters Kluwer Deutschland, 2010
Lang, K.; Rattay, G.: Leben in Projekten. Projektorientierte Karriere- und Laufbahnmodelle. Wien: Linde Verlag, 2004

Literatur
Olesch, G.: Welche personalpolitischen Strategien erfordert die demografische Entwicklung? In: angewandte Arbeitswissenschaft (2007), Nr. 193, S. 27–36
Seitz, C.: Gesucht: Motivierte Mitarbeiter, die im Unternehmen bleiben. In: Adenauer, S. u. a.; Institut für angewandte Arbeitswissenschaft e. V. (Hrsg.): Demografische Analyse und Strategieentwicklung in Unternehmen. Köln: Wirtschaftsverlag Bachem, 2005, S. 83–90
Unger, H.; Rickert, S.; Akkus, A.: Mitten im Job. In: Personal (2009), Nr. 5, S. 40–43
Bundesministerium für Wirtschaft und Technologie (Hrsg.):
Ratgeber Demografie. Tipps und Hilfen für Betriebe. Berlin: BMWi, 2007, Kap. 4.1. Personaleinsatz und Mitarbeiterbindung, S. 12–17

10.6 Gestaltung Berufsaustritt

Worum geht es in diesem Beitrag?
Die „Phase Berufsaustritt" markiert die letzten Jahre vor dem Wechsel in den Ruhestand. Sie erfahren auf den folgenden Seiten, warum gerade dieser Abschnitt des Erwerbslebens die besondere Aufmerksamkeit von Führungskräften und Unternehmen erfordert. Die aktive Gestaltung dieser Phase eröffnet Chancen für Unternehmen und Beschäftigte. Was ist in Sachen „Laufbahn" und „Qualifikation" zu tun, damit Beschäftigte bis zum Renteneintritt motiviert und produktiv bleiben? Der Handlungsbedarf wird im „Zukunftsgespräch" ermittelt. Dabei handelt es sich um ein Mitarbeitergespräch ohne disziplinarischen Charakter. Eine Reihe von Stellschrauben ermöglicht es, die Phase „Gestaltung Berufsaustritt" für Unternehmen sowie Beschäftigte gewinnbringend zu gestalten.

Überblick:
- Was ist unter der „Phase Berufsaustritt" zu verstehen?
- Was ist das Ziel der Gestaltung der Phase Berufsaustritt?
- Welchen Bezug hat die Gestaltung der Phase Berufsaustritt zu Leistungsfähigkeit und Demografie?
- Was muss, was sollte beachtet werden?
- Welche Stellschrauben gibt es?
- Checkliste:
  „Zukunftsgespräche" – Rahmenbedingungen für die Etablierung im Unternehmen

Was ist unter der „Phase Berufsaustritt" zu verstehen?
Die „Phase Berufsaustritt" bezeichnet in der Regel die fünf Jahre der Berufstätigkeit eines Beschäftigten vor dem regulären Renteneintritt. Darauf konzentriert sich dieses Kapitel. In einer enger gefassten Bedeutung ist die Zeit unmittelbar vor dem Austritt des Beschäftigten aus dem Beruf in den Ruhestand und die Vorbereitung des Beschäftigten auf die Zeit nach dem Berufsleben gemeint.

Kernelement der Gestaltung der Phase Berufsaustritt und des Übergangs in die Rente sind „Zukunftsgespräche" zwischen Unternehmen und Beschäftigtem. Dabei soll der Handlungsbedarf ermittelt werden. Die Handlungsmöglichkeiten sind dabei eng vernetzt mit Teil 3; „Personalentwicklung und Personalqualifizierung" (Abschn. 10.3), „Personalbindung" (Abschn. 10.5) und Kap. 12 Handlungsfeld „Gesundheit aktiv gestalten".

Was ist das Ziel der Gestaltung der Phase Berufsaustritt?
Mit der Gestaltung der Phase Berufsaustritt können Unternehmen beispielsweise folgende Ziele realisieren (vgl. von Rothkirch + Partner 2008):

- Sie können Transparenz über die Vorstellungen von Beschäftigtem und Unternehmen in Bezug auf die Gestaltung dieser Berufsphase schaffen. Dafür eignet sich das Instrument „Zukunftsgespräch" (siehe auch „Welche Stellschrauben gibt es?").
- Sie können die Leistungsfähigkeit und Leistungsbereitschaft der Beschäftigten bis 67 erhalten beziehungsweise stärken.
- Sie können durch einen organisierten Wissenstransfer frühzeitig unternehmenswichtiges Know-how sichern.
- Sie können frühzeitig die Nachfolgeplanung organisieren.
- Sie können ältere Beschäftigte so einsetzen, dass ihre Potenziale bestens genutzt werden.

Welchen Bezug hat die Gestaltung der Phase Berufsaustritt zu Leistungsfähigkeit und Demografie?
Seitdem es die staatlich geförderte Frühverrentung nicht mehr gibt und das reguläre Renteneintrittsalter abgesehen von den aktuell durch die Große Koalition beschlossenen Ausnahmen sukzessive auf 67 angehoben wird, verbleiben die Beschäftigten in der Regel über das Alter der Frühverrentung hinaus bis 65 beziehungsweise 67 im Unternehmen.

Unternehmen und Beschäftigte, die bislang von der staatlich geförderten Frühverrentungsmöglichkeit Gebrauch gemacht haben, stehen vor der Herausforderung, die Phase der Berufstätigkeit über das Alter von 50 beziehungsweise 55 Jahren hinaus bis 67 produktiv zu gestalten. Insbesondere bedeutet das, die Leistungsfähigkeit und Leistungsbereitschaft der Beschäftigten bis 67 aktiv zu stärken. Mit leistungsfähigen und motivierten älteren Beschäftigten können Unternehmen den Fachkräftemangel lindern.

Was muss, was sollte beachtet werden?
- Die Altersstrukturanalyse und -prognose zeigt auf, bei welchen Mitarbeitern eine aktive Gestaltung der Phase Berufsaustritt ansteht (siehe Teil 2: „Vorgehensmodell – von der demografischen Analyse zum Handlungskonzept").
- Das Instrument „Zukunftsgespräch" ist geeignet, Handlungsbedarf für die Gestaltung der Phase Berufsaustritt festzustellen (siehe „Welche Stellschrauben gibt es?")
- Der Sinn von „Zukunftsgesprächen" muss im Unternehmen klar sein und kommuniziert werden, wenn dies nicht der Fall ist. Das trägt dazu bei, Ängste und Unsicherheiten zu vermeiden, wenn Beschäftigte diese Gespräche irrtümlich mit Entlassungsgefahren verbinden.
- Führungskräfte brauchen Fingerspitzengefühl bei der Durchführung von „Zukunftsgesprächen". Hinweise finden Sie im Anhang zu diesem Kapitel.

Welche Stellschrauben gibt es?
Gesundheit, Qualifikation, Laufbahn – „Zukunftsgespräche" für eine produktive Gestaltung der letzten Phase im Erwerbsleben: In vielen Betrieben bemängeln Mitarbeiter fehlende Anlässe und Gelegenheiten, ihre Vorstellungen und Vorschläge zur Arbeitsgestal-

tung vorzubringen. Was hier fehlt, ist ein Kommunikationsinstrument, das auf der einen Seite strukturiert und ergebnisbezogen ist, auf der anderen Seite aber die Möglichkeit zum offenen Gespräch der Parteien auf Augenhöhe bietet. Als Mitarbeitergespräch ohne disziplinarischen Charakter bietet das „Zukunftsgespräch" die Möglichkeit der Kommunikation zwischen Arbeitnehmer und Arbeitgeber über die Themen „Gesundheit", „Qualifikation" und „Laufbahngestaltung". So soll gerade auch die letzte Phase des Erwerbslebens zum beiderseitigen Vorteil gestaltet werden.

Die Leistungsfähigkeit und Leistungsbereitschaft der Beschäftigten bis 67 kann zum Beispiel durch folgende Maßnahmen erhalten beziehungsweise gestärkt werden:

- flexible Gestaltung der Arbeitszeit zum Beispiel Teilzeitarbeit für einen gleitenden Ausstieg (vgl. Teil 3, Kap. 9, Handlungsfeld „Arbeitszeit gestalten"),
- potenzialorientierter Einsatz (siehe Abschn. 10.4 „Personaleinsatz"),
- betriebliche Weiterbildung, die Beschäftigte aller Altersgruppen einbezieht (siehe Abschn. 10.3 „Personalentwicklung und Personalqualifizierung"),
- betriebliche Gesundheitsförderung für alle Altersgruppen (siehe Kap. 12, Handlungsfeld „Gesundheit aktiv gestalten") und
- die konsequente Einhaltung arbeitswissenschaftlicher Empfehlungen bei der Arbeitsgestaltung; im Bedarfsfall individuelle Maßnahmen (siehe Kap. 8, Handlungsfeld „Arbeit gestalten").

Der Wissenstransfer ist frühzeitig zu organisieren, um unternehmenswichtiges Wissen zu sichern.
Notwendiges Wissen kann rechtzeitig gesichert werden, indem Betrieb und Mitarbeiter die verbleibende Zeit im Unternehmen entsprechend planen. Es wird zum Beispiel festgelegt, wie der Mitarbeiter sein Know-how weitergeben kann, welche Ressourcen er hierfür erhält und wie sich gegebenenfalls sein Tätigkeitsprofil verändert. Zur Debatte steht hier, ob er sich stärker aus dem Tagesgeschäft zurückziehen kann, ob in seine Arbeitsrolle eine Lehrfunktion integriert wird, ob er interner „Dienstleister" wird statt „Produzent" zu bleiben (vgl. *Reindl* u. a. 2004, S. 127; vgl. Teil 3, Kap. 13 Handlungsfeld „Wissen sichern und weitergeben").

Die Nachfolgeplanung ist frühzeitig zu organisieren, um den Fachkräftebedarf zu sichern.
Daten aus der Altersstrukturanalyse und -prognose geben eine Übersicht darüber, in welchen Bereichen welche Mitarbeiter zu welchem Zeitpunkt das Renteneintrittsalter erreicht haben und aus dem Unternehmen ausscheiden werden. Wenn man diese Daten rechtzeitig erhebt, bleibt genügend Zeit, beispielsweise die Nachfolgeplanung und den Wissenstransfer rechtzeitig zu regeln.

Eine frühzeitige Nachfolgeplanung ist notwendig, um die Lücke, die der ausscheidende Mitarbeiter hinterlässt, rechtzeitig zu schließen, wenn die Stelle besetzt werden soll. Die Nachfolgeplanung kann zum Beispiel mithilfe eines entsprechenden Diagramms vorgenommen werden.

Bei der Planung und Realisierung der Nachfolge sind folgende Leitfragen hilfreich:
- Kann über die interne Personalentwicklung eine Nachwuchskraft für die zu besetzende Position gefunden und qualifiziert werden?
- Muss die Nachwuchskraft am externen Arbeitsmarkt gesucht werden?
- Welche Überlappungszeit muss für die Einarbeitung des Nachfolgers einkalkuliert werden?
- Wie kann die temporäre Doppelbesetzung zum Beispiel auch für die Weitergabe von Wissen genutzt werden?

Weiterführende Informationen, Links
Blazek, Z. u. a.; Institut der deutschen Wirtschaft (Hrsg.): PersonalKompass. Demografiemanagement mit Lebenszyklusorientierung. Leitfaden für moderne Personalarbeit. Köln: Institut der deutschen Wirtschaft, 2011

Dieckhoff, K.; Schreurs, M.; Schröter, W.: Auch Erfahrung zählt. Zukunft mit älteren Mitarbeiterinnen und Mitarbeitern gestalten. Eschborn: RKW-Verlag, 2003

GESAMTMETALL: Ältere Arbeitnehmer. Hier: Flexibler Übergang in die Rente (TV Flex Ü) der Metall- und Elektroindustrie http://www.gesamtmetall.de/gesamtmetall/meonline.nsf/id/DE_Aeltere_Arbeitnehmer [15.12.2013]

„Zukunftsgespräche"

Fragen, die in ein solches Gespräch eingebaut werden können, sind z. B. unter dem folgenden Link zu finden: Projekt//Betrieblicher Dialog zum demographischen Wandel: www.mit-offenen-augen.de (Handreichungen/Handreichung 6: Motivation älterer Mitarbeiter, S. 5) [15.12.2013]Beispiele für Fragen: Fragen zur Reflexion des eigenen Berufsweges 50 plus) http://www.11d.de/mit-offenen-augen/handreichungen4_fr.html [15.12.2013]

Literatur
Bertelsmann Stiftung, Bundesvereinigung der Deutschen Arbeitgeberverbände (Hrsg.): Demographiebewusstes Personalmanagement. Strategien und Beispiele für die betriebliche Praxis. Gütersloh: Bertelsmann Stiftung, 2008

Bertelsmann Stiftung, Zukunftsgespräch: http://www.bertelsmann-stiftung.de/cps/rde/xchg/SID-D59F2F46-2AE76CCC/bst/hs.xsl/6555_80605.htm [15.12.2013]

Bertelsmann Stiftung (Hrsg.): Studie: Älter werden – aktiv bleiben, repräsentative Umfrage, 2006. Arbeitnehmer in Deutschland wollen auch in fortgeschrittenem Alter beruflich aktiv bleiben.

Hier kann die Studie als pdf abgerufen werden: http://www.bertelsmann-stiftung.de/cps/rde/xchg/SID-430FA96E-B3412327/bst/hs.xsl/nachrichten_30827.htm [15.12.2013]

Bildungswerk der Hessischen Wirtschaft e. V.: Projekt. Betrieblicher Dialog zum demographischen Wandel: www.mit-offenen-augen.de (Handreichungen/Handreichung 4: Demographische Entwicklung – Jenseits der Altersteilzeit); (Handreichungen/Handreichung 2: ältere Mitarbeiter und Innovationsprozesse) [15.12.2013]

Demografischer Wandel – (k)ein Problem. Werkzeuge für die betriebliche Personalarbeit/Werkzeuge im Überblick/Berufsaustritt, Übergang in die Rente http://www.demowerkzeuge.de/werkzeuge-im-uberblick/berufsaustritt-ubergang-in-die-rente/ [15.12.2013]

Reindl, J. u. a.; VDMA (Hrsg.): Für immer jung? Wie Unternehmen des Maschinenbaus dem demografischen Wandel begegnen. Frankfurt/Main: VDMA-Verlag, 2004, Kap. 6: Handlungsfeld Berufsaustritt, S. 107–135

von Rothkirch + Partner (Hrsg.): Mitten im Job – Perspektiven für ein längeres Berufsleben. Erfahrungen und Angebote für Betriebe und Beschäftigte. Düsseldorf: von Rothkirch + Partner, 2008, verfügbar unter: www.mitten-im-job.de [15.12.2013]

Checkliste „Zukunftsgespräche"

Rahmenbedingungen für die Etablierung im Unternehmen
- Achten Sie darauf, dass eine klare Vereinbarung über die Rahmenbedingungen für „Zukunftsgespräche" getroffen wird. Halten Sie diese Vereinbarung schriftlich fest und kommunizieren Sie sie an alle Mitarbeiter im Unternehmen. Beziehen Sie den Betriebs- oder Personalrat (falls vorhanden) ein.
- Legen Sie das Alter fest, ab wann „Zukunftsgespräche" geführt werden sollten.
- Legen Sie auch den Turnus für die „Zukunftsgespräche" fest, z. B. alle 3 bis 5 Jahre bzw. auf Wunsch des Mitarbeiters auch Zwischengespräche.
- Machen Sie deutlich, dass es bei dem „Zukunftsgespräch" nicht um die Beurteilung der Leistung geht. „Zukunftsgespräche" sollten von den regulären Mitarbeitergesprächen abgegrenzt werden.
- Ermöglichen Sie dem Beschäftigten, eine Vertrauensperson zu dem „Zukunftsgespräch" mitzubringen.
- Informieren Sie den Beschäftigten im Voraus umfassend über den Ablauf, Inhalt, Sinn und Ziel des Gesprächs. Dadurch nehmen Sie dem Mitarbeiter die Angst, dass in dem Gespräch eine mögliche Degradierung oder gar Entlassung vorbereitet werden könnte.

Hinweise zur Gesprächsvorbereitung
- Eine gute Gesprächsvorbereitung auch im Interesse einer strukturierten Gesprächsführung seitens des Arbeitgebers bzw. der Führungskraft ist erforderlich. Dazu gehört beispielsweise, dass die Führungskraft sich über die Aufgaben des Beschäftigten und Veränderungsmöglichkeiten (z. B. im Hinblick auf einen anderen Einsatz, Teilzeitarbeit), die dem Beschäftigten angeboten werden können, informiert.
- Es ist wichtig, den Beschäftigten frühzeitig deutlich zu machen, welche Absicht das Unternehmen mit dem Gespräch verfolgt, um möglichen Ängsten und Unsicherheiten der Beschäftigten entgegenzuwirken. Vermeiden Sie schriftliche Befragungen der Beschäftigten; führen Sie die Gespräche individuell. Der Beschäftigte sollte frühzeitig zu dem Gespräch eingeladen werden, so dass er auch Gelegenheit hat, sich über seine Vorstellungen klar zu werden. Das Gespräch sollte von der Leistungsbeurteilung entkoppelt werden.

- Die Altersstrukturanalyse und -prognose der Belegschaft gibt Auskunft darüber, mit welchen Mitarbeitern Gespräche anstehen.

Hinweise zur Gesprächsführung
- Erstellen Sie einen strukturierten Ablaufplan und erarbeiten Sie einen Gesprächsleitfaden. So stellen Sie sicher, dass keine Punkte vergessen werden und die Gespräche vergleichbar ablaufen.
- Nehmen Sie sich ausreichend Zeit für das Gespräch und sorgen Sie dafür, dass Sie während des Gespräches nicht gestört werden.
- Führen Sie das Gespräch nicht am Arbeitsplatz des Mitarbeiters, sondern wählen Sie einen neutralen Raum.
- Dokumentieren Sie das Gespräch und halten Sie somit das Gesprächsergebnis fest. Es dient als Grundlage entsprechender Aktivitäten und als Orientierung für weitere Gespräche; geben Sie dem Mitarbeiter eine Kopie.

Beispiele für Inhalte eines „Zukunftsgespräches"
- Pläne des Beschäftigten über den Zeitpunkt des Ausscheidens aus dem Betrieb, d. h. Klärung zeitlicher Vorstellungen und Perspektiven;
- Vorstellungen und Möglichkeiten für eine Flexibilisierung oder Reduzierung der Arbeitszeit (z. B. Teilzeitarbeit);
- Vorstellungen darüber, ob der ältere Beschäftigte seine derzeitige Tätigkeit problemlos bis zur Rente ausüben kann;
- Möglichkeiten der Anpassung von Arbeitsplatz und/oder Arbeitsumgebung zur Reduzierung möglicher Belastungen;
- Möglichkeit zur Veränderung des Aufgabenzuschnitts;
- Möglichkeiten zur Umsetzung auf einen anderen Arbeitsplatz;
- Wissenstransfer;

Quelle

Blazek, Z u. a.; Institut der deutschen Wirtschaft (Hrsg.): PersonalKompass. Demografiemanagement mit Lebenszyklusorientierung. Leitfaden für moderne Personalarbeit. Köln: Institut der deutschen Wirtschaft, 2011

Handlungsfeld „Unternehmenskultur und Führung optimieren" 11

Sibylle Adenauer, Norbert Baszenski, Michael Bohrmann, Jürgen Dörich, Timo Marks, Ralf Neuhaus und Sven Rottinger

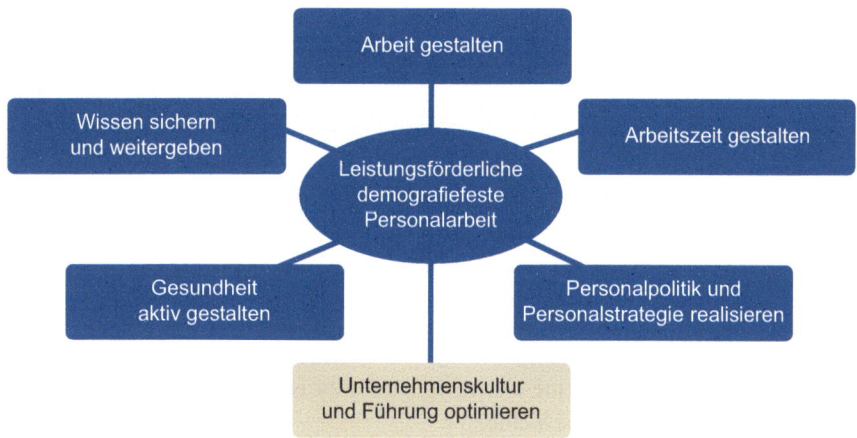

S. Adenauer (✉) · N. Baszenski · T. Marks · R. Neuhaus
Institut für angewandte Arbeitswissenschaft e. V. (ifaa), Düsseldorf, Deutschland
E-Mail: s.adenauer@ifaa-mail.de

N. Baszenski
E-Mail: n.baszenski@ifaa-mail.de

M. Bohrmann
Karl Otto Braun GmbH & Co. KG, Wolfstein, Deutschland

J. Dörich
Südwestmetall, Stuttgart, Deutschland

T. Marks
E-Mail: t.marks@ifaa-mail.de

S. Rottinger
Düsseldorf, Deutschland

© Springer-Verlag Berlin Heidelberg 2015
Institut für angewandte Arbeitswissenschaft e. V. (ifaa) (Hrsg.),
Leistungsfähigkeit im Betrieb, ifaa-Edition, DOI 10.1007/978-3-662-43398-0_11

Worum geht es in diesem Beitrag?
Sie erfahren, welche Bedeutung Unternehmenskultur und Führung im Unternehmen haben. Die folgenden Seiten informieren auch darüber, welche Herausforderungen der demografische Wandel mit seinen Begleiterscheinungen – Fachkräftemangel und ältere Belegschaften – an die Gestaltung einer alternsgerechten Unternehmens- und Führungskultur stellt. Hier ist viel Veränderungsfähigkeit und -bereitschaft gefordert. Unternehmenskultur und Führungskultur haben Einfluss auf den wirtschaftlichen Erfolg eines Unternehmens – und sie sind gestaltbar.

Überblick
- Was ist Unternehmenskultur?
- Was ist Führung?
- Was ist das Ziel von Unternehmenskultur und von Führung?
- Welchen Bezug haben Unternehmenskultur und Führung zu Leistungsfähigkeit und Demografie?
- Was muss, was sollte bei Unternehmenskultur und Führung beachtet werden?
- Welche „Stellschrauben" gibt es?

Was ist Unternehmenskultur?
Unternehmenskultur setzt sich aus der Gesamtheit gemeinsamer Werte, Normen und Einstellungen, die das Verhalten, Handeln und die Entscheidungen der Mitglieder einer Organisation prägen, zusammen. Eine Unternehmenskultur ist oft das gewachsene Ergebnis einer längeren Unternehmensgeschichte.

Bei der Unternehmenskultur lassen sich zwei Ebenen unterscheiden:

- die – nicht sichtbare – Tiefenstruktur als handlungsprägende Ebene (Werte, Normen, Einstellungen),
- die auch von außen wahrnehmbare Oberflächenstruktur – zum Beispiel das Verhalten der Mitglieder einer Organisation untereinander, gegenüber dem Kunden (zum Beispiel in Bezug auf Liefertreue, Qualität, Verhalten bei Reklamationen, am Telefon) sowie gegenüber Besuchern im Unternehmen.

Werte und Normen sind zentrale Elemente einer Unternehmenskultur. Werte legen fest, was „gut" und „nicht gut" ist. Normen geben vor, was „erlaubt" und was „nicht erlaubt" ist.

Was ist Führung?
„Führen" bedeutet (Duden-online www.duden.de/rechtschreibung/fuehren) [25.03.2014]:

- jemandem den Weg zeigen und dabei mit ihm gehen, ihn geleiten; leiten; auf einem Weg oder Ähnliches geleiten,
- jemanden veranlassen, an einen bestimmten Ort mitzukommen; an einen bestimmten Ort bringen; geleiten.

Im Unternehmen unterscheidet man zwischen Unternehmensführung und Personalführung. Unternehmensführung (Management) ist die zielorientierte Gestaltung, Steuerung und Entwicklung eines Unternehmens. Personalführung beziehungsweise Mitarbeiterführung (Leadership) ist ein Teilgebiet des Personalmanagements. Personalführung ist eine bewusste und zielbezogene Einflussnahme auf die Mitarbeiter und deren Verhalten.

„Führungskräfte aller Ebenen zeichnen sich gegenüber Nicht-Führungskräften dadurch aus, dass sie neben ihren fachlichen Aufgaben typische Führungsaufgaben wie Delegieren, Kontrollieren und Entscheiden wahrnehmen" (*Huber* 2013). Neben Führungspositionen mit disziplinarischer Weisungsbefugnis nehmen Leitungsaufgaben mit Führungsverantwortung, jedoch ohne disziplinarische Weisungsbefugnis – zum Beispiel die Leitung von Projekten –, an Bedeutung zu.

Was ist das Ziel von Unternehmenskultur und von Führung?
Die Unternehmenskultur, insbesondere die ihr zugrunde liegenden Werte und Normen, bilden den Rahmen, an dem sich die Mitglieder einer Organisation orientieren. Werte und Normen, insbesondere, wenn sie als Unternehmensleitlinien formuliert sind, schaffen Klarheit für alle Mitglieder einer Organisation. Sie geben der Organisation eine Identität. Werte und Normen sind durch die Formulierung von Unternehmensleitlinien gestaltbar (siehe Abb. 11.1).

Führung hat die Funktion, einen Prozess zu starten, in Gang zu halten, erfolgreich zum Abschluss zu bringen und auf diese Weise die gesteckten Ziele zu realisieren. Führen heißt, „Orientierungsgeber und Motor von Entwicklungen und Veränderungen zu sein" (vgl. *Berner* 2003). Das gilt sowohl für die Unternehmensführung als auch für die Personalführung.

Aufgabe und Ziel der Unternehmensführung ist die Stärkung der Produktivität und Wettbewerbsfähigkeit des Unternehmens. Sie formuliert die Unternehmensziele, die künftige Ausrichtung und die Strategie zur Erreichung der Ziele.

Ziel der Personalführung beziehungsweise Mitarbeiterführung ist es, den Mitarbeitern zu helfen, erfolgreich zu sein – das heißt, sie dabei zu unterstützen, ihre Aufgaben im Interesse der Unternehmensziele erfolgreich zu erledigen. Das ist die Aufgabe der direkten Vorgesetzten.

Aufgabe der Projektleitung ist die erfolgreiche Abwicklung und Umsetzung eines Projekts. Dazu gehört, dafür zu sorgen, dass die Projektmitarbeiter das Projektziel im verfügbaren Zeitrahmen erreichen.

Abb. 11.1 Zusammenwirken von Unternehmenszielen, Unternehmensleitlinien und Unternehmenskultur. (Olesch 2010, S. 87)

Führungsleitlinien geben Führungskräften eine Orientierung, wie Führung im Unternehmen verstanden wird. Wie Führungsleitlinien erarbeitet werden und wie eine Unternehmenskultur entwickelt werden kann, zeigt das Beispiel Phoenix Contact, das Professor Gunther Olesch in seinem Buch „Erfolgreich mit Personalmanagement" ausführlich darstellt (*Olesch* 2010).

Welchen Bezug haben Unternehmenskultur und Führung zu Leistungsfähigkeit und Demografie?

Führung im Betrieb soll bewirken, dass sich die Mitarbeiter ganz für die Erreichung der Unternehmensziele einsetzen. Eine gute Mitarbeiterführung trägt wesentlich zur Leistungsfähigkeit und Leistungsbereitschaft der Beschäftigten und somit zur Wettbewerbsfähigkeit eines Unternehmens bei.

Allerdings zeigen betriebliche Erfahrungen, dass nicht nur materielle Anreize (Entgelt) motivieren. Vielfach sind auch immaterielle Anreize personalbindend – dazu zählen zum Beispiel eigene Handlungsspielräume, Anerkennung, Work-Life-Balance und die Arbeitsplatzsicherheit (vgl. auch *Olesch* 2007, S. 35 f. und Teil 3, Kap. 10.5 „Personalbindung").

Führungskräfte vermitteln durch ihr Verhalten die Ziele, Leitlinien und Werte des Unternehmens. Somit haben sie einen wesentlichen Einfluss auf das Verhalten ihrer Mitarbeiter, wenn es darum geht, Kompetenzen und Potenziale Älterer zu erkennen und anzuerkennen und eine produktive Zusammenarbeit unterschiedlicher Menschen mit unterschiedlichen Fähigkeiten und unterschiedlichem Alter zu ermöglichen. Führungskräfte beeinflussen entscheidend, welches Bild vom Alter und von den Potenzialen Älterer im Unternehmen besteht.

Führungskräfte können nur dann positive Altersbilder im Unternehmen vermitteln, wenn sie ihrem eigenen Alter positive Aspekte abgewinnen können und dies den Beschäftigten vorleben. Voraussetzung ist, dass Führungskräfte wissen, von welchen Faktoren die Leistungsfähigkeit beeinflusst wird und wie sich die Leistungsfähigkeit mit dem Alter entwickelt (siehe Teil 1, Kap. 3 „Leistungsfähig sein und bleiben" und Kap. 4 „Leistungsfähigkeit und Alter – praxisrelevante Hinweise für Unternehmen und Beschäftigte").

Älter werdende Belegschaften fordern Führungskräfte besonders. Diese müssen bei allen Führungsentscheidungen die in den Vordergrund tretenden demografischen Herausforderungen berücksichtigen. Welche das sind, wird in Teil 3 des Kompendiums jeweils in den betreffenden Handlungsfeldern verdeutlicht.

Was muss, was sollte bei Unternehmenskultur und Führung beachtet werden?
Die Auswirkungen der demografischen Entwicklung erfordern von den Unternehmen ein Umdenken und stellen folgende Herausforderungen an die Unternehmenskultur. Die Führung muss:

- frühzeitig ermitteln, welche Auswirkungen die demografische Entwicklung auf das eigene Unternehmen hat; sie muss hier für eine entsprechende Bedarfsanalyse und Verankerung des Themas im Unternehmen mit entsprechender Transparenz und Information sorgen (siehe Teil 1 und 2 des Kompendiums);
- den demografiebedingten betriebsspezifischen Handlungsbedarf ermitteln (siehe Teil 2, Kap. 5 „Vorgehensmodell – von der demografischen Analyse zum Handlungskonzept");
- die Potenziale älterer Beschäftigter erkennen, fördern und nutzen: Die Leistungsfähigkeit der Beschäftigten muss frühzeitig präventiv gefördert und langfristig erhalten werden, um auch mit älteren Belegschaften produktiv zu sein; der notwendige Einstellungswandel gegenüber der Leistungsfähigkeit Älterer muss sich in der Unternehmenskultur und Führung niederschlagen;
- zur Sicherung des Fachkräftebedarfs mehr auf die Zielgruppen Frauen, ältere Bewerber und Bewerber mit Migrationshintergrund setzen;
- sich darauf einstellen, im Wettbewerb um Talente nicht die Ausbildungskandidaten mit den besten Zeugnissen zu bekommen, dafür aber lernwillige Ausbildungskandidaten mit mittleren Noten im Unternehmen auszubilden; deren Potenziale müssen durch Personalentwicklung und Qualifizierung erschlossen werden;
- positive Altersbilder vermitteln und fördern: Der notwendige Einstellungswandel gegenüber der Leistungsfähigkeit Älterer muss sich in der Unternehmenskultur und Führung niederschlagen.

Welche „Stellschrauben" gibt es?
Zu den Stellschrauben, um die Unternehmenskultur und Führung entsprechend den demografischen Herausforderungen zu optimieren, zählen neben den in Teil 3 des Kompendiums dargestellten Handlungsfeldern folgende Aspekte:

- Veränderungsprozesse sind oftmals zum Scheitern verurteilt, weil dafür notwendige Spielregeln nicht beachtet werden. Veränderungsprozesse fördern nur dann die Leistungsfähigkeit und Leistungsbereitschaft der Beschäftigten, wenn die entsprechenden Erfolgsfaktoren berücksichtigt werden. Welche das sind, erfahren Sie in Abschn. 11.1 „Changemanagement – erfolgreiches Management der Veränderung[1]". Neben den objektiven Aspekten der Veränderungsmaßnahmen tragen psychologische und subjektive Komponenten entscheidend zum Erfolg von Veränderungsprozessen bei. Das gilt auch für demografisch bedingte Veränderungsprozesse. Das Praxisbeispiel zeigt, wie das Unternehmen die Potenziale einer demografiefesten prozessorientierten Organisation für sich erkannt hat und vorgegangen ist, um den Veränderungsprozess erfolgreich zu gestalten.
- Der kontinuierliche Verbesserungsprozess (KVP) ist ein geeignetes Führungskonzept und -instrument, um die Leistungsfähigkeit und Motivation der Beschäftigten aller Altersgruppen zu fördern. Abschnitt 11.2 „Motivation und Nutzung von Erfahrung durch KVP-Aktivitäten" beschreibt die Rolle der Führung beim kontinuierlichen Verbesserungsprozess und zeigt die Erfolgsfaktoren der Führung beim KVP auf.
- Bei älter werdenden Belegschaften kann es zu „Generationenkonflikten" zwischen älteren und jüngeren Beschäftigten kommen. Aufgabe der Führungskräfte ist es, die Rahmenbedingungen zu schaffen, damit Ältere und Jüngere konstruktiv zusammenarbeiten. Da älter werdende Belegschaften häufiger zur Folge haben, dass jüngere Führungskräfte ältere Mitarbeiter führen, erfahren Sie in Teil 3, Abschn. 11.3 „Führung im Spannungsfeld zwischen Jungen und Älteren", was hierbei beachtet werden sollte.
- Altersgemischte Teams sind geeignet, die Fähigkeiten Jüngerer und Älterer zu nutzen. Welche Aufgaben sich für altersgemischte Teams eignen und welche Anforderungen altersgemischte Teams an die Führung stellen, zeigt Teil 3, Abschn. 11.4 „Altersgemischte Teams" auf.
- Die operative Umsetzung der Führung von Gruppenarbeit ist Inhalt von Abschn. 11.5 „Geführte Gruppenarbeit – eine Antwort auf die demografische Herausforderung". Die Beachtung der hier dargestellten Erfolgsfaktoren beeinflusst die Prozessstabilität positiv und fördert die körperliche und geistige Leistungsfähigkeit der Beschäftigten. Ein Praxisbeispiel illustriert geführte Gruppenarbeit in einem Unternehmen.

---

[1] Komprimierter Auszug aus einem vom ifaa herausgegebenen Taschenbuch „Produkte mit Dienstleistungen systematisch ergänzen. Ein Wegweiser für den Unternehmenswandel" (Eberhard u. a.). Dieses Taschenbuch ist das Ergebnis eines Kooperations-Forschungsprojektes gewesen und ist 2009 im Wirtschaftsverlag Bachem erschienen.

Weiterführende Informationen, Links

Allgemeines Gleichbehandlungsgesetz (AGG) vom 14. August 2006, zuletzt geändert durch Artikel 8 des Gesetzes vom 3. April 2013. Ziel des Allgemeinen Gleichbehandlungsgesetzes (AGG) ist, Benachteiligungen auch aufgrund des Alters zu verhindern oder zu beseitigen. Den Gesetzestext finden Sie auf der Internetseite des Bundesministeriums der Justiz: http://www.gesetze-im-internet.de/agg/BJNR189710006.html [18.12.2013]

Bildungswerk der Hessischen Wirtschaft: Motivation älterer Mitarbeiter, verfügbar unter: http://www.11d.de/mit-offenen-augen/handreichungen1_291104_fr.html (hier unter Handreichung 6) [18.12.2013]

Demografischer Wandel – (k)ein Problem! Werkzeuge für betriebliche Personalarbeit, verfügbar unter: http://www.demowerkzeuge.de/werkzeuge-im-uberblick/unternehmenskultur/ [25.03.2014]

Deutsche Gesellschaft für Personalführung (DGFP): Personalarbeit und Führung im demografischen Wandel, verfügbar unter: http://www.dgfp.de/wissen/themen/personalbetreuung-und-mitarbeiterbindung/personalarbeit-und-fuehrung-im-demografischen-wandel [17.12.2013]

f-bb, Forschungsinstitut Betriebliche Bildung: Mit Erfahrung Zukunft meistern – wettbewerbsfähig mit älteren Mitarbeitern, verfügbar unter: http://www.f-bb.de/projekte/weiterbildung/weiterbildung-detail/proinfo/mez-mit-erfahrung-zukunft-meistern.html [17.12.2013]

Bundesvereinigung Prävention und Gesundheitsförderung e. V., bvpg. Führungsverhalten und Mitarbeitergesundheit, verfügbar unter: http://www.bvpraevention.de/cms/index.asp?inst=bvpg&snr=9234 [25.03.2014]

Literatur

Berner, W.: Führung: Orientierungsgeber und Motor der Veränderung, 2003, verfügbar unter: http://www.umsetzungsberatung.de/geschaeftsleitung/fuehrung.php, [25.03.2014]

Bibliographisches Institut GmbH (Hrsg.): Duden-online: führen: http://www.duden.de/rechtschreibung/fuehren [25.03.2014]

Huber, K.-H.: Junge Führungskräfte – ältere Mitarbeiter. Veränderte Führungskonstellationen im Zuge des demografischen Wandels. In. Personalführung (2013), Nr. 7, S. 44–50

Lies, J.: Unternehmenskultur. In: Springer Gabler Verlag (Hrsg.): Gabler Wirtschaftslexikon, Stichwort: Unternehmenskultur, online im Internet: http://wirtschaftslexikon.gabler.de/Archiv/55073/unternehmenskultur-v7.html [15.12.2013]

Maier, G. W.; Bartscher, T.: Führung. In: Springer Gabler Verlag (Hrsg.): Gabler Wirtschaftslexikon, Stichwort: Führung, online im Internet: http://wirtschaftslexikon.gabler.de/Archiv/78154/fuehrung-v7.html [15.12.2013]

Olesch, G. u. a.; Institut für angewandte Arbeitswissenschaft (Hrsg.): Erfolgreich mit Personalmanagement. Köln: Wirtschaftsverlag Bachem, 2010

Lesch, G.: Welche personalpolitischen Strategien erfordert die demografische Entwicklung? In: angewandte Arbeitswissenschaft (2007), Nr. 193, S. 27–36

11.1 Changemanagement – erfolgreiches Management der Veränderung

Worum geht es in diesem Beitrag?
Wer nicht wandlungsfähig ist, kann nicht Schritt mit der Marktentwicklung halten. Doch oft treffen Versuche von Unternehmen, Veränderungen auf den Weg zu bringen und Strukturen zu verändern, auf den Widerstand der Mitarbeiter und Führungskräfte. Sie erfahren auf den folgenden Seiten, dass Veränderungen nicht nur eine sachlogische Ebene, sondern auch eine personale und psychologische Seite haben. Deshalb ist wichtig, hier einerseits in klar voneinander abgrenzbaren Schritten vorzugehen, dabei andererseits aber auch alle Beteiligten mitzunehmen. Der Beitrag erläutert die einzelnen Schritte nachvollziehbar. Er verweist auch auf Aspekte, deren Missachtung zum Scheitern von Veränderungen führen kann. Das Praxisbeispiel der KG Deutsche Gasrußwerke GmbH & Co. veranschaulicht den erfolgreichen Weg in einen Veränderungsprozess sowie die damit verbundenen Schritte und Maßnahmen.

Überblick
- Was ist Changemanagement?
- Welchen Nutzen bietet Changemanagement? – Ziele und Vorteile
- Wie kann ich Changemanagement im Unternehmen etablieren? Vorgehensweise
- Worauf müssen Sie achten? Welche Hürden könnten auftreten?
- Praxisbeispiel

Was ist Changemanagement?
Das Changemanagement behandelt die strukturierte Vorgehensweise, um Strategien umzusetzen und Strukturen von Organisationen zu verändern. Es umfasst alle dazu notwendigen Maßnahmen und Aktivitäten.

Welchen Nutzen bietet Changemanagement? – Ziele und Vorteile
Alle Organisationen haben ein mehr oder minder stark ausgeprägtes Verhalten, eingefahrene Abläufe und Strukturen beizubehalten. Sollen Veränderungen dauerhaft eingeführt werden, ist mit offenem und verdecktem Widerstand zu rechnen. Dieser gründet sich oft auf die Verunsicherung der Betroffenen über die zukünftigen Aufgaben und ihre (veränderten) Positionen im System. Das kann zu einem geringeren Engagement führen und damit zu einer geringeren Leistungsbereitschaft der Mitarbeiter. Ist man sich dieser Widerstände und der Ursachen dafür bewusst, so können sie besser berücksichtigt und abgebaut werden. Ziel einer systematischen Vorgehensweise zur Organisationsveränderung ist es, die Leistungsfähigkeit des einzelnen Beschäftigten und damit die der gesamten Organisation zu erhalten oder zu steigern.

Wie kann ich Changemanagement im Unternehmen etablieren? Vorgehensweise
Im Folgenden wird ein Modell zur Vorgehensorientierung beschrieben, das aktuelle Erkenntnisse verschiedener Disziplinen zum Thema „Changemanagement" berücksichtigt. Es wurde im Rahmen eines Forschungsprojekts mit dem Titel „Partizipatives Vorgehen zur Bewertung und Gestaltung integrierter Modernisierungskonzepte" (PaGIMo) entwickelt (siehe Abb. 11.2).

Abb. 11.2 Das PaGIMo-Metamodell. (Vgl. Zink et al. 2009)

Das Modell setzt sich aus drei Teilmodellen zusammen. Der erste Teil, das Veränderungsmodell, beschreibt im Sinne eines zeitlichen Fortschritts die Stufen des Veränderungsprozesses. Der eigentliche Gegenstand der Veränderung im gesamten Unternehmen wird im Integrationsmodell beschrieben. Hier wird zwischen den Ebenen der Sachlogik und der Psycho-Logik unterschieden. Bei der sachlogischen Ebene steht der Gegenstand der Veränderung im Fokus (zum Beispiel neue Dienstleistung). Hier wird geprüft, ob das Konzept plausibel ist und die Einzelmaßnahmen zueinander passen. Bei der psychologischen Ebene wird die Frage nach dem Einbezug von Akteuren in den Veränderungsprozess gestellt.

Mit welchen Methoden und Ansätzen die Veränderungen herbeigeführt werden können, ist Gegenstand des dritten Teils, des Interventionsmodells.

Für die weiteren Betrachtungen sind vor allem die vier Stufen des Veränderungsmodells bedeutsam.

Stufe 1: Orientierung
Zu Beginn des Veränderungsprozesses sollte zunächst gemeinsam ein Verständnis entwickelt werden, wo das Unternehmen momentan steht und wo es künftig hin will. Je klarer die Ausgangssituation beschrieben wird, desto besser können später die erreichten Veränderungen nachgewiesen werden. Das ist notwendig, um die Erfolge auf dem Weg zu einem veränderten Unternehmen zu dokumentieren. Hinzu kommt, dass am Anfang des Prozesses eine klare Orientierung gegeben werden sollte, in welche Richtung die Ver-

änderung gehen soll. Grundlage zur Beschreibung der Ist-Situation können (teil-)strukturierte Interviews mit Vertretern aus allen Bereichen und aus allen Unternehmensebenen sein. Zusätzlich können Dokumentationen zu den bestehenden Prozessen herangezogen werden.

Stufe 2: Fokussierung
Als Richtschnur für die weiteren Maßnahmen dient eine zu Beginn dieser Phase gemeinsam entwickelte Vision vom künftigen Zustand des Unternehmens. Daraus werden die Ziele abgeleitet, die am Ende des Veränderungsprozesses erreicht sein sollen. Je klarer und präziser diese Ziele quantifizierbar sind, desto besser können Erfolge im Rahmen des Projekts nachvollziehbar dokumentiert und kommuniziert werden. Eine weitere Aufgabe ist die Entwicklung von Geschäftsfeldmodellen.

Stufe 3: Realisierung
Zu Beginn dieser Phase ist aus den bisherigen Überlegungen ein Pilotprojekt beziehungsweise Pilotbereich zu identifizieren. Hierbei sind auf der Basis eines Projektplans erste Erfahrungen mit den notwendigen Veränderungsmaßnahmen zu gewinnen. Wichtig ist dabei die interne Kommunikation der geplanten Pilotmaßnahmen sowie der bei der Realisierung gesammelten Erfahrungen. Anschließend werden spezifische Workshops abgehalten. Die so entwickelten Maßnahmen werden dann in ein übergreifendes Konzept integriert und in einzelnen Schritten realisiert.

Stufe 4: Stabilisierung
In regelmäßigen Abständen müssen die Erfahrungen systematisch ausgewertet werden, um die erreichten Veränderungen im Unternehmen beizubehalten, auszubauen und weiterzuentwickeln. Dabei können Ansätze für weitere Verbesserungen und zur Weiterentwicklung der Leistungsfähigkeit gewonnen werden.

Worauf müssen Sie achten? Welche Hürden könnten auftreten?
Für die meisten Unternehmen sind Veränderungen nichts Besonderes, denn die vielfältigen, wechselnden Anforderungen erfordern meist eine schnelle Reaktion und damit auch Änderungen bei bisher üblichen Abläufen. Diese „Umbaumaßnahmen" können tief greifender Natur sein, wenn es beispielsweise um eine Zusammenlegung von Bereichen oder auch die Aufgabe ganzer betrieblicher Abteilungen geht. In anderen Fällen beschränken sie sich auf eher marginale Anpassungen – zum Beispiel geänderte Vordrucke, Formulare oder Routinen. Gemeinsam ist ihnen jedoch, dass sie bei den Betroffenen oft Verunsicherung hervorrufen. Diese kann sich in einem Verlust von Sicherheit und Routine, aber auch in der Angst vor Kompetenz- und Prestigeverlust zeigen.

Gerade deshalb muss zwingend deutlich gemacht werden, wie notwendig die angestrebten Veränderungen sind. Die Gründe der Veränderung sind für die Beschäftigten nicht immer nachvollziehbar oder auch einfach nicht bekannt. So muss zum Beispiel der Wegfall eines Kunden beziehungsweise Auftrages und der daraus resultierende Umstrukturierungsbedarf allen Betroffenen in geeigneter Form mitgeteilt werden. Neben unterschiedlichen „Betroffenheitsgraden" spielen aber auch die unterschiedlichen Sichtweisen und Einstellungen im Hinblick auf die notwendigen Veränderungen eine große Rolle.

Die Bereitschaft, sich neuen Anforderungen und Abläufen zu stellen, ist nicht vorrangig vom Lebensalter abhängig; sie ist eher eine Frage der Einstellung. Während die einen lieber an vermeintlich bewährten Strukturen und Vorgängen festhalten wollen, sind andere offen für Neuerungen und fordern diese zum Teil sogar ein. Daraus resultieren nicht selten Konflikte, die sich auf das Betriebsklima und die Ergebnisse niederschlagen. Aus diesen Gründen ist es sehr wichtig, die Notwendigkeit der geplanten Neuerungen allen Betroffenen vor dem Hintergrund ihrer Perspektiven zu verdeutlichen. Soweit möglich ist dabei auch darzulegen, wie sich die (veränderte) Position und Rolle jedes Einzelnen in dem veränderten System beschreibt. Damit wird Vertrauen in die Führung geweckt und die Akzeptanz der Reorganisation zumindest positiv beeinflusst.

Das heißt: Neben den eher sachlogischen, objektiven Aspekten der Veränderungsmaßnahmen spielen auch die psychologischen und subjektiven Komponenten des Veränderungsprozesses eine entscheidende Rolle für den Erfolg. Noch zu oft werden die Veränderungsprozesse als rein objektive Vorgänge gesehen, die wie mechanische Gebilde durchgeplant und umgesetzt werden könnten. Die Realität zeigt, dass dies in der Regel nicht der Fall ist. Daher müssen die Erwartungen der Betroffenen frühzeitig in Erfahrung gebracht werden. Von Seiten des Unternehmens ist den Mitarbeitern zu kommunizieren, was im Rahmen der Veränderung zur Disposition steht. Dazu gehört auch, die zeitliche Perspektive zu berücksichtigen und insbesondere bei lang laufenden Projekten für „Etappensiege" zu sorgen. Welche Faktoren ausschlaggebend für den Erfolg von Veränderungsprozessen sind, hat die Beratungsgesellschaft Capgemini unter anderem in der „Changemanagement Studie 2010" untersucht. An erster Stelle wird darin von 66% der Befragten die Sicherstellung von Mobilisierung und Verpflichtung der Beteiligten genannt.

Weiterführende Informationen, Links
Fleig, J.; Wallmeier, W. (Hrsg.): Change Management. b-wise GmbH, Business Wissen Information Service. Verfügbar unter: http://www.business-wissen.de/handbuch/change-management/ [09.12.2013]
ILTIS GmbH (Hrsg.): Change Management. Wandel ist machbar. ILTIS GmbH. Rottenburg: verfügbar unter: http://www.4managers.de/management/themen/change-management/ [09.12.2013]

Literatur
Doppler, K.; Lauterburg, C.: Change Management. Frankfurt: Campus, 1994
Petersen, D.: Den Wandel verändern. Wiesbaden: Gabler, 2011

Praxisbeispiel KG Deutsche Gasrußwerke GmbH & Co.

Das Unternehmen

KG Deutsche Gasrußwerke GmbH & Co.
Gegründet: 1936 | **Produkt:** Carbon Black |
Beschäftigte: ca. 180

Die KG Deutsche Gasrußwerke GmbH & Co. aus Dortmund (DGW) produziert aus petrochemischen Rohstoffen Carbon Black. Dazu werden die beiden Herstellungsverfahren Gas Black und Furnace Black eingesetzt. Der daraus gewonnene Carbon Black wird in der Reifenindustrie oder als Farbstoff für Druckfarben und Lacke verwendet. Am Standort Dortmund sind rund 180 Beschäftigte tätig. Die DGW messen der Bewältigung der Folgeprobleme des demografischen Wandels besondere Bedeutung zu. Das Unternehmen hat die Potenziale einer demografiefesten prozessorientierten Organisation für sich erkannt. So will es auch in Zukunft mit einer alternden Belegschaft wettbewerbsfähige Arbeitsplätze in Deutschland erhalten können. Die im Folgenden beschriebene Organisationsentwicklung wurde im Rahmen des vom BMBF mit ESF-Mitteln geförderten Projektes „Stradewari - Rationalisierungsstrategien im demografischen Wandel - Weiterentwicklung kompetenter Arbeits- und Produktionssysteme" konzipiert.

Was verbirgt sich hinter dem Begriff „demografiefeste Organisationsgestaltung"?
Um die Wettbewerbsfähigkeit vor dem Hintergrund des demografischen Wandels nicht nur zu erhalten, sondern weiter auszubauen, setzt das Unternehmen auf eine prozessorientierte Organisationsstruktur. Dazu wurden prozessorientierte Teams gegründet, die zentrale Prozesse (zum Beispiel Qualitätssicherung und Produktionsplanung), die zuvor mehrere Abteilungen durchliefen, erledigen. Dabei sind die Teams so zusammengesetzt, dass die notwendigen Kompetenzen vorhanden sind und alle zu klärenden Fragen teamintern gelöst werden können. Die Vorteile dieser Organisationsstruktur liegen auf der Hand:

- So werden alle Mitarbeiterebenen an der Weiterentwicklung der Prozesse beteiligt.
- Es werden Hierarchien reduziert, was schnellere Entscheidungswege zur Folge hat.
- Kompetenz und Verantwortung liegen dort, wo die Aufgaben anfallen.

Was war der Auslöser für die Neuausrichtung im Sinne einer prozessorientierten Organisationsstruktur?
Vor Beginn der Reorganisation im Jahr 2008 waren die DGW ein stark hierarchisch aufgestelltes Unternehmen mit langer Tradition und einer strengen funktionalen Gliederung der Abteilungen. Zugleich operierten die DGW erfolgreich am Markt, was sich auch in den positiven Kennzahlen zu Qualität, Umweltschutz, Sicherheit und Kundenzufriedenheit niederschlug. Trotz guter Kennzahlen war in den jährlich stattfindenden Mitarbeiter-

befragungen Kritik laut geworden: Die Mitarbeiter waren mit der rein auf Unternehmenskennzahlen ausgerichteten Entwicklung weniger zufrieden.

In Unternehmen mit positiven Kennzahlen ist die Akzeptanz für Veränderungen in der Regel nicht sehr hoch. Dennoch hatte die Geschäftsleitung erkannt, dass grundlegende Veränderungen angestoßen werden mussten, um weiterhin erfolgreich am Markt bestehen zu können und um die Mitarbeiter an den Verbesserungen der Unternehmensprozesse aktiv zu beteiligen. Festgestellt wurde, dass diese Ziele mit den bereits im Unternehmen praktizierten Managementsystemen nicht zu realisieren sein würden, sondern nur durch eine grundlegende Infragestellung der bisherigen Strukturen und Abläufe. Eine weitere erhebliche Wandlung in der Unternehmenskultur bestand darin, dass für die DGW zukünftig nicht ausschließlich die bestmögliche Ausnutzung der vorhandenen betrieblichen und personellen Ressourcen im Vordergrund stand, sondern vielmehr die bestmögliche Entfaltung der Mitarbeiterpotenziale.

Die neue Organisationsform trägt dazu bei, den Auswirkungen des Alterungsprozesses in der Belegschaft zu begegnen. Da die Aufgaben der Prozessteams vielfältiger sind als in den alten Strukturen, können Aufgaben neu verteilt und zugeschnitten werden. Diese Maßnahmen werden zudem unter anderem durch Insourcing von Aufgaben und ein erweitertes Dienstleistungsangebot flankiert. Dies eröffnet Chancen für die Gestaltung von vollwertigen Arbeitsplätzen (statt Schonarbeitsplätzen) auch für leistungsgewandelte Mitarbeiter.

Wie wurde die prozessorientierte Organisationsstruktur nachhaltig im Unternehmen verankert?
Dies geschah in den nachfolgenden Stufen.

Bewusstsein für den Veränderungsprozess erzeugen
Für die DGW war es in einem ersten Schritt notwendig, die Dringlichkeit der Veränderung bewusst zu machen und der Belegschaft verständlich zu machen, wie und warum man in den Veränderungsprozess einsteigt.

In einem zweiten Schritt war es notwendig, alle Führungskräfte für den Veränderungsprozess zu gewinnen. Dies war erforderlich, da ein Teil der Führungskräfte dem Veränderungsprozess ablehnend gegenüberstand – zum Beispiel aus Angst vor Statusverlust. Im Rahmen der Reorganisation sind diese Ängste und Bedenken in moderierten Sitzungen in Form von „Fishbowl"[2]-Szenarien mit den Führungskräften direkt besprochen worden.

Gründung des Organisationsentwicklungsteams
Um Impulse für die Organisationsentwicklung aufzunehmen, zu reflektieren und in Maßnahmen umzusetzen, wurde ein Organisationsentwicklungsteam gegründet. Das vierzehnköpfige Projektteam „DGW 2015" setzte sich aus Mitgliedern aller Bereiche und Hierarchien inklusive des Betriebsrates zusammen. Alle Teammitglieder waren gleichberechtigt.

---

[2] Fishbowl = Goldfischglas. So nennt man diese Diskussionsmethode, weil dabei ein kleiner Teilnehmerkreis diskutiert, während außen herum ein größerer Zuhörerkreis das Geschehen im Inneren beobachtet. Deshalb heißt diese Methode auch Innen-/Außenkreis-Methode.

Das Projektteam war für die Prozessgestaltung verantwortlich. Drei Teilziele waren es, die den Entwicklungsprozess strukturierten:

- eine Analyse des Ausgangszustandes sowie der organisatorischen Schnittstellen im Unternehmen (Prozessanalysen),
- eine Definition und Gestaltung der zukünftigen Kernprozesse unter Minimierung der Schnittstellen,
- ein Gesamtkonzept für alle DGW-Prozesse auf Basis einer prozess- und teamorientierten Arbeitsorganisation nach dem Prinzip der lernenden Organisation.

Ergebnisse des Organisationsentwicklungsprozesses
Erste Ergebnisse des Organisationsentwicklungsteams waren die Definition eines Leitbildes und einer Vision. Dabei stand der Konsens von Belegschaft und Führungskräften im Vordergrund. So wurden in Mitarbeiterworkshops unter Beteiligung fast aller Mitarbeiter folgende Leitfragen gestellt und beantwortet: „Was macht DGW erfolgreich?", „Was macht mich bei DGW erfolgreich?", „Was ist mein Bestes, das ich tun kann, um DGW erfolgreich zu halten?" Die Antworten wurden zusammengetragen und verdichtet. Häufig genannte Punkte wurden herausgearbeitet. Daraus wurden Werte festgeschrieben und die Vision, die nachfolgend aufgeführt ist, entwickelt.
Vision der DGW:
- Wir wollen das beste Carbon-Black-Werk werden.
- Wir sind für unsere Kunden und Gesellschafter ein bevorzugter Partner und begeistern durch unsere exzellenten Produkte und Dienstleistungen.
- Wir leben unsere Werte so, dass wir alle mit Freude und Energie bei der Arbeit sind.
- Eine Kultur der gegenseitigen Wertschätzung und des Vertrauens setzt in uns allen Potenziale frei. Jeder ist eingeladen mitzugestalten!
- Unsere Mitarbeiterzufriedenheit erreicht Spitzenwerte.

Ein weiteres Ergebnis ist die neue Organisationsstruktur der DGW, die sich durch vier Elemente charakterisieren lässt:

1. Die Organisation orientiert sich an Prozessen anstelle einer funktional hierarchischen Linienorganisation.
2. Ein wesentlicher Aspekt ist die Teamorientierung und damit die Organisation in Prozessteams, die alle prozessbezogenen Kompetenzen vereinigen.
3. Die neue Organisationsstruktur ist durch ein neues Führungsverständnis gekennzeichnet: Die Führungskräfte werden dabei zu Coaches und Trainern der Prozessteams.
4. Die neue Organisationsstruktur ist nicht in Stein gemeißelt, sondern wird vielmehr als lernende Organisation aufgefasst, die ständig nach Verbesserungspotenzialen sucht.

Die Teams
Die Vorarbeit des Organisationsentwicklungsteams führte dazu, dass im Jahr 2009 die ersten Prozessteams gegründet wurden. Dazu wurden im ersten Schritt die zentralen Prozesse im Unternehmen identifiziert. Im Anschluss daran wurden Vorschläge erarbeitet, welcher Mitarbeiter in welches prozessorientierte Team passt. Unabhängig davon wurde die Gründung der Teams bekannt gegeben und ein Bewerbungsverfahren eröffnet. Auf Basis der Bewerbungen und konkreter Anfragen an einzelne Mitarbeiter, sich an den Teams zu beteiligen, wurden die Teams personell besetzt. Ziel war es, die Teams so zusammenzusetzen, dass alle zu klärenden Fragen teamintern gelöst werden können. Aus diesem Grund gehörten Beschäftigte aus den dienstleistenden Bereichen wie zum Beispiel der Einkauf oder die Produktionsplanung mit zu den Prozessteams. Der Vorteil derartiger Teams liegt klar auf der Hand: Früher waren lange Entscheidungs- und Abstimmungsprozeduren notwendig, heute wird sofort geplant beziehungsweise entschieden. Die Führungskräfte moderierten die Teams und sorgten dafür, dass Konflikte oder vermeintlich unlösbare Probleme gelöst werden.

Die erste Aufgabe der Teams bestand darin, die Teammatrizen, die Aufgaben, Verantwortung und Kompetenzen regeln, zu erarbeiten. Die Teammatrizen wurden dann gemeinsam mit der Geschäftsführung verabschiedet. Dabei wurde auch festgelegt, welche Entscheidungsbefugnisse die Teams erhalten und wie oft sie zusammenkommen. Derzeit existieren zwölf Prozessteams, in denen rund 30 % der Belegschaft organisiert sind.

Empfehlungen
Eine Reorganisation, wie sie hier skizziert wurde, braucht Zeit und Ressourcen, die das Unternehmen zur Verfügung stellen muss. Unter diesem Gesichtspunkt erscheint es rückblickend klug und günstig, dass die Reorganisation ohne akuten wirtschaftlichen Druck initiiert wurde und so Freiräume für die notwendige Reorganisationsarbeit geschaffen werden konnten. Diese Freiräume „rechnen" sich jedoch durch den Wegfall aufwändiger Abstimmungsprozesse, schnelle Entscheidungen und Maßnahmenumsetzung sowie die damit verbundene eigenverantwortliche Arbeit der Teams schon nach kurzer Zeit (Kleibömer und Hinrichs 2012, S. 782).

Literatur
Kleibömer, S.; Hinrichs, S.: Unternehmen im Wandel: Mitarbeiter gestalten den Wandel. In: Gesellschaft für Arbeitswissenschaft (Hrsg.): Gestaltung nachhaltiger Arbeitssysteme – Wege zur gesunden, effizienten und sicheren Arbeit, Bericht zum 58. Kongress der GfA 22. – 24.02.2012. Dortmund: GfA-Press, 2012, S. 779–782

Zink, K. J. et al.: Veränderungsprozesse erfolgreich gestalten. Berlin-Heidelberg: Springer, 2009

11.2 Motivation und Nutzung von Erfahrung durch KVP-Aktivitäten

Worum geht es in diesem Beitrag?
Gerade auch altersgemischte Teams eignen sich, um von innen heraus den kontinuierlichen Verbesserungsprozess (KVP) in Unternehmen voranzutreiben. Denn hier treffen unvoreingenommene jüngere Mitarbeiter auf erfahrene Ältere. Solche KVP-Teams paaren den Ideen-Input noch nicht „betriebsblinder" Neulinge mit der Umsetzungskompetenz erfahrener Kollegen, die schon lange im Unternehmen sind. Sie erfahren in diesem Beitrag, wie der KVP erfolgreich auf den Weg gebracht werden kann und warum er dazu beiträgt, Mitarbeiter leistungsfähig zu erhalten. Auch die Rolle der Führung im KVP wird beleuchtet. Der Beitrag grenzt KVP vom japanischen Begriff „Kaizen" ab. Er thematisiert exemplarische Erfolgs-/Misserfolgsfaktoren beim Einstieg in einen KVP-Prozess.

Überblick
- Was ist KVP? Und was sind KVP-Aktivitäten?
- Welchen Nutzen bietet KVP? Ziele und Vorteile
- Wie kann ich KVP im Unternehmen etablieren? Vorgehensweise
- Was kann eine erfolgreiche Einführung von KVP gefährden?

Was ist KVP? Und was sind KVP-Aktivitäten?
Der kontinuierliche Verbesserungsprozess (KVP) ist eine Handlungs- und Vorgehensweise, mit den in der betrieblichen Realität auftretenden Problemen umzugehen und diese nachhaltig abzustellen. Prozesse und Arbeitsbedingungen sollen so verbessert werden, um letztendlich auch die Mitarbeiter bei der Arbeitsausführung zu unterstützen. Mit dem KVP erhalten Mitarbeiter und Führungskräfte auf allen Ebenen ein Werkzeug, das sie in die Verbesserung der Arbeitsbedingungen einbindet.

Der Verbesserungsprozess beziehungsweise die Weiterentwicklung der bestehenden organisatorischen, technischen und sozialen Gegebenheiten in einem Unternehmen wird in Deutschland in der Regel als KVP bezeichnet. KVP als methodisches Konzept bedeutet, eine ständige, mitarbeitergetragene Verbesserung von Produkten und Dienstleistungen sowie unter anderem der Prozesse in Entwicklung, Produktion und Vertrieb zu betreiben (vgl. Institut für angewandte Arbeitswissenschaft 2003).

Häufig wird statt „KVP" auch der Begriff „Kaizen" verwendet. Kaizen ist eine Managementkonzeption japanischer Organisationen, um auf dem Weg (Kai) zum Guten (Zen) durch laufende Produkt- und Prozessverbesserungen zum Beispiel ständige Kostensenkungen zu realisieren. Im deutschen Sprachgebrauch hat sich mittlerweile zumeist die Abkürzung KVP (kontinuierlicher Verbesserungsprozess) durchgesetzt (vgl. Neuhaus 2010).

Der KVP basiert auf der Erkenntnis, dass zur Verbesserung eines Unternehmens nicht nur einzelne Leitlinien, Methoden, Werkzeuge und Unternehmensziele zu berücksichtigen sind. Der KVP zielt auf die Einbindung der Kreativität der Mitarbeiter zur Erreichung von Unternehmens- oder Abteilungszielen, um zum Beispiel den Anteil an Wertschöpfung in allen Prozessen zu erhöhen und Verschwendungen zu minimieren; er soll aber auch die Motivation und Leistungsfähigkeit der Mitarbeiter steigern. Dies erfordert eine konsequente Präsenz der Führungskräfte vor Ort an den Arbeitsplätzen, um dort den Verbesserungsprozess in Gang zu setzen, zu koordinieren, zu stimulieren, nachhaltig zu unterstützen und zu stabilisieren. Im Rahmen des KVP werden oft die folgenden Aspekte betrachtet (vgl. Kostka und Kostka 2002):

- Verbesserung und Erhaltung von Standards
- Mitarbeiterorientierung
- Qualitätsorientierung
- Prozess- und Ergebnisorientierung
- Kunden-Lieferanten-Beziehungen
- Verbesserungsaktivitäten auf Basis von Zahlen, Daten und Fakten

Alle Beteiligten müssen hochmotiviert sein, damit der KVP in der Organisation verankert werden kann. Dies gilt sowohl für die Mitarbeiter, die Verbesserungsvorschläge erarbeiten sollen, als auch für die Führungskräfte, die das KVP-Konzept aktiv fördern müssen und nicht nur eine Beobachterrolle übernehmen sollen. Der KVP lässt sich als ein Führungskonzept und -instrument beschreiben, das die Mitarbeiter eines Unternehmens dafür gewinnen will, kontinuierlich und systematisch Verbesserungsmaßnahmen in einem Unternehmen zu erarbeiten. Dabei stehen die folgenden sieben Leitgedanken im Vordergrund:

- KVP will das Wissen der Mitarbeiter für betriebliche Verbesserungen nutzen.
- KVP macht die Arbeit wieder zu einer reflexiven Tätigkeit.
- KVP ist auf alle Mitarbeiter ausgerichtet.
- Ausgangs- und Schwerpunkt für KVP sind die Mitarbeiter und die Probleme auf der Ausführungsebene.
- KVP versteht sich als Teamarbeit und fördert damit eine teamorientierte Unternehmenskultur.
- KVP ist als System zu institutionalisieren.
- KVP braucht eine hohe Motivation aller Beteiligten (Witt und Witt 2008, S. 21).

KVP ist auch ein Instrument zur Einbindung der Mitarbeiter bei Verbesserungen. Diese stärkere Beteiligung kann zu einer gesteigerten Motivation (Erhöhung der Leistungsfähigkeit) der Mitarbeiter führen. Dies ist altersunabhängig, da beim KVP alle Mitarbeiter aktiv eingebunden werden sollen.

Welchen Nutzen bietet KVP? Ziele und Vorteile

In nahezu allen Teilbereichen einer Organisation sind Verbesserungsmöglichkeiten ausfindig zu machen, wobei ein Grundgedanke des KVP darin liegt, jede Form der Verschwendung systematisch aufzuspüren und zu beseitigen. Der Mitarbeiter, der täglich die Wertschöpfung in „seinen" Prozessen und Arbeitssystemen ausführt, ist der „Spezialist" für diese Prozesse: Er kennt die zugehörigen Probleme und kann dadurch Optimierungsmöglichkeiten erkennen. „Ideal im Sinne von KVP ist, wenn alle Mitarbeiter eines Unternehmens immer wieder betriebliche Prozesse auf Verschwendung hin analysieren, vorhandene Fehler aufspüren, Mängel und Hindernisse im Aufgabenvollzug identifizieren, die hierbei festgestellten Differenzen in kleinen Gruppen besprechen, nach Verbesserungsmöglichkeiten suchen und diese – möglichst ohne (größere) Investitionen – umsetzen" (Wahren 1998, S. 11). Hierbei ist natürlich insbesondere auch das Erfahrungswissen der langjährigen Mitarbeiter entscheidend. Der Verbesserungsprozess kann auf die sieben Arten der Verschwendung abzielen. Er kann aber auch die bessere Nutzung von Flächen und technischen Einrichtungen sowie die Verringerung der Programm- und Produktkomplexität – das heißt: Programmstraffung, Standardisierung und Reduktion der Teilevielfalt – in den Blick nehmen.

KVP bietet die direkte Zusammenarbeit im Team an, um Verbesserungen anzusprechen und Verbesserungsmaßnahmen abzuleiten. Dies kann zum Beispiel durch regelmäßige KVP-Workshops oder „KVP-Stehungen" an einem Flipchart erfolgen. Um einen stabilen KVP und dadurch letztendlich ein hohes Verbesserungsniveau erzielen zu können, ist es notwendig, einen Regelkreis einzuhalten, bei dem sich die Erstellung und Optimierung von Standards auf die betroffenen Mitarbeiter, Führungskräfte und Fachexperten stützt, während die Optimierung der Prozesse auf standardisierten Methoden und Prozessen beruht.

Erfolgreiche Unternehmen, die besonders viele Verbesserungsvorschläge hervorbringen, setzen vor allem auf gruppenorientierte Verbesserungsaktivitäten im Rahmen von Workshops sowie auf entsprechende Trainings von standardisierten Methoden und Problemlösungstechniken für den Verbesserungsprozess (vgl. Neuhaus 2010). Die Problemlösungskompetenz und -verantwortung der Mitarbeiter sowie der Führungskräfte und Fachexperten ist insbesondere durch standardisierte Prozesse und Problemlösungstechniken zu stärken; dies muss zum Beispiel durch Qualifizierungsmaßnahmen abgesichert werden, um die erforderliche hohe Problemlösungskompetenz gewährleisten zu können.

Führungskräften fällt beim Verbesserungsprozess die Aufgabe der Kommunikation und Transparenzerzeugung zu – das heißt: der präzisen Rückmeldung von Ergebnissen sowie Besprechung von Verbesserungsvorschlägen und deren Qualität. Insbesondere die hervorgehobene Kommunikation der Führungskräfte mit ihren Mitarbeitern scheint ein wesentlicher Grund für den Erfolg dieser Unternehmen im Sinne des KVP zu sein. Führungskräfte tragen bei diesen Unternehmen darüber hinaus die Verantwortung für die Umsetzung, Ableitung und Kontrolle von Verbesserungsmaßnahmen (vgl. Neuhaus 2010). Der regelmäßige und eventuell sogar täglich erfolgende KVP, der durch die Führungskräfte organisiert wird, ist nicht nur ein wichtiger Beitrag zur Standortsicherung, sondern provoziert und motiviert die Beschäftigten zum ständigen Lernen durch ihre aktive Beteiligung an Problemlösungsprozessen. Dies stellt eine Form des lebenslangen Lernens dar.

Lernen ist im Rahmen von KVP-Aktivitäten weit mehr als der Besuch eines Seminarprogramms oder einer Kommunikations-/Moderationsschulung. Beim KVP findet das Lernen überwiegend als Lernen durch Problemerkennung und -lösung sowie durch Umsetzung und Verbesserung in der täglichen Arbeit statt. Das Lösen von Problemen schafft somit neues Wissen. Hierbei nehmen die Führungskräfte im Rahmen ihrer Hauptaufgabe eine verantwortungsvolle Rolle ein. Lernen kann jeder – und jeder lernt ständig, sofern zum Beispiel im KVP ein Lernanlass vorhanden ist und das Lernen durch fehlende Anforderungen oder ungeeignete Rahmenbedingungen nicht gehemmt oder verhindert wird. Die ständige Verbesserung ist Ausdruck organisierten Lernens, bei dem auch Erfahrungswerte unterschiedlicher Personen einfließen können.

Aufgabe des Unternehmens ist es, den Beschäftigten das Erleben von Erfahrungen ebenso zu ermöglichen wie das Einbringen und das Nutzen von Erfahrungen. Dabei ist darauf zu achten, dass dieses Lernen durch die Führungskräfte geeignet gefördert und unterstützt wird. KVP ist ein auf Dauer angelegtes Thema. Dies bedeutet, dass eine stetige Lernkurve der Teilnehmer vorhanden sein sollte. Lebenslanges Lernen und die Bereitschaft zur persönlichen Veränderung ist die Chance zur Steigerung der individuellen Leistungs- und Entwicklungsfähigkeit und fördert die Beschäftigungsbereitschaft sowie -fähigkeit bis ins hohe Alter.

Das Lernen muss permanent und konsequent durch die Führungskräfte organisiert werden. Schwerpunkte hierbei sind die Reduzierung der Belastungen durch permanentes Training vor Ort, durch die Führungskräfte selbst und durch die aktive Beteiligung der Beschäftigten am KVP. Gute Praktiken werden übernommen, neues Wissen wird durch die Führungskräfte in die Breite vermittelt. Hierbei ist erforderlich, dass zum einen das Management eine positive Lernkultur fördert und fordert; zum anderen müssen die Beschäftigten eine Bereitschaft zur permanenten Weiterbildung entwickeln – das heißt: Lernen muss ein originärer Bestandteil des Arbeitsalltags sein.

Ein wertvoller Nebeneffekt ist, dass sich Mitarbeiter, deren Ideen, Anregungen oder Vorschläge ernst genommen und verfolgt werden, anerkannt fühlen. Dies führt zu intrinsischer Motivation (Person handelt aus eigenem Antrieb) der Belegschaft. Gleichzeitig kann die Nichtbeachtung zu Frustrationen bei den Mitarbeitern führen. Diese Frustration kann zum Ausscheiden der Mitarbeiter aus der Organisation oder auch zu „Dienst nach Vorschrift" der Mitarbeiter führen.

Wie kann ich KVP im Unternehmen etablieren? Vorgehensweise
Es sollte grundsätzlich nach folgendem Motto gearbeitet werden: „Es gibt nichts, was nicht noch verbessert werden kann." Durch ständige Verbesserung und konsequente Vermeidung von Verschwendung erreicht und sichert man beherrschte stabile Prozesse ab.

In der Verantwortung der Führungskräfte liegt es, die Beschäftigten zunächst über konsequente und gezielte Trainings zur Erfüllung der täglichen Arbeitsaufgabe zu befähigen. Dies umfasst sowohl die Vermittlung von Kenntnissen als auch das Einüben von praktischen Handhabungen vor Ort. Dazu müssen die Führungskräfte und Mitarbeiter auch lernen zu beobachten, um bestehende Potenziale in der Arbeitserledigung und in den Arbeitsprozessen zu erkennen und Maßnahmen zur Verbesserung der Wertschöpfung ergreifen zu können. Basierend auf dem Konzept der kontinuierlichen Verbesserung oder Kaizen wird zum Beispiel jedes Teammitglied bei Toyota mit der Fähigkeit, die Arbeitsabläufe und -inhalte zu verbessern, ausgestattet. Dies beinhaltet unter anderem die Verbesserung von Qualitäts- und Sicherheitsstandards mit dem Ziel, die Umwelt zu schützen und die Produktivität zu steigern. Verbesserungen und Anregungen von den Teammitgliedern sind die Eckpfeiler des Toyota-Erfolges (vgl. Imai 1992).

Es muss den Beschäftigten im Arbeitsalltag aber auch die Gelegenheit gegeben werden, ihr Wissen einzubringen, Erfahrungen zu machen, daraus zu lernen und Neues zu schaffen. Die Mitarbeiter können zum Beispiel die Chance erhalten, Prozesse bei Problemen zu stoppen, um Probleme aufzuzeigen sowie umgehende Verbesserungen zu initiieren.

Die Organisation und insbesondere auch die Führungskräfte müssen mit Verbesserungsvorschlägen und dem Erkennen von Schwachstellen/Fehlern umgehen können. Hierzu gehört auch, dass der Mitarbeiter die Chance erhält, eigenständig an einer Lösung zu arbeiten. Es kann sich zum Beispiel anbieten, hierbei altersgemischte Teams zur Erarbeitung des Problems und zur Entwicklung der Lösung einzusetzen. Auf diese Weise können ältere beziehungsweise lang gediente Mitarbeiter ihr Erfahrungswissen einbringen und junge beziehungsweise neu eingestellte Mitarbeiter frei von „Betriebsblindheit" neues Know-how einbringen. Mögliche Lösungen: die Verbesserung eines bestehenden Standards oder die Entwicklung eines neuen Standards. Dies ist ein durch die Mitarbeiter und Führungskräfte getriebener Prozess. Um die Beteiligung und den Erhalt des Standards zu erhöhen, sollten Paten für den Prozess benannt werden. Ein solcher Pate sollte die Chance erhalten, seinen Kollegen die Vorgehensweise der Erarbeitung und das Ergebnis vorzustellen.

Je nach Ausgangssituation der Organisation bietet es sich an, den Prozess der Schaffung von Standards und KVP mithilfe von 5A/5S zu beginnen. Dies sorgt für Transparenz durch Sauberkeit und Ordnung, bindet die Mitarbeiter ein und bietet ihnen die Möglichkeit, sich mit dem KVP-Ansatz („bestehenden Zustand in Frage stellen und in kleinen Schritten optimieren") auseinanderzusetzen. Die Moderation der 5A/5S-Workshops sollte nach vorheriger Schulung durch die Mitarbeiter durchgeführt werden. Im Anschluss sollten mithilfe von „Vorher-Nachher-Bildern" vor Ort die Ergebnisse präsentiert werden. Führungskräfte können nun sukzessive gemeinsam mit den Mitarbeitern an der Entwicklung von Standards und der Verbesserung bestehender Standards arbeiten. Hierbei müssen die Mitarbeiter immer wieder an das Einhalten der Standards erinnert werden. Darüber hinaus ist zu hinterfragen, ob gewisse Standards zur Optimierung verändert werden müssen. Dies muss einerseits jederzeit vor Ort passieren, aber auch bei regelmäßigen KVP-Terminen, bei denen Mitarbeiter Probleme diskutieren und Ansätze vorstellen können.

Im Rahmen dieser Termine oder auch bei besonderen Schulungsveranstaltungen können ergänzend zu den verantwortlichen Führungskräften auch Mitarbeiter verschiedener Altersgruppen Methoden zur Problem-/Ursachenerkennung (Ishikawa-Diagramm/ Fischgrätendiagramm, 5xWarum, FMEA, Spagetti-Diagramm etc.), zum Vorgehen zur

Entwicklung von Lösungen (A3 Report, Tools aus dem Projekt- beziehungsweise Multiprojektmanagement etc.) sowie die Vorstellung von Standards/Lösungsansätzen („Good Practices" aus dem eigenen Unternehmen oder anderen Unternehmen) kennenlernen (siehe auch N. Baszenski, Methodensammlung zur Unternehmensprozessoptimierung).

Jedem in der Organisation muss klar sein, dass KVP keine kurzfristige Initiative ist, sondern eine auf Dauer angelegte unternehmerische Entscheidung zum Erhalt des Unternehmens darstellt.

Was kann eine erfolgreiche Einführung von KVP gefährden?
Damit der KVP erfolgreich ist, sollten bei der Einführung frühzeitig die folgenden Misserfolgsfaktoren betrachtet werden. Die Liste der Irrtümer und Fehler:

- KVP wird als Projekt/Aktion angesehen und nicht als auf Dauer angelegte Managementententscheidung/innere Haltung der Allgemeinheit (nicht KVP einführen, um KVP einzuführen!).
- Mittlere und obere Führungskräfte erhalten nicht die Schulungen und die Ressourcen, um sich um KVP zu kümmern.
- Führungskräfte sind nicht veränderungsbereit.
- Erarbeitete Verbesserungen werden nicht umgesetzt.
- „Besitzstandswahrer" und „Bedenkenträger" dominieren den KVP.
- Fehler werden nicht eingestanden.
- Immer nur in großen Projekten denken und kleine kontinuierliche Veränderungen mit einem hohen Lernfaktor für alle Beteiligten ablehnen.
- Potenziale der Mitarbeiter unbeachtet lassen – auch Chancen, insbesondere durch altersgemischte Teams, unbeachtet lassen.
- KVP wird „nur" als ein reines Produktionsthema betrachtet – auch im administrativen Bereich, in den internen Schnittstellen, den Schnittstellen zu Kunden und Lieferanten stecken hohe Potenziale.
- KVP findet innerhalb von einzelnen Abteilungsgrenzen statt und nicht im gesamten Unternehmen.
- In den KVP-Prozess werden nur Mitarbeiter aus dem „Talentpool" eingebunden.

Die Mitarbeiter müssen die Erfolge beziehungsweise Misserfolge ihrer Lösungsansätze erfahren und die Chance erhalten, durch die Begleitung eines erfahrenen Kollegen oder einer Führungskraft die Weiterentwicklung einzuleiten.

Praktische Umsetzungshilfen
Es lohnt sich, gemeinsam mit den Mitarbeitern exemplarisch KVP-Tafeln zu entwickeln und deren Nutzung zu trainieren (siehe Abb. 11.3).

Im Zusammenhang mit der Nutzung von KVP-Tafeln bietet sich die Nutzung von Karten mit Vorschlägen und Ideen an (siehe Abb. 11.4).

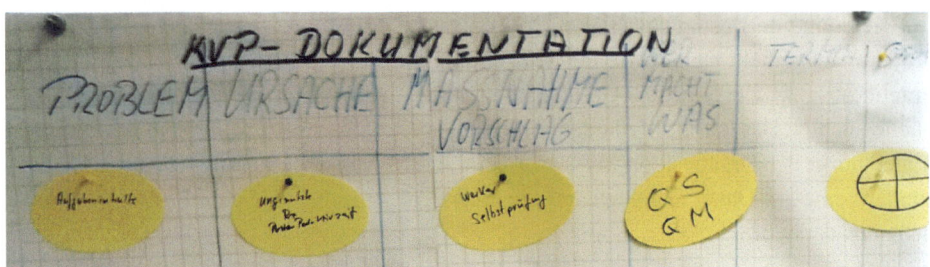

Abb. 11.3 Exemplarische KVP-Tafel aus der Betriebspraxis

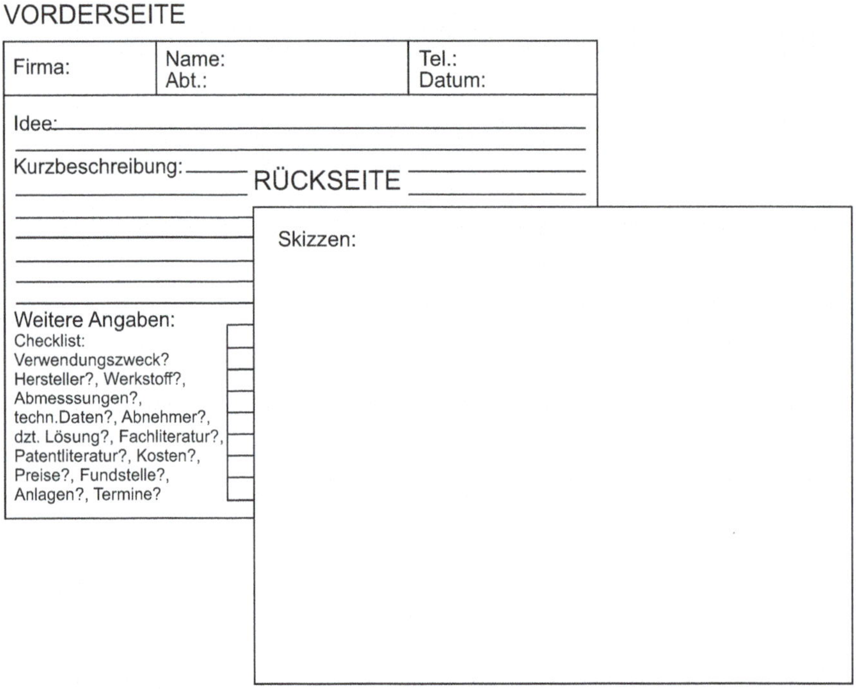

Abb. 11.4 Solche Karten können im Betriebsalltag helfen, dass Verbesserungsvorschläge und -ideen nicht verlorengehen

Abbildung 11.5 stellt die ifaa-Produktionssimulation/das Planspiel zum Thema KVP dar. Die Teilnehmer bekommen in einer Nachbildung eines Produktionssystems aktive Rollen (vom Produktionsleiter bis zum Fertigungsmitarbeiter) zugewiesen. In drei Verbesserungssitzungen optimieren sie die Produktion. Dabei lernen die Teilnehmer die Vorteile der schlanken Produktion kennen sowie auch die Bedeutung des KVP bei der Entwicklung eines synchronen Produktionssystems.

Abb. 11.5 ifaa-Produktionssimulation – das Planspiel zum Thema KVP

Literatur

Baszenski, N.: Methodensammlung zur Unternehmensoptimierung. 4. Aktualisierte Auflage. Heidelberg: Dr. Curt Haefner-Verlag, 2012

Feggeler, A.; Neuhaus, R.: Ganzheitliche Produktionssysteme. Gestaltungsprinzipien und deren Verknüpfung. Köln: Wirtschaftsverlag Bachem, 2002

Imai, M.: KAIZEN. München: Langen-Mueller/Herbig Verlag,1992

Kostka, C.; Kostka, S.: Der Kontinuierliche Verbesserungsprozess. Methoden des KVP, 5. Auflage. München: Carl Hanser Verlag, 2002

Neuhaus, R.: Evaluation und Benchmarking der Umsetzung von Produktionssystemen in Deutschland. Habilitationsschrift. Norderstedt: Books on Demand, 2010

Witt, J.; Witt, T.:Der Kontinuierliche Verbesserungsprozess (KVP): Konzept – System – Maßnahmen. Frankfurt am Main: Verlag Recht und Wirtschaft, 2008

11.3 Führung im Spannungsfeld zwischen Jungen und Älteren

Worum geht es in diesem Beitrag?
Gute Führung fördert die Mitarbeitergesundheit. Das ist ein wichtiger Grund, warum sie im demografischen Wandel noch wichtiger wird. Schließlich muss den Unternehmen mit im Schnitt älteren Belegschaften und längeren Arbeitsbiografien die langjährige Gesundheit und damit Leistungsfähigkeit ihrer Mitarbeiter mehr denn je am Herzen liegen. In diesem Beitrag erfahren Sie, was altersgerechte Führung ist und welche Anforderungen insbesondere an jüngere Führungskräfte gestellt werden, wenn sie ältere Mitarbeiter führen. Ein altersgerechtes und gesundheitsförderliches Führungsverhalten beeinflusst das Leistungsverhalten der Mitarbeiter aller Altersgruppen positiv und trägt zur Sicherung der Wettbewerbsfähigkeit des Unternehmens bei.

Überblick:
- Was heißt „Führung im Spannungsfeld zwischen Jungen und Älteren"?
- Welchen Nutzen bietet altersgerechtes Führen?
- Wie kann altersgerechtes Führen im Unternehmen etabliert werden?
- Worauf müssen Sie achten? Welche Hürden könnten auftreten?

Was heißt „Führung im Spannungsfeld zwischen Jungen und Älteren"?
Belegschaften werden im Schnitt älter – und das fordert Führungskräfte besonders: Alle Führungsentscheidungen sind unter Berücksichtigung der in den Vordergrund tretenden demografischen Herausforderungen zu treffen. Immer häufiger kommt es in den Unternehmen vor, dass junge Führungskräfte auf ältere Belegschaften treffen und ältere Mitarbeiter führen. Das bedeutet beispielsweise (*vgl. Bildungswerk der Hessischen Wirtschaft,* 2014),

- mögliche Konflikte zwischen den Generationen zu kennen und zu schlichten – zum Beispiel in altersgemischten Teams;
- den notwendigen Einstellungswandel in Bezug auf die Leistungsfähigkeit älterer Mitarbeiter und längere Lebensarbeitszeiten herbeizuführen sowie damit verbunden ein positives Bild von Altern und Alter im Unternehmen zu vermitteln;
- Potenziale ihrer Mitarbeiter zu erkennen, zu fördern und gezielt einzusetzen;
- durch Führungsverhalten und ergonomische Arbeitsgestaltung die gesundheitliche Leistungsfähigkeit der Mitarbeiter zu erhalten und zu stärken;
- die Leistungsfähigkeit und Leistungsbereitschaft auch der älteren Beschäftigten durch Rückmeldung auf ihre Arbeit – durch Wertschätzung sowie auch konstruktive Kritik – zu stärken;
- individuell passende Entwicklungswege zu vereinbaren;
- Einsatzmöglichkeiten für leistungsgewandelte Mitarbeiter zu schaffen.

11 Handlungsfeld „Unternehmenskultur und Führung optimieren"

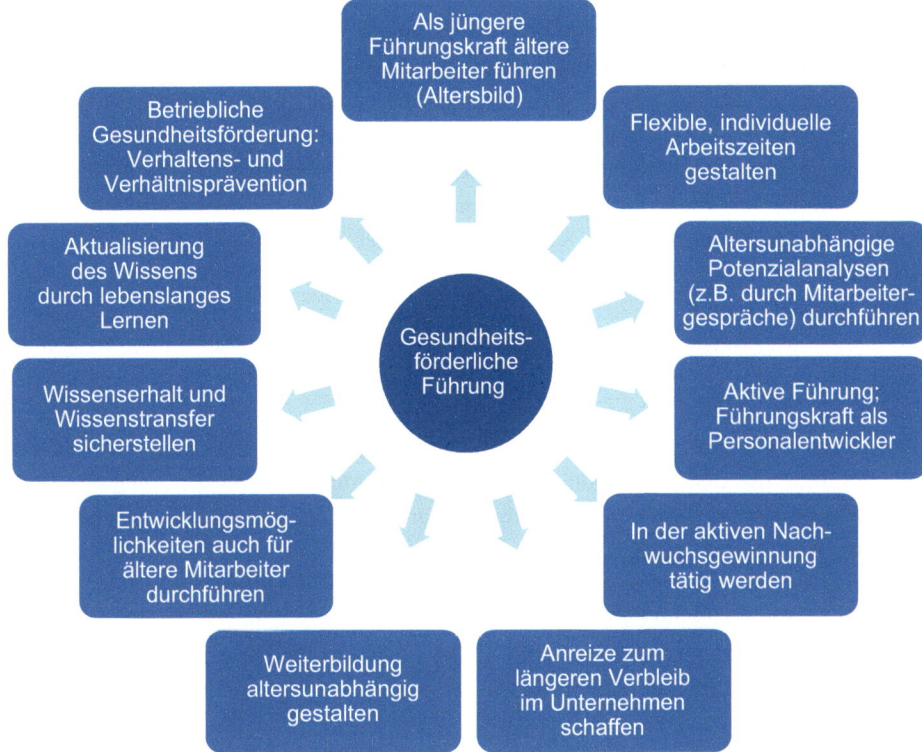

Abb. 11.6 Anforderungen an die Führung bei älter werdenden Belegschaften (Beispiele)

Die Anforderungen an eine alternsgerechte Führung betreffen alle betrieblichen Handlungsfelder, die in diesem Kompendium dargestellt werden und sind in Abb. 11.6 beispielhaft zusammengestellt sind.

Welchen Nutzen bietet alternsgerechtes Führen?
Alternsgerechtes Führen trägt beispielsweise dazu bei,

- die Potenziale älterer Beschäftigter sinnvoll für das Unternehmen zu erschließen;
- Generationenkonflikte und damit verbundene Reibungsverluste zwischen jüngeren und älteren Beschäftigten zu minimieren. Das wirkt sich positiv auf die Zusammenarbeit und das Betriebsklima, auf die Arbeitsprozesse und damit auf die Produktivität des Unternehmens aus;
- die Attraktivität des Unternehmens als Arbeitgeber zu stärken – Stichwort Employer Branding. Dies wirkt sich positiv auf die Personalgewinnung und Personalbindung aus – auch unter dem Gesichtspunkt „Die Jüngeren von heute sind die Älteren von morgen"; denn aus dem Verhalten der Führungskräfte gegenüber den heute älteren Mitarbeitern können sie entsprechende Rückschlüsse ziehen;
- die Wettbewerbsfähigkeit der Unternehmen bei älteren Belegschaften zu sichern.

Wie kann alternsgerechtes Führen im Unternehmen etabliert werden?
Führungskräfte müssen über die Besonderheiten alternder Belegschaften und über die Konsequenzen für die Personalarbeit unterrichtet werden. Sie müssen auf die Anforderungen, die das Führen älterer Mitarbeiter mit sich bringt, vorbereitet werden. Zukunftsorientierte Personalarbeit muss die Planung von Maßnahmen beinhalten. Ziele sind: Potenziale erkennen, fordern, fördern und mögliche Vorurteile über die Leistungsfähigkeit älterer Mitarbeiter abbauen (siehe Teil 1, Kap. 3 „Leistungsfähig sein und bleiben" und Kap. 4 „Leistungsfähigkeit und Alter – praxisrelevante Hinweise für Unternehmen und Beschäftigte").

Hier sind zwei Beispiele, wie Unternehmen bei der Vorbereitung ihrer Führungskräfte vorgegangen sind.

Unternehmensbeispiel 1: Ansatz für die Vorbereitung der Führungskräfte war hier die Reflexion über die Bedeutung von Alter und Älterwerden auch für die eigene Person. In einem weiteren Schritt erarbeiteten die Teilnehmer in einem Workshop, welches Bild vom Alter ihrer Ansicht nach im Unternehmen besteht – wie also die älteren Mitarbeiter gesehen werden. Bestandteile des Workshops waren insbesondere auch die Themen „Gesundheit", „Leistungsfähigkeit", „Einflussfaktoren auf die Leistungsfähigkeit" und „Entwicklung der Leistungsfähigkeit mit dem Alter". Im Workshop wurden gemeinsam neue Führungsleitlinien erarbeitet und im Unternehmen transparent gemacht.

Unternehmensbeispiel 2: Das Unternehmen hat die Erfahrung gemacht, dass alle Mitarbeiter einbezogen werden müssen, wenn es um die Abkehr von alten Denkmustern und den Aufbau einer das Alter wertschätzenden Unternehmenskultur geht. In einem Workshop wurde erarbeitet, welche Bilder und Vorstellungen die Beschäftigten mit Älterwerden und Alter verbinden. Gemeinsam wurden Leitlinien für eine Unternehmenskultur, die Altern und Alter wertschätzt, formuliert.

Informationen, wie Sie einen Workshop zur Vorbereitung der Führungskräfte gestalten können und welche Inhalte sowie Ziele er beinhaltet, finden Sie unter www.beschaeftigungsfähigkeit-sichern.de (Projektthemen/Personalentwicklung/Präsentation/Schulung Personalführung) [25.03.2014]

Worauf müssen Sie achten? Welche Hürden könnten auftreten?
Führungskräfte haben Vorbildfunktion. Sie tragen wesentlich zur Ausprägung der Unternehmenskultur bei. Nach Erkenntnissen einer finnischen Studie (Ilmarinen und Tempel 2003) kommt den Führungskräften im Hinblick auf die Anerkennung der Arbeit älterer Mitarbeiter eine große Bedeutung zu. Älter werdende Belegschaften stellen entsprechende Anforderungen an Führungskräfte, sich mit dem Thema „Alter" auseinanderzusetzen und die eigene Einstellung zu überprüfen – und diese gegebenenfalls zu verändern.

Das Führungsverhalten hat Einfluss auf die Gesundheit der Mitarbeiter. Es gibt Studien, die auf diesen Zusammenhang verweisen (siehe „Weiterführende Informationen, Links").

Dem Führungsstil kommt bei älteren Mitarbeitern ebenso große Bedeutung zu wie bei den jüngeren. Ungeachtet des Alters legen Beschäftigte Wert auf eine Rückmeldung der Führungskraft auf ihre Arbeit. Gerade Ältere möchten einen Sinn in ihrer Tätigkeit sehen und wissen, warum sie Neues lernen oder sich auch über das bisherige Ruhestandsalter hinaus für ihren Betrieb einsetzen sollen. Sie bringen im Allgemeinen gerne ihr langjähriges Erfahrungswissen ein, wenn dies auch anerkannt wird, sie für sich Perspektiven sehen und wenn sie als Person respektiert werden.

Führungskräfte vermitteln Ziele, Leitlinien und Werte des Unternehmens und haben so einen wesentlichen Einfluss auf das Verhalten der Mitarbeiter. Sie sind insbesondere Vorbilder der Unternehmenskultur, wenn es darum geht, Kompetenzen und Potenziale Älterer wertzuschätzen und eine produktive Zusammenarbeit unterschiedlicher Menschen mit unterschiedlichen Fähigkeiten zu ermöglichen. Führungskräfte haben somit einen entscheidenden Einfluss darauf, welches Bild vom Alter und von den Potenzialen Älterer im Unternehmen besteht. Das ist nur möglich, wenn Führungskräfte ihrem eigenen Alter positive Aspekte abgewinnen können und das den Beschäftigten durch Vorleben vermitteln.

Das Kommunizieren von Best Practices „Ältere Mitarbeiter in unserem Unternehmen" und den Tätigkeiten, die sie ausüben, trägt dazu bei, die Potenziale älterer Mitarbeiter im Unternehmen bekannt zu machen und auf diesem Wege die Altersakzeptanz und Wertschätzung zu fördern. Voraussetzung dafür ist selbstverständlich, dass im Unternehmen Ältere tätig sind.

Weiterführende Informationen, Links

Bundesvereinigung Prävention und Gesundheitsförderung e. V. – BVPG –: Führungsverhalten und Mitarbeitergesundheit: http://www.bvpraevention.de/cms/index.asp?inst=bvpg&snr=9234; hier finden Sie auch weiterführende Links, u. a. auf eine Studie der Bertelsmann Stiftung (2010): Der soziale Aspekt von Burnout. [25.03.2014]

Domres, A.: Führung älterer Mitarbeiter. Grundlagen, Konzepte, Perspektiven. Saarbrücken: VDM Verlag Dr. Müller, 2006

INQA – Initiative neue Qualität der Arbeit. Förderung psychischer Gesundheit als Führungsaufgabe, Stand: Januar 2013: http://www.inqa.de/DE/Lernen-Gute-Praxis/Publikationen/psyga-kein-stress-mit-dem-stress-elearning-tool.html;jsessionid=7A806C7D445EF26D5F80D6B4BA638FFE [25.03.2014]

Korff, J.; Blemann, T.; Völpel, S: Der ältere Mitarbeiter, das unbekannte Wesen. In: Personalwirtschaft (2009), Nr. 1, S. 44–46

Lehr, U.; Niederfranke, A.: Führung von älteren Mitarbeitern. In: Kieser, A.; Reber, G.; Wunderer, R. (Hrsg.): Handwörterbuch der Führung. 2. Aufl. Stuttgart: Schäffer-Poeschel, 1995, S. 3–14

Raabe, B.; Kerschreiter, R.; Frey, D.: Führung älterer Mitarbeiter – Vorurteile abbauen, Potenziale erschließen. In: Badura, B.; Schellschmidt, H.; Vetter, C. (Hrsg.): Fehlzeiten-Report 2002. Demographischer Wandel. Herausforderung für die betriebliche Personal- und Gesundheitspolitik. Heidelberg: Springer-Verlag, 2003, S. 137–152

Literatur

Beschäftigungsfähigkeit sichern – Potenziale alternder Belegschaften am Beispiel der Metall- und Elektroindustrie in der Region Dortmund/Hamm/Kreis Unna. Industriegewerkschaft Metall – Verwaltungsstelle Dortmund; Unternehmensverband der Metallindustrie für Dortmund und Umgebung e. V.: www.beschaeftigungsfaehigkeit-sichern.de (Projektthemen/Personalentwicklung/Präsentation/Schulung Personalführung) [25.03.2014]

Bildungswerk der Hessischen Wirtschaft e. V.: Mit offenen Augen in die Zukunft. Projekt Betrieblicher Dialog zum demographischen Wandel, verfügbar unter: www.mit-offenen-Augen.de (Handreichungen/Handreichung 6: Motivation älterer Mitarbeiter) [25.03.2014]

Huber, K.-H.: Junge Führungskräfte – ältere Mitarbeiter. Veränderte Führungskonstellationen im Zuge des demographischen Wandels. In: Personalführung (2013), Nr. 7, S. 44–50

Ilmarinen, J.; Tempel, J.: Erhaltung, Förderung und Entwicklung der Arbeitsfähigkeit – Konzepte und Forschungsergebnisse aus Finnland. In: Badura, B. (Hrsg.); Schellschmidt, H. (Hrsg.); Vetter C. (Hrsg.): Fehlzeiten-Report 2002. Demographischer Wandel: Herausforderung für die betriebliche Personal- und Gesundheitspolitik. Zahlen, Daten, Analysen aus allen Branchen der Wirtschaft. Heidelberg: Springer-Verlag, 2003

11.4 Altersgemischte Teams

Worum geht es in diesem Beitrag?

Sie erfahren, was man unter „altersgemischten Teams" versteht und für welche Aufgaben sie sinnvollerweise gebildet werden. Es gibt keine allgemeingültige Regel, wann altersgemischte Teams besser oder schlechter sind als altershomogene Teams. Zu dieser Erkenntnis kommen entsprechende Untersuchungen (siehe „Weiterführende Informationen, Links"). Das Alter beeinflusst die Leistungsfähigkeit altersgemischter Teams nicht allein. Andere Faktoren, zum Beispiel Qualifikation, ergonomische Arbeitsgestaltung, Art und Weise der Kommunikation sowie das Führungsverhalten, spielen eine Rolle. Die Berücksichtigung bestimmter Rahmenbedingungen begünstigt eine konstruktive Zusammenarbeit Jüngerer und Älterer im Team und trägt zur Produktivität und Innovationsfähigkeit altersgemischter Teams bei.

Überblick
- Was sind altersgemischte Teams?
- Wann ist die Bildung von altersgemischten Teams sinnvoll?
- Welchen Nutzen bieten altersgemischte Teams? Ziele und Vorteile
- Wie können altersgemischte Teams im Unternehmen etabliert werden?
- Welche Rahmenbedingungen begünstigen das Arbeiten in altersgemischten Teams?
- Praxisbeispiel

Was sind altersgemischte Teams?
In der Literatur wird der Begriff „altersgemischte Teams" in verschiedenen Bedeutungen verwendet:

- im Sinne von altersgemischten Belegschaften in einem Unternehmen,
- als Oberbegriff für die in Teil 3, Kap. 13 Handlungsfeld „Wissen sichern und weitergeben", Abschn. 13.1 aufgeführten Gestaltungsformen für einen organisierten Wissenstransfer und
- im Sinne von altersgemischten Arbeitsgruppen – zum Beispiel in Verwaltung und Produktion.

In diesem Kompendium legen wir dieses letztgenannte Verständnis zugrunde.

Wann ist die Bildung von altersgemischten Teams sinnvoll?
Es gibt keine allgemein gültige Regel, wann altersgemischte Teams besser oder schlechter sind als altershomogene Teams. Wichtig ist zu klären, zu welchem Zweck altersgemischte Teams gebildet werden sollen. Das heißt: Die Zusammenführung von altersspezifischen Kompetenzen muss aufgabenabhängig erfolgen (siehe Abb. 11.7).

Wo unterschiedliche Kenntnisse und Erfahrungen erforderlich sind, zum Beispiel bei Innovationen, ist es sinnvoll, Menschen mit unterschiedlichen Erfahrungen zu beteiligen. Das ist zum Beispiel auch der Fall, wenn ein neues Produkt alle Altersgruppen ansprechen soll. Bei Projekten zur Produktentwicklung können sich die Erfahrungen Älterer und das Know-how Jüngerer gegenseitig ergänzen.

Altersgemischte Teams sind geeignet, die Potenziale älterer und jüngerer Beschäftigter zum Beispiel durch einen den jeweiligen Fähigkeiten entsprechenden Einsatz optimal zu nutzen. Sie ermöglichen darüber hinaus gezielt den Wissens- und Know-how-Transfer in beide Richtungen – von den Älteren zu den Jüngeren und von den Jüngeren zu den Älteren.

· Welche Aufgabe soll das altersgemischte Team übernehmen?
· Welche Anforderungen stellt die Arbeitsaufgabe an die fachliche, methodische und soziale Kompetenz der Mitglieder im Team?
· Welche Mitarbeiter kommen für die Besetzung des Teams in Frage?
· ...

Foto: iStockphoto/Daniel Laflor

Abb. 11.7 Arbeiten in einem altersgemischten Team

Praxisbeispiel
In einem Unternehmen war der Mitarbeiter lange im Aufzugsbau tätig und hatte sich mit 60 Jahren ein großes Erfahrungswissen aufgebaut. Körperlich war er nicht mehr in der Lage, im Aufzugsschacht zu arbeiten und dort beispielsweise die Schienen auszutauschen. Diese Aufgaben übernahmen nun Jüngere, die in das Team geholt wurden. Der ältere Kollege gibt seine Erfahrung, insbesondere das „Gewusst-wie", an die jüngeren Kollegen weiter.

Für Unternehmen liegt grundsätzlich der Gewinn bei älteren Mitarbeitern genauso wie bei Jüngeren darin, dass diese ihre Aufgaben erledigen. Ob dies funktioniert, hängt vom einzelnen Mitarbeiter ab und von der Aufgabe – wie in jeder anderen Altersgruppe auch.

Welchen Nutzen bieten altersgemischte Teams? Ziele und Vorteile
Altersgemischte Teams tragen beispielsweise dazu bei (vgl. Bertelsmann Stiftung und BDA 2003)

- Synergie-Effekte durch einen optimalen Einsatz älterer und jüngerer Mitarbeiter zum Beispiel in einem Produktentwicklungsteam zu nutzen;
- den Know-how-Transfer zwischen älteren und jüngeren Beschäftigten in beide Richtungen zu ermöglichen und zu fördern. Das Wissen wird nicht nur an einzelne Mitarbeiter, sondern an die gesamte Gruppe weitergegeben und somit auf einer breiteren personellen Basis im Unternehmen verankert;
- durch den Wissenstransfer Lernprozesse in Gang zu setzen, bei denen Ältere und Jüngere voneinander profitieren und lernen;
- die gegenseitige Wertschätzung Älterer und Jüngerer im Interesse einer effizienten und effektiven Zusammenarbeit im Unternehmen zu fördern
- die Leistungsfähigkeit der Teams durch Prozessoptimierung zu steigern.

Weitere Vorteile altersgemischter Teams: Sie verbessern die Kommunikation. Der Know-how-Transfer findet durch die unmittelbare Zusammenarbeit an Produkten und Dienstleistungen praxisnah und in seiner Wirksamkeit direkt überprüfbar statt. Altersgemischte Teams repräsentieren eine Unternehmenskultur, die den Austausch und die Zusammenarbeit fördert und die Leistungen und Kompetenzen von Mitarbeitern jedes Alters wertschätzt.

Voraussetzungen für eine erfolgreiche Zusammenarbeit altersgemischter Teams:

- Wichtig ist die Zusammensetzung: Es sollte möglichst ein Gleichgewicht zwischen Jung und Alt herrschen. Ältere sollten ebenso wenig dominieren wie die Jüngeren.
- Voraussetzung für eine gute Kommunikation ist die gegenseitige Wertschätzung.
- Dafür braucht es auch Teamregeln – „Leitplanken", in denen sich das Team bewegt.
- Wichtig ist hier sicher auch, das Personal mit Bedacht auszuwählen, aus dem diese Teams zusammengesetzt sind.

Wie können altersgemischte Teams im Unternehmen etabliert werden?
Es ist Aufgabe der Führung, bei der Bildung von altersgemischten Teams strukturiert und geplant vorzugehen und vorab zu klären, zu welchem Zweck ein altersgemischtes Team oder altersgemischte Teams gebildet werden. Soll eine Arbeitsgruppe gebildet werden, um ein neues Produkt zu planen, das zum Beispiel ältere und jüngere Kunden anspricht? Geht es darum, Vorschläge zur Optimierung von Prozessen im Unternehmen zu erarbeiten? Soll in der Produktion eine Arbeitsgruppe beziehungsweise Arbeitsgruppen gebildet werden, um die Potenziale Älterer und Jüngerer zu erschließen? Ist ein gezielter Wissenstransfer, zum Beispiel durch moderierte Teambesprechungen, nötig?

Wenn altersgemischte Teams gebildet werden, zum Beispiel durch gezielte Ansprache der Mitarbeiter, besteht ein weiterer Schritt darin, die Mitarbeiter auch über die Ziele und Aufgaben des Teams zu informieren und gleich zu Beginn Regeln für die Zusammenarbeit zu vereinbaren.

Dort, wo altersgemischte Teams bestehen, können diese zum Beispiel anhand der folgenden Rahmenbedingungen auf ihre Effizienz und Effektivität überprüft und gegebenenfalls entsprechend optimiert werden.

Welche Rahmenbedingungen begünstigen das Arbeiten in altersgemischten Teams?
Nicht allein das Alter hat Einfluss auf die Produktivität und Innovationsfähigkeit von altersgemischten Teams. Auch andere Einflussfaktoren wie Qualifikation, Betriebserfahrung, Belastungswechsel am Arbeitsplatz, ergonomische Arbeitsgestaltung für alle Altersgruppen spielen eine Rolle. Hier finden Sie eine Übersicht zum Führen von altersgemischten Teams sowie zur Kommunikation in diesen Teams (siehe Abb. 11.8):

Ein negatives Bild des Alters und Vorurteile gegenüber älteren Menschen wirken sich negativ auf die Zusammenarbeit und damit auch auf die Effektivität aus. Meist kommt es dann zu emotionalen Konflikten in altersgemischten Teams (*Wegge* et al. 2011).

Erfolgsförderlich wirkt sich beispielsweise aus (*Wegge* et al. 2011):

- Verringerung der Salienz[3] von Altersunterschieden bei Teamarbeit,
- Abbau von Altersdiskriminierung und Vorurteilen gegenüber Älteren,
- Wertschätzung von Altersunterschieden bei Teamarbeit fördern,
- eine gesundheitsförderliche Arbeitsgestaltung und
- eine alternsgerechte Führung.

Die Effizienz und Effektivität altersgemischter Teams ist über fachliche Qualifikationen hinaus insbesondere von den sozialen Kompetenzen der Mitarbeiter zur Zusammenarbeit als Team abhängig.

---

[3] Salienz (= Auffälligkeit) bedeutet in der Psychologie, dass ein Reiz (zum Beispiel ein Objekt oder eine Person) aus seinem Kontext hervorgehoben und dadurch dem Bewusstsein leichter zugänglich ist als ein nicht salienter Reiz. (Wikipedia).

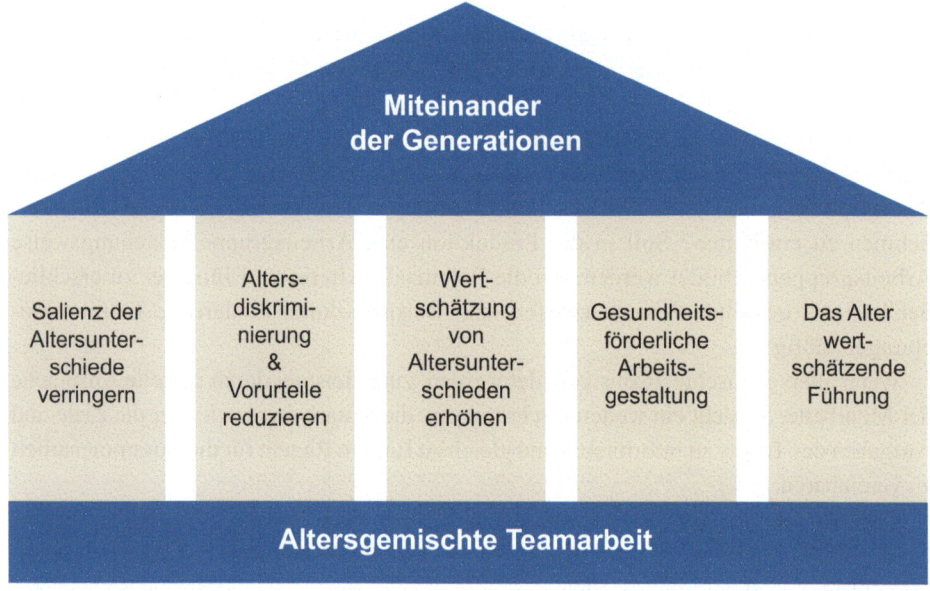

Abb. 11.8 Rahmenbedingungen für das Miteinander der Generationen in altersgemischten Teams. (Wegge et al. 2011)

Zusammenfassend können als Erfolgsfaktoren für altersgemischte Teams beispielsweise folgende genannt werden:

- Positiv wirkt eine Unternehmenskultur und Führungskultur, die das Alter wertschätzt und geprägt ist von der Einstellung, dass Wissen im Team mit Kollegen und Mitarbeitern geteilt wird, um gemeinsam konstruktiv die Entwicklung des Unternehmens zu gestalten (und die eben nicht zulässt, dass eine Kultur der Konkurrenz herrscht).
- Eine in diesem Sinne erfolgreiche Unternehmens- und Führungskultur muss aber auch den Jüngeren Entwicklungschancen einräumen und ihnen Aufgaben übertragen, bei denen sie auf die Erfahrung Älterer zurückgreifen können.
- Führungskräfte müssen einen durch Offenheit und gegenseitige Wertschätzung geprägten Umgang pflegen und vorleben. Das ist eine wichtige Voraussetzung für eine effektive und effiziente Zusammenarbeit.
- Aufgabe der Führungskraft ist es, den Beschäftigten in altersgemischten Teams die notwendigen Ressourcen, Handlungs- und Entscheidungsfreiheiten, die zum Erreichen der Ziele benötigt werden, einzuräumen.
- Die Vorbereitung der Führungskraft auf das Führen altersgemischter Teams muss die Kenntnisse über die Leistungsfähigkeit im Alter einschließen.[4]

---

[4] zum Thema Leistungsfähigkeit und Alter vgl. Teil 1, Kap. 4 „Leistungsfähigkeit und Alter – praxisrelevante Hinweise für Unternehmen und Beschäftigte".

Weiterführende Informationen, Links
Zur Frage, ob oder inwieweit altersgemischte Teams produktiver und innovativer sind als altershomogene Teams, bietet sich diese Literatur an:

Düzgün, I.: Alter, Erfolg und Innovation in Arbeitsgruppen – Eine empirische Untersuchung in der Fließbandproduktion. In: Marie-Luise und Ernst Becker Stiftung (Hrsg.): Kognition, Motivation und lernen älterer Arbeitnehmer – neueste Erkenntnisse für die Arbeitswelt von morgen[5]. Dokumentation der Tagung am 18. und 19. September 2008 Gustav Heinemann Haus, Bonn. Köln: Marie-Luise und Ernst Becker Stiftung, 2008, S. 132–136, verfügbar unter: http://www.becker-stiftung.de/service/eigene-Publikationen/ [25.03.2014]

Gerlmaier, A.; Latniak, E.: Altersgemischte Teams in IT-Unternehmen – ein Garant für Innovationsfähigkeit? In: Praeview Zeitschrift für innovative Arbeitsgestaltung und Prävention (2013), Nr. 1, S. 14–15, (als pdf) verfügbar unter: http://www.zeitschrift-praeview.de/xd/public/content/index.html?sid=rueckblick hier: praeview 1/2013 [14.03.2014]

Jungmann, F.; Wegge, J.: Das Miteinander der Generationen am Arbeitsplatz. Iga.aktuell 1/2011, S. 21 verfügbar unter: http://www.iga-info.de/fileadmin/Veroeffentlichungen/iga_aktuell_Newsletter/iga.aktuell_01_2011.pdf [13.12.2013]

Projekt ADIGU: Altersheterogenität in Arbeitsgruppen als Determinante von Innovation, Gruppenleistung und Gesundheit, verfügbar unter: http://www.altersdifferenzierte-arbeitssysteme.de/index.php?option=com_content&task=view&id=95 [13.12.2013]

Projekt PINOWA – Innovativ und gesund bleiben in jeder Erwerbsphase, verfügbar unter: http://www.pinowa.de [13.12.2013]

RKW: Toolbox Fachkräftesicherung. Altersgemischte Teams. http://www.fachkraefte-toolbox.de/suche/ (als Suchwort eingeben: Altersgemischte Teams) [13.12.2013]

Sentiso: Altersgemischte Teams – die Vorteile von Jung und Alt nutzen: http://www.sentiso.de/informationen/28-altersgemischte-teams [13.12.2013]

Work in Bavaria: Bayerische Fachkräftestrategie: Altersgemischte Teams: http://www.work-in-bavaria.de/arbeitgeber/massnahmen-fuer-arbeitgeber/demografiestrategien/altersgemischte-teams/ [13.12.2013] http://www.work-in-bavaria.de/arbeitgeber/massnahmen-fuer-arbeitgeber/demografiestrategien/ [13.12.2013]

ZEW-Studie – Studie des Zentrums für Europäische Wirtschaftsforschung GmbH, Mannheim. Die Studie (in englischer Sprache) ist verfügbar unter: http://blog-becker-stiftung.de/?p=5146 [13.12.2013]

Literatur
Bertelsmann Stiftung/BDA (Hrsg.): Erfolgreich mit älteren Arbeitnehmern. Gütersloh: Bertelsmann, 2003

ddn Das Demographie Netzwerk. Demographie Wiki: Altersgemischte Teams http://demographie-wiki.de/index.php?title=Altersgemischte_Teams [13.12.2013]

Demografischer Wandel – (k)ein Problem! Werkzeuge für betriebliche Personalarbeit: www.demowerkzeuge.de [13.12.2013]

- Altersgemischte Teams (Werkzeuge im Überblick/ Personaleinsatz/Altersgemischte Teams: http://www.demowerkzeuge.de/werkzeuge-im-uberblick/personaleinsatz/altersgemischte-teams/ [13.12.2013]

---

[5] Ismail Düzgün erhielt den Innovationspreis der Becker Stiftung „Altern und Arbeit" 2008. Seine Arbeit wurde veröffentlicht unter dem Titel: Alter, Erfolg und Innovation in Arbeitsgruppen – Eine empirische Untersuchung in der Fließbandproduktion. Lohmar – Köln: Eul Verlag, 2008.

- Beispiel für das Erfahrungswissen in einer Arbeitsgruppe/ (Werkzeuge im Überblick/ Berufsaustritt/Übergang in die Rente/Nachfolgeplanung): http://www.demowerkzeuge.de/werkzeuge-im-uberblick/berufsaustritt-ubergang-in-die-rente/nachfolgeplanung/ [13.12.2013]

Projekt Beschäftigungsfähigkeit sichern – Potenziale alternder Belegschaften am Beispiel der Metall- und Elektroindustrie in der Region Dortmund/Hamm/Kreis Unna. 01.06.2005 – 31.5.2007 www.beschaeftigungsfaehigkeit-sichern.de [13.12.2013]

- (Projektthemen/Wissensmanagement)
- (Publikationen/Transferbroschüren/Transferbroschüre Nr. 2: Wissensmanagement im Generationenwechsel)

Sick AG: Altersgemischte Teams in der Sick AG. 2010. Als pdf abrufbar unter: http://www.demowerkzeuge.de/werkzeuge-im-uberblick/personaleinsatz/altersgemischte-teams/ (siehe ganz unten „Bezugsquellen") [13.12.2013]

Wegge, J. u. a.: Altersgemischte Teamarbeit kann erfolgreich sein. Empfehlungen für eine ausgewogene betriebliche Altersstruktur. In: Sozialrecht und Praxis (2011), Nr. 7, S. 433 ff.

Wegge, J.: Vom Sinn und Unsinn altersgemischter Teamarbeit, Bodenseeforum 2012, Folienpräsentation, verfügbar unter: http://de.slideshare.net/BodenseeForum_Personal/bodenseeforum-2012-prof-jrgen-wegge-altersgemischte-teams [13.12.2013]

Wie altersgemischte Teams besser arbeiten. Interview HR-Management mit Hans-Dieter Schat, 24.11.2011: http://www.haufe.de/personal/hr-management/interview-wie-altersgemischte-teams-besser-arbeiten_80_69342.html [13.12.2013]

11.5 Geführte Gruppenarbeit – eine Antwort auf die demografische Herausforderung

Worum geht es in diesem Beitrag?

Unternehmen müssen im Wettbewerb ihre Leistungsfähigkeit und Innovationskraft ständig steigern. Geführte Gruppenarbeit ist eine interessante Option, auch ältere Menschen auf diesen Weg mitzunehmen. Sie erfahren hier, warum die Gruppenarbeit in deutschen Unternehmen eine starke Führung benötigt. Es wird herausgestellt, wie die Führung einer Gruppe zu organisieren ist, welche Rahmenbedingungen im Unternehmen geschaffen werden müssen und welche Auswirkungen die geführte Gruppenarbeit auf die Prozessstabilität sowie auf die körperliche und geistige Leistungsfähigkeit der Beschäftigten hat. Ein Praxisbeispiel beschreibt die Erfahrungen mit geführter Gruppenarbeit bei der KARL OTTO BRAUN GmbH & Co. KG.

Überblick
- Erfolgsfaktoren der geführten Gruppenarbeit
  - Eindeutig bestimmte Verantwortlichkeit auf jeder Führungs- und Fachebene sowie in den Gruppen/Teams der Mitarbeiter

- Direkte Mitarbeiterführung vor Ort und Steuerung der Gruppen über Unternehmenskennzahlen
- Gruppengröße rund sechs Mitarbeiter, in Abhängigkeit von zum Beispiel Arbeitsumfang und Technologie
- Vermeidung von Komplexität in allen Arbeitsprozessen
- Einfachste, schnell veränderbare und flexible Betriebsmittel
- Effektive, sinnvolle und flexible Standardisierung
- Permanente Eliminierung von Verschwendung durch die betroffenen Mitarbeiter zur Steigerung der Wertschöpfung
- Entpersonifizierte Problemlösung mit ausgeprägter Experimentierfreudigkeit
- Konsequentes Kunden-Lieferanten-Verständnis über die gesamte Wertschöpfungskette hinweg
• Fazit
• Praxisbeispiel

Die Rahmenbedingungen für wirtschaftliches Handeln verändern sich rasant. Getrieben wird die Entwicklung insbesondere durch die Globalisierung. Sie bringt einen international verschärften Wettbewerb. Unternehmen in Deutschland haben sich zudem mit der demografischen Entwicklung auseinanderzusetzen. Aus all diesen Gründen müssen arbeitspolitische Stellhebel dringend weiterentwickelt werden. Sehr großer Handlungsbedarf besteht in der Arbeits- und Führungsorganisation. Es geht darum, die Wettbewerbs- und Wandlungsfähigkeit der Unternehmen sowie die Leistungs- und Beschäftigungsfähigkeit der Mitarbeiter nachhaltig zu sichern.

Unternehmen können nur erfolgreich sein, wenn sie qualitativ hochwertige Produkte und Dienstleistungen zu marktgängigen Preisen anbieten. Sie müssen sich deshalb konsequent auf das Kerngeschäft konzentrieren und die Wertschöpfung in allen Unternehmensbereichen steigern. Ein uneingeschränktes Commitment des gesamten Managements zur gemeinsam definierten Unternehmensvision, zu den Unternehmensleitsätzen und den Unternehmenszielen ist die Voraussetzung für einen nachhaltigen Erfolg. Der Kunde ist Treiber des Wertschöpfungsprozesses, indem er klare Forderungen bezüglich Qualität, Kosten und Lieferzeit äußert. Im Fokus aller Beschäftigten steht das gemeinsame Unternehmensziel, die Wünsche des externen und internen Kunden zu befriedigen. Voraussetzung hierfür ist, dass alle Unternehmensbereiche die erforderlichen Fachkompetenzen und Ressourcen zeitgerecht gegenseitig zur Verfügung stellen. Dies erfordert ein abgestimmtes, harmonisches und störungsfreies Zusammenspiel aller Unternehmensbereiche.

Die Weiterentwicklung der klassischen Arbeitsorganisation hin zur geführten Gruppenarbeit unter Berücksichtigung der dafür erforderlichen Führungsstrukturen muss den Kundenanforderungen (intern und extern) sowie auch dem Gesundheitsschutz der Mitarbeiter gerecht werden. Ein gezielter Einsatz arbeitspolitischer Führungsinstrumente, zum Beispiel zur Vermeidung von Verschwendung in den Arbeitsprozessen oder ergonomischen

Verbesserungen in der Arbeitssituation, wirkt sich mittel- oder langfristig positiv in den Kosten und der Mitarbeitermotivation aus. Kurzfristige Kosteneinsparungen bringen solche Veränderungsprozesse erfahrungsgemäß nur selten – denn es geht hier überwiegend um menschliche Anpassungs- beziehungsweise Verhaltensprozesse. Die Erkenntnisse der vergangenen Jahre zeigen, dass nachhaltige Erfolge nicht nur über die Methoden und Instrumente eines innovativen Unternehmenssystems (KVP, TPM, Kanban[6] usw.) erzielt werden können. Nachhaltige Erfolge hängen in erster Linie vom Führungsverhalten des Managements ab – denn dies beeinflusst Arbeitszufriedenheit und Motivation der Mitarbeiter maßgeblich. Und das ist am Ende mit entscheidend für eine stabile Wettbewerbsfähigkeit des Unternehmens.

Gruppenarbeit hat sich seit der weitflächigen Einführung Ende der 1980er-Jahre und Anfang der 1990er-Jahre zu einem festen Bestandteil der Arbeitsorganisation entwickelt. Sie sollte die Arbeitssituation und das Arbeitsumfeld verbessern und gleichzeitig Wirtschaftlichkeit und Wettbewerbsfähigkeit steigern. Heute ist die Gruppenarbeit beziehungsweise Teamarbeit in der Industrie in sehr unterschiedlichen Ausprägungen eingeführt und hat sich als eine mögliche Form der Arbeitsorganisation mehr oder weniger gut bewährt. Nach anfänglicher Euphorie kam in den Umsetzungs- und Weiterentwicklungsphasen der Gruppenarbeit teilweise relativ schnell Ernüchterung auf. Die Verlagerung indirekter Tätigkeiten aus administrativen Bereichen heraus in diese Arbeitssysteme brachte insbesondere in personalintensiven Arbeitssystemen eine für die Mitarbeiter oft zu komplexe Arbeitssituation. Zusätzlich hatte man aus einem falschen Verständnis von Lean Management heraus Führungsstrukturen geschaffen, die ein Führen im Sinne einer schlanken Produktion nicht mehr zugelassen haben. Diese Zuspitzung – zum einen durch die Überfrachtung der Tätigkeiten und zum anderen durch die Reduzierung der Führungsspannen – hat negative Auswirkungen sowohl auf Qualität und Produktivität als auch auf Motivation und Gesundheit der Mitarbeiter und Führungskräfte.

Erfolgsfaktoren der geführten Gruppenarbeit

Das hat zur Weiterentwicklung der Arbeitsorganisation im Sinne einer „geführten Gruppenarbeit" geführt. Darin liegt zukünftig ein nicht unbedeutender Faktor für die Wettbewerbsfähigkeit eines Bereiches. Folgende Faktoren sind für die Akzeptanz und auch die wirtschaftliche Effizienz der geführten Gruppenarbeit und damit für den Erfolg entscheidend:

---

[6] KVP = kontinuierlicher Verbesserungsprozess – siehe Teil 3, Kap. 5.2 „Motivation und Nutzung von Erfahrung durch KVP-Aktivitäten".TPM = Total Productive Management. Es geht dabei um die Erhöhung der Anlagenverfügbarkeit (Overall Equipment Effectiveness), Verlustminimierung und die Vermeidung von „Doppelarbeit".Kanban kommt aus dem Japanischen („Karte" oder auch „Beleg"). Dabei handelt es sich um eine Identifizierungskarte, die sich bei jedem Endprodukt, jeder Baugruppe und jedem Einzelteil im Betrieb befindet. Der Begriff ist mit der schlanken Produktion (Lean Production) verbunden. Es geht dabei darum, Verschwendung in der Produktion abzubauen. Mehr: Gabler-Wirtschaftslexikon: http://wirtschaftslexikon.gabler.de/Definition/kanban-system.html.

11 Handlungsfeld „Unternehmenskultur und Führung optimieren"

Eindeutig bestimmte Verantwortlichkeit auf jeder Führungs- und Fachebene sowie in den Gruppen/Teams der Mitarbeiter

Der Teamleiter, hier die unterste Führungsebene, hat fachliche und in gewissem Umfang auch disziplinarische Verantwortung für die Arbeitsgruppe und wird vom Unternehmen benannt. Er verantwortet unter anderem die Einhaltung und Weiterentwicklung der Standards, die Sicherstellung der erforderlichen Qualifikationen und Produktivität sowie die Qualifikation der Mitarbeiter. Er kompensiert in seinem Zuständigkeitsbereich auch Fehlstände. Die Arbeitsinhalte der Mitarbeiter konzentrieren sich ausschließlich auf wertschöpfende Tätigkeiten. Aufgabe der Gruppe ist es, ein klar definiertes Arbeitspensum zu erfüllen – und dies bei Einhaltung der vorgegebenen Qualitäts- und Produktivitätsstandards. Eine weitere wesentliche Zielsetzung und tägliche Routine der Gruppe ist die kontinuierliche Verbesserung der Arbeitsabläufe und Arbeitsmethoden.

Direkte Mitarbeiterführung vor Ort und Steuerung der Gruppen über Unternehmenskennzahlen

Der Teamleiter ist permanent vor Ort und unterstützt die Mitarbeiter bei der täglichen Problembewältigung. Zu seinen wesentlichen Aufgaben gehört es auch, durch laufende Beobachtung und Begleitung der Prozesse Abweichungen von Standards und damit verbundene Verbesserungspotenziale zu erkennen. Damit kann sofort auf Abweichungen reagiert werden. Die zeitnahe detaillierte Ursachenforschung führt zu einer unmittelbaren und nachhaltigen Fehlerbeseitigung.

Mittelfristige Unternehmensziele (Rationalisierung, Logistik) werden bis auf die einzelne Teamebene herunter gebrochen und durch Produktivitäts- und Qualitätsziele schichtbezogen operationalisiert (siehe Abb. 11.9). Sie sind zentrales Personalführungsinstrument und vergütungsrelevant mit einer individuellen Leistungskomponente. Ge-

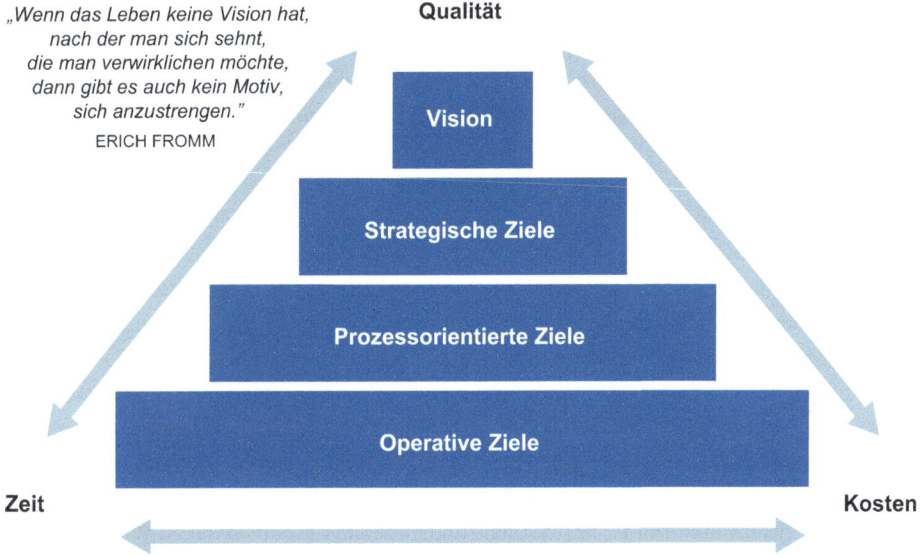

„Wenn das Leben keine Vision hat, nach der man sich sehnt, die man verwirklichen möchte, dann gibt es auch kein Motiv, sich anzustrengen."
ERICH FROMM

Abb. 11.9 *Zielpyramide*

Kleine Führungsspannen bringen höhere Effizienz, schnellere Entscheidungen, bessere Kommunikation und führen nachhaltig zu robusten und störungsfreien Prozessen.

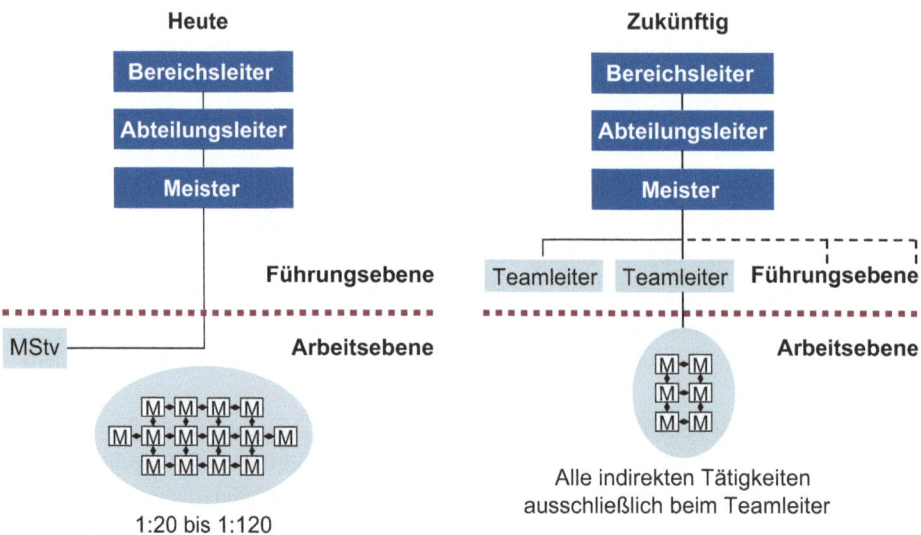

Abb. 11.10 Führungsstrukturen

meinsam erarbeitet die Gruppe Wege zur Zielerreichung. Die Ergebnisse der Benchmarks der Teams werden ständig visualisiert – dies betrifft sowohl die Gesamtprozesse als auch die individuelle Aufgabenerfüllung.

Gruppengröße rund sechs Mitarbeiter, in Abhängigkeit von zum Beispiel Arbeitsumfang und Technologie

Wesentliche Erfolgsfaktoren der geführten Gruppenarbeit sind die Gruppengröße und die Führung der Gruppe. Die Gruppengröße muss direkte Führung vor Ort zulassen. Die permanente Anwesenheit der Führungskraft ermöglicht die Beseitigung von Verschwendung, die Entfaltung der Mitarbeiterleistung und den größtmöglichen Arbeits- und Gesundheitsschutz (siehe Abb. 11.10).

Das durch den Teamleiter getriebene und unterstützte intensive Abweichungsmanagement erfordert Gruppengrößen von weniger als zehn Mitarbeitern. Einen weiteren Einfluss auf die Größe einer Gruppe haben die eingesetzten Technologien und das zu bewältigende Arbeitspensum der Mitarbeiter und der Führungskraft. Dadurch ist bei Problemen in der täglichen Arbeit eine unmittelbare Unterstützung und Hilfestellung der Mitarbeiter vor Ort am Arbeitsplatz gewährleistet. Zudem können Mitarbeiter intensiv in die Gestaltung der Arbeitsorganisation sowie die Beseitigung von Verschwendung eingebunden werden. Unsere Analysen haben ergeben, dass die Gruppengröße auch abhängig von der Komplexität (Produktvielfalt, Technologie, …) und dem Anspannungsgrad (Schichtmodell, An- und Auslaufsituationen, …) des Arbeitssystems gestaltet werden muss. Je nach Ausprägung dieser Einflussfaktoren ist in personal- und auch kapitalintensiven Arbeitssystemen eine Gruppengröße zwischen fünf und 12 Mitarbeitern sinnvoll.

Die Führung erfolgt in der Regel durch einen vom direkten Arbeitsprozess vollständig oder zumindest überwiegend freigestellten „Teamleiter" oder „Gruppenleiter". Dieser hat eine fachliche und disziplinarisch klar definierte Verantwortung. Darüber hinaus steht der Gruppenleiter auch als Ausgleich bei Ausfall eines Gruppenmitarbeiters zur Verfügung (Fehlstandsausgleich). Der Arbeitseinsatz im Rahmen des Fehlstandsausgleichs bringt in der unteren Führungsebene einen permanenten Übungseffekt und festigt Fertigkeiten, Erfahrungen und Kenntnisse. Die Führungskraft ist permanent vor Ort und unterstützt die Gruppe bei allen auftretenden Schwierigkeiten.

Zentrale Aufgabe des Gruppenleiters ist es, Standards einzufordern und weiterzuentwickeln. Er hat auch permanent Verschwendung in den Arbeitsprozessen zu beseitigen. Die Analyse von Störungen und deren nachhaltige Beseitigung – auch unter Einbeziehung von Experten – ist Tagesgeschäft. Der Gruppenleiter führt die Gruppe über die aus den Unternehmenszielen abgeleiteten Gruppenziele; diese werden immer aktuell im Soll-Ist-Vergleich an der Gruppentafel angezeigt. Die Führungskraft führt alle für den gruppeninternen Arbeitsprozess erforderlichen indirekten Tätigkeiten aus. So können sich die Mitarbeiter auf die Durchführung wertschöpfender Tätigkeiten konzentrieren, um damit eine hohe Produktivität und Qualität sicherzustellen.

Die Führungskraft ist zu einem sehr großen Anteil des Arbeitsalltags „Lehrer" und „Trainer" der Teammitglieder. Sie hat dafür zu sorgen, dass die erforderliche Qualifikation der Mitarbeiter jederzeit auf dem aktuellen Stand ist. Sie ist verantwortlich für die zeitnahe Durchführung der Anpassungsqualifizierung bei Produktveränderungen oder Veränderungen in Technologie und Arbeitsorganisation. Deshalb muss diese Führungskraft eine hohe und umfangreiche Fach- und Sozialkompetenz haben. Ein Auswahlverfahren zur Besetzung dieser Funktionen ist hier unabdingbar. Zugleich ist diese Funktion eine hervorragende Personalentwicklungsmaßnahme für Potenzialträger. In dieser Vielzahl war dies zuvor in der klassischen Form der Gruppenarbeit nicht möglich. In der geführten Gruppenarbeit können viel mehr Mitarbeiter verantwortungsvolle Tätigkeiten übernehmen und sich entsprechend ihren Fähigkeiten weiterentwickeln.

Vermeidung von Komplexität in allen Arbeitsprozessen
Ein wesentlicher Erfolgsfaktor erfolgreicher Unternehmen ist es, Komplexität aus den Systemen herauszunehmen, um mit „normalem Menschenverstand" und unter der aktiven gestalterischen Beteiligung der Mitarbeiter einfache und für den Menschen beherrschbare Prozesse zu gestalten. Komplexität muss deutlich reduziert werden, um wieder ein natürliches und beherrschbares Arbeitsumfeld für die Mitarbeiter zu schaffen. Komplexe Arbeitsprozesse werden in für die Mitarbeiter überschaubare Arbeitsschritte gefasst, die im Rahmen der ständigen Verbesserung gemeinsam weiterentwickelt werden.

Einfachste, schnell veränderbare und flexible Betriebsmittel
Komplexe Maschinen und Anlagen werden durch technisch einfach beherrschbare Lösungen ersetzt. Die permanente Reduzierung von Komplexität in den Arbeitssystemen

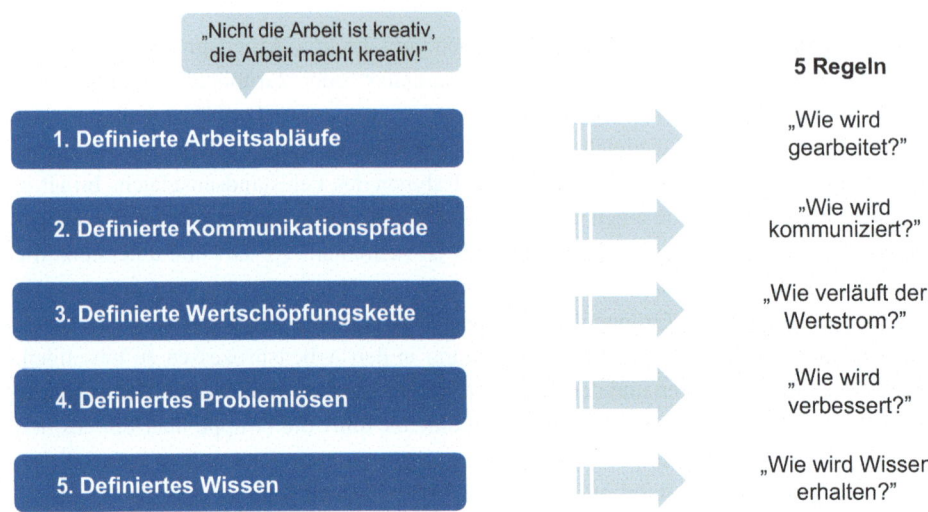

Abb. 11.11 Übersicht zu „Standards"

ist Gruppenaufgabe. Der Einsatz von hochflexiblen Creform-Systemen[7] zum Beispiel für die Materialbereitstellung führt zu übersichtlicheren Arbeitsplätzen. Durch die Auflösung von Komplexität auch bei den Betriebsmitteln können ohne großen Aufwand jederzeit Veränderungen an den Produkten, in den Arbeitsprozessen und der Arbeitsorganisation vorgenommen werden – zum Beispiel in der ergonomischen Gestaltung. Auch in den kapitalintensiven Bereichen ist ein Trend zu kleineren flexiblen Maschinen erkennbar. So sind zum Beispiel starre Transferstraßen heute eher die Ausnahme.

Effektive, sinnvolle und flexible Standardisierung
Das Standardisieren (siehe Abb. 11.11) zum Beispiel von Arbeitsabläufen, Kommunikationspfaden, Wertschöpfungsketten, Problemlösungstechniken und auch von Wissen ist die Basis für einen von allen Mitarbeitern aktiv unterstützten nachhaltigen und erfolgreichen Verbesserungsprozess. Entscheidend ist das Aufzeigen von Abweichungen vom gemeinsam definierten Standard durch eine einfache und gut sichtbare Visualisierung (zum Beispiel Bodenmarkierungen, Min-Max-Bestände, Andon-Tafeln[8] usw.). Abweichungen vom Standard sind Hinweise auf Schwächen im Arbeitssystem, zeigen Verbesserungspotenziale auf, die sofort bearbeitet werden.

Komplexe Arbeitssysteme werden durch eine sinnvolle Standardisierung beherrschbarer und nachvollziehbarer, ohne dass die Mitarbeiter zu hoher Belastung ausgesetzt werden. Relativ schnell können sehr harmonische und ausgeglichene Arbeitsabläufe in der Produktion und in den administrativen Unternehmensbereichen entstehen. Die Zusam-

---

[7] vgl. z. B. www.creform.de.

[8] Andon-Tafeln informieren meist verbunden mit einer einfachen Symbolik über den Produktionsstatus und eventuell auftretende Probleme, vgl. Gabler-Lexikon Unternehmensberatung, S. 10.

menarbeit der einzelnen Unternehmensbereiche wird hoch effizient, wenn dazu noch die Schnittstellen eindeutig durch Leistungsvereinbarungen beschrieben werden. Standards werden im Rahmen eines kontinuierlichen Verbesserungsprozesses (KVP) stetig gemeinsam mit den Mitarbeitern weiterentwickelt.

Permanente Eliminierung von Verschwendung durch die betroffenen Mitarbeiter zur Steigerung der Wertschöpfung
Der KVP orientiert sich an tagesaktuellen Problemstellungen, wird von den Führungskräften gesteuert und ist das Kerngeschäft jeder Führungskraft auf jeder Führungsebene. Die tägliche Arbeit konzentriert sich auf das Erkennen und das nachhaltige Beseitigen von Verschwendung – dadurch steigert sie die Wertschöpfung in den Arbeitsprozessen und führt zu einem harmonischen gruppenübergreifenden Zusammenspiel. Entscheidend sind die kleinen, aber vielfältigen Verbesserungen vor Ort am Arbeitsplatz, die unmittelbar und nachhaltig vorgenommen werden müssen. In der Summe führen sie zu erstaunlichen Effekten. Diese Verbesserungen müssen sehr schnell getestet und umgesetzt werden, um die Motivation zum KVP nachhaltig aufrechtzuerhalten. Verbesserte Produktivitätsstandards gehen automatisch in neue Leistungs- und Zeitstandards (zum Beispiel in die Arbeitspläne) ein.

Entpersonifizierte Problemlösung mit ausgeprägter Experimentierfreudigkeit
Probleme und Schwierigkeiten sind nach der Faustregel von Joseph M. Juran, Wegbereiter des Qualitätsmanagements, zu 85 % systembedingt. Deshalb ist es wichtig, auftretende Probleme zu versachlichen und sich nicht auf die Suche nach dem „Schuldigen" zu konzentrieren. Die Frage lautet nicht: „Wer hat den Fehler verursacht?" Vielmehr ist zu fragen: „Wie ist der Fehler entstanden?" Jeder Fehler, den ein Mitarbeiter macht, ist ein Hinweis auf eine Schwachstelle im Arbeitssystem. Ideen und Vorschläge zur nachhaltigen Beseitigung werden ausprobiert und gegebenenfalls wieder rückgängig gemacht, ohne dass dies negative Folgen für die Beteiligten mit sich bringt. Die Entwicklung der Fähigkeit, viele kleine Verbesserungen zu managen, führt zu einer innovativen „Experimental"-Kultur.

Es sind nicht nur ausgeklügelte Methoden zur Problemlösung, sondern es ist oft nur der gesunde Menschenverstand, der zu einer nachhaltig guten Lösung führt. Diese vielen fast täglichen Verbesserungen führen zu robusten und störungsfreien Prozessen – und zwar sowohl in der Produktion als auch in der Administration. Das ist ein großer Schritt in Richtung eines harmonischen und ruhigen Wertschöpfungsprozesses. Höhere Prozessstabilität ist immer gepaart mit hoher Effizienz. Stabile Prozesse wirken sich zudem äußerst positiv auf das mentale Arbeitsempfinden und die psychische Leistungsfähigkeit der Beschäftigten aus.

Konsequentes Kunden-Lieferanten-Verständnis über die gesamte Wertschöpfungskette hinweg
Die Befriedigung der Kundenerwartung, sowohl intern als auch extern, erfolgt durch die enge und reibungsfreie Vernetzung aller Unternehmensbereiche entlang der Wertschöp-

Abb. 11.12 Schnittstellen sind eindeutig über Leistungsvereinbarungen definiert

fungskette (siehe Abb. 11.12). Eine fehlerfreie Zusammenarbeit ist durch definierte Leistungsvereinbarungen zwischen den Unternehmensbereichen abgesichert. Ein weiterer Erfolgsfaktor für ein effizientes Zusammenspiel der Unternehmensbereiche liegt unter anderem in standardisierten Kommunikationspfaden zwischen den einzelnen Unternehmensbereichen, die sich bis in die Arbeitsgruppen auswirken.

Im Mittelpunkt steht das gemeinsame (Unternehmens-)Ziel: Es wird erreicht, indem alle sich gegenseitig alle erforderlichen Fachkompetenzen zur Verfügung stellen: „Alle ziehen auf derselben Seite des Strickes und bringen ihre ganze Fähigkeit, Technik und Kraft mit ein."

Fazit
Wissenschaftler des Instituts für angewandte Arbeitswissenschaft, ifaa, sehen große Potenziale in der Weiterentwicklung der Arbeitsorganisation hin zu einer geführten Gruppenarbeit, um der dramatischen Entwicklung der Wettbewerbssituation in der Metall- und Elektroindustrie zu begegnen. Dies haben Erfahrungen aus den laufenden Veränderungsprozessen der deutschen Unternehmen sowie in Japan und China gezeigt. Die weitere Optimierung der Arbeitsabläufe und -prozesse ist zur Sicherung von Arbeitsplätzen unumgänglich.

Darüber hinaus sind über die Bereichsgrenzen hinweg vernetzte Teamstrukturen Grundvoraussetzung für nachhaltige erfolgreiche Veränderungsprozesse. Dazu müssen aber auch alle Akteure bereit sein, über interne und externe Schnittstellen hinweg auch „heilige Kühe" infrage zu stellen, Gräben und Mauern einzureißen und sich auf andere – auf den ersten Blick vielleicht außergewöhnliche – Vorgehensweisen und Prozesse einzulassen. Der Wille zum Lernen, zum Beispiel voneinander und von guten Beispielen oder Erfahrungen anderer Unternehmen, ist dabei entscheidend. Selbstkritik und ein gesundes Augenmaß für das individuell Machbare sind entscheidende Erfolgsparameter für einen nachhaltigen Veränderungsprozess. Es fordert von allen Beteiligten ein hohes Maß an Kreativität, um die Erfolgsfaktoren nachhaltig, sinnvoll und auf das entsprechende Unternehmenssystem angepasst in laufende Prozesse zu implementieren. Dabei sollte auf den vorhandenen Stärken eines Unternehmens aufgebaut werden, um den Veränderungsprozess als eigene, von allen Mitarbeitern getragene Weiterentwicklung zu verstehen. Die Veränderungen müssen im Zeichen einer konsequenten internen und externen Kundenorientierung stehen.

Die Führungskräfte stehen hierbei in einer besondere Verantwortung: Sie müssen jederzeit jede Phase der Veränderung sowie die Unternehmenswerte glaubhaft und sichtbar vorleben. Sie haben gemeinsam vereinbarte Standards und Vorgehensweisen einzuhalten und einzufordern. Sie müssen diese gemeinsam mit den Mitarbeitern permanent weiterentwickeln, um die Wertschöpfung zu steigern und gleichzeitig Gesundheit und Motivation der Mitarbeiter zu erhalten.

Gelingt es den Unternehmen, von guten Beispielen zu lernen und diese Erkenntnisse konsequent auf die eigene individuelle Unternehmenssituation zu übertragen, so werden sie einen großen Schritt voranmachen. Dieser stärkt in der Folge nicht nur die Wettbewerbsfähigkeit und Profitabilität der Unternehmen; er sichert auch nachhaltig die Arbeitsplätze ab und sorgt damit auch dafür, dass ältere Menschen einen Platz in der Arbeitswelt finden beziehungsweise behalten.

Das folgende Praxisbeispiel der Firma KOB in Wolfstein zeigt auf, welche Gründe dazu führten, die klassische Gruppenarbeit der 1990er-Jahre weiterzuentwickeln. Es dokumentiert, wie ein solcher Prozess vom Management gemeinsam mit den Arbeitnehmervertretern konzipiert und umgesetzt wurde (vgl. auch ifaa 2012, S. 22). Die Evaluierung dieses Prozesses macht deutlich, dass hier das Unternehmen und die Mitarbeiter gemeinsam den richtigen Weg gegangen sind, um zum einen die Wettbewerbsfähigkeit der Standortes Wolfstein zu gewährleisten und zum anderen die Arbeitsplätze und die Motivation der Mitarbeiter nachhaltig zu gewährleisten.

Literatur
Classen, H.-J.: SÜDWESTMETALL Studienreise November 2012. Toyota, Erfolgsfaktoren und Hintergründe (Joseph M. Juran)
Institut für angewandte Arbeitswissenschaft, ifaa (Hrsg.): Demografie meistern. Standpunkte/Praxisbeispiele. Düsseldorf: Institut für angewandte Arbeitswissenschaft, 2012
Münch, M.: Unternehmenserfolg durch konsequente strategische Ausrichtung. In: SÜDWESTMETALL (Hrsg.): Betriebsleitertagung 2008. Stuttgart, 2008

Praxisbeispiel KARL OTTO BRAUN GmbH & Co. KG

Das Unternehmen
Die KARL OTTO BRAUN GmbH & Co. KG (KOB), gegründet 1903, mit Sitz in Wolfstein, Rheinland-Pfalz, ist der weltweit größte Produzent elastischer Spezialtextilien für die Medizin, darunter elastische Binden und Trägergewebe für Pflaster und Pflasterbinden. Detaillierte Angaben zum Unternehmen finden Sie in einem weiteren Praxisbeispiel in Abschn. 4.3.3 „Personalentwicklungs- und Feedbackgespräch". Am Standort Wolfstein arbeiteten Anfang 2013 insgesamt 690 Beschäftigte, aufgeteilt in eine Produktionsgesellschaft und die KOB Holding. Hier gibt es eine vierstufige Textilfertigung. Diese besteht aus einer modernen Spinnerei, in der aus Baumwolle, Zellwolle und Polyester Spezialgarne gefertigt werden, einer textilen Flächenerzeugung (Breit- und Bandwebereien), einer Veredelung sowie der Konfektionierung: Hier werden die Produkte kundenspezifisch ausgestattet und verpackt.

Ausgangslage
Mitte der 1990er-Jahre wurde am Standort Wolfstein die teilautonome Gruppenarbeit eingeführt – zunächst mit beachtlichem Erfolg. So gelang es, den Blick der Mitarbeiter von der Verantwortung für den Einzelarbeitsplatz („meine Maschine") hin zu einer Prozessverantwortung für mehrere Fertigungsschritte zu lenken. Die Umstellung war begleitet von intensiven Schulungen für die Gruppen. Hier ging es um die Entwicklung neuer Rollen für Gruppensprecher, Prozessbegleiter sowie der Koordinatoren (Führungsebene oberhalb der Gruppen). Die Schulungen dienten auch der Anpassung der Arbeitsorganisation – weg von einer Abteilungsverantwortung und hin zu einer Zuständigkeit für Fertigungssegmente.

Parallel dazu wurde ein Indikatoren-gestütztes Prämiensystem entwickelt, das Anreize setzte, die Produktivität und die Termintreue zu steigern, den Abfall zu reduzieren sowie Sauberkeit und Ordnung des Arbeitsumfeldes zu verbessern.

Produktionsverlagerungen und Kosteneinsparungen (u. a. Personalreduzierungen im indirekten Bereich) nach der Jahrtausendwende sorgten dafür, dass die vielfältigen Aktivitäten zur Entwicklung und Begleitung der Gruppenarbeit Schritt für Schritt zurückgefahren wurden. Das Unternehmen reduzierte Hierarchieebenen und erhöhte damit die Leitungsspannen der verbleibenden Gruppenkoordinatoren (zum Teil im Verhältnis 1 zu 60). Die gewählten Gruppensprecher konnten dieses Führungsvakuum nicht ausfüllen. Dies lag auch daran, dass sie systembedingt keine fachliche beziehungsweise disziplinarische Weisungsbefugnis gegenüber ihren Gruppenmitgliedern hatten.

In einer Mitarbeiterbefragung bewerteten Mitarbeiter die Führungskultur gerade in puncto Vertrauen kritisch. Die Selbstorganisationsfähigkeit der Gruppen war beschränkt. So überließen viele Gruppen die in ihrem Kompetenzbereich liegende Personaleinsatzplanung ihren Vorgesetzten. Es fehlte den Koordinatoren die Zeit zur Betreuung der Gruppen – denn sie trugen gleichzeitig als technologische Spezialisten Verantwortung, sie waren in viele Projekte eingebunden und sollten zudem Verlagerungsthemen unterstützen. Transparenz- und Effizienzprobleme beeinträchtigten die Steuerung der Prozesse.

Anfang 2011 wurde in mehreren Workshops mit Managementvertretern, Produktionsvorgesetzten und Gruppensprechern der organisatorische Zustand der bestehenden Gruppenarbeit untersucht. Dabei wurden die eben beschriebenen Defizite herausgearbeitet. Gleichzeitig wurden Soll-Parameter für eine geeignete KOB-Arbeitsorganisation definiert:

- **klare, personifizierte Verantwortlichkeit auf jeder Führungs- und Fachebene sowie bei den Mitarbeitern**
- **direkte Mitarbeiterführung vor Ort und Steuerung der Gruppen über Unternehmenskennzahlen**
- **überschaubare Gruppengrößen von rund acht Mitarbeitern**

Die Unternehmensführung beauftragte ein Projektteam, neue Konzepte für die zukünftige Arbeitsorganisation zu entwickeln. In einem ersten Schritt besuchten Vertreter des Teams Unternehmen aus dem Demografieprojekt „stradewari" (KOB war hier Projektpartner, Internet: http://www.stradewari.de) sowie Betriebe aus der Region, um sich dort gelebte Arbeitsorganisationen anzuschauen und Erfahrungen auszutauschen. KOB entschied sich nach Analyse der vorgestellten Systeme dafür, das Konzept der geführten Teamarbeit zu entwickeln und einzuführen.

Unter dem Arbeitstitel „KOB Wolfsteam – Fit für die Zukunft" wurde das straff geführte Projekt im August 2011 gestartet. Gebildet wurde ein Steuerkreis, bestehend aus Geschäftsführung, Produktionsleitung, dem HR-Verantwortlichen, der Betriebsratsvorsitzenden sowie Vertretern von Disposition, Einkauf und Qualitätswesen. Unterhalb des Steuerkreises wurden sechs Arbeitsgruppen (siehe Abb. 11.13) konstituiert, die ihre Arbeitsergebnisse in Abstimmung mit der Projektleitung in monatlichen Abständen vor dem Steuerkreis präsentierten. Die Arbeitsgruppen starteten nicht alle gleichzeitig, sondern schrittweise.

Der Steuerkreis wählte als Pilotbereich die Breitweberei aus. In diesem Fertigungsabschnitt der Flächenerzeugung arbeiten rund 50 Mitarbeiter an fünf Tagen in der Woche rollierend in Früh-Spät-Nachtschicht. Betreut wurde diese Abteilung von einem Koordinator, der für alle drei Schichten verantwortlich war. In der Breitweberei werden überwiegend selbst ausgebildete textile Maschinenbediener sowie eine Reihe von Mechanikern und Rüstern beschäftigt.

Vorgehen

Zunächst startete die Arbeitsgruppe „Team/Teamleiter". Dezidiert wurden die Aufgaben, Kompetenzen und die Verantwortung des Teamleiters erarbeitet. Diese Konkretisierung war Grundlage für die Bearbeitung der weiteren Arbeitspakete im Projekt. Neben der ausführlichen Rollenbeschreibung des Teamleiters wurden gleichzeitig die Abgrenzungs-

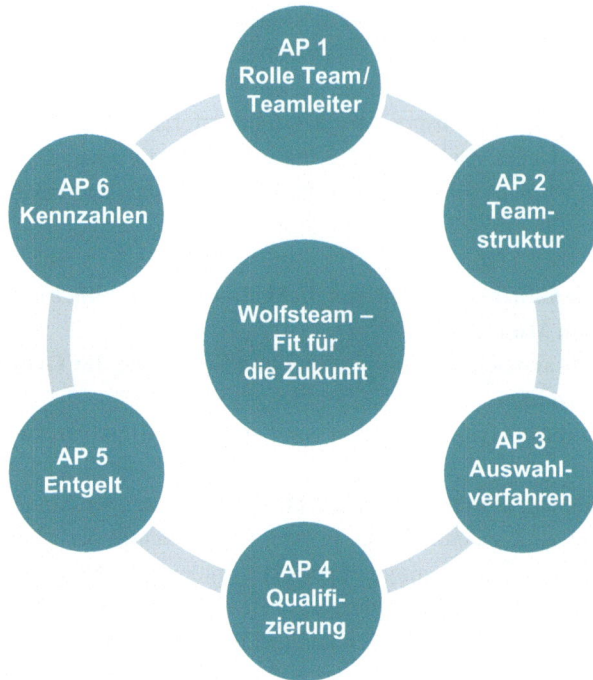

Abb. 11.13 Übersicht über die Arbeitsgruppen

merkmale beziehungsweise Überschneidungen mit der Ebene der Teammitglieder beziehungsweise der Ebene oberhalb der Teamleiter, der Modulleiter, erarbeitet. Anhand der Zuständigkeit für Sicherheit, Qualität, Liefertreue und Kosten sowie der Führungsverantwortung wurde das gewünschte Profil eines Teamleiters geschärft. Einige Beispiele der Aufgaben/Kompetenzen anhand der Verantwortung für Liefertreue und Kosten sollen dies verdeutlichen:

Teamleiter …

- sind geschult und kompetent in der Anwendung strukturierter Problemlösungsstrategien, um Verbesserungen gemeinsam im Team umzusetzen;
- stellen sicher, dass alle Teammitglieder die Arbeitsbeschreibungen und betriebliche Informationen verstehen und umsetzen können;
- stellen sicher, dass Prozesse, Werkzeuge und Materialien die Umsetzung der Arbeitsbeschreibungen ermöglichen;
- überwachen den Produktionsverlauf und leiten Gegenmaßnahmen bei ungeplanten Unterbrechungen ein;
- stellen sicher, dass die Teammitglieder Verfahren und Abläufe (zum Beispiel FIFO, Kanban, Min-Max) verstehen und richtig ausführen.
- …

Abb. 11.14 Zusammensetzung und Zuständigkeiten im Pilotbereich Breitweberei

Beispiele der Führungsverantwortung
Teamleiter ...

- fördern die Übernahme von Verantwortung durch offene, ehrliche und regelmäßige Kommunikation;
- lösen Probleme zwischen den Teammitgliedern und kümmern sich um deren Anliegen und Beschwerden; falls ihnen dies nicht möglich ist, können sie Unterstützung von Vorgesetzten einfordern;
- springen im Fall von Abwesenheit eines Teammitglieds oder eines anderen Teamleiters ein;
- erstellen mithilfe des Modulleiters die Qualifikationsmatrix des Teams und pflegen diese.
- ...

Dann nahm die Arbeitsgruppe „Teamstruktur" ihre Arbeit auf. Es wurden verschiedene Organisationsalternativen entwickelt und die Pros und Kontras jeder Variante untersucht. Allen Alternativen gemeinsam war, dass mehrere Teams Teil eines Moduls (=Abteilung) sind, das von einem Modulleiter geführt wird. Der Steuerkreis entschied sich für folgenden Aufbau: (siehe Abb. 11.14)

Die Arbeitsgruppe „Auswahlverfahren für Teamleiter" entwickelte im ersten Schritt ein Kompetenzmodell für die neue Funktion, wobei neben den fachlichen die sozialen und methodischen Kompetenzen im Vordergrund standen. Das Auswahlverfahren wurde als mehrstufiges Assessment konzipiert, wobei die Bewerber alle Stufen durchlaufen müssen. Jeder Bewerber – unabhängig ob ausgewählt oder nicht – erhielt im Anschluss ein Feedback.

Parallel dazu beschäftigte sich die Arbeitsgruppe „Qualifizierungsverfahren" mit der notwendigen Befähigung der neuen Teamleiter. Unmittelbar nach dem Auswahlverfahren startete das Qualifizierungsprogramm. Zunächst mit der Vorbereitung auf die neue Rolle noch vor dem Start der geführten Teams im betreffenden Modul, später mit Trainings während des Echtbetriebes. Die Bestandteile des Qualifizierungsverfahrens (siehe Abb. 11.15):

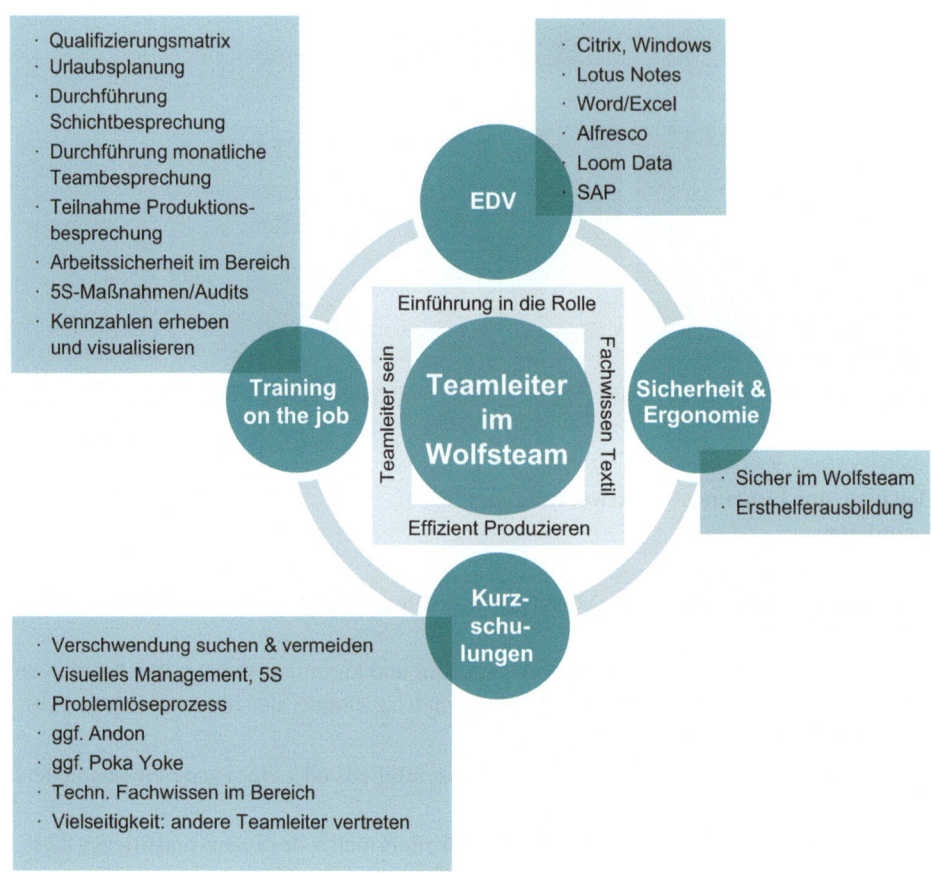

Abb. 11.15 Qualifizierung

Die Ergebnisse der Arbeitsgruppe „Entlohnung" verursachten den größten Abstimmungsbedarf mit der Arbeitnehmervertretung. Das bisherige Indikatoren-gestützte Prämiensystem für Gruppenarbeit hatte über viele Jahre, verbunden mit deutlichen Produktivitätssteigerungen und Kosteneinsparungen für das Unternehmen, beträchtliche Einkommenszuwächse für die Belegschaft gebracht. Der Fokus auf die Produktivität, trotz vereinbarter weiterer Indikatoren, die allerdings weniger stark vergütungswirksam gewichtet wurden, hatte sich dabei gleichzeitig als Schwäche des alten Systems erwiesen; die Gruppen konnten maßgeblich ihre Prämie beeinflussen, indem sie ihre Regelkommunikation vernachlässigten beziehungsweise unter Ausnutzung ihrer Arbeitszeitkonten die bezahlte Anwesenheitszeit minimierten. Die Arbeitsgruppe „Entlohnung" überlegte zwischendurch, ganz zum Zeitlohn zurückzukehren und auf Prämienanreize ganz zu verzichten. Mit Blick auf die Interessen der betrieblichen Partner – dazu gehört der Betriebsrat – entschied sie sich letztendlich dazu, weiterhin ein Prämienelement als Vergütungsbestandteil beizubehalten. Die Vergütung setzt sich nun aus drei Bestandteilen zusammen: Neben dem tariflichen Grundlohn (Lohngruppe) wird eine qualifikationsabhängige Zulage, der sogenannte KOB-Zuschlag, vergütet. Dieser Zuschlag richtet sich nach der Qualifizierungsmatrix des Teams. Je höher die Qualifizierung, desto höher die Zulage. Der dritte Einkommensbestandteil ist die Prämie. Der ausgewählte Prämienindikator wird durch Betriebsvereinbarung für mehrere Teams innerhalb eines Moduls für die Dauer eines halben Jahres festgelegt. Danach wird ein neuer Indikator vereinbart. Sofern die Teams ihren Prämienausgangswert verbessern (Beobachtungszeitraum ist ein halbes Jahr), wird für die Dauer von sechs Monaten eine monatliche Prämie vergütet. Deren Höhe kann einen definierten Prämienhöchstwert nicht überschreiten.

Der Teamleiter erhält für seine Funktion eine attraktive Zulage – diese beläuft sich auf rund 20 % seines tariflichen Grundlohnes. Hier unterscheidet sich geführte Gruppenarbeit von der bisherigen Variante; Gruppensprecher erhielten bei KOB bis zur Neuorganisation keine gesonderte Vergütung.

Die sechste Arbeitsgruppe identifizierte wichtige Kennzahlen für die Steuerung der Teams. Bei jedem Schichtbeginn bespricht der Teamleiter die aktuellen SQLEM-Daten (Sicherheit, Qualität, Liefertreue, Effizienz und Mitarbeiter) mit den Teams. So wird jedes Teammitglied täglich mit der aktuellen Liefersituation, Qualitätsproblemen und Maschinennutzeffekten vertraut gemacht. Gemeinsam werden Probleme besprochen und Verantwortliche für deren Abstellung benannt. Bei Bedarf werden Unterstützer außerhalb des Teams angefordert. Es wird zudem über personenrelevante wichtige Parameter gesprochen. Dazu gehören zum Beispiel die Vermeidung von Arbeitsunfällen, die aktuelle Urlaubs- und Freischichtenplanung oder benötigte Trainings.

Nach Abschluss der Konzeptionierung wurde der „Pilot Breitweberei" gestartet. Modul- und Teamleiter ordneten die Mitarbeiter den einzelnen Teams zu. Daneben wurden Teamtrainings durchgeführt, um den Mitarbeitern die Abläufe der geführten Teamarbeit zu erläutern. Kurze Regeltermine für Schichtübergaben zwischen den Teamleitern (für vor- und nachgelagerte Schicht) sowie zu Schichtbeginn (Teamleiter mit Team) wurden installiert und eingeübt. Die Abb. 11.16 und 11.17 verdeutlichen die tägliche Regelkommunikation sowie die Strukturierung des Arbeitstages für den Teamleiter:

Die Teamleiter erhalten während der Einführungsphase im Modul regelmäßig Feedback durch die Modul- und Produktionsleitung sowie den Projektleiter. Nach wenigen Wochen waren die Abläufe eingespielt. Lean-Management-Prinzipien wie 5S[9], Rüstworkshops und Problemlöseprozesse wurden Schritt für Schritt eingeführt und mit den Teams trainiert. Während der Pilotphase fanden im monatlichen Abstand Beurteilungsworkshops statt. Teilnehmer waren neben dem Modulleiter der Produktionsleiter, Vertreter des Betriebsrates, HR sowie der Projektleiter. Die Beobachtung des Pilotbetriebs diente der Verbesserung der bisher konzipierten Schritte, der Vorbereitung der Übertragung in andere Bereiche sowie der Beurteilung von Erfolg beziehungsweise Misserfolg hinsichtlich der definierten Kriterien. Hier sollten gegebenenfalls Verstärkungs- oder Gegenmaßnahmen entwickelt werden. Kriterien waren die Wirksamkeit der Kennzahlen, der Anteil der opera-

---

[9] 5S steht für japanisch Seiri (Ordnung schaffen), Seiton (Ordnungsliebe), Seiso (Sauberkeit), Seiketsu (persönlicher Ordnungssinn) und Shitsuke (Disziplin) (vgl. Blaeser-Benfer et al. 2012, S. 1).

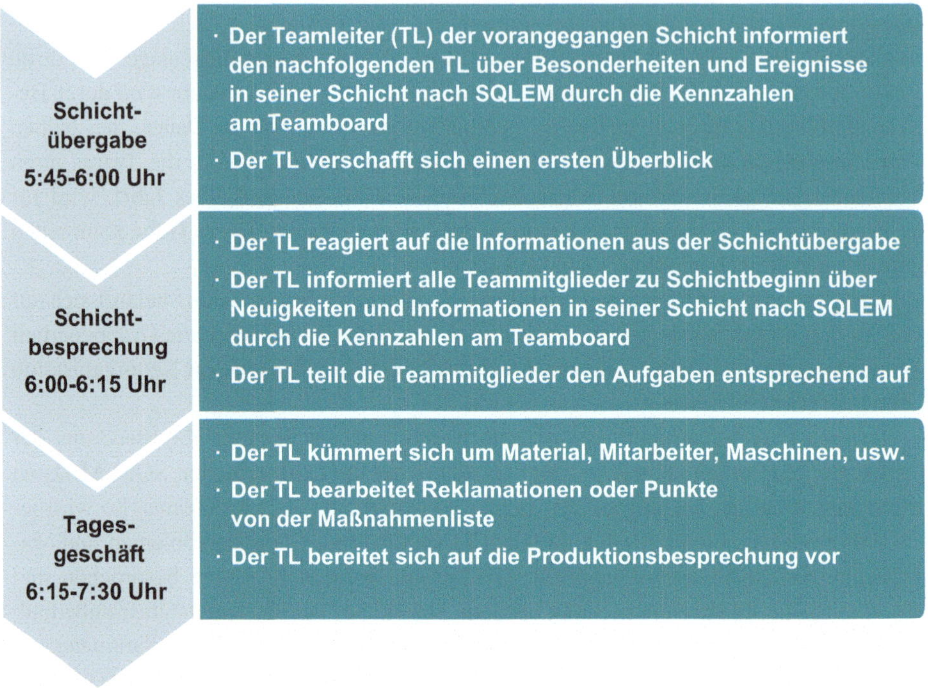

Schichtübergabe
5:45-6:00 Uhr
- Der Teamleiter (TL) der vorangegangenen Schicht informiert den nachfolgenden TL über Besonderheiten und Ereignisse in seiner Schicht nach SQLEM durch die Kennzahlen am Teamboard
- Der TL verschafft sich einen ersten Überblick

Schichtbesprechung
6:00-6:15 Uhr
- Der TL reagiert auf die Informationen aus der Schichtübergabe
- Der TL informiert alle Teammitglieder zu Schichtbeginn über Neuigkeiten und Informationen in seiner Schicht nach SQLEM durch die Kennzahlen am Teamboard
- Der TL teilt die Teammitglieder den Aufgaben entsprechend auf

Tagesgeschäft
6:15-7:30 Uhr
- Der TL kümmert sich um Material, Mitarbeiter, Maschinen, usw.
- Der TL bearbeitet Reklamationen oder Punkte von der Maßnahmenliste
- Der TL bereitet sich auf die Produktionsbesprechung vor

Abb. 11.16 Regeltermine für die Schichtübergaben

tiven Mitarbeit des Teamleiters, die Entwicklung der Anwesenheitsquote des Teams sowie die Rückmeldungen zur Zufriedenheit der Teammitglieder, der Teamleiter und des Modulleiters. Ende Juni war der Pilotbetrieb für das „Modul Breitweberei" abgeschlossen – und der nächste Produktionsabschnitt wurde auf die geführte Teamarbeit umgestellt.

Im Januar 2013 fand eine Evaluation der geführten Teamarbeit statt. Insgesamt 64 Mitarbeiter aus acht Teams sowie deren Teamleiter und der Modulleiter wurden mittels eines anonymisierten strukturierten Fragebogens um ihre Meinung gebeten. Die 23 Fragen gliederten sich in vier Komplexe: Wie haben die Mitarbeiter den Prozess der Einführung des Wolfsteams erlebt? Wie bewerten sie die Veränderungen der Rahmenbedingungen (unter anderem Teamleiterrolle, Unterstützung durch andere Funktionsbereiche)? Und wie schätzen sie die Veränderungen der Arbeit im Team sowie die Auswirkungen auf die eigene Arbeit ein? Die Rücklaufquote lag bei einem hervorragenden Wert von 78 Prozent. Die Antworten wurden durch Ankreuzen einer Skala von 1 (deutlich schlechter geworden) bis 5 (deutlich besser geworden) vorgenommen.

Ergebnisse

- Der Prozess der Einführung der geführten Teamarbeit wurde sehr positiv wahrgenommen. So fühlten sich die Teammitglieder zum Beispiel über die Veränderungen gut informiert, und das Auswahlverfahren der Teamleiter war transparent.

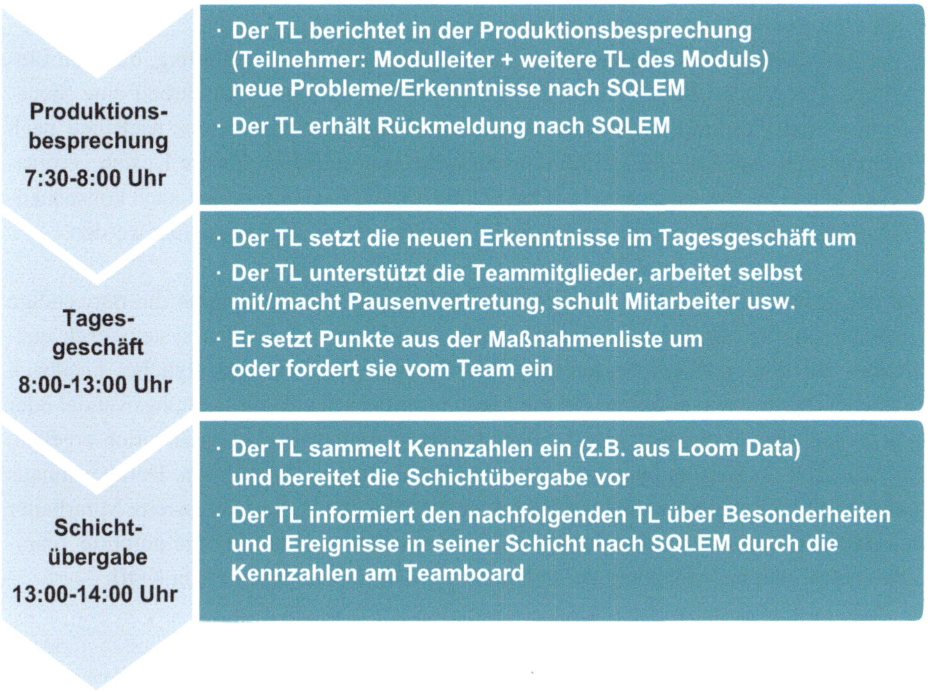

11 Handlungsfeld „Unternehmenskultur und Führung optimieren"

Produktionsbesprechung
7:30-8:00 Uhr
- Der TL berichtet in der Produktionsbesprechung (Teilnehmer: Modulleiter + weitere TL des Moduls) neue Probleme/Erkenntnisse nach SQLEM
- Der TL erhält Rückmeldung nach SQLEM

Tagesgeschäft
8:00-13:00 Uhr
- Der TL setzt die neuen Erkenntnisse im Tagesgeschäft um
- Der TL unterstützt die Teammitglieder, arbeitet selbst mit/macht Pausenvertretung, schult Mitarbeiter usw.
- Er setzt Punkte aus der Maßnahmenliste um oder fordert sie vom Team ein

Schichtübergabe
13:00-14:00 Uhr
- Der TL sammelt Kennzahlen ein (z.B. aus Loom Data) und bereitet die Schichtübergabe vor
- Der TL informiert den nachfolgenden TL über Besonderheiten und Ereignisse in seiner Schicht nach SQLEM durch die Kennzahlen am Teamboard

Abb. 11.17 Vorschau auf die tägliche Arbeit

- Kein signifikanter Unterschied wird bei der Veränderung der Rahmenbedingungen gespürt. Eine Ausnahme stellen Ordnung und Sauberkeit dar. Hier empfinden die Mitarbeiter eine Verbesserung.
- Ebenfalls als verbessert beurteilen die Teammitglieder die Arbeit als Team. Sie beurteilen gerade die Verfügbarkeit eines Teamleiters als Ansprechpartner innerhalb der Schicht positiv.
- Durch die Bank haben die Team- und Modulleiter die Veränderungen durch die Einführung des Wolfsteams deutlich positiver als die Teammitglieder wahrgenommen. Das mag daran liegen, dass diese Gruppe die Einführung der Teamleiterrolle als Karriereoption für sich genutzt hat und sich sehr stark mit der neuen Organisationsform identifiziert.

Die geführte Teamarbeit bei KOB findet Akzeptanz auf Mitarbeiter- und Managementseite. Maßgeblich für die erfolgreiche Einführung waren:

- die Beteiligung und Einbindung der Arbeitnehmervertretung von Anfang an;
- die hohe Geschwindigkeit der Konzeptentwicklung sowie die Realisierung im Piloten. Die Belegschaft konnte damit erkennen, dass es dem Unternehmen mit dem angestrebten Wandel ernst ist;
- die ausführliche Information und Kommunikation mit der Belegschaft auf Betriebsversammlungen, Abteilungsbesprechungen und in kleineren Gesprächskreisen;

- die Bereitstellung der benötigten Ressourcen;
- das Verständnis und Commitment auf Seiten der Unternehmensführung, dass die Einführung von Lean Management in Verbindung mit geführter Teamarbeit eine Steuerungs- und Führungsphilosophie ist, die alle Unternehmensbereiche nach und nach durchdringt und dass der Einführungsaufwand zwar zunächst höhere Kosten verursachen kann (für Organisation, Training, Zulagen), die Ergebnisse sich nach konsequenter Anwendung und „Leben" der Prinzipien aber unweigerlich einstellen werden.

Mit der geführten Teamarbeit erhalten Beschäftigte jeder Altersgruppe die notwendige Unterstützung im Arbeitsprozess durch ihren Teamleiter. Sie werden systematisch qualifiziert, an Problemlöseprozessen aktiv beteiligt und über direktes tägliches Feedback angeleitet. Somit kann aufgrund der niedrigen Führungsspanne auf Leistungswandel oder andere Bedürfnisse, die sich aus der Arbeits- beziehungsweise Lebenssituation ergeben, viel schneller reagiert und entsprechende Hilfestellung gewährt werden. Darüber hinaus bietet die Qualifizierung zum Teamleiter eine Karriereoption für interessierte Mitarbeiter und ist ein Instrument zur Bindung von Leistungsträgern. Damit ist die geführte Teamarbeit ein wichtiger Bestandteil der demografiefesten Personalpolitik von KOB.

Literatur

Blaeser-Benfer, A.; Schröter, W.; Vollborth, T.; RKW Rationalisierungs- und Innovationszentrum der Deutschen Wirtschaft e. V. (Hrsg.): Produktivität für kleine und mittelständische Unternehmen. Teil II: Methoden zur Produktivitätssteigerung. Eschborn: RKW Rationalisierungs- und Innovationszentrum der Deutschen Wirtschaft e. V, 2012. Verfügbar unter: http://www.rkw-kompetenzzentrum.de/fileadmin/media/Dokumente/Publikationen/2012_LF_Teil2-Methoden-zur-Produktivitaetssteigerung.pdf

Institut für angewandte Arbeitswissenschaft, ifaa (Hrsg.): Demografie meistern. Standpunkte/Praxisbeispiele. Düsseldorf: Institut für angewandte Arbeitswissenschaft, 2012

Handlungsfeld „Gesundheit aktiv gestalten" 12

Corinna Jaeger, Timo Marks, Anna Peck und Stephan Sandrock

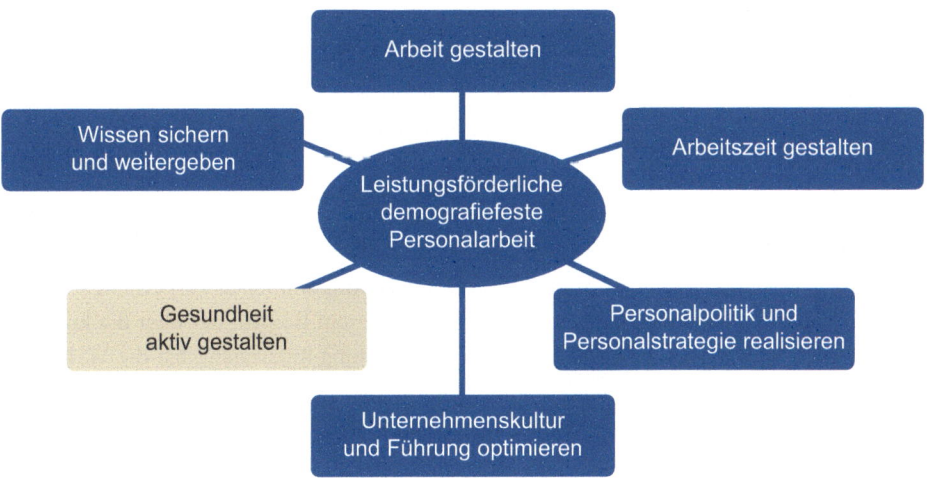

C. Jaeger (✉) · T. Marks · A. Peck · S. Sandrock
Institut für angewandte Arbeitswissenschaft e. V. (ifaa), Düsseldorf, Deutschland
E-Mail: c.jaeger@ifaa-mail.de

T. Marks
E-Mail: t.marks@ifaa-mail.de

A. Peck
E-Mail: a.peck@ifaa-mail.de

S. Sandrock
E-Mail: sandrock@ifaa-mail.de

> **Worum geht es in diesem Beitrag?**
> Gesundheit ist nach Definition der WHO zunächst einmal ureigene Angelegenheit des Menschen selbst. Doch viele Unternehmen engagieren sich freiwillig über den gesetzlichen Gesundheitsschutz hinaus in der betrieblichen Gesundheitsförderung. Das Bewusstsein dafür wächst sicher auch, weil die Betriebe wissen, dass die bei ihnen beschäftigten Menschen länger im Erwerbsleben stehen werden. Dieser Beitrag erläutert wichtige Begriffe in diesem Zusammenhang, zum Beispiel den Work Ability Index. Er skizziert Einflussmöglichkeiten der Betriebe auf die Gesunderhaltung ihrer Beschäftigten und thematisiert Kostenwirkungen.
>
> **Überblick:**
> - Was ist Gesundheit?
> - Welche Einflussmöglichkeiten hat der Betrieb auf die Gesundheit der Beschäftigten?
> - Gesetzlich verpflichtender Arbeits- und Gesundheitsschutz
> - Freiwillige betriebliche Gesundheitsförderung
> - Der Work Ability Index – WAI

Was ist Gesundheit?

Nach Definition der Weltgesundheitsorganisation WHO ist Gesundheit nicht nur die Abwesenheit von Krankheit, sondern der Zustand eines vollkommenen körperlichen, seelischen und sozialen Wohlbefindens. Ausgehend von diesem Begriff, der über die kurativmedizinische Sichtweise und bloße Krankheitsvermeidung hinausgeht, hat die WHO ein Modell der Gesundheitsförderung entwickelt, das in der Ottawa-Charta im Jahre 1986 erstmalig formuliert und definiert wurde: *„Gesundheitsförderung zielt auf einen Prozess, allen Menschen ein höheres Maß an Selbstbestimmung über ihre Gesundheit zu ermöglichen und sie damit zur Stärkung ihrer Gesundheit zu befähigen."*

Gesundheit ist zunächst ein individueller Zustand – deshalb ist es zunächst auch ureigene Sache des Menschen selbst, diese zu erhalten. Gesundheitsförderung ist eine gesamtgesellschaftliche Aufgabe. Viele Betriebe haben die freiwillige betriebliche Gesundheitsförderung über den gesetzlichen Arbeitsschutz hinaus als unternehmerisches Aktionsfeld erkannt. Diese Unternehmen sehen in der Gesundheitsförderung ihrer Beschäftigten eine wesentliche Voraussetzung für Erfolg und Wettbewerbsfähigkeit des Unternehmens.

Welche Einflussmöglichkeiten hat der Betrieb auf die Gesundheit der Beschäftigten?

Grundsätzlich gibt es zwei Zugangswege zum Erhalt der Gesundheit der Beschäftigten. Aufgrund des unterschiedlichen Rechtsrahmens lassen sich der gesetzliche Arbeits- und Gesundheitsschutz (siehe Abschn. 12.2 „Arbeits- und Gesundheitsschutz – mit Sicherheit leistungsfähig bleiben") und die freiwillige betriebliche Gesundheitsförderung (vgl. Abschn. 12.3 „Betriebliche Gesundheitsförderung – von der Analyse bis zur Evaluation") voneinander unterscheiden.

Gesetzlich verpflichtender Arbeits- und Gesundheitsschutz

Das Arbeitsschutzgesetz (ArbSchG) regelt nicht nur die Pflichten des Arbeitgebers, sondern – neben den Rechten – auch die Pflichten der Beschäftigten. Diese müssen nach ihren Möglichkeiten sowie gemäß der Unterweisung und der Weisung des Arbeitgebers für ihre Sicherheit und Gesundheit sorgen (§§ 15–17 ArbSchG). Mit dem Arbeitsschutzgesetz geht der klare Präventionsauftrag an die Arbeitgeber, arbeitsbedingte Gesundheitsgefahren zu vermeiden. Ebenso sind die Träger der gesetzlichen Unfallversicherung beauftragt, arbeitsbedingte Gesundheitsgefahren zu bekämpfen und mit den Krankenkassen zu kooperieren, wenn es darum geht, gesundheitliche Gefahren zu erkennen.

Freiwillige betriebliche Gesundheitsförderung

Daneben ist verständlich, dass Arbeitgeber Leistungsverluste und krankheitsbedingte Arbeitsausfälle, die zu direkten und indirekten Kosten (Lohnfortzahlung, Produktivitätsverlust, Ersatzpersonal) führen, vermeiden möchten. Ältere Beschäftigte sind zwar nicht häufiger krank als jüngere Beschäftigte; aber mit dem Alter nimmt die Dauer der Fehlzeiten in der Regel zu. Für Jung und Alt gilt: Gesunde Beschäftigte sind motiviert, leistungsfähig und leistungsbereit.

Die freiwillige betriebliche Gesundheitsförderung will:

- die Verantwortung der Beschäftigten für den Erhalt ihrer Gesundheit und Arbeitsfähigkeit wecken und fördern – Mitarbeiter sollen entsprechende Anregungen des Betriebes für sich aufgreifen,
- frühzeitig die Leistungsfähigkeit einer stärker alternden Belegschaft fördern und langfristig erhalten sowie
- Fehlzeiten und damit verbundene Kosten minimieren.

Die Einführung und Steuerung der betrieblichen Gesundheitsförderung in Führungsstrukturen verlangt eine planvolle Auseinandersetzung mit dem Thema. Diese skizziert Abschn. 12.4 „Grundlagen und Kernelemente zur Ausgestaltung eines betrieblichen Gesundheitsmanagements". Interessant ist die Kostenwirkung durch Ausfallstunden der Mitarbeiter der höheren Altersklassen, die sich zwangsläufig bei unveränderter Gesundheitssituation in Zukunft verstärken würde. Auswertungen aus der Altersstrukturanalyse, in Verbindung mit einer betriebsspezifischen Analyse über Krankheitsgründe und krankheitsbedingte Fehlzeiten (Zusatzinformationen können oft über die Krankenkassen erhalten werden), liefern Ansatzpunkte dafür, wo Maßnahmen der betrieblichen Gesundheitsförderung (BGF) ansetzen können. Eventuelle Wirkungen einer älter werdenden Belegschaft können durch eine Jahresvorausberechnung (Altersstrukturprognose) simuliert und abgeleitet werden.

Der Work Ability Index – WAI

Im Rahmen der freiwilligen BGF und BGM (betriebliches Gesundheitsmanagement) kann als ein unterstützendes Instrument zur Erfassung subjektiv erlebter Arbeitsfähigkeit der Work Ability Index (WAI) herangezogen werden. Der WAI – auch als Arbeitsfähigkeitsindex beziehungsweise Arbeitsbewältigungsindex (ABI) bezeichnet – ist ein subjektives Erhebungsverfahren, um die Arbeitsfähigkeit der Beschäftigten zu ermitteln. Er wurde in Finnland entwickelt und erprobt. Der „Work Ability Index" bezeichnet zum einen das gesamte Erhebungsverfahren zur Ermittlung der Arbeitsfähigkeit; zum anderen ist damit der ermittelte Index gemeint – ein Punktwert, der Auskunft über die eingeschätzte Arbeitsfähigkeit gibt.

Der WAI ist ein Präventionsinstrument, das andere Instrumente und Verfahren sinnvoll ergänzen kann. Der WAI soll und kann keinesfalls die Gefährdungsbeurteilung (Abschn. 12.2 „Arbeits- und Gesundheitsschutz – mit Sicherheit leistungsfähig bleiben") ersetzen, sondern lediglich um eine subjektive Komponente erweitern. Während die Gefährdungsbeurteilung die objektiven Rahmenbedingungen eines Arbeitsplatzes im Sinne eines Soll-Zustandes überprüft, erhebt der WAI die Arbeitsfähigkeit (BAuA 2011, S. 11).

Der WAI erfasst, wie der Beschäftigte seine Arbeitsfähigkeit einschätzt. Arbeitsfähigkeit (work ability) ist die Summe von Faktoren, die eine Person in einer bestimmten Situation in die Lage versetzt, eine gestellte Aufgabe zu bewältigen. Einflussfaktoren auf die Arbeitsfähigkeit umfassen die individuellen Ressourcen des Beschäftigten (z. B. Gesundheit, Ausbildung) sowie die Rahmenbedingungen der Arbeit (z. B. Arbeitsanforderungen, Arbeitsgestaltung, Führungsverhalten). Das Instrument gehört in die Hände des Werksarztes beziehungsweise des Werksärztlichen Dienstes, der dem Datenschutz unterliegt. Ein Beispiel für den Einsatz des WAI bei der Einführung neuer Arbeitszeitmodelle wird in Abschn. 9.3 „Ergonomische Arbeitszeitgestaltung – Nacht- und Schichtarbeit" dargestellt.

Weiterführende Informationen, Links

Bundesministerium für Arbeit und Soziales: www.bmas.de [25.03.2014]
Bundesanstalt für Arbeitsschutz und Arbeitsmedizin: www.baua.de [25.03.2014]
Europäische Agentur für Sicherheit und Gesundheitsschutz: https://osha.europa.eu/de [25.03.2014]
IGA – Initiative Gesundheit und Arbeit: www.iga.info [25.03.2014]
Weltgesundheitsorganisation: www.who.int [25.03.2014]

Literatur

Breutmann, N.; Adenauer, S.: Arbeitsfähigkeit messen und fördern: der Work Ability Index. In: angewandte Arbeitswissenschaft (2007), Nr. 192, S. 1–15
Bundesanstalt für Arbeitsschutz und Arbeitsmedizin (Hrsg.): Why WAI? Der Work Ability Index im Einsatz für Arbeitsfähigkeit und Prävention. Erfahrungsberichte aus der Praxis. Dortmund: BAuA, 2011

12 Handlungsfeld „Gesundheit aktiv gestalten"

12.1 Gesundheitsförderliches Verhalten – Eigenverantwortung der Beschäftigten

> **Worum geht es in diesem Beitrag?**
> Gesundheit und Wohlbefinden sind wichtige Voraussetzungen für Leistungsfähigkeit und Lebensqualität bis ins hohe Alter. Sehr wichtig ist dabei, dass die Menschen selbst einen gesunden Lebensstil pflegen – und zwar innerhalb und außerhalb ihrer Arbeitszeit. Auf den folgenden Seiten finden Sie Hinweise, wie Sie selbst für einen gesunden Lebensstil sorgen können. Die wichtigsten Ansatzpunkte sind Schlaf, Ernährung, Bewegung und Erholung.
>
> **Überblick:**
> - Wie können Beschäftigte aktiv für ihre Gesundheit sorgen?
> - Wie können Beschäftigte ihren Schlaf fördern?
> - Wie können sich Beschäftigte angemessen und ausgewogen ernähren?
> - Wie können Beschäftigte für regelmäßige Bewegung sorgen?
> - Wie können Beschäftigte für Erholung sorgen?

Wie können Beschäftigte aktiv für ihre Gesundheit sorgen?
Gesundheit und Wohlbefinden sind wichtige Voraussetzungen für die eigene Leistungsfähigkeit und Lebensqualität. Im demografischen Wandel steigt die Bedeutung gesundheitsförderlicher Maßnahmen. Sie werden wichtiger, weil sich Lebensarbeitszeiten verlängern und weil flexible sowie atypische Arbeitszeiten sowie Nacht- und Schichtarbeit zunehmen.

Unternehmen und Beschäftigte sind gemeinsam dafür verantwortlich, die Arbeits- und Leistungsfähigkeit bis zum regulären Verrentungszeitpunkt zu erhalten und zu fördern.

Unternehmen sind lediglich verpflichtet, Maßnahmen zum gesetzlichen „Arbeits- und Gesundheitsschutz" (AGS) umzusetzen. Freiwillig können sie darüber hinausgehende Unterstützung anbieten – zum Beispiel eine „freiwillige betriebliche Gesundheitsförderung" (BGF) oder sogar ein darüber hinausgehendes „betriebliches Gesundheitsmanagement" (BGM). Eine wichtige – ebenfalls freiwillige – Aufgabe von Unternehmen und Verbänden besteht darin, den Beschäftigten gesundheitsförderliche Maßnahmen sowie deren Bedeutung nahezubringen und in die Unternehmenskultur zu integrieren. Betriebliche Maßnahmen zur aktiven Gestaltung der Gesundheit thematisieren in diesem Kompendium die Beiträge zum Arbeits- und Gesundheitsschutz in Teil III (Abschn. 12.2 „Arbeits- und Gesundheitsschutz – mit Sicherheit leistungsfähig bleiben"), zur betrieblichen Gesundheitsförderung (Abschn. 12.3 „Betriebliche Gesundheitsförderung – von der Analyse bis zur Evaluation") und zum betrieblichen Gesundheitsmanagement (Abschn. 12.4 Grundlagen und Kernelemente zur Ausgestaltung eines betrieblichen Gesundheitsmanagements").

Beschäftigte sind für einen gesunden Lebensstil selbst verantwortlich – im Betrieb und nach Feierabend. Dazu gehören ausreichender Schlaf, eine ausgewogene Ernährung, regelmäßige Bewegung und Erholung. Nachfolgend geht es um individuelle Maßnahmen, mit denen Beschäftigte ihre Gesundheit aktiv gestalten und bis ins hohe Alter erhalten können.

Wozu dient Schlaf?
Der Mensch ist von Natur aus ein tagaktives Wesen: Er ist innerhalb des ca. 24-stündigen Zeitraums am Tag wach und schläft in der Nacht (Circadian Rhythmic). Erholsamer Schlaf fördert die Gesundheit und physische sowie die psychische Leistungsfähigkeit. Teile des Körpers erholen sich während des Schlafs, zum Beispiel das Gehirn und das Herz-Kreislauf-System. Andere Bereiche laufen dagegen auf Hochtouren – zum Beispiel das Immunsystem und die Produktion von Wachstumshormonen.

Schlaf ist lebenswichtig und wird als Grundbedürfnis des Menschen sehr oft unterschätzt. Zu wenig oder gestörter Schlaf führt zu Müdigkeit und beeinträchtigt die Konzentrationsfähigkeit, die Befindlichkeit und die Leistungsfähigkeit. Der Aufbau der Körperzellen, das Immunsystem, die Verdauungstätigkeit, das Herz-Kreislauf-System und die Lernfähigkeit werden beeinträchtigt. Fehler-, Unfall- und Krankheitsrisiko steigen. Bei Kindern kann Schlafmangel auch das Wachstum beeinträchtigen. Dauerhafter Schlafmangel führt zu Schlafdefiziten und lässt Menschen vorzeitig altern. Anhaltende Schlafdefizite können zu Erkrankungen wie Bluthochdruck, Diabetes und Burnout führen (Zulley und Knab 2002).

Mit dem Alter nimmt die Schlafqualität ab. Deshalb sind ältere Menschen tendenziell früher am Abend müde, sie wachen morgens früher auf und haben tagsüber häufiger das Bedürfnis, kurz zu schlafen. Bei flexiblen und atypischen Arbeitszeiten – insbesondere bei Nacht- und Schichtarbeit – wechselt die Lage der Arbeitszeit. Bei Nachtarbeit arbeitet und schläft der Mensch entgegen seinem natürlichen Biorhythmus (vgl. Abschn. 9.3 „Ergonomische Arbeitszeitgestaltung – Nacht- und Schichtarbeit"). Dies führt häufig zu Schlafstörungen. Mit zunehmendem Alter verstärkt sich der negative Effekt (siehe Abschn. 6.4 „Ergonomische Arbeitszeitgestaltung – alternsgerechte Arbeitszeiten").

Nach unterschiedlichen Studien leiden 20 bis 50 % der arbeitenden Bevölkerung unter Schlafstörungen (Weeß 2009). Die Ursachen dafür sind sehr unterschiedlich. Daraus resultieren persönliches Unwohlsein, Abwesenheitstage und unproduktive Anwesenheit. Die ökonomischen Folgen für Unternehmen und Krankenkassen sind weitreichend.

Wie können Beschäftigte ihren Schlaf fördern?
Menschen können Schlafstörungen vorbeugen und ihren Schlaf verbessern, indem sie sich schlaffördernd verhalten und ihr Wohnumfeld entsprechend gestalten. Nachfolgende Handlungshilfe enthält ausgewählte Aspekte (Beermann 2005; Jaeger 2011; Zulley und Knab 2002). Was am besten wirkt, ist individuell unterschiedlich und sollte ausprobiert werden.

Handlungshilfen für schlafförderliches Verhalten
Soweit möglich, sollten Sie Ihr Verhalten an den natürlichen Schlaf-Wach-Rhythmus anpassen. Ein regelmäßiger Tagesrhythmus bereitet Kopf und Körper auf den Schlaf vor.

Feste Zeiten fürs Aufstehen, für Mahlzeiten, alltägliche Aktivitäten und das Schlafengehen helfen. Sie sollten mehrere kurze Erholungsphasen am Tag einplanen, um Tiefpunkte aufzufangen und Energie zu tanken – zum Beispiel Atem-, Achtsamkeits-, Imaginationsübungen und Entspannungsverfahren wie die progressive Muskelrelaxation (PMR). Empfehlenswert ist auch ein kurzer Mittagsschlaf, wenn dadurch abends keine Einschlafstörungen bestehen. Tagsüber sollte man für körperliche Bewegung sorgen – dies fördert die Müdigkeit am Abend. Allerdings sollten Sie anspruchsvollen Sport wegen dessen anregender Wirkung spätestens am Nachmittag betreiben und nicht erst abends. Sie sollten zu fortgeschrittener Stunde den Tag bewusst ausklingen lassen, um zur Ruhe zu kommen – den Körper bewusst lockern, ruhige Musik hören und sich positive Erinnerungen ins Gedächtnis rufen. Dies ist besonders wichtig, wenn Sie dazu neigen, nachts ins Grübeln zu kommen. Wenn man hier gar nicht in den Schlaf zurückfindet, sollte man aufstehen und sich beschäftigen, bis die Müdigkeit zurückkehrt.

Ein Einschlafritual wirkt wie eine „Konditionierung" und signalisiert Kopf und Körper, dass es Zeit ist zu schlafen. Wichtig ist es auch, im Bett nicht zu arbeiten, fernzusehen oder zu essen, damit sich Kopf und Körper im Bett automatisch auf Schlaf einstellen. Lesen ist zum Einschlafen übrigens besser als fernsehen, weil es die Müdigkeit fördert. Wer zu lange im Bett bleibt, fördert seine Schlafqualität übrigens auch nicht – hier gilt: besser tief als lang.

Bei Einschlafstörungen sollten Sie probeweise 30 Minuten früher oder später zu Bett gehen, um einen günstigeren Abschnitt innerhalb der rund 90-minütigen Schlafzyklen unterschiedlicher Schlafstadien zu finden („innere Uhr").

Die letzte Mahlzeit sollten Sie zwischen 18:00 und 19:00 Uhr zu sich nehmen – aber nur geringe Mengen leichtes fettarmes und nicht blähendes Essen. Alkohol sollten Sie meiden, denn er fördert zwar das Einschlafen, stört jedoch den Schlaf. Zur Beruhigung ist Baldrian besser geeignet. Wachmacher wie Kaffee, Cola oder schwarzer Tee sollten spätestens bis zum Nachmittag konsumiert werden. Das Gleiche gilt – wenn möglich – für anregende Medikamente. Auch Nikotin kratzt auf, statt zu beruhigen.

Wer ins Bett geht, sollte die Dinge des nächsten Tages so geordnet haben, dass der Kopf frei ist. Dies gelingt, indem man Dinge aufschreibt, die am kommenden Tag zu erledigen sind, und Probleme schriftlich zusammenfasst und „ablegt", damit der Kopf entlastet ist. Wenn Sie befürchten, dass Sie verschlafen, sollten Sie zur eigenen Beruhigung den Wecker stellen – bei erschwertem Aufwachen können Sie den Wecker versuchsweise 30 Minuten früher oder später stellen, um den fürs Aufwachen günstigeren Abschnitt innerhalb der rund 90-minütigen Schlafzyklen zu finden („innere Uhr").

Auf Schlaftabletten sollten Sie möglichst verzichten. Diese machen zwar müde. Sie machen aber auch schnell abhängig und verbessern den Schlaf nicht.

Durch die stark wechselnde Lage der Arbeitszeit bei Schichtarbeit ist es für Betroffene schwer, einen gleichmäßigen Tag-Nacht-Rhythmus zu leben. Nachtarbeiter können ihren Schlaf verbessern, indem sie:

- die bereits ausgeführten Hinweise für einen guten Schlaf an ihren verschobenen Tag-Nacht-Rhythmus anpassen;
- nach der Nachtschicht möglichst früh zu Bett gehen – denn je früher der Schlaf am Tag beginnt, desto intensiver, länger und erholsamer ist er;
- wenn möglich sieben Stunden am Stück schlafen;
- wenn nicht möglich, in zwei Blöcken schlafen – einen morgens und einen nachmittags. Die Hauptschlafphase sollte mindestens vier Stunden dauern;
- nach der letzten Nachtschicht den Tagschlaf verkürzen, um die Rückkehr in den natürlichen Schlaf-Wach-Rhythmus zu erleichtern.

Handlungshilfe für schlafförderliches Wohnumfeld

- Störungen von außen ausschalten.
- Den ruhigsten Ort der Wohnung als Schlafzimmer wählen.
- Mit Gehörschutz schlafen, gegebenenfalls Schalldämmung im Zimmer anbringen.
- Telefon und Türklingel abstellen.
- Soziales Umfeld um Rücksicht bei Tagschlaf bitten.
- Schutz vor Lichtquellen anbringen.
- Für gute Belüftung, angenehme Luftfeuchtigkeit (rund 50 %) und Temperatur (rund 18 °C) sorgen.

Wie können sich Beschäftigte angemessen und ausgewogen ernähren?
Zu einem gesunden Lebensstil gehört unter anderem eine angemessene, ausgewogene Ernährung. Die Formel für eine ausgewogene Ernährung ist ganz einfach:

- wenig Fett,
- wenig Zucker,
- wenig Alkohol, denn der wirkt in höheren Dosen wie ein Zellgift,
- viel Wasser sowie
- viel Obst und Gemüse.

Eine große Rolle spielen auch die Kalorienmenge und der Zeitpunkt der Nahrungsaufnahme. Die Menge der benötigten Kalorien hängt unter anderem vom Geschlecht und vom Alter ab. Männer haben einen höheren Grundumsatz als Frauen. Im Alter nimmt der Grundumsatz ab – das heißt: Der Körper braucht weniger Energie, um seine Funktionen aufrecht zu erhalten und damit weniger Kalorien. Bleibt das Essverhalten gleich, kommt es zu Übergewicht. Daten des Statistischen Bundesamtes zeigen, dass der Anteil der Übergewichtigen mit dem Alter zunimmt (Frieling et al. 2012). Übergewicht bringt unter anderem Bewegungseinschränkungen, Herz-Kreislauf-Probleme und Beschwerden im Rücken-, Bein- und Kniebereich. All das kann die Leistungsfähigkeit beeinträchtigen. Insbesondere Übergewicht kann die Einsetzbarkeit Beschäftigter einschränken – zum Beispiel in der Automobilindustrie bei der Fahrzeugendmontage.

Bei Nacht- und Schichtarbeit verschieben sich aufgrund der wechselnden Lage der Arbeitszeit die Zeitpunkte der Nahrungsaufnahme. In diesem Arbeitszeitmodell ist es besonders wichtig, die Ernährung zum Beispiel auf die eingeschränkte Tätigkeit des Verdauungssystems in der Nacht einzustellen.

Aufgrund der erwähnten und weiterer Einflussfaktoren gibt es für eine angemessene Ernährung keine einfache Formel. Die folgende Auswahl bietet Orientierung (Hellert und Sichert-Hellert 2011):

Handlungshilfe für günstige Zeitpunkte der Nahrungsaufnahme

- Hauptmahlzeiten in etwa zu gleichen Tageszeiten einnehmen. Wenn möglich sollte dies auch bei Schichtarbeit geschehen, statt die Essenszeiten an die Schichtzeit anzupassen. Dies unterstützt das Verdauungssystem und kann Magen- sowie Darmproblemen vorbeugen.
- Hauptmahlzeit möglichst mit Familie, Partner/-in einnehmen, um im sozialen Kontakt zu bleiben.
- Mehrere kleine Mahlzeiten über den Tag beziehungsweise die Schicht sind für das Verdauungssystem bekömmlicher und vermeiden das sogenannte „Suppenkoma".
- Kein deftiges Essen vor dem Zubettgehen.
- Hauptmahlzeit während der Nachtschichtphase im Anschluss an den Tagschlaf.
- Vor der Nachtschicht zwischen 19:00 und 20:30 Uhr essen.
- Erste Nahrungsaufnahme während der Nachtschicht zwischen 0:00 und 1:00 Uhr vor Erreichen des Leistungstiefs.
- Zweite Nahrungsaufnahme während der Nachtschicht zwischen 4:00 und 5:00 Uhr.
- Ein leichtes Frühstück nach der Nachtschicht rund eine bis anderthalb Stunden vor dem Zubettgehen.

Handlungshilfe zur Ernährung während der Nachtschichtphase

- wenig Kohlenhydrate, wenig Fett, wenig Kalorien
- Milchprodukte mit wenig Zucker, zum Beispiel Naturjoghurt, Quark
- Obst und Salate
- Vollkornprodukte, Kartoffeln, Reis, Nudeln
- Eier und Eiergerichte wie Spiegelei, Omelette
- fettarmes Fleisch und Fisch – geräucherte Sorten meiden, da sie häufig sehr fetthaltig sind
- Mineralwasser, Früchte- und Kräutertees, verdünnte Fruchtsäfte – Nektar meiden, da sehr zuckerhaltig
- Koffein- und teinhaltige Getränke wie Kaffee, Cola, schwarzer Tee rund vier Stunden vor Beginn des Tagschlafes meiden.
- Menge der Kalorien an die Schwere körperlicher Arbeit anpassen.

Nicht zur Ernährung gehört das Rauchen. Hier gilt natürlich, dass man es bestenfalls ganz unterlässt. Wenn dies nicht möglich ist, sollte einige Stunden vor dem Tagschlaf nicht mehr geraucht werden.

Wie können Beschäftigte für regelmäßige Bewegung sorgen?
Regelmäßige Bewegung – möglichst an frischer Luft und mit erhöhtem Puls – erhält ihre Fitness und baut Stresshormone ab. Herz-Kreislauf-System, Muskeln und Immunsystem werden gestärkt. Die Streuung der Leistungsfähigkeit wird bei Gleichaltrigen mit zunehmendem Lebensalter wesentlich größer (siehe Teil I, Kapitel 4 „Leistungsfähigkeit und Alter – praxisrelevante Hinweise für Unternehmen und Beschäftigte"). Körperliches Training kann vorzeitigem Leistungswandel und Übergewicht vorbeugen, Beweglichkeit, Arbeitsfähigkeit und die Lebensqualität bis ins hohe Alter erhalten.

Handlungshilfe zur Integration regelmäßiger Bewegung in den Alltag

- Treppe statt Aufzug benutzen.
- Mit dem Fahrrad statt mit dem Auto zur Arbeit fahren – wenn die Distanz nicht zu groß ist.
- Die Mittagspause mit einem Spaziergang verbinden.
- Mindestens zweimal pro Woche Ausdauersport treiben – zum Beispiel schwimmen oder laufen – wenn möglich, an festen Tagen planen.
- Bewegung fällt vielen Menschen in Gesellschaft leichter, macht mehr Spaß. Verabredungen sind verbindlich und fördern die Regelmäßigkeit.

Wie können Beschäftigte für Erholung sorgen?
Erholung ist sehr wichtig, um die Leistungsfähigkeit nach körperlicher und psychischer Belastung wiederherzustellen. Körper und Geist können sich regenerieren – und verbrauchte Energie kann aufgefüllt werden. Das stärkt Ressourcen und schafft gute Voraussetzungen für die nächste Arbeitsphase. Beschäftigte sind dafür verantwortlich, sich während der arbeitsfreien Zeit zu erholen.

Handlungshilfe zur Förderung von Erholung

- Atem-, Achtsamkeits-, Imaginationsübungen, Entspannungsverfahren wie progressive Muskelrelaxation (PMR), um Energie zu tanken und im Gleichgewicht zu bleiben (siehe auch „Handlungshilfe für schlafförderliches Verhalten").
- Zeit für sich allein, um zur Ruhe zu kommen.
- Regelmäßige Bewegung an der frischen Luft.
- Freizeitaktivitäten mit Familie, Partner/-in und Freunden.

Weiterführende Informationen, Links
Bezüglich Bewegung, Erholung und Umgang mit Stress: Dr.med. Sabine Schonert-Hirz; www.doktor-stress.de [11.12.2013]

Literatur

Beermann, B.; Bundesanstalt für Arbeitsschutz und Arbeitsmedizin (Hrsg.):Leitfaden zur Einführung und Gestaltung von Nacht- und Schichtarbeit. 9., unveränderte Auflage. Dortmund/Berlin: Bundesanstalt für Arbeitsschutz und Arbeitsmedizin, 2005

Frieling, E. u. a.: Mit der Taktzeit am Ende – Die älteren Beschäftigten in der Automobilmontage. Stuttgart: Ergonomia Verlag, 2012

Hellert, U.; Sichert-Hellert, W.: Nacht- und Schichtarbeit modern gestalten – mit Empfehlungen für die Ernährung bei Nacht- und Schichtarbeit. In: Wiendieck, G. (Hrsg.): Hagener Arbeiten zur Organisationspsychologie Bd. 9. 2., überarbeitete Auflage. Berlin: Lit Verlag, 2011

Weeß, H. G.: Insomnien. In: Stuck, B. u. a. Praxis der Schlafmedizin – Schlafstörungen bei Erwachsenen und Kindern. Diagnostik, Differenzialdiagnostik und Therapie. Heidelberg: Springer Medizin Verlag, 2009

Zulley, J.; Knab, B.: Die kleine Schlafschule – Wege zum guten Schlaf. 8. Auflage. Freiburg im Breisgau: Verlag Herder, 2002

12.2 Arbeits- und Gesundheitsschutz – mit Sicherheit leistungsfähig bleiben

Worum geht es in diesem Beitrag?
Ein wirkungsvoller Arbeits- und Gesundheitsschutz macht Unternehmen wettbewerbsfähiger, weil er die Leistungsfähigkeit der Beschäftigten sichern hilft. In Euro und Cent rechnen sich solche Maßnahmen allerdings nicht kurzfristig, sondern auf lange Sicht. Sie erfahren in diesem Beitrag auch mehr zum Gesetzes- und Verordnungsrahmen, in dem sich Unternehmen beim Arbeits- und Gesundheitsschutz bewegen. Sie haben Maßnahmen zur Verhütung von Unfällen und Berufskrankheiten zu organisieren sowie eine menschengerechte Arbeitsgestaltung zu schaffen. Der Beitrag skizziert rechtliche Rahmenbedingungen und zeigt auf, welchen Aufgaben sich ein Unternehmen zu stellen hat.

Überblick:
- Wie ist der Arbeits- und Gesundheitsschutz rechtlich eingeordnet?
- Wie ist der Arbeits- und Gesundheitsschutz betrieblich zu regeln?
- Was sollte die Unternehmensleitung sicherstellen?

Betriebliche Maßnahmen zum Arbeits- und Gesundheitsschutz sind ein wichtiger Beitrag zur Erhöhung der Wettbewerbsfähigkeit – auch wenn sie zunächst einmal Kosten verursachen können. Die Vermeidung von Unfällen und Erkrankungen ist vorteilhaft für Unternehmen, auch wenn sich dies *kurzfristig* nicht immer in konkreten Zahlen ausdrücken lässt.

Sinnvolle Präventionsmaßnahmen können Unfälle verhüten, Fehlzeiten senken und den Gesundheitszustand der Belegschaft insgesamt verbessern. Sie helfen so, die Leistungsfähigkeit der Beschäftigten zu erhalten. *Langfristig* führen sie zu Kostenminderungen bei der Lohnfortzahlung und reduzieren den zeitweisen Ersatz erkrankter Mitarbeiter. Somit sind sie auch betriebswirtschaftlich relevant.

Wie ist der Arbeits- und Gesundheitsschutz rechtlich eingeordnet?
Die nationale Gesetzgebung setzt europäische Richtlinien in Gesetze um – zum Beispiel

- das Arbeitsschutzgesetz,
- Verordnungen wie die Arbeitsstätten- oder die Lastenhandhabungsverordnung oder
- Bildschirmarbeitsverordnung.

Gesetze können durch Verordnungen oder durch das Regelwerk der Unfallversicherungsträger konkretisiert werden.

Mit den unterschiedlichen Arbeitsschutzbestimmungen sind verschiedene Elemente für den Arbeitgeber verpflichtend. Zentraler Ausgangspunkt ist dabei die Gefährdungsbeurteilung, die in §§ 5/6 des Arbeitsschutzgesetzes festgelegt ist. Sie verpflichtet den Arbeitgeber, eine Beurteilung der für die Beschäftigten mit ihrer Arbeit verbundenen Gefährdung vorzunehmen. Aus den ermittelten Gefährdungen hat der Arbeitgeber Maßnahmen des Arbeits- und Gesundheitsschutzes abzuleiten und sowohl die Ergebnisse der Beurteilungen als auch die gegebenenfalls erforderlichen Maßnahmen zu dokumentieren. Der Arbeitgeber kann allerdings selbst entscheiden, wie er den Arbeitsschutz in seinem Unternehmen konkret organisiert. Die Bundesanstalt für Arbeitsschutz und Arbeitsmedizin (BAuA) stellt hierzu auf ihrer Homepage Handlungshilfen zur Verfügung – zum Beispiel zur Umsetzung der Lastenhandhabungsverordnung (Leitmerkmalmethoden).

Mit der EU-Rahmenrichtlinie zum Arbeitsschutz (89/391) wurde die Initiative zur Schaffung eines in den EU-Mitgliedstaaten vergleichbaren Arbeits- und Gesundheitsschutzstandards eingeleitet. Sie hat zu verschiedenen Änderungen der bestehenden Arbeitsschutzgesetzgebung geführt. Das Arbeitsschutzgesetz soll die Sicherheit und den Gesundheitsschutz der Beschäftigten am Arbeitsplatz verbessern durch:

- die Verhütung von Unfällen bei der Arbeit,
- die Verhütung arbeitsbedingter Gesundheitsgefahren sowie
- die menschengerechte Gestaltung der Arbeit.

Das bewusste Handeln der Beschäftigten in Sachen „Arbeitsschutz" und das Wissen um die Sorge für ihre Gesundheit schaffen zusätzliche Motivation und ein produktives Betriebsklima.

12 Handlungsfeld „Gesundheit aktiv gestalten"

Wie ist der Arbeits- und Gesundheitsschutz betrieblich zu regeln?
Sinnvoll und notwendig ist es, wenn alle Ebenen des Unternehmens ihren Beitrag zum Arbeitsschutz leisten. Arbeitsschutz kann nicht nur verordnet werden. Er muss organisiert und gelebt werden. Wesentlich ist es, die Verantwortlichkeiten im gesamten Unternehmen, beginnend bei der Geschäftsleitung, klar zu benennen. Die Verantwortung für den Arbeits- und Gesundheitsschutz liegt grundsätzlich beim Unternehmer oder dessen Beauftragtem.

Die Unternehmensleitung muss ihre Verpflichtung bezüglich der Maßnahmen des Arbeitsschutzes nachweisen, indem sie

- den Mitarbeitern die Bedeutung des Arbeits- und Gesundheitsschutzes vermittelt;
- die Arbeitsschutzkonzeption festlegt;
- die Arbeitsschutzziele beschreibt;
- die Maßnahmen des Arbeitsschutzes bewertet und die notwendigen Ressourcen (sachlich, finanziell und organisatorisch) sicherstellt.

Die Kosten für sämtliche Maßnahmen des Arbeits- und Gesundheitsschutzes trägt das Unternehmen.

Was sollte die Unternehmensleitung sicherstellen?
Unternehmensverantwortliche sollten

- dafür sorgen, dass die Maßnahmen des Arbeitsschutzes für die mit der Arbeit verbundenen Gefährdungen angemessen sind. Das heißt: Aus den Ergebnissen der Gefährdungsbeurteilung ergeben sich die nötigen Maßnahmen zur Verbesserung der Sicherheit und des Gesundheitsschutzes entsprechend den jeweiligen Vorschriften. Maßnahmen sind in der Reihenfolge Technik, Organisation, Person (TOP-Prinzip) anzustreben;
- gewährleisten, dass die Verpflichtung zur Erfüllung dieser Maßnahmen sowie zur Verbesserung der Maßnahmen besteht: zum Beispiel Schließen der Türen eines lärmbehafteten Prüfplatzes, Tragen persönlicher Schutzausrüstung;
- Arbeitsschutzziele festlegen: zum Beispiel Senkung von Beinaheunfällen um einen bestimmten Prozentsatz, Senkung des Gefährdungspotenzials eines offenen Zerspanungsautomaten;
- sicherstellen, dass die Arbeitsschutzziele vermittelt und verstanden werden – zum Beispiel durch fortlaufende Unterweisung und Integration des Themas bei Teambesprechungen;
- die fortdauernde Angemessenheit der Arbeitsschutzmaßnahmen bewerten – zum Beispiel durch Überprüfung des Stands der Technik sowie neuere – auch gesetzliche – Entwicklungen bewerten.

Wichtig ist, dass der Arbeits- und Gesundheitsschutz in der Unternehmenspolitik und im Betrieb einen gewissen Stellenwert hat. Als günstig hat es sich auch erwiesen, dass der Arbeitsschutz in die Betriebsabläufe integriert wird. Weiterhin sollten aktuelle Schutzziele in Bezug auf konkrete betriebliche Gegebenheiten und Anforderungen formuliert werden, damit neben anderen betrieblichen Prozessen auch der Arbeitsschutz kontinuierlich verbessert werden kann. Klarstellen müssen Unternehmensverantwortliche auch, dass es für alle Mitarbeiter inklusive Kooperationspartner und Zeitarbeitnehmer verpflichtend ist, die gegebenen Ziele, Maßnahmen und Verhaltensweisen, Vorschriften und Gesetze zum Arbeits- und Gesundheitsschutz einzuhalten.

Damit der Arbeits- und Gesundheitsschutz seine volle Wirkung entfalten kann, müssen die Beschäftigten verstehen, worum es geht, und sich aktiv einbringen.

Weiterführende Informationen, Links

Ausgewählte Gesetze und Vorschriften, jeweils in der aktuellen Version
Hinweis: die Texte der Gesetze und Verordnungen finden sich unter: http://www.gesetze-im-internet.de/ [13.12.2013]
Arbeitsschutzgesetz
Bildschirmarbeitsverordnung
Lastenhandhabungsverordnung
Arbeitsstättenverordnung
Arbeitssicherheitsgesetz
Betriebssicherheitsverordnung
DGUV Vorschrift 1
DGUV Vorschrift 2

Links

Bundesanstalt für Arbeitsschutz und Arbeitsmedizin (Hrsg.): Dortmund: Bundesanstalt für Arbeitsschutz und Arbeitsmedizin, verfügbar unter: www.baua.de [13.12.2013]
DGUV – Spitzenverband der gewerblichen Berufsgenossenschaften und der Unfallversicherungsträger der öffentlichen Hand, verfügbar unter:www.dguv.de [13.12.2013]
Berufsgenossenschaft Holz und Metall, verfügbar unter: www.bghm.de [13.12.2013]
Berufsgenossenschaft Energie Textil Elektro Medienerzeugnisse, verfügbar unter: www.bgetem.de [13.12.2013]

Literatur

Institut für angewandte Arbeitswissenschaft (Hrsg.): Arbeits- und Gesundheitsschutz in Klein- und Mittelunternehmen. Köln: Wirtschaftsverlag Bachem, 2007
Kern, P.; Schmauder, M.: Einführung in den Arbeitsschutz für Studium und Betriebspraxis. München: Hanser, 2005

12.3 Betriebliche Gesundheitsförderung – von der Analyse bis zur Evaluation

Worum geht es in diesem Beitrag?
Viele Unternehmen engagieren sich freiwillig in der betrieblichen Gesundheitsförderung. Dieser Beitrag diskutiert, wie systematisch an die Maßnahmeneinführung und Beibehaltung herangegangen werden kann. Er stellt den Nutzen aus Sicht der Mitarbeiter und des Unternehmens dar. Darüber hinaus beschreibt er ein korrektives und präventives Vorgehen im Zusammenhang mit BGF-Maßnahmen.

Überblick:
- Was ist freiwillige betriebliche Gesundheitsförderung – und was sind BGF-Aktivitäten?
- Welchen Nutzen bietet BGF? Ziele und Vorteile
- Wie kann man BGF im Unternehmen etablieren? Vorgehensweise
- Worauf müssen Sie achten? Welche Hürden können auftreten?

Was ist freiwillige betriebliche Gesundheitsförderung – und was sind BGF-Aktivitäten?
Freiwillige betriebliche Gesundheitsförderung (BGF) umfasst alle Maßnahmen, die direkt oder indirekt Verhalten und Verhältnisse im Sinne der Gesundheitsförderung beeinflussen.
Beispiele:

- Stressbewältigungsprogramme
- Bewegungsangebote
- Ernährungsprogramme
- Konfliktbewältigung
- ergonomische Maßnahmen
- Zeit- und Selbstmanagement
- Einzelcoaching

Festgehalten wird, dass das Unternehmen und die Mitarbeiter gleichermaßen davon profitieren.

Welchen Nutzen bietet BGF? Ziele und Vorteile
Im Rahmen von BGF unterstützen und fördern Unternehmen ihre Mitarbeiter dabei, die eigene Gesundheit zu fördern. Dies kann durch direkte Angebote – zum Beispiel Sportprogramme – oder auch indirekt – durch Schulungen – stattfinden. Nutzen/Effekte für und auf die Mitarbeiter:

- Sie erhalten Anstöße und Hinweise, wie sie die eigene Gesundheit erhalten können.
- Sie können dadurch dazu beitragen, die eigene Leistungsfähigkeit bis ins Rentenalter und darüber hinaus zu erhalten.
- Sie erfahren persönliche Bestätigung, weil der Arbeitgeber sich für ihre Person und ihr Wohlergehen interessiert.

Ziele und Effekte aus Arbeitgebersicht:

- Unternehmen tragen mit BGF dazu bei, die Leistungsfähigkeit ihrer Mitarbeiter zu erhalten.
- Sie erhöhen zugleich die Bindung ihrer Mitarbeiter an den Arbeitgeber.
- Sie motivieren ihre Mitarbeiter. BGF trägt dazu bei, dass sich die Beschäftigten in jeder Phase des Arbeitslebens stets gesund und leistungsfähig den Herausforderungen stellen können – neben einer längerfristigen Reduktion von Arbeitsunfähigkeitszeiten.
- BGF ist zudem immer ein Anlass zu gemeinschaftlichen Aktivitäten („Teambuilding").
- Unternehmen erhöhen durch BGF zudem ihre Arbeitgeberattraktivität. Und das ist angesichts knapperer Arbeitskräfteressourcen wichtiger denn je.

Es gibt sehr unterschiedliche Auffassungen darüber, ob und wie sich BGF und BGM kurz- und langfristig messbar auswirken – zum Beispiel in Form einer höheren Produktivität oder eines höheren Unternehmensgewinns. Es gibt durchaus auch Verfechter der Auffassung, dass sich langfristig Erfolg in Form von Verbesserungsvorschlägen und Innovationen einstellt, wie sie nur von zufriedenen Mitarbeitern kommen können. Weil es, wie bereits erwähnt, hierzu aber unterschiedliche Meinungen gibt, werden diese Aspekte hier nicht weiter beleuchtet.

Unabhängig davon sind nachhaltig zufriedene und leistungsfähige Mitarbeiter gerade für kleine und mittlere Unternehmen besonders wichtig. Denn im härter werdenden Wettbewerb um Arbeitskräfte droht eine höhere Fluktuation. Diese kann vor allem in kleineren Betrieben relativ betrachtet einen größeren Schaden anrichten.

Insbesondere im Rahmen des demografischen Wandels bieten einige Arbeitgeber freiwillig verschiedene Programme mit langfristigen Zielen an: Hierzu gehören zum Beispiel Kurse für Raucherentwöhnung und Fitnessangebote wie Rückenschulungen. Es geht im demografischen Wandel auch darum, vorbeugend und gesundheitsfördernd schon bei jungen Mitarbeitern zu wirken, statt nachträglich bereits eingetretene Schäden kurieren zu wollen.

Wie kann man BGF im Unternehmen etablieren? Vorgehensweise
Die Luxemburger Deklaration zur betrieblichen Gesundheitsförderung nennt diese Punkte:

- Ganzheitlichkeit (verhaltens- und verhältnisorientierte Elemente)
- Integration (Verankerung im Unternehmensleitbild und bei wichtigen Entscheidungen)
- Partizipation (aktive Mitarbeiterbeteiligung)

- Projektmanagement (systematische Herangehensweise: Bedarfsanalyse, Prioritätensetzung, Planung, Ausführung und kontinuierliche Kontrolle)

Die folgenden vergleichbaren drei Handlungsfelder haben sich in der Praxis herauskristallisiert:

1. Maßnahmen des gesetzlich vorgeschriebenen Arbeitsschutzes, die um freiwillige Elemente der Unternehmen ergänzt werden.
   Ein Beispiel hierfür ist, dass mehr Hebehilfen als vom Gesetzgeber vorgeschrieben installiert werden.
2. Maßnahmen der sozialen Verantwortung: Unterstützung und Einbindung der Familien in die Programme. Ein Beispiel hierfür sind zum Beispiel Sportsommerfeste für die Angestellten und die Angehörigen.
3. Maßnahmen im Sinne einer gesundheitsgerechten Arbeitsgestaltung (Verhältnisse) und für ein gesundheitsgerechtes Verhalten. Beispiele hierfür sind Schulungen, Kurse, Programme, kostenloses Obst und/oder Wasser. Hierzu zählt auch die Gesundheitsprävention:
   a. Aufklärung der Mitarbeiter
   b. Beratung der Mitarbeiter
   c. Bildung der Mitarbeiter
   d. Erziehung der Mitarbeiter

Korrektives Vorgehen ist für Unternehmen grundsätzlich nicht neu. Präventive Maßnahmen werden oft heute schon angeboten. Bei vielen Unternehmen sind beide Vorgehen zumeist in die bestehende Aufbau- und Ablauforganisation integriert worden. Korrektive Elemente sind unter anderem das „betriebliche Eingliederungsmanagement" (BEM) und das Fehlzeitenmanagement. BEM ist durch den Gesetzgeber vorgeschrieben. Die linke Seite von Abb. 12.1 betrachtet die Mitarbeiter, die wegen Krankheit abwesend sind.

Die Maßnahmen zum Arbeitsschutz (auf der rechten Seite von Abb. 12.1) sind in den meisten Unternehmen weit fortgeschritten. Doch bislang nur einige Unternehmen betrachten die Altersstrukturen ihrer Belegschaften mit Blick auf den Erhalt der Leistungsfähigkeit bis ins Rentenalter und mit dem Ziel, Frühverrentung insbesondere mit Abfindungszahlungen zu vermeiden. Auch Qualifikationsanalysen sind noch nicht sehr verbreitet. Doch nur so lassen sich Informationen über die Ursachen der kurz- oder langfristigen Abwesenheit gewinnen und Schwachstellen aufdecken.

Unternehmen sind aufgerufen, diese Informationen zu nutzen, um über freiwillige Maßnahmen strukturiert an der Gesundheit ihrer Mitarbeiter zu arbeiten beziehungsweise die Mitarbeiter davon zu überzeugen, sich auch in ihrer Freizeit auf das Thema „Gesundheit" einzulassen. Es gibt eine Vielzahl zur Verfügung stehender Maßnahmen. Deshalb empfiehlt es sich, strukturiert an die Auswahl und Evaluation heranzugehen. Dazu sind folgende Schritte nötig:

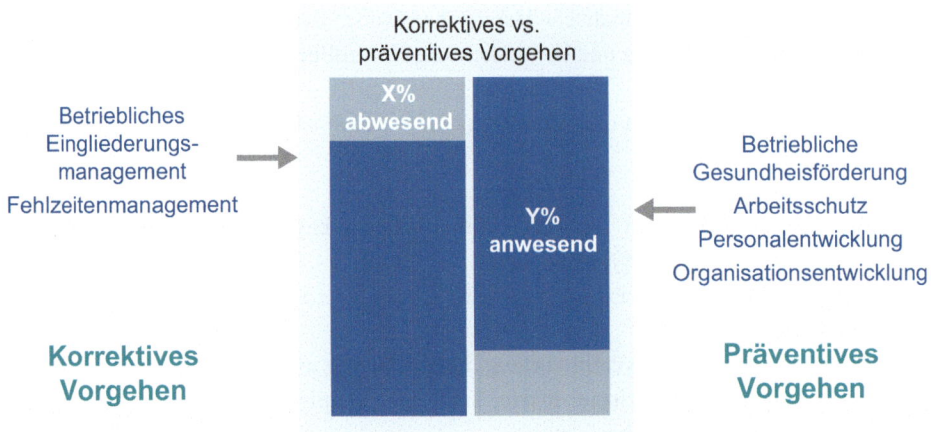

Abb. 12.1 Korrektives vs. präventives Vorgehen

1. Informationen erkennen und analysieren
2. Maßnahmen ableiten und umsetzen
3. Bewerten der Maßnahmen (kurzfristig, langfristig): Auf der Suche nach den wirtschaftlichen Vorteilen für das Unternehmen kann es sinnvoll sein, Kennzahlen zu erheben. Diese können Aufschluss darüber geben, ob die jeweiligen Maßnahmen zu den gesetzten Zielen passen. Die Messung hinterfragt und kontrolliert das Vorgehen. Sie kann so die Kosteneffizienz verschiedener Maßnahmen veranschaulichen. Um den Aufwand der Messung gering zu halten, sollten nach Möglichkeit bestehende Messinstrumente (Mitarbeiterbefragung, Fehlzeitenanalyse etc.) genutzt werden. Dennoch muss bei den gewählten Maßnahmen eine kontrollierte Experimentierfreudigkeit erlaubt sein. Selbstverständlich muss regelmäßig geprüft werden, ob veränderte Umweltbedingungen Anpassungen erfordern. Im ersten Schritt sollten Unternehmen unterstützende Kennzahlen (beispielsweise die Beteiligung an Maßnahmen der Gesundheitsförderung oder auch die Mitarbeiterzufriedenheit mit den Maßnahmen) ermitteln. Erst dann kann langfristig anhand von Kennzahlen bewertet werden, ob die gewählten Maßnahmen die erkannten Probleme behoben haben. Von Anfang an sollten Unternehmen sich darüber im Klaren sein, wie weit ihr Engagement gehen kann und ab welchem Punkt die Mitarbeiter aufgerufen sind, selbst aktiv zu werden. Die tatsächlichen Kosten aller Maßnahmen inklusive der administrativen Aufwände sind stets kritisch zu hinterfragen. Ein Prozent des Umsatzes beziehungsweise fünf Prozent des Bruttolohns stellen schon eine signifikante Investition dar.
4. Lernen aus den Ergebnissen und einfließen lassen in Abänderung bestehender Maßnahmen und in neue Maßnahmen

Dies bedeutet, dass ein Unternehmen immer wieder betrachten sollte, welche Ursachen für Abwesenheit und Krankheiten vorliegen, und immer wieder diskutieren sollte, ob passende Maßnahmen angeboten werden. Das Unternehmen sollte erfolglose Maßnahmen konsequent wieder aus dem Programm nehmen – diese sollten behandelt werden wie ein Produktportfolio. Auch hier werden erfolglose Artikel aus dem Programm genommen. Deshalb sollten auch Maßnahmen der Gesundheitsförderung regelmäßig analysiert und evaluiert werden.

Worauf müssen Sie achten? Welche Hürden könnten auftreten?

- Man sollte nicht aktionistisch handeln – beispielsweise nicht nur den Wasserspender und/oder den Obstkorb zur Verfügung stellen.
- Eine Zusammenarbeit mit externen Anbietern (Dienstleistern, Krankenkassen) ist zu empfehlen. Allerdings sollte zuvor auf Basis eines internen Konzeptes geklärt werden, welche Maßnahmen benötigt werden.
- Unternehmen sollten regelmäßig den Nutzen der Maßnahmen hinterfragen und diese bei Bedarf anpassen.
- Vorsicht ist bei Maßnahmen mit hoher Verletzungsgefahr angezeigt, wie sie beispielsweise bei einem Freizeit-Fußballturnier auftreten können.
- Maßnahmen der Gesundheitsförderung sollten allen Mitarbeitern einen Vorteil bringen – das heißt: Es sollten nicht nur die gefördert werden, die ohnehin sportlich aktiv sind, und auch nicht nur die jungen Mitarbeiter. Zudem sollten BGF-Maßnahmen möglichst übergreifend geplant werden und nicht allein der Entscheidungsbefugnis von nur einer Führungskraft unterliegen.
- Wenn Mitarbeiter selbst Maßnahmen vorschlagen, sollten diese daraufhin hinterfragt werden, ob sie geeignet sind, Problemen im Unternehmen entgegenzuwirken, und ob die Aussicht besteht, dass sie von einer Mehrzahl aller Mitarbeiter auch genutzt werden.
- Es sollten die Kosten jeglicher Maßnahme festgehalten werden. Nur so kann der Return on Investment bewertet werden.
- Tue Gutes und rede darüber: Erfolgreiche BGF-Maßnahmen sollten intern und extern beworben werden.

Literatur

Badura, B.; Schröder, H.; Vetter, C. (Hrsg.): Fehlzeiten-Report 2008. Betriebliches Gesundheitsmanagement: Kosten und Nutzen. Heidelberg: Springer-Verlag, 2008

Badura, B. (Hrsg.); Schröder, H.; Klose, J. u. a.: Fehlzeiten-Report 2010. Vielfalt managen: Gesundheit fördern – Potenziale nutzen. Heidelberg: Springer-Verlag, 2010

Uhle, T.; Treier, M.: Betriebliches Gesundheitsmanagement. Heidelberg: Springer-Verlag, 2011

Weinreich, I.; Weigl, C.: Unternehmensratgeber betriebliches Gesundheitsmanagement. Berlin: Erich Schmidt Verlag, 2010

12.4 Grundlagen und Kernelemente zur Ausgestaltung eines betrieblichen Gesundheitsmanagements

Worum geht es in diesem Beitrag?
Sie erfahren, was hinter dem Begriff „betriebliches Gesundheitsmanagement" (BGM) steckt und worin sich BGM von BGF (vgl. 12.3 „Betriebliche Gesundheitsförderung – von der Analyse bis zur Evaluation") unterscheidet. Auf den folgenden Seiten werden auch der Nutzen und die Ziele von BGM diskutiert. Der Beitrag beleuchtet, wie Unternehmen BGM (insbesondere den dazugehörigen Managementprozess) einführen können. Es geht hier insbesondere auch um die Hürden, die anfangs zu überwinden sind. Die Phoenix Contact beschäftigt sich seit Beginn des 21. Jahrhunderts intensiv mit BGM. Ihr Praxisbeispiel informiert über wichtige Meilensteine und den konkreten Nutzen der Maßnahmen.

Überblick:
- Was ist „betriebliches Gesundheitsmanagement" (BGM)?
- Welchen Nutzen bietet BGM? Ziele und Vorteile
- Wie kann ich BGM im Unternehmen etablieren? Vorgehensweise
- Worauf müssen Sie achten? Welche Hürden könnten bei der Einführung auftreten?
- Praxisbeispiel

Was ist „betriebliches Gesundheitsmanagement" (BGM)?
Unternehmen müssen im Rahmen des gesetzlich geregelten Arbeitsschutzes für menschengerechte Arbeitsbedingungen sorgen. Die Verbesserung der allgemeinen Gesundheitsförderung ist eine gesellschaftliche Aufgabe, an der sich die Unternehmen freiwillig beteiligen. Sie können sie aber nicht alleine übernehmen. Die Eigenverantwortung und die Gesundheitskompetenz der Beschäftigten sind hierbei gleichrangig zu betrachten und müssen auch in Eigeninitiative gestärkt und gefördert werden.

„Beim betrieblichen Gesundheitsmanagement (BGM) geht es darum, die einzelnen Bausteine und Ansätze von betrieblicher Gesundheitsförderung (BGF) aufzugreifen, aufeinander abzustimmen und in die Arbeits- und Managementprozesse des Unternehmens zu integrieren. Das beinhaltet:

- Definition von klaren Zielen,
- Controlling,
- Bereitstellung notwendiger Ressourcen,
- Wahrnehmung sozialer Verantwortung."

(Eberle 2007)

BGM bedeutet die „Entwicklung betrieblicher Rahmenbedingungen, betrieblicher Strukturen und Prozesse, die die gesundheitsförderliche Gestaltung von Arbeit und Organisation und die Befähigung zum gesundheitsfördernden Verhalten der Mitarbeiterinnen und Mitarbeiter zum Ziel haben" (Badura und Hehlmann 2003, S. 10).

Die Einflussgrößen auf den Gesundheitheitszustand bei Personen sind beispielsweise emotionale Ausgeglichenheit, Erholung, Ernährung, genetische Faktoren und körperliche Betätigung. Bildungsstand und die sozialen Beziehungen in der Interaktion des Themas „Gesundheit" spielen eine entscheidende Rolle, wie das Thema „Gesundheit" behandelt wird. Was die Umweltbedingungen angeht: Hier unterscheidet man die Arbeitsbedingungen, die gesellschaftliche Umwelt, das Gesundheitssystem und die natürliche Umwelt.

Welchen Nutzen bietet BGM? Ziele und Vorteile
Nutzen des BGM:

- Unternehmen können geplante Aufträge kurz-, mittel- und langfristig mit den geplanten und zur Verfügung stehenden Mitarbeitern erfüllen.
- Sie unterstützen den Erhalt der Leistungsfähigkeit ihrer Mitarbeiter (insbesondere durch veränderte Rahmenbedingungen und den demografischen Wandel).
- Sie steigern die Motivation und die Bindung des Personals durch Wertschätzung mithilfe von Investitionen in die Gesundheit der Mitarbeiter.
- Sie differenzieren sich am Arbeitsmarkt durch freiwillige Mehrwerte für die Mitarbeiter (Employer Branding).
- Sie vermeiden oder verringern Kosten, Ausfalltage, Ersatzprozesse etc. sowie Ausgaben für die Wiederherstellung der Gesundheit ihrer Mitarbeiter. Allerdings werden letztere größtenteils durch den Arbeitnehmer beziehungsweise die Krankenkasse getragen. Einige Unternehmen unterbreiten freiwillige Angebote, damit Mitarbeiter zum Beispiel schneller einen Reha-Platz erhalten.
- Sie können durch BGM Schwachstellen (Ursachen, Defizite – präventiv und salutogenetisch) erkennen und analysieren – beispielsweise eine dauerhaft ungesunde Ernährung.
- BGM kann ein wichtiger Unterstützungsprozess für die Wertschöpfung sein. Denn dadurch können Fehlzeiten vermieden und damit Störungen des Gesamtsystems vermieden werden. Wenn Mitarbeiter ausfallen, müssen andere für deren Aufgaben ausgebildet beziehungsweise eingearbeitet werden.

Die Ziele des BGM:

- Unternehmen wollen damit die Gesundheitssituation insgesamt verbessern, um zu einer höheren Arbeitsbewältigung zu kommen. Dies kann unter anderem über die Fehlzeitenquote gemessen werden.
- BGM kann das Engagement und damit die Leistungssituation erhöhen. Gemessen werden kann das Mitarbeiterengagement mithilfe von Fragebögen.
- Über BGM können Betriebe eine Änderung ihrer Kultur erreichen: Gesundheit als Bestandteil der Unternehmenskultur. Die Erfolgsmessung kann beispielsweise über bestimmte Zielindikatoren erfolgen. Dazu gehören die Nutzung der BGF-Maßnahmen oder die Reichweite der Initiativen. Ein wichtiger Zielindikator ist natürlich die Veränderung des Gesundheitszustandes in der Belegschaft.

- BGM ist auch ökonomisch betrachtet sinnvoll. Denn die wenigsten Unternehmen bewerten im Detail die Kosten für Arbeits- und Gesundheitsschutzsysteme, für Ausfallkosten und insbesondere Kosten, die durch diese entstehen – zum Beispiel durch Ersatzpersonal und Sonderprozesse.

Zusammenfassend kann festgehalten werden, dass sowohl das Unternehmen als auch die Mitarbeiter von der Einführung eines BGM profitieren.

Wie kann ich BGM im Unternehmen etablieren? Vorgehensweise
BGM sollte an die vorhandene Strategie beziehungsweise die Vision des Unternehmens anknüpfen. Die Unternehmensführung sollte sich folgende Fragen stellen:

1. Kann ich mit meiner Belegschaft – Stand heute – die Schlüssel-/Kernprozesse meines Unternehmens langfristig sicherstellen?
2. Welche Herausforderungen bestehen bezüglich demografischer Entwicklungen und Fehlzeiten beim Einsatz der Personalressourcen?
3. Inwieweit ist die eigene Organisation (insbesondere durch die Personalstrategie) auf Strategieveränderungen (neue Kunden, neue Produkte, neue Märkte) sowie den Wandel des Umfeldes vorbereitet?

Diese drei Fragen können die Entscheidung für ein BGM unterstützen. Diese Fragen sind auch Basis für eine erste Stärken-Schwächen-Analyse und zur Erarbeitung des Ist-Zustandes.

Grundvoraussetzung für die Einführung: Das obere Management muss zuvor darüber entscheiden, was das langfristig erwartete gesundheitsbezogene Ergebnis in der Organisation sein soll. Und der oder die Topentscheider müssen hierzu die passenden Rahmenbedingungen schaffen. Die langfristige Perspektive verhindert Aktionismus. BGM stellt grundsätzlich einen Veränderungsprozess dar und ist nicht im Hauruck-Stil zum Erfolg zu führen.

Die Einführung muss strukturiert stattfinden – die Schritte im Einzelnen:

1. Analyse – welche Daten (Fehlzeiten, Krankenstand, Altersstruktur etc.) werden bisher erhoben. Wie werden die Mitarbeitermeinungen abgefragt? Welche BGF-Maßnahmen gibt es bisher?
2. Planung der Maßnahmen: Ausgehend von den Vorgaben des oberen Managements sollten operative Ziele, passende BGF-Maßnahmen (selbstverständlich auch passend zu den vorgefundenen Ursachen) sowie Messgrößen zur Kontrolle der Maßnahmen und Ziele entwickelt werden. Operativ geht es in dieser Phase darum, Teilprojekte (mit Verantwortlichen, Budget, Zeitplan) für die einzelnen Maßnahmen ins Leben zu rufen.
3. Umsetzung: In dieser Phase werden die BGF-Maßnahmen (Schulungen, Sportprogramme etc.) umgesetzt und um weitere ergänzt. Dabei sollte immer wieder hinterfragt werden, ob die BGF-Maßnahmen mittel- und langfristig helfen können, die gesundheitlichen Probleme zu beheben. Die Informationen über Problemursachen sollten durch neue Erfahrungen immer wieder ergänzt werden.

4. Bewertung und Überprüfung: In dieser Phase geht es darum zu messen:
   a. ob die Maßnahmen von den Beschäftigten genutzt worden sind – falls diese nicht genutzt wurden, müssen Gründe der Nichtnutzung ermittelt werden;
   b. ob die Maßnahmen alle Mitarbeiter erreichen und insbesondere auch jene Belegschaftsmitglieder erreichen, die in zuvor als kritisch definierten Kernprozessen arbeiten;
   c. ob es schon positive Ergebnisse beziehungsweise Trends bezüglich der Ursachenbehebung gibt;
   d. ob die Erwartungen des oberen Managements und der Mitarbeiter erfüllt worden sind.

Die Anwendung eines Managementprozesses (PDCA/RADAR – vgl. N. Baszenski, Methodensammlung zur Unternehmensprozessoptimierung, 2012) ist empfehlenswert und kann wie folgt strukturiert werden (Abb. 12.2):

Entscheidend ist, dass die Organisation aus den gesammelten Erfahrungen lernt und immer wieder Ursachenforschung betreibt. Die Umfeldbedingungen sowie auch die Organisation entwickeln sich weiter – daher sind die Ergebnisse und das Vorgehen regelmäßig kritisch zu beleuchten und anzupassen. Es ist auch sinnvoll, regelmäßig die einzelnen BGF-Maßnahmen und die gesamte BGM-Initiative kaufmännisch zu betrachten.

Nach Möglichkeit sollte BGM in bestehende Managementsysteme integriert werden, statt neue Systeme dafür zu schaffen.

Da BGM ein ganzheitliches, funktions- und hierarchieübergreifendes („Querschnittsaufgabe in der Organisation") Thema darstellt, bietet es sich an, eine Gesundheits-

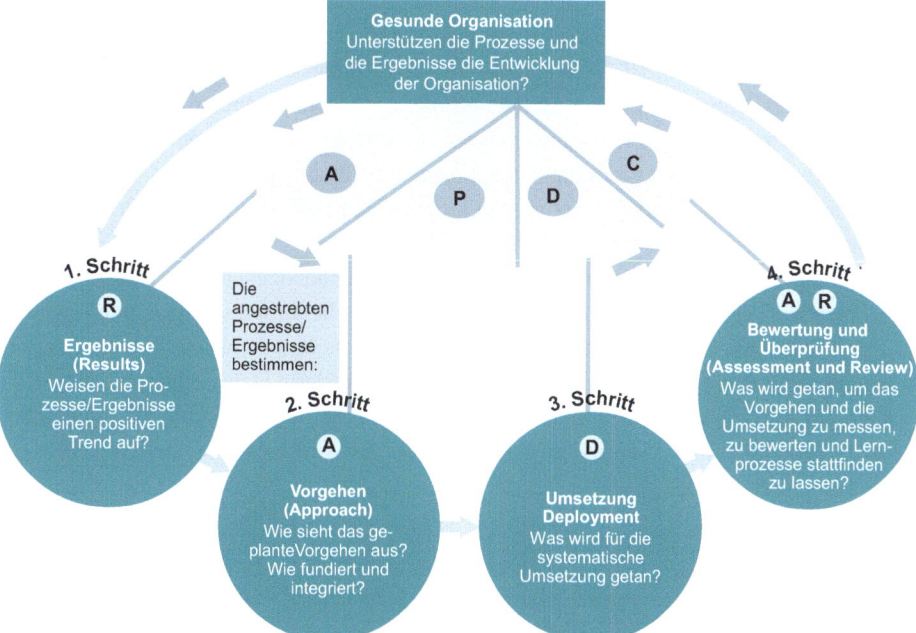

Abb. 12.2 Managementprozess im Zusammenhang von BGM

Scorecard (angelehnt an die BSC[1]) oder auch ein an EFQM angelehntes Modell zu verwenden.

Um das Thema „BGM" operativ weiterzuentwickeln und am Leben zu erhalten, sollten Multiplikatoren im Unternehmen ausgebildet werden, die das Thema „Gesundheit" als Teil ihrer Arbeitsaufgabe verbreiten. Diese Multiplikatoren dienen als Ansprechpartner. Sie wissen durch ihr Netzwerk, welche Möglichkeiten es gibt oder wo nachgefragt werden kann. Die Multiplikatoren stellen keinen Ersatzansprechpartner für die jeweiligen disziplinarischen Verantwortlichen der Mitarbeiter dar.

Die Meinung der Mitarbeiter sollte möglichst früh angefragt und immer wieder durch die Führungskräfte hinterfragt werden, um das Managementsystem weiterzuentwickeln.

Worauf müssen Sie achten? Welche Hürden könnten bei der Einführung auftreten?

- Sie sollten es vermeiden, BGF-Maßnahmen aktionistisch platzieren zu wollen (siehe Abb. 12.3) – entscheidend ist es, zu Beginn und danach immer wieder akribisch die Ursachen zu erforschen, entsprechende Daten zu erheben sowie die Besonderheiten der Unternehmenskultur und der Organisation zu hinterfragen. Das ist eine tragfähige Basis für die Planung und Durchführung der Maßnahmen – nicht umgekehrt!
- Externe Unterstützer implementieren und leiten BGM – entwickelt und getragen werden muss das Thema durch die Organisation. Das passende Wissen ist in den meisten Unternehmen vorhanden.
- Insbesondere ist es auch entscheidend, dass alle Führungskräfte umfangreiche Schulungen zum Thema „Gesundheit" und ihrer eigenen Rolle im Gesundheitsmanagement erhalten. In der Praxis hat sich gezeigt, dass die Einführung von BGM zu einer besseren Aufmerksamkeit der Führungskräfte für ihre Mitarbeiter geführt hat.
- Zu vermeiden ist beim BGM auch eine zu starke Fokussierung auf eine kurzfristige Senkung des Krankenstandes – BGM und damit das Unternehmen können nicht alle Einflussfaktoren auf den Krankenstand des Mitarbeiters beeinflussen. Dies liegt auch daran, dass die meisten gesundheitsrelevanten Einflüsse außerhalb der Arbeitszeit zu suchen sind. Eine zu starke Fixierung auf kurzzeitige Effekte im Bereich der Fehlzeiten kann zu Enttäuschungen führen.
- Nicht alle zur Ursachenerkennung wichtigen personenbezogenen Daten stehen Unternehmen zur Verfügung. Sie können mithilfe von Mitarbeiterbefragungen, durch verallgemeinerte Auskünfte der Betriebsärzte oder durch die Krankenkasse (oft erst ab 200 Mitarbeitern in einer Krankenkasse möglich) anonymisierte Daten erhalten.
- Eine auf kurzfristigen Shareholder-Value fixierte Unternehmenskultur ist ungeeignet für BGM. Denn dies ist ein langfristiges Thema. Es wird keinen schnellen Return on Investment einspielen.

---

[1] BSC = Balanced Scorecard: Dabei handelt es sich um ein „umfassend strukturiertes Kennzahlen- und Messsystem, das der vorwiegend strategischen Zielsetzung und Steuerung eines Unternehmens dient". Quelle: Gabler-Wirtschaftslexikon

Aktionismus vermeiden

Oft (nicht immer) stehen einzelne Maßnahmen nebeneinander, sind nicht strukturiert und die Wirksamkeit wurde bzw. wird nicht erfasst

Fotos: contrastwerkstatt, Tomasz Trojanowski, Robert Kneschke, Wolfgang Mücke, Erwin Wodicka, Warren Goldswain, fotolia.de

Abb. 12.3 Aktionismus bei BGF vermeiden

- Entscheidend ist, dass das Thema „Gesundheit" im Unternehmen omnipräsent wird und insbesondere das Befinden jedes Mitarbeiters durch seinen direkten Umkreis wahrgenommen wird. Neuartige oder komplexe Managementmethoden und Herangehensweisen sind nicht die Voraussetzung, um im Unternehmen eine positive Veränderung zu bewirken.
- In der Praxis ist darauf zu achten, dass BGM auch im hektischen Tagesgeschäft beibehalten wird.
- BGM stellt einen Veränderungsprozess dar. Dies bedeutet, dass die Führung zu Beginn eine Vision beziehungsweise einen Sinn erarbeiten muss. Im nächsten Schritt müssen die Ziele durch den Führungskreis definiert werden. Schließlich muss man schrittweise und kontinuierlich am Erfolg arbeiten.

Literatur

Badura, B.; Hehlmann, T.: Betriebliche Gesundheitspolitik: der Weg zur gesunden Organisation. Heidelberg: Springer-Verlag, 2003

Badura, B. (Hrsg.); Schröder, H.; Vetter, C.: Fehlzeiten-Report 2008. Betriebliches Gesundheitsmanagement: Kosten und Nutzen. Heidelberg: Springer-Verlag, 2008

Badura, B. (Hrsg.); Schröder, H.; Klose, J.; u. a.: Fehlzeiten-Report 2010. Vielfalt managen: Gesundheit fördern – Potenziale nutzen. Heidelberg: Springer-Verlag, 2010

Baszenski, N.: Methodensammlung zur Unternehmensprozessoptimierung. 4., aktualisierte Auflage. Heidelberg: Dr. Curt Haefner-Verlag, 2012

Eberle, G.: Fehlzeiten-Report 2010. Vielfalt managen: Gesundheit fördern – Potenziale nutzen. Heidelberg: Springer-Verlag, 2010

Uhle, T.; Treier, M.: Betriebliches Gesundheitsmanagement. Heidelberg: Springer-Verlag, 2011

Weinreich, I.; Weigl, C.: Unternehmensratgeber betriebliches Gesundheitsmanagement. Berlin: Erich Schmidt Verlag, 2010

Projektbeispiel „g.o.a.l. – Gesunde Organisation. Strategien zur Förderung der Leistungsfähigkeit von Beschäftigten" (Abb. 12.4)

- Laufzeit: 1.7.2012–31.12.2014
- Projektbeteiligte: Institut für angewandte Arbeitswissenschaft e. V. (Projektträger), Hochschule Fresenius – Fachbereich Wirtschaft und Medien GmbH, NORDMETALL Verband der Metall- und Elektroindustrie e. V., Nordostchemie Arbeitgeberverband Nordostchemie e. V., Bildungswerk der Wirtschaft gGmbH, Bildungswerk Nordostchemie e. V.
- Ziel: Das Projekt „g.o.a.l. – Gesunde Organisation. Strategien zur Förderung der Leistungsfähigkeit von Beschäftigten" begleitet fünf beteiligte Unternehmen (3x Metall- und Elektroindustrie; 2x Chemie-Industrie – vier große und ein mittleres Unternehmen) bei der Konzeption und Implementierung von organisationsindividuellen Gesundheitsmanagementsystemen. Das Projekt gliedert sich in vier Phasen (siehe Abb. 12.5):
  1. Sensibilisierungsphase: Managementteam, FK und BR für BGM sensibilisieren (Rollenverständnis, Verantwortung, etc.) und damit die Voraussetzungen für BGM schaffen.
  2. Realisierungsphase: Qualifizierung der Multiplikatoren und Implementierungsmaßnahmen durch die Multiplikatoren.
  3. Stabilisierungsphase: Monitoring, Überprüfung und Anpassung der BGF-Maßnahmen/Schulungen. Branchenübergreifender Erfahrungsaustausch/Wissenstransfer mit anderen Unternehmen.
  4. Die gesunde Organisation: Kontinuierliche Weiterentwicklung und Verbesserung des BGMs im organisatorischen Tagesgeschäft.

Abb. 12.4 g.o.a.l. Logo

12 Handlungsfeld „Gesundheit aktiv gestalten"

Abb. 12.5 Die vier Phasen des Projektes g.o.a.l.

Insbesondere vor dem Hintergrund des demografischen Wandels an den Standorten der Unternehmen (Sachsen, Sachsen-Anhalt und Mecklenburg-Vorpommern) sowie der Verlängerung der Lebensarbeitszeit ist die Gesunderhaltung und die Erhaltung und Förderung der Leistungsfähigkeit der Beschäftigten von besonderer Bedeutung. In der zweieinhalbjährigen Projektlaufzeit werden Multiplikatoren in den teilnehmenden Unternehmen ausgebildet, um sie zur flächendeckenden Weiterqualifizierung in Bereichen des Betrieblichen Gesundheitsmanagements zu befähigen und zeitgleich zielgerichtete Maßnahmen entsprechend den betrieblichen Bedarfen zu etablieren. Es werden Erkenntnisse und Erfahrungen zur Herangehensweise an das Thema BGM für andere Unternehmen abgeleitet. Zusätzlich ist ein konstruktiver branchenübergreifender Austausch der Arbeitgeberverbände der Metall- und Elektroindustrie und Chemieindustrie Bestandteil des Projekts.

- Zielgruppen: Geschäftsführung, Führungskräfte, Betriebsräte, **Mitarbeiter** (Abb. 12.6)
- Förderung: Initiative *weiter bilden* (BMAS) und Europäischer Sozialfonds (ESF)
- Vorgehen (Abb. 12.7)
  - Interview mit Geschäftsführer, Personalleiter zum Ist-Stand des Unternehmens (Fokus Gesundheit)
  - Entwicklung einer Gesundheits-Vision mit der Geschäftsführung
  - Einbinden und sensibilisieren der Arbeitnehmervertreter für das Thema Gesundheit
  - Auswahl von Multiplikatoren und operationalisieren der Ziele mit Hilfe einer Gesundheits-Scorecard (Obere Führungsebene und Arbeitnehmervertreter)
  - Schulung der Multiplikatoren zu unterschiedlichen Themen (Bspw. Veränderungsmanagement, Erkennen von Belastungen)
  - Schulungen der Mitarbeiter und Umsetzungsprojekte durch die Multiplikatoren (BGF)
  - Kontinuierliche Weiterentwicklung der stringenten Kette aus Maßnahmen, Kennzahlen und der Vision (teilweise mit dem Hilfsmittel einer Gesundheits-Scorecard)

Abb. 12.6 Zusammenarbeit mit den verschiedenen Hierarchien

Abb. 12.7 Vorgehen Projekt g.o.a.l.

12 Handlungsfeld „Gesundheit aktiv gestalten"

Abb. 12.8 Zentrale der phoenix contact

- Auswahl einiger Projektergebnisse (Stand: September 2013):
  - Gesundheits-Vision mit der Geschäftsführung erarbeitet
  - Workshops mit den Unternehmen sind durchgeführt worden. Weitere Workshops sind in Vorbereitung.
  - Multiplikatoren bestimmt, Schulungspläne vorbereitet und Schulung gestartet

Praxisbeispiel Phoenix Contact GmbH & Co. KG
Eine chronologische und wirtschaftliche Betrachtung der Einführung des betrieblichen Gesundheitsmanagements
Das folgende Praxisbeispiel zeigt, wie das zuvor dargestellte verallgemeinerte Vorgehen zum Thema BGF und BGM in der betrieblichen Praxis umgesetzt wurde.

Das Unternehmen
Das Familienunternehmen Phoenix Contact ist weltweit Marktführer und Innovationsträger in der Elektrotechnik. Für Phoenix Contact sind mehr als 12 000 Mitarbeiter im Einsatz. Das Unternehmen erzielte 2012 einen Umsatz von 1,59 Milliarden Euro. Am Stammsitz (siehe Abb. 12.8) in Blomberg, Nordrhein-Westfalen, ist ungefähr ein Drittel der gesamten Belegschaft beschäftigt. Zur Phoenix-Contact-Gruppe gehören neun Unternehmen, 50 eigene Vertriebsgesellschaften im Ausland und mehr als 30 Vertretungen in Europa und Übersee.

Ausgangslage
„Die Wertschöpfung beruht […] auf dem Bildungsvermögen und der Effizienz von Mitarbeitern. […] Bildung und Effizienz unserer Mitarbeiter hat Deutschland zum Weltmarktführer hochkomplexer Technologien gemacht. […] Wir haben keine Bodenschätze wie Öl oder Gold, aber wir haben Gold in den Köpfen unserer Menschen. […] Unsere Stärke […] liegt in einer hohen Effizienz, die ebenfalls eine starke Flexibilität beinhaltet. Diese Kernkompetenzen Deutschlands müssen in den Unternehmen für die Zukunft gesichert und ausgebaut werden" (Olesch 2007, S. 29).

„Gegen die Qualifizierten-Dürre lässt sich etwas unternehmen. Arabische Länder, auf die eine Dürre zukommt, bauen Wasserreservoirs, die bei Trockenheit ihre Oasen versorgen. Welche Reservoirs kann die deutsche Wirtschaft schaffen?" (Olesch 2007, S. 34).

Diese beiden Zitate von Prof. Dr. Gunther Olesch (Geschäftsführer HR, IT und Recht von Phoenix Contact) bringen Motivation und Ausgangslage des Jahres 2007 auf den Punkt, die für den Aufbau eines BGM bei der Phoenix Contact gesorgt haben.

Prof. Dr. Olesch erkannte früh, dass BGM ein Ansatz ist, den Folgen des demografischen Wandels etwas entgegenzusetzen. Er fasste gemeinsam mit den Mitarbeitern den Entschluss, trotz eines steigenden Durchschnittsalters der Belegschaft den durchschnittlichen Krankenstand im Unternehmen bei konstant 3 % zu halten. „Gründe für die Entwicklung und den Ausbau des Gesundheitsmanagements liegen in der Altersstruktur der deutschen Bevölkerung." (Olesch 2010, S. 61).

Das Unternehmen Phoenix Contact investiert mit unterschiedlichsten Programmen massiv in die Leistungsfähigkeit seiner Mitarbeiter.

„Nur ca. 30 % der Unternehmen haben ein Gesundheitsmanagement. Wenn Betriebe in Zukunft erfolgreich sein wollen, müssen sie ihr nicht bilanziertes, aber dennoch höchstes Kapital – den Menschen und seine Gesundheit – stärker fokussieren." (Olesch 2007, S. 28).

Vorgehen
Das Unternehmen ist schrittweise vorgegangen. Der folgende Abschnitt stellt die bisherigen drei Meilensteine des Vorgehens von Phoenix Contact dar. Je nach Möglichkeit wurden für die Meilensteine Investitionspläne erstellt. Kontinuierlich wurde aus den gesammelten Erfahrungen gelernt.

Projektentwicklung: Konzeptentwicklung, Einbindung der externen Partner und Befragung der Mitarbeiter
Die Idee, ein unternehmenseigenes Gesundheitszentrum aufzubauen, ist im Jahr 2001 durch den Werksarzt bei Phoenix Contact, ein Facharzt für Arbeitsmedizin, entstanden. Ein Konzept wurde erarbeitet, das der Geschäftsführung vorgestellt und von den entscheidenden Personen befürwortet wurde. Zu Beginn waren weder Krankenkassenauswertungen über die Ausfälle noch detaillierte gesundheitliche Beschwerdedaten der Mitarbeiter vorhanden. Die knapp über 4 000 Mitarbeiter am Standort Blomberg sind bei 180 verschiedenen Krankenkassen versichert. Repräsentanten dieser Krankenkassen wurden eingeladen: Man präsentierte ihnen das Konzept und informierte sie über die geplante gemeinsame Investitionshöhe je Mitarbeiter. „[…] um eine Kostensteigerung des HR Managements möglichst gering zu halten […], hat das Personalmanagement von Phoenix Contact den Schulterschluss mit den Krankenkassen gesucht. Diese sind interessiert, Prävention zu betreiben, was unter dem Strich günstiger ist, als hohe Kosten für Therapien bei Erkrankungen und deren Rehabilitation zu tragen" (Olesch 2010, S. 71).

Alle Krankenkassen beteiligten sich in den ersten zwei Jahren nach der Eröffnung des Gesundheitszentrums mit einem monatlichen Beitrag von 25 € je Mitarbeiter.

12 Handlungsfeld „Gesundheit aktiv gestalten"

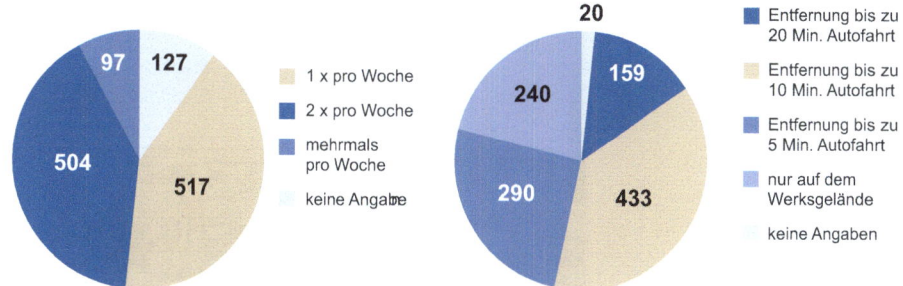

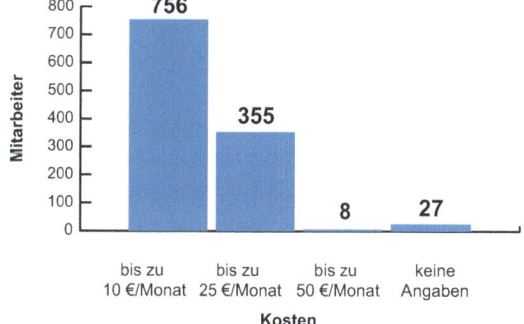

Abb. 12.9 Ergebnisse der Mitarbeiterbefragung (Juni 2003, Phoenix Contact)

Der nächste Schritt war eine Befragung der Mitarbeiter über Kosten und Regelmäßigkeit der Nutzung des Angebots. In einem Fragebogen wurden die Fitness-Aktivitäten beschrieben, die angeboten werden sollen. Die überwältigende Beteiligung sowie die Antworten bewiesen, wie groß das Interesse der Mitarbeiter am Gesundheitsmanagement ist.

Um sowohl Nutzen als auch Notwendigkeit einer derartigen Investition zu belegen, wurden im Juli 2003 alle Phoenix-Contact-Mitarbeiter gebeten, ihre voraussichtliche Nutzungshäufigkeit einzuschätzen. Abbildung 12.9 zeigt Ergebnisse aus der Auswertung von 1 146 ausgefüllten Fragebögen (was einer Umfragebeteiligung von rund 37 % entspricht):

Der 1. Meilenstein (2004): Eröffnung des Gesundheitszentrums „Actiwell"
Phoenix Contact eröffnete 2004 gemeinsam mit einem lokalen Gesundheitsdienstleister ein innovatives Gesundheitszentrum (siehe Abb. 12.10), das „Medical Fitness" (Physiotherapie und Fitnesstrainingsmöglichkeiten) anbietet. Das geleaste Gebäude ist 500 m vom Unternehmensgelände entfernt und kann auch von Unternehmensexternen genutzt werden.

Abb. 12.10 Außenansicht des Gesundheitszentrums (Phoenix Contact)

Die Mitarbeiter zahlten in den ersten zwei Jahren monatlich einen Beitrag von 10 €. Das Unternehmen schoss 25 € zu. Die Krankenkassen unterstützten die Gesundheitsförderungsmaßnahme mit 25 € je Monat und Mitarbeiter. Es fand eine Rückwärtsfinanzierung statt – das heißt: Die Mitarbeiter mussten die Kosten für die Nutzung des Gesundheitszentrums monatlich vorfinanzieren – wenn sie das Zentrum nachweislich mindestens einmal in der Woche besuchen, wurde ihnen der Krankenkassen- und Unternehmensanteil der Kosten erstattet. Die Krankenkassen stellten die finanzielle Förderung nach den ersten beiden Jahren ein. Das Unternehmen handelte mit dem Dienstleister des Zentrums neue Bedingungen aus und konnte damit den Mitarbeitern folgende Konditionen anbieten: 25 € pro Monat für die Mitarbeiter und das Unternehmen. Dies hat zu einer kurzfristigen Abwanderung der Gesundheitszentrum-Kunden geführt.

Nach der Anschubfinanzierung in den ersten zwei Jahren sind die Krankenkassen bei Einzelmaßnahmen, wie Schulungen und Gesundheitstagen, weiterhin beteiligt.

Investitionsrechnung und Fazit des 1. Meilensteins
Der Erfolg wurde durch folgende Datenbasis nachgewiesen: Nach 60 Monaten fand ein Vergleich der Krankenstände zweier Gruppen von Mitarbeitern statt – die erste hatte das Gesundheitszentrum besucht, die zweite nicht. Hierbei wurden Daten über verschiedene Altersgruppen, Geschlechter, gewerbliche sowie nicht gewerbliche Angestellte betrachtet. Zu Beginn hatte die Vergleichsgruppe einen gleich hohen Krankenstand. Bei jenen Mitarbeitern, die wöchentlich im Gesundheitszentrum aktiv waren, zeigte sich eine positive Entwicklung des langfristigen Krankenstands.

Diese Daten stellten die Basis für die Rentabilitätsrechnung dar: Die Betrachtung der fünf Jahre ergab einen rechnerischen Ertrag von 189 000 € (Kosten für das Gesundheitszentrum: 428 000 € gegengerechnet mit der Einsparung durch die Senkung beziehungsweise den Erhalt der drei Prozent des Krankenstands: 617 000 €).

Durch die „[…] Eigenleistung sowie die finanzielle Beteiligung der Krankenkassen kann das Gesundheitsmanagement für das Unternehmen kostenneutral realisiert werden" (Olesch 2010, S. 72).

2. Der Meilenstein (2008): Reorganisation – Aufbau eines organisatorischen Fundaments für das betriebliche Gesundheitsmanagement

„Ein hoher Krankenstand beeinflusst das Personalkostengefüge der Unternehmen. Daher sollte der Begriff der Personalentwicklung nicht mehr nur die geistige Qualifizierung, sondern auch die physische beinhalten" (Olesch 2010, S. 41).

Ab dem Jahr 2008 sollte das Thema „BGM" ein organisatorisches Fundament erhalten. Die verschiedenen Maßnahmen sollten besser vernetzt werden. Die verschiedenen beteiligten Bereiche sollten zusammengefasst werden. Organisatorisch ist das Thema „BGM" seit 2008 im Bereich „Health & Safety" eingeordnet. Zu diesem Bereich gehören ebenso Arbeitsschutz und Arbeitsmedizin. Der Bereich berichtet direkt an den Geschäftsführer für HR, IT und Recht.

Die Sicherheitsingenieure und die Physiotherapeuten des Gesundheitszentrums führten regelmäßig Arbeitsplatzbegehungen durch. In Gesprächen gab es nur wenige Rückmeldungen durch die Mitarbeiter und Führungskräfte über körperliche Beschwerden, welche Grundlage für die Entwicklung neuer BGF-Maßnahmen hätten darstellen können. Stattdessen wurden BGF-Maßnahmen mithilfe der intern veröffentlichten, nicht personenbezogenen Ausfallstatistiken und Ausfalldaten je Abteilung initiiert. Eine Mitarbeiterbefragung zum Thema „BGM" wurde nicht durchgeführt.

In dieser Phase wurde mehr vor Ort beobachtet, es wurde konzeptionell gearbeitet – und es wurden Maßnahmen entwickelt. Die finale Entscheidung über die Einführung dieser Maßnahmen beruhte auf Erfahrungen und Diskussionen im Bereich „Health & Safety". Die hier geführten vorbereitenden Diskussionen sollten eine ungezielte Einführung von Gesundheitsförderungsmaßnahmen nach dem Gießkannenprinzip vermeiden. BGF-Maßnahmen werden je nach Nachfrage bei den Mitarbeitern weitergeführt, überarbeitet oder wieder eingestellt. Beispiele hierfür:

- Ein Entspannungskurs für Eltern wurde im ersten Schritt einmal durchgeführt und wird aktuell neu aufgelegt.
- Anstelle von Raucherentwöhnungskursen wurde mithilfe von Verhaltensregeln zum Thema Rauchen auf dem Firmengelände gearbeitet. Diese beinhalteten unter anderem das Ausstempeln vor einer Raucherpause und Rauchverbote in den Gebäuden sowie außerhalb. Geraucht werden darf nur an festgelegten Raucherplätzen.

Investitionsrechnung und Fazit des 2. Meilensteins
Die Erfolge des Gesundheitszentrums und die Weiterentwicklung des betrieblichen Gesundheitsmanagements waren Beleg für den Erfolg des geschaffenen organisatorischen Fundaments. Für diesen zweiten Meilenstein liegt keine Investitionsrechnung vor.

3. Der Meilenstein (2012): das Angebot der betrieblichen Mitarbeiterberatung
Nach Gesprächen mit dem Betriebsarzt, dem Behindertenbeauftragten und dem Betriebsrat sowie der gemeinsamen Erstellung eines Anforderungsprofils wurde eine Sozialpädagogin als Ansprechpartnerin für die Mitarbeiter eingestellt (siehe Abb. 12.11). Sie soll helfen, langfristigen Erkrankungen aufgrund langwieriger Stresssituationen am Arbeitsplatz

Stellung im Unternehmen

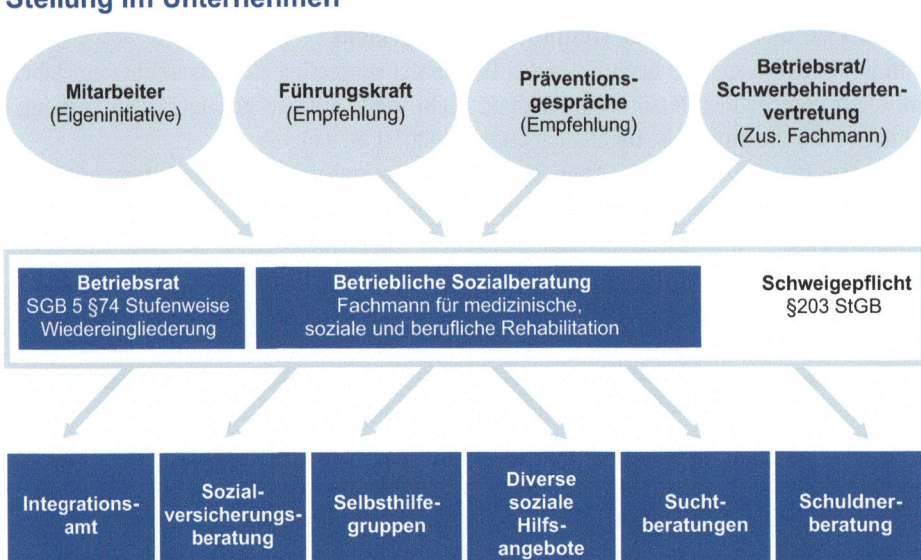

Abb. 12.11 Einordnung der betrieblichen Sozialberatung in der organisation

oder im familiären Bereich vorzubeugen. Die Entwicklung dieses Meilensteins entstand Bottom-up.

Vergleichbar mit einem Betriebsarzt (§ 203 StGB) gilt für eine Sozialpädagogin nach dem Berufsethos die Verschwiegenheitspflicht. Die Mitarbeiter können mit folgenden Anliegen zu der Beratung gehen:

- persönliche und arbeitsplatzbezogene Fragestellungen (beispielsweise Konflikte mit Kollegen, Mitarbeitern und Vorgesetzten),
- Probleme in der Familie und Partnerschaft (beispielsweise Trennung),
- finanzielle Schwierigkeiten,
- Suchtgefährdung und Abhängigkeit,
- akute Krisen nach belastenden Ereignissen.
- Sie können hier auch Hilfe bei der Antragstellung bei den gesetzlichen Leistungserbringern suchen – zum Beispiel Krankenkassen oder die Rentenversicherung.

Die Beratung sucht gemeinsam mit den Betroffenen nach Lösungen und stellt, wenn nötig, Kontakte zu regionalen und relevanten Hilfsangeboten her.

Erfahrungen und Empfehlungen

- Das obere Management muss das Thema insbesondere zu Beginn bewerben – und die Mitarbeiter sollten immer wieder eingebunden sein.

- Es müssen Ressourcen für das Thema zur Verfügung gestellt werden. Bei Phoenix Contact sind dies der Betriebsarzt, die Sicherheitsfachkräfte, eine leitende Vollzeitkraft, um das Thema weiterzuentwickeln, und eine Assistenz, die sich um organisatorische und administrative BGM-Themen kümmert. Diese fungieren alle als Treiber.
- Die Phoenix Contact hat zunächst in allen Fällen eigene Konzepte entwickelt und erst dann Externe (Berater, Krankenkassen, Trainer etc.) zu Gesprächen über eine Zusammenarbeit eingeladen.
- Zur Datengewinnung sowie um Ursachen zu erkennen, empfiehlt sich eine kreative Herangehensweise. Maßnahmen sollten bei Misserfolg beziehungsweise zu geringer Teilnahme wieder eingestellt werden. BGM ist auf Basis gemachter Erfahrungen ständig weiterzuentwickeln:
  - Im Nachhinein betrachtet, wäre es besser gewesen, das Gesundheitszentrum auf dem Firmengelände zu etablieren, damit es die Mitarbeiter in ihrer Pause nutzen können.
  - Es war und ist richtig, finanzielle Unterstützung nur bei nachgewiesener Teilnahme an BGF zu gewähren.
  - Es ist wichtig, immer wieder neue Angebote zu machen, um die Mitarbeiter immer wieder aufs Neue zu interessieren. So wurde zum Beispiel eine neue Schulung zum Thema „Nachtarbeit" angeboten. Diese hat selbst in der 1,5 Jahre später stattgefundenen Nachhaltigkeitsbefragung für eine positive Rückmeldung gesorgt.
- Die Phoenix Contact hat BGM erfolgreich als Employer-Branding-Thema genutzt.
- Eine Mitarbeiterbefragung bestätigte den eingeschlagenen Weg: BGM wurde hier nach der Unternehmenskultur als eines der wichtigsten Themen genannt.
- Im Zuge des Projekts gewannen die Verantwortlichen die Erkenntnis, dass der tagesaktuelle Krankenstand keine passende Kennzahl für BGM darstellt.
- Investitionsrechnungen mit belegbaren Annahmen für jeden Meilenstein sind für den Erfolg wichtig, um den Leitern der Business-Units den kaufmännischen Nutzen darzustellen und dort für Überzeugung zu sorgen.
- Die initiale finanzielle Unterstützung durch die Krankenkassen und eine Führungskraft, die das Thema bewirbt, können ausreichen, um das Thema BGM in einem Unternehmen zu starten.

Phoenix Contact war im Vergleich zu anderen Unternehmen zu Beginn des 21. Jahrhunderts sehr vorausschauend bei der Einführung des betrieblichen Gesundheitsmanagements. Das Unternehmen konnte seither viele Erfahrungen sammeln. Auf dem Weg, die Effekte der Langzeiterkrankungen abzuschwächen, blickt Phoenix Contact im Vergleich zu anderen Unternehmen schon auf einige Meilensteine zurück. Exemplarisch zu nennen sind hier die Erkenntnisse über den Nutzen verschiedener Maßnahmen, die Auswahl, die Anwendung, die Bewertung der Maßnahmen und damit die Vermeidung des Gießkannenprinzips.

Literatur

Olesch, G. u. a.; Institut für angewandte Arbeitswissenschaft e. V. (Hrsg.): Erfolgreich mit Personalmanagement. Köln: Wirtschaftsverlag Bachem, 2010

Olesch, G.: Welche personalpolitischen Strategien erfordert die demografische Entwicklung? In: angewandte Arbeitswissenschaft (2007), Nr. 193, S. 27–36

12.5 Psychische Gesundheit: Burnout

Worum geht es in diesem Beitrag?
Burnout ist in populären Medien immer wieder ein Thema. Es ist im medizinischen Sinne keine eigenständige Diagnose, sollte jedoch ernst genommen werden, weil andere Erkrankungen dahinterstehen können. Unternehmen stehen vor der Frage, wie sie betroffene Mitarbeiter identifizieren, damit ihnen frühzeitig fachliche Hilfe zuteil wird. Dies ist zum einen wichtig, um das individuelle Leid zu lindern und zum anderen, damit künftige Fehlzeiten vermieden werden können. Der Beitrag zeigt auf, welche Symptome von einem Burnout betroffene Mitarbeiter zeigen können, und welche Maßnahmen Sie ergreifen können.

Überblick:
- Was ist Burnout?
- Wie äußert sich Burnout im Betrieb? Worauf kann der Betrieb schauen?
- Wie kann man vorbeugen?
- Was können Beschäftigte tun?
- Was können Unternehmen tun?

Was ist Burnout?

Im Zusammenhang mit psychischen Störungen ist in der populärwissenschaftlichen Berichterstattung häufiger von „Burnout" als von Depressionen zu lesen. Allerdings ist Burnout nicht als Krankheit beziehungsweise eigenständige Diagnose zu bewerten. Im ICD, dem internationalen Klassifizierungssystem für Erkrankungen, gehört Burnout zu Faktoren, die den Gesundheitszustand beeinflussen und zur Inanspruchnahme des Gesundheitswesens führen. Genauer findet sich Burnout unter Problemen mit Bezug auf Schwierigkeiten bei der Lebensbewältigung. Obwohl es keine einheitliche Definition gibt, wird Burnout oft als arbeitsbezogenes Syndrom verstanden, das als langsam entstehender Prozess betrachtet werden kann. Burnout soll sich zusammensetzen aus den Dimensionen

- emotionale Erschöpfung (Gefühl, durch den Kontakt mit anderen Menschen emotional überanstrengt und ausgelaugt zu sein),
- Depersonalisation beziehungsweise Zynismus (abgestumpfte oder gefühllose Reaktion auf die Empfänger eigener Dienste – hier z. B. Kunden oder Patienten) und

- subjektiv verminderte Leistungsfähigkeit (wahrgenommener Verlust an Kompetenz und Effektivität).

Die These, nach der Burnout vor allem besonders engagierte Personen betreffen soll, wurde allerdings mittlerweile als Mythos entlarvt.

Valide Instrumente zur Einschätzung des Burnout liegen in der klinischen Diagnostik bislang nicht vor; stattdessen existieren Symptomkataloge mit hohem Allgemeinheitsgrad. Damit liegt es im Ermessen eines Arztes, die Diagnose „Burnout" zu stellen und dann eine (wie auch immer geartete) Behandlung zu starten. Im Gegensatz zu den diagnostischen Kriterien klinisch relevanter Störungen, wie zum Beispiel der Depression, ist unklar, welche Symptome oder Symptomgruppen verbindlich über einen bestimmten Zeitraum vorliegen müssen, um die Diagnose „Burnout" stellen zu können. Weiterhin fehlen auch valide Außenkriterien, wie Behandlungsbedürftigkeit, oder auch eine objektive Leistungseinschränkung.

Da die Burnout-Symptome auf den Ebenen Verhalten, Erleben, Emotion, körperliche Beschwerden sehr unspezifisch sind, ist nicht auszuschließen, dass sich, neben nicht behandlungsbedürftigen Befindlichkeitsstörungen, auch klinisch bedeutsame Störungen dahinter verbergen können. Dazu gehören zum Beispiel somatoforme[2] Störungen, Depressionen, Anpassungsstörungen und weitere. Daneben ist es wichtig festzustellen, dass nicht jede Form der Erschöpfung oder Ermüdung ein Burnout darstellt.

In der Gesundheitsberichterstattung der DAK (DAK 2013) wird von einer Stagnation der Häufigkeit dieser Zusatzdiagnose gesprochen.

Wie äußert sich Burnout im Betrieb? Worauf kann der Betrieb schauen?
Trotz oben genannter Einschränkungen kann sich Burnout in beobachtbaren Verhaltensweisen der Mitarbeiter äußern, wie Leistungseinbußen, Rückzugsverhalten, gehäufter Absentismus, kritische Bemerkungen, Störungen im Team.

Frühe Symptome beim Beschäftigten können zum Beispiel sein:

- Beruf als einziger Lebensinhalt
- Verzicht auf Erholungsphasen
- Verminderung sozialer Kontakte
- erhöhte Reizbarkeit
- Erschöpfungszustände
- Konzentrationsschwäche
- Doping/Neuroenhancement

---

[2] Somatoforme Störungen sind relativ häufig anzutreffen. Es handelt sich dabei um körperliche Beschwerden, denen sich in der Regel keine organischen Ursachen zuordnen lassen und die über einen längeren Zeitraum andauern.

Insbesondere Aspekte auf der Verhaltensebene, d. h. Aspekte, die auch von außen beobachtet werden können, sollten frühzeitig von der verantwortungsbewussten Führungskraft angesprochen werden.

Wie kann man vorbeugen?
Je früher Maßnahmen gegen das Ausbrennen beginnen, desto seltener kommt es in der Folge zu ernsten Erkrankungen. Die Prävention kann beim Einzelnen beginnen. Verschiedene Ansätze sind auch im Betrieb zu berücksichtigen.

Was können Beschäftigte tun?
Präventive Ansätze, die beim Beschäftigten ansetzen, setzen auf die Stärkung individueller Bewältigungskompetenzen wie Lernen von Stressbewältigungsstrategien, Zeitmanagement oder Konfliktlösestrategien. Ebenso ist der Abbau unrealistischer Erwartungen an den Beruf wichtig (vgl. Manz 2010). Auch ein ausgewogener Lebensstil trägt zur Stabilisierung der psychischen Gesundheit bei – dazu gehören zum Beispiel der Kontakt zu Freunden, der Familie, das Pflegen von Hobbys, sportliche Aktivität.

Was können Unternehmen tun?
Präventive Ansätze im Unternehmen können zum einen relativ früh beginnen – nämlich bei der Einstellungs- und Eignungsdiagnostik. Hier sollte mit entsprechenden Verfahren geprüft werden, ob potenzielle Kandidaten tatsächlich für die Übernahme einer Tätigkeit geeignet sind. Dies ist nicht nur bei der Einstellung wichtig, sondern beispielsweise auch bei der Übernahme von Führungsfunktionen. Weiterhin erscheint wichtig, durch Verbesserung von organisationalen Strukturen ständigen Zeitdruck zu nehmen. Zusätzliche vorbeugende Aspekte können sein:

- klare Aufgabenbeschreibung und -zuteilung,
- klare Zuständigkeiten und Erwartungen an den Beschäftigten,
- Unterstützung durch Führung und Team,
- realistische Rückmeldung über Leistung und Einsatz des Beschäftigten,
- regelmäßige Aus- und Weiterbildung,
- Flexibilisierung beruflicher Entwicklungen (zum Beispiel Akzeptanz von Fachkarrieren) sowie
- Achtsamkeit und Wertschätzung.

Die Praxis zeigt, dass Führungskräfte oft hilflos sind, wenn es um den Themakomplex „Psyche und Burnout" geht. Grundsätzlich ist es empfehlenswert, Führungskräfte überhaupt im Umgang mit Abweichungen im Verhalten sowie einem entsprechenden Umgang mit den Mitarbeitern zu schulen.

Als erster Schritt kann sich zunächst die Lektüre von Handlungshilfen anbieten, wie sie zum Beispiel von psyGA (Psychische Gesundheit in der Arbeitswelt – psyGA, www. psyga.info) oder auch den Krankenversicherungen publiziert werden. Im Rahmen des INQA-Projekts „Psychische Gesundheit in der Arbeitswelt" entstand die Handlungshilfe „Kein Stress mit dem Stress", die kostenfrei aus dem Internet heruntergeladen werden kann. Weitere Informationen auch zu Schulungsangeboten in Betrieben findet sich auch bei der Familienselbsthilfe Psychiatrie (Internet: www.bapk.de/).

Für Unternehmen gibt es daneben unterschiedliche Ansätze der in der Regel kostenpflichtigen Unterstützung durch externe Dienstleister. Ein Beispiel ist das Centrum für Disease Management (CFDM) an der TU München. Das Konzept dieses Anbieters basiert auf der Anti-Stigma-Bewegung. Das CFDM organisiert bundesweit Kongresse zum Thema „psychische Störungen". Die Psychiater setzen dabei auf Aufklärung und Sensibilisierung. Weiterhin bietet das CFDM kostenpflichtige Schulungen und Workshops für Führungskräfte an. Diese sollen über psychische Störungen aufklären und die Zielgruppe für den Umgang mit Betroffenen schulen.

Neben Schulungen im Betrieb gibt es mittlerweile auch Programme zur externen Mitarbeiterbetreuung, sogenannte Employee Assistance Programmes – kurz: EAP. In diesem Fall bezahlen Unternehmen einen pauschalen Betrag dafür, dass sich ihre Mitarbeiter außerhalb ihres Arbeitsplatzes beraten lassen können, wenn sie sich in einer persönlichen Krise befinden. Die Auftraggeber wissen nicht, wer die Beratungsleistung in Anspruch nimmt, können aber einen anonymisierten Bericht mit statistischen Rückmeldungen und Empfehlungen erhalten.

Es gibt auch Unternehmen, die Formen der Mitarbeiterunterstützung intern organisieren, wie zum Beispiel durch Suchtberatung oder Sozialberatung.

Den Betriebs- und Werksärzten kommt eine besondere Rolle zu, da bei Beschäftigten, die an einer psychischen Störung erkrankt sind oder an einem Burnout leiden, eine fachliche Versorgung durch Experten sehr wichtig ist. Dabei spielt die Qualifikation des Betriebsarztes, der in diesem Kontext eine Lotsenfunktion übernehmen kann, eine wichtige Rolle. Die Rolle des Betriebsarztes kann zum Beispiel darin bestehen, rechtzeitig zu erkennen, ob Personen an psychischen Störungen leiden; dann ist es an ihm, zu intervenieren und die Betroffenen im Sinne eines Lotsen an externe Experten weiterzuvermitteln. In diesem Zusammenhang kann es durchaus sinnvoll sein, lokale Kooperationen mit Psychotherapeuten abzuschließen. Auf diesem Wege könnten betroffene Personen zügiger in eine passende Behandlung kommen, die ihr individuelles Leid verringert.

Eine ergänzende Rolle kommt dabei dem betrieblichen Eingliederungsmanagement (BEM) zu. Hier sollte geprüft werden, wie die Arbeitsunfähigkeit überwunden werden kann. Zudem sollte geprüft werden, mit welchen Hilfen und Leistungen einer erneuten Arbeitsunfähigkeit vorgebeugt werden kann, um so das Risiko neuer Fehlzeiten zu verringern. Darüber hinaus kann im BEM thematisiert werden, wie der Arbeitsplatz erhalten werden kann und die Fähigkeiten des Arbeitnehmers weiter genutzt werden können. Eine übersichtliche Darstellung, wie ein BEM ablaufen kann, zeigt Abschn. 12.6 „Betriebliches Eingliederungsmanagement richtig gemacht" in Teil 3.

Weiterführende Informationen, Links
Centrum für Disease Management an der TU München: www.cfdm.de [13.12.2013]
BKK Bundesverband GbR (Hrsg.): Kein Stress mit dem Stress: Handlungshilfe für Beschäftigte. Essen: BKK Bundesverband GbR, 2010, verfügbar unter: http://www.move-europe.de/fileadmin/rs-dokumente/dateien/Dateien_2010/Handlungshilfe-Beschaeftigte.pdf [13.12.2013]
BKK Dachverband e. V. (Hrsg.): Förderung psychischer Gesundheit als Führungsaufgabe. eLearning-Tool für Führungskräfte. Berlin: BKK Dachverband e. V., verfügbar unter: http://psyga.info/ueber-psyga/materialien/psyga-material/elearning-tool/ [13.12.2013]
Initiative Neue Qualität der Arbeit (Hrsg.): Handlungshilfen für Führungskräfte und Beschäftigte zum Download. Berlin: INQA, verfügbar unter: http://www.inqa.de/DE/Lernen-Gute-Praxis/Publikationen/psyga-kein-stress-mit-dem-stress-handlungshilfe-beschaeftigte.html [13.12.2013]

Literatur
Hetzel, C.; Flach, T.; Mozdzanowski, M.: Mitarbeiter krank – was tun!? Wiesbaden: Universum, 2010
Hillert, A.: Burnout – was ist das? Eine kritische Annäherung an ein Phänomen. Wirtschaftspsychologie aktuell (2010), Nr. 17 (2), S. 28–32
Hillert, A.: Burnout-Prävention: Anti-Stress-Kosmetik, pseudoempathische Phrasen und Systemkritik. Wirtschaftspsychologie aktuell (2012), Nr. 2, S. 24–30
Korczak, D., Kister, C., Huber, B.: Differentialdiagnostik des Burnout-Syndroms. Schriftenreihe Health Technology Assessment, Bd. 105. Köln: DIMDI, 2010
Manz, R.: Burnout. In: Windemuth, D.; Jung, D.; Petermann, O. (Hrsg.): Praxishandbuch psychische Belastungen im Beruf. Stuttgart: Gentner, 2010, S. 364–373

12.6 Betriebliches Eingliederungsmanagement richtig gemacht

Worum geht es in diesem Beitrag?
Betriebliches Eingliederungsmanagement (BEM) ist ein Prozess, der Mitarbeitern nach längerem Ausfall eine Rückkehr in Arbeit ermöglichen soll. Unternehmen müssen dieses Angebot unterbreiten, sind dabei aber auf die Mitarbeit des Betroffenen angewiesen. BEM wird wichtiger, weil Belegschaften durch den demografischen Wandel im Schnitt älter werden. Mit zunehmendem Alter wächst nachweislich die Zahl von Gesundheitsrisiken und auch das Risiko längerer Arbeitsunfähigkeit (Lange et al. 2010). Frühzeitiges Reagieren auf das Ausfallen von Mitarbeitern soll zum einen das Entstehen chronischer Erkrankungen verhindern. Zum anderen sollen erkrankte Mitarbeiter an einen umgestalteten Arbeitsplatz zurückkehren können, der ihnen ein beschwerdefreies Arbeiten ermöglicht. Sie erfahren in diesem Beitrag, was unter betrieblichem Eingliederungsmanagement (BEM) zu verstehen ist, wie

BEM für Arbeitgeber und Mitarbeiter gewinnbringend gestaltet werden kann und welche gesetzlichen Rahmenbedingungen dabei bestehen.

Überblick:
- Was ist betriebliches Eingliederungsmanagement?
- Was ist das Ziel von betrieblichem Eingliederungsmanagement?
- Welchen Bezug hat betriebliches Eingliederungsmanagement zu Leistungsfähigkeit und Demografie?
- Wie läuft ein BEM-Verfahren ab?
- Was können Ergebnisse von betrieblichem Eingliederungsmanagement sein?
- Welche gesetzlichen Rahmenbedingungen gibt es?

Was ist betriebliches Eingliederungsmanagement?
Der Begriff „betriebliches Eingliederungsmanagement (BEM)" beschreibt ein Verfahren, das langzeiterkrankten Mitarbeitern ermöglichen soll, wieder an ihren Arbeitsplatz zurückzukehren. Seit dem 1. Mai 2004 müssen Arbeitgeber Mitarbeitern, die in den vergangenen 365 Tagen mindestens sechs Wochen arbeitsunfähig waren, ein BEM-Verfahren anbieten. Die sechs Wochen Krankheit können an einem Stück oder mit Unterbrechungen stattgefunden haben. Zur Arbeitsunfähigkeit zählen Krankmeldungen mit sowie ohne Attest und Abwesenheiten durch Rehabilitationsmaßnahmen (Stück 2013). Das Angebot zu einem Eingliederungsverfahren muss vom Arbeitgeber kommen. Die Einwilligung des Mitarbeiters zum Verfahren ist freiwillig und kann auch im laufenden Prozess zurückgezogen werden.

Was ist das Ziel von betrieblichem Eingliederungsmanagement?
Der Gesetzgeber verfolgt mit BEM sowohl präventive als auch rehabilitative Ziele (Holstraeter 2013). So soll das Entstehen von chronischen (dauerhaften) Erkrankungen vermieden werden sowie die Arbeitsfähigkeit nach längerer Krankheit wiederhergestellt werden.

Beteiligte an einem BEM-Verfahren sind der Arbeitgeber, zum Beispiel vertreten durch die Personalabteilung, der Vorgesetzte des Mitarbeiters oder auch eine Sicherheitsfachkraft sowie die Interessenvertretung – zum Beispiel ein Betriebsrat – sofern im Betrieb vorhanden. Diese Akteure bilden ein sogenanntes Integrationsteam. Indem der betroffene Mitarbeiter dem BEM-Verfahren zustimmt, wird er Teil des Integrationsteams. Je nach Bedarf können Krankenkassen, die Deutsche Rentenversicherung, eine Therapieeinrichtung, der Integrationsfachdienst und bei Schwerbehinderten die Schwerbehindertenvertretung hinzugezogen werden und das Integrationsteam unterstützen (Michaelis 2013).

Arbeitgeber und Mitarbeiter haben *gemeinsam* zu erarbeiten, „wie die Arbeitsunfähigkeit möglichst überwunden und mit welchen Leistungen oder Hilfen erneuter Arbeitsunfähigkeit vorgebeugt und der Arbeitsplatz erhalten werden kann" (www.gesetze-im-internet.de/sgb_9/__84.html). Zu diesem Zweck werden gemeinsam Vorschläge und Lösungen erarbeitet. Mögliche Anknüpfungspunkte sind in den Bereichen „Arbeitsplatzgestaltung und Arbeitsorganisation", „stufenweise Wiedereingliederung" sowie „medizinische und berufliche Rehabilitation" zu finden. Wichtig ist es, den Mitarbeitern deutlich zu machen, dass es darum geht, ihnen zu helfen, leistungsfähig zu bleiben beziehungsweise es wieder zu werden. So sollten gegebenenfalls bestehende Ängste gegenüber einem BEM-Verfahren abgebaut werden (Michaelis 2013). Aus einem erfolgreichen BEM-Verfahren können sich für das Unternehmen folgende Vorteile ergeben: Erfahrene Mitarbeiter können im Betrieb gehalten werden. Kosten, die durch Fehlzeiten, Entgeltfortzahlung bis zu sechs Wochen und gegebenenfalls personellen Ersatz für erkrankte Mitarbeiter entstehen können, werden eingespart.

Welchen Bezug hat betriebliches Eingliederungsmanagement zu Leistungsfähigkeit und Demografie?
Aufgrund des demografischen Wandels wird die Belegschaft älter. Mit zunehmendem Alter wächst nachweislich die Zahl von Gesundheitsrisiken und auch die Gefahr längerer Arbeitsunfähigkeit (Lange et al. 2010). Frühzeitiges Reagieren auf das Ausfallen von Mitarbeitern soll zum einen das Entstehen chronischer Erkrankungen verhindern. Zum anderen sollen erkrankte Mitarbeiter an einen umgestalteten Arbeitsplatz zurückkehren können, der ihnen ein beschwerdefreies Arbeiten ermöglicht.

Wie läuft ein BEM-Verfahren ab?
Abbildung 12.12 zeigt, wie ein BEM-Verfahren verlaufen kann.

Was können Ergebnisse von betrieblichem Eingliederungsmanagement sein?
Nachfolgend sehen Sie, welche Ergebnisse aus einem BEM-Prozess hervorgehen könnten (Stück 2013):

- Erstellen eines medizinischen Gutachtens,
- Durchführen einer medizinischen oder physiotherapeutischen Behandlung,
- Durchführen einer arbeitstechnischen Untersuchung durch eine Fachkraft sowie Anwenden von Arbeitsschutzmaßnahmen,
- Umgestalten des Arbeitsplatzes,
- Versetzen des Mitarbeiters an einen anderen Arbeitsplatz,
- Reduzieren der Arbeitszeit,
- Hinzuziehen von internen oder externen Beratungsangeboten und
- stufenweise Wiedereingliederung.

Welche gesetzlichen Rahmenbedingungen gibt es?
Der Arbeitgeber ist laut § 84 Abs. 2 SGB IX verpflichtet, allen Beschäftigten bei ununterbrochener oder wiederholter Arbeitsunfähigkeit von mehr als sechs Wochen innerhalb der zurückliegenden 12 Monate ein BEM-Verfahren anzubieten (Holtstraeter 2013). Die Verpflichtung zum Anbieten von BEM ist unabhängig von der Mitarbeiteranzahl des Unternehmens und auch von der Betriebszugehörigkeit eines Mitarbeiters (Stück 2013).

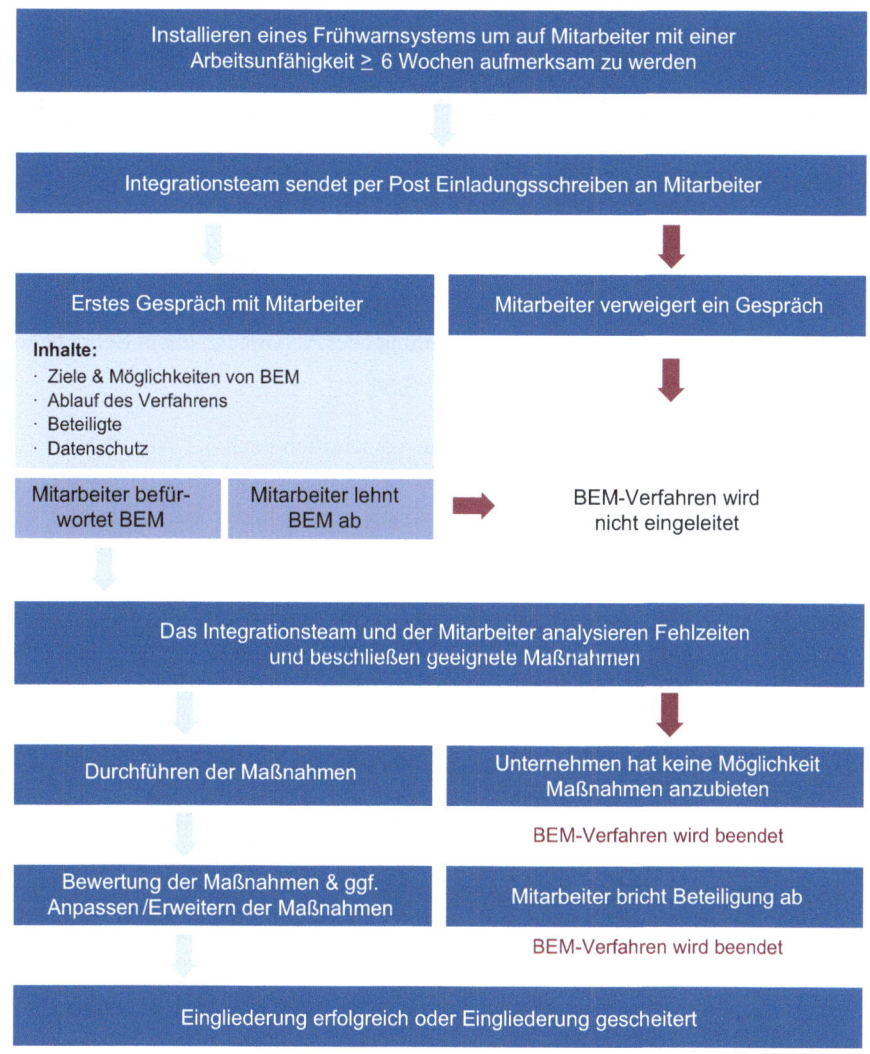

Abb. 12.12 Ablauf eines BEM-Verfahrens

Trotz der gesetzlichen Verpflichtung zum BEM ist ein Unterlassen seitens des Arbeitgebers nicht im Ordnungswidrigkeitenkatalog des § 156 SGB IX aufgeführt. Folglich hat ein Unternehmen keine staatlichen Sanktionen zu befürchten. Kommt es allerdings zu einer Kündigung des Mitarbeiters, ist der Arbeitgeber im Falle eines Kündigungsschutzprozesses klar im Vorteil, wenn er dem Mitarbeiter ein ordnungsgemäßes BEM-Verfahren angeboten hat (Stück 2013).

Zur konkreten Ausgestaltung eines BEM-Verfahrens macht der Gesetzgeber keine Angaben, es soll in jedem Verfahren eine individuelle Lösung für den Mitarbeiter erarbeitet werden. Jedoch wurden vom Bundesarbeitsgericht (BAG) folgende Mindestvoraussetzungen herausgearbeitet (Borchard 2011):

- In das BEM müssen die nach § 84 Abs. 2 Satz 1–4 SGB IX zu beteiligenden Parteien einbezogen werden.
- Von BEM-Teilnehmern gemachte Vorschläge müssen sachlich auf ihre Umsetzbarkeit diskutiert werden.
- Das BEM darf sich Möglichkeiten zur Änderung oder Anpassung, die in Betracht kommen, in keinem Fall verschließen.

Zum Datenschutz hingegen gibt es gesetzliche Vorschriften nach § 1 Abs. 2 Nr. 3 Bundesdatenschutzgesetz: Die im BEM erhobenen Daten des Mitarbeiters dürfen nicht mit der Personalakte zusammengeführt werden. Es ist eine gesonderte BEM-Akte für einen betroffenen Mitarbeiter anzulegen, in die nur Beteiligte des BEM-Verfahrens Einblick haben (Reuter et al. 2011). Die Daten der BEM-Akte dürfen nicht für andere Zwecke außerhalb des BEM-Verfahrens verwendet werden (Holtstraeter 2013). Bestandteile einer BEM-Akte können unter anderem medizinisch-diagnostische Daten, Verlaufs- und Ergebnisdokumentationen von Maßnahmen und Arbeitsversuchen sein.

Betriebliches Eingliederungsmanagement ist von der betrieblichen (stufenweisen) Wiedereingliederung nach § 28 SGB IX, auch Hamburger Modell genannt (Gesetze im Internet), abzugrenzen. Zu dieser Maßnahme besteht – im Gegensatz zum betrieblichen Eingliederungsmanagement – keine gesetzliche Verpflichtung des Arbeitgebers. Bei der stufenweisen Wiedereingliederung werden Mitarbeiter nach einer langen und schweren Erkrankung mithilfe eines ärztlich überwachten Plans schrittweise wieder an ihre bisherige Arbeitsbelastung herangeführt. Die stufenweise Wiedereingliederung kann ein Baustein von BEM sein.

Weiterführende Informationen, Links
Der Arbeitskreis „Gesundheit im Betrieb" des RKW Kompetenzzentrums informiert auf einer eigens eingerichteten Homepage zum Thema BEM. Zu finden unter: http://www.betriebliche-eingliederung.de [12.12.2013]
Auf der Homepage der AOK Sachsen-Anhalt erhalten Sie eine Checkliste zur Einführung des betrieblichen Eingliederungsmanagements: http://www.aok-business.de/sachsen-anhalt/tools-service/eingliederungsmanagement/ [12.12.2013]
Muster für eine Betriebsvereinbarung zum betrieblichen Eingliederungsmanagement: http://www.gesundheitsmanagement24.de/uploads/tx_sbdownloader/bv-BEM-mustervorlage.pdf [12.12.2013]
SGB IX, § 84 Prävention: http://www.gesetze-im-internet.de/sgb_9/__84.html [12.12.2013]
SGB IX, Rehabilitation und Teilhabe behinderter Menschen: http://www.gesetze-im-internet.de/bundesrecht/sgb_9/gesamt.pdf [12.12.2013]

Literatur

Borchard, A.: Betriebliches Eingliederungsmanagement – neue Entwicklungen in der Rechtsprechung. In: Personal und Recht (2011), Nr. 11/12, S. 231–232

Holtstraeter, R.: Der BEM-Prozess – bei den Führungskräften ansetzen. In: ASU Arbeitsmedizin Sozialmedizin Umweltmedizin (2013), Nr. 48, S. 93–95

Lange, A.; Feldes, W.; Magin, J. u. a.: Für kleinere Betriebe: Projekt Werkzeugkasten Eingliederungsmanagement. In: Gute Arbeit 22 (2010), Nr. 7/8, S. 50–51

Michaelis, M.: Der BEM-Prozess – bei den Führungskräften ansetzen. In: ASU Arbeitsmedizin Sozialmedizin Umweltmedizin (2013), Nr. 3, S. 90–92

Reuter, T.; Giesert, M.; Liebrich, A.: Datenschutz im Betrieblichen Eingliederungsmanagement. In: Arbeitsrecht im Betrieb 32 (2011), Nr. 11, S. 676–680

Stück, V.: Anforderungen und Ausgestaltung – BEM „reloaded". In: Arbeit und Arbeitsrecht (2013), Nr. 4, S. 210–213

Handlungsfeld „Wissen sichern und weitergeben"

13

Sibylle Adenauer

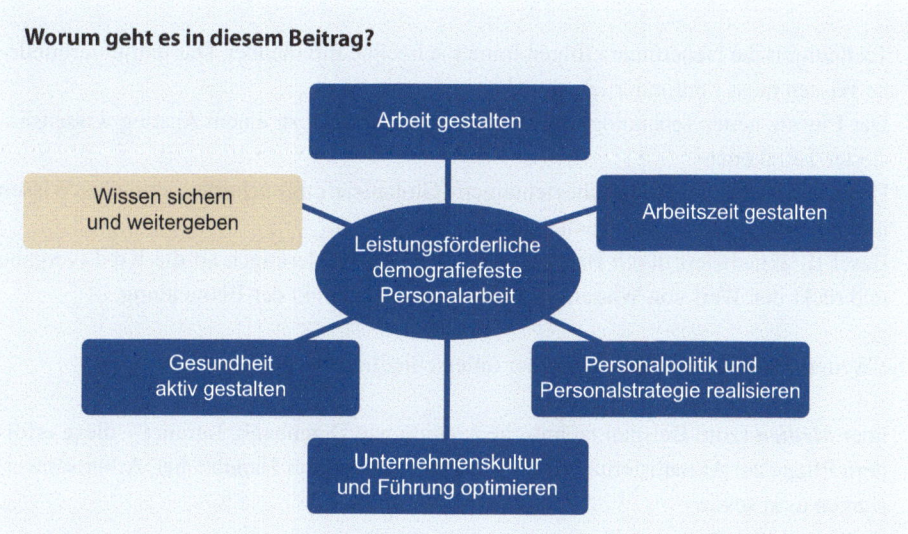

Sie erfahren auf den folgenden Seiten, weshalb es wichtig ist, unternehmensrelevantes Wissen als Wettbewerbsfaktor anzuerkennen und wie Sie verhindern, dass sich unternehmensrelevantes Know-how mit ausscheidenden Mitarbeitern in den

Ruhestand verabschiedet. Es gibt eine Reihe von Gestaltungsmöglichkeiten, um Wissen betriebsintern weiterzugeben und damit für das Unternehmen zu sichern.

Überblick:
- Was bedeutet „Wissen sichern und weitergeben"?
- Was sind Zielsetzung und Nutzen eines gezielten organisierten Wissenstransfers?
- Welchen Bezug hat das Handlungsfeld zu Leistungsfähigkeit und Demografie?
- Was muss, was sollte bei „Wissen sichern und weitergeben" beachtet werden?
- Wie können Sie die Wissensträger und ihr Wissen ermitteln? Beispiele

Was bedeutet „Wissen sichern und weitergeben"?
Als Wettbewerbsfaktor wird Wissen immer wichtiger. Dazu tragen beispielsweise folgende Entwicklungen bei (*vgl. Blazek, u. a. 2011*):

- Technologische Neuerungen folgen immer schneller aufeinander. Das damit verbundene Wissen muss kontinuierlich aktualisiert werden.
- Der Einsatz neuer Technologien in der Produktion führt zu einem Anstieg wissensbasierter Tätigkeiten.
- Die Vernetzung von Handelsbeziehungen (Globalisierung) erfordert aktuelles Wissen über Märkte und Kundenverhalten.
- Basel II, aktualisiert durch Basel III, stellt neue Anforderungen an die Kreditvergabe und rückt den Wert von Wissen stärker in den Mittelpunkt der Betrachtung.

Die Weitergabe von Wissen erfolgt über unterschiedliche Kanäle:

- über *Medien* (zum Beispiel technische Medien wie Datenbank, Intranet – diese erfordern Pflege zur Aktualisierung der Wissensbestände), über Handbücher, Arbeitsanweisungen usw. sowie
- *personenbezogen*.

Der Beitrag konzentriert sich auf den personenbezogenen Wissenstransfer; vor dem Hintergrund älter werdender Belegschaften und der Verknappung jüngerer Fachkräfte wird der personenbezogene Wissenstransfer wichtiger.

Was sind Zielsetzung und Nutzen eines gezielten organisierten Wissenstransfers?
Die planmäßige Weitergabe von Wissen bringt dem Unternehmen beispielsweise folgende Vorteile (*vgl. Frerichs* 2007):

Abb. 13.1 Sichtbares dokumentiertes Wissen und nicht sichtbares Erfahrungswissen. (Köchling 2002; Köchling 2004)

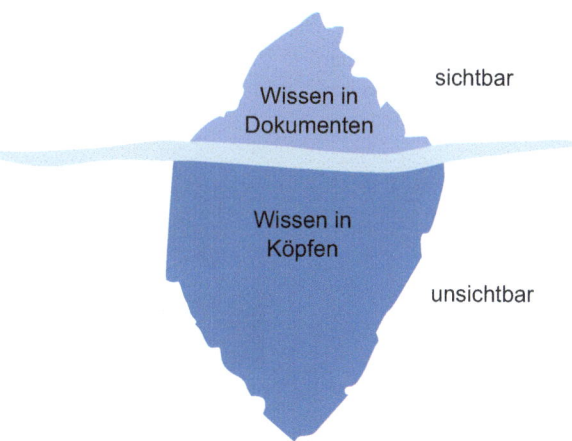

- Sie vermeiden beziehungsweise minimieren Kosten und Zeitverlust dadurch, dass verlorenes Wissen nicht immer wieder neu beschafft, aufgebaut und für den Austausch gesorgt werden muss.
- Eine Nachfolgeplanung kann rechtzeitig und bedarfsorientiert erfolgen.
- Durch den Transfer von neuem Fachwissen der Jüngeren an die Älteren gewinnen die Älteren aktuelles Know-how, das sie für die Arbeitsaufgabe brauchen.
- Die Jüngeren profitieren vom Erfahrungsschatz und vom betriebsspezifischen Wissen der Älteren.
- Das kontinuierliche Lernen aller Altersgruppen wird gefördert.
- Das unternehmensspezifische Know-how ist gesichert.
- Das Unternehmen ist für Basel III gut aufgestellt (vgl. „Weiterführende Informationen, Links").

Welchen Bezug hat das Handlungsfeld zu Leistungsfähigkeit und Demografie?
Vor dem Hintergrund älter werdender Belegschaften und des Rückgangs an jüngeren Fachkräften wird der *personenbezogene Wissenstransfer* immer wichtiger. Hier geht es nicht nur um das zugängliche dokumentierte (explizite) Wissen, sondern vor allem darum, jenes Wissen und jene Erfahrungen abzurufen, die sich in den Köpfen der Mitarbeiter befinden (Abb. 13.1). Es geht um das implizite Wissen.

Wenn ein Mitarbeiter das Unternehmen verlässt, kann mit ihm wichtiges Wissen das Unternehmen verlassen und somit verlorengehen. Unternehmenswichtiges Know-how muss daher rechtzeitig gesichert werden.

Unternehmen müssen darüber hinaus dafür sorgen, dass auch Ältere auf dem aktuellen Wissensstand sind. Daher ist ein frühzeitiger und gezielt organisierter Wissenstransfer sowohl von den Älteren zu den Jüngeren als auch umgekehrt von den Jüngeren zu den Älteren notwendig. Dabei geht es um zwei Aspekte (vgl. Abb. 13.2).

Abb. 13.2 Wissenstransfer von den Älteren zu den Jüngeren – und umgekehrt von den Jüngeren zu den Älteren

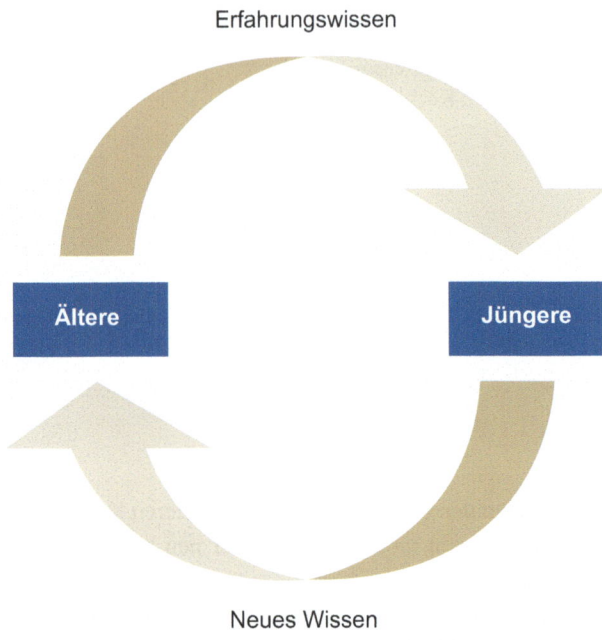

Der erste Aspekt betrifft die Frage: Wie kann Wissen, insbesondere das Erfahrungswissen, im Unternehmen gehalten werden, wenn Beschäftigte aus dem Unternehmen ausscheiden? Wenn viele Mitarbeiter gleichzeitig in Rente gehen, weil sie derselben Altersgruppe angehören, besteht die Gefahr, dass wichtiges Wissen en bloc mit ihnen verloren geht. Hier muss frühzeitig vorgebeugt werden, sodass die Leistungsfähigkeit der verbleibenden Mitarbeiter durch den Wissenstransfer gefördert wird.

Beispiele für einen Wissenstransfer der *Älteren an die Jüngeren* sind:
- betriebsbezogenes Wissen, zum Beispiel betriebliche Abläufe
- Zeit- und Aufwandplanung
- Märkte und Kunden des Unternehmens
- Kenntnis der Kundenanforderungen und Kenntnis im Umgang zum Beispiel auch mit „schwierigen" Kunden
- Strategien und Prozesse im Unternehmen
- Probleme und deren Bewältigung
- Ansprechpartner und Netzwerke
- das Know-how, wie die Dinge „funktionieren und laufen", das „Gewusst-wie"

Der zweite Aspekt betrifft die Frage: Wie kommt genug neues Wissen in das Unternehmen, wenn nicht genügend Nachwuchskräfte dieses neue Wissen in das Unternehmen mitbringen? *Eine* Antwort darauf ist: Das Unternehmen sorgt heute für die Nachwuchskräfte, deren aktuelles Fachwissen durch Wissenstransfer an die Älteren weitergegeben wird. Wenn die Nachwuchskräfte fehlen, müssen die Älteren in die Lage versetzt werden, ihr Wissen auf dem aktuellen Stand zu halten beziehungsweise sich neues Wissen anzueignen, sodass die Leistungsfähigkeit der älteren Mitarbeiter durch die Aktualisierung des Wissens gefördert wird.

Beispiele für einen Wissenstransfer der *Jüngeren an die Älteren* sind:
- aktuelles Fachwissen, aktuelle berufsbezogene Kenntnisse
- neue Materialien, neue Herstellungsverfahren
- neue Ideen, zum Beispiel neue Wege gehen, um Kunden zu gewinnen (frischer Wind ins Unternehmen)
- aktuelles technologisches Know-how (z. B. Programmiersprache, Anwendung Internet und Intranet, Updates von Datenverarbeitungsprogrammen, Umgang mit neuen Technologien)

Was muss, was sollte bei „Wissen sichern und weitergeben" beachtet werden?
Für einen frühzeitigen und gezielt organisierten Wissenstransfer ist es beispielsweise wichtig zu wissen:

- Welches Wissen muss für das Unternehmen bewahrt werden?
- Wer sind die Wissens- und Erfahrungsträger im Unternehmen? Und an wen soll das Wissen weitergegeben werden?
- Welche Nachwuchskräfte sollen im Rahmen der Nachfolgeplanung zum Beispiel einmal Schlüsselpositionen übernehmen?
- Wie kann der Wissenstransfer unterstützt und wie kann der Wissenserhalt für das Unternehmen organisiert werden?
- Welcher Weg des Wissenstransfers ist geeignet?
- Gibt es schon entsprechende Maßnahmen im Unternehmen, bei denen angesetzt werden kann?

Folgende Rahmenbedingungen sind günstig für einen erfolgreichen Wissenstransfer:

- Die Bereitschaft zur Weitergabe von Wissen und Erfahrung: Ein effizienter Wissenstransfer beruht auf der individuellen Bereitschaft, das oft über Jahre oder Jahrzehnte erworbene Wissen auch an andere abzugeben. Nicht selten besteht die Angst vor Konkurrenz oder Arbeitsplatzverlust, wenn man sein Wissen auf einmal preisgeben soll. Oft wollen die (älteren) Beschäftigten ihren Wissensvorsprung lieber behalten. Eine offene Information und Kommunikation über den Sinn und die Zielsetzung des Wissensmanagements und Wissenstransfers ist geeignet, Barrieren und Ängste seitens der Mitarbeiter abzubauen und ihre Bereitschaft zum Wissenstransfer zu fördern.
- Ebenso wichtig ist die Bereitschaft der Jüngeren, ihr Wissen den Älteren zu vermitteln, aber auch deren Wissen und Erfahrung anzunehmen.

- Beschäftigte lassen Wissen leichter „los", wenn sie über Sinn und Ziele der Wissensweitergabe informiert sind.
- Gut beraten sind Unternehmen auch damit, Beschäftigte bei der Ermittlung des unternehmensnotwendigen Wissens und der Wissensträger einzubinden – zum Beispiel über einen Workshop oder im Einzelgespräch. Dies trägt zur Transparenz des Vorgehens und zur Akzeptanz der Wissensweitergabe bei.
- Wichtig ist auch die allseitige Wertschätzung von Erfahrungswissen sowie gleichermaßen von neuem Wissen und neuen Ideen.
- Eine Blockbildung zwischen „Alt" und „Jung" muss vermieden werden. Barrieren und Vorurteile zwischen den Generationen müssen abgebaut werden.
- Eine entsprechende Firmenphilosophie muss es erlauben, das eigene Wissen frei von Ängsten (z. B. Angst um Verlust des Arbeitsplatzes, Angst vor Konkurrenz) loszulassen und weiterzugeben.

Wie können Sie die Wissensträger und ihr Wissen ermitteln? Beispiele

Die Altersstrukturanalyse und -prognose (vgl. Teil 2 des Kompendiums „Von der demografischen Analyse zum Handlungskonzept") gibt Auskunft über die aktuelle Altersstruktur der Belegschaft und die künftige Entwicklung. Dadurch kann frühzeitig festgestellt werden, in welchen Bereichen des Unternehmens wie viele Mitarbeiter demnächst ausscheiden und die Gefahr des Wissensverlustes gegeben ist. Diese Bestandsaufnahme bietet die Möglichkeit, rechtzeitig zu handeln und den Wissenstransfer gezielt zu organisieren:

- **Beispiel: Workshop zur Ermittlung relevanten Wissens und der Wissensträger**

Die Führungskräfte eines Unternehmens haben das unternehmensrelevante Wissen und die Know-how-Träger in einem Workshop ermittelt. In Einzelgesprächen mit den Know-how-Trägern wurde zusätzlich – soweit möglich – das personengebundene Wissen transparent gemacht und schriftlich dokumentiert.

- **Beispiel: Erstellen von Transferplänen**

Steigende Anteile älterer Mitarbeiter rücken den Erhalt und die Weitergabe von Erfahrungswissen ins Blickfeld von Unternehmen. Die Altersstrukturanalyse und -prognose zeigt auf, wo bald Mitarbeiter ausscheiden werden und welches Wissen an welche Kollegen weitergegeben werden muss. Im Rahmen des Projekts Nova.PE wurden aufgaben- und mitarbeiterbezogene Transferpläne erstellt. Diese umfassen die Transferinhalte, -methoden und erforderlichen Rahmenbedingungen. Da der Anteil der Älteren an der Belegschaft ansteigt, werden derzeit sechs weitere Transferpläne für den Wissenstransfer in Tandems erstellt.

- **Beispiel: strukturiertes Einzelgespräch**

Die Führungskraft kann das Expertenwissen eines Mitarbeiters in einem strukturierten Gespräch weitgehend gezielt ermitteln. Zur Vorbereitung auf das Gespräch ist es hilfreich, einen Fragebogen beziehungsweise eine Checkliste mit den wichtigsten Fragen zu erstellen.

- **Checklisten, Kurzdokumentation**

Mitarbeiter dokumentieren aufgabenbezogenes Know-how zum Beispiel anhand eines Fragebogens (Erfassung von relevantem Wissen www.beschaeftigungsfaehigkeit-sichern.de [Projektthemen/Wissensmanagement/Präsentation „Erfassung und Transfer von arbeitsplatzbezogenem Wissen: Konzept und Vorgehen" [13.12.2013]).
Der folgende Abschn. 13.1 informiert Sie über „Gestaltungsmöglichkeiten für einen organisierten Wissenstransfer". Das Praxisbeispiel – die Wissensstaffel bei ThyssenKrupp Rasselstein, Andernach – zeigt ein systematisches Vorgehen zum Wissenstransfer in sieben Schritten.

Weiterführende Informationen, Links
Bildungswerk der Hessischen Wirtschaft e. V.:Projekt „Betrieblicher Dialog zum demografischen Wandel. Mit offenen Augen in die Zukunft: Ältere Mitarbeiter und Innovationsprozesse": http://www.11d.de/mit-offenen-augen/pdf/04_hand02_web.pdf [13.12.2013]
   Bergrath, A., Feggeler, A.; Institut für angewandte Arbeitswissenschaft (Hrsg.): Wissensnutzung in Klein- und Mittelbetrieben. Gestaltung, Optimierung und technische Unterstützung wissensbasierter Geschäftsprozesse. Köln: Wirtschaftsverlag Bachem, 2004
   Bundesministerium für Forschung und Technologie (Wissenspool/Unternehmerisches Wissen): http://www.mittelstand-digital.de/DE/Wissenspool/unternehmerisches-wissen.html [13.12.2013]
   Feggeler, A. u. a.; Institut für angewandte Arbeitswissenschaft (Hrsg.): Wissensmanagement mit Bordmitteln. Köln: Wirtschaftsverlag Bachem, 2007
   Initiative Neue Qualität der Arbeit – INQA (Gute Praxis/Wissen & Kompetenz): http://www.inqa.de/DE/Informieren-Themen/Wissen-und-Kompetenz/inhalt.html [13.12.2013]
   Jeschke, S.; Richert, A.: Wissensmanagement – Perspektiven aus Forschung und Praxis. BIBB Tagung 23.11.2010: http://www.bibb.de/dokumente/pdf/a12_pr_veranstaltung_2010_11_23_wissensmanagement_richert.pdf [13.12.2013]
   Mühlbradt, T.; Orth, K.-P.; Joachim, T.: Wissensmanagement mit Bordmitteln bei einem mittelständischen Unternehmen der Elektronikbranche. In: angewandte Arbeitswissenschaft (2008), Nr. 195, S. 21–35
   Projekt Beschäftigungsfähigkeit sichern. Potenziale alternder Belegschaften am Beispiel der Metall- und Elektroindustrie in der Region Dortmund/Hamm/Kreis Unna: www.beschaeftigungsfaehigkeit-sichern.de [13.12.2013]; (Projektthemen/ Wissensmanagement:
   Projekt NOVA.PE – Damit Wissen und Erfahrung nicht in Rente gehen. www.novape.rub.de [13.12.2013]

Literatur
Blazek, Z. u. a.; Institut der deutschen Wirtschaft (Hrsg.): PersonalKompass. Demografiemanagement mit Lebenszyklusorientierung. Leitfaden für moderne Personalarbeit. Köln: Institut der deutschen Wirtschaft, 2011

Ferichs, F.: Erfahrungswissen älterer Arbeitnehmerinnen und intergenerationeller Wissenstransfer. In: Marie-Luise und Ernst Becker Stiftung (Hrsg.): Vom Defizit- zum Kompetenzmodell – Stärken älterer Arbeitnehmer erkennen und fördern. Dokumentation der Tagung am 18. und 19. April 2007 in Bonn. Köln: Marie-Luise und Ernst Becker Stiftung, 2007, S. 41–52, verfügbar unter: http://www.becker-stiftung.de/service/eigene-Publikationen/ [26.3.2014]Der Beitrag gibt unter anderem einen Überblick darüber, was Erfahrungswissen ist/Beispiele für Erfahrungswissen.

Köchling, 2002 und 2004, zitiert nach: Demografischer Wandel – (k)ein Problem! Werkzeuge für die betriebliche Personalarbeit. Werkzeuge im Überblick/ Berufsaustritt, Übergang in die Rente/ Nachfolgeplanung: http://www.demowerkzeuge.de/werkzeuge-im-uberblick/berufsaustritt-ubergang-in-die-rente/nachfolgeplanung/ [13.12.2013]

13.1 Gestaltungsmöglichkeiten für einen organisierten Wissenstransfer

Worum geht es in diesem Beitrag?
Sie erfahren, wie Sie die Weitergabe von Wissen geplant gestalten können. Möglichkeiten bieten beispielsweise die betriebliche Weiterbildung, Tandems, Mentoring- und Patenmodelle Workshops, der kontinuierliche Verbesserungsprozess (KVP). Das Praxisbeispiel „Die Wissensstaffel bei ThyssenKrupp Rasselstein" beschreibt ein erfolgreiches Vorgehen zum strukturierten Wissenstransfer in sieben Schritten. Wissenstransfer im Rahmen von altersgemischten Teams wird in Handlungsfeld 11 „Unternehmenskultur und Führung optimieren" im Abschn. 11.4 „Altersgemischte Teams" dargestellt.

Überblick:
- Übersicht über Gestaltungsmöglichkeiten
- Betriebliche Weiterbildung – Ältere geben ihr Erfahrungswissen als Trainer in der betrieblichen Weiterbildung an die Jüngeren weiter
- Tandems
- Mentoring- und Patenmodelle/Coaching
- Regelmäßige Kurztrainings
- Der kontinuierliche Verbesserungsprozess – KVP
- Gezielter Wissenstransfer am Arbeitsplatz – fallweise
- Workshops/interne Arbeitskreise
- Kontaktpflege mit Ehemaligen
- Expertenwissen von hochqualifizierten Fach- und Führungskräften
- Dokumentation von Wissen und von Ansprechpartnern
- Praxisbeispiel

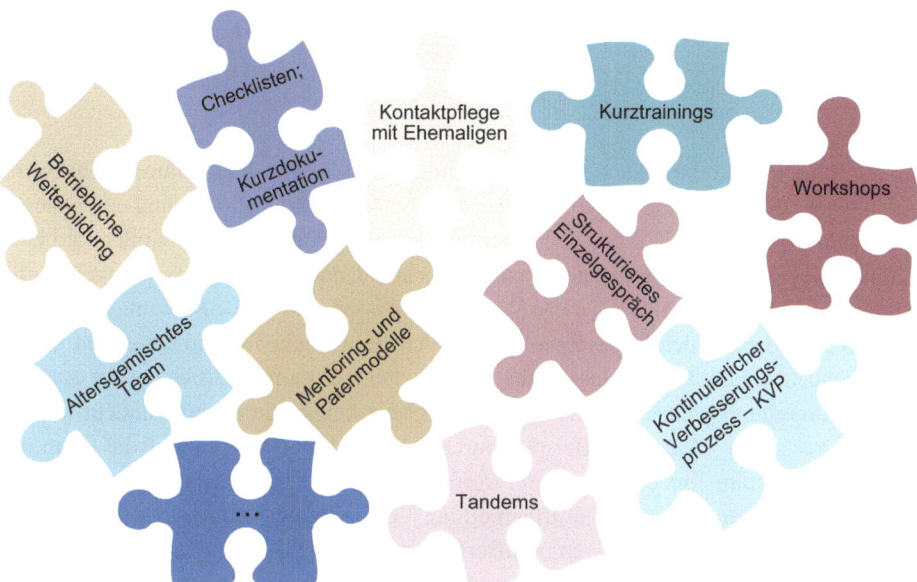

Abb. 13.3 Gestaltungsmöglichkeiten für einen systematischen personenbezogenen Wissenstransfer (Beispiele)

Übersicht über Gestaltungsmöglichkeiten
Einen ersten Ansatzpunkt für einen notwendigen Wissenstransfer bietet die Altersstrukturanalyse und -prognose (vgl. Teil 2 des Kompendiums „Vorgehensmodell – von der demografischen Analyse zum Handlungskonzept"). Sie gibt Auskunft über die aktuelle Altersstruktur der Belegschaft und ihre voraussichtliche künftige Entwicklung. Auf diese Weise kann das Unternehmen frühzeitig erkennen, in welchen Bereichen welche Wissensträger demnächst ausscheiden und wo die Gefahr des Wissensverlustes gegeben ist.

Eine Übersicht über Wege und Möglichkeiten für ein geplantes Vorgehen bei einem personenbezogenen Wissenstransfer gibt Abb. 13.3.

Betriebliche Weiterbildung – Ältere geben ihr Erfahrungswissen als Trainer in der betrieblichen Weiterbildung an die Jüngeren weiter
Im Unternehmen kommen Mitarbeiter als Trainer für die betriebliche Aus- und Weiterbildung in Betracht, die entsprechende fachliche Kenntnisse haben und über die erforderlichen sozialen und methodischen Kompetenzen verfügen. Die Trainertätigkeit ist nicht an das Alter gebunden. Ältere Mitarbeiter haben jedoch – dies gilt in Abhängigkeit von der ausgeübten Arbeitsaufgabe – aufgrund ihrer beruflichen Erfahrung in der Regel die notwendigen fachlichen Kenntnisse und Fertigkeiten aufgebaut. Sie wissen „wie der Betrieb läuft" und was bei Problemen im Arbeitsablauf zu tun ist. Sie haben das betriebsspezifische Know-how. Darüber hinaus haben Ältere im Verlauf ihres Berufslebens oft auch soziale und methodische Kompetenzen aufgebaut, die sie zum Einsatz in der betrieblichen Weiterbildung befähigen.

Der Einsatz als Trainer eröffnet Entwicklungsperspektiven und Einsatzmöglichkeiten für ältere Mitarbeiter.

Tandems

Tandems eignen sich besonders für die Nachfolgeplanung. Das Tandemmodell[1] bezeichnet in der Regel die Zusammenarbeit eines erfahrenen älteren Kollegen und eines jüngeren weniger erfahrenen Kollegen an einem Arbeitsplatz. Der erfahrene Kollege arbeitet den jüngeren Kollegen, zum Beispiel einen Auszubildenden oder Berufsanfänger, in die Arbeitsaufgabe ein und gibt auf diese Weise sein Wissen und Know-how unmittelbar im Prozess der Arbeit an den Jüngeren weiter. Die Arbeit in einem Tandem aus einem jüngeren und einem älteren Mitarbeiter ist eine auf Zeit stabile Zusammenarbeit bei der gemeinsamen Durchführung einer Arbeitsaufgabe. Die Mitarbeiter, die für ein Tandem-Modell in Frage kommen, sollten zum Beispiel durch frühzeitige Information auf die Form der Zusammenarbeit im Tandem vorbereitet werden.

Tandemlösungen nutzen bei der Einarbeitung jüngerer Kollegen die vielfältigen Erfahrungen und die Routine des älteren berufserfahrenen Kollegen – dies geschieht direkt im Arbeitsprozess. Dabei wird der Verlust von Know-how als Folge des Ausscheidens älterer Mitarbeiter weitgehend reduziert.

Über Tandems werden soziale und methodische Kompetenzen sowie aufgabenbezogenes Wissen weitergegeben, so zum Beispiel:

- Inhalte der Arbeitsaufgabe,
- Produktbeschaffenheit,
- Arbeitsprozesse,
- Auftragsbearbeitung,
- zum Beispiel auch der Umgang mit älteren Maschinen und Anlagen im Unternehmen sowie
- der Umgang mit Kunden.

Tandems bieten beispielsweise folgende Vorteile:

- Durch die Arbeit zu zweit wird ein kontinuierlicher Austausch von Erfahrungswissen und Praxiswissen gefördert.
- Die Weitergabe von Wissen und Erfahrung erfolgt schnell und praxisorientiert.
- Sofortige Rückfragen beziehungsweise Rückmeldungen sind möglich.
- Erfahrungswissen, das anders als kognitives Wissen eher unbewusst, implizit sowie personen-und situationsgebunden ist, wird durch die gemeinsame Bearbeitung der Aufgabe direkt im Tun und somit unmittelbar, weitergegeben (z. B. auch das Wissen über

---

[1] Tandem: lat., engl.: zweisitziges Fahrrad; Wagen mit zwei hintereinander gespannten Pferden; Technik: zwei hintereinander geschaltete Antriebe. Quelle: Duden. Die deutsche Rechtschreibung, 1996.

den Umgang mit alten Maschinen und Anlagen im Unternehmen, die Jüngere so nicht mehr bedienen könnten).
- Der Berufsanfänger lernt nicht nur, was getan wird, sondern er erfährt auch, wie etwas gemacht wird, welche Erwartungen an ihn gestellt werden, wie man mit unterschiedlichen Anforderungen umgeht, welche Störungen und Schwierigkeiten auftreten und wie diese gelöst werden können.
- Sukzessive kann zum Beispiel der Umfang der Aufgabe für den ausscheidenden Mitarbeiter reduziert und entsprechend sukzessive die Verantwortung dem Nachfolger übergeben werden.
- Schrittweise wird das Wissen des Nachfolgers beziehungsweise Berufsanfängers durch Lernen im Arbeitsprozess aufgebaut.
- Das Know-how Älterer wird für den Betrieb sinnvoll genutzt und geht nicht verloren; dies kann sich positiv auf die Leistungsfähigkeit und Leistungsbereitschaft Älterer in der Phase „Berufsaustritt" auswirken.
- Tandems helfen durch frühzeitigen Einsatz jüngerer Mitarbeiter, den Fachkräftebedarf an den Arbeitsplätzen zu sichern, wo sich altersbedingte Betriebsaustritte ergeben (Nachfolgeregelung).
- Sie ermöglichen durch die Überlappung der „Amtsdauer" eine zügige und praxisorientierte Einarbeitung des Nachfolgers in die Arbeitsaufgabe.

Ergänzend können Wissen und Kompetenzen, die ein Arbeitsplatz erfordert, im Rahmen eines Tandem schriftlich dokumentiert werden, wie das folgende Unternehmensbeispiel zeigt. Eine Checkliste mit Leitfragen erleichtert die Dokumentation.

Beispiel: Dokumentation von Wissen durch Erstellen von Arbeitsplatzmappen für jeden Arbeitsplatz
In einem Unternehmen waren zunächst die Tandempartner ausgewählt worden. Im Anschluss fanden Workshops und Einzelgespräche statt: Dabei wurden Arbeitsmappen mit Bild und Textdokumenten für jeden einzelnen Maschinenarbeitsplatz erstellt. Als Wissensgeber wurde der so genannte Arbeitsplatzexperte ausgewählt. Diese Lehrenden wurden im Prozess zunächst selbst zu Lernenden, da es bei der Erklärung des einzelnen Arbeitsplatzes auch zur kritischen Hinterfragung kommt. Das, was der Arbeitsplatzexperte als routinemäßig selbstverständlich „im Gefühl" hat, muss nun in eine Ursache-Wirkungskette überführt werden – es wird also implizites Wissen explizit gemacht.

Folgende Leitfragen wurden für die Erstellung der Arbeitsplatzmappe genutzt:

- Welche Arbeitsschritte und -prozesse gibt es?
- Welche Tätigkeiten werden im Einzelnen ausgeführt?
- Mit welchen Werkzeugen und Betriebsmitteln wird gearbeitet?
- Was ist bei den einzelnen Schritten und Prozessen besonders wichtig?
- Was muss unbedingt beachtet werden?

- Was ist besonders schwierig?
- Was ist besonders gefährlich?
- Was kann die Qualität beeinflussen?
- Welche Arbeitsplätze sind vor- beziehungsweise nachgelagert?

Abbildung 13.4 zeigt beispielhaft einen Auszug aus einer Arbeitsplatzmappe.

Mentoring- und Patenmodelle/Coaching
Bei Mentoring und Patenmodellen übernehmen ältere Kollegen zum Beispiel die Rolle des Mentors für einen Berufsanfänger (Mentee). Der Unterschied zum Tandemmodell besteht darin, dass der Jüngere seine Aufgabe weitgehend eigenständig bearbeitet. Der berufserfahrene – in der Regel ältere – Kollege ist für den Jüngeren Ansprechpartner, wenn er Unterstützung braucht.

Während das Tandem eine auf Zeit stabile Zusammenarbeit bei der gemeinsamen Durchführung einer Arbeitsaufgabe darstellt, sind Paten, Mentoren, oder Coaches zeitlich begrenzt als erfahrene Ältere in einer Betreuerrolle (Mentor, Coach) für Jüngere (Mentees), zum Beispiel Berufsanfänger oder Nachfolger, zuständig. Dies kann im Rahmen

	Drehherdofen		Seite: 10 Stand: 11.2.2003
4. Prozessschritt			
Entnahme und Transport zur 60MN-Presse (II)			
> Erhöhte Aufmerksamkeit beim »Rückwärts drehen« (Drehherd), Einsetzreihe muss leer sein! Trennwehr beim Rückwärts drehen nicht durch Lichtschranke geschützt! > Dem Automatikablauf Entnehmen während des Blocktransportes zur Übergabeposition nicht unterbrechen (Wagen stoppt ohne Schleichfahrt! Block kann vom Wagen fallen!) > Dito bei Handbetrieb > Bei Produktionsende, längeren absehbaren Störfällen oder Kaffeepausen sollte die Ausziehreihe **leer** vor dem Trennwehr stehen bleiben! (Temperaturgefälle Ausziehtür) > Beim Einfahren eines neuen Produktes nur auf Anweisung des Walzers, Vorarbeiters oder Schichtmeisters einen Block entnehmen (Sichtkontakt halten) > Anweisungen zur Änderung der Zielposition Roboter 1 befolgen!			
1. Was ist besonders wichtig?	**2. Was ist besonders schwierig?**	**3. Wo können Gefahren entstehen?**	**4. Was gefährdet am meisten die Produktqualität?**
> Auf die richtige Höhe der Ofentür achten > Auf richtige Einfahrtiefe und Absetzhöhe achten (Roboter muss die Rohlinge mittig absetzen) > Ziehzeit	> Die Roboter richtig programmieren	> Sicherheitsbereich nicht betreten > Nicht in Schwenkbereich des Roboters treten	> Die Blöcke dürfen nach der Entnahme aus dem Ofen nicht zu lange vor Presse stehen – zügige Bearbeitung sicherstellen

Abb. 13.4 Auszug aus einer Arbeitsplatzmappe. (Genera – Wissenstransfer im Tandem: ein Praxisbeispiel)

von Trainee- oder Orientierungsprogrammen ebenso geschehen wie durch begleitende Ausbildung zum Beispiel von Servicetechnikern beim Kunden vor Ort. Die Rolle des Paten, Mentors oder Coach kann nur mit Erfolg wahrgenommen werden, wenn sich zwischen den Beteiligten ein vertrauensvolles Verhältnis entwickelt (*Bertelsmann Stiftung/ BDA* 2003, S. 118).

Vorgehen
- Ist-Analyse – das heißt: Es werden Bereiche und Aufgaben ermittelt, die mit unternehmensrelevantem Wissen verknüpft sind, das durch ausscheidende Mitarbeiter verlorenzugehen droht. Basis hierfür ist die Personalbedarfsplanung auf der Grundlage der Altersstrukturanalyse und Altersstrukturprognose.
- Transferrelevantes Wissen und Schlüsselkompetenzen werden analysiert.
- Das Unternehmen wählt geeignete Mitarbeiter für Mentoren- beziehungsweise Patenmodelle aus.
- Die Führungskraft beziehungsweise der Personalbereich spricht Beteiligte (Mentoren und Mentees) an und bereitet sie auf ihre Aufgabe vor.

Ziele
- Durch Transfer von Fach- und Expertenwissen von ausscheidenden Mitarbeitern auf die Jüngeren wird Wissen für das Unternehmen gesichert.
- Im Arbeitsprozess werden Nachwuchskräfte aufgaben- und anforderungsbezogen qualifiziert.
- Nachfolger werden gezielt auf die Übernahme der Aufgabe von ausscheidenden Mitarbeitern vorbereitet.
- Auch das implizite Wissen, zum Beispiel die Gestaltung erfolgreicher Kundenbeziehungen, wird weitergegeben.
- Know-how-Lücken, die zu Störungen im Geschäftsprozess und Einbußen der Produktivität führen können, werden vermieden.
- Im Arbeitsprozess wird Know-how vermittelt.

Vorteile
- Explizites und implizites unternehmensrelevantes Wissen und Know-how, Erfahrungswissen bleibt durch den Wissenstransfer im Unternehmen.
- Kosten und Zeit für Seminare, zum Beispiel außerhalb des Unternehmens, entfallen oder werden reduziert.
- Der jüngere Mitarbeiter lernt durch den Erfahrungsaustausch im Prozess der Arbeit unmittelbar von älteren Kollegen zum Beispiel Tricks und Kniffe sowie Lösungswege für die Problembewältigung.
- Der Ältere kann durch den interaktiven Prozess sein Wissen und seine Denkmuster hinterfragen und erweitern.
- Die direkte Weitergabe von Wissen im Arbeitsprozess spart Zeit und Kosten.

- Praxisbezogenes Lernen im Prozess der Arbeit ist am Bedarf sowie an den Anforderungen der Arbeitsaufgabe ausgerichtet.
- Der Wissenstransfer erfolgt direkt und unmittelbar, Fragen und Probleme können unmittelbar und schnell gemeinsam bearbeitet werden. Schnelles Feedback ist möglich.
- Hoch individualisiertes und spezifisches Wissen wird auf direktem Wege praxisorientiert vermittelt.
- Die Identifikation des Jüngeren mit dem Unternehmen wird gefördert.
- Der Mitarbeiter erhält und verbessert seine Beschäftigungsfähigkeit.

Beispiele für Inhalte des Wissenstransfers
- Wissen über das Unternehmen, Unternehmensziele
- Wissen über Produkte und Produktgruppen
- Wissen über die Wartung, Instandhaltung und Bedienung zum Beispiel älterer Maschinen
- Wissen über den Umgang mit Kunden des Unternehmens vor Ort
- Wissen über Abläufe im Unternehmen
- Wissen über bereichsübergreifende Zusammenarbeit im Unternehmen
- Wissen über die Auftragsbearbeitung
- Wissen über die Arbeitsmethoden
- Wissen über Ansprechpartner im Unternehmen
- Umgang mit Problemen und Finden von Lösungsstrategien

Beispiel: Lernpatenschaften
In dem Unternehmen wurden Lernpatenschaften zur Qualifizierung und Kompetenzentwicklung der Servicetechniker ins Leben gerufen. Nach der Grundausbildung erfolgt die Kundendienstschulung direkt beim Kunden vor Ort. Jedem Neuling wird ein Pate zur Seite gestellt, mit dem er die Aufgaben des Kundendienstes und den Umgang mit dem Kunden unmittelbar erleben und erlernen kann. (*Bertelsmann Stiftung/BDA* 2003, S. 119).

Regelmäßige Kurztrainings
Regelmäßige Kurztrainings mit einer Dauer von rund 20 Minuten unterstützen den kontinuierlichen Wissenstransfer in einer Abteilung, einem Unternehmensbereich oder einem Team.

Beispiel: Kurztrainings
In einem mittelständischen Unternehmen werden solche Kurztrainings durchgeführt. Im Interesse der Produktivität und Wettbewerbsfähigkeit sollen dabei zum Beispiel die Identifikation der Mitarbeiter mit dem Unternehmen, die Kundenorientierung der Mitarbeiter sowie ihr unternehmerisches Denken gefördert werden. Die Kurztrainings finden im Rahmen der Teambesprechungen statt (im Unternehmen ist Gruppen- und Teamarbeit weitgehend flächendeckend realisiert). Im Rahmen der Kurztrainings bereiten entsprechend geschulte Mitarbeiter Themen vor, die sich mit dem Unternehmen befassen – zum

Beispiel Produkte, Produktbeschaffenheit, Prozesse, Kunden des Unternehmens. Diese Themen werden vorgestellt und erörtert. Alle Mitarbeiter sind altersunabhängig über die Teamgespräche automatisch in die Kurztrainings eingebunden. Deshalb ermöglichen diese auch den generationenübergreifenden Erfahrungsaustausch. Mitarbeiter mit langjähriger Berufserfahrung geben ihr Wissen und ihre Erfahrungen unmittelbar an die Jüngeren weiter. Umgekehrt profitieren die Älteren von neuen Ideen der Jüngeren – zum Beispiel zur Optimierung von Arbeitsabläufen.

Der kontinuierliche Verbesserungsprozess – KVP
Der kontinuierliche Verbesserungsprozess – KVP – ist ein Weg, gute Ideen der Beschäftigten unabhängig vom Alter systematisch zu erfassen und damit die Erfahrung und das Wissen sowohl der Älteren als auch der Jüngeren gezielt zu erschließen.

Beispiel: Wissen sichern durch Transparenz
Alle Beteiligten eines neu gegründeten Unternehmens schätzten die spontane und selbstverständliche Zusammenarbeit aller Beschäftigten. Mit der Zeit wuchs die Belegschaft, und es kam immer wieder vor, dass gute Ideen oder Verbesserungsvorschläge produzierender Mitarbeiter die Betriebsleitung nicht oder nur zufällig erreichten. Erst zu diesem Zeitpunkt konnte dort über eine Umsetzung nachgedacht werden. Die Geschäftsleitung führte daraufhin ein systematisches Ideenmanagement ein. Regelmäßig wird nun gemeinsam über Verbesserungspotenziale gesprochen. Die Teamgespräche finden in der Produktion auf einer ansonsten wenig genutzten Fläche statt, die für die Gespräche mit Stühlen, Flipchart und Moderationsmaterial ausgestattet wird.

Gezielter Wissenstransfer am Arbeitsplatz – fallweise
Eins von vielen möglichen Beispielen: Jüngere machen ältere Kollegen am Arbeitsplatz fit für den Umgang mit neuen Technologien und neuen Softwareprogrammen.

Workshops/interne Arbeitskreise
Workshops, in denen das Erfahrungswissen Älterer und neue Ideen Jüngerer genutzt werden können, eignen sich sehr gut, wenn in einem konkreten Fall schnell Wissen zwischen mehreren Personen ausgetauscht und weitergegeben werden muss oder etwas erarbeitet werden muss. Mögliche Themen: Schnittstellenprobleme lösen, innovative Ideen der Kundenakquise erarbeiten, Prozesse optimieren.

Kontaktpflege mit Ehemaligen
Die Gründung eines Netzwerkes mit Pensionären ist eine Möglichkeit, verlorenes Wissen in das Unternehmen zurückzuholen. Ehemalige Mitarbeiter können als Seniorexperten zeitweise in Projektarbeiten eingebunden werden. Ihr Know-how kann ebenfalls für Einsätze bei einem Kunden oder als Trainer zur Qualifizierung von Mitarbeitern für spezielle Aufgaben aktiviert werden. Ziel des Unternehmens sollte es jedoch sein, das erforderliche Wissen an Mitarbeiter im Unternehmen weiterzugeben und hier zu sichern.

Fach- und Führungskräfte sowie Mitarbeiter mit langjähriger Berufserfahrung, mit speziellen fachlichen, unternehmensbezogenen Kenntnissen sowie sozialen und methodischen Kompetenzen, stehen dem Unternehmen zum Beispiel als Berater, für die Leitung eines Projekts oder für die Ausbildung und Weiterbildung von Nachwuchskräften zur Verfügung. Entweder schließt das Unternehmen bei entsprechendem Bedarf einen Beratervertrag auf Zeit mit dem Mitarbeiter im Ruhestand ab und holt auf diese Weise sein Wissen und Know-how zurück. Oder am Ende der Berufsphase wird die Führungskraft beziehungsweise der Fachspezialist für solche Aufgaben eingesetzt. Es besteht auch die Möglichkeit, externes Expertenwissen zu nutzen.

Expertenwissen von hochqualifizierten Fach- und Führungskräften
Der Senior Experten Service (SES) ist die Stiftung der Deutschen Wirtschaft für internationale Zusammenarbeit GmbH und eine gemeinnützige Gesellschaft. Er bietet interessierten Menschen im Ruhestand die Möglichkeit, ihre Kenntnisse und ihr Wissen an andere im Ausland und in Deutschland weiterzugeben. Als ehrenamtlich tätige Senior-Experten fördern sie die Aus- und Weiterbildung von Fach- und Führungskräften. Sie leisten Hilfe zur Selbsthilfe – und damit einen wichtigen Beitrag, ein Stück Zukunft zu sichern. Ein System, von dem alle Beteiligten profitieren (www.ses-bonn.de [13.12.2013]).

Ziele
- Das Know-how und die Erfahrung der Spezialisten und Führungskräfte werden gezielt eingesetzt.
- Zeitverlust und Störungen beispielsweise durch Lücken im Know-how werden vermieden.

Vorgehen
- Unternehmen müssen zunächst identifizieren, in welchen Bereichen das Know-how von berufserfahrenen Spezialisten erforderlich ist.
- Anschließend müssen sie geeignete Mitarbeiter im Unternehmen finden, ansprechen und für die Übernahme der Aufgabe gewinnen beziehungsweise darauf vorbereiten.
- Darüber hinaus ist zu fragen, ob das notwendige Know-how im Unternehmen überhaupt vorhanden ist. Ist dies nicht der Fall, so können gegebenenfalls geeignete Mitarbeiter im Ruhestand angesprochen und über einen zeitlich befristeten Vertrag beauftragt werden.
- Unter Umständen kann auch externes Expertenwissen genutzt werden.

Inhalte
- Umgang vor allem mit langjährigen Kunden des Unternehmens und Gestaltung erfolgreicher Kundenbeziehungen
- Kenntnisse zur Bedienung, Wartung und Instandhaltung von im Unternehmen genutzten noch alten Maschinen und Anlagen, die von jüngeren Mitarbeitern nicht bedient werden können

- Erfahrung mit der systematischen Planung und Durchführung von projektbezogenen Aufgaben
- Erfahrung mit Teamarbeit und gruppendynamischen Prozessen in Teams
- Training jüngerer Mitarbeiter für spezielle Aufgaben durch ältere Kollegen oder frühere Mitarbeiter
- Vorbereitung und Leitung eines Projekts, auch im Ausland (z. B. für den Aufbau eines neuen Werks)

Vorteile
- Das für die Ausübung der betreffenden Arbeitsaufgabe konkrete betriebsspezifische Know-how kann unmittelbar genutzt werden.
- Das Know-how des älteren Mitarbeiters kann durch einen organisierten Wissenstransfer rechtzeitig an einen jüngeren Mitarbeiter (Nachfolger) weitergegeben werden.
- Kenntnisse der internen Strukturen und Abläufe im Unternehmen werden weitergegeben.
- Ein weiterer Vorteil: Ältere Mitarbeiter mit speziellen Kenntnissen und Erfahrungen sind vielfach Integrationsfiguren – zum Beispiel in Projekten, in Arbeitsgruppen oder Unternehmensbereichen.

Dokumentation von Wissen und von Ansprechpartnern
Ergänzend zum personenbezogenen Wissenstransfer hilft die Dokumentation von Wissen und Erfahrungsträgern – beispielsweise Telefonlisten mit Ansprechpartnern für bestimmte Themen und Vorgänge sowie Wissenslandkarten.

Eine Wissenslandkarte versucht, interessante und wichtige Ansprechpartner oder Wissensverknüpfungen grafisch darzustellen. Der Detaillierungsgrad ist sehr unterschiedlich: Die Spannbreite reicht von Best Practices über allgemeine Informationen bis hin zur Abbildung von vorhandenen Erfahrungen im Unternehmen oder Bündelung der Infrastruktur. Neben den Adressen (mit Telefonnummer, E-Mail-Adresse, Beruf) kann eine Wissenslandkarte je nach Zweck und Tiefe persönliche Erfahrungen oder Kompetenzen abbilden. Wo persönliche Daten eingespeist werden, ist der Betriebs- beziehungsweise Personalrat einzubeziehen.

Arten von Wissenslandkarten (www.hrm-auer.ch/grundlagen.php [Instrumente & Prozesse/Wissenslandkarten]) [13.12.2013]:

- **Wissensträgerkarten** sowie auch Wissensquellenkarte (knowledge source map) zielen auf die Identifizierung von Experten innerhalb und/oder außerhalb eines Unternehmens ab. Dabei wird nicht das Wissen selbst dargestellt, sondern es wird auf den jeweiligen Wissensträger, ob Person oder Dokument, verwiesen. Durch die Identifizierung des „gewusst wo" gelangt man zum „gewusst wie". Diese Form wird als die klassische Wissenslandkartenart verstanden und häufig durch die erwähnten anderen ergänzt. Es wird dafür auch der Begriff „Yellow Pages" (für Experten innerhalb eines Unternehmens) verwendet. Für Experten außerhalb eines Unternehmens kann zur Unterscheidung der Begriff „Blue Pages" verwendet werden.

- **Wissensbestandskarten** (knowledge asset map) geben Auskunft darüber, wo und wie bestimmte Wissensbestände gespeichert sind. Die Art des Aggregatzustandes von Wissensbeständen liefert dem Benutzer wichtige Informationen bezüglich der Weiterverarbeitung. Man kann unter Wissensbestandskarten im Gegensatz zu diesem Ansatz auch die quantitative Darstellung von Fähigkeiten, über die Mitarbeiter eines Unternehmens verfügen, verstehen. Damit können Wissensbestandskarten bei der Planung von Teamzusammensetzungen oder Jobbesetzungen eingesetzt werden und liefern Entscheidungsgrundlagen für Weiterbildungsmaßnahmen einzelner Mitarbeiter.
- **Wissensstrukturkarten** (knowledge structure map) behandeln die Fragen: „Wie ist das festgehaltene Wissen strukturiert?" Und: „Wie hängen Sachverhalte und Wissensgebiete zusammen?" Abbildungen von Beziehungen und Zusammenhängen zeigen Zusammenhänge und Abhängigkeiten zwischen Sachverhalten auf. Beziehungsnetze zwischen Strukturelementen stehen dabei im Mittelpunkt. Der besondere Wert dieses Typs liegt in der Visualisierung und der dadurch potenziell leichteren Erfassbarkeit von äußerst komplexen Zusammenhängen.
- **Wissensanwendungskarten** (knowledge application map) stellen dar, wer wann welches Wissen benötigt beziehungsweise benutzt. Es entsteht eine Abbildung der Prozesse samt zugehörigem Wissensbedarf, Wissensträgern und Wissensbeständen. Diese gibt Auskunft über Wissensträger und Wissensressourcen und beschreibt diese innerhalb eines konkreten Prozess- oder Projektschrittes. Die Lösung von konkreten Situationen soll mit diesem Typ unterstützt werden.
- **Wissensentwicklungskarten** unterstützen den Aufbau von Wissen und können zeigen, wie Wissenslücken zu schließen sind, um operative Wissensziele zu erreichen.

Literatur

AUER Consulting Partner: http://www.hrm-auer.ch/grundlagen.php [13.12.2013]; (Instrumente & Prozesse/Wissenslandkarten)

Bertelsmann Stiftung/BDA (Hrsg.): Erfolgreich mit älteren Arbeitnehmern. Gütersloh: Bertelsmann, 2003

GENERA – Wissenstransfer im Tandem: ein Praxisbeispiel http://www.gpi-projektinnovation.de/DOKUMENTE/InfosFuerUnternehmen/WissenstransferPraxisbeisp.pdf [31.03.2014]

Initiative Neue Qualität der Arbeit – INQA (Gute Praxis/Wissen & Kompetenz): http://www.inqa.de/DE/Informieren-Themen/Wissen-und-Kompetenz/inhalt.html hier finden Sie Beispiele guter Praxis. [13.12.2013]

Initiative Neue Qualität der Arbeit – INQA, 2009. Lernfähig im Tandem. Betriebliche Lernpartnerschaften zwischen Älteren und Jüngeren. Als pdf abrufbar unter: www.inqa.de (Publikationen; unter 2009 suchen) [13.12.2013]

Innowise – Die Toolbox zum Age Management. Wissenstransfer: http://www.age-management.net/xd/public/content/index._cGlkPTQwOQ_.html?_=KV1o_EFSEeOtZAAkIe8uTw [13.12.2013]

Innowise Toolbox Age Management –Praxisbeispiele: http://www.agemanagement.net/xd/public/content/index._cGlkPTQ0OA_.html?_=0OQkZMo2EeKCIQAkIe8uTw [13.12.2013]

SES – Senior Experten Service: www.ses-bonn.de [13.12.2013]

Praxisbeispiel ThyssenKrupp Rasselstein GmbH

Die Wissensstaffel – ein Vorgehen zum strukturierten Wissenstransfer in sieben Schritten
Die folgenden Seiten stellen die „Wissensstaffel" bei ThyssenKrupp Rasselstein in Andernach vor.

Das Unternehmen
Die ThyssenKrupp Rasselstein GmbH ist ein Tochterunternehmen der ThyssenKrupp Steel Europe AG und der einzige deutsche Weißblechhersteller. Das Unternehmen gehört zu den drei größten Weißblechlieferanten in Europa (Abb. 13.5). Im Produktionsstandort Andernach in Rheinland-Pfalz stellen rund 2 400 Mitarbeiter jährlich etwa 1,5 Mio. t Verpackungsstahl für 400 Kunden aus 80 Ländern her. Etwa 75 % der Produktion werden exportiert. Verfahrensbedingt wird ein Großteil der Anlagen des Unternehmens vollkontinuierlich betrieben.

Die Produktpalette von ThyssenKrupp Rasselstein reicht von Weißblech über spezialverchromtes Feinstblech bis hin zu organisch beschichtetem Material. Alle Materialien sind für modernste Verarbeitungstechnologien und vielfältige Verwendungszwecke geeignet – von Verpackungen (z. B. Lebensmitteldosen, Getränkedosen) über Haushaltsartikel bis hin zu Baumaterial. Außerhalb des Verpackungsbereiches findet man Weißblech zum

Abb. 13.5 ThyssenKrupp Rasselstein, Andernach (Foto: Christian Weers)

Beispiel in der Elektro-, Foto- und Nachrichtentechnik, bei Haushaltswaren und Kfz-Teilen sowie im Bau- und Bürobedarf.

Ausgangslage
Der demografische Wandel macht auch vor ThyssenKrupp Rasselstein nicht Halt. Im Jahre 2008 machte eine Altersstrukturanalyse und -prognose deutlich, dass bis zum Jahre 2012 mehr als 300 altersteilzeitbedingte Abgänge anstehen und zu einem massiven Verlust von Know-how führen würden. Wissenstransfer fand zwar schon statt, aber in Abhängigkeit von den jeweiligen Personen mehr oder weniger systematisch.

Der drohende massive Know-how-Verlust war der Auslöser dafür, ein Konzept für einen systematischen Wissenstransfer zu erarbeiten, um zu verhindern, dass wertvolles Wissen in den Köpfen der Mitarbeiter mit ihnen in Rente geht.

Die Wissensstaffel – systematischer Wissenstransfer in sieben Schritten
Die Wissensstaffel ist ein strukturiertes Vorgehen zum Wissenstransfer in sieben Schritten. Sie beginnt mit der Planung der Nachfolge, die aufgrund altersbedingten Ausscheidens oder auch eines Stellenwechsels im Unternehmen notwendig wird. Zielgruppen für einen Wissenstransfer sind insbesondere Führungskräfte und Fachexperten. Nach einem vereinbarten Plan arbeiten der Vorgesetzte, der Wissen abgebende und der Wissen übernehmende Mitarbeiter mit einem Mitarbeiter aus dem Personalbereich als Moderator beziehungsweise Transfercoach zusammen, um die Übergabe des Aufgabengebietes professionell und umfassend zu gestalten.

Folgende Personen sind an einer Wissensstaffel beteiligt:

- die direkte Führungskraft des Wissensgebers (als Auftraggeber),
- der Wissensgeber (ausscheidender Mitarbeiter beziehungsweise der Mitarbeiter, der die Stelle wechselt, um eine neue Aufgabe zu übernehmen),
- der beziehungsweise die Wissensnehmer (der oder die Mitarbeiter, die das Aufgabengebiet übernehmen) und
- der Transfercoach. Der Transfercoach ist ein Mitarbeiter aus dem Personalbereich und begleitet die Wissensstaffel als Moderator und Koordinator.
- Unter Umständen werden auch Kollegen des Wissensgebers, die gleichartiges Wissen besitzen, in die Wissensstaffel einbezogen.

Die Dauer einer Wissensstaffel ist individuell unterschiedlich und abhängig davon, welches Wissen weitergegeben werden soll; sie reicht von einigen Monaten bis hin zu ein oder auch zwei Jahren. Die Einarbeitung eines Nachfolgers für eine Führungskraft oder einen Mitarbeiter mit Spezialistenwissen kann ein oder auch zwei Jahre betragen.

Abbildung 13.6 zeigt die sieben Schritte einer Wissensstaffel.

Abb. 13.6 Die sieben Schritte der Wissensstaffel (Übersicht)

Foto: Paylessimages/fotolia.de

Wissensstaffel bei Rasselstein

Schritt 1: Klärung der Rahmenbedingungen
Schritt 2: Vorbereitung von Wissensgeber und Wissensnehmer
Schritt 3: Erstellen einer Job Map („Wissenslandkarte")
Schritt 4: Auswahl der geeigneten Transfermaßnahmen
Schritt 5: Abstimmung des Transferplans
Schritt 6: Durchführung/Begleitung des Wissenstransfers
Schritt 7: Dokumentation und Projektabschluss

- **Schritt 1: Klärung der Rahmenbedingungen**

In einem ersten Gespräch informiert der direkte Vorgesetzte den Wissensgeber darüber, was die Wissensstaffel ist und welches Ziel sie hat. Darüber hinaus werden folgende Punkte geklärt:

– Wer sind die Beteiligten im Rahmen der Wissensstaffel?
– Welche Hintergrundinformationen gibt es zum Wissensgeber und zum Wissensnehmer?
– Wie ist der zeitliche Rahmen anzusetzen?
– Welche Erwartungen hat die Führungskraft?
– Wie sind die Zuständigkeiten und Rollen der Beteiligten?

Am Ende des Gespräches steht die „Auftragserteilung" durch die direkte Führungskraft an den Transfercoach, die Wissensstaffel anzustoßen und im Folgenden zu begleiten. Verantwortlich für Erfolg oder Misserfolg der Wissensstaffel bleibt die Führungskraft.

- **Schritt 2: Vorbereitung der Wissensgeber und Wissensnehmer**

Der Transfercoach bereitet in einem persönlichen Gespräch den Wissensgeber und Wissensnehmer auf die Wissensstaffel vor. Dazu gehören insbesondere folgende Punkte:

- detaillierte Erläuterung des Konzeptes und Vorstellung der Prozessschritte,
- Vorstellen des Instruments „Wissenslandkarte" (Job Map) und Erläuterung einer möglichen Struktur,
- Erläuterung der Situation/Ausgangslage durch den Wissensgeber als auch durch den Wissensnehmer und
- Klärung organisatorischer Details sowie der nächsten Schritte.

Am Ende des Gespräches sollte allen Beteiligten das Instrument der Wissensstaffel bekannt und das gemeinsame Commitment zur engagierten Mitarbeit vorhanden sein.

- **Schritt 3: Erstellung einer Job Map („Wissenslandkarte")**

Wissensgeber und Wissensnehmer erarbeiten gemeinsam die „Wissenslandkarte" (Job Map) – das heißt: eine Wissenskarte des Aufgabengebietes. Der Transfercoach moderiert die Gesprächsrunden. Die gemeinsame Erarbeitung einer Wissenslandkarte ist der Dreh- und Angelpunkt der Wissensstaffel. Zur Visualisierung der Job Map hat sich der Einsatz der Mindmapping-Software „FreeMind" bewährt (vgl. „Literatur").

Die „Wissenslandkarte" (Job Map)

- dient der Sammlung der zu übertragenden Wissensbereiche,
- zeigt, welche Bereiche zukünftig nicht oder anders abgedeckt werden sollen,
- gibt dem Wissenstransfer eine Struktur und Transparenz und
- ist damit bereits ein erster Schritt für den Wissenstransfer.

- **Schritt 4: Auswahl der geeigneten Transfermaßnahmen**

Bei der Ausarbeitung der Job Map ist auch jeweils darauf einzugehen, wie – das heißt: mit welchen Methoden – das Wissen wirksam übertragen werden kann. Beispielsweise können folgende Möglichkeiten und Instrumente genutzt werden:

- Ansprechpartner- und Beziehungsnetzwerke,
- Einweisung, Unterweisung, Schulungen, Hospitationen,
- strukturierte Interviews sowie
- Checklisten und Dokumentationen.

Die erarbeitete Job Map, die in Frage kommenden Transfermaßnahmen und die entsprechenden zeitlichen Rahmenbedingungen bilden den Transferplan. Er ist die Basis für die Wissensstaffel.

- **Schritt 5: Abstimmung des Transferplans**

Der erarbeitete Transferplan wird mit der direkten Führungskraft besprochen und gemeinsam verabschiedet.

- **Schritt 6: Durchführung/Begleitung des Wissenstransfers**

Der Prozess des Wissenstransfers wird in der Regel eigenverantwortlich von Wissensgeber und Wissensnehmer vorangetrieben. Der Transfercoach vereinbart regelmäßige Controlling-Termine mit den Beteiligten.

Bei Bedarf steht der Transfercoach als Moderator und Coach zu Verfügung und greift bei Problemen als Mediator und Prozessbegleiter ein.

- **Schritt 7: Dokumentation und Projektabschluss**

Am Ende der Wissensstaffel findet ein abschließendes Gespräch zwischen allen Beteiligten statt, um die Umsetzung des Transferplans zu bewerten und einen ordentlichen Projektabschluss vorzunehmen.

Darüber hinaus wird im jährlichen Mitarbeitergespräch über den Stand der Einarbeitung gesprochen und damit der Erfolg bei der Umsetzung des Transferplans bewertet.

Erfahrungen und Empfehlungen

Bisher wurden rund 16 Wissensstaffeln durchgeführt; die Rückmeldungen der „Betroffenen" auf den systematischen Wissenstransfer sind positiv. Durch die strukturierte Methode ist es möglich, in kurzer Zeit einen Überblick über das künftige Aufgabengebiet zu gewinnen. Ein Wissensgeber gab an, dass er als scheidender Teamleiter durch die strukturierte Methode das Gefühl einer guten Übergabe hatte. Dadurch hatte er den „Kopf frei" für eine neue Aufgabe.

Für die erfolgreiche Durchführung ist vor allem wichtig:

- die Vorbereitung von Wissensgeber und Wissensnehmer auf die Wissensstaffel durch die Führungskraft,
- die Unterstützung und Begleitung des Prozesses durch den Transfercoach,
- die Wertschätzung des Wissensträgers durch die Führungskraft,
- das Bewusstsein und die Wahrnehmung der Verantwortung für einen erfolgreichen Transferprozess seitens der Führungskraft.

Im Sinne des kontinuierlichen Verbesserungsprozesses ermöglicht Schritt 7 der Wissensstaffel, durch die Dokumentation entsprechende Erfahrungen für weitere Wissensstaffeln zu nutzen (Quelle Thyssen Krupp Rasselstein GmbH, Andernach).

Weiterführende Informationen und Links
ThyssenKrupp Rasselstein Andernach: http://www.thyssenkrupp-rasselstein.com/ [13.12.2013]
    ThyssenKrupp Rasselstein GmbH: http://www.kbs-recycling.de/ueber-uns/wer-ist-kbs/thyssen-krupp-rasselstein.html [13.12.2013]
  Wikipedia: http://de.wikipedia.org/wiki/ThyssenKrupp_Rasselstein [13.12.2013]
  FreeMind: http://www.chip.de/downloads/FreeMind_30513656.html [13.12.2013]

Sachverzeichnis

A

Ablauforganisation, 115
Abwanderung, 10
Alter, 4, 11, 340, 367
   biologisches, 45
   kalendarisches, 45
Altern
   Defizitmodell, 42
Altersbild, 341
Altersquotient, 12, 13
Altersstrukturanalyse und -prognose, 58, 69, 332, 68, 70
Altersteilzeit, 147
Ampelkonto, 191
Arbeit
   alternsgerechte, 5
   auf Abruf, 151
   mobile, 146, 153
Arbeitgeberattraktivität, 247, 249, 252
Arbeitgebermarkenbildung, 247, 251
Arbeitsbewältigungsindex (ABI), 392
Arbeitserleichterung, 98
Arbeitsfähigkeit, 293
Arbeitsgestaltung, 92, 121, 225
   menschengerechte, 102, 104
Arbeitsgruppen, teilautonome, 316
Arbeitsmarkt, 15
Arbeitsmittel, 93
Arbeitsplatz, 95, 97
   alternsgerechter, 129
Arbeitsplatzwechsel Siehe Jobrotation, 116
Arbeitsschutzgesetz, 391
Arbeitsschutzmaßnahmen, 405
Arbeitsstrukturierung, 116, 117, 118
Arbeitssystem, 97, 99

Arbeitsteilung, 275
Arbeitsumgebung, 95, 97
Arbeits- und Gesundheitsschutz, 143, 391, 400
Arbeitszeit, 134, 167, 177, 333
   alternsgerechte, 169, 174
   Dauer, 139, 140, 168
   Lage, 140, 168, 171
   lebenssituationsspezifische, 179
   versetzte, 146, 151
   Verteilung, 168, 172
Arbeitszeitgesetz, 139, 143, 149
Arbeitszeitgestaltung, 137, 139, 140, 211, 212, , 224
   alternsgerechte, 167
   familienfreundliche, 178
   lebenssituationsspezifische, 176, 177
Arbeitszeitkonto, 187, 188, 199
Arbeitszeit-Korridor, 151
Arbeitszeitmodell, 146
Arbeitszeitsystem, 206, 209, 211
Arbeitszeitvolumen, 147
Aufbauorganisation, 115
Aufgabenanreicherung Siehe Jobenrichment, 316
Aufwärmungseffekt, 110

B

Basel II/III, 436
Beanspruchung, 107, 108, 109, 111, 168, 172
   psychische, 109
Bedarfsanalyse, 56
Bedarfsermittlung, 331
Befindlichkeitsprotokoll, 215
Belastung, 93, 94, 95, 98, 104, 107, 108, 111, 168, 172
   psychische, 108

Belastungswechsel, 115
Belastungswechselindex, 122
Berufsaustritt, 331
Beschäftigter
 älterer, 4, 361
 jüngerer, 361
Beschäftigungsfähigkeit, 293
Beschäftigungssicherungskonto, 192
Betriebliches Eingliederungsmanagement (BEM), 427, IX, 428
Betriebliches Gesundheitsmanagement (BGM), 408
Betriebsklima, 227
Betriebsverfassungsgesetz, 139
Betriebszeit, 134, 138
Bevölkerung, 10
Bewegung, 398
Bewertungsportal, 262, 265
BGF Siehe betriebliche Gesundheitsförderung, 403
BGM Siehe Betriebliches Gesundheitsmanagement, 408
Blog, 263, 266
Budget, 270
Burnout, 424

C
Changemanagement, 344, 345
Commitment, 230

D
Defizitmodell des Alterns, 42
Demografie, 10, 11, 20, 236, 241, 283, 330
Didaktik, 298

E
Einstellungswandel, 360
Employer Branding, 245, 246, 247, 248, 255, 258, 266
Entgelt, 224
Entwicklung, demografische, 4
E-Recruiting, 262, 264
Erfahrung, 437
Erfahrungsaustausch, 275
Erfahrungsträger, 439
Erfolgsfaktor, 368
Ergonomie, 94, 102
Erholung, 398
Erkenntnisse, arbeitswissenschaftliche, 46
Ermüdung, 112
Ernährung, 396, 397

F
Fachkräftemangel, 20, 329
Fachkräftenachwuchs, 236
Familienfreundlichkeit, 178
Familienpflegezeit, 203
Fehlzeiten, 46, 48, 430
Flexibilisierung, 139
Flexibilität, 141, 157, 170
 betriebliche, 191
 externe, 311
 individuelle, 191
 interne, 311
Freizeit, 188
Frühwarnsystem, 64, 191
Führung, 58, 59, 77, 305, 339, 340, 371
 alternsgerechte, 361
 Anforderungen, 361
Führungskräfte, 355
Führungsspanne, 372
Führungsstruktur, 374
Führung Siehe, 355
Funktionszeit, 146, 149

G
Generationenkonflikt, 361
Gesellschaft, 15
Gestaltungsprojekt, 208
Gesundheit, 332, 362, 393, 402
 Definition, 390
 psychische, 424, IX
Gesundheitsförderung, betriebliche, 50, 390, 391, 403
 Maßnahmen, 407
Gesundheits-Scorecard, 412, 415
Gleitzeit, 146, 149
Gleitzeitkonto, 190
Gruppenarbeit, geführte, 372, 387

H
Handlungsbedarf, 59

I
Individuum, 16
Integrationsteam, 429

J
Jahresarbeitszeit, 152
Jahresarbeitszeitkonto, 192
Jobenlargement, 316
Jobenrichment, 316
Jobrotation, 116, 316

Jobrotation Siehe, 117, 118
Jobsharing, 148

K
Kaizen, 352
Kernarbeitszeit, 149
KMU, 236
Kommunikation, 248
Kontinuierlicher Verbesserungsprozess (KVP), 352, 377, 449
Kooperation, 275
Kultur, 340
Kurztraining, 448
Kurzzeitkonto, 190, 199
KVP Siehe Kontinuierlicher Verbesserungsprozess, 352

L
Langzeitkonto, 192
Laufbahnplanung, 224
Lebensarbeitszeitkonto, 193, 201, 204
Lebenserwartung, 10, 11, 12
Lebenslanges Lernen (LLL), 46
Lebensqualität, 393
Lebenssituation, 177
Lebensstil, 396
Leistung, 102
Leistungsbereitschaft, 326
Leistungsfähigkeit, 4, 6, 42, 44, 169, 223, 241, 283, 306, 326, 333, 340, 360, 362, 393
Leistungsminderung, 173
Leistungsstreuung, 44
Leistungswandel, 44
Lernen, 282, 284, 298, 355
  alternsgerechtes, 298
  altersunabhängiges, 293
Lernen, lebenslanges, 46
LinkedIn, 263

M
Medien
  mobile, 261
  moderne, 262
Mentoring, 446
Metall- und Elektroindustrie, 20
Mitarbeiter, 294, 298, 305, 306, 339, 404
  leistungsgewandelter, 317
Mitarbeiterbefragung, 227
Mitarbeitergespräch, 305, 333

Mitbestimmung, 207
Mitbestimmungsrecht, 139
Monotonie, 110, 112
Motivation, 327, 328, 342

N
Nachfolgeplanung, 333, , 444
Nachhaltigkeit, 349
Nachtarbeit, 154
Nachtschicht, 156, 396
Nacht- und Schichtarbeit, 150
  arbeitswissenschaftliche Erkenntnisse, 155
Netzwerk, 262, 263, 268, 274
  regionales, 274, VIII, 279
  soziales, 262, 264

O
Organisationsentwicklung, 350, 411
Organisationsveränderung, 344

P
Patenmodell, 446
PDCA, 411
PDCA-Zyklus nach Deming, 324
Personalarbeit, 20, 21, 57, 59, 275
Personalbindung, 326, 331
Personaleinsatz, 311, 333
Personaleinsatzanalyse, 313
Personalentwicklung, 331, 223, 224, VIII, 257, 280, 281, 282, 285, 289, 293, 297, 306
Personalentwicklungsgespräch, 305
Personalführung, 339
Personalgewinnung, 224, 232, 233, 234, 241, 245, 249, 262, 269
Personalplanung, 224
Personalpolitik, 220, 222, 224
Personalqualifizierung, 280, VIII
Personalstrategie, 220, 221, 222, 224, 232, 269
Plattform, 275
Politik, 14
Prävention, 5, 168
Produktion, 358
Produktivität, 339
Produktivitätsstandard, 377
Prognose, 10, 12
Prozessstabilität, 377
Prozessstandard, 376
Public Relation, 269

Q
Qualifikation, 305
Qualifikationsbedarfsanalyse, 59, 70, 73
Qualifikationsbedarfsermittlung, 74
Qualifizierung, 280, 281, 282, 286, 289, 294, 297, 300, 301, 384, 448
  älterer Mitarbeiter, 284
  altersübergreifende, 285

R
Recruiting, 234, 241, 245, 249, 257
Region, 19, 57, 58

S
Sabbatical, 152
Sättigung, psychische, 110, 112
Schichtarbeit, 146, 154, 395
  arbeitswissenschaftlichen Empfehlungen, 159
Schichtpläne, ergonomische, 157, 159, 163
Schichtplanumstellung, 216
Schichtsystem, 213
Schlaf, 394
Schnellcheck Demografiefeste Personalarbeit\, 64
Sicherheit, 401
Sicherheitskonto, 200
Social Media, 261, 265, 269
Standards, 124, 125
Stress, 110, 112
Synergieeffekt, 275

T
Tandem, 444
Tarifvertrag, 147, 149
Tätigkeitsspektrum Siehe Jobenlargement, 316
Tätigkeitswechsel Siehe Jobrotation, 316
Team
  altersgemischtes, 316, 325, IX, 364, 366
  altershomogenes, 365
Teilzeit, 147
Teilzeitarbeit, 179
Telearbeit, 146, 153
Twitter, 266

U
Unfallverhütung, 400
Unternehmen, 15, 20
Unternehmensführung, 339

Unternehmenskultur, 234, 326, 338
Unternehmensmarke, 250
Unternehmensstrategie, 4, 269
Unternehmensziel, 59

V
Veränderungen, 344
Veränderungsprozess, 345, 379
Verantwortung, 18, 222, 350, 375, 381, 393, 398
Verbesserungsprozess, 352
Verbesserungsprozess Siehe, 354
Vereinbarkeit von Familie und Beruf, 177
Vergütung, 224
Vermeidung von Such- und Wartezeiten, 129
Vertrauensarbeitszeit, 146, 150
Vorgehen, 57, 60
Vorgesetzter, 305

W
Wahlarbeitszeit, 148, 179
Wechselschicht, 156
Weiterbildung, 284, 300
  betriebliche, 443
Werte, 340
Wertschätzung, 363
Wettbewerbsfähigkeit, 293, 339, 340
Wikis, 267
Wissen, 366, 436, 437, 439
Wissenslandkarte, 456
Wissensträger, 439
Wissenstransfer, 332, 333, 367, 436, 437, 443, 448
Work Ability Index, 392
Work-Life-Balance, 193, 195, 247
Workshop, 449

X
XING, 263

Y
YouTube, 268

Z
Zeitwertkonto, 189
Ziele, betriebliche, 212
Zufriedenheit, 230
Zukunftsgespräch, 331, 332, 335
Zuwanderung, 10

The manufacturer's authorised representative in the EU is Springer Nature Customer Service Centre GmbH, Europaplatz 3, 69115 Heidelberg, Germany. If you have any concerns regarding our products, please contact ProductSafety@springernature.com

Printed and bound by CPI Group (UK) Ltd, Croydon, CR0 4YY

23/03/2026

02076676-0010